Schriften der Mathematisch-naturwissenschaftlichen Klasse
der Heidelberger Akademie der Wissenschaften
Nr. 1

Springer
Berlin
Heidelberg
New York
Barcelona
Budapest
Hongkong
London
Mailand
Paris
Santa Clara
Singapur
Tokio

Peter E. Fäßler

Hans Spemann
1869–1941

Experimentelle Forschung im Spannungsfeld von Empirie und Theorie

Ein Beitrag zur Geschichte der Entwicklungsphysiologie zu Beginn des 20. Jahrhunderts

Vorgelegt in der Sitzung
vom 14. 12. 1996

Springer

Dr. rer. nat. Peter E. Fäßler
TU Dresden
Institut für Geschichte
Mommsenstraße 13
01062 Dresden

Die Abbildung auf dem Umschlag zeigt eine
anatomische Rekonstruktionszeichnung eines mißgebildeten Molchhirnes mit
drei Augen (Diprosopus triophthalmus; Ventralansicht) aus dem Jahre 1901

Die „Sitzungsberichte der Heidelberger Akademie der Wissenschaften
- Mathematisch-naturwissenschaftliche Klasse" haben ab diesem Band
die geänderte Bezeichnung
„Schriften der Mathematisch-naturwissenschaftlichen Klasse der
Heidelberger Akademie der Wissenschaften."
Die Zählung ist nunmehr fortlaufend - beginnend mit 1 - ,
d.h. nicht mehr jahrgangsweise.
Die Supplemente werden mit den „Sitzungsberichten" unter dem
neuen Reihentitel vereinigt.

Die Deutsche Bibliothek - CIP-Einheitsaufnahme

Fässler, Peter E.: Hans Spemann (1869 - 1941) : experimentelle Forschung
im Spannungsfeld von Empirie und Theorie ; ein Beitrag zur Geschichte
der Entwicklungsphysiologie zu Beginn des Jahrhunderts / Peter E. Fässler. -
Berlin ; Heidelberg ; New York ; Barcelona ; Budapest ; Hongkonk ;
London ; Mailand ; Paris ; Santa Clara ; Singapur ; Tokio : Springer, 1997
(Schriften der Mathematisch-naturwissenschaftlichen Klasse der Heidelberger
Akademie der Wissenschaften ; 1)

Mit 48 Abbildungen

ISBN-13: 978-3-642-64527-3   e-ISBN-13: 978-3-642-60724-0
DOI: 10.1007/978-3-642-60724-0

Dieses Werk ist urheberrechtlich geschützt. Die dadurch begründeten Rechte, insbesondere die der Übersetzung, des Nachdrucks, des Vortrags, der Entnahme von Abbildungen und Tabellen, der Funksendung, der Mikroverfilmung oder der Vervielfältigung auf anderen Wegen und der Speicherung in Datenverarbeitungsanlagen, bleiben, auch bei nur auszugsweiser Verwertung, vorbehalten. Eine Vervielfältigung dieses Werkes oder von Teilen dieses Werkes ist auch im Einzelfall nur in den Grenzen der gesetzlichen Bestimmung des Urheberrechtsgesetzes der Bundesrepublik Deutschland vom 9. September 1965 in der jeweils geltenden Fassung zulässig. Sie ist grundsätzlich vergütungspflichtig. Zuwiderhandlungen unterliegen den Strafbestimmungen des Urheberrechtsgesetzes.

© Springer-Verlag Berlin Heidelberg 1997
Softcover reprint of the hardcover 1st edition 1997

Die Wiedergabe von Gebrauchsnamen, Handelsnamen, Warenbezeichnungen usw. in diesem Werk berechtigt auch ohne besondere Kennzeichnung nicht zu der Annahme, daß solche Namen im Sinne der Warenzeichen- und Markenschutz-Gesetzgebung als frei zu betrachten wären und daher von jedermann benutzt werden dürften.

Produkthaftung: Für Angaben über Dosierungsanweisungen und Applikationsformen kann vom Verlag keine Gewähr übernommen werden. Derartige Angaben müssen vom jeweiligen Anwender im Einzelfall anhand anderer Literaturstellen auf ihre Richtigkeit überprüft werden.

SPIN: 10569218   20/3140 - 5 4 3 2 1 0 – Gedruckt auf säurefreiem Papier

*„Das Leben fängt mit unermeßlichen Hoffnungen an
und hört mit unendlicher Sehnsucht auf."*
(Hans Spemann, 1938)

Inhaltsverzeichnis

Einleitung 1

Teil 1

1.1. Stuttgart (1869–1891): Kindheit und Jugend 15
1.2 Heidelberg und München (1891–1894): Medizinstudium 21
1.3. Würzburg (1894–1908): Beginn einer akademischen Karriere 26
1.4. Rostock (1908–1914): Ordinarius für allgemeine Zoologie und
 vergleichende Anatomie 41
1.5. Berlin (1914–1919): Grundlagenforschung am Kaiser-Wilhelm-Institut
 für Biologie 50
1.6. Freiburg (1919–1941): Durchbruch zum „Entwicklungsbiologen
 von Weltruf" 58

Teil 2

2.1. Der Forschungsstand in der Entwicklungsbiologie
 Ende des 19. Jahrhunderts 101
2.2. Spemanns wissenschaftstheoretisches Selbstverständnis
 und sein sich daraus ergebender methodischer Ansatz 115
    2.2.1. Spemanns wissenschaftstheoretisches Selbstverständnis 115
    2.2.2. Spemanns wissenschaftliche Methoden 121
2.3. Zellgenealogie und vergleichende Embryologie:
 Spemanns wissenschaftliche Gesellen- und Meisterstücke 142
    2.3.1. Dissertation (1894–1895):
    Zur Entwicklung des Strongylus paradoxus 142
    2.3.2. Habilitation (1895–1898): Spiraculum und Tuba Eustachii –
    zur Entwicklung des Mittelohrs bei Amphibien 145
2.4. Forschungsphase I (1897–1914): Erarbeitung der grundlegenden
 Methoden, Fragestellungen und entwicklungsbiologischen Konzepte ... 152
    2.4.1. Die Schnürexperimente (1897-1905) und die Experimente über
    verzögerte Kernversorgung von Keimbereichen (1913–1914) 152

2.4.2. Experimente zur Klärung des Linsenbildungsmechanismus
bei Amphibien (1899–1908) 193
2.4.3. Abhängige Differenzierung am Fallbeispiel Hörgrübchen:
Experimente zum invertierten Hörgrübchen (1905–1906) 220
2.4.4. Versuche mit umgedrehten Neuralplattenbezirken (1905–1907) 223

2.5. Forschungsphase II (1915–1924): Vom „Regulationsbezirk"
zum „Organisationszentrum" 227

2.5.1. Die Determination der Neuralanlage 227
2.5.2. Die Organisatorexperimente *Triton 1921 und 1922* 249

2.6. Forschungsphase III (1925–1930): Die Erforschung des
Organisatoreffektes – Spemanns experimentelle und theoretische
Beiträge in den zwanziger und dreißiger Jahren 269

2.6.1. Grundlinien der Organisatorerforschung Ende der zwanziger
und Anfang der dreißiger Jahre 271
2.6.2. Spemanns experimenteller Beitrag zur Erforschung
des Organisatoreffektes (1925–1930) 274
2.6.3. Resümee eines langen Forscherlebens 293

Teil 3

3.1. Hans Spemann – Neolamarckist und Neovitalist? 303

3.2. „Split between Genetics and Embryology" – Hans Spemanns Rolle
beim Zustandekommen und Aufrechterhalten des Schisma 310

3.3. Faktoren der wissenschaftlichen Forschungsentwicklung
im Werk Spemanns 314

4. Zusammenfassung 319

5. Quellen- und Literatur 325

  5.1. Ungedruckte Quellen 325

  5.2. Gedruckte Quellen 328

    5.2.1. Publikationen von bzw. mit Hans Spemann 328
    5.2.2. Allgemeine gedruckte Quellen 331
    5.2.3. Interviews 337

  5.3. Literatur 338

Vorwort

Die vorliegende Arbeit beschäftigt sich mit einer Thematik, die der Wissenschaftsgeschichte, genauer, der Biologiegeschichte zuzuordnen ist. Damit gehört sie zu einem Fachgebiet, das trotz aller Bemühungen der letzten Jahre an bundesdeutschen Hochschulen noch immer vergleichsweise stiefmütterlich behandelt wird. Aufgrund der – nach meiner Überzeugung – besonderen und zunehmenden Relevanz dieser Forschungsrichtung sowohl für die Natur- als auch für die Geisteswissenschaften habe ich mich zu einer solchen interdisziplinären Studie entschlossen.

Die Arbeit gründet nicht nur auf Fleiß und Engagement meinerseits, sondern auch auf der Hilfe und Unterstützung zahlreicher Lehrer, Kollegen und Freunde. Es ist hier an erster Stelle Herr Professor Dr. Klaus Sander zu nennen, dem ich die Anregung zu diesem Thema verdanke. Seine stete Bereitschaft zum wissenschaftlichen Gespräch und sein Rat in komplexen entwicklungsbiologischen und biologiegeschichtlichen Fragen waren unschätzbare Hilfen. Darüber hinaus hat er durch die Einrichtung einer entsprechenden Stelle am Institut für Biologie I in Freiburg und durch persönliche Kontakte zu wissenschaftlichen Einrichtungen und Fachleuten das Vorhaben nachhaltig gefördert. Ich möchte mich für seine hervorragende Betreuung ganz besonders bedanken.

Ebenfalls danke ich Herrn Professor Dr. Ulrich Kluge für seine Bereitschaft, als Fachhistoriker und Co-Betreuer diese interdisziplinäre Studie zu begleiten. Seine hilfreichen Kommentare und die großzügige Unterstützung meiner Arbeit in jeglicher Hinsicht waren unabdingbare Voraussetzungen für ihre zügige Durchführung und ihr Gelingen.

Auch meinem Kollegen Herrn Dr. Winfrid Halder bin ich für anregende Gespräche und die kritische Durchsicht von Teilen der Arbeit zu Dank verpflichtet. Weiterhin möchte ich mich bei Frau Anke Scharrahs von der Hochschule der Bildenden Künste in Dresden für ihre phototechnische Unterstützung, die kritische Durchsicht meiner Arbeit und die vielfachen Anregungen herzlichst bedanken.

Die Durchsicht der in einer schwer lesbaren Kurzschrift abgefaßten Spemannschen Versuchsprotokolle konnte nur deshalb zügig vonstatten gehen, weil sie zuvor von Herrn Franz Kremp sorgfältig in Klarschrift übertragen worden waren. Hierfür bin ich ihm zu außerordentlichem Dank verpflichtet.

Zahlreiche Biologen und Wissenschaftshistoriker haben gesprächsweise wichtige Anstöße gegeben und so zum Gelingen der Studie beigetragen. An dieser Stelle spreche ich Prof. Dr. Jane M. Oppenheimer (Philadelphia/PE), Dr. Brita Resch (Berlin), Prof. Dr. Salome G. Waelsch (Brooklyn/NY), Prof. Dr. Garland E. Allen (St. Louis/MI), Prof. Dr. Frederick B. Churchill (Bloomington/IN), Prof. Dr.

Scott F. Gilbert (Swarthmore/PE), Prof. Dr. Viktor Hamburger (St. Louis/MI) und Dr. Nick Hopwood (Cambridge/GB) meinen herzlichen Dank aus.

Den zahlreichen und durchweg hilfsbereiten Archivaren im In- und Ausland möchte ich an dieser Stelle ebenfalls meinen Dank für ihr Entgegenkommen aussprechen.

Die Untersuchung wäre ohne die umfangreiche finanzielle Unterstützung der Heidelberger Akademie der Wissenschaften nicht durchzuführen gewesen. Sie förderte das Projekt in den Anfängen und ermöglichte überdies einen zweimonatigen Aufenthalt in den USA, während dem ich Kontakte zu noch lebenden Schülern von Hans Spemann und zu Wissenschaftshistorikern aufnehmen konnte. Ein Resultat dieser Reise war die Einladung zu einem Vortrag auf der Jahresversammlung der International Society for History, Philosophy, and Social Science in Biology 1995 in Leuwen/Belgien.

Der TU Dresden danke ich für die Gewährung von Sonderurlaub, der mir den Forschungsaufenthalt in den Vereinigten Staaten von Amerika erst ermöglichte.

Dresden, Januar 1997   Peter E. Fäßler

Abkürzungen

AGMPG	Archiv zur Geschichte der Max-Planck-Gesellschaft
APS	American Philosophical Society
ARSUW	Archiv des Rektorats und Senats der Universität Würzburg
ASZN	Archives Stazione Zoologica „Anton Dohrn" di Napoli
BAP	Bundesarchiv Potsdam
Ber. Deutsch. Bot. Gesell.	Berichte der Deutschen Botanischen Gesellschaft
Biol. Bull.	Biological Bulletin
BMKU	Badisches Ministerium des Kultus und Unterrichts
Brit. Journ. Phil. Sci.	British Journal of the Philosophy of Science
BStB	Bayerische Staatsbibliothek
Bull. Hist. Med.	Bulletin of the History of Medicine
CEC	Central Embryological Collection
DZG	Deutsche Zoologische Gesellschaft
Erg. d. Anat.	Ergebnisse der Anatomie
GLAK	Generallandesarchiv Karlsruhe
GStAPK	Geheimes Staatsarchiv preußischer Kulturbesitz
Hist.Phil.Life Sci.	History and Philosophy of the Life Sciences
Hist. Sci.	History of Science
Intern. Journ. Dev. Biol.	International Journal of Developmental Biology
JCAUD	Jonas Cohn-Archiv an der Universität Duisburg
Journ.Hist.Biol.	Journal of the History of Biology
KWG	Kaiser-Wilhelm-Gesellschaft
KWI	Kaiser-Wilhelm-Institut
MBLA	Marine Biological Laboratory Archives
Quart. Rev. Biol.	Quarterly Review of Biology
SAF	Stadtarchiv Freiburg i. Br.
SBF	Senckenbergische Bibliothek Frankfurt a. M.
SCI	Science Citation Index
SPK	Stiftung preußischer Kulturbesitz

Abkürzungen

StAF	Staatsarchiv Freiburg
StAS	Staatsarchiv Schwerin
SVA	Springer-Verlags-Archiv
UAF	Universitätsarchiv Freiburg i. Br.
UAH	Universitätsarchiv Heidelberg
UALM	Universitätsarchiv der Ludwig-Maximilians-Universität München
UAR	Universitätsarchiv Rostock
UBW	Universitätsbibliothek Würzburg
Verhandl. Deutsch. Zool. Gesell.	Verhandlungen der Deutschen Zoologischen Gesellschaft
W. Roux' Arch. f. Entw.mech. d. Organis.	Wilhelm Roux' Archiv für Entwicklungsmechanik der Organismen
ZIF	Zoologisches Institut Freiburg i. Br.

Einleitung

„There could be no better representative of Zoology and Embryology from Germany."[1] Mit diesen Worten empfahl der amerikanische Biologe Frank R. Lillie seinem Kollegen George T. Hargitt den Freiburger Entwicklungsbiologen[2] Hans Spemann als geeignete Persönlichkeit, um bei der für 1933 geplanten Weltausstellung in Chicago sein Fach und Heimatland würdig zu vertreten. In der Tat galt Spemann den Zeitgenossen seit den 1920er Jahren als der führende Zoologe Deutschlands, nach Lillies Auffassung war er sogar „the leading European zoologist",[3] ein Urteil, das auch von Wissenschaftshistorikern geteilt wird.[4] Diese Einschätzung fand in der Verleihung des Nobelpreises für Medizin und Physiologie im Jahre 1935 an Hans Spemann ihren vielleicht gewichtigsten, in der fünfbändigen Festschrift anläßlich seines 60. Geburtstages sicher ihren schwergewichtigsten Ausdruck. Laut einer 1966 veröffentlichten Umfrage unter 6000 Zoologen verschiedener Nationen wurde Hans Spemann nach Thomas Hunt Morgan als der bedeutendste Zoologe für den Zeitraum 1900 bis 1957 genannt.[5] In der zeitgenössischen Fachliteratur war er einer der am häufigsten zitierten Wissenschaft-

---

[1] Marine Biological Laboratory Archives (MBLA), Woods Hole/MA, Historical Collection, Frank R. Lillie papers, II.A.81.43, Brief von Frank R. Lillie an den Referenten der American Association for the Advancement of Science George T. Hargitt vom 15. September 1932.

[2] Die verwirrende Vielfalt der Bezeichnung von Spemanns Forschungsgebiet, gemeint sind die Termini *Embryologie, Entwicklungsmechanik, Entwicklungsphysiologie* und *Entwicklungsbiologie,* sowie die englischen Begriffe *embryology* und *developmental biology,* hat historische Gründe, die unten S. 108–112 erörtert werden. Ihnen kommt ein jeweils eigener Begriffsinhalt zu. Im folgenden wird der Begriff *Entwicklungsbiologie* als übergreifende Bezeichnung sowohl für die deskriptive als auch die kausalanalytisch-experimentell ausgerichtete Erforschung der Ontogenese gewählt. Es handelt sich hierbei um einen für die vorliegende Untersuchung geltenden Arbeitsbegriff. Abweichende Begriffe werden nur in gerechtfertigten Einzelfällen verwendet, beispielsweise als Wilhelm Roux Hans Spemann explizit aufforderte, den Begriff „Entwicklungsmechanik" zu gebrauchen, dieser jedoch auf der Verwendung des Terminus „Entwicklungsphysioloie" beharrte.

[3] MBLA, F. R. Lillie papers, II.A.81.26, Brief von Frank R. Lillie an den Mediziner M. H. Jacobs vom 18. Mai 1931.

[4] Vgl. Harwood, Jonathan: Metaphysical Foundations of the Evolutionary Synthesis: A Historiographical Note. In: Journ. Hist. Biol. 27 (1994), S. 1–20, S. 5.

[5] Vgl. Leclerq, J.; Dagnélie, P.: Perspectives de la Zoologie Européenne. J. Ducult, Gembloux 1966.

Einleitung

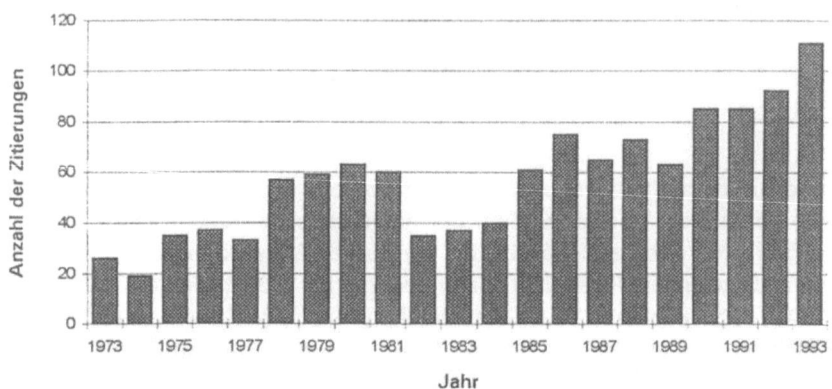

ISI Science Citation Index 1973–1993: Häufigkeit der Zitierungen von Spemanns wissenschaftlichen Schriften

ler.[6] Seine wohl bekannteste, mit dem Nobelpreis ausgezeichnete Entdeckung, der von ihm so genannte *Organisatoreffekt*, rückte nach jahrzehntelanger Vernachlässigung seit Anfang der 1980er Jahre wieder in das engere Blickfeld der entwicklungsbiologischen Forschung, wie die Auswertung des ISI Science Citation Index der Jahre 1973 bis 1993 belegt. Die dem *Organisatoreffekt* zugrundeliegenden Mechanismem können vermutlich mit neuen molekulargenetischen Methoden aufgeklärt werden.

Angesichts solcher offenkundigen Wertschätzungen und wirkungsgeschichtlicher Bedeutung, die sich durch zahlreiche weitere Belege ergänzen ließen, überrascht es, daß über Hans Spemann bis heute keine umfassende, modernen wissenschaftsgeschichtlichen Ansprüchen genügende Biographie existiert, wie sie beispielsweise über den amerikanischen Genetiker Thomas H. Morgan vorliegt.[7]

Forschungsstand

Alle bisherigen wissenschaftshistorischen Arbeiten über Hans Spemann und seine Forschung stützen sich nahezu ausschließlich auf publizierte Quellen und

---

[6] Churchill hat Julian Huxleys und Gavin de Beers entwicklungsbiologisches Standardwerk *The Elements of Experimental Embryology* aus dem Jahre 1931 daraufhin untersucht und kommt zu dem Ergebnis, daß Spemann mit 45 Zitierungen deutlich vor Charles M. Child (34) und Ross G. Harrison (22) liegt. Vgl. Churchill, Frederick B.: The Elements of Experimental Embryology: a Synthesis for Animal Development. In: Waters, C. Kenneth; Helden, Albert v. (Hrsg.): Julian Huxley. Biologist and Statesman of Science. Rice University Press, Houston/Texas 1992, S. 107–126, S. 114.
[7] Vgl. Allen, Garland E.: Thomas Hunt Morgan. The Man and his Science. Princeton University Press, Princeton 1978.

verzichten auf eine systematische Auswertung des umfangreichen, unveröffentlichten Nachlasses. Dies führte dazu, daß große Kenntnislücken sowohl über das Leben als auch über das wissenschaftliche Werk Spemanns bestehen. In der Folge haben, wie noch zu zeigen sein wird, widersprüchliche und mangelhaft abgesicherte Hypothesen die wissenschaftsgeschichtliche Diskussion beherrscht.

Die einzige Lebensbeschreibung über Hans Spemann stammt aus der Feder seines Schülers, späteren Mitarbeiters und Kollegen Otto Mangold.[8] Mangold stützte sich in erster Linie auf Spemanns bis ins Jahr 1903 reichende Autobiographie[9] und auf die sehr engen, persönlichen Kontakte, die er zu ihm pflegte. Die Arbeit liefert hierdurch zwar interessante Informationen, über die nur der unmittelbare Zeit- und Augenzeuge verfügen kann, leidet aber zugleich sehr unter der Nähe des Biographen zu der von ihm geschilderten und verehrten Person. Der Abschnitt über Spemanns wissenschaftliche Forschung gibt einen verständlichen Einblick in seine Arbeit. Dennoch belegen auch hier einige falsche Darstellungen,[10] daß Mangold nicht mit der notwendigen historiographischen Schärfe und Distanz zu Werke gegangen ist. Des weiteren ist zu beanstanden, daß er zu sehr der deskriptiven Ebene verhaftet geblieben ist und eine geschichtswissenschaftliche Analyse gar nicht erst anstrebte. Fragen nach den vielfältigen Faktoren, die Spemanns Erkenntnisfortschritt mitbestimmten, werden ebensowenig erörtert, wie die Problematik mancher Aspekte seiner Forschung.[11] Der wissenschaftshistorische Kontext bleibt nahezu gänzlich ausgeblendet. Mangolds Biographie über Hans Spemann weist demzufolge weniger geschichtswissenschaftlichen als vielmehr Quellencharakter auf.[12]

Seit den achtziger Jahren liegen mehrere ideengeschichtliche Arbeiten zum Thema vor, die vor dem Hintergrund der Internalismus-Externalismus-Kontro-

---

[8] Vgl. Mangold, Otto: Hans Spemann. Ein Meister der Entwicklungsphysiologie. Wissenschaftliche Verlagsgesellschaft, Stuttgart 1953. Von Mangold liegt auch eine Gedächtnisrede über Hans Spemann vor, die er anläßlich der Aufstellung der von Otto Leiber geschaffenen Spemann-Bronzebüste im Zoologischen Institut Freiburg am 27. Juni 1942 dort vortrug. Inhaltlich bietet sie gegenüber der Biographie keine weitere Information. Vgl. Mangold, Otto: Hans Spemann zum Gedächtnis. In: Fernbetreuungsbrief der Mathematisch-naturwissenschaftlichen Fakultät der Universität Freiburg, Freiburg 1942, S. 117-140. Weiterhin verfaßte Mangold einen ausführlichen Nachruf, der aber ebenfalls keine über die Biographie hinausgehende Information beinhaltet. Vgl. Mangold, Otto: Hans Spemann als Mensch und Wissenschaftler. In: W. Roux' Arch. f. Entw. mech. d. Org. 141 (1942), S. 385-423.

[9] Vgl. Spemann, Hans: Forschung und Leben. Hrsg. v. Friedrich Spemann, Stuttgart 1943.

[10] Vgl. unten S. 46, S. 136, S. 157-159.

[11] Beispielsweise bei der Organisator-Begrifflichkeit; vgl. unten 245-249.

[12] Die beiden amerikanischen Entwicklungsbiologen und Wissenschaftshistoriker Jane Oppenheimer und Viktor Hamburger, letzterer überdies Schüler und Mitarbeiter Spemanns während der 1920er und 1930er Jahre, äußerten, daß der vergleichsweise bescheidene historiographische Wert von Mangolds Buch für Wissenschaftshistoriker in den USA ausschlaggebend dafür war, es nicht ins Englische zu übersetzen und zu veröffentlichen. Interview mit Jane Oppenheimer am 28. Juli 1994 und mit Viktor Hamburger am 4. August 1994.

verse die unterschiedlichen Wissenschaftsauffassungen der jeweiligen Autoren widerspiegeln und infolgedessen zu recht widersprüchlichen Einschätzungen des Wissenschaftlers Hans Spemann kommen.[13]

Die englischen Wissenschaftshistoriker Tim Horder und Paul Weindling interpretieren Spemanns Untersuchungen und Ergebnisse vor allem unter Berücksichtigung des sozial- und ideengeschichtlichen Kontextes.[14] Aufgrund zahlreicher Übereinstimmungen mit Spemanns Autobiographie und Mangolds Biographie muß davon ausgegangen werden, daß sie die historischen Fakten von diesen übernommen haben. Soweit erkennbar verzichteten die Autoren auf ein systematisches und umfassendes Quellenstudium, was zum Teil darin begründet lag, daß der im Quellenregister aufgeführte Spemann-Nachlaß in Frankfurt a. M. erst seit 1989 für historische Forschungszwecke zugänglich ist. Horder und Weindling stellen Spemanns experimentell-empirischen Positivismus in Frage und postulieren, ausgehend von einem externalistischen Wissenschaftsverständnis, den Einfluß außer- bzw. vorwissenschaftlicher Faktoren als maßgebend für seinen Erkenntnisfortschritt. So formulieren sie als zentrale These, daß bei Spemann ein spannungsreiches Verhältnis zwischen experimentell-kausalanalytischer Methode und philosophisch-theoretischer Interpretation der Ergebnisse bestanden habe, welches insbesondere bei der Entdeckung und Interpretation des *Organisatoreffektes* eine entscheidende Rolle gespielt habe.[15] Ihre quellenmäßig unzureichend abgesicherten Hypothesen[16] lassen den geschichtswissenschaftlichen Wert der Studie fragwürdig erscheinen. Da sie aber im englischsprachigen Raum die am häufigsten rezipierten Wissenschaftshistoriker zum Thema sind,[17] müssen ihre Thesen in besonderem Maße berücksichtigt werden. Beispielsweise stellte Howard S. Lenhoff die Prioritätenfrage bezüglich der Entdeckung des *Organisatoreffektes* und brachte die amerikanische Forscherin Ethel Browne in die Diskussion, die nach eigener Aussage 15 Jahre vor Spemann den Effekt entdeckt und veröffentlicht habe.[18] Lenhoff argumentiert – treffender: spekuliert – bezugnehmend auf Horder und Weindling, daß Spemann aufgrund nationalistischer und geschlechtsspezifischer Vorurteile Brownes wissenschaftlichen Beitrag zur Entdek-

---

[13] Vereinfacht ausgedrückt betonen Vertreter des Internalismus die Bedeutung wissenschafts*interner*, Vertreter des Externalismus die Bedeutung wissenschafts*externer* Faktoren (kulturelle, politische, soziale) beim Erkenntnisfortschritt. Vgl. hierzu: Shapin, Steven: Disciplin and Boundary. The History and Sociology of Science as Seen Through the Externalism-Internalism Debate. In: Hist. Science 30 (1992), S. 333–369.

[14] Vgl. Horder, Tim J., Weindling, Paul J.: Hans Spemann and the organiser. In: Horder, T. J., Witkowski, J. A., Wylie, C. C. (Hrsg.): A History of Embryology. Cambridge University Press, Cambridge 1986, S. 183–242.

[15] Vgl. Horder, Weindling, Hans Spemann, S. 222.

[16] Vgl. unten S. 80, S. 95, S. 127–128.

[17] Vgl. u. a. Lenhoff, Howard S.: Ethel Browne, Hans Spemann, and the Discovery of the Organizer Phenomenon. In: Biol. Bull. 181 (1991), S. 72–80; vgl. Harwood, Metaphysical Foundations, S. 1–20.

[18] Vgl. Lenhoff, Ethel Browne, S. 80.

kung des *Organisatoreffektes* unterschlagen habe.[19] Folgt man dieser Auffassung, so müßte man konstatieren, daß hier wissenschaftsexterne Faktoren eine unzulässige Rolle im internen Wissenschaftsbetrieb gespielt haben. Auch Spemanns Schüler Johannes Holtfreter und Salome G. Waelsch vertreten die These, daß außerwissenschaftliche Einflüsse dieser Art sich negativ bei Spemann ausgewirkt haben.[20]

In einer weiteren ideengeschichtlichen Studie postuliert R. G. Rinard,[21] daß Spemann in der Tradition des Münchner Biologen August Pauly[22] neolamarckistische Gedanken in seine Forschungen habe einfließen lasse. Die Krise des Darwinismus[23] zu Beginn des 20. Jahrhunderts habe somit in ihm einen prominenten Vertreter gefunden. Rinards Argumentation leidet unter zahlreichen falschen Faktenangaben[24] und vermag nicht plausibel einen psycho-lamarckistischen Gedankenansatz in Spemanns wissenschaftlichem Werk nachzuweisen. Überdies kennt Rinard offenkundig den Briefwechsel zwischen Hans Spemann und August Pauly nicht, der wertvolle Informationen über den Gedankenaustausch enthält, den beide miteinander pflegten.

Die Autoren, die in einem externalistischen Interpretationsansatz den Forscher Hans Spemann in seiner Zeitbedingtheit erklären wollen, versäumten es, solche externen Einflüsse nicht nur denkbar erscheinen zu lassen, sondern sie konkret durch Quellen zu belegen und ihre Auswirkungen auf ideengeschichtlicher Ebene ebenso konkret nachzuweisen.

Gegenüber dem eben geschilderten Ansatz legte Spemanns Schüler und späterer Assistent Viktor Hamburger, ausgehend von einem internalistischen Wissenschaftsverständnis, die bisher überzeugendste ideengeschichtliche Untersuchung über Spemanns Forschungen vor.[25] Konzeptionell bedingt lieferte er keine vollständige Darstellung und Analyse, sondern konzentrierte sich auf den *Organisatoreffekt*, seine Vor- und Wirkungsgeschichte. Die dadurch gegebenen Verkürzungen schränken den Wert seiner Studie kaum ein, machen aber die Notwendigkeit einer umfassenderen Darstellung und Interpretation von Spemanns Forschungen deutlich. So wurde kritisch angemerkt: „Hamburger's study is an inter-

---

[19] Vgl. Lenhoff, Ethel Browne, S. 72, S. 78.
[20] Vgl. Holtfreter, Johannes: Reminiscences on the Life and Work of Johannes Holtfreter. In: Gilbert, Scott F. (Hrsg.): A Conceptual History of Modern Embryology. Plenum Press, New York, London, S. 109-128; vgl. Waelsch, Salome G.: The causal analysis of development in the past half century: a personal history. In: Development (1992) Suppl., S. 1-5.
[21] Vgl. Rinard, R. G.: Neo-Lamarckism and Technique: Hans Spemann and the Development of Experimental Embryology. In: Journ. Hist. Biol. 21 (1988), S. 95-118.
[22] Vgl. Pauly, August: Darwinismus und Lamarckismus. Entwurf einer psycho-physischen Teleologie. Ernst Reinhardt Verlag, München 1905.
[23] Vgl. hierzu Bowler, Peter J.: The Eclipse of Darwinism. John Hopkins University Press, London, Baltimore 1983.
[24] Vgl. unten S. 29-30, S. 56, S. 304.
[25] Vgl. Hamburger, Viktor: The Heritage of Experimental Embryology. Hans Spemann and the Organizer. Oxford University Press, New York, Oxford 1988.

nalist document, focused on the development of ideas isolated from their cultural, political and social base."[26] Ebenso wie Mangolds Biographie weist Hamburgers Monographie Merkmale einer Sekundärquelle auf, die allerdings methodisch sauber vom ideengeschichtlichen Teil unterschieden sind.

Auch Jane Oppenheimer zeichnet ein internalistisches Bild von Spemanns Art wissenschaftlichen Denkens, indem sie sein Abwägen von gedanklichen Alternativen betont. Nach ihrer Auffassung weist Spemanns gedankliche Entwicklung ein hohes Maß an innerer Logik und Stringenz auf; Diskontinuitäten und außerwissenschaftliche Einflüsse vermag sie nicht zu erkennen.[27]

In einer neueren Arbeit stellt Margaret Saha Spemanns Linsenexperimente vor, ohne allerdings die Ebene der Deskription im notwendigen Maße zu verlassen.[28] Es fehlt insbesondere der enge inhaltliche Bezug zu den Schnürexperimenten, die Spemann zeitgleich mit den Linsenversuchen angestellt hatte und die in einigen Punkten eine enge Wechselbeziehung aufweisen. Auch die Kontinuität zu den Experimenten über verzögerte Kernversorgung von Keimbereichen sowie zu den Spemann-Falkenbergschen *Situs-inversus*-Forschungen bei Zwillingen übersieht Saha. Der schwerwiegendste Mangel in ihrem Aufsatz ist allerdings eine sinnumkehrende Zitierung Spemanns, die obendrein eine wissenschaftlich unvertretbare Zusammenstückelung seiner Sätzen enthält.[29] Das Zitat betrifft einen Kernpunkt von Spemanns Gedanken, seine Interpretation organischer Vorgänge im teleologisch-lamarckistischen Kontext.

Die bisher einzige Infragestellung Spemanns experimenteller Datenbasis erhob Marcus Jacobson, als er die Aussagekraft der *Organisatorexperimente* in Frage stellte. Er selbst zog seine Bedenken allerdings später zurück.[30]

Zu erwähnen ist noch eine unveröffentlichte Diplomarbeit von Jürgen Stephan,[31] die weniger ideengeschichtliche als vielmehr hochschul- und institutionsgeschichtliche Aspekte beleuchtet. Sie beinhaltet viele bisher nicht bekannte Informationen über Spemanns Lehrtätigkeit und Institutsleitung in Rostock während der Jahre 1908 bis 1914. Leider weist die Arbeit inhaltliche und formale Mängel auf,[32] so daß ihre Ergebnisse nur bedingt akzeptiert werden können und einer Überprüfung bedürfen.

---

[26] Allen, Garland E.: Essay Review: Inducers and ‚Organizers': Hans Spemann and Experimental Embryology. In: Hist. Phil. Life Sci. 15 (1993), S. 235.
[27] Vgl. Oppenheimer, Jane M: Logische Präzision und biologische Einsicht im Denken von Hans Spemann. In: Freiburger Universitätsblätter 90 (1985), S. 27–41.
[28] Vgl. Saha, Margaret: Spemann Seen through a Lens. In: Gilbert, Scott F. (Hrsg.): A Conceptual History of Modern Embryology. Plenum Press, New York, London, S. 91–108.
[29] Vgl. Saha, Spemann, S. 99; vgl. zur ausführlichen Kritik an Saha unten S. 208.
[30] Vgl. Jacobson, Marcus: Origins of the Nervous System in Amphibians. In: Spitzer, N. (Hrsg.): Neuronal Development. New York, S. 45–99; vgl. Jacobson, Marcus: Cell Lineage Restrictions in the Nervous System of the Frog Embryos. In: Verhandl. Deutsch. Zool. Gesell. 80 (1987), S. 23–31.
[31] Vgl. Stephan, Jürgen: Leben und Werk Hans Spemanns unter besonderer Berücksichtigung der Rostocker Zeit. Unveröff. Diplomarbeit, Rostock 1988.
[32] Vgl. unten S. 26, S. 46.

Fragestellung und Methode ihrer Bearbeitung

Der biographische Ansatz stellt bekanntlich nur einen von mehreren möglichen Zugängen zur Vergangenheit dar. Innerhalb der Wissenschaftsgeschichte kommt ihm eine relativ große Bedeutung zu, da zumindest bis in die ersten Dekaden unseres Jahrhunderts die Forschung von einer verhältnismäßig begrenzten Personenzahl geprägt wurde.[33] Der methodisch überzeugendste Vorteil der Biographie ist ihr integrierender Charakter: „If one wants to have a true picture of how the philosophical, political, social and literary currents of a period interact with science, one can profitably focus on the individual."[34] Gegenüber anderen Zugängen weist die Biographie allerdings einige problematische Aspekte auf, die sich besonders bei älteren Arbeiten erkennen lassen, in denen die Lebensbeschreibung eines „Großen" der Forschung zur kritikarmen, glorifizierenden Hagiographie führte.[35] Eine solchermaßen praktizierte Wissenschaftsgeschichte bleibt zu sehr der Ebene bloßer Fakten verhaftet und bietet wenig Erkenntnisgewinn, weder für die betreffende Wissenschaft, noch für die Wissenschaftstheorie, noch für die allgemeine Geschichtsforschung.

Die methodologische Weiterentwicklung der Wissenschaftsgeschichte seit den 60er Jahren führte dazu, daß sie den Fortgang wissenschaftlicher Erkenntnis und ihre Abhängigkeit von internen und externen Faktoren verstehbar zu machen und in ein geschichtstheoretisches Konzept zu integrieren sucht.[36] In diesem Zusammenhang ist die Funktion der Biographie als empirische Basis zu sehen, aufgrund der die Gewinnung allgemeinerer Erkenntnisse über die historische Entwicklung der Naturwissenschaften, aber auch die Falsifikation oder Bestätigung derselben möglich wird.[37] Dies hat für die Biographie als geschichtswissenschaftlichen Ansatz die Konsequenz, daß sie gewisse Voraussetzungen erfüllen muß, um einen relevanten Beitrag zur Wissenschaftsgeschichte liefern zu können und daß sie bestimmte methodische Bedingungen erfüllen muß, um dem Anspruch der Wissenschaftlichkeit gerecht zu werden. Zu den unerläßlichen Voraussetzungen gehören:

---

[33] Vgl. Pápay, Guyla: Zu Stellenwert und Funktion von Biographie in der Wissenschaftsgeschichte im Vergleich mit biographischen Darstellungen in der politischen Geschichte. In: Rostocker Wissenschaftshistorische Manuskripte 9 (1983), S. 81; vgl. Kragh, Helge: An Introduction to the Historiography of Science. Cambridge University Press, Cambridge 1991, S. 168.

[34] Kragh, Introduction, S. 171.

[35] Beispielsweise Mangold, Hans Spemann.

[36] Vgl. Kuhn, Thomas S.: The Structures of Scientific Revolutions. University of Chicago Press, 2. Aufl. Chicago 1970; vgl. Rheinberger, Hans-Jörg: Biologiegeschichte und Epistemologie – Einige Überlegungen. Unveröff. Manuskript, 1992; vgl. Cremer, Thomas: Von der Zellenlehre zur Chromosomentheorie. Naturwissenschaftliche Erkenntnis und Theorienwechsel in der frühen Zell- und Vererbungsforschung. Springer Verlag, Berlin, Heidelberg, New York, Tokyo 1985.

[37] Vgl. Rheinberger, Biologiegeschichte, S. 5.

- Die zu untersuchende Persönlichkeit muß von hinreichender historischer Bedeutung sein. Obwohl dies ein recht unscharfes Kriterium darstellt, ist es naheliegend, daß vor allem bei sogenannten „Aristokraten" der Wissenschaft, d.h. den Vertretern, die einen nachhaltigen Einfluß auf den wissenschaftlichen Fortschritt ausgeübt haben, eine Biographie von erkenntnisförderndem Nutzen ist.[38]
- Mit der Biographie muß eine bestehende und geschichtswissenschaftlich relevante Forschungslücke geschlossen werden.
- Die Quellenlage muß so umfangreich und aussagekräftig sein, daß sie eine tragfähige Grundlage für eine historisch-biographische Analyse bildet.

Die zu erfüllenden methodischen Bedingungen für eine wissenschaftliche Biographie umfassen – neben den hier nicht aufgeführten, allgemein üblichen geschichtswissenschaftlichen Methoden – in erster Linie folgende Punkte:

- Die Lebensbeschreibung darf nicht bei der Deskription des Faktischen stehenbleiben. Vielmehr muß der Bezug zum ideen-, sozial- und politikgeschichtlichen Kontext hergestellt werden, um die Rahmenbedingungen für eine fundierte Interpretation zu liefern. Der hier vertretene externalistische Standpunkt muß aber differenziert die Bedeutung des historischen Kontextes im einzelnen nachweisen.
- Forschungskontroversen müssen aufgegriffen und auf der Basis einer erweiterten und solchermaßen verbesserten Quellenlage diskutiert und, falls möglich, entschieden werden.

Mit der vorliegenden Biographie über Hans Spemann soll, anknüpfend an die skizzierte Forschungslage, eine Lücke in der Geschichte der neueren Entwicklungsbiologie geschlossen werden. Im Mittelpunkt steht die Frage, welche Faktoren Spemanns Forschungen geprägt und beeinflußt haben. Läßt sich die These von Keller, daß Wissenschaftler bevorzugt auf Themen fokussieren, die kompatibel zu ihrer sozialen Norm sind, am Beispiel Spemanns bestätigen?[39] Dabei gilt das Augenmerk insbesondere den Gedanken und Hypothesen, die keinen Eingang in seine Publikationen gefunden haben, gleichwohl in Protokollen, Notizzetteln und Briefen nachgewiesen werden können. An diese zentrale Frage – ein Beitrag zur Externalismus-Internalismus-Debatte – knüpfen sich weitere sozial-, institutions- und ideengeschichtliche Problemkreise, die bereits in der Schilderung des Forschungsstandes angedeutet wurden:

- Spemanns Einstellung zum Neo-Lamarckismus und Neo-Vitalismus.[40]
- Spemanns vermeintliche oder tatsächliche Defizite bei der Einbindung biochemischer und genetischer Ergebnisse in die eigene entwicklungsbiologische

---

[38] Vgl. Kragh, Introduction, S. 173.
[39] Vgl. Keller, Evelyn Fox: Language and ideology in evolutionary theory: Reading cultural norms into natural laws. In: Sheehan, J. J.; Sosna, M. (Hrsg.): The Boundaries of Humanity. Univ. of Calif. Press, Berkeley 1988, S. 85–102.
[40] Zur begrifflichen Eingrenzung siehe unten S. 106, S. 303

Forschung, ein Verhalten, das in Bezug auf jene Zeit auch als „split between embryology and genetics"[41] generalisierend bezeichnet wurde.
- Spemanns Funktion als führender Vertreter einer Disziplin, als Hochschullehrer, als Mitgestalter der Hochschulverwaltung oder auch seine Rolle innerhalb der *scientific community*.[42]

Mit Hilfe des biographischen Ansatzes läßt sich ein relativ breites Spektrum historischer Probleme in einer Fallstudie gebündelt darstellen und diskutieren. Er bietet die Möglichkeit, Wechselwirkungen zwischen unterschiedlichen Bereichen dieses Spektrums aufzuspüren.

„Especially in the history of science, where there are so many major figures who still lack adequate treatment, there is great opportunity for the biographer [...] A fully integrated biography of a scientist which includes not only his personality, but also his scientific work and the intellectual and social background context of his time, is still the best way to get at many of the problems that beset the writing of history of science."[43]

In diesem Sinne stellt die vorgelegte Untersuchung eine Fallstudie dar, die als empirischer Baustein für möglicherweise nachfolgende prosopographische Arbeiten dienen kann, wie sie Jonathan Harwood für die deutschen Genetiker der Jahre 1900 bis 1933 vorgelegt hat.[44]

In Teil I der vorliegenden Arbeit wird Spemanns Lebensweg chronologisch nachgezeichnet. Besondere Schwerpunkte wurden dort gesetzt, wo die bisherige Forschung Lücken aufweist. Dies betrifft beispielsweise Spemanns hochschul- bzw. wissenschaftspolitische Tätigkeit, seine Einbindung in die *scientific community*, die Etablierung einer wissenschaftlichen Schule oder auch sein Engagement in der Jugend- und Erwachsenenbildung. Verschiedene Aspekte werden unter sozial- und politikgeschichtlichem Blickwinkel analysiert, so z.B. seine Position als Privatdozent, seine Haltung zur Weimarer Republik, zum „Dritten Reich" und zum Nationalsozialismus als Weltanschauung.

Teil II hat Spemanns ideengeschichtlichen Werdegang zum Inhalt, eingebettet in den Kontext des zeitgenössischen Forschungsstandes. Hier werden Spemanns wissenschaftliche Wurzeln, die von ihm ausgehenden innovativen Impulse für die eigene Disziplin und seine wissenschaftliche Wirkungsgeschichte aufgezeigt. Mit Hilfe einer exemplarischen und numerischen Analyse der Versuchsprotokolle

---

[41] Vgl. Maienschein, Jane: Heredity/Development in the United States, circa 1900. In: Hist. Phil. Life Sci. 9 (1987), S. 79–93.
[42] Der Terminus „scientific community" stellt einen Anachronismus dar, da er zu Spemanns Zeiten nicht gebräuchlich war. Er wird hier dennoch verwendet im heute üblichen Sinne einer Gruppe von Forschern, die durch gemeinsame Methoden, Fragestellungen und Kommunikationsforen miteinander verbunden sind. Dies geschieht aus Gründen der Begriffsökonomie, weil ein adäquater Terminus im Deutschen nicht gegeben ist.
[43] Hankins, Thomas L.: In Defence of Biography: The Use of Biography in the History of Science. In: Hist. of Science 17 (1979), S. 13–14.
[44] Vgl. Harwood, Jonathan: Styles of Scientific Thought. The German Genetic Community 1900–1933. University of Chicago Press, Chicago, London 1993.

wird sein Erkenntnisprozess dokumentiert und für die Klärung der oben genannten zentralen Fragen herangezogen.

In einem letzten Teil werden diese zeitlich und inhaltlich übergeordnete Fragen, die seit längerem in der wissenschaftshistorischen Forschung kontrovers diskutiert werden, anhand der erarbeiteten und erweiterten Quellen- und Faktenlage erörtert. Zu diesen zählen Spemanns Position zu philosophischen Grundproblemen der Biologie seiner Zeit, zu Nachbardisziplinen und die möglichen Wechselwirkungen zwischen wissenschaftlicher und außerwissenschaftlicher Sphäre.

Die Separierung des biographischen vom ideengeschichtlichen Teil ist methodisch problematisch, da sie der angestrebten umfassenden historischen Darstellung und Analyse durch die künstliche Separierung des Menschen Spemann vom Wissenschaftler entgegenwirkt. Angesichts der Komplexität seiner wissenschaftlichen Forschung ist diese Darstellungsweise dennoch gewählt worden, da sie am ehesten die Nachvollziehbarkeit und Transparenz der ideengeschichtlichen Vorgänge gewährleistet. Eine möglicherweise nachteilig wirkende Trennung der wissenschaftlichen von der außerwissenschaftlichen Sphäre wird durch entsprechende Querverweise vermieden, so daß Interdependenzen deutlich gemacht werden können.

Psychologische Aspekte werden nicht berücksichtigt, da sie zum einen bei der gewählten Fragestellung inhaltlich zu vernachlässigen sind und zum anderen aufgrund der Quellenbeschaffenheit keine tragfähige Grundlage besitzen.

Quellenlage

Die vorliegende Arbeit stützt sich zu einem großen Teil auf den umfangreichen Fundus unveröffentlichter und bisher nicht aufgearbeiteter Quellen. Im Mittelpunkt des Interesses stehen Quellen, die Auskunft über Spemanns wissenschaftliche Arbeit geben. Mehr als 3000 Versuchsprotokolle sind erhalten,[45] bilden diesbezüglich den umfang- und aufschlußreichsten Bestand und gewährleisten einen informativen Einblick in den Fortgang seiner experimentellen und, damit zusammenhängend, theoretischen Forschung. Die Protokolle sind in einer an das Gabelsberger System angelehnten Kurzschrift abgefaßt und wurden von Herrn Franz Kremp in Klarschrift übertragen.[46] Um die gewaltige Datenmenge erfassen zu können, wurden die wesentlichen Inhalte der Protokolle in eine Datenbank eingegeben. Bisher unbekannte Protokolle und die zugehörigen Schnittpäparate

---

[45] Vgl. Zoologisches Institut Freiburg (ZIF), Nachlaß Hans Spemann.
[46] Die Übertragung wurde durch die Heidelberger Akademie der Wissenschaften während der Jahre 1985–1987 im Rahmen des Forschungsprojektes ‚Hans Spemann' finanziell gefördert. Die in Klarschrift übertragenen Protokolle können auf Anfrage im Zoologischen Institut der Universität Freiburg eingesehen werden.

der aussagekräftigsten Versuche, die Spemann im Jahre 1938 nach Utrecht sandte,[47] wurden dort für die Dokumentation photographiert.

Zahlreiche Notizzettel, Vortragsmanuskripte, Vorlesungsunterlagen, Praktikumsbücher, Photos und Gerätschaften aller Art geben einen im Vergleich zu den veröffentlichten Arbeiten relativ ungefilterten Einblick in Spemanns Gedankenentwicklung.[48]

Ein weiterer wichtiger und bislang unveröffentlichter Quellenbestand ist der Spemannsche Briefwechsel,[49] der ca. 1500 Briefe umfaßt. Er ist erst seit 1989 für wissenschaftliche Vorhaben freigegeben. Die Briefinhalte betreffen sowohl sein Privat- als auch sein Forscherleben. Der im Frankfurter ‚Nachlaß Hans Spemann' archivierte Schriftverkehr wurde durch zahlreiche Korrespondenzen in den Nachlässen anderer Wissenschaftler ergänzt.[50] Ausgehend von den in Frankfurt nachgewiesenen Briefpartnern konnten im In- und Ausland bis dahin unbekannte Briefe Spemanns ausfindig gemacht werden, ohne daß sich damit der Anspruch auf Vollständigkeit erheben läßt.

Als weitere bedeutende Quellensammlung ist Spemanns Privatbibliothek[51] einschließlich der umfangreichen Separatasammlung[52] zu nennen. Zum einen gibt sie einen – wenn auch unvollständigen – Überblick über die ihm mühelos zugängliche Literatur. Zum anderen finden sich in den Schriften zahlreiche Randbemerkungen Spemanns,[53] die interessante Rückschlüsse auf seine Einstellung gegenüber unterschiedlichen wissenschaftlichen Problemen zulassen. Widmungen belegen überdies seine Kontakte innerhalb der *scientific community*.

Spemanns hochschulpolitische bzw. -administrative Arbeit, insbesondere das Rektoratsjahr 1923/24 in Freiburg, aber auch die Institutsleitung in Rostock, Ber-

---

[47] Vgl. Central Embryological Collection, Hubrecht Laboratory Netherlands Institute for Developmental Biology (CEC), Utrecht/NL: Hans-Spemann-Collection. Die wichtigsten Protokolle und Präparate sowie ihre Überstellung erfolgte gemäß einer Vereinbarung, die auf dem Internationalen Zoologenkongreßes 1931 in Utrecht getroffen wurde. In der Otto-Mangold-Collection sind die Protokolle und Präparate der sogenannten Organisatorexperimente enthalten, die Spemanns Schülerin Hilde Mangold, zugleich Otto Mangolds Ehefrau, durchgeführt hatte.
[48] Vgl. ZIF, Nachlaß Hans Spemann; Senckenbergische Bibliothek Frankfurt (SBF), Nachlaß Spemann.
[49] Vgl. SBF, Nachlaß Hans Spemann.
[50] Detaillierte Angaben zu den benutzten Quellen siehe unten S. 325–327.
[51] Vgl. ZIF; vgl. Universitätsarchiv Freiburg (UAF), B 24/3642, PA Spemann: Schenkungsurkunde vom 30. Juni 1946, ausgestellt von Frau Klara Spemann. Demnach wurden 74 Lehrbücher und Einzelwerke dem Zoologischen Institut der Universität vermacht. 129 Werke sind im Institut am 27. November 1944 ein Raub der Flammen geworden. Ein Teil der Spemannschen Privatbibliothek befindet sich in Besitz seiner Enkelin Frau Dr. Britta Resch.
[52] Generallandesarchiv Karlsruhe (GLAK), 235/9045, DA Hans Spemann: Schenkungsurkunde vom 14. Februar 1938. In einem Brief an seinen ehemaligen Schüler und Mitarbeiter Viktor Hamburger vom 20. Februar 1938 erwähnt Spemann diese Schenkung; vgl. SBF, Nachlaß Hans Spemann, A.2.b., Nr. 685, Bl. 1207.
[53] Herr Franz Kremp hat die Widmungen und Randbemerkungen erfaßt und in Klartext übersetzt..

lin und Freiburg sind quellenmäßig gut belegt.[54] Des weiteren ist seine Herausgebertätigkeit für *W. Roux' Archiv für Entwicklungsmechanik der Organismen* und *Die Naturwissenschaften* zu erwähnen, zu der im Verlagsarchiv des Hauses Springer sich Unterlagen finden.[55]

Auch über Spemanns außerwissenschaftliches Leben liegen zahlreiche unveröffentlichte Quellen vor. Hier sind neben den bereits erwähnten Briefen vor allem seine Tagebücher zu nennen, aber auch Dokumente in Zusammenhang mit den Hermann-Lietz-Landerziehungsheimen und der Volkshochschule Freiburg i. Br.[56]

Im Sinne einer *oral history* wurden die Zeitzeugen und bedeutenden Schüler von Hans Spemann Viktor Hamburger und Salome G. Waelsch sowie die Enkelin Dr. Brita Resch interviewt.[57] Ihre Aussagen gewährten wertvolle Einblicke in das Freiburger Laborleben und gaben persönliche Eindrücke über Hans Spemann als Mensch und Wissenschaftler wieder.

An publizierten Quellen wurden neben den Arbeiten Spemanns auch die zeitgenössische Fachliteratur, soweit sie in Zusammenhang mit seinen Forschungen steht, berücksichtigt. Eine wichtige Ressource insbesondere für Spemanns Rolle als Mitglied der *scientific community* waren Lebenserinnerungen und Biographien von Kollegen.

Die Quellenlage ist insgesamt sehr umfangreich, inhaltlich ertragreich und kann daher als gut bezeichnet werden.

---

[54] Vgl. Staatsarchiv Schwerin (StAS); vgl. Universitätsarchiv Rostock (UAR); vgl. Archiv zu Geschichte der Max-Planck-Gesellschaft (AGMPG); Universitätsarchiv Freiburg (UAF); Hauptstaatsarchiv Freiburg (HStAF).

[55] Springer-Verlags-Archiv (SVA), Heidelberg.

[56] Vgl. Stadtarchiv Freiburg (SAF); vgl. zur Geschichte der Freiburger Volkshochschule Fäßler, P. E.: Von der Volkshochschule zur Volksbildungsstätte – Erwachsenenbildung in Freiburg 1919-1944. In: Eigler, Gunther; Haupt, Helmut (Hrsg.): Volkshochschule Freiburg 1919-1994. Edition Isele, Freiburg 1994, S. 37-67.

[57] Interviews mit Prof. Dr. Jane M. Oppenheimer am 28. Juli 1994, mit Prof. Dr. Viktor Hamburger am 4. August 1994, mit Prof. Dr. Salome G. Waelsh 12. August 1994 und mit Dr. Brita Resch am 20. März 1995.

Teil 1

1.1. Stuttgart (1869–1891): Kindheit und Jugend

Elternhaus

Sozialgeschichtliche Untersuchungen über die Professorenschaft im Deutschen Kaiserreich belegen, daß überdurchschnittlich viele Hochschullehrer der Generation Hans Spemanns aus dem sogenannten Bildungsbürgertum entstammten. Zugleich weisen sie den Trend nach, daß im Zuge der prosperierenden ökonomischen Entwicklung nach 1880 ein wachsender Anteil der Nachwuchswissenschaftler und Universitätsprofessoren aus dem Wirtschaftsbürgertum kam.[58] Diese „Verzahnung von Bildungs- und Wirtschaftsbürgertum",[59] wie sie am Beispiel der akademischen Elite Deutschlands deutlich wurde, lag darin begründet, daß beide bürgerliche Schichten offenkundig günstige soziale und ökonomische Voraussetzungen für die wissenschaftliche Karriere eines jungen Menschen boten. Zu diesen zählten:

- Finanzieller Wohlstand als Voraussetzung für den Besuch guter Schulen und Universitäten, sowie für die Existenzsicherung der Nachwuchswissenschaftler während der finanziell kargen Doktoranden-, Assistenten- und Privatdozentenjahre.
- Eine die geistigen und musischen Fähigkeiten fördernde Erziehung, die in Familie und Schule vermittelt wurde.
- Die Weitergabe bestimmter Ideale und Werte, welche eine arbeitsintensive akademische Karriere erstrebenswert erscheinen ließen. Zu diesen gehörten ein ausgeprägtes Arbeitsethos, das insbesondere Fleiß, Disziplin und Sorgfalt einschloß, das Humboldtsche Bildungsideal mit seiner Vorstellung von zweckfreier Wissenschaft sowie ein bürgerliches Kulturbewußtsein, welches in der

---

[58] Bezüglich der Sozialstruktur der Professorenschaft im Deutschen Kaiserreich 1871 bis 1918 finden sich übereinstimmende Ergebnisse bei: Albisetti, J.; McClelland, C. E.; Turner, R.; Steven, R.: Science in Germany. In: Osiris, 2nd series, 5 (1989), S. 285–304; Ferber, Christian v.: Die Entwicklung der Lehrkörper der deutschen Universitäten und Hochschulen 1864–1954 (= Plessner, Helmuth (Hrsg.): Untersuchungen zur Lage der deutschen Hochschullehrer. Bd. 3). Göttingen 1956, S. 171 ff. Nipperdey, Thomas: Deutsche Geschichte 1866–1918. Bd. 1: Arbeitswelt und Bürgergeist. 3. durchges. Aufl., Verlag C. H. Beck, München 1990, S. 568–586; Mommsen, Wolfgang J.: Das Ringen um den nationalen Staat. 1850–1890 (= Propyläen Geschichte Deutschlands, Bd. 7,1). Propyläen Verlag, Berlin 1993, S. 702–805.

[59] Mommsen, Ringen um nationalen Staat, S. 704.

Verehrung deutscher Klassiker, namentlich Goethes und Schillers, einen charakteristischen Ausdruck fand.

Unter diesen Gesichtspunkten war Hans Spemann ein typischer Repräsentant seines Berufsstandes. Geboren am 27. Juni 1869 in Stuttgart, wuchs er als ältestes von sechs Kindern in einer Familie auf, die nach ökonomischen Kriterien dem Wirtschaftsbürgertum, nach sozialen Kriterien hingegen dem Bildungsbürgertum zuzurechnen ist.[60] An seine Mutter Lisinka, geb. Hoffmann, hatte Hans Spemann keine persönlichen Erinnerungen mehr. Sie starb am 21. Januar 1871, kurz nach der Geburt des zweiten Sohnes, Gottfried, am Kindbettfieber. Der Vater Johann Wilhelm Spemann heiratete in zweiter Ehe Marie, geb. Adriani, die für Hans Spemann zur mütterlichen Bezugsperson wurde.

Johann Wilhelm Spemann war ein gelernter Buchhändler und gründete am 1. Januar 1873 ein eigenes Verlagshaus in Stuttgart.[61] Sein Hauptinteresse galt der Kunst, deshalb spezialisierte er sich auf die Herausgabe von Kunstliteratur. Die prachtvolle Spemannsche Villa, die vom gehobenen Lebensstandard der Familie zeugte, wurde zum Treffpunkt eines größeren Künstlerkreises.

Sohn Hans kam in den Genuß einer anspruchsvollen und vielseitigen Erziehung. Seine Freude an praktischer Arbeit und sein manuelles Geschick wurden von den Eltern gefördert. Arbeiter des väterlichen Betriebes machten ihn mit dem Buchbinder- und Schreinerhandwerk vertraut.[62] Die musische Ausbildung war zu jener Zeit obligatorischer Bestandteil einer gutbürgerlichen Erziehung, und folglich lernte Hans Klavier spielen. Zahlreiche Urlaubsreisen nach Bad Reichenhall, an den Bodensee, die Nordsee, in die Schweiz und nach Italien erweiterten seinen geographischen und intellektuellen Horizont.[63] Dauerte die Reise mehrere Monate, wie jene ins italienische Mentone vom 21. November 1885 bis zum 15. Januar 1886, so wurde ein Privatlehrer engagiert, der den Kindern den in der Schule versäumten Unterrichtsstoff vermittelte.

Das rege Interesse des jungen Hans Spemann an seiner Umwelt belegen die noch heute in seinem frühen Tagebuch liegenden getrockneten und gepreßten Pflanzen, unter ihnen Löwenzahn, Fingerhut und Roter Klee.[64] Seine jugendliche Neugier gegenüber den Vorgängen in der belebten Natur beschrieb er 1918 folgendermaßen:

---

[60] Geschichte, Ahnentafel und Potraits der Familie Spemann in: Spemann, Adolf (Hrsg.): Tafel sämtlicher Nachfahren des kgl. preußischen Amtsrates Johann Friedrich Wilhelm Spemann. Rentmeister der Stadt Hörde bei Dortmund. Verlag J. Engelhorns Nachf. Adolf Spemann, Stuttgart 1940; Spemann, Adolf: Wilhelm Spemann. Ein Baumeister unter den Verlegern. Verlag J. Engelhorns Nachf. Adolf Spemann, Stuttgart 1943.
[61] Vgl. Spemann, Wilhelm Spemann, S. 112.
[62] Vgl. Spemann, Forschung und Leben, S. 57.
[63] Vgl. Spemann, Forschung und Leben, S. 24. Über eine Reise nach Saarbrücken vom 21. Juli 1883 bis zum 1. August 1883 gibt ein ausführliches Tagebuch mit Bleistiftskizzen, Buntstiftzeichnungen, Eintrittskarten und schriftlich festgehaltenen Erinnerungen Auskunft; vgl. SBF, Nachlaß Hans Spemann, C. 1.
[64] Vgl. SBF, Nachlaß Hans Spemann, C. 1. Bl. 8-10.

„Einige Wochen Körperwärme, und aus einem scheinbar toten Ei wird ein Hühnchen, welches uns aus lebendigen Augen anschaut. Als ich das in meiner Knabenzeit zum ersten Mal mit Staunen sah, begriff ich nicht, daß sich nicht jeder gerade so darüber wunderte wie ich und sein Leben lang dem Wunder nachdachte. Dieses Staunen hat mein Lebensschicksal bestimmt und mich sicher, wenn auch auf Umwegen, dahin geführt, wo ich jetzt stehe."[65]

Politik spielte in Hans Spemanns Elternhaus eine im Vergleich zur Kunst untergeordnete Rolle, da sein Vater wenig Interesse daran zeigte.[66] „Wir waren in erster Linie deutsch, dann erst kaiserlich gesinnt",[67] beschrieb er die politische Grundeinstellung. Folgerichtig wurde Bismarck als Kanzler der nationalen Einheit mit einer überlebensgroßen Marmorbüste geehrt, die neben der Eingangstür der elterlichen Villa stand.[68] Zum Geburtstag des ‚Eisernen Kanzlers' pflegte Johann Wilhelm Spemann alljährlich am 1. April die Reichsflagge zu hissen.

Der Vater war kein praktizierender Christ, gehörte aber der evangelisch-lutherischen Kirche an. Seine ausgesprochen antikatholische Einstellung wurzelte vermutlich in einer aufklärerischen Geisteshaltung, verbunden mit politischen Sympathien für den Nationalliberalismus. Religiöse Fragen wurden in der Familie kaum diskutiert. Dennoch erhielten die Kinder eine übliche religiöse Unterweisung; sie wurden getauft, später konfirmiert und nahmen am Religionsunterricht in der Schule teil.[69] Im Gegensatz zu seinem Vater war Hans Spemann, wie auch seine Schwester Margarete,[70] zeitlebens an religiösen Themen sehr interessiert.[71]

Schulzeit (1875–1888)

Im Jahre 1875 wurde Hans Spemann in einer pietistisch ausgerichteten, privaten Elementarschule eingeschult.[72] Nach vier Jahren wechselte er auf das renommierte Stuttgarter Eberhard-Ludwigs-Gymnasium, an dem er 1888 das Abitur ablegte (Abb. 1). Interessant ist die Selbsteinschätzung bezüglich seiner Schulzeit. Er lernte zwar leicht und konnte sich gut konzentrieren, neigte aber zur Verbissenheit, die er selbst rückblickend bedauerte. Dadurch habe sich die in ihm wohnende schöpferische Kraft nicht voll entfalten können und der Körper habe unter der

---

[65] Stiftung preußischer Kulturbesitz (SPK), Brieffragment von Hans Spemann an einen unbekannten Adressaten vom 29. März 1918.
[66] Vgl. Spemann, Forschung und Leben, S. 9.
[67] Spemann, Forschung und Leben, S. 135.
[68] Vgl. Spemann, Forschung und Leben, S. 9; die vom befreundeten Bildhauer Adolf Donndorf geschaffene Büste schenkte Spemann der Freiburger Universität.
[69] Vgl. Spemann, Forschung und Leben, S. 37.
[70] Margarete Spemann trat am 13. Mai 1931 unter dem Namen Margarete Maria in das Kloster Maria zum Siege bei Wien ein. Vgl. Spemann, Adolf (Hrsg.): Tafel sämtlicher Nachfahren, S. 53.
[71] Vgl. unten S. 96.
[72] Vgl. Spemann, Forschung und Leben, S. 30–31.

1.1. Stuttgart (1869–1891): Kindheit und Jugend

Abb. 1. Der etwa sechzehnjährige Gymnasiast Hans Spemann (um 1885; AGMPG, VI. HA, Photographien Hans Spemann)

permanenten Überarbeitung gelitten.[73] Sein späteres Engagement für reformorientierte, Körper und Geist gleichermaßen berücksichtigende Erziehungsansätze, wie sie in den Hermann-Lietz-Landerziehungsheimen oder in der Freiburger Volkshochschule praktiziert wurden, hat sicherlich in der schmerzvollen eigenen Schulerfahrung eine seiner Wurzeln. Spemanns Leistungen dürften überdurchschnittlich gut gewesen sein,[74] da er bei der Abitursfeier die Festrede halten durfte. Diese Ehre war vermutlich an eine gewisse Vorbildfunktion des Redners hinsichtlich seiner schulischen Erfolge geknüpft.

Spemann selbst wertete die Ausbildung an einem humanistischen Gymnasium als „schlechte Vorbereitung für den späteren naturwissenschaftlichen Werdegang".[75] Insbesondere habe er Lücken in Grundkenntnissen der Physik und Chemie nie mehr aufholen können. In der Tat sind durch das Physikumszeugnis in diesen Fächern schlechtere Zensuren als beispielsweise in den biologischen

---

[73] Vgl. Spemann, Forschung und Leben, S. 45, S. 57.
[74] Das Abschlußzeugnis von Hans Spemann ist nicht mehr erhalten.
[75] Spemann, Forschung und Leben, S. 44.

Fächern nachgewiesen.[76] Noch als Ordinarius hörte er in Freiburg Vorlesungen über Chemie, um seine Defizite in diesem Fach auszugleichen.[77]

Wissenschaftshistoriker haben auf Spemanns mangelhafte Kenntnisse der Chemie und Physik hingewiesen und auf sich daraus ergebende Nachteile für seine Forschungen aufmerksam gemacht.[78] Es muß allerdings betont werden, daß Kausalzusammenhänge auf dieser Ebene naturgemäß kaum nachzuweisen sind. Interessant ist der Aspekt aber vor dem Hintergrund der um die Jahrhundertwende heftig entbrannten bildungspolitischen Diskussion über die Frage, ob das an humanistischen Gymnasien vermittelte Bildungsangebot den neuen Anforderungen, die Natur- und Technikwissenschaften an die Schulabgänger stellten, noch entspreche.[79] In diesem Sinne spiegelt Spemanns Schulbildung ein bildungspolitisches Problem des Kaiserreiches wider.

Die Vorzüge seiner humanistischen Ausbildung lagen in der Vermittlung von Fremdsprachen und von Kenntnissen philosophischer und literarischer Schriften. Spemann beherrschte Latein, Griechisch, Englisch und leidlich Französisch. Noch in den zwanziger Jahren vermochte er sich mit einem spanischen Jesuiten, der am Freiburger Institut für Zoologie forschen wollte, in lateinischer Sprache zu verständigen.[80] Seine humanistische Bildung und insbesondere sein Interesse an philosophischen Fragen wurde von zahlreichen Zeitzeugen als für einen Naturwissenschaftler außergewöhnlich eingeschätzt.[81]

Buchhändlerlehre und Militärdienst (1888–1890)

Spemanns Schulabgangszeugnis aus dem Jahr 1888 enthielt den Vermerk: „Verläßt die Schule um Kaufmann zu werden".[82] Er hat sich demnach keineswegs zielgerichtet zum Naturwissenschaftler berufen gefühlt; vielmehr durchlebte er gleich anderen jungen Menschen nach der langen Schulzeit eine Phase beruflicher Orientierungslosigkeit. Zweifelsohne war er als ältester Sohn der erste Anwärter auf eine spätere Übernahme des väterlichen Verlages, was angesichts seiner geistigen Interessen und Aufgeschlossenheit gut vorstellbar war. Daher hospitierte er von Oktober 1888 bis September 1889 in allen Abteilungen des väterlichen Betriebes und eignete sich Grundkenntnisse über das Verlagswesen an. Bevor Hans Spemann aber eine Buchhändlerlehre beginnen konnte, mußte er noch das militärische Pflichtjahr ableisten. Er meldete sich zum Oktober 1889 bei dem

---

[76] Vgl. UAH, Studentenakte Hans Spemann; siehe auch unten S. 24.
[77] Vgl. SBF, Nachlaß Hans Spemann, A. 2. a., Nr. 604a, Bl. 1020.
[78] Vgl. Hamburger, Heritage, S 21–22.
[79] Vgl. Albisetti, J. C.; Lundgreen, P.: Höhere Knabenschulen. In: Berg, Christa (Hrsg.): Von der Reichsgründung bis zum Ersten Weltkrieg. 1870–1914. (= Handbuch der deutschen Bildungsgeschichte, Bd. IV). Verlag C. H. Beck, München 1991, S. 228–278.
[80] Vgl. SBF, Nachlaß Hans Spemann, A. 2. a., Nr. 595, Bl. 988.
[81] Vgl. z.B. das unveröffentlichte Tagebuch von Spemanns Mitarbeiter Bruno Geinitz, S. 92. Herrn Prof. Sander danke ich für die freundliche Überlassung einer Kopie.
[82] Zitiert nach Spemann, Forschung und Leben, S. 54.

Abb. 2. Hans Spemann in der Uniform eines preußischen Husaren (um 1889; AGMPG, VI. HA, Photographien Hans Spemann)

Husarenregiment 14 in Kassel (Abb. 2).[83] Aufgrund der Tauglichkeitsprüfung äußerte der Militärarzt allerdings Zweifel, ob er wegen seiner schwächlichen Konstitution überhaupt zum Militärdienst zugelassen werden sollte. Der damals 20jährige bestand jedoch auf der Absolvierung seines Militärdienstes, in dessen Verlauf er ein guter Reiter und passionierter Schütze wurde.

Nach Ende der Militärzeit zog Hans Spemann zum 1. Oktober 1890 nach Hamburg, um dort bei der Buchhandlung Boysen & Maasch eine Buchhändlerlehre zu absolvieren. Im Rahmen seiner Tätigkeit wurde er auch mit naturwissenschaftlichen, speziell biologischen Schriften konfrontiert, von denen ihn insbesondere Wilhelm Preyers Buch über die Seele des Kindes sowie die Schriften Ernst Haeckels anregten.[84] Aufgrund seines Widerwillens dem eingeschlagenen Berufsweg gegenüber, rang er sich nach schweren inneren Kämpfen Weihnachten 1890 zu dem Entschluß durch, nicht in die Fußstapfen des Vaters zu treten. Er wollte vielmehr ein Universitätsstudium aufnehmen, das seinen geistigen Bedürfnissen eher entsprechen würde.

Als Vorbereitung reiste Spemann Anfang Januar 1891 ins schweizerische Lausanne, um seine schmalen Französischkenntnisse zu erweitern. Im dortigen Naturkundemuseum war ein zweiköpfiges Kalb ausgestellt. Diese Mißbildung, eine sogenannte *duplicitas anterior*, stellte er 1919 im Rahmen seiner Antrittsvorle-

---

[83] Vgl. Spemann, Forschung und Leben, S. 112; Quellen über die Geschichte des Regiments sind nach Auskunft des Bundesarchivs/Militärarchiv (BA/MA) Kriegsverlust.

[84] Spemann, Forschung und Leben, S. 116.

sung als Beispiel embryonaler Mißbildungen vor.[85] Aus Lausanne zurückgekehrt, nutzte Spemann die Zeit bis zum Studienbeginn im Herbst 1891, um zwei jeweils achtwöchige militärische Pflichtübungen zu absolvieren. Er ging als Vizewachtmeister der Reserve ab, nachdem er ausdrücklich darum gebeten hatte, nicht in den Rang eines mit höherem Sozialprestige versehenen Leutnants der Reserve befördert zu werden. Über seine Beweggründe für diesen Schritt gibt es keine eindeutigen Quellenauskünfte. Da aber abzusehen war, daß mit dem geplanten Studium und der ungewissen beruflichen Zukunft die finanzielle Abhängigkeit vom Vater noch mehrere Jahre andauern würde, und gerade Ende der 1880er Jahre der Verlag in eine schwere Existenzkrise geriet,[86] ist zu vermuten, daß Spemann die zusätzlichen Kosten, welche ihm der Status eines Leutnants der Reserve verursachen würde, vermeiden wollte. Überdies spricht diese Entscheidung für eine relative Gelassenheit und Souveränität Spemanns gegenüber gesellschaftlichen Wertvorstellungen im Deutschen Kaiserreich. Sie erlaubte es ihm, innerlich einigermaßen unangefochten eigene Ziele zu verfolgen.

Kurz vor Studienbeginn, im September 1891, sah Spemann seine Studienpläne aufgrund einer Nierenerkrankung ernstlich in Frage gestellt. In seinem Tagebuch notierte er:

„September 1891, med.[izinische] Klinik Tübingen. Auf eine ganz eigene Weise wurde bei mir ein leichtes Nierenleiden entdeckt, das meinen Eltern viele Sorgen machte, mir auf einmal ganz neue Zukunftsaussichten entrollte, und von dem ich noch nicht weiß, wohin es mich weiter führen wird. [...] Dabei fand sich Eiweiß im Urin, allerdings nicht viel [...] sagte mir Dr. Landsberg. Die Sache sei nicht leicht zu nehmen, indem das ein Leiden sei, gegen das es keine Arznei gäbe, das nur durch Ruhe verzögert werden könne. Das war am 8. Oktober. 20. Oktober: Landsberg sagte mir, ich solle studieren, mich aber ruhig halten."[87]

Die Erkrankung, die Hans Spemann beim renommierten Tübinger Nephrologen Prof. Liebermeister behandeln ließ, hat in der Tat keine weiteren Folgen nach sich gezogen.

1.2. Heidelberg und München (1891–1894): Medizinstudium

Wie zahlreiche Biologen früherer Zeiten und seiner Generation studierte auch Hans Spemann zuerst Medizin und wechselte später zur Biologie.[88] Mit dem Medizinstudium sollte die Qualifikation für einen ‚Brotberuf' sichergestellt werden,

---

[85] Spemann, Hans: Experimentelle Forschungen zum Determinations- und Individualitätsproblem. In: Naturwissenschaften 7 (1919), S. 581–591.
[86] Vgl. Spemann, Wilhelm Spemann, S. 180–195. Hans Spemanns Enkelin Frau Dr. Resch wies im Gespräch am 20. März 1995 darauf hin, daß die wirtschaftlich kritische Situation des Verlagshauses Spemann den Familienmitgliedern bekannt war.
[87] Vgl. SBF, Nachlaß Hans Spemann, C.3. Bl. 32.
[88] So auch beispielsweise die Zoologen August Weismann, Otto Bütschli und Theodor Boveri und der Pflanzengenetiker Erwin Baur.

1.2. Heidelberg und München (1891–1894): Medizinstudium

was angesichts der wirtschaftlichen Probleme im väterlichen Verlag einsichtig war. Im ausgehenden 19. Jahrhundert wurde die naturwissenschaftliche Grundlagenforschung insbesondere in der Biologie keineswegs in dem Maße finanziell gefördert, daß begabte und engagierte Nachwuchswissenschaftler mit einer ihrer Ausbildung entsprechenden Arbeitsstelle und Verdienstmöglichkeit rechnen konnten.[89]

Am 31. Oktober 1891 wurde Hans Spemann an der Großherzoglich Badischen Universität Heidelberg im Fach Medizin immatrikuliert. Er blieb dort bis zum Physikum, welches er nach dem Sommersemester 1893 ablegte.

Tabelle 1. Übersicht über die von Spemann in Heidelberg besuchten medizinischen Lehrveranstaltungen[90]

Semester	Art der Veranstaltung	Titel der Veranstaltung	Dozent
Wintersemester 1891/92	Vorlesung	Anatomie des Menschen I	Carl Gegenbaur
	Vorlesung	Osteologie und Syndermologie	Hermann Klaatsch
	Vorlesung	allgemeine Chemie I	Viktor Meyer
	Praktikum	Präparierübungen I	Carl Gegenbaur
Sommersemester 1892	Vorlesung	Anatomie des Menschen II	Carl Gegenbaur
	Vorlesung	Physiologie II	Willy Kühne
	Vorlesung	allgemeine Chemie II	Viktor Meyer
	Vorlesung	Physik II	Georg Quincke
	Vorlesung	Botanik	Ernst Pfitzer
	Vorlesung	vergleichende Anatomie	Hermann Klaatsch
Wintersemester 1892/93	Vorlesung	Deszendenzlehre	Hermann Klaatsch
	Vorlesung	Zoologie	Otto Bütschli
	Vorlesung	Botanik	Ernst Pfitzer
	Vorlesung	Histologie	Friedrich Maurer
	Vorlesung	Entwicklungsgeschichte des Menschen	Friedrich Maurer
	Praktikum	Präparierübungen II	Carl Gegenbaur
	Praktikum	zoologische Übungen	Otto Bütschli
	Praktikum	experimentelle Physiologie	Willy Kühne
	Praktikum	experimentelle Physik	Georg Quincke
Sommersemester 1893	Vorlesung	anorganische Chemie	Friedrich Krafft
	Praktikum	chemisches Praktikum	Friedrich Krafft
	Praktikum	mikroskopisch-anatomische Übungen	Friedrich Maurer

---

[89] Unter den Entwicklungsbiologen der Generation Hans Spemanns erhielten beispielsweise Curt Herbst und Hans Driesch noch als renommierte Vertreter ihres Faches keine adäquat vergütete, universitäre Anstellung. Sie waren lange Jahre auf die finanzielle Unterstützung seitens ihrer Eltern angewiesen.

[90] Universitätsarchiv Heidelberg (UAH), Studentenakte Hans Spemann.

1.2. Heidelberg und München (1891–1894): Medizinstudium

Von den vortragenden Professoren beeindruckte ihn besonders der Anatom Carl Gegenbaur, der in der damaligen Biologie Deutschlands eine bedeutende Rolle spielte. Spemann erinnerte sich an seine „trockene, aber durchgeistigte Vorlesung", aus welcher ein „Goethescher Geist" sprach. Besonders hob er Gegenbaurs „Betonung des Ganzheitlichen" hervor.[91] Spemann hatte Gegenbaurs zweibändiges Lehrbuch[92] laut handschriftlicher Eintragung zu Beginn seines Studiums im Jahre 1891 gekauft. Es ist ganz aufgeschnitten, was dafür spricht, daß er es im Zuge des Grundstudiums durchgearbeitet hat. Zwei Stellen versah Spemann mit Randbemerkungen. Bei der einen wurde die Frage nach dem phylogenetischen Zusammenhang der Aortenbögen bei unterschiedlichen Wirbeltierklassen[93] erörtert, bei der anderen die onto- oder phylogenetische Bedingtheit der Bauchfellduplikatur, die die Bildung paariger Urnierenkanäle zur Folge hat.[94] Beide Randbemerkungen belegen, ebenso wie die bei Hermann Klaatsch belegte Vorlesung über Deszendenzlehre, Spemanns Auseinandersetzung mit der Abstammungslehre seit Beginn seines Studiums.

Von dem Professor für Physiologie Willy Kühne gewann er einen negativen Eindruck. Kühne habe in seiner didaktisch an sich vorzüglichen Vorlesung den ganzheitlichen Aspekt vernachlässigt und sich überdies durch einen Mangel an Ehrfurcht vor dem Leben ausgezeichnet.[95] Somit kam Spemann zu dem für einen Wissenschaftler vernichtenden Urteil:

„Ein Forscher, welcher neben dem zergliedernden Verstand nicht wenigstens eine Ader von einem Künstler besitzt, ist meiner Überzeugung nach unfähig, dem innersten Wesen des Organismus näherzukommen. Daß dem so ist, deutet auf eine tiefgründige Verwandtschaft des menschlichen Geistes mit der organischen Natur."[96]

Und sich auf Schiller und Goethe berufend:

„Ich erinnere an die berühmte Stelle in Goethes Aufsatz ‚Glückliches Ereignis', wo er beim Verlassen einer naturwissenschaftlichen Vorlesung in Jena vor der Tür mit Schiller zusammentrifft und dieser sich beklagt, ... daß eine zerstückelte Art die Natur zu behandeln, den Laien, der sich gerne darauf einließe, keineswegs anmuten könne', worauf Goethe erwiderte, ‚daß sie den Eingeweihten selbst vielleicht unheimlich bleibe und daß es doch noch eine andere Weise geben könne, die Natur nicht gesondert und vereinzelt vorzunehmen, sondern sie wirkend und lebendig, aus dem Ganzen in die Teile strebend, vorzustellen.'"[97]

Am 19. Juli 1893 beendete Spemann mit dem bestandenen Physikum den ersten Abschnitt seiner wissenschaftlichen Ausbildung. Das Protokoll über die ärztliche Vorprüfung spiegelt seine fachlichen Vorlieben und Abneigungen deutlich

---

[91] Vgl. Spemann, Forschung und Leben, S. 126–127.
[92] Gegenbaur, Carl: Lehrbuch der Anatomie des Menschen. 2 Bde. Verlag Wilhelm Engelmann, Leipzig 1890.
[93] Gegenbaur, Lehrbuch, Bd. 1, S. 72.
[94] Gegenbaur, Lehrbuch, Bd. 2, S. 135.
[95] Vgl. Spemann, Forschung und Leben, S. 125–127.
[96] Spemann, Forschung und Leben, S. 126.
[97] Zitiert nach Spemann, Forschung und Leben, S. 126.

Tabelle 2. Spemanns Zensuren aus der ärztlichen Vorprüfung vom 19. Juli 1893[98]

Fach	Prüfer	Zensur
Anatomie	Carl Gegenbaur	sehr gut
Physiologie	Willy Kühne	sehr gut
Physik	Georg Quincke	genügend
Chemie	Viktor Meyer	gut
Zoologie	Otto Bütschli	sehr gut
Botanik	Ernst Pfitzer	gut
Gesamtzensur		gut

wider. Die Zensuren in den Fächern Physik, Chemie und Botanik fielen mit *genügend* und *gut* schlechter aus als die in den medizinischen und zoologischen Prüfungsgebieten. Allerdings sollte man dies nicht überbewerten, da Spemann beispielsweise Physik als Prüfungsfach in seinem späteren Doktorexamen der Chemie vorzog.

Neben seinen Hochschulverpflichtungen engagierte sich Spemann im *Naturwissenschaftlichen Verein Heidelberg* und kam auf diese Weise in den Kontakt mit zahlreichen anregenden Persönlichkeiten.[99] Unter diesen ist Gustav Wolff,[100] der Spemann erstmals mit entwicklungsbiologischen Fragestellungen am Beispiel der Linsenregeneration bei Amphibien konfrontierte, besonders zu erwähnen. Wolff war befreundet mit dem Münchner Anatom August Pauly und dem Würzburger Zoologen Theodor Boveri. Er sorgte dafür, daß Spemann diese beiden Männer, die für seine weitere berufliche und intellektuelle Entwicklung von großer Bedeutung waren, persönlich kennenlernte.

Im August 1892, nach bestandenem Physikum, gab Spemann die Verlobung mit Klara Binder, einer Jugendfreundin seiner Schwester Margarete, bekannt. Diese stammte aus einer angesehenen Stuttgarter Juristenfamilie, was für Hans Spemann bedeutete, daß er gewisse akademische und berufliche Meriten aufweisen mußte, um als künftiger Schwiegersohn akzeptiert zu werden.

Spemann wechselte zum Wintersemester 1893/94 nach München, um dort das erste klinische Semester zu absolvieren. Vermutlich hatte Wolff ihm zum Studienort München geraten, damit er bei August Pauly die Vorlesung über Darwins Evolutionstheorie hören könne, was er denn auch tat. Spemann lernte Pauly persönlich kennen und es entwickelte sich auf langen Spaziergängen eine enge Freundschaft,[101] die sich nach Spemanns Wechsel nach Würzburg in einem um-

---

[98] UAH, Studentenakte Hans Spemann.
[99] Namentlich bekannt sind Fritz Goeppert, später Professor für Pädiatrie in Göttingen, und Otto Fresse, später Professor für Ohrenheilkunde in Halle.
[100] Wolff wurde später Assistent an der psychiatrischen Klinik in Würzburg bei Konrad Rieger, anschließend Direktor der Psychiatrischen Pflegeanstalt ‚Friedmatt' in Basel/Schweiz. Seine Freundschaft mit Spemann sollte bis zu dessen Tode im Jahre 1941 bestehen.
[101] Vgl. Spemann, Forschung und Leben, S. 145-146.

1.2. Heidelberg und München (1891–1894): Medizinstudium

fangreichen Briefwechsel niederschlug.[102] Welcher Art geistigen Einfluß Pauly auf Spemann ausgeübt hat, läßt sich heute nicht so eindeutig nachweisen, wie es die bisherige Forschung glauben machen möchte.[103] Belegt ist, daß zumindest der junge Medizinstudent Spemann von Paulys philosophisch-theoretischen Spekulationen beeindruckt war, denn Pauly schrieb ihm am 1. Juli 1894 nach Würzburg:

„Daß meine Ideen in Ihnen Früchte tragen, freut mich sehr. Es würden Ihnen viele Schwierigkeiten verschwinden, wenn ich Ihnen alles sagen könnte, was ich in mein Buch schreiben will. Thiere und Pflanzen sind für mich so wesenseinerlei, nur durch ihre typischen Aufgaben zu verschiedenartiger Ausbildung gelangt, daß es mir von jeher unzweifelhaft war, daß jede aus dem Thierreich abgeleitete tiefere Erkenntnis auch für das Pflanzenreich gelten müße."[104]

Zugleich weisen aber die „vielen Schwierigkeiten" auf Spemanns Einwände gegen Paulys Vorstellungen hin. Sicherlich war er kein unkritischer Rezeptor von dessen Ideen.

In München faßte Spemann den Entschluß, vorerst nicht den Arztberuf zu ergreifen, sondern zuvor noch den Doktortitel zu erlangen. Freimütig führte er in seiner Autobiographie aus, daß nicht in erster Linie ein ungestillter Wissensdurst ihn zu diesem Schritt getrieben habe, sondern die Tatsache, daß der Doktortitel es ihm erlauben würde, seine Braut zu ehelichen.[105] Daneben waren sicherlich ausgeprägte naturwissenschaftliche Interessen bei dieser Entscheidung von großer Bedeutung. Auf Anraten Paulys und Wolffs entschloß er sich im Herbst 1893, bei

Tabelle 3. Übersicht über die von Spemann in München besuchten medizinische Lehrveranstaltungen[106]

Semester	Art der Veranstaltung	Titel der Veranstaltung	Dozent
Wintersemester 1893/94	Vorlesung	allgemeine Pathologie	Bollinger
	Vorlesung	Pharmacologie	Tappeiner
	Vorlesung	chirurgische Propädeutik	Klaussner
	Vorlesung	gynäkologische Diagnostik	Ziegenspeck
	Vorlesung	allgemeine Chirurgie	Angerer
	Vorlesung	Darwinismus	August Pauly
	Praktikum	physikalische Diagnostik	Bauer
	Praktikum	medicinisch-propädeutisches Klinikum	Bauer
	Praktikum	klinisches Praktikum	Bauer
	Praktikum	pathologisch-anatomischer Kurs	Bollinger

---

[102] Vgl. SBF, Nachlaß Spemann, A.1.a., Nr. 248–301, Bl. 370–462. Der vermutliche Aufbewahrungsort von Spemanns Briefe an Pauly konnte leider nicht ausfindig gemacht werden. Bekannt ist nur, daß ein Dr. Kurt Isemann den Nachlaß Pauly verwaltete.
[103] Vgl. Rinard, Neo-Lamarckism; vgl. Horder, Weindling, Hans Spemann.
[104] SBF, Nachlaß Hans Spemann, A.1.a., Nr. 255, Bl. 386.
[105] Vgl. Spemann, Forschung und Leben, S. 171.
[106] Universitäts-Archiv der Ludwig-Maximilians-Universität München (UALM), Belegbogen Spemann Hans, Wintersemester 1893/94.

dem Würzburger Zoologen Theodor Boveri, der damals bereits einen hervorragenden Ruf genoß, wegen der Möglichkeit einer Promotion anzufragen.[107] In einem Schreiben vom 15. Dezember 1893 antwortete Boveri:

„Auf Ihre freundliche Anfrage teile ich Ihnen mit, dass ich zwar im Allgemeinen Doktor-Arbeiten mit bestimmtem Termin nicht gebe; ich habe in der kurzen Zeit meines Hierseins schon schlechte Erfahrungen gemacht. In Ihrem Falle will ich aber gerne eine Ausnahme machen."[108]

Die Empfehlungen von Wolff und Pauly waren wohl ausschlaggebend für Boveris Entgegenkommen.

Ursprünglich plante Boveri, Spemann mit einer nicht näher beschriebenen Korallenuntersuchung an der Zoologischen Station in Neapel zu betrauen.[109] Dieses Vorhaben scheiterte jedoch mangels geeigneten konservierten Materials. Ein weiteres Thema, die Erforschung des Entwicklungszyklus beim Leberegel *Dicrocoelium dendriticum* wurde bereits im Februar aus „Gründen, die zu schreiben zu langwierig wären"[110] verworfen. Die Erforschung der Geschlechtsorgane beim Bandwurm kam, diesmal aus kuriosen Gründen, ebenfalls nicht in Frage. „Erst als ich [Spemann, P.F.] schüchtern einwandte, daß mich das in der rein juristischen Familie meiner Braut kompromittieren würde, ging er [Boveri, P.F.] lachend auf einen anderen Wurm über."[111] Schließlich beauftragte Boveri seinen Kandidaten mit einer Zellgenealogie beim Fadenwurm *Strongylus paradoxus*.

1.3. Würzburg (1894–1908)
Beginn einer akademischen Karriere

Die Würzburger Jahre brachten Hans Spemann entscheidende Weichenstellungen im beruflichen wie im privaten Leben. Mit der Promotion zum Doktor der Philosophie[112] und nachfolgenden Habilitation erlangte er die Venia legendi für das Fach *Allgemeine Zoologie*. Als Assistent, später Privatdozent und außerordentlicher Professor, schuf er sich eine bescheidene ökonomische Existenzgrundlage.

---

[107] Bayerische Staatsbibliothek (BStB), Ana 389, C. 1., Nr. 1. Brief von Theodor Boveri an Hans Spemann vom 15. Dezember 1904. Aus dem Brief geht indirekt hervor, daß Spemann auf Empfehlung von Wolff und Pauly bei Boveri wegen einer Promotion angefragt hatte.

[108] BStB, Ana 389, C. 1., Nr. 1.

[109] Vgl. BStB, Ana 389, C. 1., Nr. 2. Brief von Theodor Boveri an Hans Spemann vom 21. Januar 1894.

[110] Vgl. BStB, Ana 389, C. 1., Nr. 2. Brief von Theodor Boveri an Hans Spemann vom 19. Februar 1894.

[111] Spemann, Forschung und Leben, S. 171; Falschdarstellung bei Stephan, Leben und Werk Hans Spemanns, S. 5.

[112] Das Fach Zoologie war bis zum Jahre 1937 als Teil der mathematisch-naturwissenschaftlichen Sektion der Philosophischen Fakultät der Universität Würzburg zugeordnet.

Zudem erarbeitete sich Spemann während jener Jahre die notwendigen Voraussetzungen in Forschung und Lehre, um im Jahre 1908 einen Ruf auf den freigewordenen Lehrstuhl für *allgemeine Zoologie und vergleichende Anatomie* in Rostock erhalten zu können. Überdies ermöglichte die berufliche Etablierung, daß er seine Verlobte Klara Binder ehelichen und sich als Familienvater neue menschliche Perspektiven erschließen konnte.

Wissenschaftliche Ausbildung und akademischer Werdegang

Vermutlich besuchte Spemann erstmals im März 1894 Theodor Boveri in Würzburg, um die Frage seines Dissertationsthemas persönlich zu besprechen.[113] Das von Boveri vorgeschlagene Thema, die Entwicklung des Fadenwurmes *Strongylus paradoxus*, bearbeitete er dann im Laufe des Jahres 1894. Die Untersuchung gestaltete sich offenbar sehr erfolgreich, denn in einem Zwischenbericht vom 28. Oktober 1894 schrieb Boveri an Spemanns Vater:

„Ich kann Ihnen aber wohl einstweilen verraten, daß wir alle an dem ehrenvollen Ausgang ‚summa cum laude' nicht den geringsten Zweifel haben. Die Doktorarbeit Ihres Sohnes ist nicht nur nach meinem Urteil, sondern auch nach dem des Botanikers Sachs vorzüglich und steht als wertvolle wissenschaftliche Leistung hoch über dem Niveau der Durchschnittsdissertation; sie allein würde die erste Note (I) sichern. – Ich kenne viele Zoologen und habe manchen als Schüler unter den Händen gehabt; aber ich wüßte keinen, dem man ein so günstiges Prognosticon für die Zukunft stellen könnte."[114]

In der Tat schloß Spemann am 12. November 1894 seine Promotion mit dem Prädikat *summa cum laude* ab.[115] Die Prüfungen in den Fächern Zoologie, Botanik und Physik legte er bei den sehr renommierten Fachvertretern Theodor Boveri (Zoologie), Julius Sachs (Botanik) und Conrad Röntgen (Physik) ab. Trotz seiner offenkundig positiven Beurteilung der Untersuchung war Boveri erst mit der zweiten Abfassung von Spemanns Dissertation zufrieden, die dann im Jahre 1895 veröffentlicht wurde.[116]

Am 3. Februar 1895 teilte Boveri dem Senat der Universität Würzburg mit, daß er die ihm zustehende Assistentenstelle an den Schwaben Hans Spemann zu vergeben gedenke. Dies war insofern bemerkenswert, als an bayerischen Universitäten nur bayerische Kandidaten als Assistenten eingestellt werden durften, wozu sich Boveri mangels geeigneter Bewerber jedoch nicht in der Lage sah.[117] Ob dem

---

[113] Vgl. Spemann, Forschung und Leben, S. 169.
[114] Privatbesitz Dr. Resch; Brief von Theodor Boveri an Johann Wilhelm Spemann vom 28. Oktober 1894.
[115] Archiv des Rectorats und Senats der Universität Würzburg (ARSUW), Nr. 784, Personalakte (PA) Hans Spemann, Lebenslauf Hans Spemann.
[116] Spemann, Hans: Zur Entwicklung des Strongylus paradoxus. In: Zool. Jahrb., Abth. Anat. Ontog. Thiere 8 (1895), S. 302-317. Das Gutachten Boveris zu Spemanns Dissertation ist aufgrund von Kriegsverlust nicht mehr erhalten.
[117] Vgl. ARSUW, Nr. 3185.

tatsächlich so war oder ob es sich dabei um einen vorgeschobenen Grund handelte, kann heute nicht mehr geklärt werden. Es ist aber daraus zu erkennen, daß Boveri Spemann menschlich und fachlich außerordentlich schätzte und ihn ungeachtet möglicher bürokratischer Hindernisse als Mitarbeiter einzustellen suchte. Am 1. März 1895 trat Spemann die Assistentenstelle an. Sie war mit 1080,- M im Jahr vergütet,[118] was deutlich unter dem Durchschnitt der an deutschen Universitäten in den Naturwissenschaften gezahlten Assistentengehälter lag.[119] Trotz des bescheidenen Salärs zog er nicht in die ihm zustehende preisgünstige, universitätseigene Assistentenwohnung ein, sondern verblieb weiterhin in der bisherigen Unterkunft, was einen vergleichsweise gehobenen Lebensstandard vermuten läßt.[120] Spemanns finanzieller Wohlstand war von besonderem Nutzen bei seinen umfangreichen und reproduktionstechnisch aufwendigen Veröffentlichungen. So teilte Wilhelm Roux unter Anspielung auf die zahlreichen Abbildungen und farbigen Tafeln in den wissenschaftlich so bedeutsamen „Entwickelungsphysiologischen Studien. I – III"[121] mit: „Es ist gut, daß Sie ein reicher Mann sind, denn zur Herstellung der praechtigen mehrfarbigen Figuren werden Sie erheblich zuzahlen müssen."[122]

Spemann begann mit der Untersuchung für die Habilitation noch im Jahr 1895 und bearbeitete auf Boveris Ratschlag als vergleichend-anatomisches Thema die Entwicklung des Mittelohres bei Amphibien. Es wurde unter anderem im Hinblick auf eine später anzustrebende Professorentätigkeit gewählt, die eine gewisse Vielseitigkeit in der wissenschaftlichen Ausbildung voraussetzte, um dem breitgefächerten Lehrkanon des Faches Zoologie gerecht werden zu können.[123] Neben der Forschung betreute Spemann im Rahmen seiner Lehrverpflichtungen das Zoologie-Praktikum für Anfänger und Fortgeschrittene. Im Sommersemester 1896 vertrat er überdies Boveri als Lehrstuhlinhaber, der zu jener Zeit an der meeresbiologischen Station in Neapel weilte.

Spemanns labile physische Konstitution litt unter der dreifachen Belastung von Lehre, Lehrstuhlvertretung und Forschung. Im Sommer 1896, unmittelbar nach Abschluß des praktischen Teils seiner vergleichend-anatomischen Untersuchung zog er sich einen Lungenspitzenkatarrh zu. Daher war es ihm unmöglich, im

---

[118] Vgl. ARSUW, Nr. 3185.

[119] Vgl. Burchardt, Lothar: Naturwissenschaftliche Universitätslehrer im Kaiserreich. In: Schwabe, Klaus (Hrsg.): Deutsche Hochschullehrer als Elite: 1815-1945 (= Büdinger Forschungen zur Sozialgeschichte 1983). Harald Boldt Verlag, Boppard a. Rh. 1988, S. 151–224, S. 161.

[120] Nach Auskunft von Frau Dr. Resch erhielt Spemann bis zur Übernahme des Ordinariats in Rostock am 1. Oktober 1908 monatlich einen Geldbetrag in unbekannter Höhe von seinem Vater.

[121] Vgl. Spemann, Hans: Entwickelungsphysiologische Studien am Triton-Ei. I–III. In: Arch. f. Entw.mech. d. Organis. 12, 15, 16 (1901–1903).

[122] SBF, Nachlaß Hans Spemann, A.1.a., Nr. 323, Bl. 491, Brief von Wilhelm Roux an Hans Spemann vom 17. Juni 1902.

[123] Vgl. Spemann, Forschung und Leben, S. 173; vgl. Harwood, Metaphysical Foundations, S. 3.

1.3. Würzburg (1894-1908): Beginn einer akademischen Karriere

Wintersemester 1896/97 seiner beruflichen Tätigkeit nachzugehen und die Forschungsergebnisse zügig in einer Habilitationsschrift niederzuschreiben. Von ärztlicher Seite wurde ihm dringend zu einer längeren Kur geraten, die er im Oktober 1896 auch antrat. Boveri, brieflich über den gesundheitlich bedenklichen Zustand seines Assistenten informiert, hatte Spemann in einem Schreiben vom 19. September 1896 zugesichert, daß seine Stellung im Institut nicht gefährdet sei.[124] So reiste Spemann ins österreichische Bozen, wo er eine vierwöchige Traubenkur über sich ergehen lassen mußte. Anschließend fuhr er weiter nach Innsbruck, Chur und Arosa; dort verweilte er bis zum Frühjahr 1897. Die Ruhepause nutzte er nicht nur zur Wiederherstellung seiner Gesundheit, sondern auch zum Studium von August Weismanns bedeutendem Buch „Das Keimplasma. Eine Theorie der Vererbung."[125] Diese Lektüre wurde für ihn zu einem ideengeschichtlichen Schlüsselereignis, das in späteren Kapiteln genauer zu erörtern sein wird. Es ist durch mehrere Quellen gut belegt; beispielsweise schrieb Boveri am 15. Februar 1897 an Spemann: „Dass Sie den ganzen Weismann durchgelesen haben, imponiert mir sehr, und es ist kein Zweifel, dass man daraus viel Gewinn schöpfen kann."[126] Hingegen zeigte sich sein Freund und früherer Lehrer August Pauly, ein erklärter Gegner der Weimannschen Auffassungen und Verfechter einer psycholamarckistischen Richtung, am 22. April 1897 wenig begeistert:

„Aber leid hat es mir gethan, dass die Gesundheit Ihrer Philosophie unter dem schlechten Umgang mit Weismann gelitten hat, und Sie in der Grundlage Ihrer Weltanschauung wankend geworden sind. Auch ich habe in diesem Winter einige kleine Abstecher in die unfruchtbare Wüste Weismannscher Spekulation unternommen, zu denen mich mein Darwin-Colleg zwang. Ich weiß nicht mehr, wie viele Abhandlungen von Weismann nöthig sind, um eine gute Stelle zusammen zu bringen, ich habe in meiner ganzen Lectüre nicht mehr als eine solche gefunden. Mir ist nicht nur die hartnäckige Verschlossenheit seines Geistes widerlich, sondern ebenso sehr seine Seichtigkeit und Eingebildetheit."[127]

Aus diesem Brief geht hervor, daß Spemann sich um 1897 von August Pauly geistig distanzierte. Das ohnehin auf schwachen Füßen stehende Argument, Spemann habe aufgrund seiner freundschaftlichen Beziehung zu Pauly auch intellektuell dessen Ansichten geteilt,[128] mag für die Münchner Jahre zutreffen, ist aber für die spätere Zeit in Würzburg offenkundig differenzierter zu beurteilen. So stieß beispielsweise Paulys im Jahre 1905 erschienenes Buch „Darwinismus und Lamarckismus. Entwurf einer psycho-physischen Teleologie."[129] bei Spemann, wie übrigens auch bei Boveri, auf kritischen Widerspruch. Er lehnte daher

---

[124] Vgl. BStB, Ana 389, C. 1., Nr. 10.
[125] Weismann, August: Das Keimplasma. Eine Theorie der Vererbung. Gustav Fischer Verlag, Jena 1892.
[126] Vgl. BStB, Ana 389, C. 1., Nr. 13.
[127] SBF, Nachlaß Hans Spemann, A.1.a., Nr. 272, Bl. 417.
[128] Vgl. Rinard, Neo-Lamarckism and Technique, S. 97-98; vgl. Horder, Weindling, Hans Spemann and the Organiser, S. 218.
[129] Pauly, August: Darwinismus und Lamarckismus. Entwurf einer psycho-physischen Teleologie. Ernst Reinhardt Verlag, München 1905.

eine von Pauly erbetene Rezension ab, was diesen in einem Brief an Spemann vom 18. Juli 1906 zu der Bemerkung veranlaßte:

„Nichts ist vernünftiger, als daß Sie von der Besprechung meines Buches absehen [...] Unaufrichtige Freundschaftsdienste an meinem Buch würde ich höchst verwerflich finden [...] Boveri ist mir ein so herzlich lieber Freund, daß ich meine Empfindungen über seine Mißverständnisse nur in Briefen an ihn selbst ausspreche."[130]

Die von Rinard vertretene Ansicht, Spemann habe Paulys Buch geschätzt,[131] geht an den Quellen und dem in ihnen belegten Sachverhalt vorbei. Auch in späteren Jahren vermied Spemann eine wissenschaftliche Zusammenarbeit mit Pauly, beispielsweise als dieser ihn am 9. Juni 1906 für einen Beitrag in dem geplanten *Archiv für Lamarckismus* zu gewinnen suchte.[132] Vermutlich brach der wissenschaftliche Dialog aufgrund Spemanns reservierter Haltung gegenüber Pauly ab.[133] In den Briefen aus den Jahren nach 1906 kamen nur noch private Dinge zur Sprache.

Nach Beendigung der Kur trat Spemann zum 1. Mai 1897 die Assistentenstelle am zoologischen Institut wieder an. Sein bis zum 1. August 1897 befristeter Vertrag wurde auf Antrag Boveris vom Senat um zwei weitere Jahre verlängert.[134] Allerdings gab Spemann bereits zum 1. Januar 1898 die Stelle vorzeitig auf. Die Vermutung, er habe sich den Herausforderungen des Lehrbetriebs nicht gewachsen gefühlt,[135] dürfte angesichts der vielfachen Bekundungen seiner didaktischen Fähigkeiten kaum zutreffen. Naheliegender ist es, daß Spemann, der auf das Gehalt nicht unbedingt angewiesen war, die Monate Januar bis Mai 1898 für die gründliche Vorbereitung seines öffentlichen Habilitationsaktes nutzen wollte. Dafür spricht auch der Umstand, daß er 1898 keine entwicklungsbiologischen Experimente durchführte, wie er es noch im Jahr zuvor getan hatte.

Am 25. Mai 1898 fand um 18.00 Uhr in der kleinen Aula der Universität Würzburg der öffentliche Habilitationsakt statt. Über ihren Verlauf notierte der Vertreter des Senats der Universität, Professor M. Fick, in seinem Bericht:

„Der mündliche Habilitationsakt des Dr. Spemann bestand den Vorschriften entsprechend aus 2 Theilen. Für den ersten Theil, den Probevortrag, hatte die Sektion der philosophischen Fakultät als Thema gestellt: ‚Kritische Darstellung der Versuche über Beeinflussung der Ontogenese durch Abtrennung oder Tötung der einzelnen Blastomeren.' Der Habilitand sprach seinen Vortrag allerdings nicht ganz frei, hielt sich jedoch offenbar nicht wörtlich an das vor ihm liegende Manuskript, und bekundete jedenfalls die Fähigkeit, den Anforderungen zu genügen, die man an einen guten Lehrvortrag zu stellen pflegt."[136]

---

[130] SBF, Nachlaß Hans Spemann, A.1.b., Nr. 289, Bl. 444–445.
[131] Vgl. Rinard, Neo-Lamarckism and Technique, S. 99.
[132] Vgl. SBF, Nachlaß Hans Spemann, A.1.b., Nr. 288, Bl. 443.
[133] Vgl. SBF, Nachlaß Hans Spemann, A.1.b., Nr. 290, Bl. 446.
[134] Vgl. ARSUW, Nr. 3185, Antrag Boveris beim Universitätssenat vom 5. November 1898.
[135] Vgl. Mangold, Hans Spemann, S. 27.
[136] ARSUW, Nr. 784, PA Hans Spemann.

1.3. Würzburg (1894–1908): Beginn einer akademischen Karriere

Im Bericht der Philosophischen Fakultät an den Senat vom 4. Juni 1898 heißt es:

„Betreff Habilitation des Dr. phil. Hans Spemann. Die Probevorlesung, welche nahezu eine Stunde in Anspruch nahm, hat die Fakultät in jeder Hinsicht befriedigt. Die sachkundige Bearbeitung des Themas zeigte eine vollständige, sichere Beherrschung und Durchdringung des Stoffes; alle einschlägigen Hauptversuche wurden von dem Habilitanden klar beschrieben. Die Schlüsse, welche die Autoren daraus gezogen hatten, wurden in kurzer und treffender Formulierung einander gegenüber gestellt und schliesslich ein Versuch gemacht, in Abwägung der verschiedenen Anschauungen den gegenwärtigen Stand der Frage zu praecisiren. Auch die formale Seite des Vortrages verdient volles Lob, wenn auch hier die Ungeübtheit des Habilitanden nicht zu verkennen war, was sowohl in der Anlehnung an das Manuskript, als auch darin zum Ausdruck kam, dass es dem Habilitanden nicht völlig gelang, die an sich recht gute Disposition des Vortrages klar und plastisch heraustreten zu lassen, wodurch die Verständlichkeit etwas beeinträchtigt wurde. Nichtsdestoweniger liess der Vortrag eine entschiedene didaktische Begabung erkennen [...] Obgleich seine Verteidigung unter einer gewissen Unbehilflichkeit und vielleicht allzugroßen Bescheidenheit litt, machte sie doch insofern einen durchaus günstigen Eindruck, als alles,

Tabelle 4. Übersicht über Spemanns Lehrveranstaltungen während der Jahre 1898–1908[137]

Semester	Vorlesungstitel	SWS*	Hörer
1898/99	Entwickelungsgeschichtliche Probleme	1	30
1899	Naturgeschichte der Insecten	2	0
1899/1900	Entwickelungsgeschichtliche Probleme	1	6
1900	Naturgeschichte der Insecten	3	4
1900/01	Entwickelungsphysiologische Probleme	2	2
1901	Naturgeschichte der Insecten	2	6
1901/02**	Zoologie I. Teil	2	64
1902	Naturgeschichte der Insecten	2	6
1902/03	Entwickelungsphysiologische Probleme II	2	7
1903	Naturgeschichte der Insecten	2	17
1903/04***	Naturgeschichte der Vögel	2	–
1904	Vergleichende Entwicklungsgeschichte der wirbellosen Tiere	2	–
1904/05	Naturgeschichte der Vögel	2	–
1905	Naturgeschichte der Insecten	2	–
1905/06	Entwicklungsphysiologie	2	–
1906	Naturgeschichte der Insecten	2	–
1906/07	Entwicklungsphysiologie	2	–
1907	Ausgewählte Kapitel aus der Insektenbiologie	2	–
1907/08	Entwicklungsphysiologie	2	–
1908	Naturgeschichte der Insekten	2	–

* Semesterwochenstunden
** Lehrstuhlvertretung
*** Die Vorlesung fiel aus, weil Spemann für das Wintersemester 1903/04 beurlaubt war und an der meeresbiologischen Station in Neapel arbeitete.
– Keine Angaben

---

[137] Vgl. Vorlesungsverzeichnisse der Julius-Maximilians-Universität Würzburg der Jahre 1898–1908.

1.3. Würzburg (1894-1908): Beginn einer akademischen Karriere

was der Habilitand gegen die erhobenen Einwände vorbrachte, von großer Verstandesschärfe und tief eindringendem Nachdenken über allgemeinere Probleme der organischen Naturwissenschaft Zeugnis gab. Der Gesamteindruck, den die Fakultät aus den Publikationen des Dr. Spemann und aus seinem Auftreten bei dem Habilitationsakt erhielt, ist der einer ausgezeichneten, vielseitigen wissenschaftlichen Begabung mit Thatkraft und Gediegenheit, sowie einer lebhaften Begeisterung für Forschung und Lehrtätigkeit."[138]

In beiden Gutachten werden zwei charakteristische Eigenschaften Spemanns genannt: zum einen seine didaktische Neigung und Begabung, zum zweiten sein geistiger Tiefgang und die Schärfe seiner Argumentation. Offenkundig war er kein introvertierter Forscher, der in seinem Fachgebiet unter Verlust gesellschaftlicher Kontaktfähigkeit aufging, sondern erfreute sich an der Möglichkeit, eigene Erkenntnisse als Lehrender weiterzugeben oder sie in einem kontroversen Disput zu verteidigen.

Mit dem Erwerb der Venia legendi wurde Spemann am 28. Juni 1898 der Status eines Privatdozenten beurkundet.[139] Damit begann seine eigentliche Karriere als Hochschullehrer. Bereits im Jahr zuvor hatte er sich als Forscher mit seinen Schnürversuchen thematisch von seinem Doktorvater gelöst.

Spemann sah sich nun vor die Aufgabe gestellt, als Forscher und Dozent zugleich ein Profil zu erlangen, das ihn bei neu zu besetzenden Professorenstellen zu einem interessanten Kandidaten für die betreffende Universität werden ließ. Hierzu gehörten folgende Punkte:

- Erarbeitung eigener Vorlesungen
- Erarbeitung eines eigenständigen Forschungsprogramms
- Präsentation der Ergebnisse in Fachorganen und auf Kongressen
- Einbindung in die wissenschaftliche Forschungsgemeinschaft.

Am 6. November 1898 hielt Spemann seine erste eigene Vorlesung.[140] Er trug über *Ausgewählte Kapitel der Entwickelungsmechanik* einem Auditorium vor, in dem neben Boveri auch der neu nach Würzburg gezogene Hermann Braus[141] und der von Zürich gekommene Physiologe Max von Frey[142] saßen. Während der folgenden Jahre deckte das Spektrum seiner Vorlesungen weite Bereiche der systematischen Zoologie ab. Auf diese Weise vermochte er binnen weniger Jahre ein Lehrangebot aufzuweisen, das den an einen zukünftigen Ordinarius gerichteten Anforderungen entsprach. Im Wintersemester 1901/02 erhielt Spemann die Gelegenheit, in Vertretung Boveris die Einführungsvorlesung im Fach Zoologie zu halten:

---

[138] ARSUW, Nr. 784, PA Hans Spemann.
[139] ARSUW, Nr. 784, PA Hans Spemann.
[140] Vgl. Spemann, Forschung und Leben, S. 204.
[141] Vgl. zu Hermann Braus (1868-1924) und sein freundschaftliches Verhältnis zu Hans Spemann: Spemann, Hans: Hermann Braus. In: Die Naturwissenschaften 13 (1925), S. 253-261; vgl. Spemann, Hans: Hermann Braus. In: W. Roux' Arch. f. Entwicklungsmechanik d. Organismen 106 (1925), S. I-XXV.
[142] Vgl. zu Maximilian von Frey (1852-1932): Rein, L. H.: Max von Frey. Ein Nachruf. In: Ergebnisse der Physiologie 35 (1933), S. 1-9.

1.3. Würzburg (1894–1908): Beginn einer akademischen Karriere

„Als Vertreter in den Vorlesungen würde Professor Boveri den Privatdozenten Dr. Spemann vorschlagen, der seit 7 Jahren im Institut zum Theil als Assistent thätig, nach nun dreijähriger Thätigkeit im Stande ist, nicht nur eine an und für sich sehr gute Vorlesung zu halten, sondern sie auch genau dem bisher durchgeführten Unterrichtsplan anzupassen. Zu den Demonstrationen würden ihm nicht nur die Institutssammlung, sondern auch Boveri's 6 Präparate zur Verfügung stehen. Dr. Spemann würde die Vorlesung ohne Anspruch auf eine besondere Vergütung machen."[143]

Am 8. Juni 1904 richtete die Philosophische Fakultät an den Senat den vermutlich von Boveri initiierten Antrag auf Bewilligung einer außerordentlichen Professur für den Privatdozenten Spemann. Begründet wurde er mit seinen Leistungen in Lehre und Forschung und mit seinem Dienstalter:

„Besonders hervorzuheben sind die Untersuchungen über die Ursachen der Doppelbildungen bei Amphibien. Durch Verbindung eines sehr fein ausgearbeiteten Experimentalversuches mit den zu deskriptiven Zwecken ausgebildeten Rekonstruktionsmethoden hat Dr. Spemann eine auf diesem schwierigen Gebiet sehr seltene Exaktheit der Resultate erreicht. [...] Weiter seien die originellen Versuche über Correlation in der Entwicklung des Auges namhaft gemacht, durch welche eine alte und theoretisch bedeutungsvolle Streitfrage ihre endgültige Lösung gefunden hat. Nicht minder verdient seine Lehrtätigkeit Lob [...] Durch die vier mal im Sommer-Semester abgehaltene Vorlesung über Insekten hat er besonders einem Bedürfnis der Lehramtskandidaten für beschreibende Naturwissenschaften entsprochen und, wie die steigende Frequenz gelehrt hat, mit bestem Erfolg."[144]

Weiterhin wurden Spemanns didaktisch hervorragend aufgebauten Vorlesungen lobend erwähnt. Auch während der Lehrstuhlvertretungen in den Jahren 1895/96 und 1901/02 habe sich gezeigt, daß Spemann den organisatorischen Anforderungen, die an einen Professor herantreten, gewachsen sei. Am 28. Dezember 1904 wurde Spemann zum außerordentlichen Professor ernannt.[145]

Für den jungen Forscher, der seit 1897 intensiv an entwicklungsbiologischen Experimenten arbeitete, war es von größter Bedeutung, daß die Ergebnisse seiner Experimente nicht nur in Fachzeitschriften publiziert, sondern auch direkt einem Auditorium unterbreitet wurden. Am 18. September 1900 trat Spemann der Deutschen Zoologischen Gesellschaft (DZG) bei,[146] und in den Folgejahren referierte er des öfteren auf ihren Jahresversammlungen über seine Ergebnisse. Spemann förderte so nicht nur seine eigene wissenschaftliche Karriere, indem er den Einstieg in die - modern ausgedrückt - *scientific community* vollzog, sondern zugleich die Anerkennung der jungen entwicklungsmechanischen Disziplin. Boveri betonte diesen Aspekt, als er seinen Schüler anläßlich dessen ersten Vortrages auf einer DZG-Versammlung in Gießen 1902 ermunterte:

---

[143] ARSUW, Nr. 383, PA Theodor Boveri.
[144] ARSUW, Nr. 784, PA Hans Spemann, Antrag der Philosophischen Fakultät beim Universitätssenat vom 8. Juni 1904.
[145] ARSUW, Nr. 784, PA Hans Spemann.
[146] Vgl. Geus, Armin; Querner, Hans: Deutsche Zoologische Gesellschaft 1890-1900. Dokumente und Geschichte. Verlag Gustav Fischer, Stuttgart, New York 1990, S. 57.

1.3. Würzburg (1894–1908): Beginn einer akademischen Karriere

„Dass Sie nach Giessen gehen und Ihre Linsenpraeparate demonstriren, halte ich für völlig angängig und durchaus empfehlenswert. Man geht ja auf diese Versammlungen, um Neues zu sehen und es sind gewiß viele da, die sich für die Sache interessieren. Auch ist es ganz gut, wenn die physiologische Richtung sich allmählich etwas breiter macht auf den Zoologen-Versammlungen. Endlich ist es für Sie von Werth, wenn Sie sich den Göttern ein wenig praesentiren."[147]

Es gelang Spemann, sich auf diese Weise binnen kürzester Zeit einen hervorragenden Ruf als Entwicklungsbiologe zu erarbeiten. Am 27. Juni 1906 schrieb ihm Wilhelm Roux:

„Vor kurzem habe ich Sie nebst Herbst zu Mitgliedern der kaiserl.[ich] Leopoldin.[ischen] u.[nd] Carolin.[ischen] Academie vorgeschlagen und die beiden zur vorgeschriebenen Unterstützung vorgesehenen Herren R.[ichard] Hertwig und Bütschli haben den Antrag sogleich befürwortet, sodass die Sache wohl bald perfect sein wird."[148]

In der Tat wurde Hans Spemann noch im Jahre 1906 in die älteste deutsche Akademie aufgenommen.

Tabelle 5. Übersicht über Spemanns Vorträge während der Jahre 1897–1908

Jahr	Forum	Ort	Vortragstitel
1901	IZK*	Berlin	Experimentell erzeugte Doppelbildungen
1901	AG**	Bonn	Ueber Correlationen in der Entwicklung des Auges
1902	DZG	Gießen	Über die Abhängigkeit der Linsen- und Corneabildung vom Augenbecher
1903	DZG	Würzburg	Experimentelle Erzeugung von Tricephalie und Cyclopie
1906	DZG	Marburg	Über eine neue Methode der embryonalen Transplantation
1906	GDNÄ***	Stuttgart	Über embryonale Transplantation
1907	DZG	Rostock	Zum Problem der Correlation in der tierischen Entwicklung
1908	DZG	Stuttgart	Neue Versuche zur Entwicklung des Wirbeltierauges

*   Internationaler Zoologenkongreß
** Anatomische Gesellschaft
*** Gesellschaft Deutscher Naturforscher und Ärzte

---

[147] Vgl. BStB, Ana 389, C. 1., Nr. 22. Brief von Theodor Boveri an Hans Spemann vom 2. März 1902. Die Bezeichnung „physiologische Richtung" zeigt Boveris und auch Spemanns Distanz zur Roux Terminus „Entwicklungsmechanik". Zu dieser Problematik vgl. unten S. 112.

[148] SFB, Nachlaß Hans Spemann, A.1.a., Nr. 330, Bl. 503. Roux erwähnt neben Spemann noch den Heidelberger Entwicklungsbiologen Curt Herbst als Kandidaten.

1.3. Würzburg (1894–1908): Beginn einer akademischen Karriere

Einen historisch außerordentlich bedeutsamen Vortrag hielt Spemann am 27. Mai 1907 in Rostock. Auf der DZG-Vorstandssitzung in Marburg im Jahre 1906 hatte Oskar Hertwig angeregt, Hans Spemann zum Referat für Rostock im darauffolgenden Jahr zu bitten:

„Ich schlage den geehrten Herren Collegen vor, auf den Vorschlag „Speemann" [sic!] zurückzukommen; wir haben hierzu umso mehr Veranlassung, als Speemann [sic!] sich durch seinen Vortrag in Marburg in besonderer Weise ausgezeichnet hat."[149]

In seinem Referat mit dem Titel „Zum Problem der Correlation in der tierischen Entwicklung"[150] trug Spemann scharfsinnige Einwände gegen das Darwinsche Selektionsprinzip vor und ließ die Lamarcksche Vorstellung über die Vererbung erworbener Eigenschaften als diskussionswürdige These gelten.[151] Der Genetiker Richard Goldschmidt erinnerte sich:

„Im Jahre zuvor hatte der Zoologenkongreß in Rostock stattgefunden, und da der dortige Zoologe damals schon sehr krank war, hatten seine Kollegen im Stillen bereits nach Wissenschaftlern Ausschau gehalten, die für den Ruf in Frage kommen konnten. Während dieses Kongresses hatte Spemann den Hauptvortrag zu halten, wobei er über die Probleme der Homologie sprach. In der Diskussion wurde er heftig von einigen altmodischeren Kollegen angegriffen, unter ihnen vor allem von dem ungeschliffenen und aggressiven Plate. Spemann hatte sich bei seinen Ausführungen von entwicklungsphysiologischen Vorstellungen leiten lassen, während seine Gegner überholte phylogenetische Spekulationen in die Debatte warfen und sich strikt weigerten, die Logik der Spemannschen Argumente anzuerkennen. Spemann, der bei solchen Gelegenheiten ein hervorragender Kämpfer war, verteidigte seinen Standpunkt mit klaren, sachlichen und logischen Argumenten, was seine Gegner nur noch lautstärker und aggressiver werden ließ. Wie so oft in solch einer Situation, versuchte keine Partei die Argumente der anderen zu verstehen, und so verlor sich die anfangs erregende Diskussion mehr und mehr in einem hoffnungslosen, gegenseitigen Mißverstehen, bis ein Außenseiter, der Physiologe Winterstein, aufstand und mit ein paar außerordentlich klugen Worten den Unterschied der Argumente in ausgezeichneter Klarheit analysierte. Daraufhin erklärte Spemann, daß er sich freue, daß wenigstens der Physiologe den Entwicklungsphysiologen verstanden habe, womit er gleichzeitig auf den seinerzeit scharfen Gegensatz zwischen den vitalistisch orientierten Embryologen und den mechanistisch orientierten Morphologen anspielte."[152]

Der Vortrag gab wohl den Ausschlag für Spemanns Berufung auf das zu vergebende Ordinariat an der Universität in Rostock.[153]

---

[149] Zitiert nach Geus, Querner, Deutsche Zoologische Gesellschaft 1890–1900, S. 71. Auch der Berliner Zoologe Karl Heider lobte in einem Schreiben an Spemann vom 29. September 1906 dessen Marburger Vortrag. Vgl. SBF, Nachlaß Hans Spemann, A. 158, Bl. 250.
[150] Vgl. Spemann, Hans: Zum Problem der Correlation in der tierischen Entwicklung. In: Verhandl. Deutsch. Zool. Gesell. (1907), S. 22–48.
[151] Vgl. Spemann, Correlation, S. 46. Siehe auch unten S. 214–215.
[152] Goldschmidt, Richard: Erlebnisse und Begegnungen. Berlin, Hamburg 1959, S. 15–16.
[153] Diese Ansicht vertreten Mangold, Hans Spemann, S. 31, Geus, Querner, Deutsche Zoologische Gesellschaft, S. 71 und Goldschmidt, Erlebnisse, S. 15–16.

1.3. Würzburg (1894–1908): Beginn einer akademischen Karriere

Während der Würzburger Jahre weilte Spemann nur einmal, im Wintersemester 1903/04, zu einem Forschungsaufenthalt im Ausland, nämlich an der Stazione Zoologica Napoli, die unter Leitung ihres deutschen Gründers Anton Dohrn stand. Bereits am 1. November 1900 hatte er sich nach den Modalitäten eines Forschungsaufenthaltes dort erkundigt.[154] Für das Wintersemester 1902/03 plante er, die Zoologische Station in Neapel zu besuchen, weshalb er sich auf Anraten seines Kollegen Dr. Schotta um einen Zuschuß bei der Königlich Preußischen Akademie der Wissenschaften in Berlin beworben hatte.[155] Das Vorhaben mußte jedoch um ein Jahr verschoben werden und erst im Oktober 1903 trat er die Reise nach Süditalien an. Er arbeitete an der meeresbiologischen Station in Neapel bis zum Frühjahr 1904. Über seine Experimente ist wenig bekannt, aber aus einem Schreiben Boveris vom 26. Dezember 1903 geht hervor, daß Spemann daran dachte, Drieschs Konzept des harmonisch-aequipotentiellen Systems am Fallbeispiel der Seescheide *Clavelina* zu überprüfen:

„Es ist schade, dass die Clavelina schon in festen Händen ist; es scheint mir immer mehr als eine der wichtigsten Aufgaben, den ‚harmonisch-aequipotentiellen Systemen' mit Beherrschung aller Mittel zu Leibe zu gehen, ob nicht harmonisch-aequipotentiell zu deutsch heißt: schlecht untersucht."[156]

Spemanns Aufenthalt legte den Grundstein für ein gutes und herzliches Verhältnis zu Anton Dohrn (Abb. 3), das er später auch mit dessen Sohn und Nachfolger als Stationsleiter Reinhard Dohrn pflegte. Im Winter 1926/27 besuchte Spemann noch ein zweites Mal die meeresbiologische Station und er riet seinen Mitarbeitern stets zu einem dortigen Forschungsaufenthalt. Im Jahre 1906 trug Anton Dohrn Spemann die Bitte vor, er möge einen Essay über seine Station schreiben,[157] der in der angesehenen *Deutschen Rundschau* abgedruckt werden sollte. Dieses Unterfangen war in erster Linie wissenschaftspolitisch motiviert. Die Station war seit ihrer Gründung im Jahre 1873 immer wieder mit finanziellen Problemen und mit eigentumsrechtlichen Ansprüchen seitens des jungen italienischen Staates konfrontiert worden.[158] Dohrns Anliegen war nun, mit dem geplanten Beitrag Spemanns die Aufmerksamkeit einflußreicher Kreise in Politik und

---

[154] Vgl. Archives Stazione Zoologica „Anton Dohrn" di Napoli (ASZN), Ba. 3791.
[155] Vgl. Stiftung preussischer Kulturbesitz (SPK), SLG Darmst. LC 1897 (20), Brief von Hans Spemann an die Preußische Akademie der Wissenschaften vom 19. Februar 1902.
[156] BStB, Ana 389, C. 1., Nr. 27. Brief von Theodor Boveri an Hans Spemann vom 26. Dezember 1902.
[157] SBF, Nachlaß Hans Spemann, A.1.a., Nr. 54, Bl. 96.
[158] Hierzu maßgeblich: Müller, Irmgard: Die Geschichte der Zoologischen Station in Neapel von der Gründung durch *Anton Dohrn* (1872) bis zum Ersten Weltkrieg und ihre Bedeutung für die Entwicklung der modernen biologischen Wissenschaften. Habilitationsschrift, Düsseldorf 1976. Partsch, Josef: Die Zoologische Station in Neapel. Modell internationaler Wissenschaftszusammenarbeit (= Studien zu Naturwissenschaft, Technik und Wirtschaft im Neunzehnten Jahrhundert, Bd. 11). Vandenhoeck & Ruprecht, Göttingen, Zürich 1980.

1.3. Würzburg (1894–1908): Beginn einer akademischen Karriere

Abb. 3. Hans Spemann (links) mit dem Gründer und Leiter der meeresbiologischen Station in Neapel, Anton Dohrn, an Bord des stationseigenen Bootes „Johannes Müller" (um 1903; ZIF, Nachlaß Hans Spemann)

Wissenschaft im deutschen Kaiserreich für seine Institution zu wecken; es galt, eine Lobby für die Station in Berlin aufzubauen.[159] Spemann fühlte sich zwar geehrt, daß er den Artikel schreiben sollte, hatte aber auch gewisse Zweifel: „Am meisten Sorge macht mir das, was Sie so hübsch als Wesen der Diplomatie definieren; das war bisher meine Stärke nicht."[160] In der Tat erfüllte sein Manuskript nicht die Erwartungen Dohrns:

„Ich bedauere, daß Ihr Aufsatz nicht dem entsprach, was eigentlich in meiner Phantasie resp.[ective] nach den Gesprächen mit den competenten Persönlichkeiten in Berlin als das Erforderliche gilt [...] Gerade was Sie auf der letzten Seite Ihres MS andeuten: die Nützlichkeit für die Zoologen, mal in einem Organismus zu leben, das sollte in diplomatisch geschickter Weise dem ganzen gebildeten Leserkreise der Deutschen Rundschau ermöglicht werden."[161]

Anton Dohrn veröffentlichte letztendlich einen eigenen, wissenschaftspolitisch argumentierenden Aufsatz;[162] Spemann überließ seinen ‚unpolitischen' Essay nach Rücksprache mit Dohrn schließlich den *Süddeutschen Monatsheften*, deren

---

[159] Vgl. SBF, Nachlaß Hans Spemann, A.1.a., Nr. 461, Bl. 688.
[160] ASZN, Ba 3798, Brief von Hans Spemann an Anton Dohrn vom 2. Februar 1908.
[161] SBF, Nachlaß Hans Spemann, A.1.a., Nr. 461, Bl. 687–688.
[162] ASZN, Ba 3801.

Herausgeber Cossman ihn schon seit längerer Zeit um einen nicht näher spezifizierten Beitrag gebeten hatte.[163]

Bereits in den Würzburger Jahren gelangte Spemann zu internationaler Anerkennung, wie aus einem Brief von Thomas Hunt Morgan vom 1. Januar 1907 hervorgeht: „It will be a great pleasure and add much to the success of the Congress if we can have your name on the program."[164] Seine Kontakte insbesondere in die USA nahmen damals ihren Anfang. Während seines Aufenthaltes in Neapel lernte Spemann mehrere ausländische Kollegen kennen, unter ihnen den amerikanischen Genetiker und Protozoologen Herbert Spencer Jennings. Auf einem Kongreß in Bern traf er 1904 erstmals den amerikanischen Entwicklungsbiologen Ross Granville Harrison, mit dem ihn eine lebenslange freundschaftliche Beziehung verbinden sollte. „I have met a number of men, who have interested me very much, amongst whom are Forel, Kronecker, Spemann ...",[165] berichtete Harrison am 17. August 1904 seinem Freund Frank P. Mall. Auch Harrisons Landsmann William Morton Wheeler,[166] Embryologe und Insektenkundler, später Harvard-Professor, gehörte zu seinen frühen Bekanntschaften aus den USA. Weiterhin ist Spemanns Begegnung mit der norwegischen Entwicklungsbiologin Kristine Bonnevie zu erwähnen. Mit ihrer nachmaligen Schülerin Gudrun Ruud, die während der Jahre 1915 bis 1917 in Berlin-Dahlem am *Kaiser-Wilhelm-Institut für Biologie* bei ihm forschte, veröffentlichte Spemann gemeinsam eine Arbeit.[167]

Berufung auf den Rostocker Lehrstuhl für allgemeine Zoologie und vergleichende Anatomie

Als im Jahre 1908 der Rostocker Zoologe und Lehrstuhlinhaber Oswald Seeliger verstarb, bedeutete dies, daß erstmals seit 1898 eine Professur für *allgemeine Zoologie und vergleichende Anatomie* an einer Universität im Deutschen Reich zu besetzen war. Es bewarben sich daher zahlreiche, zwischenzeitlich habilitierte Privatdozenten, außerplanmäßigen bzw. außerordentlichen Professoren, von denen neun in die engere Auswahl kamen. Der Direktor des botanischen Instituts zu Rostock, Professor Ehrenberg, bat neben anderen auch Boveri um eine Stellungnahme zu den einzelnen Kandidaten. Dieser favorisierte drei Wissenschaftler:

---

[163] ASZN, Ba 3803. Vgl. Spemann, Hans: Die zoologische Station zu Neapel. In: Süddeutsche Monatshefte 4 (1907), S. 3-12. Ein Manuskript mit handschriftlichen Korrekturen befindet sich im Bestand des Freiburger Spemann-Nachlasses. Des weiteren exisitieren dort Dias über Spemanns Aufenthalt in Neapel.

[164] SBF, Nachlaß Hans Spemann, A.1.a., Nr. 242, Bl. 363. Gemeint ist der 7th Zoological Congress in Boston/MA.

[165] Carnegie Institute of Washington, Department of Embryology, Mall Papers, Brief von Ross G. Harrison an Frank P. Mall vom 17. August 1904.

[166] SBF, Nachlaß Hans Spemann, A.1.a., Nr. 425, Bl. 624.

[167] Vgl. Ruud, Gudrun; Spemann, Hans: Die Entwicklung isolierter dorsaler und lateraler Gastrulahälften von Triton taeniatus und alpestris, ihre Regulation und Postgeneration. In: Arch. f. Entw.mech. d. Organis. 52 (1923), S. 95-166.

Valentin Haecker, Otto zur Strassen und Hans Spemann. Letzteren beschrieb Boveri als Schüler, Freund und Arbeitsgenossen. Seine Habilitation sei eine schwierige morphologische Arbeit gewesen; überdies habe Spemann sich binnen kürzester Zeit eine hervorragende Stellung innerhalb der Entwicklungsphysiologie erarbeitet. Daher sei es unverständlich, daß er von Bütschli und Blochmann, die ebenfalls um Stellungnahmen gebeten wurden, nicht genannt wurde. Spemann habe sich zwar in spezielle Probleme vertieft, daneben aber breit gefächertes Interesse gezeigt. Außerdem sei er ein guter Lehrer und auch den menschlichen und organisatorischen Aufgaben eines Institutsleiters gewachsen.[168]

Offenkundig stand Boveri mit seinem Urteil nicht allein, denn in einer Einschätzung der Rostocker Philosophischen Fakultät vom 29. Mai 1908 heißt es:

„Spemann hat mit seinen Arbeiten durch die glänzende Art des Experimentierens sowie durch die Klarheit und Schärfe seines Denkens und seiner Darstellung die allgemeine Aufmerksamkeit auf sich gezogen. Wenn Spemann auch in seinen Publikationen bestimmten Problemen mit großer Ausdauer nachgeht, so ist er doch keineswegs einseitig".[169]

Spemann wurde einstimmig gewählt. Am 11. Juli 1908 teilte er dem Senat der Universität Würzburg mit, daß er einen Ruf an die Universität Rostock erhalten habe, und tags darauf schrieb er dem Rektor der Universität Rostock, daß er den Ruf annehmen werde. Die konfessionelle Zugehörigkeit spielte bei der Berufung auf einen naturwissenschaftlichen Lehrstuhls eine gewisse Rolle. In diesem Punkt konnte Spemann dem Rektor der Rostocker Universität versichern: „Die Voraussetzung betreffs meiner Konfession trifft zu; ich bin Protestant."[170] Zum 30. September 1908 wurde er von seinen beruflichen Verpflichtungen in Würzburg entbunden.[171]

Familie und gesellschaftliches Leben

Mit der Erlangung des Doktorgrades stand in den Augen der Eltern seiner Braut der Eheschließung nichts mehr im Wege. Am 6. Juni 1895 fand die Vermählung mit Klara Sophie Binder (1874-1964) statt. Im darauffolgenden Frühjahr stellte sich mit Tochter Margarete der erste Nachwuchs ein. Von ihr sollte Spemann jene blonden Babyhaare für die Haarschlingen nehmen, mit denen er die Schnürung von Amphibieneiern in frühen Entwicklungsstadien vornahm. Auch die drei Söhne Friedrich Wilhelm, Rudolf und Ulrich kamen in Würzburg zur Welt.[172]

---

[168] Universitätsarchiv Rostock (UAR), Phil. Fak. 1495-1945.
[169] Staatsarchiv Schwerin, Akte des Ministeriums für Unterrichtangelegenheiten, Kunst-, Geistliche und Medizinalangelegenheiten, Nr. 1319.
[170] UAR, Personalakten 1449-1945, PA Spemann.
[171] ARSUW, Nr. 784, PA Spemann, Entlassungsurkunde vom 27. September 1908.
[172] Biographische Angaben über die Kinder der Familie Hans Spemann in: Spemann, Adolf, Tafel sämtlicher Nachfahren, S. 53-55. Ein umfangreicher Briefwechsel zwischen Hans und Rudolf Spemann ist im Nachlaß Rudolf Spemann im Klingspor-Museum in Offenbach a. M. archiviert.

1.3. Würzburg (1894–1908): Beginn einer akademischen Karriere

Spemanns gesellschaftliches Engagement lag hauptsächlich im pädagogischen Bereich. Er erkannte, daß aus seiner exponierten und privilegierten akademischen Position auch soziale Verpflichtungen erwachsen, denen er sich mit Verantwortungsbewußtsein stellen wollte. Als Freund von Hermann Lietz und Förderer seiner Landerziehungsheime, als Initiator von Jugendwerkstätten in Rostock und Freiburg sowie als Vorsitzender der Freiburger Volkshochschule während der Jahre 1920 bis 1933 verwirklichte er sein pädagogisches und bildungspolitisches Anliegen.

Im Jahre 1906 erfuhr Spemann erstmals von dem von Hermann Lietz ins Leben gerufenen reformpädagogischen Landerziehungsheimprojekt,[173] als in Schorndorf am Ammersee das vierte Heim dieser Art in Betrieb genommen wurde. Sein Interesse war geweckt und im Jahre 1907, auf der Durchreise von München nach Würzburg, stattete er dem Heim in Schorndorf einen Besuch ab. Bei dieser Gelegenheit lernte er den Theologen und Pädagogen Hermann Lietz persönlich kennen. Noch im Oktober desselben Jahres besuchte er das Heim auf dem ehemals fürstbischöflichen Jagdschloß Bieberstein, über welches er ein kurzes Schreiben abfaßte.[174] Dies geschah in der Absicht, im Verbund mit den Professoren Gunkel aus Gießen und Schwarz aus Halle, dem Heim eine respektable Referenz zu verschaffen. Insbesondere die Vielseitigkeit der Ausbildung, die Einbeziehung des Lehrers als Erzieher und persönlicher Ansprechpartner für die Schüler sowie das ganzheitliche, Körper und Geist gleichermaßen berücksichtigende Bildungsideal hob Spemann hervor und kam zu dem Schluß, „daß wir uns glücklich schätzen würden, wenn die Leute, die zu uns in Hörsaal und Laboratorium kommen, alle so frische Sinne, so klares Urteil, so einfache verständliche Ausdrucksweise und so ungeschwächte Lust zum Lernen besäßen, wie meine jungen Freunde in Bieberstein."[175]

In der Tat war Lietz' Ideal die Erziehung der Kinder „zu harmonischen, selbständigen Charakteren, zu deutschen Jünglingen, die an Leib und Seele gesund und stark, die körperlich, praktisch, wissenschaftlich und künstlerisch tüchtig sind, die klar und scharf denken, warm empfinden, mutig und stark sein wollen."[176] Dabei war Toleranz in religiösen und politischen Fragen[177] stets zu bewahren: „Denn höher noch als das Ideal der Rasse, Nation, Konfession steht das

---

[173] Zur Biographie von Hermann Lietz und zur Geschichte der Hermann-Lietz-Landerziehungsheime maßgeblich: Korrenz, R.: Hermann Lietz. Grenzgänger zwischen Theologie und Pädagogik. Eine Biographie. Verlag Peter Lang, Frankfurt a. M. 1989; Korrenz, R.: Landerziehungsheime in der Weimarer Republik. Verlag Peter Lang, Frankfurt a. M. 1992.
[174] Spemann, Hans: Landerziehungsheim Bieberstein. o.O. 1907, S. 1–2.
[175] Spemann, Landerziehungsheim, S. 2.
[176] Hermann Lietz: Die Erziehungsgrundsätze des Deutschen Landerziehungsheims von Dr. H. Lietz bei Ilsenburg im Harz. In: Lietz, Hermann (Hrsg.): Das erste und zweite Jahr im Deutschen Land-Erziehungsheim bei Ilsenburg. 2. Aufl., Leipzig 1902, S. 6–11.
[177] Vgl. Lietz, Erziehungsgrundsätze, S. 9.

der Menschheit, der Humanität, das nie aufgegeben werden darf."[178] Zu einer Zeit des übersteigerten Nationalgefühls in Europa hob sich diese Einstellung – aus heutiger Sicht erfreulich – vom damaligen Zeitgeist ab. Spemanns Engagement in der reformorientierten Jugenderziehung und später in der Erwachsenenbildung wurzelten in einer solchermaßen formulierten Grundhaltung.

1.4. Rostock (1908–1914): Ordinarius für allgemeine Zoologie und vergleichende Anatomie

Mit der Übernahme des Lehrstuhles für *allgemeine Zoologie und vergleichende Anatomie* und der damit verbundenen Leitung des Zoologischen Instituts in Rostock kamen neue Aufgaben, aber auch neue Chancen auf Hans Spemann zu. Er war nun in der Lage, als Ordinarius aus der Schar seiner Studenten wissenschaftliche Mitarbeiter auszubilden, mit denen er gemeinsam ein umfangreiches Forschungsfeld bearbeiten konnte. In der Tat begann während der Rostocker Jahre die Etablierung einer Gruppe mikrochirurgisch-experimentell arbeitender Entwicklungsbiologen, die als Spemann-Schule[179] bezeichnet werden kann. Kennzeichnend war für sie die Gemeinsamkeit der Methode, der Untersuchungsobjekte, des Forschungsfeldes und nicht zuletzt das Lehrer-Schüler-Verhältnis mit Spemann, auf den die theoretischen und methodischen Vorgaben zurückgingen, als Leitungsperson.

Institutsleitung und Lehre

Die Rostocker Universität war zu Beginn des zwanzigsten Jahrhunderts eine sehr kleine Hochschule,[180] der nur geringe Finanzmittel zur Verfügung standen. Das wirtschaftlich schwache Großherzogtum Mecklenburg-Vorpommern zahlte die reichsweit niedrigsten Gehälter für Professoren und Assistenten.[181] Spemanns Anfangsgehalt betrug 4200,- M pro Jahr und stieg bis 1914 auf 5000,- M pro

---

[178] Hermann Lietz: Das dritte Jahr im DLEH zu Haubinda in Thüringen. Von Ostern 1903 bis Ostern 1904. In: Hermann Lietz (Hrsg.): Das sechste Jahr in Deutschen Land-Erziehungsheimen. Schloß Bieberstein 1904.

[179] Vgl. Steyer, Brigitte: Der Beitrag Hans Spemanns zur Biologie während seines ersten Ordinariats von 1908 bis 1914 an der Universität Rostock. In: Alma Mater Jenensis. Studien zur Hochschul- und Wissenschaftsgeschichte 7 (1991), S. 195-202, S. 195. Eine ausführliche Abhandlung über den Begriff der wissenschaftlichen Schule bei: Servos, John W.: Research Schools and Their Histories. In: Osiris 8 (1993), S. 3-15.

[180] Vgl. Titze, Hartmut: Datenhandbuch zur deutschen Bildungsgeschichte. Bd. I: Hochschulen, Teil 2: Wachstum und Differenzierung der deutschen Universitäten 1830-1945. Vandenhoeck & Ruprecht, Göttingen 1995, S. 32-33 und S. 491-509.

[181] Vgl. Autorenkollektiv: Geschichte der Universität Rostock 1419-1969. Berlin 1969, Bd. 1, S. 93.

1.4. Rostock (1908–1914): Ordinarius für allgemeine Zoologie

Jahr.[182] Hinzu kamen Kolleggelder, deren Summen aufgrund variierender Hörerzahlen von Semester zu Semester schwankten. Die bescheidenen universitären Haushaltsmittel machten sich auch bei den räumlichen Verhältnissen, Laboreinrichtungen und bei der Bibliotheksausstattung nachteilig bemerkbar. Der die Lehrstuhlvertretung wahrnehmende Assistent Professor Will schilderte die unhaltbaren Unterrichtsbedingungen am 21. Mai 1907 auf der 17. Jahresversammlung der Deutschen Zoologischen Gesellschaft in Rostock:

„Es ist unzulässig, daß die kleinen Praktikanten in zwei nicht zusammenhängenden Räumen, dem Laboratorium und dem Hörsaal, untergebracht werden müssen, so daß wir in einem an sich anstrengenden vierstündigen Kurs gezwungen sind, über denselben Gegenstand nacheinander an zwei Stellen vorzutragen."[183]

Trotz dieser ungünstigen äußeren Umstände, welche sich auf Lehre und Forschung erschwerend auswirkten, nahm Spemann den an ihn ergangenen Ruf an, weil er für ihn die Chance bot, als Institutsleiter und Ordinarius neue Erfahrungen zu sammeln und seine wissenschaftlichen Pläne in größerem Umfang zu verwirklichen. Möglicherweise spielte bei den Überlegungen sein fortgeschrittenes Alter ebenfalls eine Rolle, auch wenn er mit 39 Jahren dem im Deutschen Reich gegebenen Durchschnittsalter eines erstmals auf einen Lehrstuhl berufenen Naturwissenschaftlers entsprach.[184] Wenn er die Hoffnung, später auf einen renommierten und materiell besser ausgestatteten Lehrstuhl berufen zu werden,

Tabelle 6. Übersicht über die von Spemann neu angeschafften Gerätschaften und Periodika während der Jahre 1908–1910[185]

Jahr	Gerätschaft, Periodikum	Anzahl
1908/09	kleines Mikroskop	6
	Präparierlupe	6
	größeres Mikroskop	2
	Reisepräpariermikroskop	1
	größeres Binokularmikroskop	1
	Zeichenapparat	mehrere
	Mikrotom	1
	Archiv für Entwickelungsmechanik	Abonnement
1909/10	mikrophotographischer Apparat	1
	großes Binokularmikroskop	1
	Zentrifuge	1
	mikroskopische Linse	mehrere
	Brutschrank	1
	Journal of Experimental Zoology	Abonnement

---

[182] Universitätsarchiv Rostock (UAR), Personalakten 1419-1945. PA Hans Spemann.
[183] UAR, Akte des Zoologischen Instituts 1419-1945.
[184] Vgl. Burchardt, Naturwissenschaftliche Universitätslehrer, S. 179.
[185] Vgl. UAR, Akte des Zoologischen Instituts 1419-1945. Angaben für die Jahre 1911–1914 existieren nicht.

1.4. Rostock (1908–1914): Ordinarius für allgemeine Zoologie

nicht aufgeben wollte, war Rostock als „Sprungbrett"[186] die für ihn vielleicht einzige Chance.

Am 1. Oktober 1908 trat Spemann sein neues Amt in der Hansestadt an.[187] Seine beruflichen Pflichten umfaßten folgende Bereiche:

„1. Vorlesungen über Zoologie und vergleichende Anatomie im ganzen Umfang dieser Wissenschaften in Gemäßheit der Universitätssatzungen.
2. Leitung und Verwaltung des Zoologischen Instituts, seiner Sammlungen und Zubehör.
3. Prüfungskommission für das Lehramt an höheren Schulen und für Oberlehrerinnen.
4. Prüfungskommission für die ärztliche Vorprüfung."[188]

Als eine seiner ersten Amtshandlungen beantragte Spemann die Anschaffung von zusätzlichem Labormaterial, Anschauungstafeln und Büchern, um die größten Engpässe für Studenten und Dozenten zu lindern. Weiterhin bestand Spemann auf der Anstellung eines Präparators, der die zoologische Sammlung fachgerecht betreuen könne. Da das Ministerium dem aus finanziellen Gründen nicht zustimmte, einigte man sich auf eine Kompromißlösung. Der bisherige Institutsdiener Johannes Garbe wurde in mehreren Lehrgängen zum Präparator ausgebildet und übernahm fortan auch die Aufgaben, vorhandene Präparate aufzuarbeiten bzw. neu hinzukommende Objekte in die Sammlung einzufügen.[189] Die Kosten für diese Zusatzqualifikation übernahm das mecklenburgische Ministerium des Kultus und Unterrichts.

Im Jahre 1911 versuchte Spemann, die Lehrverpflichtungen und die Dozentenstellen neu zu organisieren. So beabsichtigte er, den langjährigen Assistenten und außerordentlichen Professor Will mit einem Lehrauftrag für *Vergleichende Entwicklungsgeschichte und Vererbungstheorie* zu betrauen.[190] Zugleich sollte er von den übrigen Pflichten eines Assistenten entbunden werden. Die freiwerdende Stelle gedachte Spemann mit einem neuen Assistenten zu besetzten. Auf diese Weise wäre eine akademische ‚Aufwertung' und finanzielle Absicherung des Extraordinarius Professor Will verbunden mit einer numerischen Aufstockung des Lehrpersonals erreicht worden. Dies hätte Spemann selbst bei den Lehrverpflichtungen entlastet.[191] Es ist kein Zufall, daß er den Antrag im Jahre 1911 stellte, zu einem Zeitpunkt, als er wieder ein umfangreicheres experimentelles Forschungs-

---

[186] Die Charakterisierung der Rostocker Universität als Sprungbrett für eine akademische Karriere geht auf Karl von Frisch zurück, der diesen Begriff mit Blick auf sich und seinen Vorgänger Hans Spemann prägte. Frisch, Karl v.: Erinnerungen eines Biologen. Springer Verlag, Berlin, Göttingen, Heidelberg 1957, S. 66.
[187] Vgl. UAR, Personalakten 1419–1945, PA Hans Spemann.
[188] UAR, Personalakten 1419–1945, PA Hans Spemann.
[189] Vgl. UAR, Akte des Zoologischen Instituts 1419–1945.
[190] Vgl. UAR, Akte des Zoologischen Instituts 1419–1945.
[191] Vgl. UAR, Akte des Zoologischen Instituts 1419–1945, Brief Spemanns an das Vizekanzlariat vom 8. Juni 1911.

programm in Angriff nehmen wollte. Seit seinem Wechsel nach Rostock war er nicht zu eigenen Experimenten gekommen und hatte lediglich Ergebnisse früherer Jahre und theoretische Abhandlungen publiziert. Spemanns Initiative zeigt auch, daß er im Lehrangebot die Vererbungswissenschaft eingebunden sehen wollte. Seine vermeintlichen Defizite in diesem Fachgebiet[192] führten somit nicht dazu, daß er es in der Lehre bewußt vernachlässigte. Allerdings scheiterten seine Personalplanungen aus finanziellen Gründen. Das Schweriner Ministerium des Kultus und Unterrichts war nicht bereit, die notwendigen Gelder zur Verfügung zu stellen.[193]

Neben Neuanschaffungen und Personalpolitik waren Umbaumaßnahmen der dritte Bereich, in dem Spemann als Institutsleiter innovativ tätig wurde. Am 7. Juli 1911 beantragte er beim Universitätssenat die Erweiterung des Zoologischen Instituts. Als Begründung führte er vor allem die nicht sachgerechte Unterbringung der Sammlung – „man könnte eher von einer ‚Aufstapelung' als von einer ‚Aufstellung' sprechen" – und das Fehlen von Praktikantenplätzen an.[194] Bezüglich der Situation in seinem eigenen Arbeitszimmer vermerkte er süffisant:

„Auch das ist wohl als Uebelstand zu bezeichnen, daß das Bibliothekszimmer so voll ist, daß seine Tür zugestellt werden mußte, sodaß es nur vom Direktorzimmer aus zugänglich ist, ich also während meiner Abwesenheit entweder die Bibliothek verschlossen halten, oder mein Zimmer der Diskretion jedes Bibliotheksbesuchers überlassen muß."[195]

Da die Universitätsverwaltung keine Einwände gegen das geplante Bauvorhaben erhob, wurden während den Semesterferien von August bis Oktober 1912 die Umbauarbeiten vorgenommen. Ein neuer Zucht- und Aquarienraum im Keller sorgte nun dafür, daß Spemann ab 1913 seine Experimente unter wesentlich besseren Arbeitsbedingungen durchführen konnte. Anhand der Protokolldatierungen läßt sich nachweisen, daß er selbst erst 1913 wieder Experimente für Forschungszwecke an Molchen in größerem Umfang durchführte.[196] Dieser Befund überrascht nicht, wenn man berücksichtigt, daß er in der vergleichbaren beruflichen Situation nach seinem Wechsel an die Universität in Freiburg sechs Jahre lang keine Experimente durchführte.

Spemanns Lehrprogramm baute auf dem Stoff und den Erfahrungen der Würzburger Jahre auf. Die Praktika hielt er gemeinsam mit dem Institutsassistenten Professor Will ab, der ein ausgewiesener Kenner der mecklenburgischen Fauna und ein engagierter Naturschützer war. Die enormen Belastungen durch

---

[192] Vgl. Waelsch, Causal Analysis, S. 2.
[193] Erst zum 1. April 1915 wurde eine zusätzliche Assistentenstelle am Zoologischen Institut der Universität Rostock eingerichtet, die Spemanns Schüler Horst Wachs übernahm.
[194] Vgl. UAR, Akte des Zoologischen Instituts 1419-1945, Brief Spemanns an den Senat der Universität vom 7. Juli 1911.
[195] UAR, Akte des Zoologischen Instituts 1419-1945, Brief Spemanns an den Senat der Universität vom 7. Juli 1911. Unterstreichung im Original.
[196] Vgl. ZIF, Nachlaß Hans Spemann, Protokollordner 1913/14. Auch in den Veröffentlichungen erwähnt Spemann keine Experimente aus den Jahren 1908 bis 1912.

1.4. Rostock (1908–1914): Ordinarius für allgemeine Zoologie

Tabelle 7. Übersicht über Spemanns Lehrveranstaltungen während der Jahre 1908–1914

Semester	Veranstaltung	Teilnehmer
Wintersemester 1908/09	Allgemeine Zoologie	32
	Zoologisches Praktikum für Geübtere	13
	Zoologisches Praktikum für Anfänger	11
Sommersemester 1909	Naturgeschichte der Insekten	13
	Ausgewählte Kapitel aus der Entwicklungsphysiologie	25
	Zoologisches Praktikum für Geübtere	16
	Zoologisches Praktikum für Anfänger	10
Wintersemester 1909/10	Allgemeine Zoologie	–
	Zoologisches Praktikum für Geübtere	14
	Zoologisches Praktikum für Anfänger	11
Sommersemester 1910	Naturgeschichte und vergleichende Anatomie der Wirbeltiere	–
	Zoologisches Praktikum für Geübtere	13
	Zoologisches Praktikum für Anfänger	30
Wintersemester 1910/11	Allgemeine Zoologie	–
	Zoologisches Praktikum für Geübtere	–
	Zoologisches Praktikum für Anfänger	–
Sommersemester 1911	Naturgeschichte und vergleichende Anatomie der Wirbeltiere	–
	Zoologisches Praktikum für Geübtere	–
	Zoologisches Praktikum für Anfänger	–
Wintersemester 1911/12	Allgemeine Zoologie	39
	Zoologisches Praktikum für Geübtere	–
	Zoologisches Praktikum für Anfänger	–
Sommersemester 1912	Naturgeschichte und vergleichende Anatomie der Wirbeltiere	21
	Zoologisches Praktikum für Geübtere	–
	Zoologisches Praktikum für Anfänger	–
Wintersemester 1912/13	Allgemeine Zoologie	–
	Zoologisches Praktikum für Geübtere	10
Sommersemester 1913	Naturgeschichte und vergleichende Anatomie der Wirbeltiere	–
	Zoologisches Praktikum für Geübtere	–
	Zoologisches Praktikum für Anfänger	–
Wintersemester 1913/14	Allgemeine Zoologie	53
	Zoologisches Praktikum für Geübtere	11
	Zoologisches Praktikum für Anfänger	15
Sommersemester 1914	Ausgewählte Kapitel der Entwicklungsphysiologie	18
	Zoologisches Praktikum für Geübtere	11
	Zoologisches Praktikum für Anfänger	27

– keine Angaben

1.4. Rostock (1908-1914): Ordinarius für allgemeine Zoologie

Verwaltung und Lehre bedingten, daß Spemann nur ungenügend Zeit fand, sich in die Besonderheiten der Ostseefauna einzuarbeiten.[197]

Spemanns sowohl im thematischen als auch im personellen Bereich bedeutsamer Einfluß auf die Entwicklungsbiologie in Deutschland während der ersten drei Jahrzehnte unseres Jahrhunderts ist, wie oben ausgeführt, gut belegt.[198] Den ideengeschichtlichen Grundstein für diese Entwicklung hatte er in Würzburg mit eigenen Experimenten gelegt. Hingegen ist die These, Spemann habe während seiner Rostocker Jahre wissenschaftlich sehr erfolgreich gearbeitet,[199] bezogen auf den experimentellen Teil seiner Forschungen nicht haltbar. So fallen beispielsweise die berühmten Linsenbildungsexperimente nicht in jene Jahre.[200] Der Schwerpunkt seines wissenschaftlichen Wirkens lag während der Jahre 1908 bis 1914 in der Ausbildung von Doktoranden, was den personellen Beginn einer Spemannschen Forschungstradition bedeutet, der allerdings nicht vor 1911 anzusetzen ist. In einem Schreiben an den Berliner Verleger Julius Springer, der bei Spemann bereits des öfteren angefragt hatte, ob er oder einer seiner Schüler nicht eine Arbeit bei seinem Verlag in Druck geben möchte, stellte dieser fest: „Es ist mir sehr werthvoll, daß Sie mir erneut Ihre Bereitwilligkeit erklären, etwaige Geisteskinder von mir unter Ihre Obhut zu nehmen. Es sind nur keine da und auch keine in naher Aussicht."[201] Die Spemannsche Forschungstradition wurde durch den negativen Einfluß des Ersten Weltkrieges in ihrer Entfaltung sehr behindert. Der Tod

Tabelle 8. Übersicht über Doktoranden bei Hans Spemann und ihre Dissertationsthemen während der Jahre 1908-1914

Name	Thema	Jahr
Hey, Adolf	Über Janusbildung bei Triton taeniatus	1911
Preßler, Kurt	Beobachtungen und Versuche über den normalen und inversen Situs viscerum et cordis bei Anurenlarven	1911
Wachs, Horst	Neue Versuche zur Wolffschen Linsenregeneration	1914
Mangold, Otto	Fragen der Regulation und Determination an ungeordneten Furchungsstadien und verschmolzenen Keimen von Triton	1919
Falkenberg, Hermann	Über asymmetrische Entwicklung und Situs inversum viscerum bei Zwillingen und Doppelbildungen	1919
Meyer, Rudolph	Die ursächlichen Beziehungen zwischen dem Situs viscerum und Situs cordis	1913
Kuczynski, Max	Untersuchungen an Trichomonaden	1914

---

[197] Vgl. Mangold, Hans Spemann, S. 33.
[198] Vgl. oben S. 1-2.
[199] Vgl. Mangold, Hans Spemann, S. 33; vgl. Stephan, Hans Spemann, S. 56; vgl. Steyer, B.: Die Institutionalisierung der Biologie an der Universität Rostock und deren bedeutende Repräsentanten. In: Biol. Zentralblatt 112 (1993), S. 180-185.
[200] Diese Behauptung findet sich bei Steyer, Institutionalisierung, S. 183.
[201] SVA, B: S 120, Brief von Hans Spemann an Julius Springer vom 21. August 1911.

von Hermann Falkenberg[202] und die um sechs Jahre verzögerte Fertigstellung von Otto Mangolds Dissertation läßt dies unschwer erkennen.

Spemanns Institutsleitung ist nur schwer mit der seines Vorgängers Oswald Seeliger zu vergleichen. Die erreichten Verbesserungen im Bau-, Inventar- und Personalbereich belegen jedoch seine gute und engagierte Arbeit. Auch die steigende Zahl der Studenten und engeren Mitarbeiter spricht dafür, daß Rostock für Zoologiestudenten zu einem attraktiven Studienort wurde. „Über die Zahl ihrer guten Mitarbeiter kann ich sie nur beneiden",[203] schrieb Boveri ihm und einige Jahre später bemerkte er: „Die Zahl Ihrer Studenten ist wirklich höchst imposant."[204]

Spemanns Position in der wissenschaftlichen Forschungsgemeinschaft

Spemanns Kontakte innerhalb der *scientific community* waren gegenüber den Würzburger Jahren vor allem durch den Umstand geprägt, daß er aufgrund des Fehlens neuer experimenteller Ergebnisse nicht so häufig Vorträge hielt. Er sprach zweimal auf der Jahresversammlung der DZG, 1911 in Basel und 1914 in Freiburg. Dort trug er am 3. Juni 1914 „Über verzögerte Kernversorgung" vor und demonstrierte Präparate zur Linsenregeneration, die Horst Wachs im Rahmen seiner Doktorarbeit angefertigt hatte.

Seine Auslandskontakte waren nicht sonderlich intensiv. Im Jahre 1909 reiste Spemann anläßlich der 100-Jahr-Feier von Darwins Geburtstag nach Cambridge in England. Als erster ausländischer Gast arbeitete in Rostock während der Jahre 1912 bis 1914 Dr. Alexander Luther[205] von der Helsingfors Universität in Finnland. Er lernte die mikrochirurgischen Operationstechniken Spemanns kennen und forschte einige Jahre auf dem Gebiet der experimentellen Entwicklungsbiologie. Nach Einschätzung Leikolas spielte Luther allerdings nur eine untergeordnete Rolle bei der Etablierung dieser wissenschaftlichen Disziplin in Finnland. Zur Zoologischen Station in Neapel pflegte Spemann weiterhin gute Kontakte. Als Anton Dohrn ihn am 18. Februar 1909 ersuchte, bei der mecklenburgischen Regierung darauf zu dringen, daß sie einen Arbeitstisch in der Station längerfristig mieten solle, um auf diese Weise zu deren Bestand finanziell beizutragen,[206] sicherte Spemann seine Unterstützung zu. Allerdings sah er nur geringe Erfolgsaussichten:

---

[202] Hermann Falkenberg starb am 5. September 1916 in der Schlacht an der Somme. Spemann veröffentlichte 1919 die Ergebnisse der Experimente unter beider Autorenschaft.

[203] BStB, Ana 389, C. 1., Nr. 74. Brief von Theodor Boveri an Hans Spemann vom 7. Dezember 1910.

[204] BStB, Ana 389, C. 1., Nr. 95. Brief von Theodor Boveri an Hans Spemann vom 1. Januar 1913.

[205] Weitere Informationen über Dr. Alexander Luther (1877-1963) bei Leikola, Anto: The Finnish Tradition of Developmental Biology. In: Intern. Journ. Dev. Biol. 33 (1989), S. 15-20.

[206] ASZN, Nr. Ba 3803, Brief von Anton Dohrn an Hans Spemann vom 18. Februar 1909.

„Natürlich hält er [der Rostocker Botaniker Prof. Falkenberg, P.F.] es mit mir für nicht mehr als billig, daß Mecklenburg die Angehörigen seiner Universität nicht immer nur auf fremde Kosten nach Neapel gehen läßt. Auch glauben wir beide, daß sich das Konzil (= Senat) bereit finden lassen wird, einen diesbezüglichen Antrag von Ihnen warm zu befürworten. [...] Wie sich die Schweriner zu der Sache stellen werden, kann ich nicht voraus sehen. Ich weiß nur, daß man einmalige Bewilligungen leicht erreicht, daß sie sich aber sehr ungern binden; so würde die Erhöhung des Etats eines hiesigen Instituts um M 2000,- auf große Schwierigkeiten stoßen."[207]

Spemanns Ansehen als Wissenschaftler läßt sich an seinem Abschneiden bei dem Berufungsverfahren bezüglich der Nachfolge August Weismanns auf den Freiburger Lehrstuhl für Zoologie im Jahre 1912 einschätzen. Nachdem Theodor Boveri den an ihn ergangenen Ruf abgelehnt hatte, wurde Spemann primo loco auf die Berufungsliste gesetzt, vor dem Physiologen Richard Hesse und dem Münchner Protozoologen Franz Doflein.[208] Das unterstreicht sein beträchtliches wissenschaftliches Ansehen, das er bereits zu diesem Zeitpunkt genoßen hatte, da August Weismann insbesondere wegen seiner Verdienste um die theoretische Ausarbeitung der Darwinschen Evolutionsvorstellung als einer der bedeutendsten Biologen Deutschlands angesehen wurde. Der von ihm innegehaltene Lehrstuhl galt somit als besonders renommiert. Der Dekan der Freiburger mathematisch-naturwissenschaftlichen Fakultät, Prof. Himstedt, urteilte über Spemann:

„Derselbe ist ein scharf denkender, klarer Kopf. Seine Arbeiten liegen in erster Linie auf den Gebieten der Entwicklungsmechanik und Entwicklungsphysiologie. Dieselben haben allseitige Anerkennung gefunden und ihm auch den Ruf nach Rostock eingetragen. Von dort wie auch von anderer Seite wird er uns geschildert als ein lebhafter, frischer Mann von allseitiger Bildung und von gutem Lehrerfolg. Wenn er in den letzten Jahren etwas weniger publiziert hat, so mag das daran liegen, daß er sich in Rostock, wohin er erst vor kurzem berufen wurde, in die neue Vorlesung und die Leitung eines Instituts erst eingearbeitet hatte."[209]

Unklar bleibt, weshalb die Berufungsliste doch noch gleichsam umgekehrt wurde, so daß Franz Doflein primo loco gesetzt und Spemann nur auf Rang drei plaziert wurde. Die Begründung Himstedts an das Karlsruher Ministerium des Kultus und Unterrichts lautete:

„Entgegen sonstigen Gepflogenheiten haben wir den jüngsten Kollegen [Doflein, P.F.] an die Spitze unserer Vorschläge gestellt. Seine Arbeiten gehen bislang vielleicht nicht so erheblich gegenüber denjenigen der anderen Herren hinaus, aber sie stehen ihnen jetzt schon mindestens gleich und wir glauben, daß er für die Zukunft am meisten verspricht."[210]

---

[207] ASZN, Nr. Ba 3804, Brief von Hans Spemann an Anton Dohrn vom 26. Februar 1909. Unterstreichung im Original.

[208] BStB, Ana 389, C. 1, Nr. 87 und Nr. 93, Briefe von Theodor Boveri an Hans Spemann vom 27. März 1912 und vom 4. Oktober 1912.

[209] UAF, B 1/1289, Brief an das Badische Ministerium des Kultus und Unterrichts (BMKU) vom 12. März 1912.

[210] UAF, B 1/1289, Brief des Dekans der naturwissenschaftlich-mathematischen Fakultät an das BMKU vom 12. März 1912.

Doflein sei der vielseitigste und habe durch zahlreiche Reisen am meisten gesehen.[211] Erst sechs Jahre später äußerte Himstedt im Zusammenhang mit der Nachfolge Dofleins, daß Spemann wegen seiner geringen Publikationszahl 1912 nicht berücksichtigt worden sei.[212]

Im Laufe des Jahres 1913 zeichnete sich ab, daß Spemann an das neu zu gründende Kaiser-Wilhelm-Institut in Berlin-Dahlem als Leiter der Abteilung für Entwicklungsmechanik berufen würde.[213] Zum 1. Oktober 1914 wurde er von der mecklenburgischen Landesregierung von seinen Pflichten entbunden.[214]

Privatleben

Die wenigen Informationen, die über Spemanns Privatleben in Rostock vorliegen, belegen seine rege gesellschaftliche Einbindung. So ist bekannt, daß er an den abendlichen Treffen des Rostocker Dozentenvereins teilnahm, auf denen über die unterschiedlichsten Themen gesprochen wurde. Freundschaftliche Kontakte pflegte er insbesondere zu dem 1929 verstorbenen Historiker Hermann Reincke-Bloch, der als Landtagsabgeordneter der Deutschen Volkspartei während der Jahre 1920-1922 Kultusminister und Ministerpräsident von Mecklenburg werden sollte.

Spemanns bereits erwähntes Hauptinteresse außerhalb der Wissenschaft galt der Bildung und Erziehung, wobei er für ‚alternative‘, d.h. für neue Formen sehr aufgeschlossen war. In Rostock rief er die sogenannte *Jugendwerkstatt* ins Leben.[215] Es handelte sich um eine Einrichtung, in der die eigenen Kinder, aber auch die befreundeter und bekannter Universitätsangehöriger, ihre handwerklichen Fähigkeiten ausbilden konnten. Meister Wilhelm Schornack, Angestellter der Universität, unterrichtete an jedem zweiten Wochenende mehrere Kinder im Buchbinden. Spemann selbst führte sie in die Tierwelt ein. Als der Andrang größer wurde, gründete Spemann als eingetragenen Verein die *Jugendwerkstatt e.V.* Es handelte sich um eine durchaus egalitäre Einrichtung, in der nicht nur die Sprößlinge von Akademikern, sondern auch diejenigen der nicht-akademischen Universitätsmitarbeitern eingebunden waren. Es zeigt sich, daß Spemann in sozialen Belangen keineswegs hierarchischem Standesdünkel verhaftet war; seine Arbeit in diesem Bereich spricht eher für die Befürwortung gleichberechtigter Zugangschancen für Jugendliche zur Bildung und den damit verbundenen beruflichen Perspektiven.

---

[211] Vgl. UAF, B 1/1289, Brief des Dekans der naturwissenschaftlich-mathematischen Fakultät an das BMKU vom 12. März 1912.

[212] Vgl. UAF, B 1/1289, Brief des Dekans der naturwissenschaftlich-mathematischen Fakultät an das BMKU vom 2. November 1918.

[213] Vgl. hierzu und zur Gründungsgeschichte des KWI für Biologie unten S. 52-55.

[214] Vgl. UAR, Personalakten 1419-1945. PA Hans Spemann.

[215] Vgl. Spemann, Friedrich Wilhelm: Rostock. Jugendwerkstatt. In: Spemann, Forschung und Leben, S. 252-255.

1.5. Berlin-Dahlem (1914–1919): Grundlagenforschung am Kaiser-Wilhelm-Institut für Biologie

Der Aufschwung der Naturwissenschaften im 19. Jahrhundert und ihre zunehmende Bedeutung für das wirtschaftliche und militärische Potential eines Staates überzeugte gegen Ende des Jahrhunderts die Verantwortlichen in Politik und Wirtschaft zahlreicher Nationen, daß spezielle Forschungsinstitute notwendig seien, um die Arbeitsbedingungen in der Grundlagenforschung nachhaltig zu verbessern. So wurde beispielsweise im Jahre 1888 das privatwirtschaftlich finanzierte *Louis-Pasteur-Institut* in Paris gegründet, im Jahre 1901 das *Rockefeller Institute for Medical Research* in New York und ein Jahr später die *Carnegie Institution of Washington for Fundamental and Scientific Research*. Unter dem Eindruck dieser erfolgreichen wissenschaftspolitischen Aktivitäten in den westlichen Staaten reifte im deutschen Kaiserreich die Einsicht, daß neben den Universitäten und Akademien eine weitere Form der Wissenschaftsförderung erforderlich sei, um die Spitzenposition der deutschen Naturwissenschaften im internationalen Vergleich behaupten zu können. Immer häufiger bemängelten Forscher unterschiedlicher Fachrichtungen, daß die Universitäten mit der an ihnen praktizierten Verbindung von Forschung und Lehre und mit ihren begrenzten materiellen Ausstattungen für bestimmte Forschungsvorhaben nicht mehr die günstigsten Voraussetzungen bieten könnten. Federführend bei den Planungen bezüglich neuer Wege der staatlichen Forschungsförderung in Deutschland waren der Ministerialdirektor im preußischen Kultusministerium Friedrich Althoff, sein Mitarbeiter und Nachfolger im Amt Friedrich Schmidt[216] und der Berliner Theologe Adolf Harnack.[217] Es gelang ihnen, den technisch-wissenschaftlichen Neuerungen aufgeschlossenen Kaiser persönlich als Schutzherrn der nach ihm benannten *Kaiser-Wilhelm-Gesellschaft zur Förderung der Wissenschaften*[218] *(KWG)* zu gewinnen. Sie wurde am 11. Januar 1911 ins Leben gerufen und hatte sich zum Ziel gesetzt, „die Wissenschaften, insbesondere durch Gründung und Erhaltung naturwissenschaftlicher Forschungsinstitute, zu fördern".[219] Herausragenden Gelehrten der unterschiedlichsten Wissenschaftsdisziplinen sollte die Möglichkeit geboten werden, intensive Grundlagenforschung frei von jeder Lehrverpflichtung betreiben zu können.[220]

---

[216] Friedrich Schmidt ergänzte im Jahre 1920 anläßlich seiner Silberhochzeit seinen Namen um den Mädchennamen seiner Frau und nannte sich seither Schmidt-Ott.
[217] Adolf Harnack wurde im Jahre 1915 geadelt.
[218] Zur Geschichte der Kaiser-Wilhelm-Gesellschaft vgl. Vierhaus, Rudolf; Brocke, Bernhard vom (Hrsg.): Forschung im Spannungsfeld von Politik und Gesellschaft. Geschichte und Struktur der Kaiser-Wilhelm-Gesellschaft/Max-Planck-Gesellschaft. Deutsche Verlagsanstalt, Stuttgart 1990.
[219] Archiv zur Geschichte der Max-Planck-Gesellschaft (AGMPG), I. Abt., Rep. 1A, Nr. 5, Bl. 56.
[220] Vgl. Crawford, Elisabeth; Heilbron, J. L.: Die Kaiser-Wilhelm-Institute für Grundlagenforschung und die Nobelinstitution. In: Vierhaus, Brocke, Forschung im Spannungsfeld, S. 835–857, S. 835.

1.5. Berlin-Dahlem (1914–1919): Grundlagenforschung

Ausgestattet mit einem von der Privatwirtschaft aufgebrachten Grundkapital von 1 Mio. M und angesiedelt auf einer kaiserlichen Domäne in Berlin-Dahlem, begann die KWG ihr Aufbauprogramm zu verwirklichen. Am 23. Oktober 1912 konnte als erstes das *Kaiser-Wilhelm-Institut (KWI) für Chemie* seiner Bestimmung übergeben werden.

Bereits zuvor, am 19. März 1912, hatte der Senat der KWG den Beschluß gefaßt, ein „Institut für Entwicklungsmechanik und Vererbungslehre" bzw. ein „KWI für Biologie" zu gründen,[221] was für die institutionelle Etablierung der Biologie einen großen Fortschritt bedeutete.[222] Dem Beschluß war eine lange und von Kontroversen gekennzeichnete Planungsphase[223] vorausgegangen, was auf den im Vergleich zu den Nachbardisziplinen Physik und Chemie heterogeneren Charakter der Biologie zurückzuführen ist. Es wurde in erster Linie die Frage diskutiert, welche Forschungsrichtungen in dem neuen Institut eine eigene Abteilung erhalten sollten. Unstrittig war von Anfang an eigentlich nur die Bevorzugung der experimentellen Disziplinen innerhalb der Biologie. Um sich Klarheit über die Meinungen der Fachvertreter zu verschaffen, holte bereits im Sommer 1911 das preußische *Ministerium für geistliche und Unterrichtsangelegenheiten* in Absprache mit dem Senat der KWG von 29 Biologen und Medizinern Gutachten ein. Eine Gruppe unter der Wortführung der Gebrüder Oskar und Richard Hertwig forderte ein rein genetisch ausgerichtetes Institut,[224] wohingegen eine andere Gruppe, deren wissenschaftspolitisch wirkungsmächtigster Vertreter Wilhelm Roux war, entschieden für eine Einbeziehung der Entwicklungsmechanik eintrat:

„Ich habe 2mal [sic!] in der Kaiser-Wilh.[elm]-Ges.[ellschaft] für die Gründung des Instituts für *Entw.[icklungs]mech[anik]* im weitesten Sinne: Ontogenese, causale Variations- u.[nd] Vererbungslehre, gesprochen, die Gebr.[üder] Hertwig waren natürl.[ich] nur für ein Vererbungsinstitut."[225]

---

[221] Vgl. AGMPG, 5. SP, S. 14. f., TOP 6.
[222] Vgl. Brocke, Bernhard vom: Die Kaiser-Wilhelm-Gesellschaft im Kaiserreich. Vorgeschichte, Gründung und Entwicklung bis zum Ausbruch des Ersten Weltkrieges. In: Vierhaus, Brocke, Forschung im Spannungsfeld, S. 17–160, S. 151.
[223] Hierzu ausführlich und maßgeblich die unveröffentlichte Habilitationsschrift von Ulrich Sucker. Sucker, Ulrich: Das Kaiser-Wilhelm-Institut für Biologie – Seine Gründungsgeschichte, seine problemgeschichtlichen und wissenschaftstheoretischen Voraussetzungen (1911–1916). Unveröff. Diss. B., Humboldt-Universität Berlin 1987, S. 103–197.
[224] Vgl. Geheimes Staatsarchiv Preussischer Kulturbesitz (GStAPK), I. HA, Rep. 76Vc, Sekt. 1, Tit. XI, T. IX, Nr. 12, Bd. II. 3/13, Bl. 75. Zur Rolle Oskar Hertwigs in der KWG vgl. Weindling, Paul Julian; Darwinism and Social Darwinism in Imperial Germany: The Contribution of the Cell Biologist Oscar Hertwig (1849–1922) (= Forschungen zur neueren Medizin- und Biologiegeschichte, hrsg. v. Gunter Mann und Werner F. Kümmel, Bd. 3). Gustav Fischer Verlag, Stuttgart, New York 1991, S. 242–250.
[225] SBF, Nachlaß Hans Spemann, A.1.b. Nr. 555, Bl. 887. Brief von Wilhem Roux an Hans Spemann vom 29. März 1913. Unterstreichungen im Original.

Am 3. Januar 1912 fand im Berliner Kultusministerium eine Anhörung von 27 der Gutachter statt. Nach langwierigen Verhandlungen entschloß sich der Senat der KWG am 12. Juli 1913, die beiden Disziplinen Vererbungs- und Entwicklungslehre in einem gemeinsamen *Kaiser-Wilhelm-Institut für Biologie* zu vereinen und mit je einer staatlich finanzierten Direktorenstelle zu versehen.[226] Zusätzlich wurde als weiteren Fachgebieten der Protozoologie und der Physiologie eine eigene Abteilung zugestanden. Diese Lösung entsprach im wesentlichen den Vorschlägen Wilhelm Roux' und Theodor Boveris.

Boveri war seit August 1912 vom Preußischen Kultusministerium und dem Senat der KWG für die Direktorenstelle vorgesehen[227] und nahm aus diesem Grunde maßgeblichen Einfluß auf die weiteren Planungen bezüglich des KWIs für Biologie. Mitte Januar 1913 signalisierte Spemann Boveri, daß er gerne als sein Mitarbeiter nach Berlin-Dahlem gehen würde.[228] Gemeinsam beabsichtigten sie, sich auf einer Amerikareise vom 29. März bis zum 6. Mai 1913 über die dortigen Wissenschaftseinrichtungen zu informieren.[229] Boveris angeschlagene Gesundheit durchkreuzte jedoch alle Planungen und letztlich zog er seine Zusage, nach Berlin zu gehen, aus gesundheitlichen Gründen zurück. Der Senat der KWG beschloß am 17. Juni 1913 auf seine Empfehlung, mit dem Genetiker und Wiederentdecker der Mendelschen Vererbungsregeln Carl Correns über die Stelle des 1. Direktoren zu verhandeln und Hans Spemann als 2. Direktor in Aussicht zu nehmen.[230] Am 28. Juni 1913 verhandelte Spemann in Berlin mit dem Regierungsbeauftragten Schmidt-Ott und dem Präsidenten der *Kaiser-Wilhelm-Gesellschaft*, Adolf Harnack. Die Verhandlungen verliefen erfolgreich und bereits am 1. Juli 1913 gratulierte Boveri seinem einstigen Schüler zur Berufung nach Berlin.[231] Er vermutete, daß der mächtige Einfluß Wilhelm Roux' dabei den Ausschlag gegeben habe, der sich unter anderem auch in der finanziell bevorzugten Stellung Spemanns äußerte:

„Einer allerdings soll besser wegkommen (finanziell) als ich beantragt hatte; das ist Spemann. Aber ich glaube nicht, daß dies der Person gilt, sondern nur dem Zauberwort ‚Entwicklungsmechanik', hinter dem als mächtiger Protektor Roux steht."[232]

---

[226] Vgl. GStAPK, I. HA, 11. Rep. 92, Schmidt-Ott, BL XXVI, Nr. 6, Biologie, Bd. II, 11/25, Bl. 191–192.

[227] Vgl. BStB, Ana 389, C. 1., Nr. 92. Brief von Theodor Boveri an Hans Spemann vom 15. September 1912.

[228] Vgl. BStB, Ana 389, C. 1., Nr. 96. Brief von Theodor Boveri an Hans Spemann vom 27. Januar 1913.

[229] Vgl. BStB, Ana 389, C. 1., Nr. 99. Brief von Theodor Boveri an Hans Spemann vom 11. Februar 1913.

[230] Vgl. AGMPG, 9. SP, S. 2f., TOP 6.

[231] Vgl. BStB, Ana 389, C. 1., Nr. 116. Brief von Theodor Boveri an Hans Spemann vom 1. Juli 1913.

[232] UBW, Nachlaß Theodor Boveri, Brief von Theodor Boveri an Richard Goldschmidt vom 17. April 1913.

1.5. Berlin-Dahlem (1914–1919): Grundlagenforschung

Spemanns Arbeit am KWI für Biologie

Am 1. Oktober 1914 traten beide Direktoren Carl Correns und Hans Spemann ihren Dienst an. Laut Spemanns Arbeitsvertrag vom 8. Dezember 1914 befand er sich in einer unkündbaren Position, solange er als 2. Direktor das Institut nach den Maßgaben des Senats der KWG leite. Die Urlaubsregelung entsprach der eines preußischen Hochschullaborleiters. Zusätzlich zu den staatlichen Stellenbezügen in Höhe von 12.000,- M pro Jahr erhielt Spemann von der KWG eine Zulage über 3400,- M pro Jahr. Satzungsänderungen bezüglich der Position des 2. Direktors konnten nur mit seiner Zustimmung erfolgen.[233] Auf eigenen Wunsch wurde Spemann zum ordentlichen Honorarprofessor an der philosophischen Fakultät der Friedrich-Wilhelms-Universität in Berlin ernannt,[234] weil er den belebenden Kontakt zu den Studenten nicht verlieren wollte. Allerdings nutzte er diese Möglichkeit nur im Wintersemester 1918/19, als er eine einstündige Vorlesung über „Ausgewählte Kapitel aus der Entwicklungsphysiologie" hielt,[235] vermutlich als Vorbereitung für die Lehrtätigkeit in Freiburg.

Bedingt durch die Kriegsereignisse verzögerte sich die Fertigstellung des Instituts um mehrere Monate. Erst am 17. April 1915 nahmen die Abteilungen von

Tabelle 9. Übersicht über die Ausstattung der Abteilung für Entwicklungsmechanik am KWI für Biologie[236]

Anzahl	Gegenstand
9	Zentrifuge
4	Wasserzentrifuge
7	Thermostat
5	Mikrotom
1	Apparat zur Anfertigung von Wachsmodellen
1	Elektromotor
1	Vertikalkamera mit Zubehör
1	Präparierstativ mit Zubehör nach P. Meyer
5	Mikroskopier-Gasglühlichtlampe
3	Mikrophotographische Bank mit Gas und Steckdose
2	Luftpumpe für Aquarien
1	Schüttelapparat
1	Widerstand
1	Zeichen-Projektionsapparat nach Edinger

---

[233] Vgl. AGMPG, II. Abt. Rep. 1A, Personalakte Hans Spemann.
[234] Vgl. Universitätsbibliothek Humboldt Universität Berlin, Archiv, Phil.Fak., Nr. 1466, Bl. 351.
[235] Vgl. Verzeichnis der Vorlesungen der Friedrich-Wilhelms-Universität 1914–1919.
[236] Vgl. AGMPG, I. Abt., Rep. 1A, Nr. 1543, Kostenanschlag für das KWI für Biologie vom 27. April 1914.

1.5. Berlin-Dahlem (1914–1919): Grundlagenforschung

Carl Correns, Hans Spemann und Max Hartmann[237] ihren Betrieb auf[238] und erst am 29. April 1916 wurde das KWI für Biologie in einer bescheidenen Feierstunde eröffnet.[239] Die räumliche und materielle Ausstattung am KWI in Berlin war ungleich besser als jene, die Spemann in Rostock vorgefunden hatte. Die Abteilung für Entwicklungsmechanik erstreckte sich über 15 Räume, von denen fünf als Aquarienräume genutzt wurden.[240] Auch die technische Ausstattung war sehr zufriedenstellend (vgl. Tabelle 9). Eine für alle Abteilungen zur Verfügung stehende zentrale Bibliothek vervollständigte die Ausstattung. Spemann erwarb im Jahre 1916 zum Preis von 5000,- M die Privatbibliothek des am 15. Oktober 1915 verstorbenen Theodor Boveri.[241] Somit dürfte der wissenschaftliche Literaturbestand bezüglich der Fachgebiete Entwicklungsbiologie, Zytologie und Genetik sehr gut gewesen sein.

Nach der ursprünglichen Personalplanung standen der Abteilung für Entwicklungsmechanik zwei Assistenten zu. Da aber der außerordentliche Professor Curt Herbst in Heidelberg der Abteilung als auswärtiges Mitglied angehörte und eine Vergütung in Höhe von 6000,- M pro Jahr[242] erhielt, mußte Spemann aus finanziellen Gründen auf die Besetzung der zweiten Assistentenstelle verzichten:

„Ich wurde dabei vor allem von der Erwägung geleitet, dass die von mir vertretene Fachrichtung durch eine Unterstützung jenes hochgeschätzten Gelehrten besser gefördert werde, als durch die Hilfe, welche mir ein zweiter Assistent leisten könnte."[243]

Im Frühjahr 1918 argumentierte Spemann, daß angesichts der Widerstände, denen die experimentelle Zoologie seitens älterer Zoologen ausgesetzt sei, es zunehmend wichtiger werde, jüngere Kräfte in seinem Sinne auszubilden.

„Soviel ich beurteilen kann, fehlt es nicht den von uns aufgeworfenen Problemen an der genügenden Anziehungskraft; aber die Schwierigkeiten, sie anzugreifen, schrecken ab. Dagegen hilft bloss die persönliche Unterweisung, und diese ist im Rahmen unseres Forschungsinstitutes nur so möglich, dass wir begabte junge Forscher zur Mitarbeit auffordern, und ihnen für dieses Zeit die Möglichkeit ihres Lebens gewähren."[244]

Daher beantragte Spemann beim Präsidenten der KWG, die zweite Assistentenstelle nun doch zu besetzen. Tatsächlich erhielt er zum 1. Januar 1919 eine

---

[237] Max Hartmann (1879–1962), Leiter der Abteilung für Protozoologie am KWI für Biologie.
[238] Vgl. AGMPG, I. Abt., Rep. 1 A, Nr. 1532, Bl. 2.
[239] Vgl. AGMPG, I. Abt., Rep. 1 A, Nr. 95, 98 u. 756, Bl. 1 ff.
[240] Vgl. AGMPG, I. Abt., Rep. 1 A, Nr. 1543, Kostenanschlag für das KWI für Biologie vom 27. April 1914.
[241] Vgl. AGMPG, I. Abt., Rep. 1A, Nr. 1552, Bl 149. II. Sitzung des Kuratoriums des KWI für Biologie am 9. März 1916.
[242] Vgl. AGMPG, I. Abt., Rep. 1A, Nr. 1552, Bl. 75.
[243] AGMPG, I. Abt., Rep. 1A, Nr. 1533, Bl. 47, Brief Spemanns an Adolf v. Harnack vom 13. April 1918.
[244] AGMPG, I. Abt., Rep. 1A, Nr. 1533, Bl. 48, Brief Spemanns an Adolf v. Harnack vom 13. April 1918.

1.5. Berlin-Dahlem (1914–1919): Grundlagenforschung

weitere Assistentenstelle bewilligt, die er mit dem aus Riga stammenden Dr. Taube besetzte.[245]

Zum weiteren ständigen Personal der Abteilung gehörten der aus Rostock mit nach Berlin gewechselte Tierpfleger und Präparator Johannes Garbe sowie eine Laborantin. Da der nur schwer zu entbehrende Garbe bereits 1915 zur Armee eingezogen werden sollte, reichte Spemann, unterstützt von Correns, am 2. Mai 1915 ein Freistellungsgesuch an Adolf Harnack:

„Da mein Assistent im Felde ist, ebenso ein älterer Praktikant, ist er die einzige eingearbeitete männliche Kraft meiner Abteilung. Seine Einberufung, die mitten in die Zeit meiner jährlichen Experimente fällt, würde deren Fortführung erschweren, ja den ganzen Betrieb meiner Abteilung fast unmöglich machen. Auch Herr Prof. Correns, der ihn aushilfsweise benützt, sagt mir, er habe das größte Interesse an seinem Hierbleiben."[246]

Spemanns Gesuch blieb jedoch erfolglos und er mußte in den Folgejahren auf die Mitarbeit von Johannes Garbe verzichten. Neben dem Stammpersonal, hier wären Dr. Fritz Levy[247] und Dr. Hedwig Wilhelmi zu nennen, arbeiteten zahlreiche Praktikanten und Gäste, unter ihnen einige aus dem skandinavischen Ausland, wie die Norwegerin Gudrun Ruud[248] oder der Schwede Gunnar Ekman.

Mit dem 1. Direktor Carl Correns gestaltete sich die Zusammenarbeit sehr gut.[249] Am 26. Oktober 1916 wurden Spemann und Correns vom Senat der KWG in das Kuratorium für die Verwaltung der Zoologischen Station Rovigno gewählt.[250] Beide Forscher wurden zum 1. Januar 1917 zum Geheimen Regierungsrat ernannt.[251] Auch nach Spemanns Weggang von Berlin standen sie in regelmäßigem, freundschaftlichem Briefkontakt.

Der Krieg machte sich nicht nur im Mangel von Fachkräften nachteilig bemerkbar. Finanziell schlugen die von der KWG gezeichneten Kriegsanleihen, die anteilig auf die einzelnen Institute verteilt wurden, negativ zu Buche.[252] Weiterhin mußte das KWI für Biologie den photographischen Raum und die Dunkel-

---

[245] Vgl. AGMPG, I. Abt., Rep. 1A, Nr. 1533, Bl. 53, Sitzungsprotokoll des Senats der KWG vom 14. Juni. 1918.
[246] AGMPG, I. Abt., Rep. 1 A, Nr. 1532.
[247] Vgl. zu Dr. Levy unten S. 93.
[248] Gudrun Ruud, eine Schülerin von Kristine Bonnevie, arbeitete während der Sommersemester 1916–17 und 1920 bei Hans Spemann. Er empfahl sie im Jahre 1922 seinem amerikanischen Freund Ross G. Harrison. Vgl. Yale University, Sterling Library, Ross G. Harrison papers, Brief von Hans Spemann an Ross G. Harrison vom 7. Dezember 1922.
[249] Vgl. AGMPG, I. Abt., Rep. 1 A, Nr. 1532. Als Correns im Urlaub war, forderte Spemann nachdrücklich den Verbleib des Gärtners Dobberke in der Abteilung von Correns. Andernfalls wären dessen Pflanzenzuchten nicht zu bewahren. Auch für den Assistenten des in Amerika festgehaltenen Richard Goldschmidt, Aigner, setzte sich Spemann im gleichen Sinne ein.
[250] Vgl. AGMPG, I. Abt., Rep. 1 A, 1532.
[251] AGMPG, I. Abt., Rep. 1 A, Nr. 1533.
[252] AGMPG, I. Abt., Rep. 1 A, Nr. 1532. Die 5. Kriegsanleihen vom 23. September 1916 belastete beispielsweise das Kuratorium des KWIs für Biologie mit knapp 5000,– M.

kammer für die Zeit vom 1. Oktober 1916 bis zum 1. April 1917 dem KWI für Chemie unter der Leitung von Prof. Fritz Haber überlassen.[253]

Trotz aller kriegsbedingt widrigen Umstände waren die Jahre 1915-1918 Spemanns erfolgreichste Experimentierjahre seit den Jahren der Schnür- und Linsenexperimente 1897-1908. Das Konzept der Kaiser-Wilhelm-Institute, Forschern ein nahezu optimales Arbeitsumfeld zu verschaffen, ist im Falle von Hans Spemann aufgegangen. Die für die Verleihung des Nobelpreises ausschlaggebenden Organisatorexperimente gehen auf die Transplantationsexperimente aus den Jahren 1916-1918 zurück. Somit ist die von Rinard vertretene These, Spemanns Zeit am KWI „was relatively unproductive",[254] absurd.

Daß Spemanns erfolgreiches Schaffen den Fachkollegen nicht verborgen blieb, zeigte die zunehmende Berücksichtigung bei Ehrungen, Lehrstuhlberufungen und Ehrenämtern. 1917 wurde er als möglicher Nachfolger des verstorbenen Schriftführers der Deutschen Zoologischen Gesellschaft, August Brauer, ins Gespräch gebracht.[255] Bereits zuvor war er ein aussichtsreicher Kandidat für die Nachfolge des 1915 verstorbenen Theodor Boveri, da er ein „feiner Kopf und klarer Denker, guter Redner [sei]. Man kann gegen ihn nur geltend machen, dass sein Arbeitsgebiet ein etwas begrenztes ist."[256] Nicht zuletzt die außergewöhnliche Form der Berufung auf den Freiburger Lehrstuhl für Zoologie im Jahre 1918, bei der statt der üblichen Drei-Personen-Vorschlagsliste Spemann ursprünglich als einziger Kandidat von der naturwissenschaftlich-mathematischen Fakultät benannt wurde, belegt sein außergewöhnliches wissenschaftliches Renommee zu jener Zeit:

„Wir schlagen dem Gr.[oßherzoglichen] Ministerium diesen Mann allein vor, weil er tatsächlich einzig in seiner Art dasteht. Männer, die ihm an die Seite gestellt werden könnten, sind für uns unerreichbar. Altersgenossen, die noch nicht vergeben sind, überragt er weit, alle Jüngeren läßt er hinter sich. Wir verkennen die Schwierigkeiten unseres Vorgehens nicht, hoffen aber, das Gr.[oßherzogliche] Ministerium werde alle Schritte tun, um das Erstrebte zu erreichen – es handelt sich um Weismanns Lehrstuhl!"[257]

Auf Druck des Badischen Ministeriums des Kultus und Unterrichts mußte die Freiburger naturwissenschaftlich-mathematische Fakultät jedoch eine konventionelle Liste mit drei Kandidaten unterbreiten. Sie setzte Spemann primo loco auf der Berufungsliste, vor E. Becher und Waldemar Schleip, beide pari passu

---

[253] Vgl. AGMPG, I. Abt., Rep. 1 A, Nr. 1___. Gesprächsnotiz vom 26. September 1916 mit Spemann, Correns, Haber und Trendelenburg.
[254] Rinard, Neo-Lamarckism, S. 111.
[255] Vgl. Geus, Querner, Deutsche Zoologische Gesellschaft, S. 91. Warum Spemann das Ehrenamt nicht annahm, darüber läßt sich nur spekulieren. Allerdings dürfte er seinem Wesen nach wenig Freude an einer solchen Tätigkeit gehabt haben und seine Kraft lieber der Forschung, der Lehre oder der Pädagogik gewidmet haben.
[256] Brief Karl Heiders an August Brauer vom 21. Oktober 1915; zitiert nach Geus, Querner, Deutsche Zoologische Gesellschaft, S. 92-93.
[257] UAF, B 1/1289.

und vor Alfred Kühn.[258] Auf Beschluß der Badischen Vorläufigen Volksregierung vom 20. Dezember 1918 wurde Hans Spemann als ordentlicher Professor für Zoologie in Freiburg vorgesehen.[259] Am selben Tag teilte Spemann dem preußischen Ministerium für geistliche und Unterrichtsangelegenheiten mit, daß er zum 1. April 1919 den Ruf als Ordinarius für Zoologie an die Universität Freiburg angenommen habe.[260] Das Kuratorium des KWI für Biologie diskutierte am 13. März 1919 die Nachfolgeregelung für Spemann. In seinen Gutachten über die drei in die engere Wahl gekommenen Kandidaten charakterisierte Spemann Hermann Braus als „den geeignetsten, Curt Herbst als den verdienstvollsten und E. Becher als den genialsten".[261] Es sollte jedoch keiner der genannten Wissenschaftler ans KWI berufen werden, da die Finanzlage eine sofortige Stellenneubesetzung nicht zuließ.[262] Aus dem Bericht der 8. Hauptversammlung der KWG aus dem Jahre 1921 geht hervor, daß „die Abteilung Spemann gänzlich eingezogen und die Mitarbeiter und Angestellten entlassen [werden]."[263] Die Spemannsche Forschungstradition lebte am KWI für Biologie erst wieder auf, als zum 1. Oktober 1923 Otto Mangold als Abteilungsleiter für Entwicklungsmechanik ans KWI für Biologie berufen wurde.

Auch nach seinem Ausscheiden blieb Spemann der KWG und dem Institut für Biologie verbunden. Er wurde am 9. Dezember 1927 gemeinsam mit dem Heidelberger Entwicklungsbiologen Curt Herbst zum Auswärtigen Wissenschaftlichen Mitglied des KWI für Biologie ernannt.[264] Nach dem Rücktritt des langjährigen Präsidenten der KWG, Adolf von Harnack, im Jahre 1930, war Spemann der von Harnack favorisierte Kandidat für die Nachfolge.[265]

Privatleben im Dienste des Vaterlandes

Die Jahre in Berlin waren überschattet von den Ereignissen und Auswirkungen des Ersten Weltkrieges. Ohne Zweifel war Spemann als deutscher Patriot bereit, seine Arbeitskraft soweit möglich in den Dienst des Vaterlandes zu stellen. In den Monaten von Oktober 1914 bis Mai 1915, als das Institut noch nicht in Betrieb ge-

---

[258] UAF, B 1 /1289, Brief des Dekans der naturwissenschaftlich-mathematischen Fakultät Neumann an das BMKU vom 19. November 1918.
[259] Vgl. UAF, B24 3642, Personalakte Hans Spemann.
[260] GStAPK, I. HA, Rep. 76Vc, Sekt. 2, Tit. XXIII, Litt. A, Nr. 112, Bd. II. Das Kaiser-Wilhelm-Institut für Biologie in Dahlem (Juli 1918 – Okt. 1933), 18/4, Bl. 29–30.
[261] AGMPG, I. Abt. Rep. 1 A, Nr. 1533.
[262] Sucker, KWI für Biologie, S. 232. Auf die kritische Finanzlage hatte bereits der Chemiker Fischer auf der Kuratoriumssitzung des KWI für Biologie vom 3. März 1919 hingewiesen.
[263] BAP, Nr. 8970/3, Rep. 4/1, Bl. 85.
[264] Vgl. AGMPG, 1. Abt., Rep. 1A, Nr. 149, Bl. 96.
[265] Vgl. SBF, Nachlaß Hans Spemann, Nr. 50, Bl. 91. Brief von Carl Correns an Hans Spemann vom 23. September 1930. Vgl. auch Brocke, Die Kaiser-Wilhelm-Gesellschaft, S. 344.

nommen werden konnte, er aber bereits in Berlin weilte, arbeitete Spemann in einem Berliner Reservelazarett als Krankenpfleger.[266] Die zunehmend schlechter werdende Versorgungslage bedeutete für Spemann angesichts seiner labilen physischen Konstitution eine außerordentliche Belastung. So soll er nach dem „Steckrübenwinter" 1916/17 an ernsthaften Mangelernährungssymptomen gelitten haben.[267]

Spemann entzog sich angesichts der revolutionären Wirren nach dem Kriegsende 1918 nicht seiner selbst empfundenen Verantwortung als privilegierter Angehöriger des deutschen Volkes. Noch in Berlin beteiligte er sich an Unterrichtskursen für heimkehrende Soldaten, die jenen eine erste Orientierungshilfe im zivilen Leben bieten sollten.[268] Die Motivation für sein Engagement, das sich in seiner Tätigkeit für die Volkshochschule in Freiburg fortsetzte, lag in der Überzeugung begründet, daß das Kaiserreich aufgrund seiner gesellschaftlichen Desintegration der äußeren Belastung nicht hatte standhalten können. Sollte Deutschland als Nation wieder eine günstige Perspektive erhalten, so mußte eben diese innere Zerrissenheit überwunden werden.[269] Spemanns Anliegen war in erster Linie sozialer Natur, partei- oder verfassungspolitische Aspekte standen im Hintergrund. Ausschlaggebend für ihn war die Bereitschaft, seinen Teil im Bereich des Bildungswesens beizutragen, damit Deutschland innerlich gestärkt auch nach außen wieder als gleichberechtigte Nation würde auftreten können.

1.6. Freiburg (1919–1941): Durchbruch zum „Entwicklungsbiologen von Weltruf"[270]

Mehrere Gründe veranlaßten Spemann, im Alter von nahezu 50 Jahren den an ihn ergangenen Ruf an die Universität in Freiburg anzunehmen. Die Möglichkeit der ungestörten experimentellen Grundlagenforschung am *Kaiser-Wilhelm-Institut für Biologie* hatte zweifelsohne seinen Erkenntnisfortschritt beschleunigt und ihn zu einem der angesehensten Zoologen Deutschlands werden lassen, wie die Erkundungen der Freiburger naturwissenschaftlich-mathematischen Fakultät im Jahre 1918 ergaben:

„Wir hatten ihn [Spemann, P.F.] im Jahre 1912 bereits an dritter Stelle genannt. Seine Bewertung Doflein und Hesse gegenüber war dadurch bedingt, daß um jene Zeit verhältnis-

---

[266] Vgl. Spemann, Friedrich Wilhelm: Dahlem, Freiburg. In: Spemann, Forschung und Leben, S. 256.
[267] Vgl. Mangold, Hans Spemann, S. 39–40.
[268] Vgl. Spemann, Hans: Die Volkshochschule in Freiburg i. Br. In: Spemann, Forschung und Leben, S. 275–276.
[269] Hierzu ausführlich Fäßler, Peter E.: Von der Volkshochschule zur Volksbildungsstätte – Erwachsenenbildung in Freiburg 1919–1944. In: Eigler, Gunther; Haupt Helmut (Hrsg.): Volkshochschule Freiburg. Edition Isele, Freiburg 1994, S. 37–67.
[270] Vgl. Sander, Klaus: Hans Spemann (1869–1941). Entwicklungsbiologe von Weltruf. In: Biol. in uns. Zeit 15 (1985), S. 112–119, S. 112.

1.6. Freiburg (1919–1941): Durchbruch zum „Entwicklungsbiologen von Weltruf" 59

mäßig wenig neuere Arbeiten von ihm vorlagen. Seither hat sich immer mehr gezeigt, dass Spemann ganz allgemein für den bedeutendsten Zoologen in seiner Generation angesprochen wird. Das bezeugen alle Gutachten, die wir erhoben haben [...] Spemanns Fragestellungen sind immer großzügig, seine Arbeiten reich an Ideen."[271]

Doch ungeachtet der hervorragenden Arbeitsbedingungen am *Kaiser-Wilhelm-Institut* bevorzugte Spemann die an den Universitäten praktizierte Kombination von Forschung und Lehre, weil er den Kontakt zu Studenten als belebendes Moment in seiner Tätigkeit als Wissenschaftler sehr schätzte. Seinem Berliner Kollegen Carl Correns schrieb er am 29. Dezember 1922:

„Trotzdem kann ich nicht sagen, daß ich es schon einmal auch nur eine Stunde lang bereut hätte, nach Freiburg gegangen zu sein. Das reine Forschen Tag für Tag, Jahr aus Jahr ein hätte mich aufgerieben u.[nd] als Erholung der Grunewald – nein!"[272]

Der Dekan der Freiburger naturwissenschaftlich-mathematischen Fakultät, Himstedt, teilte nach einem Gespräch mit Spemann dem badischen Kultusministerium mit:

„Mehr als einmal hat sich gezeigt, daß die Tätigkeit am Kaiser-Wilhelm-Institut den Kollegen nicht das bringt, was sie erhofften. Sie alle sehnen sich nach einer Lehrtätigkeit und nach dem Konnex mit der Jugend zurück."[273]

Die Freiburger Universität bot Spemann eben nicht nur die Möglichkeit zur eigenen experimentellen Forschung, sondern auch zur Anleitung und Ausbildung von Studenten. Die Weiterführung seiner wissenschaftlichen Schule reizte ihn fachlich wie menschlich gleichermaßen.

Neben dem im Vergleich zu Berlin breiteren Aufgabenspektrum dürfte das Renommee des Freiburger Lehrstuhls für Zoologie, dessen erster Inhaber August Weismann während der Jahre 1868 bis 1912 war, ein anderes wichtiges Argument für Spemann gewesen sein, den Ruf anzunehmen. Hinzu kam noch, daß, obwohl das südbadische Freiburg nur im weiteren Sinne zu seiner Heimat gerechnet werden kann, seine gefühlsmäßige Bindung zu Deutschlands Südwesten ebenfalls eine Rolle bei der Entscheidungsfindung spielte: „Auch Spemann würde gern an eine Hochschule zurückkehren, zumal an eine süddeutsche, da er Süddeutscher ist."[274] Gegenüber Kollegen äußerte Spemann, daß er insbesondere durch die aufreibenden letzten Monate des Jahres 1918 im revolutionären Berlin sich nach einer vergleichsweise ruhigen und behaglichen Umgebung, wie sie das südbadische Freiburg biete, gesehnt habe.[275]

Die Freiburger Jahre sollten die wissenschaftlich, wissenschaftspolitisch und gesellschaftlich bedeutsamsten im Leben von Hans Spemann werden. Seine For-

---

[271] UAF, B 1/1289, Brief von Dekan Himstedt an das BMKU vom 2. November 1918.
[272] SBF, Nachlaß Hans Spemann, A.2.a., Nr. 664, Bl. 1176.
[273] UAF, B 1/1289, Brief von Dekan Himstedt an das BMKU vom 2. November 1918.
[274] UAF, B 1/1289, Brief von Dekan Himstedt an das BMKU vom 2. November 1918.
[275] Vgl. Staats- und Universitätsbibliothek Göttingen, Handschriftenabteilung, Cod. MS. E. Ehlers 1850, Nr. 1. Brief von Hans Spemann an den Göttinger Kollegen Ehlers vom 6. August 1919.

schungen führte er in Zusammenarbeit mit einem Kreis von Schülern und Mitarbeitern so erfolgreich fort, daß Freiburg neben Chicago während der 1920er und 1930er Jahre zum international führenden Zentrum der Entwicklungsbiologie aufstieg.[276] Als einer der herausragenden Vertreter seines Faches trug er innerhalb seines beruflichen und gesellschaftlichen Wirkungskreises maßgeblich dazu bei, die Isolation Deutschlands nach dem verlorenen Ersten Weltkrieg zu überwinden. Als nach 1933 seitens der politisch Verantwortlichen eine nationale Ausrichtung der Wissenschaften gefordert wurde, wandte sich Spemann auch gegen diese neue Form der geistigen Isolation. Neben seinen beruflichen Pflichten setzte er sein reges gesellschaftliches Engagement im Bereich Erziehung und Erwachsenenbildung fort. Überdies war er mit seiner Frau in einen interdisziplinären Diskussionskreis von Hochschullehrern eingebunden, die als Vertreter unterschiedlichster Disziplinen eine lebendige *universitas*[277] verwirklichten.

Dienstverhältnis

Spemann trat sein Ordinariat zum 1. April 1919 an, leistete am 5. Mai 1919 den Beamteneid und wurde am 15. Dezember 1919 auf die Verfassung der Weimarer Republik vereidigt.[278] Sein Grundgehalt betrug anfangs 5500,- M pro Jahr und wurde wegen der Inflation bis zum 1. Januar 1922 sukzessive auf 98 000,- M angehoben. Ein völliger Ausgleich der immer rascher voranschreitenden Geldentwertung war damit aber nicht gegeben. Die Umzugskosten erstattete die badische Landesregierung zuerst in Höhe von 4000,- M, später in Höhe von 6000,- M; hinzu kamen noch 1200,- M Wohnungsgeld. Zehn Jahre der bisherigen Dienstzeit wurden Spemann auf sein Ruhegehalt angerechnet. Die badische Regierung orientierte sich bei der Festsetzung des Berechnungszeitraumes für das Ruhegeld ungefähr an Spemanns Ordinariatsbeginn in Rostock. Infolge der Inflation verlor Spemann den größten Teil seines Vermögens, das aus dem Erbe seines Vaters stammte.[279] Nach Einführung der Rentenmark am 15. November 1923 und der damit verbundenen Stabilisierung der Währungsverhältnisse wurde nach einem Beschluß des *Badischen Ministeriums des Kultus und Unterrichts* vom 11. September 1924 Spemanns Honorar rückwirkend zum 1. Juli 1924 auf 1000,- M[280]

---

[276] Vgl. Churchill, Elements of Experimental Embryology, S. 109.
[277] Vgl. Jonas-Cohn-Archiv der Universität Duisburg (JCAUD), Brief von Jonas Cohn an Hans Spemann vom 24. November 1927; vgl. Brief von Hans Spemann an Jonas Cohn vom 25. November 1927. Jonas Cohn war einer der profiliertesten Vertreter des südwestdeutschen Neu-Kantianismus.
[278] UAF, B 24/3642, Personalakte Hans Spemann. Auch die folgenden personenbezogenen Angaben in diesem Abschnitt stammen – wenn nicht anders angegeben – aus der Personalakte Hans Spemann.
[279] Vgl. SBF, Nachlaß Hans Spemann, A.2.a., Nr. 667, Bl. 1181, Brief von Hans Spemann an Carl Correns vom 1. Mai 1924.
[280] Mit Inkrafttreten des Reichsmünzgesetzes vom 30. August 1924 als Reichsmark bezeichnet.

1.6. Freiburg (1919-1941): Durchbruch zum „Entwicklungsbiologen von Weltruf" 61

monatlich festgelegt. Bezüglich einer weiteren Einnahmequelle, der Kolleggelder, beschloß das Ministerium, daß Beträge über 10.000,- M im Jahr zur Hälfte abgezogen werden. Diese wiederum solle zu 50 Prozent dem Aversum des Zoologischen Instituts zugeführt werden, und zu 50 Prozent dem Kollegienhonorarfond, dessen Verfügungsrecht beim Ministerium lag.[281]

Angesichts mehrerer Rufe an andere Universitäten sah sich die badische Regierung schon bald gezwungen, Spemann finanzielle Zugeständnisse zu machen, wollte sie den angesehenen Wissenschaftler nicht für die Universität Freiburg verlieren. Bereits im Jahre 1919 kam sie ihm nach seiner Ablehnung des Rufes auf den Göttinger Lehrstuhl für Zoologie entgegen und erhöhte sein Gehalt einschließlich Wohngeld auf 8000,- M im Jahr.[282] Als Spemann 1924 das verlockende Angebot der Nachfolge Richard Hertwigs an der Ludwig-Maximilians-Universität in München nach längerer Bedenkzeit ausschlug, honorierte das Land Baden seine Treue mit einer Anhebung des Grundgehalts auf 12.000,- M pro Jahr. Damit war Spemann einer der Spitzenverdiener unter Freiburgs Professoren.[283] Nachdem er ein Jahr später den Ruf an die Friedrich-Wilhelms-Universität in Berlin abgelehnt hatte, wies das badische Kultusministerium den Senat der Universität an, ihm eine Kolleggeldgarantie von 4000,- RM pro Semester zu erteilen. Überdies wurde das Ruhegehalt nun auf der Grundlage der vom 1. März 1895 an bezogenen Einkünfte berechnet, d.h. ab dem Beginn von Spemanns Assistententätigkeit in Würzburg.

Lehrstuhlführung und Institutsleitung[284]

„Meine Räume hier sind sehr klein gegen die Dahlemer Verhältnisse, aber völlig ausreichend. Amphibien scheint es überreichlich zu geben",[285] schilderte Spemann seine Arbeitsbedingungen Carl Correns. In der Tat stand ihm nur ein relativ enges Forschungslabor zur Verfügung und auch die weiteren Arbeitszimmer

---

[281] UAF, B 15/518, Brief des Vertreters des BMKU, Schwoerer, an den Senat der Universität Freiburg vom 11. Januar 1919.
[282] GLAK, Nr. 235/9045, DA Hans Spemann, Brief von Hans Spemann an das BMKU vom 8. August 1919.
[283] GLAK, Nr. 235/9045, DA Hans Spemann, Brief des BMKU an Hans Spemann vom 4. Juni 1924. Für die Jahre nach 1924 liegen keine Quellenangaben bezüglich Spemanns Gehalts vor.
[284] Vgl. hierzu auch: Körner, Helge: Zur Geschichte der Zoologie an der Albert-Ludwigs-Universität Freiburg. In: Freiburger Universitätsblätter 86 (1984), S. 59-67; vgl. Koehler, Otto: Zur Geschichte des Zoologischen Institutes Freiburg von 1946-1960. In: Berichte d. Naturforsch. Gesell. Freiburg i. Br. 58 (1968), S. 111-126; vgl. Schnetter, Martin: Die Ära Spemann-Mangold am Zoologischen Institut der Universität Freiburg i. Br. in den Jahren 1919-1945. In: Berichte d. Naturforsch. Gesellsch. Freiburg i. Br. 58 (1968), S. 95-110.
[285] SBF, Nachlaß Hans Spemann, A.2.a., Nr. 667, Bl. 1187, Brief von Hans Spemann an Carl Correns vom 1. Mai 1919.

waren recht klein. Eine im Zusammenhang mit dem von Spemann im Jahre 1924 abgelehnten Ruf nach München gegebene Zusage des *Badischen Minsteriums des Kultus und Unterrichts* zur Aufstockung des Institutsgebäudes konnte aus finanziellen Gründen nicht eingehalten werden.[286] Im Jahre 1932 wandte sich Spemann an die europäische Vertretung der *Rockefeller Foundation* in Paris mit der Bitte, eine Institutserweiterung zu finanzieren. Als Grund gab er die zahlreichen Anfragen amerikanischer Studenten an, die gerne in seinem Labor arbeiten wollten, dies aber aus räumlichen Gründen nicht könnten. Das Gesuch wurde jedoch abgelehnt.[287]

Bezüglich des Inventars am Zoologischen Institut waren einige Neuanschaffungen erforderlich, da Spemanns Vorgänger, der Protozoologe Franz Doflein, andere Gerätschaften benötigt hatte als ein Entwicklungsbiologe. Am 20. Juli 1920 beantragte Spemann daher 10 000,- M für neue Aquarien, in denen die Amphibien gehalten werden sollten, 2000,- M für Mikroskope und 1000,- M für nicht näher aufgeschlüsseltes Arbeitsmaterial.[288] Gemäß einer Auflistung vom 8. Juli 1921 wurden in der Freiburger Universitätsbibliothek folgende ausländische, die Zoologie betreffenden Zeitschriften geführt: *Philosophical Magazine and Journal of Science, Quarterly Journal of Microscopical Science, American Journal of Science, Science, Scientia, Journal of Morphology* und *Biometrica*.[289]

Die vergleichsweise bescheidene materielle Ausstattung des Freiburger Instituts und die wirtschaftliche Notlage der Nachkriegszeit wirkten sich nachteilig auf Forschung und Lehre aus: „Wir lesen bis 23. Dezember und fangen am 2. Januar wieder an, um am 23. Februar das Semester zu schließen. Dadurch soll Heizung und Licht gespart werden. So steht alles unter dem Zeichen der Not",[290] schrieb Spemann am 10. Dezember 1922 seinem Freund Fritz Baltzer in der Schweiz. In Verhandlungen mit der badischen Landesregierung gelang es ihm immer wieder, die Finanzlage des Institutsaversums durch Aufstockungen der regelmäßigen Zahlungen und durch einmalige Sonderzahlungen zu verbessern.[291]

Zum Lehrpersonal des Zoologischen Instituts gehörten neben dem Ordinarius zwei Assistenten und ein oder mehrere Lehrbeauftragte. Seit dem Winterseme-

---

[286] UAF, B 24, Nr. 3642, PA Hans Spemann, Brief von Hans Spemann an das BMKU vom 20. Juni 1924.

[287] Vgl. Rockefeller Archives Center, Rockefeller Foundation Papers, Folder 120 („Univ. Freiburg, Spemann 1931"), Box 12, Brief C. Schliepers an W. E. Tisdale vom 9. Oktober 1932. Spemanns Gesuch ist in den Quellen nicht erhalten, läßt sich aber aus dem Schreiben des zuständigen Sachbearbeiters Schliepers in New York an den Leiter der europäischen Zentrale der *Rockefeller Foundation* Tisdale inhaltlich rekonstruieren.

[288] UAF, B 15/17, Antrag Spemanns auf der Fakultätssitzung vom 2. Juli 1920. Mindestens eines der Mikroskope befindet sich noch heute im Fundus des Zoologischen Instituts in Freiburg.

[289] UAF, B 15/17, Liste vorgelegt auf der Fakultätssitzung vom 8. Juli 1921.

[290] SBF, Nachlaß Hans Spemann, A.2.a., Nr. 597a, Bl. 498, Brief von Hans Spemann an Fritz Baltzer vom 10. Dezember 1922. Vgl. auch unten S. 76, Fußnote 353.

[291] Vgl. GLAK, Nr. 235/9045, DA Hans Spemann; finanzielle Zusagen des BMKU in Briefen vom 8. August 1919, 4. Juni 1924 und vom 12. Februar 1925.

1.6. Freiburg (1919–1941): Durchbruch zum „Entwicklungsbiologen von Weltruf" 63

ster 1924/25 kam noch ein Hilfsassistent hinzu. Gemeinsam mit Spemann nahmen im Jahre 1919 auch die beiden Assistenten Fritz Baltzer und Otto Mangold ihre Tätigkeit auf. Baltzer, dessen Habilitation Spemann nachhaltig unterstützte und für den er einen dreistündigen Lehrauftrag erwirkte,[292] hielt Vorlesungen über Vererbungslehre und wirkte bei den zoologischen Praktika für Anfänger und Geübtere mit. Nachdem er zum Sommersemester 1921 einen Ruf an die Universität in Bern angenommen hatte, wurde die Vererbungslehre am Freiburger Institut für Zoologie nicht mehr in einer eigenständigen Vorlesung behandelt. Baltzers Assistentenstelle übernahm bis zum 31. Dezember 1922 Erwin Litzelmann. Der zweite Assistent, Otto Mangold, war während der Jahre 1919 bis 1923 am Zoologischen Institut beschäftigt.[293] Er wurde mit einer bereits in Rostock

Abb. 4. Hans Spemann mit seinem Schüler, Mitarbeiter und Nachfolger Otto Mangold, vermutlich auf der Terrasse des Spemannschen Anwesens in Freiburg (um 1930; Yale University, Sterling Library, Ross G. Harrison papers)

---

[292] UAF, B 15/518, Beschlüsse der naturwissenschaftlich-mathematischen Fakultät vom 11. März 1919 und vom 29. November 1919.
[293] Zur Person Otto Mangolds vgl. Woellwarth, C. von: Otto Mangold. In: Embryologia 6 (1961), S. 1–22.

1.6. Freiburg (1919–1941): Durchbruch zum „Entwicklungsbiologen von Weltruf"

begonnenen Arbeit im Jahre 1919 promoviert und habilitierte sich im Jahre 1922. Mangold, unter wissenschaftlichen Aspekten sicher Spemanns engster Schüler, wechselte zum Frühjahr 1924 an das *Kaiser-Wilhelm-Institut für Biologie* nach Berlin-Dahlem. Sein Nachfolger auf der Assistentenstelle in Freiburg wurde Fritz Süffert,[294] der bis 1936 dort arbeitete. Ein weiterer Assistent, Bruno Geinitz, gründete im Jahre 1937 das Institut für Bienenkunde.[295] Viktor Hamburger, der 1924 bei Spemann *summa cum laude* promoviert wurde, trat nach einem Zwischenaufenthalt in München im Jahre 1928 eine der beiden Assistentenstellen an. Er unterrichtete die Vererbungslehre in Freiburg wieder in einer eigenständigen Vorlesung.[296] Hamburger erhielt für das Studienjahr 1932/33 ein Stipendium der *Rockefeller Foundation* in den USA. Aufgrund seiner jüdischen Abstammung war es ihm allerdings verwehrt, im Herbst 1933 nach Deutschland zurückzukehren. In einem Schreiben vom 6. Oktober 1933 teilte das BMKU dem damaligen Rektor der Universität Martin Heidegger mit, daß der „nichtarische Privatdozent Viktor Hamburger von der Dozentenliste zu streichen ist."[297] Spemann bot daher die Assistentenstelle seinem ehemaligen Doktoranden Johannes Holtfreter an, der Anfang der dreißiger Jahre mit bedeutenden experimentellen Ergebnissen die Fachwelt beeindruckte. Holtfreter lehnte jedoch ab, da er noch weitere Grundlagenforschung ohne Lehrverpflichtungen am *Kaiser-Wilhelm-Institut für Biologie* betreiben wollte.[298] Schließlich trat Eckhard Rotmann, ein weiterer Schüler Spemanns, die Nachfolge Hamburgers an.

Als Lehrbeauftragter arbeitete der Freiburger Zoologe und Naturschützer Prof. Dr. Konrad Günther, der bei August Weismann promoviert worden war. Er hatte als dessen Assistent die Praktika betreut und unter Spemanns Vorgänger Franz Doflein Vorlesungen gehalten. Als Forschungs- und Lehrgebiet widmete er sich besonders dem heimatlichen Naturschutz. Spemanns Verhältnis zu ihm war nicht ungetrübt. Hatte er noch zu Beginn seiner Freiburger Zeit einen Lehrauftrag für Günther befürwortet und in der naturwissenschaftlich-mathematischen Fakultät durchgesetzt,[299] so zweifelte er im Laufe der Zeit zunehmend an dessen wissenschaftlichen Befähigung. Aus einem Schreiben Spemanns an den Dekan vom 19. November 1924 geht hervor, daß nach seiner Ansicht Günthers von einer Brasilienreise mitgebrachtes Material nicht ausreiche, um einen Antrag auf wei-

---

[294] UAF, B 15/518, Antrag Spemanns gerichtet an den Dekan der naturwissenschaftlich-mathematischen Fakultät vom 2. September 1924. Zu Fritz Süffert vgl. Kühn, Alfred: Fritz Süffert zum Gedächtnis. In: Die Naturwissenschaften 33 (1946), S. 161–163.

[295] UAF, B 15/518, Beschluß der naturwissenschaftlich-mathematischen Fakultät vom 19. Mai 1931. Zu Bruno Geinitz vgl. Schnetter, Martin: Bruno Geinitz (1889–1948). Ein Nachruf. In: Mitt. d. Bad. Landesver. Naturkunde und Naturschutz 5 (1949), S. 101–102.

[296] Hamburger blieb in Amerika und wurde einer der bedeutendsten Neuroembryologen.

[297] UAF, B15/16, Brief des BMKU an Martin Heidegger vom 6. Oktober 1933.

[298] Vgl. SBF, Nachlaß Hans Spemann, A.1.a., Nr. 188, Bl. 290, Brief von Johannes Holtfreter an Hans Spemann vom 27. Mai 1933.

[299] UAF, B 15/16, Protokollbuch der naturwissenschaftlich-mathematischen Fakultät vom 11. Juli 1919.

tere finanzielle Unterstützung zu befürworten.[300] Zwei Jahre später, am 20. Februar 1926 urteilte Spemann über diese Exkursion in der ihm eigenen ironischen Schärfe: „Obwohl ich selbst nicht sachkundig bin, glaube ich doch sagen zu dürfen, daß der Reichtum der tropischen Natur und der Inhalt der Arbeit in einem ziemlichen Mißverhältnis stehen."[301] Der Botaniker Oltmanns urteilte: „Der Fakultät lag er [Konrad Günther, P.F.] etwas auf der Seele, weil wir nur schweren Herzens seinen Anträgen auf ein Privatdozenten-Stipendium zustimmen konnten."[302] Neben dem Lehrpersonal sorgten ein Tierpfleger für die Untersuchungsobjekte in Forschung und Lehre und ein Präparator für die Zoologische Sammlung. Weiterhin arbeitete am Institut eine technische Assistentin, die Spemann sich in den Berufungsverhandlungen ausbedungen hatte. Ihre Bezüge wurden aus Mitteln des Aversums des Instituts für Zoologie beglichen.[303]

Hochschulverwaltung und -politik in der naturwissenschaftlich-mathematischen Fakultät und im Senat

Als Lehrstuhlinhaber und Direktor des Zoologischen Instituts wuchsen Spemann neben der Forschung und der Lehre auch hochschulpolitische Aufgaben zu. Diese bestanden in der Institutsleitung und vor allem in der Mitarbeit in den übergeordneten Gremien, der naturwissenschaftlich-mathematischen Fakultät und dem Universitätssenat.

Aus den Sitzungsprotokollen der Fakultät geht hervor, daß Spemann an zahlreichen und wichtigen Entscheidungen beteiligt war und so maßgeblichen Einfluß auf die Grundlinien der Fakultätspolitik ausübte. Beispielsweise gehörte er gemeinsam mit den Kollegen Oltmanns, Lauterborn, Deecke, Müller und Helbiz einem Ausschuß für prinzipielle Promotionsfragen an,[304] auf seinen Antrag wurde im Jahr 1928 ein spezieller Unterricht für Laborantinnen eingerichtet,[305] er leitete den Ausschuß bezüglich der Nachfolge Friedrich Oltmanns[306] und arbeitete gemeinsam mit den Kollegen Hausrath und Schneiderhöhn an einer Studienangleichung in den mathematisch-naturwissenschaftlichen Fächern zwischen

---

[300] Vgl. UAF, B 15/16, Brief Spemanns an den Dekan der naturwissenschaftlich-mathematischen Fakultät vom 19. November 1924.
[301] UAF, B 15/518, Brief Spemanns an den Dekan der naturwissenschaftlich-mathematischen Fakultät vom 20. Februar 1926.
[302] Oltmanns, Friedrich: Erinnerungen. Freiburg 2. Unveröff. Maschinenskript, Freiburg o.J., S. 40. Ich danke Herrn Professor Hugo Ott für die Einsicht in das MS.
[303] Vgl. UAF, B 15/518, Brief des Vertreters des BMKU an den Senat der Universität vom 11. Januar 1919.
[304] Vgl. UAF, B 15/17, Beschluß der naturwissenschaftlich-mathematischen Fakultät vom 27. Mai 1921.
[305] Vgl. UAF, B 15/17, Eintrag im Protokollbuch der naturwissenschaftlich-mathematischen Fakultät vom 13. Juli 1928.
[306] Vgl. UAF, B 15/17, Beschluß der naturwissenschaftlich-mathematischen Fakultät vom 31. Oktober 1930.

Deutschland und Österreich.³⁰⁷ In einer von ihm mit unterzeichneten Eingabe an das badische Kultusministerium wurde auf die Notwendigkeit hingewiesen, die universitären Verwaltungsgeschäfte auf die Dozenten gleichmäßig zu verteilen. Spemann und der Chemiker Hermann Staudinger suchten im Jahre 1932 persönlich das badische Kultusministerium in Karlsruhe auf, um zu erwirken, daß Freiburger Lehramtskandidaten ihre Prüfungen nicht in Karlsruhe ablegen müssen.³⁰⁸ Auf einen gemeinsam von Spemann und Staudinger eingereichten Antrag beschloß die naturwissenschaftlich-mathematische Fakultät am 3. Juni 1932, daß Dissertationen gemeinsam mit dem betreuendem Dozenten veröffentlicht werden dürfen. Der Einband der eingereichten Dissertation solle jedoch allein den Namen des Promovenden tragen. Ferner muß sich der Referent davon überzeugen, daß nicht etwa ein Auszug, sondern die gesamte Dissertation gedruckt worden ist.³⁰⁹ Offenkundig existierte bis zu dieser Zeit keine verbindliche Regelung in dieser Frage.³¹⁰ Für das akademische Jahr 1929/30 stand Spemann als Dekan der naturwissenschaftlich-mathematischen Fakultät vor.³¹¹

In den Senat der Universität wurde Spemann erstmals am 14. Januar 1921 von der Fakultät delegiert. Am 11. Dezember 1922 wurde er von diesem zum Rektor für das kommende akademische Jahr gewählt, was er gegenüber Baltzer mit den Worten kommentierte:

„Gestern haben sie mich zum Rektor für 1923/24 gewählt. Ich habe mich mit Kräften dagegen gewehrt, es wirft all meine schönen Arbeitspläne über den Haufen [...] Es war aber Not an Mann und nichts zu machen. Ich habe mich auch schon innerlich umgestellt und will meine ganze Kraft der neuen Arbeit widmen. Dann wird auch sicher ein innerer Fortschritt dabei herauskommen."³¹²

Spemanns Wahl zum Rektor im Jahre 1923 war nicht unumstritten. So notierte der Mathematiker Sauer am 12. Dezember 1922 in seinem Tagebuch:

„Am 7. d. M. vor der Rektoratswahl sagte mir Herr von Marschall, daß ich mich unter Umständen auf eine Wahl gefaßt halten müsse. Die Naturw.[issenschaftliche] Fakultät prä-

---

³⁰⁷ Vgl. UAF, B 15/17, Eintrag im Protokollbuch der naturwissenschaftlich-mathematischen Fakultät vom 1. Mai 1931.

³⁰⁸ Vgl. UAF, B 15/17, Beschluß der naturwissenschaftlich-mathematischen Fakultät vom 12. Februar 1932.

³⁰⁹ Vgl. UAF, B 15/17, Beschluß der naturwissenschaftlich-mathematischen Fakultät vom 3. Juni 1932.

³¹⁰ Die Mitautorschaft Spemanns bei der Dissertation von Hilde Mangold im Jahre 1924 hat somit zu keinem Zeitpunkt gegen geltende Prüfungsbestimmungen verstoßen und wurde im Nachhinein durch diese Regelung formaljuristisch als rechtmäßig bestätigt. Über die ideengeschichtliche Korrektheit des Vorganges vgl. Fäßler, Peter E.: Hilde Mangold (1898-1924). Ihr Beitrag zur Entdeckung des Organisatoreffekts im Molchembryo. In: Biologie in unserer Zeit 24 (1994) H.6, S. 323-329.

³¹¹ Vgl. UAF, B 15/17, Eintrag im Protokollbuch der naturwissenschaftlich-mathematischen Fakultät vom 11. Januar 1929.

³¹² SBF, Nachlaß Hans Spemann, A.2.a., Nr. 597a, Bl. 498. Brief von Hans Spemann an Fritz Baltzer vom 11. Dezember 1922.

1.6. Freiburg (1919-1941): Durchbruch zum „Entwicklungsbiologen von Weltruf" 67

sentiere nach dem freiwilligen Ausscheiden Deeckes Spemann, der aber zuwenig Rückgrat zeige und die Universität zur reinsten Volkshochschule herunterzuwirtschaften drohe. Nachher wurde aber doch Spemann gewählt."[313]

Hintergrund dieser Eintragung war Spemanns Engagement für die im Jahre 1920 neugegründete Freiburger Volkshochschule, die sich im Gegensatz zu den bisher üblichen universitären Abendkursen nicht in erster Linie an das gehobene Bürgertum als Zielgruppe richtete, sondern an alle bildungsinteressierten Personen gleich welcher sozialen Herkunft. Dieser egalitäre Ansatz wurde durch die demokratische Satzung der Volkshochschule und die Mitarbeit von Sozialisten noch unterstrichen.[314] Entgegen derartigen Befürchtungen sollte Spemanns Amtszeit, die am 15. Mai 1923 begann, ein unauffälliges akademisches Jahr werden.[315] Im wesentlichen wurden universitäre Belange, beispielsweise der Wohnungsbau für Mitarbeiter oder ein Disziplinarverfahren gegen Studenten geregelt.[316] Am 9. Januar 1924 beschloß der Senat, gegen Personalabbau und Gehaltskürzungen, die an badischen Universitäten seiner Ansicht nach wesentlich weiter gingen als an württembergischen oder hessischen, energisch zu protestieren.[317]

In den Quellen ist nur ein Vorgang vermerkt, bei dem ein maßgeblicher Einfluß Spemanns naheliegend erscheint: Anläßlich der 700-Jahr-Feier der Universität in Neapel stellte sich die Frage, ob die Freiburger Alma mater angesichts der internationalen Isolation Deutschlands, die sich besonders im Wissenschaftsbereich negativ auswirkte, einen offiziellen Vertreter entsenden solle. Man einigte sich darauf, daß der designierten Rektor Professor Immisch eine Tabula gratulatoria formulieren solle, daß aber ausdrücklich kein Vertreter entsandt werde, „solange die Deutschen in Italien ein unterdrücktes Volk sind."[318] Diese vor dem allgemeinen politischen – auch wissenschaftspolitischen – Hintergrund nachvollziehbare Aussage gewinnt einen besonderen Gehalt, wenn man sich vergegenwärtigt, daß zu jener Zeit die meeresbiologische Station in Neapel vom italienischen Staat beschlagnahmt worden war und ihr Leiter Reinhard Dohrn um die Rückgabe kämpfte.[319] Hans Spemann wußte um diese Problematik, da er mit Dohrn in Briefkontakt stand. Es ist aus diesem Grund anzunehmen, daß die Haltung der Freiburger Universität in dieser Frage maßgeblich vom Rektor Hans Spemann mit bestimmt wurde. Neun Monate nach Ablauf seiner Rektoratszeit konnte Spemann tatsächlich an Reinhard Dohrn „... meine herzlichen Glückwünsche zum Wiederaufblühen der Zoolog.[ischen] Station"[320] übermitteln.

---

[313] Herrn Volker Remmert danke ich für die freundliche Überlassung des Zitats.
[314] Zur Geschichte der Volkshochschule Freiburg i. Br. ausführlich Fäßler, Volkshochschule S. 37–66. Vgl. unten S. 89–91.
[315] Vgl. Bericht des abtretenden Rektors Geh. Regierungsrat Professor Dr. Hans Spemann. In: Jahrbücher der Universität Freiburg 1923/24, S. 15–23.
[316] Vgl. UAF, B1/106, Senatssitzungsprotokoll vom 6. Juni 1923.
[317] UAF, B1/106, Senatssitzungsprotokoll vom 9. Januar 1924.
[318] UAF, B1/106, Senatssitzungsprotokoll vom 20. Februar 1924.
[319] Hierzu ausführlich Müller, Geschichte der Zoologischen Station; vgl. Partsch, Zoologische Station. Der allgemeinere politische Hintergrund betraf die Südtirol-Frage.
[320] ASZN, Be 1924-28 (A-S), Brief von Hans Spemanns an Reinhard Dohrn vom 26. Januar 1925.

In den folgenden Jahren gehörte Spemann nicht mehr dem Universitätssenat an. Mit dem Jahr 1933 ergaben sich im Zuge des politischen Machtwechsels auch für die Hochschulen einschneidende Änderungen. In Freiburg traten sie in besonderem Maße zu Tage, da hier der Philosophieprofessor Martin Heidegger gewillt war, die Albert-Ludwigs-Universität zu einer nationalsozialistischen Musteruniversität umzugestalten.[321] Dem amtierenden Rektor und überzeugten Demokrat, dem Mediziner A. v. Moellendorff, wurde am 20. April 1933 nach nur einwöchiger Amtszeit der Rücktritt zumindest nahegelegt und Heidegger als Nachfolger eingesetzt. Dessen hochschulpolitische Bestrebung richtete sich in erster Linie auf die Umsetzung des Führerprinzips an der Universität.[322] Der Senat, dessen Mitglieder zukünftig vom Rektor ernannt wurden, sollte nur noch als beratendes Gremium dem als Führer fungierenden Rektor zur Seite stehen. Spemann selbst stand den Veränderungen im Hochschulbereich ambivalent gegenüber. Auf der einen Seite zeigte er die Bereitschaft, auch in Zukunft im entmachteten Senat mitzuarbeiten. Am 15. Oktober 1933 ernannte Rektor Heidegger ihn zum Senator der Universität.[323] Als Heidegger nach internen Querelen zurücktrat, fragte am 29. April 1934 sein Nachfolger im Amt, Professor Kern, telefonisch bei Spemann an, ob er dem Führerbeirat beitreten wolle. Aus Spemanns Tagebuch geht hervor, daß er diesem aus Professoren zusammengesetzten Gremium mit beratender Funktion tatsächlich angehörte.[324] Allerdings geben die Quellen wenig konkrete Informationen über sein hochschulpolitisches Handeln. Spemann befürwortete die neuen hochschul- und wissenschaftspolitischen Richtlinien, soweit sie die Einschränkung der Autonomie in Forschung und Lehre intendierten, sicher nicht. Dies legen seine Äußerungen bezüglich des nationalen bzw. internationalen Charakters der Wissenschaften nieder.[325] Auch Viktor Hamburgers persönlicher Eindruck nach einem letzten, kurzen Besuch im Hause Spemann im Januar 1934, den er Ross G. Harrison brieflich mitteilte, bestätigt dies:

„Er [Hans Spemann, P.F.] setzt sich sehr für hochschulpolitische Fragen ein und kann wohl auch manches in die rechte Bahn lenken und mildern. Aber im Ganzen hatte ich doch den Eindruck, daß die politische Bewegung sich ungünstig auf das Leben der Universität auswirken wird und Dr. Spemann mußte mir in dieser Befürchtung recht geben."[326]

---

[321] Zur Geschichte der Freiburger Universität während des „Dritten Reiches" vgl. John, Ekhard; Martin, Bernd; Ott, Hugo (Hrsg.): Die Freiburger Universität in der Zeit des Nationalsozialismus. Verlag Herder-Ploetz, Freiburg 1991; vgl. Heiber, Helmut: Universität unterm Hakenkreuz. Teil II. Die Kapitulation der Hohen Schulen. Das Jahr 1933 und seine Themen. Bd. 1. Verlag K. G. Sauer, München, London, New York, Paris 1992, S. 480–510; vgl. Ott, Hugo: Martin Heidegger als Rektor der Universität Freiburg 1933/34. In: Zeitschr. f. d. Gesch. d. Oberrheins 132 (1984), S. 343–358.
[322] Hierzu John, Martin, Ott (Hrsg.), Freiburger Universität.
[323] Vgl. SBF, Nachlaß Hans Spemann, C.5. Tagebuchnotiz vom 15. Oktober 1933.
[324] Vgl. SBF, Nachlaß Hans Spemann, C.5. Tagebuchnotiz vom 29. April 1934.
[325] Vgl. hierzu ausführlich unten S. 91–92.
[326] Yale University, Sterling Library, Ross G. Harrison papers, Brief Viktor Hamburgers an Ross. G. Harrison vom 20. März 1934. Hamburger kehrte im Januar 1934 nochmals

Lehre und Schüler

Hans Spemann begann mit seinen Lehrveranstaltungen zum Sommersemester 1919. Er gestaltete das vom 25. Januar bis zum 16. April 1919 dauernde Kriegsnotsemester, welches den heimgekehrten Studenten unter den Soldaten den Einstieg in das universitäre Leben erleichtern sollte, nicht mit, da er noch mit dem Umzug von Berlin nach Freiburg beschäftigt war.[327] Das Lehrprogramm am Zoologischen Institut änderte sich gegenüber dem des Vorgängers Franz Doflein nur bezüglich der Spezialvorlesung, welche Spemann der Entwicklungsphysiologie widmete. Ansonsten wurde der allgemeinverbindliche Lehrkanon für das Fach Zoologie beibehalten, wobei er darauf bedacht war, „...daß die Zoologie wieder mehr die Wissenschaft vom lebenden Tier werden muß."[328] Spemann galt als guter Dozent, seine Vorlesungen sollen didaktisch sehr einprägsam gewesen sein.[329] Vereinzelt wurde eine unzureichenden Breite des Vorlesungsstoffes bemängelt, so beispielsweise vom Botaniker Friedrich Oltmanns:

„Mit seinem Unterricht war ich nicht immer ganz einverstanden, seine Hauptvorlesungen waren natürlich ganz ausgezeichnet, aber er schien mir nicht genug Wert auf die Kenntnis der einzelnen Tiergruppen zu legen, Tiergeographie lehnte er einmal ziemlich scharf ab."[330]

Oltmanns Nachfolger Friedrich Oehlkers äußerte im Hinblick auf Spemanns Emeritierung und auf die Berufung von Otto Mangold gegenüber dem Dekan der naturwissenschaftlich-mathematischen Fakultät, Professor Abetz:

„Sie werden natürlich den Neuberufenen als Dekan darauf hinzuweisen haben, dass bei aller Würdigung der Bedeutung und Überragung von Spemann nunmehr auch gewisse Anforderungen an das Zoologische Institut und seinen Unterricht gestellt werden müssen, die sich vielleicht mit der ‚Tradition' nicht ganz vertragen werden."[331]

Die zoologischen Praktika für Anfänger und Geübtere leitete Spemann gemeinsam mit seinem jeweiligen Assistenten. Exkursionen nach Basel waren bereits zu jener Zeit – wie heute noch – Bestandteil des Zoologischen Kurses. Dort besuchte man, zuweilen unter Anleitung des bedeutenden Basler Zoologen Adolf

---

nach Deutschland zurück, um seine restlichen Besitztümer mit in die USA zu nehmen. Bei dieser Gelegenheit besuchte er Spemann in Freiburg. Vgl. SBF, Nachlaß Hans Spemann, C. 5. Tagebucheintrag vom 12. Januar 1934.

[327] Vgl. UAF, B 15/17, Brief Spemanns an den Dekan der naturwissenschaftlich-mathematischen Fakultät Himstedt vom 13. Dezember 1918.

[328] Staatsarchiv Bern (StAB), BB III, b 646, Brief von Hans Spemann an nicht näher benannten Kollegen in Bern vom 1. Februar 1921. Unterstreichung im Original.

[329] Vgl. Unveröffentlichte Mitteilung von Frau Dr. Opitz vom 5. Juni 1989. Herrn Professor Sander danke ich für die Überlassung einer Kopie des Briefes.

[330] Oltmanns, Friedrich: Erinnerungen. Freiburg 2. Unveröff. Maschinenskript, Freiburg o. J., S. 40.

[331] UAF, B 15/155. Brief Oehlkers an den Dekan der naturwissenschaftlich-mathematischen Fakultät Abetz vom 28. Oktober 1936. Auch Spemanns Enkelin Frau Dr. Resch, die Studentin bei Oehlkers war, bestätigte Oehlkers kritische Einstellung bezüglich der während Spemanns Ordinariat praktizierten Lehre am Zoologischen Institut in einem Gespräch vom 20. März 1995.

Portmann,[332] das Naturgeschichtliche Museum. Mehrfach veranstalteten Spemann und Friedrich Oehlkers gemeinsam ein interdisziplinäres Kolloquium,[333] „... was ja früher undenkbar gewesen wäre, jetzt aber mit meinem wissenschaftlich lebendigen Kollegen Oehlkers ein großer Genuß ist. Wolff kommt dazu aus Basel...".[334]

Obwohl Freiburg ein eher kleines Zoologisches Institut besaß, arbeitete dort eine Reihe hervorragender Schüler, angezogen von Spemanns gutem Ruf. Unter anderen wurden mit Irwin Kitchin ein Amerikaner, mit G. E. Schmidt ein Russe, mit Tadao Sato ein Japaner und mit Shi Chung Wang ein Chinese bei Spemann promoviert. Weiterhin arbeitete der Finne Gunnar Ekman mehrere Male im Freiburger Labor. Er sollte in den dreißiger Jahre die Etablierung der Entwicklungsbiologie in Finnland maßgeblich voranbringen.[335] Auch die Engländer Conrad H. Waddington und Gavin de Beer waren in den zwanziger Jahre Gäste im Freiburger Labor, ebenso wie der Belgier Jean Brachet. Während des Studienjahres 1935/36 forschte Dr. Richard M. Eakin in Spemanns Labor. Eakin ging Spemann bei der Übersetzung seines Buches ins Englische zur Hand.[336]

Verschiedentlich wurde gegen Spemann der Vorwurf erhoben, er habe Doktorandinnen gegenüber ihren männlichen Kollegen benachteiligt. So soll er ihnen weniger bedeutsame Themen zur Bearbeitung überlassen haben, und obendrein habe er bei Veröffentlichungen sich zu Unrecht als Mitautor nennen lassen. Überdies sei er ihnen gegenüber abweisend aufgetreten und man könne mit gutem Grund in ihm einen typisch männlich-chauvinistischen Vertreter der Wissenschaft sehen.[337] Gegen diese Sichtweise ist zweierlei einzuwenden: Erstens ist die Frage der Autorschaft ideengeschichtlich immer dann problematisch, wenn ein Forscher aufgrund seiner akademischen Position nicht in der Lage ist, seine Gedanken und Hypothesen selbst experimentell nachzuprüfen und sie daher einer Studentin oder einem Studenten überträgt. Dieses Problem ist strukturbedingt und nicht geschlechtsspezifisch – Spemann hatte sowohl mit männlichen als auch mit weiblichen Mitarbeitern zuweilen Meinungsverschiedenheiten dieser Art.

Zweitens ist festzuhalten, daß es von Spemann keine historisch verwertbare Quellen gibt, die ihn als Gegner des Frauenstudiums ausweisen – im Gegensatz beispielsweise zu seinem Lehrer Theodor Boveri.[338] Vielmehr zeigt der mit knapp

---

[332] SBF, Nachlaß Hans Spemann, C.5. Tagebucheintrag vom 21. Juli 1934.
[333] Beispielsweise im Wintersemester 1934/35.
[334] SBF, Nachlaß Hans Spemann, A.2.c., Nr. 940, Bl. 1886, Brief von Hans Spemann an Hermann Bautzmann vom 22. Dezember 1934.
[335] Vgl. Leikola, Finnish Tradition, S. 17; vgl auch Arechaga, Juan: In Search of Embryonic Inductors. An Interview with Sulo Toivonen on his 80th Birthday. In: Intern. J. Dev. Biol. 33 (1989), S. 1–6.
[336] Vgl. Eakin, Richard M.: Great Scientists Speak Again. University of California Press, Berkeley, Los Angeles, London 1975, S. 39.
[337] Vgl. Waelsch, Causal Analysis, S. 2; vgl. Gilbert, Induction, S. 181–183.
[338] Vgl. UBW, Nachlaß Theodor Boveri, Brief von Theodor Boveri an Hans Spemann vom 28. Dezember 1896.

1.6. Freiburg (1919–1941): Durchbruch zum „Entwicklungsbiologen von Weltruf" 71

Tabelle 10. Übersicht über Doktoranden und Habilitanden bei Hans Spemann während der Jahre 1919–1939[339]

Name	akad. Abschluß	Jahr	Thema der wissenschaftlichen Arbeit
Baltzer, Fritz	Habilitation	1920	Über die experimentelle Erzeugung und die Entwicklung von Triton-Bastarden ohne mütterliches Kernmaterial
Mangold, Otto	Promotion	1919	Fragen der Regulation und Determination an umgeordneten Furchungsstadien und verschmolzenen Keimen von Triton
	Habilitation	1923	Transplantationsversuche zur Frage der Spezifität und der Bildung der Keimblätter
Mangold, Hilde	Promotion	1923	Über die Induktion von Achsenorganen durch Implantation von Organisatoren
Litzelmann, Erwin	Promotion	1923	Entwicklungsgeschichtliche und vergleichend-anatomische Untersuchungen über den Visceralapparat der Amphibien
Junker, Hermann	Promotion	1923	Cytologische Untersuchungen an den Geschlechtsorganen der halbzwittrigen Steinfliege Perla Marginata (Panzer)
Schütz, Heinrich	Promotion	1924	Schnürversuche an Tritoneiern vor Beginn der Furchung
Hamburger, Viktor	Promotion	1924	Über den Einfluß des Nervensystems auf die Entwicklung der Extremitäten von Rana fusca
	Habilitation	1928	Die Entwicklung experimentell erzeugter, nervenloser und schwach innervierter Extremitäten von Anuren
Holtfreter, Johannes	Promotion	1925	Defekt- und Transplantationsversuche an der Anlage von Leber und Pankreas jüngster Amphibienkeime
Bautzmann, Hermann	Promotion	1925	Experimentelle Untersuchungen zur Abgrenzung des Organisationszentrums bei Triton taeniatus
Geinitz, Bruno	Habilitation	1925	Embryonale Transplantation zwischen Urodelen und Anuren
Marx, Alfred	Promotion	1925	Experimentelle Untersuchungen zur Frage der Determination der Medullarplatte
Lehmann, F. E.	Promotion	1926	Entwicklungsstörungen in der Medullaranlage von Triton, erzeugt durch Unterlagerungsdefekte
Wessels, Else	Promotion	1927	Über Regulation von Triton-Keimen mit überschüssigem und fehlendem medianen Material
Koether, Felix	Promotion	1927	Über Duplicitas anterior, posterior und posterior, partim cruciata bei Triton

---

[339] Vgl. UAF, B 15/24–25, Promotionsbuch der naturwissenschaftlich-mathematischen Fakultät.

Tabelle 10. Fortsetzung

Name	akad. Abschluß	Jahr	Thema der wissenschaftlichen Arbeit
Weber, Hans	Promotion	1928	Über Induktion von Medullarplatte durch seitlich angeheilte Keimhälften bei Triton taeniatus
Machemer, Helmut	Promotion	1929	Differenzierungsfähigkeit der Urnierenanlage von Triton alpestris
Rotmann, Eckhard	Promotion	1931	Die Rolle des Ektoderms und Mesoderms bei der Formbildung der Kiemen und Extremitäten von Triton. I. Operation im Gastrulastadium
Wehmeier, Else	Promotion	1934	Versuche zur Analyse der Induktionsmittel bei der Medullarplatteninduktion von Urodelen
Sato, Tadao	Promotion	1931	Beiträge zur Analyse der Wolffschen Linsenregeneration. I
Waelsch, Salome	Promotion	1931	Äußere Entwicklung der Extremitäten und Stadieneinteilung der Larvenperiode von Triton taeniatus Leyd. und Triton cristatus Laur.
Wang, Shi Cheng	Promotion	1933	Die regulative Entwicklung dorsal-lateraler Verbundskeime von Triton taeniatus
Schmidt, G. A	Habilitation	1933	Schnürungs- und Durchschneidungsversuche am Anurenkeim
Krämer, Wilhelm	Promotion	1934	Über Regulations- und Induktionsleistung determinierter Induktoren
Mayer, Bernhard	Promotion	1935	Über das Regulations- und Induktionsvermögen der halbseitigen oberen Urmundlippe von Triton
Götz, Bruno	Promotion	1936	Beiträge zur Analyse des Verhaltens von Schmetterlingsraupen beim Aufsuchen des Futters und des Verpuppungsplatzes
Kitchin, Irwin	Promotion	1936	Regulation und Materialverwendung bei Duplicitas cruciata
Oehmig, Antje	Promotion	1939	Zur Frage des Orientierungsmechanismus bei der positiven Phototaxis von Schmetterlingsraupen

21 % beachtlich hohe Anteil von Frauen unter seinen Promotionskandidaten in Freiburg, die – wie im Falle Hilde Mangolds auch sehr bedeutsame Themen zugeteilt bekamen – daß er ihnen gegenüber unvoreingenommen war. Etwaige zwischenmenschliche Trübungen dürften andere als geschlechtsspezifische Gründe gehabt haben.

Spemann als Mitglied der nationalen und internationalen Wissenschaftsgemeinschaft

Spemann, der in den zwanziger und dreißiger Jahren auf dem Höhepunkt seiner akademischen Karriere und seines wissenschaftlichen Ansehens angelangt war, nahm in wesentlich umfangreicherem Maße als zuvor Aufgaben des Wissenschaftsbetriebes wahr. Auf nationaler Ebene stand neben der aktiven Teilnahme an und Ausrichtung von Kongressen die Mitarbeit in wissenschaftlichen Gesellschaften und die Mitherausgabe der Zeitschriften *Roux' Archiv für Entwicklungsmechanik der Organismen* und *Die Naturwissenschaften* im Vordergrund. Auf internationaler Ebene war in den zwanziger Jahren die Reintegration der deutschen Forscher in die *scientific community* der wichtigste Aspekt, dem sein Wirken galt. Für die Jahre nach 1933 war er bestrebt, die internationalen Wissenschaftsbeziehungen entgegen der neuen politischen Richtlinien aufrechtzuerhalten.

Die deutsche Forschung litt während der Zeit der Weimarer Republik sehr unter den wirtschaftlich schlechten Umständen.[340] Zuweilen war Spemann gezwungen, geplante Vorträge auch aus Geldmangel abzusagen.[341] Aufgrund der Folgen der Weltwirtschaftskrise nach 1929 mußte gar die für das Jahr 1932 auf Einladung Spemanns in Freiburg vorgesehene Jahresversammlung der *Deutschen Zoologischen Gesellschaft* verschoben werden.[342] Erst 1936 fand die Jahresversammlung der DZG in Freiburg statt.

Die Hyperinflation ließ beispielsweise die von Spemann gemeinsam mit seinem früheren Rostocker Schüler Horst Wachs, dem Photographen Ferdinand Leiber und dem wissenschaftlichen Verleger Thomas Fischer ins Leben gerufene *G.m.b.H. wissenschaftliches Bildarchiv Freiburg* aus finanziellen Gründen scheitern. Geplant war eine Zentralstelle für wichtige wissenschaftliche Abbildungen, bei der Biologen auch unveröffentlichte Diapositive und Zeichnungen einreichen konnten, damit diese nicht ungenutzt in Schränken verblieben, sondern der interessierten Fachwelt zugänglich würden.[343] Organisatorisch sollte das Bildarchiv

---

[340] Zur materiellen Situation der Wissenschaften in Deutschland vgl. Nipperdey, Thomas; Schmugge, Ludwig: 50 Jahre Forschungsförderung in Deutschland. Harald Boldt Verlag, Boppard 1970; vgl. Schmidt-Ott, Friedrich; Wildhagen, Eduard: Die Not der deutschen Wissenschaft. In: Internationale Monatsschrift für Wissenschaft, Kunst und Technik 15 (1920), S. 1-36.

[341] Vgl. SBF, Nachlaß Hans Spemann, A.2.a., Nr. 595a, Bl. 988. Brief von Hans Spemann an Fritz Baltzer vom 21. Juli 1922.

[342] Vgl. Geus, Querner, Deutsche Zoologische Gesellschaft, S. 115-116. Spemann erfuhr von der Absage der Jahresversammlung erst durch ein vorgedrucktes Rundschreiben des DZG-Schriftführers und war darüber verärgert.

[343] Vgl. Spemann, Hans: Ein wissenschaftliches Bildarchiv. In: W. Roux' Arch. f. Entw. mech. d. Organis. 47 (1920), S. 302-305. Teile des Bildarchivs existieren noch im Nachlaß Hans Spemann am Institut für Biologie I in Freiburg.

der *Wilhelm-Roux-Stiftung für Entwicklungsmechanik* in Halle a.d.S. eingegliedert werden.[344]

Ein ähnliches Unterfangen wurde elf Jahre später auf internationaler Ebene in Angriff genommen. Auf der Jahresversammlung der *Deutschen Zoologischen Gesellschaft* im Jahre 1931 im niederländischen Utrecht wurde beschlossen, eine Sammlung von Präparaten und Protokollen der aussagekräftigsten Experimente im Utrechter *Hubrecht Laboratory* als Zentralstelle für die europäische Entwicklungsbiologie einzurichten. Dem Beschluß lag der gleiche Gedanke zugrunde wie bei der *G.m.b.H. wissenschaftliches Bildarchiv Freiburg*. Spemann hatte die Zusendung seiner Materialien zu dieser bis heute existierenden und weitergeführten *Central Embryological Collection* auf dem Kongreß zugesagt. Im Jahre 1937, als er nach seiner Emeritierung Zeit fand, die Präparate für Utrecht zusammenzustellen, war er aber unter den geänderten politischen Verhältnissen unsicher geworden. Daher erkundigte er sich beim Rektor:

„Seither sind 6 Jahre vergangen und vieles in der Welt hat sich geändert. An sich wäre für mich jetzt, wo ich meine Angelegenheiten ordne, der gegebene Augenblick gekommen, um mein Versprechen von damals zu erfüllen. Aber ehe ich das tue, möchte ich mich vergewissern, ob dem nicht ein überwiegend deutsches Interesse im Wege steht. [...] Vielmehr meine ich die Schenkung der Sammlung eines deutschen Forschers an ein holländisches Institut. Ob die damit immerhin ausgeführte internationale Geste unerwünscht oder vielleicht im Gegenteil erwünscht ist, entzieht sich meiner Beurteilung."[345]

Da sowohl vom Rektor der Universität als auch vom *Reichsministerium für Wissenschaft, Erziehung und Bildung (RMWEB)* keine Einwände erhoben wurden, konnte Spemann im Jahre 1938 seine wichtigsten Schnittpräparate samt in Klartext übertragene Protokolle nach Utrecht verschicken.

Im Jahre 1926 wurde Spemann gemeinsam mit den Münchner Zoologen Benno Romeis und Walter Vogt (Abb. 5) Mitherausgeber der ältesten Fachzeitschrift für Entwicklungsbiologie *W. Roux' Archiv für Entwicklungsmechanik der Organismen*. Spemann übte diese Tätigkeit bis 1936 aus. Während in den zwanziger Jahren eine normale editorische Tätigkeit gegeben war, beeinflußten seit 1929 die Folgen der Weltwirtschaftskrise und seit 1933 die restriktive Papierzuweisungen durch die zuständigen nationalsozialistischen Stellen die Herausgabe der Fachzeitschrift in negativer Weise. So teilte Romeis seinem Freiburger Kollegen Spemann mit:

„Der Protest gegen die starke Kürzung [der Papierzuweisungen, P.F.] ist bei der gegenwärtigen Situation zwecklos. Wie das Archiv mit den zugestandenen 75 Bogen auskommen soll, ist mir allerdings unverständlich. Es wird sich nicht vermeiden lassen, dass wir auch wertvolle und gute Arbeiten abweisen müssen."[346]

---

[344] Vgl. Roux, Wilhelm: Dank anlässlich des 70. Geburtstages. In: W. Roux' Arch. f. Entw.mech. d. Organis. 47 (1920), S. I-XI, S. I.

[345] UAF, B 24/3642, Personalakte Hans Spemann, Brief Spemanns an den Rektor der Universität vom 23. April 1937.

[346] SBF, Nachlaß Hans Spemann, A.1.a., Nr. 314, Bl. 478, Brief von Benno Romeis an Hans Spemann vom 31. Dezember 1933.

1.6. Freiburg (1919–1941): Durchbruch zum „Entwicklungsbiologen von Weltruf" 75

Abb. 5. Zwei ehemalige Herausgeber von *W. Roux' Archiv für Entwicklungsmechanik der Organismen*: Hans Spemann mit seiner Ehefrau (links) und der Münchner Zoologe Walter Vogt; die weiteren Personen sind unbekannt (um 1938; Privatbesitz Dr. B. Resch, Berlin)

Spemann teilte Romeis Ansicht und schrieb am 2. Januar 1935 an den Springer-Verlag, daß die Papierzuweisungen für die einzelnen Beiträge zu knapp bemessen seien. Daher laufe man Gefahr, wichtige Beiträge nicht annehmen zu können, was wiederum den Rückfall Deutschlands im internationalen Wissenschaftsbetrieb beschleunige. Auch seien die Preise für deutschsprachige Wissenschaftsliteratur zu hoch.[347] Die Befürchtungen von Romeis und Spemann trafen in der Tat ein, als beispielsweise der Schwede Sven Hörstadius eine 200 Seiten umfassende Arbeit an die in Italien erscheinenden Mitteilungen der Zoologischen Station Neapel vergab.[348] Ausschlaggebend für das Publikationsforum war neben dem Umfang der Arbeit auch die hohe Zahl von 200 Sonderdrucken, die Hörstadius von dem Herausgeber forderte. Die Herausgeber von *Roux' Archiv* waren in beiden Punkten nicht in der Lage, auf seine Forderungen einzugehen.

Aufgrund dieser Zwangslage und unter dem Eindruck der amerikanischen Konkurrenzfachorgane zeichnete sich eine editorische Strategieänderung der Herausgeber ab. So schrieb Spemann seinem Kollegen Vogt:

„Ich habe jetzt in Amerika gesehen, wie ernst die Lage der deutschen Zeitschriften ist. Also seien sie unbarmherzig in der Kritik und scheuen Sie sich nicht, älteren Autoren, die zu weitschweifig schreiben, ihre Arbeit zur Kürzung oder strafferen Fassung zurückzuschicken. Ich stelle einen Antrag, vorn in die allgemeine Ankündigung einen Passus aufzunehmen, daß Zurückweisungen eines Beitrages als ‚für die Zeitschrift ungeeignet ohne nähere Angabe weiterer Gründe erfolgt."[349]

---

[347] Vgl. SVA, B: S 121, Brief von Hans Spemann an Ferdinand Springer vom 2. Januar 1935.
[348] Vgl. SBF, Nachlaß Hans Spemann, A.1.a., Nr. 319, Bl. 484–486, Brief von Benno Romeis an Hans Spemann vom 19. August 1934.
[349] SBF, Nachlaß Hans Spemann, A.2.b., Nr. 793, Bl. 1301, Brief von Hans Spemann an Walter Vogt vom 11. November 1933.

1.6. Freiburg (1919–1941): Durchbruch zum „Entwicklungsbiologen von Weltruf"

Über Spemanns „besondere Mitwirkung an der Herausgabe" der Zeitschrift *Die Naturwissenschaften*, die er während der Jahre 1926 bis 1935 ausübte, ist wenig bekannt.[350] Möglicherweise war er überhaupt nicht mit editorischen Aufgaben betraut, sondern trug mit seinem Namen zur Aufwertung des Fachorganes bei.

Die internationalen Beziehungen der deutschen Wissenschaftler litten nach Ende des Ersten Weltkrieges in besonderem Maße unter der Isolation durch die Siegermächte.[351] Die Unterbrechung des Informationsflußes, der Ausschluß deutscher Gelehrter von Kongressen und aus internationalen Verbänden, der Verlust der international führenden Position deutscher Fachzeitschriften, die Verlegung internationaler wissenschaftlicher Büros ins Ausland, die Ächtung des Deutschen als Verhandlungs- und Wissenschaftssprache, sowie das Fehlen ausländischer Literatur in Deutschland waren unmittelbare, die Forschung betreffenden Folgen des verlorenen Weltkrieges.[352]

Für Hans Spemann als ein weltweit anerkannter Fachmann auf dem Gebiet der experimentellen Entwicklungsbiologie war es eine besondere Herausforderung, diese Isolation der Wissenschaften Deutschlands zu überwinden. Zugleich war dies sein Beitrag zur Überwindung der politischen Isolation des Deutschen Reiches. Es gelang ihm bereits Anfang der zwanziger Jahre, zuerst auf persönlicher, später auch auf offizieller Ebene, den Dialog mit Forschern im Ausland wieder aufzunehmen. Dabei ließen sich naheliegenderweise Kontakte zu Personen in Staaten, die während des ersten Weltkrieges neutral bzw. erst nach dem Krieg entstanden waren, leichter wieder aufnehmen, als zu Personen aus ehemaligen Feindstaaten. So war es kein Zufall, daß bereits Ende 1922 eine niederländische Studentengruppe das Freiburger Institut besuchte:

„In 8 Tagen erwarten wir einen holländischen Professor mit etwa 25 Studenten, die bei Braus, Schleip und Kniep in Würzburg und bei Fischer, Mangold, Stöhr und mir Vorlesungen hören wollen. Sie sparen damit fest Geld und uns und unseren Instituten helfen sie mit den 1 1/2 Gulden pro Mann und Stunde auf den Damm."[353]

---

[350] Vgl. SVA, B, S 121.

[351] Vgl. Schroeder-Gudehus, Brigitte: Internationale Wissenschaftsbeziehungen und auswärtige Kulturpolitik 1919–1933. Vom Boykott und Gegen-Boykott zu ihrer Wiederaufnahme. In: Vierhaus, Brocke, Forschung im Spannungsfeld, S. 859–885. Vgl. Marsch, Ulrich: Notgemeinschaft der Deutschen Wissenschaft. Gründung und frühe Geschichte 1920–1925 (= Münchner Studien zur neueren und neuesten Geschichte, Bd. 10). Verlag Peter Lang, Frankfurt a. M., Berlin, Bern, New York, Paris, Wien 1994, S. 28–60.

[352] Vgl. Brocke, Bernhard vom: Die Kaiser-Wilhelm-Gesellschaft in der Weimarer Republik. Ausbau zu einer gesamtdeutschen Forschungsorganisation (1918–1933). In: Vierhaus, Brocke, Forschung im Spannungsfeld, S. 197–355, S. 201; vgl. Düwell, Kurt: Die deutsch-amerikanischen Wissenschaftsbeziehungen im Spiegel der Kaiser-Wilhelm- und der Max-Planck-Gesellschaft. In Vierhaus, Brocke, Forschung im Spannungsfeld, S. 747–777.

[353] SBF, Nachlaß Hans Spemann, A.2.a., Nr. 597a, Bl. 1000. Spemann an Fritz Baltzer vom 20. Dezember 1922. Beachtenswert auch die angedeutete materielle Notlage; vgl. oben Fußnote 290.

1.6. Freiburg (1919–1941): Durchbruch zum „Entwicklungsbiologen von Weltruf" 77

Einer von Spemanns ersten Auslandsaufenthalten erfolgte im Jahre 1923 auf Einladung des finnischen Zoologen Alexander Luther, den er in Helsingfors besuchte.[354] Die beiden kannten sich seit Luthers Visite in Rostock während der Jahre 1912 bis 1914. Im darauffolgenden Jahr weilte Spemann als Gast des Amsterdamer Fachkollegen Martinus Woerdemann, der zuvor im Freiburger Labor gearbeitet hatte, vom 24. März bis zum 5. April 1924 zu einer Vortragsreihe in den Niederlanden.

Ein weiterer wichtiger Schritt zur Wiederherstellung normaler internationaler Wissenschaftsbeziehungen waren wissenschaftliche Vortragsreisen in ehemals gegnerische Staaten. Ein erstes Angebot nach England zu fahren, schlug Spemann jedoch aus politischen Gründen aus. Am 14. Januar 1925 teilte er dem britischen Entwicklungsbiologen Julian S. Huxley mit, daß er einen dem Genetiker William Bateson zugesagten Vortrag bei der *Genetical Society* in London nicht nur aus Zeitgründen zurückgewiesen habe: „Sie würden auch keinen Vortrag in Deutschland halten, wenn wir einen Teil von England besetzt hielten und zum versprochenen Termin nicht hinaus gingen."[355] Die Einstellung dürfte von vielen seiner Kollegen in Deutschland geteilt worden sein, wie exemplarisch eine Äußerung vom Münchner Zoologen Benno Romeis an Spemann belegt: „Ich muß gestehen, daß auch mir Ihre Ablehnung, von der ich bis jetzt nichts wußte, grosse Freude gemacht hat."[356]

Spemann nahm im Jahre 1927 eine zweite Einladung nach Großbritannien an und hielt Vorträge in London, Cambridge und Oxford.[357] Neben den fachlichen Verpflichtungen verfolgte er auch andere Interessen: „Aber freilich würde ich mir dann gerne etwas Zeit nehmen, da ich auch engl.[ische] Schulen u.[nd] die Arbeiteruniversitäten kennen lernen möchte."[358] Spemanns Reise nach Großbritannien stellte keine Aufgabe seines früheren Standpunktes gegenüber William Batesons Einladung dar, wie Churchill irrtümlich annimmt.[359] Seine Ablehnung von Batesons Angebot war ein Protest gegen die Ruhrgebietsbesetzung durch französische und belgische Truppen. Nach dem Vertrag von Locarno vom 1. Dezember 1925 hatte sich jedoch die außenpolitische Situation entspannt und nach Ansicht Spemanns entsprach eine Auslandsreise sehr wohl den patriotischen Interessen. Im Jahre 1930 weilte er nochmals anläßlich einer Vortragsreise in England.

---

[354] SBF, Nachlaß Hans Spemann, C.5., Tagebucheintrag 1936.
[355] Rice University, Houston/Texas, Fondren Library, Julian Sorell Huxley paper, Brief von Hans Spemann an Julian S. Huxley vom 14. Januar 1925. Unterstreichungen im Original. Spemann bezieht sich auf die Ruhrgebietsbesetzung durch französische und belgische Truppen seit 1923, die erst am 25. August 1924 ein Ende fand.
[356] SBF, Nachlaß Hans Spemann, A.1.a., Nr. 310, Bl. 470. Brief von Benno Romeis an Hans Spemann vom 20. Juni 1926.
[357] Vgl. Rice University, Houston/Texas, Fondren Library, Julian S. Huxley papers, Brief von Hans Spemann an Julian Huxley vom 28. Dezember 1927.
[358] Rice University, Houston/Texas, Fondren Library, Julian S. Huxley papers, Brief von Hans Spemann an Julian Huxley vom 23. Februar 1924.
[359] Vgl. Churchill, Elements, S. 110.

1.6. Freiburg (1919–1941): Durchbruch zum „Entwicklungsbiologen von Weltruf"

Eine weitere Möglichkeit, den internationalen Dialog wiederzubeleben war der Abdruck wissenschaftlicher Publikationen in den Fachzeitschriften des jeweils anderen Landes. Am 10. Dezember 1924 schlug Spemann seinem britischen Kollegen Julian S. Huxley vor:

„Ich werde wahrscheinlich künftig zusammen mit einem jüngeren Collegen das Rouxsche Archiv herausgeben. Wollen Sie mir nicht einmal eine Arbeit dafür schicken, wie in früheren Zeiten, wo wir viel in englischer Sprache publicierten? Auch wenn er klein ist, nur damit der Bann gebrochen wird."[360]

Als einer seiner Aufsätze in dem von Julian Huxley erstmals 1923 mitherausgegebenen Periodikum *The British Journal of Experimental Biology* in englischer Sprache erscheinen sollte, forderte Spemann ausdrücklich:

„Jedoch muß ich die Erlaubnis zur Übersetzung an eine Bedingung knüpfen, daß nämlich in Ihrem Journal alle Aufsätze, also z.B. auch die etwaigen französischen Mitarbeiten in englischer Sprache erscheinen. Sie werden dies für keinen exaggerated nationalism halten. Über diesen Punkt erbitte ich kurze Mitteilung. Indem ich mich über diese neue Anknüpfung freue, bin ich Ihr ergebener H.Spemann."[361]

Seine empfindliche Haltung gegenüber dem Französischen als Wissenschaftssprache lag in den seiner Auffassung nach bescheidenen Beiträgen französischer Entwicklungsbiologen zum Erkenntnisfortschritt begründet.[362]

Es darf nicht verkannt werden, daß Spemann national gesinnt war und daß ihn die Niederlage Deutschlands und seine anschließende Behandlung durch die Siegermächte zutiefst getroffen hatte.[363] Er empfand diese als ungerecht und demütigend. Darin einen übersteigerten nationalen Chauvinismus zu erblicken, ist sicher nicht gerechtfertigt. So strebte er wohl den Ausgleich mit Wissenschaftlern aus den ehemaligen gegenerischen Staaten an, war aber nicht bereit, eine ungerechtfertigte Benachteiligung Deutschlands hinzunehmen. Spemann war eben nicht „full of mistrust towards other nationalities and sharing prejudices of his fellow nationals",[364] wie Waelsch sich erinnert. Als er glaubte, daß die Isolation deutscher Wissenschaftler weitgehend überwunden und ihre Gleichberechtigung hinreichend gesichert sei, fragte er 1925 bei seinem Kollegen, dem Botaniker Friedrich Oltmanns an:

---

[360] Rice University, Houston/Texas, Fondren Library, Julian S. Huxley papers, Brief von Hans Spemann an Julian Huxley vom 10. Dezember 1924.
[361] Rice University, Houston/Texas, Fondren Library, Julian S. Huxley papers, Brief von Hans Spemann an Julian Huxley vom 1. Oktober 1923. Unterstreichung im Original. In der Antwort vom 28. Oktober 1923 bestätigte Huxley, daß nur englische Artikel in dem Journal zugelassen würden. Vgl. SBF, Nachlaß Hans Spemann, A.1.a., Nr. 192, Bl. 296.
[362] Vgl. Yale University, Sterling Library, Ross G. Harrison papers, Brief von Hans Spemann an Ross G. Harrison vom 12. Juli 1932.
[363] Zur politischen Haltung Spemanns ausführlich unten S. 86–96.
[364] Waelsch, Causal analysis, S. 2.

1.6. Freiburg (1919–1941): Durchbruch zum „Entwicklungsbiologen von Weltruf"   79

„Es ist uns durch Senatsbeschluß auferlegt worden, daß Ausländer, die in unseren Instituten wissenschaftlich arbeiten, einen Passus unterschreiben, des Inhalts, daß sie den Boykott der deutschen Wissenschaft mißbilligen, und sich verpflichten, für die Gleichberechtigung derselben einzutreten. Ich habe mehrfach danach gehandelt, aus innerer Überzeugung [...] Nun möchte ich aber fragen, ob es noch einen Sinn hat, wo wir doch Völkerbunds,brüder' (?) sind und der Boykott längst nicht mehr durchgeführt wird. Schließlich macht man sich lächerlich, wenn man den veränderten Verhältnissen nicht Rechnung trägt."[365]

Neben England waren vor allem die USA auf dem Gebiet der Entwicklungsbiologie erfolgreich tätig. Daher ergaben sich zahlreiche Kontakte zwischen Hans Spemann und seinen amerikanischen Fachkollegen. Mit Amerikas führendem Entwicklungsbiologen, dem Leiter des *Osborne Institute for Zoology* an der Yale University, Ross Granville Harrison, pflegte Spemann seit seiner Würzburger Zeit eine freundschaftliche Verbindung. Bereits für 1926 war ein Besuch Spemanns in New Haven geplant, der jedoch mehrmals verschoben werden mußte.[366] Im Frühjahr 1928 besuchte Harrison anläßlich einer Europareise Spemanns Freiburger Labor, um dort die speziellen Arbeitsbedingungen und Forschungsprojekte näher kennenzulernen.[367] Auf dessen Betreiben wurde ihm am 10. Dezember 1929 die Ehrendoktorwürde der Universität Freiburg verliehen.[368] Harrison drang seinerseits bei der *Rockefeller Foundation* darauf, daß Spemann im Jahre 1931 als *travelling professor* für vier Monate nach Amerika reisen konnte.

Spemann trat seine erste USA-Reise im August 1931 an und besuchte zuerst das *Marine Biological Laboratory* in Woods Hole/Massachusetts, wo er nahezu fünf Wochen lebte und forschte. Er begegnete dort unter anderem den amerikanischen Kollegen Robert Chambers, Frank R. Lillie, Edmund G. Conklin, Edmund B. Wilson und Thomas Hunt Morgan. Seine überaus positiven Eindrücke von seinem ersten Aufenthalt teilte er Baltzer mit:

„Der Hauptunterschied gegen Neapel ist der, daß alle Anwesenden einer Nation angehören; d.h. der Rasse nach nicht weniger verschieden sind, aber ein großes gemeinsames Ideal haben. Dann, daß neben der Forscherarbeit unterrichtet wird, und daß Vorträge gehalten werden. [...] Die Studenten und viele Dozenten essen gemeinsam in einer großen Holzhalle. Der Ton zwischen Alt und Jung ist frei und natürlich; alles sehr nach meinem Herzen. Es ist hier auch ordentlich viel zu lernen für uns Europäer."[369]

---

[365] UAF, B 15/518, Brief von Hans Spemann an Friedrich Oltmanns vom 6. Dezember 1926.
[366] Vgl. Yale University, Sterling Library, Ross G.Harrison papers, Brief von Ross Harrison an den Dekan (Dean) Cross vom 8. Juli 1926. Brief von Ross Harrison an H. S. Graves vom 3. Juni 1926.
[367] Vgl. SBF, Nachlaß Hans Spemann, A.1.b., Nr. 494, Bl. 755.
[368] Vgl. UAF, B 15/17, Protokoll der naturwissenschaftlich-mathematischen Fakultät vom 20. Dezember 1929.
[369] SBF, Nachlaß Hans Spemann, A.2.a., Nr. 636a, Bl. 1126, Brief von Hans Spemann an Fritz Baltzer vom 20. August 1931.

1.6. Freiburg (1919–1941): Durchbruch zum „Entwicklungsbiologen von Weltruf"

Noch Jahre später erinnerte er sich:

„Ich habe mich wenige Zeiten meines Lebens so wohl gefühlt wie in den dort verbrachten Wochen. Wie gerne denke ich an das Arbeiten in meinem Zimmer, zwischen E. B. Wilson und Morgan ..."[370]

Aus diesen Zeilen spricht weder die Präferenz für eine autoritäre Gesellschaftsform[371] noch ein nationales Überlegenheitsgefühl.

Seine nächste Reisestation war New Haven, wo er seinen Freund Ross G. Harrison besuchte und dessen *Osborne Zoological Institute* an der Yale University er am 23. September 1931[372] besichtigte. Bei dieser Gelegenheit vereinbarte Spemann mit dem Universitätsbeauftragten Dr. Wasser, 1933 im Rahmen der *Benjamin-Silliman-Lectures* mehrere Vorträge über seine Forschungen zu halten. Im Anschluß daran reiste Spemann via Princeton/New Jersey nach Chicago, wo er am 1. Oktober 1931 eintraf. Im dortigen von Frank R. Lillie geleiteten Zoologischen Institut hielt er am 5. und 6. Oktober zwei Vorlesungen mit den Titeln „On double insurance" und „On xenoplastic transplantation".[373] Auf der Rückreise hielt Spemann nochmals eine „Lecture on the amphibians" am New Yorker *Rockefeller Institute* am 26. Oktober.

Im August 1933 brach Spemann zu seiner zweiten USA-Reise auf,[374] um die zwei Jahre zuvor vereinbarten *Silliman-Lectures* an der Yale University zu halten. Spemann hielt zwischen dem 11. und 25. Oktober insgesamt sieben Vorträge, aus denen letztlich sein drei Jahre später erschienenes Buch hervorging. Weiterhin hielt er am 26. Oktober einen Vortrag über „Studies in the influence of specific organizers in animal development" im New Yorker *Rockefeller Institute for Medicine*.[375]

Spemanns dritte und letzte USA-Reise galt der 300-Jahr-Feier der Harvard University im Jahre 1936, anläßlich der ihm die Ehrendoktorwürde der ältesten amerikanischen Hochschule verliehen werden sollte. Diese Reise war unter den gegebenen politischen Umständen problematisch. In einem Rundschreiben des Reichswissenschaftsministeriums an die Hochschulrektoren war angeordnet worden, daß keine offizielle Vertretung Deutschlands zu den Feierlichkeiten entsandt werde. Spemann erkundigte sich daher beim Rektor:

---

[370] MBLA, Frank R. Lillie papers, Box II, Folder A, Nr. 81.63, Brief von Hans Spemann an Frank R. Lillie vom 13. Juli 1939.

[371] Vgl. Horder, Weindling, Hans Spemann, S. 207, S. 221.

[372] Vgl. Yale University, Sterling Library, Ross G. Harrison papers, Gästebuch des Osborne Zoological Laboratory.

[373] MBLA, F. R. Lillie papers, Box II, Fold. A, 81.31; Notiz vom 20. September 1931, unterzeichnet von Spemann.

[374] Vgl. UAF, B 24/3642, Personalakte Hans Spemann. Das badische Kultusministerium entsprach am 18. August 1933 seiner Bitte und beurlaubte ihn für die Zeit bis zum 10. November 1933.

[375] Vgl. APS, Abraham Flexner papers, Brief von Abraham Flexner an Hans Spemann vom 19. Oktober 1933.

1.6. Freiburg (1919–1941): Durchbruch zum „Entwicklungsbiologen von Weltruf" 81

„Ich bitte Eure Magnificenz, bei der zuständigen Stelle anzufragen, ob es erwünscht ist, die Einladung, welche außer an mich noch an 60 bis 70 Forscher des Kulturstandes ergangen ist, anzunehmen."[376]

Da es von übergeordneter Seite keine Einwände gegen eine private Reise gab, brach er am 23. August 1936 nach Amerika auf. Am 2. September 1936 kam er in New York an. Spemann wohnte anschließend bei dem befreundeten Harvard-Zoologen Charles Parker in Boston. Dort und anschließend in New Haven traf Spemann ein letztes mal zahlreiche Kollegen, unter ihnen Ross G. Harrison, Edmund B. Wilson, Frank R. Lillie, Thomas H. Morgan und Sven Hörstadius.

Neben diesen drei Aufenthalten gab es eine Fülle weiterer Kontakte und Angebote zu Vortragsreisen nach Nordamerika, denen Spemann aufgrund seiner Verpflichtungen in Deutschland nicht nachkommen konnte. Beispielsweise sollte er 1932 im Rahmen der *Carl-Schurz-Memorial-Professorship* in Madison/Wisconsin Vorträge halten. Anläßlich der Weltausstellung in Chicago im Jahre 1932 war ein Stand vorgesehen, an dem die Fortschritte in der Entwicklungsbiologie demonstriert werden sollte. Federführend bei dem Projekt waren Otto Mangold, Walter Vogt und Hans Spemann sowie auf amerikanischer Seite Ross G. Harrison.[377] Der seit Sommer 1932 als Rockefeller-Stipendiat in den USA weilende Viktor Hamburger sorgte vor Ort für den sachgerechten Aufbau des Standes. Spemann selbst war auf der Weltauststellung nicht zugegen. Für das Jahr 1933 hatte ihn der Genetiker Thomas Hunt Morgan an das *Californian Institute for Technology* nach Pasadena eingeladen, ein Angebot, „das mich sehr lockt",[378] das er aber ebenfalls nicht wahrnahm.

Im Gegenzug besuchten zahlreiche Professoren aus den USA Spemann und das Freiburger Labor, unter ihnen am 8. August 1934 Professor Taylor von der Stanford University in Palo Alto, Professor Young von der Cornell University, Ithaka/N.Y. am 29. April 1935, Professor Windle aus Chicago am 23. April 1936, Professor Newman aus Chicago am 17. Juli 1936, Professor Mast aus Baltimore am 12. Juli 1937. Am 31. Mai 1939 besuchte ihn ein letztes Mal sein Freund Ross G. Harrison.

Zu den weiteren Auslandskontakten gehören zahlreiche Vortragsaufenthalte in der nahegelegenen Schweiz, in Österreich und in den Niederlanden. Spemanns Beziehungen zum Nachbarn Frankreich und nach Belgien waren hingegen sehr spärlich, vermutlich wegen bereits angesprochenen bescheidenen wissenschaftlichen Beiträgen der Franzosen auf dem Gebiet der Entwicklungsbiologie zu jener Zeit[379] und der politischen Belastungen.[380] Keine Kontakte gab es in die Sowjet-

---

[376] UAF, B 24/3642, Personalakte Hans Spemann, Brief von Hans Spemann an den Rektor vom 18. Februar 1936.

[377] Vgl. SBF, Nachlaß Hans Spemann, A.2.c., Nr. 935, Bl. 1873, Brief von Hans Spemann an Hermann Bautzmann vom 17. August 1932.

[378] SBF, Nachlaß Hans Spemann, A.2.c., Nr. 865, Bl. 1636, Brief von Hans Spemann an Else Bautzmann vom 21. Dezember 1932.

[379] Vgl. Yale University, Sterling Library, Ross G. Harrison papers. Brief von Hans Spemann an Ross G. Harrison vom 12. Juli 1932.

82   1.6. Freiburg (1919–1941): Durchbruch zum „Entwicklungsbiologen von Weltruf"

union, was seit den dreißiger Jahren auf politische Gründe zurückzuführen ist.[381] Einer Einladung nach Japan im Jahre 1937 konnte Spemann aus gesundheitlichen Gründen nicht mehr folgen.

Tabelle 11. Übersicht über die wissenschaftlichen Auszeichnungen und Ehrungen für Hans Spemann

Datum	Ehrung
30. 8.1918	Roter Adlerorden IV. Klasse
20. 2.1922	Korrespondierendes Mitglied der Societas Fennica
09. 2.1923	Korrespondierendes Mitglied der Gesellschaft der Wissenschaften zu Göttingen
1924	Korrespondierendes Mitglied der Linnean Society
Juni 1925	Korrespondierendes Mitglied der Bayerischen Akademie der Wissenschaften
29. 4.1925	Korrespondierendes Mitglied der National Academy of Sciences, Washington
18. 3.1927	Korrespondierendes Mitglied der Norwegischen Akademie der Wissenschaften, Oslo
13. 5.1929	Ehrenmitglied der Societas pro Fauna et Flora, Helsingfors
Dez. 1929	Korrespondierendes Mitglied der Reale Academia dei Lyncei zu Rom
7. 2.1929	Korrespondierendes Mitglied der Preußischen Akademie der Wissenschaften zu Berlin
1930	Goldene Swammerdam-Medaille
17.12.1930	Korrespondierendes Mitglied der Zoological Society of London
30. 5.1930	Ehrenmitglied der Società Italiana di Biologia Sperimentale
10. 5.1930	Ehrenmitglied der American Academy of Arts and Sciences zu Boston
Nov. 1934	Rudolf-Fick-Medaille
17. 1.1935	Cothenius-Medaille der Kaiserl. Leopold. Carolin. Deutschen Akademie der Naturforscher zu Halle
1935	Nobelpreis für Medizin und Physiologie
1936	Ehrenmitglied der Indian Academy of Sciences
19. 2.1936	Ehrenmitglied der Californian Academy of Sciences zu San Francisco
7. 9.1936	Ehrenpromotion der Harvard University
4. 6.1936	Ehrenmitglied der Deutschen Zoologischen Gesellschaft
20. 7.1936	Ernennung zum korrespondierenden Mitglied der Academy of Natural Science of Philadelphia
1937	Korrespondierendes Mitglied der American Philosophical Society zu Philadelphia
Juli 1937	Ehrenmitglied der Societas Scientiarum Fennica zu Helsingfors
1938	Ehrenmitglied der New Yorker Academy of Sciences

---

[380] Vgl. Brachet, Jean: Early interactions between embryology and biochemistry. In: Horder, Witkowski, Wylie, History of Embryology, S. 245–259, S. 246.

[381] Nach brieflicher Auskunft von Dr. Elena B. Muzrukowa vom Moskauer Institut der Geschichte der Naturwissenschaften und Technik der Russischen Akademie der Wissenschaften vom 19. September 1994.

1.6. Freiburg (1919–1941): Durchbruch zum „Entwicklungsbiologen von Weltruf" 83

Spemanns überragendes wissenschaftliches Ansehen schlug sich in mehreren Berufungen auf renommierte Lehrstühle nieder. Im Jahre 1919 erhielt er einen Ruf nach Göttingen. Als 1924 der wohl einflußreichste Zoologe Deutschlands, Richard Hertwig, emeritiert wurde, erhielt Spemann ebenfalls das Angebot seiner Nachfolge. Und nur ein Jahr später erreichte ihn die Offerte, den freigewordenen Lehrstuhl für Zoologie an der Friedrich-Wilhelms-Universität in Berlin, den bis dato Karl Heider innegehabt hatte, zum 1. April 1925 zu übernehmen: „In Spemann würde die Berliner Universität die gegenwärtig zweifellos führende Persönlichkeit unter der Zoologen Deutschlands gewinnen."[382]

Weiterer Ausdruck der Wertschätzung waren die zahlreichen Ehrungen, die Spemann zuteil wurden. An der fünfbändigen Festschrift anläßlich seines 60. Geburtstages beteiligten sich zahlreiche der führenden Zoologen im In- und Ausland. Curt Herbst entschuldigte seinen fehlenden Beitrag in einem Brief an Spemann damit, daß die vorgesehenen *Bonellia*-Untersuchungen nicht glückten.[383]

Die Verleihung des Nobelpreises für Medizin und Physiologie im Jahre 1935 war für Spemann sicherlich der Höhepunkt der Anerkennung seiner wissenschaftlichen Leistungen. Zuvor war er bereits während der Jahre 1924 bis 1933 fünf mal für den Nobelpreis nominiert worden.[384] Die Entscheidung des Nobelpreiskommitees fand in der lokalen, regionalen, nationalen und internationalen Presse ein großes Echo, welches die New York Times am 25. Oktober 1935 zu dem interessanten Kommentar veranlaßte:

„The German press greets with enthusiasm the presentation of the Nobel Prize for Medicine to a German, Professor Hans Spemann of Freiburg. It points out that half the prizes granted to date in physics and chemistry have gone to Germans, as well as seven prizes in medicine. [...] It is notable that all the newspapers, with the exception of the Voelkischer Beobachter, the official Nazi Organ, carry the report of the award on their front pages. The Voelkischer Beobachter places it at the bottom of an inside page under an inconspicuous head."[385]

Offenbar bereitete die Nobelpreisverleihung an deutsche Wissenschaftler dem nationalsozialistischen Regime Schwierigkeiten. Auf der einen Seite erkannte es ihren Wert für das internationale Ansehen Deutschlands als Kulturnation. Auf der anderen Seite stand die Preisverleihung in gewissem Widerspruch zur wis-

---

[382] Universitäts-Archiv der Humboldt-Universität zu Berlin, Phil. Fak. 1472, Bl. 40 R, Vorschlagsliste von Viktor Jollos bezüglich der Nachfolge Karl Heiders vom 30. Mai 1924.
[383] Vgl. SBF, Nachlaß Hans Spemann, A.1.a., Nr. 162, Bl. 254, Brief von Curt Herbst an Hans Spemann vom 26. Juni 1929.
[384] Crawford, Elisabeth, Heilbron, J. L.: Die Kaiser-Wilhelm-Institute für Grundlagenforschung und die Nobelinstitution. In: Vierhaus, Brocke, Forschung im Spannungsfeld, S. 835–857. Crawford beruft sich auf der Datenbank „Nobel Nominee and Nominators 1901–1933", die im *Office for History of Science and Technology* an der University of California, Berkeley erstellt wurde.
[385] The New York Times vom 25. Oktober 1935; vgl. auch Berichterstattung über die Nobelpreisverleihungen in: Der Alemanne, 25. Oktober 1935, Freiburger Zeitung, 25. Oktober 1935; Der Führer, 25. Oktober 1935.

senschaftsfeindlichen Bildungspolitik der Nationalsozialisten. Auch war ihr internationaler Charakter nur schwer mit den Bestrebungen zur Etablierung von national ausgerichteten Wissenschaften in Einklang zu bringen.[386]

Die Albert-Ludwigs-Universität und die Stadt Freiburg waren von solchen politisch-ideologischen Grundsatzüberlegungen wenig angefochten und ehrten den frisch gekürten Nobelpreisträger unbefangen. Der Mediziner Ludwig Aschoff schlug am 15. Dezember 1935 dem Prorektor vor, man möge ein Bild von Spemann anfertigen lassen und es im Senatssitzungssaal aufhängen.[387] Die Stadt veranstaltete am 19. Januar 1936 eine große Feier zu Ehren Hans Spemanns.[388] Unter den zahlreichen Gästen befanden sich auf ausdrücklichen Wunsch des Nobelpreisträgers sein Freund aus frühesten Studientagen, der Basler Psychiater Gustav Wolff, der der Bekennenden Kirche angehörende Pfarrer der Freiburger Christusgemeinde, Weber, sowie der von den Nationalsozialisten wegen sozialistischer Überzeugung abgesetzte frühere Leiter der Volkshochschule, Bernhard Merten.[389] Es ist typisch für Spemann, daß er keine Scheu hatte, mit Menschen, die das nationalsozialistische Regime bekanntermaßen ablehnten, ungeachtet möglicher Repressalien auch öffentlich die freundschaftlichen Kontakte zu wahren und zu pflegen.

Am 1. Dezember 1935 brach Spemann zur Nobelpreisverleihung nach Stockholm auf. Bei der Gelegenheit besuchte er am 5. Dezember 1935 seine schwedischen Fachkollegen Sven Hörstadius und John Runnström und besichtigte ihre Laboratorien. Über die Feierlichkeiten am 10. Dezember findet sich der Tagebucheintrag:

„5 Uhr: von Grafen Tolstoi im Auto abgeholt (dabei zum ersten Mal die anderen Preisträger Mr. Chadwick und Frau, Monsieur und Madame Joliot-Curie gesehen). Nach der Verteilung der Preise im Auto zum Stadthaus gefahren; in der langen, von Prinz Eugen gemalten Galerie gewartet, bis der Hof (mit Ausnahme des Königs) kam, dem wir vorgestellt wurden; ich führe meine Dame, die Prinzessin Sibylle zu Tisch; Klara von Prinz Carol von Sundermanland geführt. Lange, kerzengeschmückte Tafel; mir schräg gegenüber der sehr klug und energisch aussehende Kronprinz. Nach dem Essen müssen die Preisträger kurze Ansprachen halten; die ganze Gesellschaft auf dem Balkon über dem Lichthof. Einmarsch der Studenten, Tanz, Kommers. Wir sitzen noch oben mit Norströms und Hörstadius."[390]

---

[386] Nach der Verleihung des Friedensnobelpreises an Carl von Ossietzky im Jahre 1935 verbot die nationalsozialistische Regierung Deutschen die Annahme des Nobelpreises. Hitler stiftete an 30. Januar 1938 als Ersatz einen *Nationalen Preis der Künste und Wissenschaften.*

[387] Vgl. UAF, B 24/3642, Personalakte Hans Spemann.

[388] Vgl. UAF, B 24/3642, Personalakte Hans Spemann.

[389] Vgl. UAF, B 24/3642, Personalakte Hans Spemann, Liste der Teilnehmer der Nobelpreisfeierlichkeiten, erstellt von Hans Spemann am 8. Januar 1936.

[390] SBF, Nachlaß Hans Spemann, C.5., Tagebucheintrag vom 10. Dezember 1935.

Emeritus

Spemanns Emeritierung, die normalerweise mit der Vollendung des 65. Lebensjahres nach Abschluß des Sommersemester 1935 erfolgt wäre, wurde unter Hinweis auf seine besonderen wissenschaftlichen Verdienste und seine guten Lehrveranstaltungen auf einen späteren Zeitpunkt verschoben:

„Prof. Spemann ist z. Zt. wohl der erste Zoologe Deutschlands. Die Fachamtsleiter der medizinischen und der forstlichen Fachschaft haben vor wenigen Tagen erneut bestätigt, daß die Vorlesungen von Prof. Spemann ganz ausgezeichnet seien. Spemann ist außergewöhnlich frisch und lebendig. Damit Spemann noch Untersuchungen auf weitere Sicht in Angriff nehmen kann, schlage ich vor, ihn noch 2-3 Jahre im Amt zu belassen"[391]

Am 3. Oktober 1936 wandte sich der Dekan der naturwissenschaftlich-mathematischen Fakultät Abetz an Spemann mit der Bitte, dieser möge eine Vorschlagsliste für seine eigene Nachfolge erstellen. Spemann entsprach diesem Wunsch und nannte am 20. Oktober 1936 die Zoologen Otto Mangold, Karl Henke, Friedrich Seidel, Otto Kuhn. Für Mangold sprach nach seiner Ansicht:

„Dabei hat er [Otto Mangold, P.F.] grundlegend Neues zutage gefördert, und daneben die Forschung durch anregende, ungemein gründliche Zusammenfassungen vorwärts getrieben. Er ist ein ausgezeichneter Lehrer. [...] Otto Mangold schiene mir wie kein zweiter geeignet, die nunmehr schon einige Jahrzehnte alte Tradition des Freiburger Zoologischen Instituts weiter zu führen."[392]

Dekan Abetz reichte Spemanns Empfehlung unverändert an das Reichswissenschaftsministerium in Berlin weiter und fügte hinzu: „Er [Otto Mangold, P.F.] ist als Wahrer der Tradition Weismann-Spemann ohne jeden Zweifel an erster Stelle zu nennen."[393] Bis zum Sommersemester 1937 blieb Spemann als Institutsdirektor im Amt und hielt die Vorlesungen.

Spemann forschte als Emeritus nur noch im Jahre 1938 experimentell.[394] Zu diesem Zwecke war ihm im Zoologischen Institut ein Raum bereitgestellt worden und die von der Notgemeinschaft der Deutschen Wissenschaft finanzierte Assistentin Antje Oehmig, die bei ihm promovierte, ging ihm zur Hand.[395]

---

[391] Staatsarchiv Freiburg, A 5, Nr. 71. Brief des Rektors Kern der Freiburger Universität Kern an das BMKU, Abteilung Kultus und Unterricht vom 16. Januar 1935.
[392] UAF, B 11/1290, Brief Spemann an den Dekan der naturwissenschaftlich-mathematischen Fakultät, Abetz, vom 20. Oktober 1936.
[393] UAF, B 11/1290, Brief des Dekans der naturwissenschaftlich-mathematischen Fakultät, Abetz, an das Reichswissenschaftsministerium vom 15. November 1936.
[394] Die Ergebnisse dieser Arbeit veröffentlichte Otto Mangold posthum im Jahre 1942. Vgl. Spemann, Hans: Über das Verhalten embryonalen Gewebes im erwachsenen Organismus. In: W. Roux' Arch. f. Entw.mech. d. Organis. 141 (1942), S. 693-769.
[395] Vgl. unten S. 297.

Gesellschaftliches Engagement und politische Geisteshaltung

Spemanns gesellschaftliches Engagement in Freiburg äußerte sich vor allem in der Leitung der Freiburger Volkshochschule während der Jahre 1920 bis 1933, im Vorsitz des Vereins der *Freunde der Deutschen Landerziehungsheime* und in der Teilnahme am sogenannten *Pentathlon*, ein auf Initiative des Freiburger Philosophen Jonas Cohn gegründeter interdisziplinärer Gesprächskreis von Hochschulangehörigen und deren Bekannten.

Um Spemanns Aktivitäten auf den Gebieten Erwachsenenbildung und Jugenderziehung verstehen zu können, müssen sie im Kontext mit seiner politischen Geisteshaltung und dem daraus resultierenden Handeln gesehen werden. Aufgrund ihrer inhaltlichen Verbundenheit werden diese Aspekte im folgenden in einem einheitlichen Abschnitt behandelt. Es ist kein Zufall, daß diese Ausführungen an dieser Stelle erfolgen, vielmehr sind hierfür zwei Gründe ausschlaggebend:

1. Die Quellenlage gibt über Spemanns politische Haltung erst nach seinem Wechsel an die Freiburger Universität ergiebige Information, was partiell auf die unter Punkt 2 aufgeführten Ereignisse zurückzuführen ist.
2. Aufgrund der historischen Ereignisse – Niederlage im Ersten Weltkrieg, Versailler Friedensvertrag, Hyperinflation und Weltwirtschaftskrise, Krise der parlamentarischen Demokratie und Entstehung einer Diktatur – und der damit verbundenen Politisierung der Wissenschaften und ihrer Aktiven, der Professoren, gewann die Haltung eines nach eigener Auffassung unpolitischen Menschen schärfere Konturen.[396]

Wenn hier im Rahmen dieser ideengeschichtlichen Arbeit über das Lebenswerk eines Biologen dessen politische Überzeugung dargelegt und erörtert wird, so geschieht dies nicht im Sinne einer moralischen Urteilsfindung. Nach Ansicht des Autors ist die Frage nach Schuld oder Unschuld keine primäre Fragestellung des Geschichtswissenschaftlers. Wenn der Historiker die Frage nach der Schuld dennoch aufgreift – was durchaus legitim sein kann –, so muß er sich im Klaren sein, daß er damit den durch die geschichtswissenschaftliche Methode eng gesteckten Kompetenzbereich als Wissenschaftler verläßt. Diese Bemerkung ist um so bedeutsamer, als Fachhistoriker und auch interessierte Laien in diesem Punkt durchaus unterschiedlicher Meinung sind. Im Falle Hans Spemanns haben nachweisbar falsche Aussagen zu einer unreflektierten Verurteilung geführt, die nicht nur eines Erkenntnisgewinnes entbehren, sondern die im Gegenteil irreführende Rückschlüsse für die Wissenschaftsgeschichte zuließen.[397]

---

[396] Zur Politisierung der Wissenschaften und der akademischen Elite nach dem Zusammenbruch des Deutschen Kaiserreiches im Jahre 1918 vgl. Titze, Hartmut: Hochschulen. In: Langewiesche, Dieter; Temorth, Heinz-Elmar (Hrsg.): Die Weimarer Republik und die nationalsozialistische Diktatur. 1918-1945 (= Handbuch der deutschen Bildungsgeschichte, Bd. V). Verlag C. H. Beck, München 1989, S. 209-239

[397] Vgl. Horder, Weindling, Hans Spemann, S. 222-228; vgl. Waelsch, Causal Analysis, S. 1-3; vgl. Lenhoff, Ethel Browne, S. 83.

1.6. Freiburg (1919–1941): Durchbruch zum „Entwicklungsbiologen von Weltruf"

Eine fruchtbare Darstellung und Erörterung des politischen Denkens und Handelns von Hans Spemann muß drei Aspekte im Blick haben, um zu geschichtswissenschaftlich relevanten Ergebnissen zu gelangen:

1. Der wissenschaftspolitische Aspekt: Dieser Gesichtspunkt ist insbesondere für die Zwischenkriegszeit bedeutsam, denn zum einen war nach dem verlorenen Ersten Weltkrieg und der dadurch bedingten Isolation der deutschen Wissenschaften ein führender Forscher zugleich Wissenschaftspolitiker, wenn es darum ging, die Forschung Deutschlands wieder in die *international scientific community* zu integrieren. Zum anderen strebten die Nationalsozialisten nach dem Ende der Weimarer Republik eine Neuordnung der Hochschul- und Wissenschaftspolitik an. Zielsetzungen waren dabei: 1. Die Umgestaltung der Hochschulverfassung nach dem ‚Führerprinzip', 2. eine ‚Säuberung' des Lehrkörpers und 3. die Politisierung bzw. Ideologisierung der Wissenschaften.[398] Alle drei Punkte lassen sich unter dem Schlagwort „Aufhebung der Autonomie in Forschung und Lehre" zusammenfassen.
2. Der sozialgeschichtliche Aspekt: Über die politische Haltung der Professorenschaft im „Dritten Reich" existiert ein umfangreicher Bestand an Forschungsliteratur.[399] Es stellt sich in diesem Zusammenhang die Frage, wie Spemanns Verhalten im „Dritten Reich" im Kontext zu dem seiner Kollegen zu werten ist.
3. Der ideengeschichtliche Aspekt: Die Frage nach der politischen Auffassung eines Biologen muß zwangsläufig dann für die Wissenschaftsgeschichte bedeutsam werden, wenn Politik und Biologie einander beeinflussen. Bekanntermaßen haben die Nationalsozialisten die Biologie als eine Legitimationsgrundlage ihrer Ideologie herangezogen und die berechtigte Frage des (Wissenschafts-)Historikers lautet: Weshalb haben Biologen diese einem Mißbrauch gleichkommende Inanspruchnahme in aller Regel nicht aus wissenschaftlichen Argumenten so deutlich zurückgewiesen, wie beispielsweise der Genetiker Hans Nachtsheim dies in einem Privatbrief getan hat:

---

[398] Vgl. Lundgreen, Peter: Hochschulpolitik und Wissenschaft im Dritten Reich. In: Lundgreen, Peter (Hrsg.): Wissenschaft im Dritten Reich. Suhrkamp Verlag, Frankfurt a. M. 1985, S. 9–30, S. 10.
[399] Vgl. über Literatur bis 1980 Mehrtens, Herbert: Das „Dritte Reich" in der Naturwissenschaftsgeschichte: Literaturbericht und Problemskizze. In: Mehrtens, Herbert; Richter, Steffen (Hrsg.): Naturwissenschaft, Technik und NS-Ideologie. Beiträge zur Wissenschaftsgeschichte des Dritten Reiches. Suhrkamp Verlag, Frankfurt a. M., 1980, S. 15–87; vgl. speziell zur Situation der Biologie Deichmann, Ute: Biologen unter Hitler: Vertreibung, Karrieren, Forschungsförderung. Campus Verlag, Frankfurt a. M., New York 1992; Deichmann, Ute; Müller-Hill, Benno: Research at Universities and Kaiser-Wilhelm-Institutes in Nazi Germany. In: Renneberg, Monika; Walker, Mark (Hrsg.): Science, Technology, and National Socialism, Cambridge University Press, Cambridge 1994, S. 160–183; vgl. Bäumer, Änne: NS-Biologie. Wissenschaftliche Verlagsgesellschaft, Stuttgart 1990.

„Ich kann mich [...] als Genetiker unmöglich zu den Anschauungen bezüglich Wert und Unwert dieser oder jener Rasse bekennen, die man jetzt bei uns propagiert."[400]

Nun forschte Spemann in einem Gebiet, das im Gegensatz zur Ethologie oder Genetik nur wenig inhaltliche Berührungspunkte mit der Politik im allgemeinen und dem Nationalsozialismus im besonderen hatte. Insofern stand er sicher nicht im engeren Spannungsfeld zwischen Wissenschaft und Ideologie. Dennoch wurde insbesondere von englischen Wissenschaftshistorikern behauptet, daß wesentliche Bestandteile seiner naturwissenschaftlichen Erkenntnis durch gesellschaftspolitische Vorstellungen beeinflußt worden seien und daß er darüber hinaus ein Sympathisant der Nationalsozialisten gewesen sei.[401] Falsche Zitatangaben und die Nichtbeachtung zahlreicher wichtiger Quellen lassen ihre These jedoch fragwürdig erscheinen.[402]

Grundsätzlich war Spemann in politischen Fragen zurückhaltend. Er sagte von sich selbst, daß er wenig von Politik verstehe, und charakteristisch für seine Haltung war, daß er Zeitungslesen als wichtige aber lästige Pflicht wertete.[403] Nach Ansicht Viktor Hamburgers war „Spemann not politically engaged, at least not openly."[404] In der Tat gehörte er niemals einer Partei oder einer parteiangegliederten Organisation an, auch nicht während des „Dritten Reiches",[405] als immerhin knapp 44 % der Ordinarien unter den Biologen in Deutschland Mitglied der NSDAP waren.[406] Bereits während des Ersten Weltkrieges, als nicht nur Politiker, sondern auch Professoren als sogenannten „Annexionisten" bzw. „Gemäßigte" gegensätzliche Standpunkte einnahmen,[407] gehörte er zur schweigenden Mehrheit in der Mitte.

Es trifft aber sicher nicht zu, wenn man Hans Spemann als unpolitischen Menschen oder als unpolitischen Wissenschaftler bezeichnen würde. Gewiß maß er ideologischen Gedanken eine relativ bescheidenen Bedeutung bei. „Aber darüber hinaus bin ich der unzeitgemäßen Überzeugung, daß politische Ideale überhaupt nicht der letzte und höchste Wert sein dürfen",[408] äußerte er im März 1933, nachdem die Nationalsozialisten ihn und seinen Mitarbeiter an der Volkshochschule

---

[400] APS, L. C. Dunn papers, Brief von Hans Nachtsheim an den Genetiker Walter Landauer vom 24. Oktober 1933.
[401] Vgl. Horder, Weindling, Hans Spemann, S. 206; vgl. Waelsch, S.2; vgl. Lenhoff, S. 83.
[402] Vgl. unten S. 127-128.
[403] Vgl. SBF, Nachlaß Hans Spemann, A.2.a., Nr. 662, Bl. 1171, Brief von Hans Spemann an Carl Correns vom 8. Juni 1919.
[404] Hamburger, Viktor: Notes on Spemann's Political Position. Unveröff. MS, St.Louis/MI 1993, S. 2. Ich danke Herrn Prof. Hamburger für die Überlassung einer Kopie.
[405] UAF, B 24/3642, PA Hans Spemann, Fragebogen bezüglich der Abstammung, datiert vom 18. Januar 1936.
[406] Vgl. Deichmann, Ute: Biologen unter Hitler, S. 231. Die Angabe bezieht sich auf die Jahre 1933 bis 1945 und auf die Gebiete, die innerhalb dieses Zeitraumes dem Deutschen Reich eingegliedert wurden: Österreich, Sudentenland, Elsaß, Tschechei, Posen und das Memelland.
[407] Vgl. Titze, Hochschulen, S. 217.
[408] Volkswacht, Nr. 51, 1. März 1933.

verbal scharf angegriffen haben. Partei- und verfassungspolitische Belange interessierten ihn nur wenig. Aber er war doch politisch in dem Sinne, daß er sich gleichsam naturbedingt als *zoon politikon* verstand und die daraus resultierenden gesellschaftlichen Aufgaben und Pflichten zu erfüllen bereit war:

„Auch lebt man in ständiger Spannung, welche neue Anforderungen ungemütlicher Art demnächst an einen gestellt werden. Ich kann und ich mag mich nicht abschließen gegen das wachsende Unglück des Volkes",[409]

schrieb er 1922 an Fritz Baltzer und spielte auf seine Funktion als Vorsitzender der Freiburger Volkshochschule und auf seine Wahl zum Rektor der Universität während des akademischen Jahres 1923/24 an.

Sein Patriotismus wurzelte in der Einsicht, daß die naturgegebene Gemeinschaft, in die er durch Geburt integriert war, das deutsche Volk war. So ist zu verstehen, wenn er über die nationalliberale Gesinnung im Elternhause vermerkte: „Wir waren erst deutsch und dann kaiserlich gesinnt".[410] Dieser Patriotismus führte nach 1918 zu einer entschiedenen Ablehnung des Versailler Vertrages, wie sie die überwiegende Mehrheit der Deutschen teilte. Bezeichnend war für Spemann, daß er als Rektor der Universität Freiburg darauf bestand, am 9. Juni 1923 den Leichnam Albert Leo Schlageters vom Bahnhof an die Stadtgrenzen Freiburgs zu geleiten.[411] Schlageters Hinrichtung durch französische Truppen hatte ihn zu einer Symbolfigur des patriotischen Deutschlands werden lassen und der sozialdemokratische Reichspräsident Friedrich Ebert hatte angeordnet, daß der Staat die Kosten der Überführung von Schlageters Leichnam vom Ruhrgebiet nach Schönau im Schwarzwald trage. Erst später wurde er von den Nationalsozialisten als Märtyrer ideologisch vereinnahmt.

Spemanns ausgeprägte patriotische Einstellung mündete zu keiner Zeit in einen ungezügelten Chauvinismus. Vielmehr erkannte er die Rechte anderer Nationen und den Wert ihrer Kulturen uneingeschränkt an. Den Wissenschaften kam seiner Ansicht nach die Aufgabe der Verständigung, des Brückenschlags zu. Daher bemühte er sich, wie oben ausgeführt, um die Wiederaufnahme des internationalen Fachdialogs.

Die Liebe zum eigenen Volk war die emotionale Grundlage für sein gesellschaftliches Engagement in der Volkshochschule in Freiburg. Er hatte die sozialpolitischen Defizite des Kaiserreiches gesehen, hatte erkannt, „welch tiefer Riß in kultureller Hinsicht durch das Volk gehe, es in ‚Gebildete' und ‚Ungebildete' scheidend. Diesen Riß also galt es zu schließen."[412] Es war sein Wunsch, der

---

[409] SBF, Nachlaß Hans Spemann, A.2.a., Nr. 597a, Bl. 498, Brief von Hans Spemann an Fritz Baltzer vom 10. Dezember 1922.
[410] Spemann, Forschung und Leben, S. 135. Dieser Äußerung dürfte auch Ausdruck einer spezifisch süddeutschen föderalistischen Gesinnung gewesen sein, die als Reaktion auf die preußische Dominanz zu sehen ist.
[411] Vgl. SBF, Nachlaß Hans Spemann, C.4., Spemann Tagebucheintrag vom 9. Juni 1923; vgl. Oltmanns, Erinnerungen, Freiburg 2, S. 41.
[412] Spemann, Forschung und Leben, S. 278.

Desintegration der deutschen Gesellschaft mit den eigenen bescheidenen Mitteln des Gebildeten entgegenzuwirken. Folgerichtig wollte er seinen persönlichen Beitrag außerhalb des „Elfenbeinturms" Universität bzw. *Kaiser-Wilhelm-Institut* leisten und daher beteiligte er sich, wie bereits geschildert, in Berlin Herbst 1918 an Arbeiter- und Soldatenbildungskursen, um den zurückkehrenden Soldaten die Integration ins Zivilleben zu erleichtern. Nach seiner Übersiedlung nach Freiburg wurde er 1920 zum Vorsitzenden einer neugegründeten und auch inhaltlich neu ausgerichteten Volkshochschule gewählt.[413] Bemerkenswerterweise waren nicht die universitären volkstümlichen Vorträge, die mit den Problemen der Bevölkerung wenig angemessenen Themen kaum Resonanz speziell in der Arbeiterschaft fanden, Ursprung dieser Einrichtung. Vielmehr stand sie organisatorisch und inhaltlich den Arbeiterbildungskursen nahe. Spemann repräsentierte als Vorsitzender eine Einrichtung, die demokratisch strukturiert war und inhaltlich sich den Idealen der Toleranz und Gleichberechtigung verpflichtet hat. Er arbeitete harmonisch mit dem jungen Betriebsleiter Bernhard Merten zusammen, der sich selbst als Sozialist bezeichnete. Die Leitung der Volkshochschule überließ Spemann größtenteils Merten. Er hielt selbst Vorträge und gewann einige seiner engeren Mitarbeiter wie Viktor Hamburger und Otto Mangold als Dozenten, was dem Renommee der Volkshochschule sicherlich nützte. Überdies wurde Spemann Mitglied der Internationalen Volkshochschulvereinigung.[414] Als Merten 1933 ins Kreuzfeuer der nationalsozialistischen Regionalpresse geriet, stellte sich Spemann als Vorsitzender schützend vor seinen Mitarbeiter.[415] Wie bereits geschildert, bestand er im Jahre 1936 darauf, daß der aus politischen Gründen gefährdete Merten als persönlicher Gast bei der Nobelpreisfeier eingeladen wurde.

Die Arbeit in der Volkshochschule fand ihre Entsprechung in dem „anderen Dorn im Auge meiner Frau, die Landerziehungsheime."[416] Nach dem Tode von Hermann Lietz am 12. Juni 1919 wurde zur Weiterführung der Landerziehungsheime ihre Umwandlung 1920 in eine Stiftung vorgenommen, die mit dem Verein *Freunde der Deutschen Landerziehungsheime* verbunden war. Spemann übernahm den Vorstandsvorsitz von 1919 bis zu seinem Tode im Jahre 1941. Aus den Leitungsgeschäften hat er sich bewußt herausgehalten und nur einmal im Jahr, zumeist im Juli nach Semesterende, den einzelnen Schulen einen Besuch abgestattet.

Nachdem 1933 die Nationalsozialisten die Macht im Reich übernommen hatten, zeigte Spemann bis zu seinem Tode ein ambivalentes Verhältnis ihnen gegenüber. Auf der einen Seite befürwortete er die Revision des Versailler Vertrages – auch dann noch, als die nationalsozialistische Außenpolitik ab 1938 in ihre

---

[413] Vgl. Fäßler, Volkshochschule, S. 56–57.
[414] Vgl. Rice University, Houston/Texas, Fondren Library, Julian S. Huxley papers, Brief Spemanns an Huxley vom 23. Februar 1924.
[415] Vgl. Die Volkswacht, Nr. 51, 1. März 1933.
[416] SBF, Nachlaß Hans Spemann, A.2.a., Nr. 597a, Bl. 498, Brief von Hans Spemann an Fritz Baltzer vom 10. Dezember 1922.

1.6. Freiburg (1919–1941): Durchbruch zum „Entwicklungsbiologen von Weltruf"

expansive Phase getreten war.[417] Ebenso befürwortete Spemann zumindest anfangs Hitler in seiner politischen Position als Führer, möglicherweise aufgrund einer Enttäuschung durch das Parteiengezänk während der Weimarer Republik. In diesen Punkten gab es bekanntermaßen eine partielle Interessenkongruenz zwischen den Nationalsozialisten und der überwiegenden Mehrheit der deutschen Bevölkerung und auch der Professorenschaft.[418] Wie lange Spemann seine Wertschätzung des „Führers" beibehielt, läßt sich aus den Quellen nicht klären.

In einer Reihe anderer Bereiche lehnte Spemann die Politik und Ideologie der Nationalsozialisten scharf und offen ab. Dazu gehörten vor allem die Wissenschaftspolitik, die Rassenideologie und die Kirchenpolitik.

Während des „Dritten Reiches" trat Spemann den Versuchen einer Nationalisierung bzw. rassistischen Orientierung der Wissenschaften, wie sie in der „Deutschen Physik" oder der „Deutschen Mathematik" angestrebt wurde, mehrfach deutlich entgegen: „Diese Wissenschaften sind übernational", formulierte er in Bezug auf die Naturwissenschaften vor dem NSD-Studentenbund im Jahre 1938 und weiter: „Man spricht, und wohl mit Recht, von der Völker verbindenden Kraft der Wissenschaft."[419] Seine mit den Zielen der nationalsozialistischen Wissenschaftspolitik kaum vereinbare Botschaft verstanden die Kollegen wohl. Der Heidelberger Entwicklungsbiologe Curt Herbst kommentierte Spemanns Vortrag: „Ihr großes Geschick, mit aller Liebenswürdigkeit Ihren Standpunkt zu wahren und den Zuhörern offiziell verpönte Wahrheiten zu sagen, bewundere ich sehr."[420] Seitens der parteiamtlichen Prüfungskommission der NSDAP wurde an Spemanns Vortrag beanstandet: „Es wäre erwünscht gewesen, die Nationalität der Wissenschaften stärker zu betonen."[421]

In einem Brief an seinen Bruder Adolf Spemann äußerte er sich am 16. August 1937 sarkastisch über die Bestrebungen der „Deutschen Physiker" um Philipp Lenard und Johannes Stark:

„Wenn ich alt genug werde, erlebe ich vielleicht noch eine Ausstellung über ‚entartete Wissenschaft', in der dann Männer wie Lenard für die Nachwelt aufbewahrt werden. Es ist

---

[417] Vgl. SBF, Nachlaß Hans Spemann, A.1.a., Nr. 27, Bl. 57, Brief von Oskar Bolza an Hans Spemann vom 18. März 1940; A.2.b., Nr. 668, Bl. 1184, Brief von Hans Spemann an Antje von Cosel vom 2. Januar 1940.

[418] Vgl. Seier, Helmut: Die Hochschullehrerschaft im Dritten Reich. In: Schwabe, Deutsche Hochschullehrer, S. 247–295, S. 288.

[419] Spemann, Hans: Die übernationale Bedeutung der Wissenschaft. In: Jahrbuch der Stadt Freiburg i. Br., Bd. 1: „Alemannenland", Freiburg 1938, S. 124–127, S. 127.

[420] SBF, A.1.a., Nr. 166, Bl. 258, Brief von Curt Herbst an Hans Spemann vom 25. Juli 1938.

[421] Privatbesitz Frau Dr. Resch. Es handelt sich um den Auszug des Berichts der Parteiamtlichen Prüfungskommission zu seinem Vortrag, den Hans Spemann dem Oberbürgermeister der Stadt Freiburg in einem undatierten Brief zukommen ließ. Spemann äußerte, daß er einer wesentlichen Änderung seines Beitrages nicht zustimmen könne und er gegebenenfalls die geplante Veröffentlichung im Freiburger Jahrbuch zurückziehen würde.

schade, daß es aller Wahrscheinlichkeit nach nicht neben einem Ort der ewigen Freude und der ewigen Qual noch einen solchen der ewigen Blamage gibt."[422]

Bereits 1934 muß Spemann sich gegenüber dem Münchner Co-Editor von *Roux' Archiv* Benno Romeis negativ über die geistige Situation in Deutschland geäußert haben, denn dieser antwortete am 30. August 1934:

„Ich kann es ja verstehen, dass Ihnen die Lust ankommt, die geistige Zwangsjacke, in der wir jetzt alle stecken, für ein paar Monate auszuziehen. Es ist wirklich traurig, wenn man sieht, was aus der Universität geworden ist und was, wie noch zu befürchten ist, werden wird."[423]

Wie in der Wissenschaftspolitik verweigerte Spemann auch in der Rassenideologie den Nationalsozialisten die Gefolgschaft. Es lassen sich von ihm keinerlei antisemitische Äußerungen in den Quellen nachweisen.[424] Dagegen finden sich zahlreiche Zeugnisse, daß Spemann sich für bedrohte jüdische Mitbürger einsetzte. Anfangs hielt er sich noch bedeckt, möglicherweise in der – damals weit verbreiteten – Überzeugung, daß die nationalsozialistische Herrschaft von keiner allzu langen Dauer sein würde. Nach der Verabschiedung des „Gesetzes zur Wiederherstellung des Berufsbeamtentums" am 7. April 1933 sah Spemann keine Möglichkeit, seinen in den USA weilenden jüdischen Assistenten Viktor Hamburger weiter zu beschäftigen. Er teilte Hamburger, dem er außerordentlich gewogen war, die geänderte Sachlage in einem Schreiben mit, über das Hamburger äußerte:

„ ... he expressed his personal regrets vividly and offered his help in finding a new job, but not a word of criticism of the laws, nothing about his feelings about the momentous political upheaval and the new Nazi regime".[425]

In der Folgezeit legte Spemann jedoch mehr und mehr Zivilcourage an den Tag, was bedeutete, daß er sich in menschlicher Hinsicht anständig verhielt. So setzte er sich beim Rektor Martin Heidegger für seinen jüdischen Kollegen, den Mathematiker Alfred Loewy ein:

„Verehrter Kollege! Auf meinen ausdrücklichen Wunsch hat Kollege Loewy mir einige Daten aus seinem dienstlichen Leben schriftlich gegeben, die ich Ihnen hiermit als Unter-

---

[422] Privatbesitz Dr. Resch, Brief Hans Spemanns an seinen Bruder Adolf Spemann vom 16. August 1937. Spemann bezieht sich auf die am 18. bzw. 19. Juli 1937 in München eröffnete „Große Deutsche Kunstausstellung" bzw. Austellung „Entartete Kunst". Am 9. September 1937 besuchte er beide Ausstellungen. Vgl. SBF, Nachlaß Hans Spemann, C.5., Tagebucheintrag vom 9. September 1937.

[423] SBF, Nachlaß Hans Spemann, A. 1. a., Nr. 320, Bl. 486, Brief von Benno Romeis an Hans Spemann vom 30. August 1934.

[424] Weder Waelsh noch Horder und Weindling behaupten explicit, daß Spemann Antisemit gewesen sei. Ihre vagen Äußerungen legen jedoch den Schluß nahe, daß sie dies annehmen, ohne es belegen zu können. Vgl. Waelsh, Causal Analysis, S. 2; vgl. Horder, Weindling, Hans Spemann, S. 210.

[425] Hamburger, Notes, S. 3.

1.6. Freiburg (1919–1941): Durchbruch zum „Entwicklungsbiologen von Weltruf"

lagen für eine Aktion zu seinen Gunsten überreiche. Unter kollegialen Grüßen Ihr ergebener H. Spemann".[426]

Als Loewy im Jahre 1935 verstarb, fanden sich bei seiner Beerdigung am 28. Januar 1935 aus Furcht vor repressiven Folgen nur wenige Kollegen ein, unter ihnen Spemann.[427] Er ließ sich auch nicht abhalten, den jüdischen Phänomenologen Edmund Husserl am Krankenlager zu besuchen und, als er verstorben war, am 29. April 1938 seiner Beerdigung beizuwohnen. Für den in der Schweiz arbeitenden deutschen Mediziner Adolf Hauptmann, ebenfalls ein Jude, dessen Aufenthaltserlaubnis abgelaufen war, stellte er Kontakte in die USA her.[428] Auch für seinen Kollegen, den mit einer Jüdin verheirateten Botaniker Friedrich Oehlkers, erkundete er in den Vereinigten Staaten die Möglichkeit einer Aufenthalts- und Arbeitserlaubnis. Oehlkers Stiefsohn Gerhard Sander siedelte auf Vermittlung Spemanns und mit seiner Empfehlung nach Amerika über.[429] Seinem früheren Assistenten am *Kaiser-Wilhelm-Institut für Biologie* in Berlin, Dr. Fritz Levy schrieb Spemann eine Referenz, damit dieser eine Chance hatte, in den USA eine Stelle zu erhalten.[430] Auch Jonas Cohn, Mitbegründer des südwestdeutschen Neu-Kantianismus und Spemanns Mitarbeiter bei der Volkshochschule, war als Jude gefährdet. Spemann wußte um seine Sorgen und Ausreisepläne im Jahre 1939.[431] Das war zu einer Zeit, zu der die innere Radikalisierung in Deutschland bereits so weit vorangeschritten war, daß ein solcher Kontakt auch gefährlich für Spemann werden konnte.

Vielleicht am bedeutsamsten war Spemanns Eintreten für den von der Suspendierung bedrohten Zoologen und Mitbegründer der modernen Ethologie Karl v. Frisch (Abb. 6), dessen Mutter Jüdin war. Er schrieb seinem befreundeten Kollegen, dem er seit Anfang der zwanziger Jahre freundschaftlich verbunden war:

„Was ich empfinde und denke beim Lesen und Wiederlesen Ihres Briefes möchte ich für mich behalten. Ich möchte Sie also bitten, lassen Sie es gar nicht hinein, das Gift. Also Menschen wie Ihre Mutter sollten nicht mehr unter uns wohnen dürfen! Man möchte verzweifeln. Aber nicht am praktischen Erfolg in ihrem Falle [...] Ich werde alles tun, was ich irgend kann, um diesen Verlust von unserer Wissenschaft fern zu halten".[432]

---

[426] UAF, B 24/3642, Personalakte Hans Spemann, Brief von Hans Spemann an Martin Heidegger vom 24. April 1933.
[427] Vgl. SBF, Nachlaß Hans Spemann, C.5. Tagebucheintrag vom 28. Januar 1935.
[428] Yale University, Sterling Library, Ross G. Harrison papers, Brief Harrisons an das *Emergency Committee in Aid of Displaced Foreign Physicians* vom 25. Februar 1939. Harrison nimmt darin Bezug auf einen nicht überlieferten Brief von Hans Spemann an ihn, datiert vom 1. Februar 1939.
[429] APS, L.C. Dunn papers, Brief von Hans Spemann an L. C. Dunn vom 3. Oktober 1933.
[430] APS, L.C. Dunn papers, Brief Dunns an den Referenten des *Emergency Committee in Aid of Displaced Foreign Physicians* Dr. Dropy vom 19. Februar 1936.
[431] Vgl. SBF, Nachlaß Hans Spemann, C. 5., Tagebucheintrag vom 24. Februar 1939.
[432] SBF, Nachlaß Hans Spemann, A.2.b., Nr. 672, Bl. 1190, Brief von Hans Spemann an Karl v. Frisch vom 12. Januar 1941.

94   1.6. Freiburg (1919–1941): Durchbruch zum „Entwicklungsbiologen von Weltruf"

Abb. 6. Zwei zukünftige Nobelpreisträger: Der Entwicklungsbiologe Hans Spemann und der Zoologe Karl von Frisch, der zu einem der Begründer der modernen Verhaltensbiologie werden sollte, 1928 auf dem Jahreskongreß der Deutschen Zoologischen Gesellschaft in Hamburg (Privatbesitz Dr. B. Resch, Berlin)

Wenige Wochen später teilte er ihm mit, daß Otto Mangold, der aufgrund seiner Parteizugehörigkeit zur NSDAP und seiner Verdienste als Jagdflieger im Ersten Weltkrieg einen gewissen politischen Einfluß gehabt haben dürfte, an Parteistellen herantreten möchte, um sich dort für ihn einzusetzen. Spemann selbst habe einen Brief an den Reichswissenschaftsminister Bernhard Rust persönlich geschrieben. Und in der ihm eigenen Art fügte Spemann hinzu: „Sie [Karl v. Frischs Ehefrau, P.F.] soll tüchtig schimpfen, aber nur in Zimmern mit Doppeltüren."[433] In dem erwähnten Brief an Rust hob Spemann die wissenschaftliche Leistungen Karl v. Frischs hervor: „Er ist einer unserer besten und in gewissem Sinne unersetzlich".[434] Unterzeichnet ist das an den Reichsminister gerichtete

---

[433] SBF, Nachlaß Hans Spemann, A.2.b., Nr. 673, Bl. 1192, Brief von Hans Spemann an Karl v. Frisch vom 22. Januar 1941.

[434] ZIF, Kopie eines Briefes von Hans Spemann an Bernhard Rust vom 21. Januar 1941.

1.6. Freiburg (1919–1941): Durchbruch zum „Entwicklungsbiologen von Weltruf" 95

Schreiben nicht mit „Heil Hitler", sondern mit: „In Ehrerbietung gez. H. Spemann". Dies ist mehr als nur eine Marginalie. Ein inhaltlich prekäres Schreiben an einen Reichsminister nicht mit „Heil Hitler" zu unterzeichnen, dazu bedurfte es in der Tat Zivilcourage und innerer Distanz zum nationalsozialistischen Regime.

Bleibt noch anzumerken, daß Spemanns Ablehnung der nationalsozialistischen Rassenideologie auch die eugenische Dimension derselben betraf. In seiner während der Jahre 1939 bis 1941 niedergeschriebenen Autobiographie schildert er die Eindrücke seines Besuches der Bodelschwingh`schen Anstalten für geistig Behinderte im westfälischen Bethel. Dabei äußerte er große Achtung gegenüber den behinderten Menschen und den sie betreuenden Pflegekräfte.[435]

Ebenfalls von politischer Bedeutung war Spemanns Haltung in der Kirchenfrage. Er war Mitglied der evangelischen Christusgemeinde in Freiburg, die von Stadtpfarrer Weber geleitet wurde und arbeitete auch im Kirchengemeinderat mit. Am 25. April 1934 rief Pfarrer Weber zur Bildung einer „Bekenntnisfront" auf,[436] um der Gleichschaltung der Evangelischen Kirche durch die Deutschen Christen entgegenzuwirken. Aus Tagebucheinträgen geht hervor, daß Spemann des öfteren mit Pfarrer Weber über Kirchenfragen diskutierte. Über die Inhalte gibt es allerdings keine Aussagen. Spemann stand weiterhin in Kontakt mit dem Heidelberger Ordinarius für Theologie Martin Dibelius, Bruder des Berliner Generalsuperintendenten Otto Dibelius.

Zusammenfassend läßt sich Spemanns politische Einstellung insbesondere in Bezug auf den Nationalsozialismus wie folgt skizzieren:

1. Partielle Übereinstimmung in Fragen der außenpolitischen Revision, der nationalen Aufwertung und – anfangs – des Führerprinzips.
2. Deutliche Ablehnung der rassistisch-antisemitischen Ideologie, sowohl öffentlich als auch privat.
3. Ebenso deutliche und öffentliche Ablehnung der nationalsozialistischen Hochschul- und Wissenschaftspolitik.
4. Offene Parteinahme im evangelischen Kirchenstreit für die Bekennende Kirche und gegen die Deutschen Christen.

Aus sozialgeschichtlicher Perspektive ist Spemann als ein dem Nationalsozialismus vergleichsweise reserviert gegenüberstehender Hochschullehrer zu sehen. Als deutlich widerlegt muß der Vorwurf gelten, Spemann habe auch im wissenschaftlichen Dialog rassistische Aspekte berücksichtigt,[437] da er gerade diese Aspekte der nationalsozialistischen Ideologie sich nicht zu eigen gemacht hat. Auch der Vorwurf, aufgrund hierarchischer und autoritärer Gesellschaftsideale die „Organisator"-Konzeption entworfen zu haben,[438] trifft als monokausale Er-

---

[435] Vgl. Spemann, Forschung und Leben, S. 99–100.
[436] Vgl. SBF, Nachlaß Hans Spemann, C. 5. Tagebucheintrag vom 15. April 1934. Weitere Einträge mit Bezug zur Bekennenden Kirche datieren vom 18. Mai 1935, 20. Januar 1936, 24. Januar 1936, 11. April 1938.
[437] Vgl. Lenhoff, Ethel Browne; Horder, Weindling, Hans Spemann.
[438] Vgl. Horder, Weindling, Hans Spemann.

klärung nicht zu; egalitären bzw. demokratischen Ansätzen war er durchaus aufgeschlossen, insbesondere nach 1918, also zu der Zeit, zu der er den Begriff „Organisator" in die wissenschaftliche Terminologie einführte. Hamburgers Urteil über Spemanns Haltung zum nationalsozialistischen Regime aus dem Jahre 1941 kann auch aus heutiger Sicht bestätigt werden:

„I am sure that he has suffered under the present conditions in Germany more than we can imagine. His loyalty to the spirit to whom his life work was devoted made a compromise with Nazi ideology impossible."[439]

Spemanns großes Interesse galt neben seinem engeren Forschungsgebiet der Philosophie im weitesten Sinne. Ein Blick in den erhaltenen Bestand seiner Privatbibliothek und auf die in seinen Tagebüchern festgehaltene Lektüre belegt seinen weitgespannten geistigen Horizont. „In der Freizeit lese ich Goethe, dem ich nun völlig verfallen bin",[440] teilte er am 23. März 1932 seinem Berner Freund Fritz Baltzer mit. Neben den für einen gebildeten deutschen Akademiker ‚obligatorischen' Goethe und Schiller bevorzugte er religionsgeschichtliche Schriften, wie beispielsweise Ricarda Huchs „Luthers Glauben", Gustav Freytags „Zeitalter der Reformation" oder Ottos „west-östliche Mystik". Die Reichspogromnacht vom 9. auf den 10. November 1938 veranlaßten Spemann, sich mit Literatur über den jüdischen Glauben näher zu befassen.

Hervorzuheben ist in diesem Zusammenhang vor allem Spemanns Einbindung in das sogenannte *Pentathlon*. Am 24. November 1927 lud der jüdische Philosoph und Neukantianer Jonas Cohn Spemann ein, an einem interdisziplinären Diskussionszirkel über philosophische Themen teilzunehmen.[441] Spemann schrieb in seiner Antwort: „Mit großer Freude begrüße ich Ihre Anregung, die dazu beitragen kann, aus der Summe von Fachvertretern wieder eine Universitas zu machen."[442] Auch Gustav Wolff wurde zu der Runde eingeladen; Spemann hatte ihn als denjenigen angekündigt, der „die erste wirklich durchschlagende Kritik der Selektionstheorie formuliert hat."[443] Im *Pentathlon* trafen sich einmal monatlich u.a. die Biologen Hans Spemann und Friedrich Oehlkers, der Psychiater Gustav Wolff, der Mathematiker Gustav Mie, der Theologe Engelbert Krebs und der Philosoph Jonas Cohn.[444] Debattiert wurde über ein breites Themenspektrum. Beispielsweise hielt Spemann „... einen [Vortrag] in unserem philosophischen Kränzchen. Ich will ihn nennen: ‚Die Situation der Biologie bei Ablehnung

---

[439] MBLA, Frank R. Lillie papers, Brief von Viktor Hamburger an Frank Lillie vom 7. Oktober 1941. Hamburger übermittelte in dem Schreiben die Nachricht vom Tode Hans Spemanns.
[440] SBF, Nachlaß Hans Spemann, A.2.c., Nr. 932, Bl. 1869.
[441] SBF, Nachlaß Hans Spemann, A.1.b. Nr. 454. Bl. 676.
[442] JCAUD, Brief von Hans Spemann an Jonas Cohn vom 25. Januar 1927.
[443] JCAUD, Brief von Hans Spemann an Jonas Cohn vom 22. Januar 1928.
[444] JCAUD, Tagebuch Jonas Cohn „In tenebris lux" (1933–1935), Bl. 105. Eintrag vom 21. Januar 1934.

1.6. Freiburg (1919–1941): Durchbruch zum „Entwicklungsbiologen von Weltruf" 97

der Selektionstheorie'."[445] Das belegt, daß im Pentathlon Positionen zur Sprache kamen, die in der ‚strengen' Wissenschaftsöffentlichkeit nicht ohne weiteres vertreten wurden, weil sie möglicherweise zu wenig abgesichert waren.

„Das Leben fängt mit unermesslichen Hoffnungen an und hört mit unendlicher Sehnsucht auf." (Abb. 7 u. 8)[446]

Hans Spemann verlebte seine letzten Jahre zurückgezogen. Briefkontakte hielt er noch zu zahlreichen Freunden und ehemaligen Studenten aufrecht. Allerdings bereitete die Gesundheit ihm zunehmende Probleme. Am 12. September 1941 erlag er einem langwährenden Herzleiden. Hans Spemann wurde am 15. September 1941 um 16.00 eingeäschert und wenige Tage später in seiner Heimatstadt Stuttgart auf dem Pragfriedhof beerdigt.[447]

Abb. 7. Hans Spemann auf einem Spaziergang, vermutlich im Schwarzwald (um 1935; AGMPG, VI. HA, Photographien Hans Spemann)

---

[445] SBF, Nachlaß Hans Spemann, A.2.c., Nr. 917, Bl. 1801, Brief von Hans Spemann an Hermann Bautzmann vom 23. Mai 1929.

[446] SBF, Nachlaß Hans Spemann, A. 2. b., Nr. 686, Bl. 1208. Brief von Hans Spemann an Viktor Hamburger vom 14. August 1938.

[447] Yale University, Sterling Library, Ross G. Harrison papers, Brief von Otto Mangold an Ross G. Harrison vom 15. September 1941.

98   1.6. Freiburg (1919–1941): Durchbruch zum „Entwicklungsbiologen von Weltruf"

Abb. 8. Hans Spemann, modelliert von seinem Sohn Rudo Spemann um 1922. Original (Gips) im Familienbesitz. Ein Bronzeabguß befindet sich im Klingspor-Museum, Offenbach

Die Beileidsbekundungen zahlreicher Personen und Einrichtungen belegen sein außergewöhnliches Ansehen als Wissenschaftler und als Mensch.[448] Auf Beschluß der Universität wurde der mit Spemann befreundete Bildhauer Otto Leiber beauftragt, eine Büste des Verstorbenen anzufertigen.[449] Ursprünglich aus Beton gefertigt – die kriegsbedingte Mangelwirtschaft zwang zur Verwendung dieses Materials, steht heute in der Eingangshalle des Zoologischen Instituts ein Bronzeabguß des Originals neben der seines bedeutenden Vorgängers August Weismann.

---

[448] Beileidsschreiben u.a. von den Universitäten in Bonn, Breslau, Greifswald, Hamburg, Heidelberg, Jena, Kiel, Köln, Leipzig, Marburg, München, Rostock, Wittenberg, der Tierärztliche Hochschule Hannover, den Technischen Hochschulen in Aachen, Breslau, Hannover, der Bergakademie Clausthal, der Medizinische Akademie Düsseldorf und der Leopoldina/Halle.

[449] UAF, B 24/3642, Personalakte Hans Spemann.

Teil 2

2.1. Der Forschungsstand in der Entwicklungsbiologie Ende des 19. Jahrhunderts

Es ist für das wissenschaftshistorische Verständnis Spemanns experimenteller Forschung und seiner daraus abgeleiteten theoretischen Schlußfolgerungen unabdingbar, sie in den Kontext des biologischen Kenntnisstandes im ausgehenden 19. Jahrhundert zu setzen. Nur dann werden die Wurzeln seines praktischen und geistigen Schaffens sichtbar, werden mögliche Irrtümer erklärbar, und das Neue und Eigenständige seiner Arbeit kristallisiert sich heraus. Dabei gilt es, neben den das engere Forschungsgebiet betreffenden Ergebnissen auch die grundlegenderen, paradigmatischen Theorien und Lehren des 19. Jahrhunderts zu benennen, soweit sie einen ideengeschichtlichen Bezug zu Spemanns Arbeitsgebiet aufweisen. Solche umfassenden Gedankengebäude stellen nach Sitte den „grandiosen Versuch dar, das ewig wachsende Wissen um die Welt intellektuell zu zähmen und zu domestizieren."[450] Diese sicherlich zutreffende Bemerkung gilt innerhalb der Biologie des 19. Jahrhunderts in besonderem Maße für die *Keimblattlehre*, die *Zellenlehre* und die *Darwinsche Evolutionstheorie*.[451] Die Entwicklungsbiologie stand, bedingt durch die Komplexität der ontogenetischen Vorgänge, mit allen drei Gebieten in einer engen und wechselseitigen ideengeschichtlichen Beziehung. Daher befand sich Spemann, trotz seiner Zurückhaltung gegenüber Theorien und ungesicherten Spekulationen,[452] zwangsläufig im Spannungsfeld von experimenteller Empirie und paradigmatisch-theoretischen Konzepten.

Um dies verständlich zu machen, werden in einem ersten Schritt die wissenschaftsgeschichtlichen Rahmenbedingungen skizziert, die für die Entstehung der *Entwicklungsmechanik*, wie sie Wilhelm Roux programmatisch entworfen hat-

---

[450] Sitte, Peter: Die Entwicklung der Zellforschung. In: Ber. Deutsch. Bot. Gesell. 95 (1982), S. 561–580, S. 566.

[451] Der Begriff *Evolution* erhielt erst Ende des 19. Jahrhunderts seine heutige, stammesgeschichtliche ausgerichtete Bedeutung. Zuvor bedeutete er im entwicklungsbiologischen Sinne die Auswicklung präformierter Embryonalstrukturen während der Ontogenese. An dieser Stelle wird der moderne Evolutionsbegriff verwendet, um Darwins Gedankengebäude, das nach Ernst Mayr in fünf Untertheorien zu gliedern ist, als Ganzes zu bezeichnen.

[452] Vgl. Baltzer, Fritz: Zum Gedächtnis Hans Spemanns. In: Naturwissenschaften 30 (1942), S. 229–239, S. 233.

te,[453] maßgeblich waren. In einem weiteren Schritt soll dann der Stand der experimentellen Entwicklungsbiologie Ende des 19. Jahrhunderts dargestellt werden, um so den Hintergrund, vor dem sich Spemanns Wirken abspielte, zu verdeutlichen.

Entwicklung der Biologie im 19. Jahrhundert

Die Etablierung der Biologie als inhaltlich, methodisch und institutionell eigenständige Wissenschaft war ein längerfristiger, sich über das 19. Jahrhundert erstreckender Prozeß.[454] In Abgrenzung zu den beiden traditionellen Wissenschaften Medizin und Philosophie, mit denen die Biologie seit der Antike eng verbunden war, wurden neue Forschungsgebiete und Fragestellungen erschlossen sowie spezifische Methoden zu ihrer Bearbeitung entwickelt. Diese inhaltlich und methodisch bedingte Sezession der biologischen Wissenschaft von der Medizin und der Philosophie wurde durch den Prozeß der Professionalisierung[455] während des 19. Jahrhunderts in Deutschland begleitet und abgesichert. Die Einrichtung von Professuren, Lehrstühlen, Instituten und außeruniversitären Forschungseinrichtungen für Biologie stellte die Ausbildung des wissenschaftlichen Nachwuchses und die Grundlagenforschung auf eine zunehmend breitere Basis. Die Professionalisierung, während des Deutschen Kaiserreiches nach 1871 wesentlich forciert, fand in der Gründung der *Kaiser-Wilhelm-Gesellschaft zur Förderung der Wissenschaften* ihren vielleicht wichtigsten Ausdruck.[456] Die an den deutschen Universitäten während der ersten Dekaden des 20. Jahrhunderts erfolgte Zusammenfassung der Naturwissenschaften und der Mathematik zur neuen mathematisch-naturwissenschaftlichen Fakultät schloß diesen Prozeß weitgehend ab. Nach Mayr

---

[453] Vgl. Roux, Wilhelm: Ziele und Wege der Entwickelungsmechanik. In: Ergebnisse der Anatomie und Entwicklungsgeschichte 2 (1892), S. 415–445.

[454] Überblicksdarstellung bei Coleman, William: Biology in the Nineteenth Century: Problems of Form, Function, and Transformation. Wiley Press, New York 1971.

[455] Eine tragfähige Eingrenzung des Begriffs ‚Professionalisierung' ist bei McClelland nachzulesen. Vgl. McClelland, Charles E.: Zur Professionalisierung der akademischen Berufe in Deutschland. In: Conze, Werner; Kocka, Jürgen (Hrsg.): Bildungsbürgertum im 19. Jahrhundert. Teil I. Bildungssystem und Professionalisierung im internationalen Vergleich (= Industrielle Welt. Schriftenreihe des Arbeitskreises für moderne Sozialgeschichte. Hrsg. v. W. Conze. Bd. 38). Verlag Klett-Cotta, Stuttgart 1992, S. 233–247, S. 237. Danach ist das wichtigste Merkmal dieses Prozeßes die Herausbildung eines eigenen Berufes – d.h. der biologische Forscher als vom Staat und von der Privatwirtschaft unterstützte Existenz – und die dazugehörende finanzielle, institutionelle und organisatorische Ergänzung. Ausführlich vgl. McClelland, Charles E.: The German Experience of Professionalisation. Modern Learned Professions and their Organizations from the Early Nineteenth Century to the Hitler Era. Cambridge University Press, Cambridge, New York, Sidney 1991.

[456] Vgl. oben S. 50–52.

2.1. Der Forschungsstand in der Entwicklungsbiologie Ende des 19. Jahrhunderts

ist „the primacy of Germany in biology in the nineteenth century"[457] unter anderem auch auf die im internationalen Vergleich frühe und weitreichende Professionalisierung zurückzuführen.

Zur Klärung der Frage, welche Themen die wissenschaftliche Diskussion in der Biologie um die Jahrhundertwende beherrschten, lassen sich die auf den Jahresversammlungen der *Gesellschaft Deutscher Naturforscher und Ärzte* gehaltenen Vorträge als geeigneter Indikator heranziehen. Nach der Untersuchung von Hans Querner standen die Zellen- und Vererbungslehre, die Deszendenz- und Selektionstheorie sowie die Kausalanalyse der Ontogenese[458] im Vordergrund des wissenschaftlichen Interesses. Zeitgenössische Überblicksvorträge und Abhandlungen über den Stand der Biologie bestätigen Querners Befund.[459] Im folgenden wenden sich daher die Ausführungen den vier genannten Fachgebieten zu.

Ein zweifelsohne epochaler Beitrag der Zellforschung für den Fortschritt in der Biologie war die Formulierung der *Zellenlehre* durch Matthias Schleiden und Theodor Schwann in den Jahren 1838 und 1839.[460] Mit der Erkenntnis, daß alle Lebewesen aus einem gemeinsamen Bauelement aufgebaut sind, ließen sich zahlreiche frühere Einzelbefunde einander zuordnen und auf eine allgemeine Grundlage zurückführen. Die spätestens seit Immanuel Kant und Jean Baptiste de Lamarck in der Fachwelt diskutierte phylogenetische Verwandtschaft der Organismen fand in der *Zellenlehre* eine wichtige Bestätigung. Allerdings gingen sowohl Schwann als auch Schleiden von der falschen Vorstellung aus, daß die Zellneubildung durch einen der Kristallbildung analogen Vorgang zustande komme. Untersuchungen von Kölliker, Nägeli und von Mohl ließen rasch Zweifel an dieser den Blick auf Zell- und Kernteilung verstellenden Hypothese aufkommen. Nach ihrer Ansicht beruhten Zellvermehrung und Organismenwachstum vornehmlich auf dem Zellteilungsprozeß. Rudolf Virchows im Jahr 1855 geäußerte Erkenntnis „omnis cellula e cellula"[461] konnte die Kristallisationshypothese endgültig entkräften – übrigens nahm sie auch der in der deskriptiven Entwicklungsbiologie diskutierten *Urzeugungshypothese* an Überzeugungskraft.

Als Folge rückten die Kern- und Zellteilung in den Mittelpunkt des wissenschaftlichen Interesses, weil in ihnen die Grundlage sowohl des organismischen Wachstums und – wenig später – auch der Vererbung vermutet wurde. Die wäh-

---

[457] Mayr, Ernst: The Growth of Biological Thought. Diversity, Evolution, and Inheritance. The Belknap Press of Harvard University Press, Cambridge/MA, London 1982, S. 91.

[458] Vgl. Querner, Hans: Probleme der Biologie um 1900 auf den Versammlungen der Deutschen Naturforscher und Ärzte. In: Querner, Hans, Schipperges Heinrich (Hrsg.): Wege der Naturforschung 1822–1972 im Spiegel der Versammlungen der Deutschen Naturforscher und Ärzte. Springer Verlag, Berlin, Heidelberg, New York, 1972, S. 196–202.

[459] Vgl. Hertwig, Oscar: Die Entwicklung der Biologie im 19. Jahrhundert. Verlag Gustav Fischer, Jena 1900.

[460] Vgl. Sitte, Zellforschung, S. 565; vgl. Sander, Klaus: Theodor Schwann und die „Theorie der Organismen". Zur Begründung der Zellenlehre vor 150 Jahren. In: Biologie in uns. Zeit 19 (1989), S. 181–188; ausführlich und erschöpfend vgl. Cremer, Zellenlehre.

[461] Virchow, Rudolf: Cellular-Pathologie. In: Archiv für pathologische Anatomie und Physiologie 8 (1855), S. 3–39.

rend der 1870er und 1880er Jahre angestellten Studien von Walther Fleming, Otto Bütschli, Oscar Hertwig und Eduard Straßburger über die Mitose und Meiose ließen den Gedanken aufkommen, daß die Erbanlagen im Nucleus lokalisiert sein könnten. Über die morphologische und biochemische Beschaffenheit derselben hatte man nur vage Vorstellungen. In den letzten zwei Dekaden des vorigen Jahrhunderts rückten die möglichen Verteilungsmechanismen der Erbanlagen auf die Tochterzellen bei der Kern- und Zellteilung in den Mittelpunkt der Diskussion. Zur Debatte stand vor allem die Frage, ob eine äquale oder inäquale Aufteilung der Erbanlagen auf die Tochterzellen erfolgt. Dieses Problem bildete die Schnittstelle zur zeitgleich sich herausbildenden *Entwicklungsmechanik*.

Auf eine weitere Auswirkung der Zellenlehre auf die Entwicklungsbiologie sei noch hingewiesen. Der Vorstellung, daß Organismen Zellenaggregate seien, deren Leistung der Summe der Leistungen aller Einzelzellen entspreche,[462] stellten Entwicklungsbiologen das Modell vom Ganzen entgegen, welches mehr ist als die Summe seiner Teile. Dieser Gedanke findet sich im *Holismus*, im *Organizismus* und in den *modernen Systemtheorien* des 20. Jahrhunderts wieder.

Bekanntlich erlangte in der zweiten Hälfte des 19. Jahrhunderts Darwins komplexe Evolutionsvorstellung einen überragenden Einfluß auf die Biologie. Von ihren beiden zentralen Aspekten, der *Deszendenz-* und der *Selektionstheorie*, war insbesondere ersterer, die phylogenetische Verwandtschaft der Organismen, in der Folgezeit weithin akzeptiert. Nahezu alle biologischen Spezialdisziplinen suchten ihre Ergebnisse in dieses Erklärungsmuster zu integrieren. Es erwies sich als ungeheuer tragfähig und wurde durch eine Fülle von Fakten immer besser abgesichert.

Der paradigmatische Charakter, den Darwins *Deszendenztheorie* rasch erlangte, bedingte, daß den aus ihr sich ergebenden Deduktionen der Status von *a priori* als richtig akzeptierten Prämissen zugebilligt wurde. Sie galten ihrerseits als Größe, an der sich die Richtigkeit der aus empirischen Befunden gefolgerten Interpretationen messen lassen mußten. Insbesondere für die kausalanalytische Entwicklungsbiologie hatte dies wichtige Konsequenzen. Aus der seit Darwin gut begründeten abgestuften stammesgeschichtlichen Verwandtschaft der Organismen leitete sich die Vorstellung ab, daß die ontogenetischen Mechanismen eine mit den phylogenetischen Verwandtschaftsverhältnissen korrelierende Übereinstimmung aufweisen müßten.[463] Dieser Gedanke spielte insbesondere in der Frage der Linsenregeneration bei Amphibien und in der Linsenbildungskontroverse, in die Spemann zu Beginn des 20. Jahrhunderts involviert war, eine wichtige Rolle.[464]

Ihren maßgeblichen Einfluß auf die Entwicklungsbiologie erlangte Darwins *Selektionsvorstellung* durch die Überlegungen August Weismanns, der zellbiologische, vererbungswissenschaftliche, ontogenetische und phylogenetische Aspekte

---

[462] Eine solche Ansicht vertrat beispielsweise Heidenhain, Martin: Plasma und Zelle. Gustav Fischer Verlag, Jena 1907.
[463] Vgl. Sander, Klaus: Spuren der Evolution in den Mechanismen der Ontogenese – neue Facetten eines zeitlosen Themas. In: Jahrbuch 1993 der Deutschen Akademie der Naturforscher Leopoldina 39 (1994), S. 297–319, S. 298.
[464] Vgl. unten S. 201–204.

2.1. Der Forschungsstand in der Entwicklungsbiologie Ende des 19. Jahrhunderts

in einer großen Zusammenschau verband. Weismann vertrat die Ansicht, daß die Erbanlagen als korpuskuläre Determinanten im Keimplasma der Zellkerne lokalisiert seien. Das Keimplasma besitze eine spezifische Molekularstruktur und mache im Laufe der ontogenetischen Zellteilungen zahlreiche inäquale Teilungen durch. Auf diese Weise erhalte jede Körperzelle einen bestimmten Anteil des ursprünglichen Keimplasmas, der nur die Information für ihre spezifische Differenzierung beinhalte. Die Ursache für diesen inäqualen Teilungsmodus liege nach Weismann ausschließlich im Kern und nicht im Cytoplasma. Nur den von den Somazellen separierten Keimbahnzellen bleibe stets das gesamte Keimplasma mit allen Determinanten erhalten. So war die Weitergabe der gesamten Erbinformation über die Keimbahn an die nächste Generation sichergestellt. Eine Determinantenwanderung von Somazellen in Keimbahnzellen hielt Weismann für undenkbar und schloß daher den Einfluß erworbener Eigenschaften auf die Phylogenese aus. Diese als Neo-Darwinismus[465] bezeichnete Überlegung stellt entwicklungsbiologisch betrachtet eine spezielle Version der *Präformationslehre* dar. Zwar werden nach ihr keine räumlich vorgebildeten Strukturen ausgewickelt, wohl aber die feste, historisch überlieferte Architektur des Keimplasmas.[466] Weismanns Präferenz für die inäquale Kernteilung war unter anderem auch durch die Prämisse des *Prinzips der Sparsamkeit* bedingt. Der gegenüber der äqualen Kernteilung energetisch kostengünstigere Modus erschien plausibler, zumal die differentielle Genexpression, die bei einer Gleichverteilung der Erbanlagen notwendigerweise gegeben sein muß, noch außerhalb des wissenschaftlichen Vorstellungshorizonts lag. Eine weitere deduktiv gewonnene Schlußfolgerung aus der Keimbahnlehre war die Vorherrschaft des Kerns bei ontogenetischen Prozessen. Nach Weismann kam dem Cytoplasma in der embryonalen Herausbildung von „sichtbarer Mannigfaltigkeit"[467] eine nur untergeordnete Rolle zu.

Folgte man Weismanns Argumentation und schloß die Vererbung erworbener Eigenschaft aus, so blieb als alternative Vorstellung die Selektion als alleinige richtungsweisende Größe im Evolutionsprozeß. Allerdings schienen bestimmte Phänomene der belebten Natur, beispielsweise Mimikry, die Koaptation oder das Vorhandensein rudimentärer Organe nur schwerlich allein mit ihr erklärbar zu sein.

Aufgrund der Erklärungsdefizite bezüglich der Selektion als einzige richtungsweisende Komponente im Evolutionsgeschehen geriet der Darwinismus

---

[465] Der Begriff geht auf George John Romanes zurück; vgl. Romanes, George J.: Darwin, and after Darwin: An Exposition of the Darwinian Theory and a Discussion of Post-Darwinian Questions, Bde. 1-3, Open Court Publishing, Co., Chicago 1892-1896. Zuweilen werden auch die Vertreter der Synthetischen Evolutionstheorie als Neo-Darwinisten bezeichnet, was aus wissenschaftsgeschichtlicher Sicht nicht zutrifft. Vgl. Wieser, Wolfgang: Gentheorien und Systemtheorien: Wege und Wandlungen der Evolutionstheorie im 20. Jahrhundert. In: Wieser, Evolution der Evolutionstheorie, S. 15-48, S. 18.

[466] Vgl. Sander, Keimplasmatheorie, S. 139.

[467] Der Ausdruck geht zurück auf Roux, Wilhelm: Gesammelte Abhandlungen über Entwicklungsmechanik der Organismen. 2 Bde. Verlag W. Engelmann, Leipzig 1895.

während der Jahre 1890 bis ungefähr 1920 in eine Argumentationskrise.[468] Selbst Befürworter des Darwinismus „admitted the strength of the opposition."[469] Besonders seitens der Entwicklungsbiologen wurden Zweifel geäußert.[470] Führende deutsche Biologen, unter ihnen Oscar Hertwig und Ernst Haeckel, vertraten die Ansicht, daß gewisse Phänomene der Stammesgeschichte die Annahme einer Vererbung erworbener Eigenschaften erfordere.[471] Diese Vorstellung bezeichnete Packard im Jahre 1885 als „Neo-Lamarckism".[472] Haeckel hingegen bezeichnete sich als „Alt-Darwinisten",[473] da Darwin selbst der Vererbung erworbener Eigenschaften eine gewisse Plausibilität zugestanden hatte. Der Mangel an genetischen Kenntnissen ließ diese – aus heutiger Sicht unzutreffende – Überlegung zumindest ebenso akzeptabel wie die gegenteilige, von Weismann vertretene, erscheinen. Eine offene Frage blieb allerdings, wie vererbbare Eigenschaften von Zellen bzw. Organismen erworben und an die nächste Generation transmittiert werden

---

[468] Vgl. Bowler, Peter J.: The Eclipse of Darwinism. John Hopkins University Press, London, Baltimore 1983. In diesem Zusammenhang sei kurz erwähnt, daß auch von anderen naturwissenschaftlichen Diszplinen Einwände gegen Darwins Theorie erhoben wurden. Insbesondere Physiker und Geologen äußerten, daß der für Darwins Evolutionsvorstellung notwendige hochgerechnete Zeitraum das angenommene Alter der Erde bei weitem überschreite. Vgl. hierzu: Burchfield, Joe D.: Lord Kelvin and the Age of Earth. Science History Publications, New York 1975.

[469] Bowler, Peter J.: Evolution. The History of an Idea. 2. überarb. Aufl., University of California Press, Berkeley, Los Angeles, London 1989, S. 246.

[470] Vgl. Weingarten, Michael: Organismen – Objekte oder Subjekte in der Evolution? Philosophische Studien zum Paradigmenwechsel in der Evolutionsbiologie (= Wissenschaft im 20. Jahrhundert. Transdisziplinäre Reflexionen). Wissenschaftliche Buchgesellschaft Darmstadt 1993, S. 79.

[471] Vgl. Hertwig, Oscar: Die Zelle und Gewebe. Grundzüge der allgemeinen Anatomie und Physiologie. Bd. 2, Verlag Gustav Fischer, Jena 1898, S. 251-252; vgl. Haeckel, Ernst: Natürliche Schöpfungsgeschichte, gemeinverständliche wissenschaftliche Vorträge über Entwickelungslehre im Allgemeinen und diejenige von Darwin, Goethe und Lamarck im Besonderen. Reimer, Berlin 1873.

[472] Packard, Alpheus: The Standard Natural History. New York 1885. Ausführlich vgl. Packard, Alpheus: Lamarck, the Founder of Evolution. His Life and Work. With Translations of his Writings of Organic Evolution. Longmans, Green, New York 1901. Die Problematik der Begriffe *Lamarckismus* und *Neo-Lamarckismus* ergibt sich zum einen aus der Vielschichtigkeit von Lamarcks Gedanken, zum zweiten aus den abweichenden Rezeptionen durch Biologen um die Jahrhundertwende und zum dritten durch die Vielzahl variierender Vorstellungen, die unter diesem Begriff subsummiert werden. In den weiteren Ausführungen wird unter *Neo-Lamarckismus* die Vererbung erworbener Eigenschaften und zielgerichtete Zweckmäßigkeit der Organismen in Bezug auf ihre Anpassung an die Umwelt verstanden. Inhaltliche Erweiterungen oder Modifikationen werden gesondert genannt.

[473] Nach Riedl, Rupert; Krall, Peter: Die Evolutionstheorie im wissenschaftlichem Wandel. In: Wieser, Wolfgang (Hrsg.): Die Evolution der Evolutionstheorie. Von Darwin zur DNA. Spektrum Akademischer Verlag, Heidelberg, Berlin, Oxford 1994, S. 234-266, S. 247.

2.1. Der Forschungsstand in der Entwicklungsbiologie Ende des 19. Jahrhunderts

können. Hier flüchteten sich einige Forscher in psychische Analogien,[474] in die Metapher eines Zellengedächtnisses[475] oder gar in das Postulat eines metaphysischen Bildungstriebes.[476]

Die erkenntnistheoretische Situation in der Biologie Ende des 19. Jahrhunderts war durch eine fundamentale Auseinandersetzung um das zentrale Paradigma gekennzeichnet, die sich in einer Vielfalt von einander widersprechenden Erklärungsansätzen niederschlug. Auf der anderen Seite gelang es aber nicht, ein ähnlich tragfähiges Paradigma zu etablieren, das die *Selektionsvorstellung* entbehrlich gemacht hätte. Man könnte die Zeit, in der Spemann in die Wissenschaft hineinwuchs, als Phase eines versuchten Paradigmenwechsels bezeichnen oder, in Modifikation von Thomas S. Kuhn, als steckengebliebene wissenschaftliche Revolution.

Tabelle 12. Übersicht über Theorien der Abstammungslehre um 1900[477]

Lehre	Autor	Entstehung neuer erblicher Variationen	Entstehung von Anpassungen
Darwinismus	Ch. Darwin	spontan; Vererbung somatischer Variationen	Selektionsprinzip
Neo-Darwinismus	A. Weismann	keine Vererbung somatischer Variationen; Amphimixis	Selektionsprinzip
	H. d. Vries	spontan	
Lamarckismus	J. B. Lamarck	Vererbung von Somationen[478] psychische Faktoren (inneres Gefühl)	direkte, funktionelle Anpassung (Bedürfnis)
	Eimer	Orthogenese Vererbung von Somationen	funktionelle Anpassung ohne Selektion
Neo-Lamarckismus	A. Pauly, Francé, A. Wagner	Vererbung von Somationen; psychisch als Antwort auf Reizempfindung	Intelligenz (Zellverstand) ohne Selektion
Vitalismus	H. Driesch Reinke E. v. Hartmann	Eigengesetzlichkeit des Lebens unter Benutzung physikalisch-chemischer Kräfte	metaphysische Prinzipien: Entelechie, Dominanten, Lebensprinzip

---

[474] Vgl. beispielsweise Gustav Wolff und August Pauly.
[475] Prominenter Vertreter dieser Richtung war Richard Semon, ein Freund von Hermann Braus und vermutlich ein Bekannter Hans Spemanns.
[476] So z. B. Hans Driesch.
[477] Nach Plate, Ludwig: Die Abstammungslehre. Tatsachen, Theorien, Einwände und Folgerungen in kurzer Darstellung. 2. Aufl., Verlag Gustav Fischer, Jena 1925, S. 113.
[478] Den Begriff „Somation" prägte Ludwig Plate und bezeichnet damit Merkmale eines Organismus, die nicht in der Zusammensetzung des Keimplasmas begründet sind, sondern auf äußere Einflüße zurückgehen. Ihm entspräche die „Mutation" als phänotypische Merkmalsänderung aufgrund einer Änderung im Keimplasma. Vgl. Plate, Abstammungslehre, S. 14.

Es sei noch angemerkt, daß die Überwindung dieser Phase in den 1920er und 1930er Jahren aufgrund der Fortschritte in der Genetik[479] mit der Wiederentdeckung der Mendelschen Regeln im Jahre 1900 durch Hugo de Vries, Carl Correns und Erich von Tschermak eingeläutet wurde – ohne daß dies den Zeitgenossen bereits erkennbar war. Die Formulierung der *Chromosomentheorie der Vererbung* in den Jahren 1903/04 durch Theodor Boveri und Walter S. Sutton war ein weiterer wichtiger Schritt auf dem Weg zum cytologischen Verständnis des Vererbungsvorganges.

Die inhaltliche Emanzipation der Biologie von der Medizin fand ihre methodologische Entsprechung gegenüber der Philosophie. In Abwendung von der spekulativen Naturphilosophie suchten die Naturforscher andere Quellen der Wahrheit und fanden sie in der eigenen Erfahrung. Wichtigstes Hilfsmittel der eigenen Erfahrung war neben der Beobachtung das Experiment, das in der Physiologie schon lange angewandt wurde. Nach Michael Weingarten avancierte im 19. Jahrhundert die „These des Theorie-freien unmittelbaren Zugriffs auf die Natur durch bloße Beobachtung und durch das Experiment" zum allgemeinverbindlichen Credo der Naturwissenschaftler.[480] Ein Grund für den Erfolg von Darwin bei der Erklärung der biologischen Vielfalt lag demnach in seiner – vermeintlichen oder tatsächlichen – induktiven Vorgehensweise, die dem zeitgenössischen Wissenschaftsideal sehr nahe kam.

Entwicklungsbiologie im 19. Jahrhundert: Von der Embryologie zur „Entwickelungsmechanik"

Die Entwicklungsbiologie wandelte sich im Laufe des 19. Jahrhunderts von einer überwiegend deskriptiv arbeitenden über eine deskriptiv-vergleichende zu einer experimentell forschenden Disziplin. Dieser Prozeß, der als allgemeiner Trend zu verstehen ist und daher durch Ausnahmen keineswegs in Frage gestellt wird, ist im Zusammenhang mit den paradigmatischen Gedankengebäuden der *Zellenlehre* und der *Deszendenztheorie* zu sehen.

Die deskriptive Embryologie beschäftigte sich anfangs neben dem Problem der Urzeugung vor allem mit der Frage, ob die Entstehung von organischer Vielgestaltigkeit durch in den Keimzellen vorgebildete Strukturen *(Präformation)*, die während der Individualentwicklung gleichsam evolviert würden, zustande käme oder ob eine tatsächliche strukturelle Neubildung *(Epigenese)* aus vergleichsweise unstrukturiertem Material stattfinde. Letzterer kam seit den Forschungen Carl Friedrich Wolffs (1734–1794) im ausgehenden 18. Jahrhundert eine größere Akzeptanz zu.[481] Völlig unklar war jedoch, wie ein solcher Prozeß zu erklären sei.

---

[479] Vgl. Mayr, Biological Thought, S. 116–120.
[480] Weingarten, Organismen, S. 33.
[481] Daß Präformation und Epigenese nicht notwendigerweise als Antithesen aufgefasst wurden, belegt Toellner am Beispiel des Naturwissenschaftlers und Philosophen Johann Nicolaus Tetens (1736–1807), der mit der griffigen Phrase „Evolution durch Epigenesis" eine Synthese formulierte. Vgl. Toellner, R.: Evolution und Epigenesis. Ein

Dieses Erklärungsdefizit veranlaßte einzelne Forscher, einen mit naturwissenschaftlichen Methoden nicht zugänglichen Lebensfaktor zu bemühen, ohne den die ontogenetischen Vorgänge nicht verstehbar seien. Damit knüpften sie an die alte, vielschichtige geistesgeschichtliche Tradition des *Vitalismus* an. Folglich stand die *Präformation-Epigenese-Kontroverse* in engem Konnex mit der *Mechanismus-Vitalismus-Kontroverse.*

Karl Ernst von Baer (1792-1876) bereitete mit seinen deskriptiven Forschungen die *Zellenlehre* und die *Deszendenztheorie* ideengeschichtlich vor. Die Entdeckung des Säugereies (1827), die Formulierung der *Keimblattlehre* (1828) und die Lehre von der abgestuften Ähnlichkeit der Organismen während der Ontogenese (1828) waren seine bedeutendsten Beiträge. Die im 19. Jahrhundert sich durchsetzende Vorstellung einer irgendwie gearteten phylogenetischen Verwandtschaft der Organismen förderte einen vergleichend-deskriptiven Ansatz innerhalb der Embryologie, um auf diese Weise neue Belege für eine mögliche Verwandtschaft der Organismengruppen zu erhalten. Bekanntester Vertreter einer phylogenetisch ausgerichteten, vergleichend-deskriptiv arbeitenden Entwicklungsbiologie war im deutschsprachigen Raum Ernst Haeckel (1834-1919). Die Befunde, auf denen das von ihm formulierte *biogenetische Grundgesetz* fußte, gehen auf Meckel und v. Baer zurück. Wie Reingold zurecht bemerkte, führte die Dominanz des phylogenetischen Blickwinkels in der Biologie zu einer wissenschaftlichen Gegenbewegung:

„As a reasonable continuation of the concerns of natural history, an active morphological tradition expanded, influenced by the success of Darwin. The reaction to this was a concern for a different kind of biology characterized by experimentation and quantification. Most notable were the investigations in embryology and cytology."[482]

Siegeszug des Experiments:
„Entwickelungsmechanik" oder „Entwickelungsphysiologie"?

Die wissenschaftshistorische Gleichsetzung des Beginns der experimentellen Entwicklungsbiologie mit Roux' programmatischen Überlegungen der 1880er und 1890er Jahre bedeutet nicht, daß es zuvor keine Experimente mit kausalanalytischer Intention in der Entwicklungsbiologie gegeben habe. Aber das Schicksal der von Abraham Trembley (1710-1784) im 18. Jahrhundert am Süßwasserpolypen *Hydra* oder der um 1850 von George Newport (1802-1854) an Fröschen

---

Beitrag zur Geistesgeschichte der Entwicklungsphysiologie. In: Verh. d. XX. Inernationalen Kongresses f. Gesch. d. Medizin, 22.-27. August 1966. Verlag Georg Olms, Hildesheim 1968, S. 611-617.

[482] Reingold, Nathan; Reingold, Ida (Hrsg.): Science in America. A Documentary History 1900-1939. University Chicago Press, Chicago, London, 1981, S. 127. Auch Müller sieht in der experimentellen Entwicklungsbiologie eine Reaktion gegen die Überbetonung des vergleichend-anatomischen Ansatzes. Vgl. Müller, Gerd B.: Evolutionäre Entwicklungsbiologie: Grundlagen einer neuen Synthese. In: Wieser, Evolution, S. 155-193, S. 157.

durchgeführten experimentellen Untersuchungen[483] unterstreicht Roux' eigentliche Bedeutung. Im Gegensatz zu seinen Vorgängern, die wie Trembley vom wissenschaftlichen *main stream* isoliert blieben oder wie Newport gar in Vergessenheit gerieten, war gerade Roux' programmatischer Anspruch ein wichtiger Faktor für den grundlegenden Durchbruch der experimentellen Kausalanalyse in der Entwicklungsbiologie. Garland Allen umschrieb diesen Prozeß treffend als „a revolt from morphology".[484] Dabei waren erhebliche Widerstände seitens traditionell orientierter, phylogenetische Aspekte betonender Forscher zu überwinden, wie die Kontroverse zwischen Oscar Hertwig und Wilhelm Roux bezüglich des Wertes von Experimenten in der Entwicklungsbiologie deutlich macht.[485]

Die Anfänge der systematisch betriebenen experimentellen Entwicklungsbiologie lagen maßgeblich in Deutschland.[486] Noch vor Roux forderte bereits im Jahre 1874 Wilhelm His (1831-1904), das Studium der Embryonen als eigenständigen Topos, d.h. aus ontogenetischem Blickwinkel, zu betreiben. Er polemisierte heftig gegen die hilfswissenschaftliche Herabsetzung der vergleichend-deskriptiven Embryologie im Dienste der Phylogenetik, wie sie von Ernst Haeckel und Carl Gegenbaur vertreten wurde, und trat vehement für den kausalanalytischen Ansatz in der Embryologie ein. Nach Maienschein umriß His ein Forschungsprogramm, welches der modernen Entwicklungsbiologie entsprach. Seine Überlegungen fanden bei den Zeitgenossen zwar wenig Anklang, wirkten jedoch in längerfristiger Perspektive außerordentlich fruchtbar.[487] His' methodisch bedeutendster Beitrag war die Weiterentwicklung des Mikrotoms und die damit zusammenhängende Einführung der embryonalen Serienschnittechnik. Ideengeschichtlich war die im Jahre 1874 formulierte *Keimbezirks-Hypothese*, später *Cytoplasmabezirks-Hypothese* genannt, von großer Bedeutung. Nach dieser Vorstellung – eine Modifikation der *Präformationstheorie*[488] – übersetzen Differenzierungsprozesse die unsichtbaren chemischen Unterschiede der Keimbezirke in die sichtbaren Unterschiede des adulten Körpers. Die Hypothese kann als ideengeschichtliche Vorläuferin von Vogts Keimbezirkskartierungen in den 1920er Jahren angesehen werden.[489]

---

[483] Vgl. Moore, John A.: Science as a Way of Knowing – Developmental Biology. In: American Zool. 27 (1987), S. 415-573, S. 499.

[484] Allen, Garland E.: Life Science in the Twentieth Century (= The Cambridge History of Science, Bd. 4). 2. Aufl., Cambridge University Press, Cambridge, London, New York 1978, S. 21-40.

[485] Hans Driesch und Otto Bütschli ergriffen in dieser Kontroverse für Wilhelm Roux Partei. Vgl. Counce, S. J.: Archives for Developmental Mechanics. W. Roux, Editor (1894-1924). In: Roux's Archives of Developmental Biology 204 (1994), S. 79-92, S. 82.

[486] Vgl. Sander, Keimplasmatheorie, S. 133; vgl. Moore, Science, S. 516.

[487] Vgl. Maienschein, Jane: The Origins of *Entwicklungsmechanik*. In: Gilbert, Conceptual History, S. 43-61, S. 43-46.

[488] Diese von Moore und Maienschein vertretene These wird derzeit in einer Untersuchung am Zoologischen Institut in Freiburg überprüft.

[489] Vgl. Moore, Science, S. 508.

2.1. Der Forschungsstand in der Entwicklungsbiologie Ende des 19. Jahrhunderts

Fehlte bei His noch das am lebenden Objekt durchgeführte Experiment, so vollzog der Breslauer Biologe Eduard Pflüger (1829-1910) die Synthese von embryologischer Fragestellung mit physiologisch-experimenteller Methode, indem er zeigte, daß die kontrollierte Änderung von Außenfaktoren Auskunft über externe und interne Faktoren der Ontogenese geben können.[490] Er arbeitete über die Geschlechtsbestimmung beim Frosch, die er durch Variierung der Außeneinflüsse zu beeinflussen suchte. Die wissenschaftsgeschichtliche Bedeutung von Pflügers Forschungen ist in erster Linie darin zu sehen, daß sie eine Menge weitere Untersuchungen anregte, unter ihnen diejenigen von Gustav Born und Wilhelm Roux, welche wiederum von Hans Spemann in seinen frühen Jahren aufgenommen wurden.

Gustav Born (1851-1900), Schüler von Pflüger in Breslau, untersuchte unter anderem die Hybridisierung und Geschlechtsentwicklung bei Amphibien. Sein methodisch bedeutsamster Beitrag war die Anwendung der Transplantationstechnik bei Amphibien, auf die sich später namentlich Ross G. Harrison und Hans Spemann stützten.[491]

Auch Wilhelm Roux (1850-1924), der gemeinhin als Begründer der *Entwicklungsmechanik* angesehen wird, war ein Schüler Pflügers. Ungeachtet der Problematik, historische Entwicklungen auf eine Person zu reduzieren, bleibt es Roux' überragendes Verdienst, auf theoretischer, methodischer und organisatorischer Ebene die Etablierung und allgemeine wissenschaftliche Akzeptanz seines Fachgebietes wie kein zweiter gefördert zu haben. Seinen vehementen Eintritt für den Terminus *Entwicklungsmechanik* begründete er im Sinne Kantscher Philosophie:

„[Ich habe der] neuen Disziplin den Namen E n t w i c k e l u n g s m e c h a n i k gegeben, indem dabei das Wort Mechanik im allgemeinsten, philosophischen Sinne der Lehre vom m e c h a n i s t i s c h e n, d a s h e i s s t d e r K a u s a l i t ä t u n t e r s t e h e n d e n G e s c h e h e n, gebraucht wurde."[492]

Gegen den von Wilhelm Th. Preyer im Jahre 1880 geprägten Konkurrenzausdruck *Entwickelungsphysiologie* wandte er ein, daß die Physiologen sich nicht um die Vorgänge in sich entwickelnden Organismen kümmern.[493] Roux sollte sich mit seiner Sprachregelung nur bedingt durchsetzen. Namentlich Gustav Wolff,[494]

---

[490] Vgl. Maienschein, Origins, S. 46-47.
[491] Vgl. Maienschein, Origins, S. 47-48.
[492] Roux, Wilhelm: Die Entwicklungsmechanik, ein neuer Zweig der biologischen Wissenschaft. Verlag Wilhelm Engelmann, Leipzig 1905, S. 25. Sperrungen im Original.
[493] Roux, Wilhelm: Terminologie der Entwicklungsmechanik der Tiere und Pflanzen. J. Engelmann, Leipzig 1912, S. 131. Nur am Rande soll erwähnt werden, daß Spemann noch vor Beginn seines Studiums im Jahre 1889 ein Buch von Wilhelm Preyer über die Entwicklung des Kindes studiert hatte. Vgl. Spemann, Forschung und Leben, S. 116.
[494] Nach Spemanns Auffassung geht der Terminus *Entwicklungsphysiologie* auf Gustav Wolff zurück. Dies ergibt sich aus einer Randbemerkung in einem Seperatum, das Speman von Hermann Braus erhielt und in dem dieser Hans Driesch die Urheberschaft zusprach. Vgl. ZIF, Nachlaß Hans Spemann, Seperata-Sammlung; Braus Hermann: Die Morphologie als historische Wissenschaft. In: Braus, Hermann (Hrsg.): Experimentelle Beiträge zur Morphologie. Verlag Wilhelm Engelmann, Leipzig 1906, S. 1-37, S. 13.

Hans Driesch, Hans Spemann, Hermann Braus und auch Theodor Boveri bevorzugten den Terminus *Entwicklungsphysiologie*, der ihrer Ansicht nach begrifflich hinreichend von der allgemeinen Physiologie abgegrenzt war. Zugleich trugen sie damit dem Umstand Rechnung, daß die experimentelle Kausalanalyse, wie sie in der Physiologie schon lange praktiziert wurde, in die Erforschung der Ontogenese übernommen wurde. Gegen den Terminus *Entwicklungsmechanik* sprach möglicherweise dessen mechanistisch-reduktionistische Konnotation, wie sie bereits bei Ernst Haeckel zum Ausdruck gekommen war, als er forderte, „auch die schwierigsten und verwickeltsten Vorgänge in der Biogenie [gemeint ist die Ontogenese, P.F.] und Psychologie rein ‚physikalisch‘ zu erklären und auf mechanische Ursachen zurückzuführen".[495] Roux selbst hat sich zwar ausdrücklich gegen eine solche Begriffsvermengung verwahrt. Aber selbst bei Fachleuten aus Spemanns Generation läßt sich eine derartige Fehlrezeption nachlesen. So schrieb Eugen Korschelt in seinen Erinnerungen:

„Die von Roux für die neue Richtung gewählte und festgehaltene Bezeichnung ‚Entwicklungsmechanik‘ läßt deutlich genug das Bestreben erkennen, die sich während der Entwicklung eines Organismus [...] vollziehenden Vorgänge nach Möglichkeit auf die Gesetze der Mechanik zurückzuführen."[496]

Roux kam aufgrund seiner Untersuchungen am Grasfrosch *Rana fusca* zu der mit Born übereinstimmenden Auffassung, daß die Lage der ersten Furchungsebene nur durch interne Faktoren bestimmt wird und durch äußere Einflüsse nicht verändert werden kann. Diesen Gedanken entwickelte er um 1885 weiter und interpretierte die Individualentwicklung als überwiegend autonomen, von Selbstdifferenzierungsprozessen geprägten Vorgang. Der Unabhängkeit des Keimes gegenüber äußeren Einflüssen entsprach die Unabhängigkeit der Keimteile untereinander.[497] Aufgrund seiner Ergebnisse der durch His' Keimbezirkstheorie angeregten Anstichversuche[498] beim Grasfrosch *Rana fusca*, postulierte Roux eine mosaikartike Entwicklung vom ersten Furchungsstadium an, was als Stütze für Weismanns Annahme einer inäqualen Kernteilung interpretiert wurde. Allerdings waren abhängige Differenzierung und Selbstdifferenzierung für Roux keineswegs unvereinbare Mechanismen.[499] Spemann, der früh diese Begrifflichkeit übernahm, betonte den Aspekt folgendermaßen:

---

[495] Haeckel, Ernst: Generelle Morphologie, Jena 1865, S. 96. In Spemanns Seperatum von Roux' Schrift „Buchbesprechungen 1917" ist eben diese Stelle angestrichen, was darauf hinweist, daß der mißverständliche Begriff Stein des Anstoßes für Spemann war. Vgl. ZIF, Nachlaß Hans Spemann, Seperata-Sammlung. Eine umfassende begriffs- und ideengeschichtliche Analyse der Diszplinbezeichnungen *Entwicklungsmechanik* und *Entwicklungsphysiologie* steht noch aus.

[496] Korschelt, Eugen: Aus einem halben Jahrhundert biologischer Forschung. Verlag Gustav Fischer, Jena 1940, S. 16.

[497] Vgl. Moore, Science, S. 509.

[498] Vgl. Moore, Science, S. 512

[499] Vgl. Sander, Klaus: „Mosaic work" and „assimilating effects" in embryogenesis: Wilhelm Roux's conclusions after disabling frog blastomeres. In: Roux's Archives of Developmental Biology 199 (1991), S. 237–239, S. 237.

2.1. Der Forschungsstand in der Entwicklungsbiologie Ende des 19. Jahrhunderts

„Selbstdifferenzierung eines Bezirkes, Unabhängigkeit desselben von der Umgebung schließt nicht aus, daß seine Entwicklung unter Wechselwirkung seiner Teile erfolgt. Nur wenn das Prinzip der Selbstdifferenzierung auch für diese Teile gilt, wenn es sich bis auf die letzten Einheiten erstreckt, kommt man zu einer Auffassung, welche als *Mosaiktheorie* der Entwicklung bezeichnet wird."[500]

Aus der Fülle von Roux' Ergebnissen und Thesen soll eine herausgestellt werden, die auf Spemann einen besonderen Einfluß hatte. Aufgrund seiner Interpretation der Mißbildung *Asyntaxia medullaris*,[501] auch *Diastasis medullaris* genannt, im Sinne der *Concrescenztheorie*, folgerte Roux, daß bei Amphibien im frühen und mittleren Gastrulastadium beiderseits und oberhalb der dorsalen Urmundlippe ein Neuroektodermbezirk existieren müsse, der gegen Ende der Gastrulation und zu Beginn der Neurulation zu einer einheitlichen Neuralplatte verwachse.[502] Sowohl der Amerikaner Warren H. Lewis als auch Hans Spemann übernahmen den unzutreffenden Keimbezirksplan und beide kamen so zu einer irrtümlichen Interpretation der beobachteten sekundären Neuralstrukturen.[503]

Mehr noch als durch seine wissenschaftlichen Beiträge förderte Roux die Entwicklungsbiologie durch organisatorisches Engagement. Er hatte seit 1886 die weltweit erste Professur für *Entwickelungsmechanik* in Breslau inne, 1894 begründete er mit dem *Archiv für Entwickelungsmechanik der Organismen* die weltweit erste Fachzeitschrift für Entwicklungsbiologie, die er bis 1924 als Herausgeber betreute. Sein wissenschaftspolitischer Einfluß trug maßgeblich dazu bei, daß das 1915 eingeweihte *Kaiser-Wilhelm-Institut für Biologie* eine Abteilung für Entwicklungsmechanik erhielt.

Hans Driesch (1867–1941) kam das Verdienst zu, die Wiederbelebung der Präformationsvorstellung Weismannscher Prägung in der Entwicklungsbiologie entscheidend widerlegt zu haben. Aufgrund seiner Schüttel- und Preßversuche, die er an Keimen des europäischen Seeigels *Echinus microtuberculatus* vornahm, kam er zu dem Ergebnis, daß nach Blastomerentrennung im Zwei-Zell-Stadium die einzelnen Blastomeren sehr wohl zur Bildung einer ganzen Pluteus-Larve in der Lage sein können. Daraus folgt, daß sie die gesamte genetische Information besitzen müssen, oder in Drieschs Terminologie, daß sie über die volle *prospektive Potenz* verfügen. Falls dies zuträfe, wäre Roux' und Weismanns Vorstellung von der frühen inäqualen Kernteilung nicht haltbar und mit ihr die *Mosaiktheorie* der Entwicklung und die räumliche *Präformation*. Im Gegensatz zur *prospektiven Potenz* war jedoch das *prospektive Schicksal* (= *prospektive Bedeutung*) der Zelle eine Funktion ihrer Lage im ganzen Organismus, der nach Driesch ein *harmonisch-äquipotentielles System* darstellt. Das bedeutet, daß alle Teile des Systems das

---

[500] Spemann, Beiträge, S. 12. Hervorhebung im Original.
[501] Mißbildung aufgrund ausbleibenden Schlusses der Neuralwülste zu einem Neuralrohr bzw. geschlossenen Rückenmark. Nach Roux irrtümlich als *Spina bifida* bezeichnet, so auch von Spemanns Schülerin Hilde Mangold in den Protokollen zu den Organisatorexperimenten; vgl unten S. 256–257.
[502] Vgl. Sander, Klaus: When seeing is believing: Wilhelm Roux's misconceived fate map. In: Roux's Archives of Developmental Biology 198 (1991), S. 177–179, S. 178.
[503] Vgl. unten S. 233.

gleiche Leistungsvermögen haben (= Äquipotenz), das System aber harmonisch in Subsysteme gegliedert ist, von denen jedes für sich wiederum ein *harmonischäquipotentielles System* darstellt. Diese Einschränkung der *prospektiven Potenz* hin zum *prospektiven Schicksal* mußte durch cytoplasmatische Faktoren bedingt sein. Auch Theodor Boveri stützte Drieschs Auffassung, daß in der Ontogenese cytoplasmatische Faktoren eine wichtige Rolle spielen. Einen Primat des Kerns vermochte er nicht zu erkennen.[504] Im Jahre 1894 veröffentlichte Driesch in seinem Buch *Analytische Theorie der organischen Entwicklung*[505] eine Vorstellung, nach der sich die Ontogenese als epigenetischer Ablauf einer Entwicklungskaskade abspielt.

Abschließend läßt sich über den Stand und die Bedeutung der Entwicklungsbiologie Ende des 19. Jahrhunderts folgendes zusammenfassen:

Ernst Mayr räumte der experimentellen Entwicklungsbiologie während der Jahre 1880 bis 1930 eine zentrale Stellung innerhalb der Biologie ein.[506] Über die zeitliche Eingrenzung mag man diskutieren, die Stellung als solche ist kaum zu bestreiten und läßt sich durch folgende Kriterien belegen:

1. Die konsequente Anwendung der experimentellen Arbeitsweise machte die Entwicklungsbiologie zu einem methodisch fortschrittlichen Spezialgebiet.
2. Die Entwicklungsbiologie hatte den Charakter eines „wissenschaftlichen Integrationszentrums",[507] in dem Aspekte der Evolutionstheorie, Zellenlehre, Vererbungslehre, Anatomie und Morphologie zusammenflossen.
3. Von seiten der experimentellen Entwicklungsbiologie kamen schwerwiegende Einwände gegen Darwins *Selektionstheorie*, welche die Krise des Darwinismus maßgeblich mitverursachten.
4. Die Entwicklungsbiologie war Hauptschauplatz von Kontroversen um die paradigmatischen Konzepte *Präformation, Epigenese, Mechanizismus, Vitalismus, Darwinismus* und *Lamarckismus*. Die Antagonismen konnten dabei im Verlauf der ersten Hälfte des 20. Jahrhunderts soweit überwunden werden, daß sie entweder zu tragfähigen Theorien synthetisiert wurden oder aber zugunsten von jeweils einer der beiden Alternativen entschieden werden konnten.
5. Die in der rezenten Forschung diskutierten Probleme der Musterbildung, differentiellen Genaktivierung und morphogenetischen Induktion wurden experimentell erarbeitet und ideengeschichtlich vorbereitet. Die heutige molekularbiologische Forschung kann mit adäquaten Methoden darauf aufbauen.

---

[504] Vgl. Boveri, Theodor: Protoplasmadifferenzierung als auslösender Faktor für Kernverschiedenheit. In: Sitzungsber. phys.-med. Gesell. Würzburg (1904), Nr. 1, S. 1–5.
[505] Vgl. Driesch, Hans: Analytische Theorie der Entwicklung. Verlag Engelmann, Leipzig 1894.
[506] Vgl. Mayr, The Growth, S. 118.
[507] Sucker, KWI für Biologie, S. 13.

2.2. Spemanns wissenschaftstheoretisches Selbstverständnis und sein sich daraus ergebender methodischer Ansatz

Auf die Frage nach den Ursachen für die wissenschaftlichen Erfolge Spemanns verweisen Biologen und auch Wissenschaftshistoriker zumeist auf sein experimentelles Geschick und seine analytische Geistesschärfe.[508] Diese nicht zu bestreitende Aussage ist jedoch angesichts ihrer Unverbindlichkeit kaum mehr als ein Allgemeinplatz und wird der Vielschichtigkeit von Spemanns wissenschaftstheoretischem Selbstverständnis und seiner daraus resultierenden experimentellen Vorgehensweisen nicht gerecht. Eine derartige Charakterisierung fördert willentlich oder unwillentlich den Mythos vom induktiv arbeitenden Forscher,[509] der in folgerichtiger Gewinnung exakter Tatsachen und daraus gezogener Schlüsse nahezu zwangsläufig der Natur ihre Geheimnisse abringt. Dieses Bild einer linearen „Erfolgsstory" in den Naturwissenschaften bedarf jedoch nach den Erkenntnissen von Wissenschaftshistorikern einer erheblichen Modifikation.[510]

Die Erörterung von Spemanns wissenschaftstheoretischem Ansatz und die Darlegung seiner Methoden sollen eine Entscheidungsgrundlage für die Frage liefern, welche Ansprüche als Wissenschaftler er an sich gestellt hat und ob er diesen gerecht geworden ist.

2.2.1. Spemanns wissenschaftstheoretisches Selbstverständnis

In Spemanns frühen Schriften finden sich wenig Aussagen bezüglich seines wissenschaftstheoretischen Selbstverständnisses. Erst in älteren Jahren reflektierte er zunehmend über das eigene Schaffen, was vermutlich einem geistigen Reifungs- und Erkenntnisprozeß entsprach. Stehen für die Skizzierung seiner wissenschaftstheoretischen Grundposition Äußerungen aus den dreißiger Jahren zur Verfügung, so gelten sie gesichert nur für diesen Zeitraum. Es bleibt allerdings zu diskutieren, ob Spemann zu Beginn seiner wissenschaftlichen Arbeit bezüglich dieser Fragen grundsätzlich andere Auffassungen vertreten hat.

Die Maxime seiner Tätigkeit als Naturforscher umschrieb Spemann folgendermaßen:

„Als Vorbild schwebt mir dabei die Arbeitsweise des Archäologen vor, der aus den Bruchstücken, die allein er in Händen hält, ein Götterbild wieder zusammenfügt. Er muß an das

---

[508] Vgl. Petersen, Hans: Hans Driesch und Hans Spemann als Biologen. In: Erg. d. Anat. 34 (1952), S. 63–82, S. 75 ff.; vgl. Hamburger, Heritage, S. 5; vgl. Korschelt, Aus einem halben Jahrhundert, S. 19; vgl. Oppenheimer, Logische Präzision.

[509] Vgl. die Projektbeschreibung „Der wissenschaftliche Nachlaß von Hans Spemann (Freiburg /Br.)." In: Jahrbuch der Heidelberger Akademie der Wissenschaften für 1986, Mitterweger Werksatz, Heidelberg 1987, S. 161.

[510] Die wohl bekannteste Untersuchung stammt von Thomas S. Kuhn über die Struktur wissenschaftlicher Revolutionen. Vgl. Kuhn, Thomas S: The Structures of Scientific Revolutions. 2. Aufl., University of Chicago Press, Chicago 1970

Ganze glauben, das er nicht kennt; aber er darf nicht nach eigenen Gedanken gestalten. Er muß selbst soweit Künstler sein, daß er den Plan des hohen Meisters schrittweise nachschaffen kann; aber sein oberstes Gebot ist, die ‚Bruchflächen' heilig zu halten. Nur so darf er hoffen, neue Funde an ihrem richtigen Orte sicher einfügen zu können."[511]

In gewissem Sinne war Spemann Idealist, denn er ging von der Existenz eines Ideals, hier als „Götterbild" bezeichnet, aus. Die große Versuchung des Naturwissenschaftlers lag seiner Ansicht nach nun darin, daß er im Wissen um die Existenz eines noch zu erfassenden Götterbildes Gefahr läuft, eigene Ideen und intellektuelle Präferenzen den aus dem Studium der Natur gewonnen empirischen Befunden gleichsam überzustülpen und sie dementsprechend umzudeuten. Intellektuelle Selbstbeschränkung war Spemann oberstes Gebot, weshalb er sich in der Diskussion theoretischer Fragen auffallend zurückhielt. Es existieren nur wenige ausschließlich theoretische Abhandlungen aus seiner Feder,[512] und wenn er experimentelle Befunde durch theoretische Überlegungen anreicherte, äußerte er zuweilen ein gewisses Unbehagen:

„Nicht ohne ein gewisses Widerstreben habe ich dem Wunsch nach [theoretischer, P. F.] Abrundung nachgegeben, indem ich über das durch die Tatsachen unmittelbar geforderte hinausging."[513]

Zugleich war Spemann aber bewußt, daß eine auf reiner Empirie beruhende Naturforschung Fiktion bleiben muß, da der Wissenschaftler selbstverständlich kein unbeschriebenes Blatt, keine tabula rasa sein kann und zwangsläufig auf Prämissen und bereits bestehende paradigmatische Rahmenkonzepte zurückgreift. Dies muß jedoch nicht unbedingt ein Nachteil sein, weil Spekulationen oder Hypothesen bei vorsichtiger Handhabung durchaus Vorzüge bieten:

„Immerhin ist eine solche Hypothese, sie mag richtig oder falsch sein, nur dann schädlich, wenn wir uns bei ihr beruhigen; sie kann nützen, wenn sie zu neuer experimenteller Arbeit anregt und den Forscher auf das vorbereitet, was ihm im weiten Gebiet des noch Unbekannten an Neuem entgegentreten mag."[514]

Die geistige Verwandtschaft zu seinem Mentor Theodor Boveri ist unverkennbar, wenn dieser äußerte: „Freilich wollte ich bei der Beschränkung auf diese Grenzen nicht auf die allernächste Hypothesenatmosphäre verzichten, ohne die jeder Tatsachenkörper tot bleiben muß."[515]

---

[511] Spemann, Experimentelle Beiträge, S. 274–275.
[512] Spemann, Hans: Zur Geschichte und Kritik des Begriffes der Homologie. In: Chun, Carl; Johannsen, Wilhelm (Hrsg.): Allgemeine Biologie. Teil III. Aus: Kultur der Gegenwart (1915), S. 63–86.
[513] Spemann, Hans; Geinitz, Bruno: Über Weckung organisatorischer Fähigkeiten durch Verpflanzung in organisatorische Umgebung. In: W. Roux' Arch. f. Entw.mech. d. Organis. 109 (1927), S. 129–175, S. 174. Vgl. auch Spemann, Hans: Über embryonale Transplantation. In: Verhandl. d. Deutsch. Zool. Gesell. 1906, S. 195–202, S. 201.
[514] Spemann, Geinitz, Weckung organisatorischer Fähigkeiten, S. 174.
[515] Boveri, Theodor: Ergebnisse über die Konstitution der chromatischen Substanz des Zellkerns. Verlag Gustav Fischer, Jena 1904, S. IV.

2.2.1. Spemanns wissenschaftstheoretisches Selbstverständnis 117

Aus dieser Haltung heraus vermochte Spemann seiner Hochachtung für Weismanns überwiegend spekulative Denkweise Ausdruck zu geben, auch wenn sie seinem eigenen wissenschaftlichen Arbeiten so wesensfremd war:

„Diese Schnürversuche [...] waren nicht die einzige Frucht, welche mir die Vertiefung in Weismanns Theorie vom Keimplasma eintrug. Vielmehr sehe ich jetzt, daß eigentlich alle meine experimentellen Arbeiten in ihren Anfängen dort wurzeln."[516]

Die vielleicht wichtigste Fähigkeit des Forschenden bestand nach Spemann im ständigen Hinterfragen der eigenen wissenschaftlichen Position, in der Bereitschaft, eigene Überzeugungen aufzugeben. Auch in diesem Punkt ist die geistige Nähe zu Boveri deutlich zu erkennen:

„Wer Boveri liest, findet nicht nur glänzende Beispiele für das Wesen einer naturwissenschaftlichen Erklärung, er erhält auch eine Vorstellung von der staunenswerten Intuition, die zur Entstehung der tragenden Paradigmata der Cytogenetik und der modernen Zellbiologie insgesamt geführt haben. [...] Boveris Fähigkeit, das Netz einer kühnen Theorie zunächst anhand weniger Befunde zu knüpfen und weit auszuwerfen, die zwingende Art und Weise, in der er die theoretischen und experimentellen Voraussetzungen und Konsequenzen seiner Hypothesen kritisch geprüft und alternative Erklärungen ausgeschlossen hat, stellen ihn in die erste Reihe der großen Naturforscher."[517]

Für Spemann war das Experiment das wichtigste Hilfsmittel, um die Kausalzusammenhänge entwicklungsbiologischer Prozesse, deren Existenz er a priori postulierte,[518] aufzudecken und zu verstehen. Nur die stete Rückbesinnung auf das Experiment bewahre den Forscher vor unzulässigen, wenn auch einleuchtenden Spekulationen:

„Allerdings widerstrebt es mir, Hypothesen aufzustellen, wo, freilich durch mühsame experimentelle Einzelarbeit, die Gewinnung gesicherter Tatsachen möglich ist. Werden solche Tatsachen nicht wahllos zusammengetragen, sondern in folgerichtigem Fortschreiten gewonnen, so fügen sie sich hernach von selbst zu einem planvollen Ganzen, zu einer echten Theorie, eine Gesamtschau alles in der Erfahrung Gegebenen zusammen."[519]

Spemann vertrat in diesen Punkten einen klaren Induktivismus, der den von Wilhelm Roux an die *Entwicklungsmechanik* zu stellenden methodischen Anforderungen entsprach. Seine Präferenz für den ihm „sympathischeren Ausdruck ‚Entwickelungsphysiologie'"[520] rührte daher nicht von einer unterschiedlichen methodologischen Auffassung. Vermutlich störte ihn – wie oben ausgeführt – an Roux' Terminus die reduktionistisch-mechanistische Konnotation. Der *Physiologie* als der kausalanalytischen Lehre von den Erhaltungsfunktionen stellte Spe-

---

[516] Spemann, Forschung und Leben, S. 188.
[517] Spemann, Forschung und Leben, S. 168.
[518] Spemann, Experimentelle Beiträge, S. 1.
[519] Spemann, Experimentelle Beiträge, S. 274–275.
[520] Vgl. SBF, Nachlaß Hans Spemann, A.1.a., Nr. 339, Bl. 507, Brief von Hans Spemann an Wilhelm Roux vom 4. April 1907.

mann die kausalanalytische Lehre von den Entwicklungsfunktionen gegenüber, die er folgerichtig als *Entwicklungsphysiologie* bezeichnete.[521]

Das Experiment war Spemann gleichsam die Fortsetzung der Beobachtung mit anderen Mitteln:

„Man sieht hier recht deutlich, wie sich der Geltungsbereich der reinen Beobachtung und des Experiments gegeneinander abgrenzen, und wie beide einander zur Ergänzung bedürfen."[522]

Zugleich ließ er es als die einzige zu akzeptierende Prüfungsinstanz für theoretische Ableitungen gelten. In seinen frühen Arbeiten sah er bereits das Ergebnis eines einzigen Experimentes als hinreichend beweiskräftig an, wie es der positivistischen Wissenschaftsauffassung jener Zeit durchaus entsprach: „Meine Aussage stützte sich auf einen einzigen Fall, der ja als positives Ergebnis an und für sich gerade so beweisend wäre, wie hundert Fälle."[523] Aber er betonte auch den Wert zahlreicher gleichartiger Experimente, welche die Wahrscheinlichkeit einer Zufallsabweichung senken:

„Es erscheint von vorn herein als wünschenswerth, die Experimente möglichst zahlreich anzustellen, da leider die aus kleinen Zahlen gezogenen Schlüsse nicht dadurch an Sicherheit gewinnen, dass die Erreichung selbst dieser kleinen Zahlen eine schwierige war."[524]

Auf diese Weise versuchte er das klassische Problem des Induktivismus durch enumerative Generalisation zu umgehen.[525] Allerdings mußte Spemann insbesondere im Zuge der Linsenkontroverse während der Jahre 1903 bis 1912 erkennen, daß Experimente nicht zwangsläufig zu widerspruchsfreien Ergebnissen und Interpretationen führen, sondern daß die Interpretation in hohem Maße von der Richtigkeit der zugrundegelegten Prämissen abhängen.

Problematisch war aber auch die grundsätzliche Frage, welche Einblicke der operative Eingriff in den ungestörten, normalen Entwicklungsablauf gewährt:

„Aber wenn auch die experimentell nachgewiesenen oder wahrscheinlich gemachten ‚Fähigkeiten' des Keims völlig hinreichen, um die normale Entwicklung zu klären, so mahnen uns Erfahrungen, die sich beständig mehren, zur Vorsicht in dem Schluß, daß die

---

[521] Spemann, Hans: Über embryonale Transplantation. In: Verhandl. Deutsch. Naturf. u. Ärzte 78 (1906), S. 189–201, S. 200. Die Erforschung des Phänomens der Regeneration gehört auch zur Entwicklungsphysiologie, da es sich dabei um Neuentstehung von Formen bzw. Mustern handelt.

[522] Spemann, Hans: Entwickelungsphysiologische Studien am Triton-Ei. II. In: Arch. f. Entw.mech. d. Organis. 15 (1902), S. 448–534, S. 474.

[523] Spemann, Entwickelungsphysiologische Studien. II., S. 524.

[524] Spemann, Hans: Entwickelungsphysiologische Studien am Triton-Ei. I. In: Arch. f. Entw.mech. der Organis. 12 (1901), S. 224–264, S. 225–226.

[525] Vgl. Lumer, Christoph: Induktion. In: Sandkühler, Hans Jörg (Hrsg.): Europäische Enzyklopädie zu Philosophie und Wissenschaften. Bd. 2, Felix Meiner Verlag, Hamburg 1990, S. 549–567.

2.2.1. Spemanns wissenschaftstheoretisches Selbstverständnis

normale Entwicklung nun auch wirklich im Geleise dieser unter abnormen Verhältnissen enthüllten Fähigkeiten verläuft."[526]

Eine aus dem Jahre 1899 überlieferte Notiz belegt Spemanns Zweifel, ob das Furchungsgeschehen beim Froschei unter den Bedingungen des Schnürexperimentes dem normalen entsprechen würde.[527] Die Skepsis in diesem Punkt teilte Spemann mit Wilhelm Roux und stand damit im Gegensatz zu Hans Driesch.[528] Die Tatsache, daß ein Experiment zuerst einmal einen Einblick in den anomalen Entwicklungsablauf gewährt, betonte er – nach den Erfahrungen der Linsenkontroverse – immer wieder:

„Ehe ich nun den Versuch mache, auf Grund der experimentellen Ergebnisse ein Bild der normalen Entwicklungsvorgänge und ihrer ursächlichen Verknüpfung zu entwerfen, muß geprüft werden, ob und wie weit ein solcher Versuch grundsätzlich berechtigt ist, ob und wie weit die Erscheinungen, die unter abnormen Bedingungen des Experimentes auftreten, einen Schluß auf das normale Geschehen erlauben."[529]

Als letzter und für das Verständnis Spemanns bedeutsamster Aspekt ist die Einordnung des Naturforschers in einen größeren Zusammenhang zu berücksichtigen. Nach Spemanns Überzeugung näherte sich der Naturwissenschaftler mit seinen spezifischen, nach seiner Diktion „bescheidenen" Mitteln dem Phänomen *Leben*, ebenso wie der Künstler, der Philosoph, der Dichter, der Literat oder der religiöse Mensch mit den ihm jeweils zur Verfügung stehenden Mitteln und Möglichkeiten. „Mittels des Experiments in das ursächliche Gefüge der tierischen Entwicklung einzudringen – diese Arbeit ist die bescheidene Form, in der ich jenem Staunen nachlebe."[530] Daß der Naturwissenschaftler dabei bestimmte methodische Vorgaben streng einzuhalten hat, stand für Spemann außer Frage; aus dieser Überzeugung rührten seine exakte Arbeitsweise und seine Immunität gegenüber philosophisch-spekulativen Beeinflussungen in der naturwissenschaftlichen Forschungssphäre. Ebenso außer Frage stand für Spemann aber die Tatsache, daß seine Methoden nicht der einzige Zugang zum Phänomen *Leben* darstellen und daß andere Zugänge – seien es künstlerische, religiöse oder philosophische – ebenso ihre Berechtigung haben. Sie standen nicht in Konkurrenz zu seinem Schaffen, vielmehr ergänzen sie sich gegenseitig, wie er gegenüber seinem Freund Fritz Baltzer bezüglich der Religion ausführte:

„Ich meine, Religiosität hat kein Gebiet, das sich gegen andere Gebiete abgrenzt, sondern sie ist eine Grundeinstellung, die alles durchdringend in jeder geistigen Tätigkeit wirksam ist. Der Einzelne weiß sich nicht nur, sondern fühlt sich zugleich gebunden und geborgen

---

[526] Spemann, Hans: Über Transplantationen an Amphibienembryonen im Gastrulastadium. In: Sitzungsber. Gesell. naturforschender Freunde Berlin 9 (1916), S. 306–320, S. 317–318.
[527] ZIF, Nachlaß Hans Spemann, Protokollordner 1899.
[528] Vgl. Sander, Klaus: When seeing is believing, S. 178; vgl. Sander, Keimplasmatheorie, S. 145.
[529] Spemann, Geinitz, Über Weckung, S. 169.
[530] SPK, Nl. H. Ludwig, Nr. 8; Brieffragment von Hans Spemann an unbekannten Adressaten vom 29. März 1918.

2.2. Spemanns wissenschaftstheoretisches Selbstverständnis

in einem Umfassenden, von dem er überzeugt ist, daß es ihn bei aller Unvorstellbarkeit doch nicht fremd ist. Daß eine solche Einstellung die wissenschaftliche Haltung aufs Tiefste beeinflußt, ist mir nicht zweifelhaft. Zunächst einmal macht sie sachlich, weil unabhängig von den andern. [...] Wenn Religiosität mit forschendem Verstand verbunden ist, so richtet sie ihn auf hohe Fragen."[531]

So erklärt sich, daß er bei der Erforschung des Phänomens *Leben* unbeirrbar an den strengen Vorgaben des empirisch-experimentellen Arbeitens festhielt, zugleich aber intellektuell auch andere Wege beschritt. Zumindest im Rückblick störten ihn die Anfechtungen seitens einiger Fachkollegen wenig:

„Ich galt immer für einen ‚Mystiker'; aber die Antworten, welche die Natur auf meine immer tiefer dringenden Fragen gab, enthielten immer größere Rätsel, als ich selbst bei der Frage erwartet hatte."[532]

Wenn in der historischen Forschung hier ein schwer nachzuvollziehender Gegensatz zwischen methodischer Strenge und philosophischer Breite konstatiert wird,[533] so zeigt dies nur, daß Spemanns Einsicht in die Grenzen des eigenen Erkenntnisweges verkannt wird. Diese Einsicht in die eigene Beschränktheit – hier im positiven Sinne – ist vielleicht Spemanns charakteristischster wissenschaftstheoretischer Zug, der auch in der Wahl der Methoden sich immer wieder abzeichnete. Sie bewahrte ihn davor, daß sein wissenschaftlicher Positivismus in einen unreflektierten, scientistischen Reduktionismus abglitt.[534] Auch seine vermeintliche Blindheit gegenüber den geistigen Errungenschaften der Genetik läßt sich unter anderem auf diese Haltung zurückführen, wie er in seinem Vortrag über Vererbung und Entwicklungsmechanik darlegte:

„Wenn ich sie [die Thematik, P.F.] mehr von der Seite des Entwicklungsmechanikers her und rein als Zoologe anfasse [...] so bitte ich darin nicht eine Überschätzung meines engeren Arbeitsgebietes, sondern nur das Bewußtsein meiner Grenzen zu erblicken."[535]

Zusammenfassend läßt sich Spemanns wissenschaftstheoretisches Selbstverständnis wie folgt umreißen:

1. Die Basis aller naturwissenschaftlichen Erkenntnisgewinnung ist die Empirie, die sich im konkreten Falle der Entwicklungsbiologie auf positive Ergebnisse des Experiments stützt.
2. Experimentelle Befunde sind mit Vorsicht zu handhaben, da sie nur Einblicke in Entwicklungsgänge unter künstlich herbeigeführten, abnormen Bedingungen gewähren und ihre Auswertung von im einzelnen nicht immer überprüfbaren Prämissen ausgehen muß.

---

[531] SBF, Nachlaß Hans Spemann, A. 2. a., Nr. 635a, Bl. 1124, Brief von Hans Spemann an Fritz Baltzer vom 29. März 1931.
[532] SBF, Nachlaß Hans Spemann, A. 2. b., Nr. 700, Bl. 1222, Brief von Hans Spemann an Eckhard Rotmann vom 30. Dezember 1939.
[533] Horder, Weindling, Hans Spemann, S. 222.
[534] Vgl. Riedl, Krall, Evolutions- und Wissenschaftstheorie, S. 248.
[535] Spemann, Hans: Vererbung und Entwicklungsmechanik. In: Zeitschr. f. induktive Abstammungs- und Vererbungslehre 33 (1924), S. 272–293, S. 273.

3. Die Erkenntnisgewinnung selbst schreitet induktiv, d.h. vom Speziellen zum Allgemeinen fort. Auf der Basis von Allgemeinsätzen findet Theoriebildung statt.
4. Theorien müssen sich ständig von der einzig zulässigen Prüfungsinstanz, nämlich dem Experiment, auf ihre Haltbarkeit hin begutachten lassen; somit sind alle Theorien grundsätzlich skeptisch zu behandeln. Ihr Wert liegt vor allem in der Deduktion neuer Fragen und Probleme und – in letzter Konsequenz – in einer sinnstiftenden Zusammenschau der Naturphänomene.
5. Diese sinnstiftende Zusammenschau ist zugleich der Beitrag des Naturwissenschaftlers zur Klärung der allgemeineren Grundfrage nach dem „Sinn und Wesen des Lebens" oder, mit Goethes Faust gesprochen, nach dem, „was die Welt, im Innersten zusammenhält".[536]

2.2.2. Spemanns wissenschaftliche Methoden[537]

Spemann hatte seine Methoden nicht nur in den jeweiligen Kapiteln der einzelnen veröffentlichten Arbeiten vorgestellt, sondern er schrieb auch für Emil Abderhaldens *Handbuch der Biologischen Arbeitsmethoden* den Beitrag über mikrochirurgische Operationstechnik.[538]

Deskription

Ausschließlich deskriptiv arbeitete Spemann nur in den Untersuchungen für seine Dissertation und Habilitation während der Jahre 1894 bis 1897. Spemanns erste wissenschaftliche Arbeit war die Beschreibung der Zellgenealogie beim Fadenwurm *Strongylus paradoxus*. Er arbeitete mit in verschiedenen Entwicklungsstadien konserviertem Material, die gleichsam als Momentaufnahmen der Ontogenese dienten. Es war dies eine in der Embryologie seit der Antike angewandte Verfahrensweise, um die Entwicklung von Organismen zu rekonstruieren.[539] Konserviertes Material hatte auch den Vorteil, daß die Zellgrenzen besser sichtbar

---

[536] Goethe, Johann Wolfgang v.: Faust. Der Tragödie erster und zweiter Teil. Hrsg. u. kommentiert von Erich Trunz. Sonderausg., Goethes Werke Bd. III (Hamburger Ausgabe), 10. Aufl., Verlag C. H. Beck, München 1976, S. 20.
[537] In diesem Abschnitt werden Spemanns Versuchsobjekte, Gerätschaften, Operationsarten und Darstellungsweisen im Überblick behandelt. Weitere Einzelheiten zum Verständnis der Experimente finden sich in den betreffenden Kapiteln.
[538] Vgl. Spemann, Hans: Mikrochirurgische Operationstechniken. In: Abderhalden, Emil (Hrsg.): Handbuch der biologischen Arbeitsmethoden. Abt. V., Teil 3 A, H.1. Urban & Schwarzenberg, Berlin 1921, S. 1–30.
[539] Vgl. Bäumer, Änne: Die Geschichte der beobachtenden Embryologie. Verlag Peter Lang, Frankfurt a. M., Berlin, Bern 1993; vgl. Fäßler, Peter E.; Sander, Klaus: Meilensteine der Entwicklungsbiologie. In: Schmitt, Michael (Hrsg.): Lexikon der Biologie, Bd. 10, Verlag Herder, Freiburg 1991, S. 389–394.

waren, als dies bei lebendem Material der Fall war.[540] Als Marker dienten Spemann die Teilungsfiguren der einzelnen Nuclei, anhand derer er die räumliche Orientierung der jeweiligen Zellteilungen verfolgen konnte. Solche Zellgenealogien wurden zu jener Zeit häufig erstellt, namentlich von den amerikanischen Entwicklungsbiologen Frank R. Lillie, Edmund B. Wilson, Thomas H. Morgan, Edwin G. Conklin und auch Ross G. Harrison.

Auch in seiner zweiten größeren Arbeit, der Entwicklung des Mittelohrs beim Grasfrosch *Rana temporaria s. fusca* arbeitete Spemann beschreibend, diesmal aber, bedingt durch die phylogenetisch ausgerichtete Fragestellung, mit vergleichend-anatomischem Ansatz. Die Tatsache, daß Spemann während seiner wissenschaftlichen ‚Grundausbildung' bei Boveri in erster Linie deskriptiv vorging, war sicher kein Zufall, da Boveri selbst die Beobachtung und Analyse von Naturexperimenten in den Vordergrund seiner wissenschaftlichen Arbeitsweise stellte.[541] In allen späteren Arbeiten bediente Spemann sich des experimentellen Eingriffes. Auch die überwiegende Mehrheit seiner Doktoranden betraute er mit experimentellen Untersuchungen.

Experiment

Bei den von Spemann vorgenommenen Experimenten handelte es sich im überwiegenden Maße um mikrochirurgische Eingriffe am Amphibienkeim. Die prinzipiellen Vorteile der – modern ausgedrückt – molekularbiologischen Methoden gegenüber den mikrochirurgischen waren ihm durchaus gegenwärtig:

„Von den Versuchsmethoden wurden nur mechanische angewendet. Atome und Moleküle sind freilich feinere Instrumente als selbst die feinsten Messerchen, nur ist ihre Wirkung heute noch zu wenig vorauszusehen. Neue Untersuchungen, die nicht von einer Methode, sondern von einem Problem ausgehen, werden auch künftig noch oft mit den mühsameren und dabei unvollkommeneren mechanischen Methoden beginnen müssen ...".[542]

Hier findet sich die bereits angesprochene Einsicht Spemanns in die Beschränktheit der eigenen Möglichkeiten. Diese Bemerkung ist möglicherweise durch eine Bemerkung Stockards veranlaßt worden, der 1909 darauf hingewiesen hatte, daß bestimmte chemische Eingriffe gegenüber mechanischen den Vorteil haben, kein Gewebe zu zerstören. Spemann kommentierte diese Stelle in seinem Seperatum mit „allerdings".[543]

---

[540] Vgl. Mangold, Hans Spemann, S. 93.
[541] Vgl. Sander, Klaus: Reflections on method: Theodor Boveri's evaluation of 'natural experiments' and their table-top simulation. In: Roux's Archives of Developmental Biology 202 (1993), S. 316–320.
[542] Spemann, Hans: Zur Entwicklung des Wirbeltierauges. In: Zool. Jahrbücher, Abt. f. allg. Zool. u. Phys. d. Tiere 32 (1912), S. 1–98, S. 4.
[543] Vgl. ZIF, Nachlaß Hans Spemann, Seperatasammlung, Schrank VII, Ordner 389. Stockard, Charles R.: The Artificial Production of One-Eyed Monsters. In: Proc. Ass. Americ. Anat. 3 (1909), S.167–173, S. 171.

a. Versuchsobjekte

Spemann nahm seine Experimente laut Protokollordner und Veröffentlichungen nahezu ausschließlich an Amphibien vor, die er zumeist aus nahegelegenen Gewässern bezog. In Berlin-Dahlem waren es zwei dem Institut benachbarte Teiche, für deren Erhalt er sich einsetzte,[544] in Freiburg ein Ziegeleitümpel sowie Gewässer der weiteren Umgebung. Die am Fuße des Schwarzwaldes gelegene Stadt bot den günstigen Umstand, daß aufgrund der unterschiedlichen Höhenstufen eine zeitliche Verschiebung der Laichperioden gegeben war.

„Daraus kann man den Vorteil ziehen, wenn man zu gleicher Zeit Eier verschiedener Amphibien verarbeiten will, welche am selben Ort zu verschiedener Zeit laichen."[545]

Spemann bevorzugte aus der Familie der Urodelen die Gattung *Triton*,[546] innerhalb der er wiederum den Teichmolch *Triton taeniatus* favorisierte. Weitere von ihm verwendete Vertreter waren der Kammolch *Triton cristatus*, der Bergmolch *Triton alpestris* sowie *Triton torosus* und der Fadenmolch *Triton helveticus*. Grundsätzlich waren die Eier der Urodelen für Experimente in frühen Entwicklungsstadien bis zum Beginn der Neurulation geeigneter als die Eier der Anuren, da letztere „dotterreicher, weicher und größer sind, mithin sehr empfindlich, wenn man sie aus der Hülle nimmt".[547] Von den Anuren verwendete Spemann den Grasfrosch *Rana temporaria s. fusca* und den Teichfrosch *Rana esculenta*. Weitere von ihm benutzte Arten waren die Unken *Bombinator pachypus*, *Bombinator igneus* und die Knoblauchkröte *Pelobates fuscus*.

Die Eier des Teichmolches *Triton taeniatus* eigneten sich besonders für Schnürversuche, weil diese Art im Gegensatz zu *Rana fusca* eine recht lange Laichsaison von, je nach geographischer Lage, Anfang April bis Ende Juni aufwies. Fragen, die sich im Verlauf einer Experimentserie ergaben, ließen sich so noch während derselben Laichsaison in Angriff nehmen. Zudem waren die Tiere in Aquarien haltbar, und die „für mich und die Thiere angenehmere" natürliche Befruchtung war möglich.[548] *Triton taeniatus*-Larven fanden auch in den Linsenbildungsexperimenten Verwendung, allerdings nur im Jahre 1904. Eine besondere Bedeutung erfuhren die Eier von *Triton taeniatus* bei den Transplantationsversuchen der Jahre 1916 bis 1918, da sie auffallend unterschiedlich pigmentiert

---

[544] Vgl. AGMPG, Abt. I, Rep. IIA, Nr. 1533, Bl. 49; Brief von Hans Spemann an den stellvertretenden Präsidenten der Kaiser-Wilhelm-Gesellschaft vom 13. April 1918.
[545] Spemann, Mikrochirurgische Operationstechnik, S. 5.
[546] Heutige Gattungsbezeichnung: *Triturus*. Die heutigen Artbezeichnungen lauten: *Triturus vulgaris* (*Triton taeniatus*), *Triturus cristatus* (*Triton cristatus*), *Triturus alpestris* (*Triton alpestris*), *Triturus plamatus* (*Triton helveticus*), *Tarichia torosa* (*Triton torosus*). Im Folgenden wird der Übersichtlichkeit wegen die ältere Nomenklatur beibehalten. Vgl.: Frost, Darrel R. (Hrsg.): Amphibian Species of the world. A Taxonomic and Geographical Reference. Allen Press Inc., Lawrence/KA 1985, S. 610–615.
[547] Spemann, Hans: Über die Determination der ersten Organanlagen des Amphibienembryo. I–VI. In: Arch. f. Entw.mech. d. Organis. 43 (1918), S. 448–555, S. 450.
[548] Vgl. Spemann, Entwickelungsphysiologische Studien I, S. 226.

sein können. Diese Unterschiede erhalten sich eine ganze Weile und können so als Transplantatmarker dienen. Überdies sind *Triton taeniatus*-Eier im Gegensatz zu den dotterreicheren Eiern von *Triton cristatus* weniger empfindlich gegenüber operativen Eingriffen.

Triton cristatus-Eier verwendete Spemann erstmals im Jahre 1905 bei seinen Schnürversuchen. Sie waren anfällig gegenüber experimentellen Eingriffen, was sich in der hohen Mortalitätsrate bei den Transplantationsexperimenten zeigte.[549] In einer neueren Untersuchung konnte Wallace nachweisen, daß die hohe Mortalitätsrate, auf die Spemann auch bei unbehandelten *Triton cristatus*-Larven hingewiesen hatte,[550] auf einen rezessiven Letalfaktor auf dem Chromosom 1 zurückzuführen ist.[551]

Der Bergmolch *Triton alpestris* wurde erstmals am Berliner *Kaiser-Wilhelm-Institut für Biologie* im Jahre 1915 von Spemann als Untersuchungsobjekt verwendet. Er spielte später namentlich bei den Organisatorexperimenten Hilde Mangolds eine – wenn auch untergeordnete – Rolle. Spemann urteilte über diese Eier:

„Leicht aus den Hüllen zu nehmen und außerordentlich schön, aber sehr empfindlich sind die Eier von Triton alpestris."[552]

Von untergeordneter Bedeutung waren Embryonen der Arten *Triton helveticus* und *Triton torosus*.[553] *Triton helveticus* wurde nur in vier Protokollen der Organisatorexperimente genannt und in keiner Publikation erwähnt. Eine mögliche Erklärung liegt darin, daß in der Freiburger Umgebung ein sicheres Auseinanderhalten von *Triton taeniatus* und *helveticus* nicht immer gegeben war und auch die in den vier Protokollen erwähnte Objekte Teichmolche gewesen sein könnten.[554] Über die Eigenschaften jener Art bei Operationen machte Spemann keine näheren Angaben.

Der Grasfrosch *Rana temporaria s. fusca* war ein wichtiges Objekt bei den frühen Linsenexperimenten der Jahre 1899 bis 1901. Daneben spielte *Rana esculenta*, die Spemann als geeignet für Rotationsexperimente[555] ansah, eine besonders wichtige Rolle. Allerdings war die Laichbereitschaft von *Rana esculenta* in Zim-

---

[549] Vgl. Fäßler, Peter E.: Die Organisatorexperimente Triton 1921-1923. Eine historische Aufarbeitung unter besonderer Berücksichtigung Hilde Mangolds. Unveröff. Staatsexamensarbeit, Freiburg 1990.

[550] Spemann, Mangold, Induktion von Embryonalanlagen, S. 623.

[551] Wallace, H.: Abortive Development in crested newt Triturus cristatus. In: Development 100 (1987), S. 65–72, S. 65.

[552] Spemann, Determination der ersten Organanlagen, S. 450.

[553] Vgl. SPK, SLG Darmst. LC 1897, (20). Aus einem Brief vom 26. Mai 1898 an eine nicht namentlich genannte adelige Person aus Tübingen geht hervor, daß Spemann Exemplare von *Triton torosus* in seinen Aquarien hielt und Experimente an ihnen durchführte. Über diese Tierart machte Spemann zu keinem Zeitpunkt nähere Angaben.

[554] Vgl. Glücksohn, Salome: Äußere Entwicklung der Extremitäten und Stadieneinteilung der Larvenperiode von Triton taeniatus Leyd. und Triton cristatus Laur. In: W. Roux' Arch. f. Entw.mech. d. Org. 125 (1931), S. 341–405.

[555] Spemann, Entwicklung des Wirbeltierauges, S. 1.

2.2.2. Spemanns wissenschaftliche Methoden

meraquarien deutlich herabgesetzt.[556] Die Entwicklung der Eier von *Rana fusca* kann durch Kälte verzögert werden, bei *Rana esculenta* ist dies kaum möglich. Als Grund vermutete Spemann eine physiologische Anpassung von *Rana fusca* an die frühe Laichsaison, in der noch Nachtfröste auftreten können. Die schmierig-klebrige Beschaffenheit der Froscheier erschwerte die Operationen und ihre Wundheilung, weshalb sie für Transplantationen weniger geeignet waren als die Urodeleneier. Mit Fröschen arbeitete Spemann hauptsächlich während der Würzburger Jahre von 1899 bis 1907.

Weitere Objekte waren die Unkenarten *Bombinator pachypus* und *Bombinator igneus*, die Spemann in den Linsenbildungsexperimenten verwendete. „Sehr gut, vielleicht besser noch als *Rana esculenta*, eignet sich *Bombinator* für die Excision

Tabelle 13. Übersicht über die von Spemann in seinen publizierten Versuchen verwendeten Objekte

Art	Experiment	Jahr
Triton taeniatus	Schnürexperimente	1897, 1899–1901, 1904–1905, 1913–1914
	Linsenexperimente	1904–1905
	Transplantationsexperimente	1915–1918, 1925–1930, 1938
	Invertierung des Hörgrübchens	1904
	Invertierung von Neuralplattenstückchen	1906
Triton cristatus	Schnürexperimente	1905
	Linsenexperimente	1904
	Transplantationsexperimente	1916–1917, 1925–1926
Triton alpestris	Transplantationsexperimente	1915, 1925–1926, 1938
Triton helveticus	Transplantationsexperimente	1938
Rana temporaria s. fusca	Linsenexperimente	1899, 1901, 1906
	Transplantationsexperimente	1905–1908
	Pressversuche	1906
Rana esculenta	Linsenexperimente	1905–1908
	Transplantationsexperimente	1917, 1938
	Invertierung des Hörgrübchens	1905–1906
	Invertierung von Neuralplattenstückchen	1905–1907
Bombinator pachypus	Linsenexperimente	1905–1908
	Transplantationsexperimente	1915–1918, 1938
	Invertierung d. Hörgrübchens	1905
	Invertierung von Neuralplattenstückchen	1906
Bombinator igneus	Linsenexperimente	1905
Pelobates fuscus	Invertierung des Hörgrübchens	1905

---

[556] Spemann, Mikrochirurgische Operationstechnik, S. 5.

der Augenanlage."[557] Nach Spemanns Erfahrungen laichte die norddeutsche Art *Bombinator igneus* nicht in den gewöhnlichen Zimmeraquarien, was ihre Einsetzbarkeit erschwerte.[558]

Benötigte Spemann eine größere Anzahl von Keimen gleichen bzw. eines bestimmten Alters, so war die künstliche Befruchtung unumgänglich. Er wandte bei den Urodelen die „trockene Befruchtung" nach Oskar Hertwig[559] an, die dem natürlichen, innerhalb des mütterlichen Organismus stattfindenden Befruchtungsvorgang dieser Tiere entsprach. Dabei wurden die Eier nicht erst ins Wasser gebracht, sondern sofort nach ihrer Entnahme aus dem Eileiter mit einem Tropfen verdünnter Samenflüssigkeit benetzt. Durch die Verdünnung wurde der Grad der Polyspermie gesenkt. Eine Erfolgsquote von bis zu 90 % und gute Ergebnisse bei der Bastardisierung von *Triton taeniatus*-Eier mit *Triton cristatus*- Samen waren der Vorteil dieser Methode,[560] die Spemann erstmals vom 11. bis zum 15. Mai 1915 praktizierte. Im Jahre 1909 hatte sie H. Poll in die entwicklungsbiologische Praxis eingeführt.[561] Die künstliche Befruchtung von *Triton cristatus* wollte Spemann zumindest bis zum Jahre 1921 nicht glücken.[562]

Es ist anzunehmen, daß Spemann weitere Tierarten untersuchte, über die er aber niemals publizierte. Es ist beispielsweise bekannt, daß er sich nach Ringelnattereiern erkundigte[563] oder bei seinen Forschungsaufenthalten in Neapel und Woods Hole zahlreiche Meerestierarten untersuchte.[564] Von Fritz Baltzer erhielt er in den zwanziger Jahren Fruchtfliegen zugeschickt:

„... daß ich vorhin die freundlichst übersandten Drosophilae musterte und sehr entzückt war. Morgans Abbildungen sind ja sehr gut, aber es ist eben doch ganz etwas anderes, wenn man so ein Vieh leibhaftig vor sich herumkrabbeln sieht. Ich werde wohl nächstens ein paar Versuche ansetzen, nichts Neues, nur um das Alte auch mal selbst zu sehen."[565]

Offenkundig konnte er seine Pläne vor der Emeritierung nicht verwirklichen, da diesbezüglich keine Quellen vorliegen und er am 18. Juli 1937 dem Göttinger Zoologen Alfred Kühn schrieb:

„Ich habe meine Schülerin und hoffentliche spätere Assistentin Frl. Oehmig gebeten, sie möge sich in Berlin die Methoden der Drosophila-Zucht und die Technik der Vererbungsversuche aneignen [...] Ich möchte mich gerne in dieses Gebiet – einarbeiten ist zuviel ge-

---

[557] Spemann, Hans: Neue Tatsachen zum Linsenproblem. In: Zool. Anzeiger 31 (1907), S. 379–386, S. 382.
[558] Spemann, Mikrochirurgische Operationstechnik, S. 5.
[559] Hertwig, Oscar: Die Entwicklung des mittleren Keimblattes der Wirbeltiere. Jena 1883.
[560] Spemann, Mikrochirurgische Operationstechnik, S. 6–7.
[561] Vgl. Poll, H.: Mischlinge von Triton cristatus Laur. und Triton vulgaris L. In: Biol. Centralbl. 29 (1909), S. 30–31.
[562] Spemann, Mikrochirurgische Operationstechnik, S. 7.
[563] Vgl. SPK, SLG Darmst. LC 1897, (20). Brief von Hans Spemann an unbekannten Adressaten (Gräfin) in Tübingen vom 26. Mai 1898.
[564] Vgl. SBF, Nachlaß Hans Spemann, B. 1.; vgl. ZIF, Nachlaß Hans Spemann, Diapositive.
[565] SBF, Nachlaß Hans Spemann, A.2.a., Nr. 604 a, Bl. 1020, Brief von Hans Spemann an Fritz Baltzer vom 17. Mai 1924.

2.2.2. Spemanns wissenschaftliche Methoden

sagt; aber ich möchte in der herrlichen Freiheit, die ich Tag für Tag genieße, auch diese schöne Dinge einmal selber sehen und zwischen den Händen halten."[566]

b. Operationsinstrumente

Haarschlingen

Für seine ersten entwicklungsbiologischen Experimente, die Schnürversuche, verwendete Spemann Haarschlingen, die er aus dem feinen blonden Babyhaar seiner Tochter Margarete herstellte.[567] Die Haarschlingen dienten zur kontrollierten Bewegung und Ausrichtung der nur knapp zwei Millimeter großen Eier. Auch die Schnürungen wurde mit ihrer Hilfe bewerkstelligt.

Die Tatsache, daß Spemann auf der Verwendung blonder Haare insistierte, legten Horder und Weindling als Indiz für ein rassistisch-chauvinistisches Überlegenheitsgefühl aus,[568] eine Ansicht, die von weiteren Forschern im angelsächsischen Raum rezipiert wurde.[569] Ihrer Ansicht nach war der Naturwissenschaftler Spemann hier in der Wahl seiner Hilfsmittel nicht ausschließlich an sachlichen

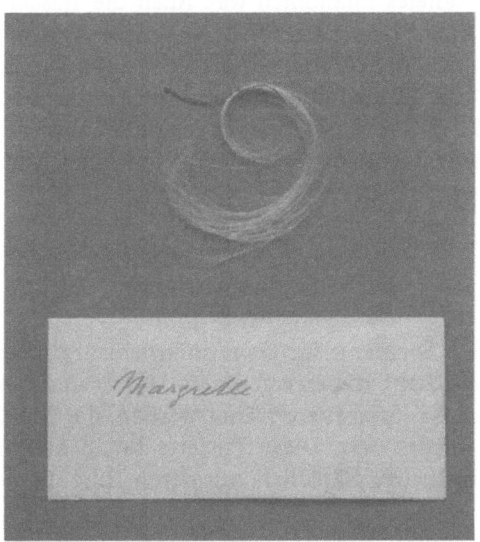

Abb. 9. Originale Haare von Tochter Margarete, die Hans Spemann für seine Schnürexperimente während der Jahre 1897 bis 1905 verwendete. Auf dem Couvert ist der Name „Margretle" (,Schwäbischer Diminutiv' von Margarete) notiert (ZIF, Nachlaß Hans Spemann, Protokollordner 1899)

---

[566] Brief von Hans Spemann an Alfred Kühn vom 18. Juli 1937. Herrn Prof. Sander danke ich für die Überlassung einer Kopie.
[567] ZIF, Nachlaß Hans Spemann, Protokollordner 1899.
[568] Horder, Weindling, Hans Spemann, S. 209–210.
[569] Lenhoff, Ethel Browne, S. 78, Waelsch, Causal analysis, S. 2.

Erfordernissen orientiert, sondern gestand außerwissenschaftlichen Einflüssen einen gewissen Raum zu. Damit hätte er sich aber in Widerpruch zu seinem eigenen experimentell-empirischen Positivisimus befunden. Ungeachtet der Tatsache, daß keine der angegebenen drei Belegstellen, die Horder und Weindling anführen, auch nur im entferntesten mit der Thematik etwas zu tun haben, steht ihre Überlegung im Widerspruch zu Spemanns einziger relevanter Angabe:

„Die verwendeten Haare müssen möglichst dünn und gleichmäßig sein, was am ehesten bei den Haaren kleiner Kinder der Fall ist; mit dicken und krausen Haaren sind alle Handgriffe bedeutend schwieriger auszuführen."[570]

Dieses zeitgenössische Zitat enthält keinen Hinweis auf eine rassistische Komponente, sondern belegt eindeutig Spemanns technische Anforderungen an die Haarschlingen. Es stimmt auch mit den Aussagen von seinem Bruder Adolf überein, der in seinen Memoiren schilderte, wie Hans ihm die Haarschlingen zeigte.[571] Zudem hatte Hans Spemann sich anhand von Fachliteratur über die Beschaffenheit von Haaren kundig gemacht, um so den am besten geeigneten Haartyp für seine Schlingen zu wählen.[572] Es ist auch nicht bekannt, daß um die Jahrhundertwende in Deutschland die rassistisch bedingte Wertschätzung blonder Haare ein verbreitetes Phänomen war. Auch die Tatsache, daß um 1933, als blonde Haare in Deutschland tatsächlich „en vogue" waren, in Spemanns Labor sein Schüler G. A. Schmidt Schnürexperimente mit Kunstseidenfasern durchführte,[573] unterstreicht die Absurdität der These von Horder und Weindling. Zuletzt sei noch angemerkt, daß im Konglomerat des nationalsozialistischen Gedankenguts gerade die Rassenideologie Spemanns deutlichsten und entschiedenen Widerspruch hervorgerufen hatte.[574]

Stahlinstrumente

Bis 1904 verwendete Spemann für seine mikrochirurgischen Eingriffe Scheren und Messerchen aus Stahl, die er von einem Uhrmacher bezog. Als besonderes Hilfsmittel muß die Napfpinzette erwähnt werden, die von G. Stoeber in Würzburg konstruiert worden war. Diese Pinzette besaß an ihren beiden Spitzen molcheigroße, halbkugelige Näpfchen, mit deren Hilfe die Keime gefaßt werden

---

[570] Spemann, Entwickelungsphysiologische Studien I, S. 227.
[571] Vgl. Spemann, Adolf: Menschen und Werke. Erinnerungen eines Verlegers. Winkler Verlag München 1959, S. 38.
[572] ZIF, Nachlaß Hans Spemann, Privatbibliothek; Waldeyer, W.: Atlas der menschlichen und tierischen Haare. Verlag Moritz Schauenburg, Lahr 1884.
[573] Vgl. Schmidt, G. A.: Schnürungs- und Durchschneidungsversuch am Anurenkeim. In: W. Roux' Arch. f. Entw.mech. d. Organis. 129 (1933), S. 1–44. Es soll betont werden, daß hierin nicht – gleichsam als Antithese zu Horder und Weindling – ein Akt des Widerstandes gegen das NS-Regime zu erblicken ist.
[574] Vgl. oben S. 86–96.

2.2.2. Spemanns wissenschaftliche Methoden

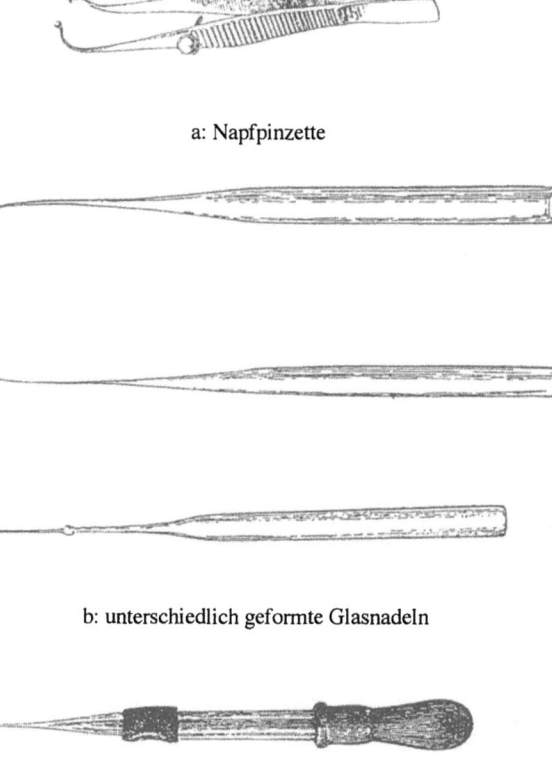

a: Napfpinzette

b: unterschiedlich geformte Glasnadeln

c: Mikropinette

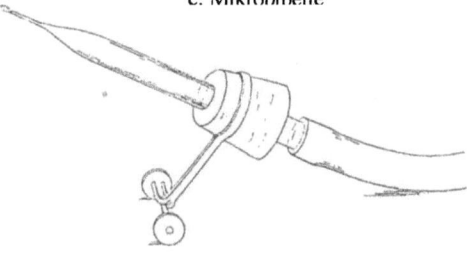

d: Mikroglasbrenner

Abb. 10. Mikrochirurgische Operationsinstrumente, wie sie Hans Spemann für seine Experimente verwendete (aus: Spemann, Mikrochirurgische Arbeitsmethoden, S. 14–18; ⅔ Originalgröße)

konnten (Abb. 10a). Der Abstand zwischen den Näpfen wurde durch eine Schraube reguliert, um der Gefahr des Zerquetschens der Keime zu begegnen. Wichtige Instrumente zur Defektsetzung waren eine heiße Stahlnadel und ein Thermocauter, ein elektrisch erhitzter Platindraht.

Glasinstrumente (Abb. 10b–d)

Im Protokoll *Triton taeniatus 1905 (14)* ist am 20. April 1905 erstmals die Verwendung von Glasinstrumenten erwähnt, die in ihrer Feinheit Stahlinstrumente übertrafen. Glasnadeln (Abb. 10b) dienten zum Schneiden und Anstechen auch ganz weicher Objekte, wie es beispielsweise die Eier der Anuren waren. Zu ihrer Herstellung wurde ein Glasstab an einem Ende aufgehängt und vorsichtig mit der Bunsenbrennerflamme bestrichen. Sobald er weich wurde, zog man ihn in die Länge, bis sein Eigengewicht ausreichte, um den verbleibenden Glasfaden zu höchster Feinheit auszuziehen. Schließlich riß er unter Bildung spitzer Enden ab und die herabfallende Glasnadel wurde in einem wattierten Röhrchen aufgefangen. Sie konnte nun noch nach Belieben gebogen werden, um den unterschiedlichsten operativen Ansprüchen zu genügen. Glasmesserchen eigneten sich für die Zerteilung etwas härterer Objekte, beispielsweise älterer Embryonalstadien.[575] Um die Objekte beim Schneiden gut festzuhalten, wurden sie mit einer Glaskapillare leicht angesaugt.

Als wichtige Ergänzung entwickelte Spemann die am 6. Mai 1915 im Protokoll *Triton alpestris 1915 (10)* erstmals erwähnte Mikropipette (Abb. 10c),[576] mit deren Hilfe sich kleinste, scharf umrissene Gewebestückchen aus einem Keim ausstanzen ließen. Dabei handelte es sich um ein mittelfein ausgezogenes Glasrohr, das am einen Ende mit einer äußerst feinen Spitze versehen war, am anderen mit einem Saughütchen. Das Problem der Feinregulierung löste Spemann, indem er einen Gummischlauch über eine seitlich liegende Öffnung zog und diese so mit einer Membran überspannte, die mit Hilfe des Daumens einfach zu bedienen war. Das unterste Stück der Pipette mit der Kapillaröffnung wurde etwas gebogen, um das Arbeiten zu erleichtern. An Präzision der Schnittführung übertraf die Mikropipette die feinsten Glasnadeln. Darüber hinaus bot sie den Vorteil, daß bei reziproken Transplantationen zwei gleich große und gleich geformte Transplantate gewonnen werden konnten, die sich optimal und rasch in ihre neue Umgebung einfügen ließen. Exaktheit und Schnelligkeit der Transplantation waren zwei maßgebliche Faktoren für das Überleben des Keimes und damit für das Gelingen des Experiments.

Die Glasinstrumente stellte Spemann mit einem Mikroglasbrenner (Abb. 10d) her. Seine zwei bis drei Millimeter lange Gasflamme erzeugte einen scharf abgegrenzten Hitzebereich. Damit ließ sich der Werkstoff Glas erheblich feiner als mit der Bunsenbrennerflamme bearbeiten.

---

[575] Vgl. Spemann, Hans: Über eine neue Methode der embryonalen Transplantation. In: Verhandl. d. Deutsch. Zool. Gesell. 16 (1906), S. 195–202, S. 196.

[576] Vgl. Spemann, Transplantationen an Amphibienembryonen, S. 307; vgl. Abb. 10c.

2.2.2. Spemanns wissenschaftliche Methoden

Hilfsmittel allgemeinerer Art

Seine Experimente führte Spemann in Glasschälchen (Zimmermann-Schale) aus, die mit weißem oder schwarzem Wachs ausgegossen waren. Weißes Wachs eignete sich besser zum Photographieren, schwarzes Wachs besser zum Operieren, da die Schatten sich vor dem dunklen Untergrund schärfer abzeichneten. Damit sich das Wachs nicht vom Boden löste, waren blind endende Löcher von innen in die Schalenwand gebohrt. Um beim Transport der Wachsschalen die Eier nicht durch Wasserbewegung aus ihrer Lage zu bringen, wurde die Schalen nahezu randvoll gemacht und dann mit einer Glasplatte abgedeckt. Diesen Kniff lernte Spemann vom Rostocker Assistenten Will.

Die operierten Eier wurden mit Hilfe kleiner Blechstreifen oder kleiner Glasbrücken in ihrer Lage gehalten. Der leichte Druck förderte überdies das Heilungsverhalten insbesondere bei Transplantationen.

Optische Hilfsmittel

Das wichtigste optische Hilfmittel war das binokulare „Braus-Drünersche Präpariermikroskop":[577]

„Alle diese subtilen Handgriffe wären kaum möglich ohne das schöne Greenoughsche Binokular, das bekanntlich von Braus und Drüner in die Präpariertechnik eingeführt und diesem Zweck angepaßt wurde."[578]

Der optische Vorteil des Gerätes lag in der Bildaufrichtung und der stereoskopischen Wahrnehmbarkeit der Objekte.[579]

c. Operationen

Als Operationsmedium bevorzugte Spemann 0,6 % NaCl-Lösung oder Lockesche Lösung.[580] Es liegen Unterlagen über einen Konzentrationstest aus dem Jahre 1899 vor, den er an bereits befruchteten, aber noch ungefurchten Keimen von

---

[577] Vgl. Braus, Hermann; Drüner, Ludwig: Über ein neues Präpariermikroskop und über eine neue Methode, größere Tiere in toto histologisch zu konservieren. In: Jenaer Zeitschr. Naturwiss. 29 (1895), S. 435–442; vgl. Drüner, Ludwig; Braus, Hermann: Das binoculare Präparir- und Horizontalmikroskop. In: Zeitschr. f. wiss. Mikroskopie 14 (1897), S. 5–10.

[578] Spemann, Neue Methode, S. 197.

[579] Vgl. Greiner, K., Sander, K.: Das Stereomikroskop – Ursprünge und geschichtliche Entwicklung. In: Biol. in uns. Zeit 17 (1987), S. 161–168. Vgl. Sander, Klaus: An American in Paris and the origins of the stereomicroscope. In: Roux's Archives of Developmental Biology 203 (1994), S. 235–242.

[580] Zusammensetzung: NaCl 0,65 g, KCl 0,042 g, $NaHCO_3$ 0,02 g, $CaCl_2$ 0,024 g, Aqua dest. 100 ml.

Tabelle 14. Konzentrationstests mit befruchteten, noch ungefurchten Eiern von *Rana fusca*[581]

Konzentration NaCl (%)	Anzahl Versuchsobjekte	überlebende Objekte
0,1	50	16
0,2	50	6
0,3	50	3
0,4	50	8
0,5	50	8
0,6	50	5

Rana fusca durchführte. Als Ergebnis zeigte sich, daß bei 0,1 % NaCl die meisten Embryonen sich entwickelten und überlebten. Weshalb Spemann später zumeist bei 0,6 % NaCl-Lösung operierte, bleibt angesichts dieser Tabelle unklar.

Schnürexperimente

Die Technik des Schnürens von Embryonen war in der Entwicklungsbiologie erstmals im Jahre 1893 von Oskar Hertwig, der sie mittels Coconfäden vornahm, angewandt worden. Wenig später entwickelte Amadeo Herlitzka einen Schnürapparat, der es ermöglichte, den Schnürungsgrad sehr fein zu regulieren. Nach Spemanns Ansicht war aber die Bedienung des Apparats schwieriger als das Schnüren mit freier Hand.[582] Die ebenfalls auf der Schnürmethode beruhenden Experimente zur verzögerten Kernversorgung bestimmter Keimbereiche wurden bereits in den Bruchsackexperimenten von Jaques Loeb[583] vorweggenommen. Allerdings äußerte Spemann, daß er sich an diese Arbeiten bei der Durchführung der eigenen Experimente nicht hatte entsinnen können, gleichwohl er sie intensiv studierte habe.[584]

Zur Vorbereitung der Schnürung, die bis auf wenige Ausnahmen an Eiern von *Triton taeniatus* erfolgten, war die äußere Klebschicht, welche Schnürung und Beobachtung behinderte, zu entfernen. Anschließend wurden die Eier in eine Haarschlinge gelegt und langsam geschnürt, wobei darauf zu achten war, daß Hülle und Inhalt nicht verletzt wurden.

Spemann schnürte sämtliche Stadien vom bereits befruchteten aber noch ungefurchten Ei bis zum Neurula-Stadium. Dabei variierte er den Grad der Schnürung, den er in den Protokollen mit *schwacher*, *mittlerer*, *starker* Schnürung bis

---

[581] ZIF, Nachlaß Hans Spemann, Protokollordner Triton 1899.
[582] Vgl. Spemann, Mikrochirurgische Operationstechnik, S. 18.
[583] Loeb, Jaques: Über eine einfache Methode, zwei oder mehr zusammengewachsene Embryonen aus einem Ei hervorzubringen. In: Pflügers Arch. 55 (1894), S. 525–530.
[584] Vgl. Spemann, Hans: Die Entwicklung seitlicher und dorso-ventraler Keimhälften bei verzögerter Kernversorgung. In: Zeitschr. f. wiss. Zoologie 132 (1928), S. 105–134, S. 107.

hin zur *Durchschnürung* angab. Die Durchschürung entlang der ersten Furchungsebene war relativ problemlos, noch einfacher war sie während des Blastulastadiums.[585] Auch die Dauer der Schnürung variierte. Nachträgliches Lösen der Ligatur gab Aufschlüsse über die Regenerationsfähigkeit des Embryos, ihr nachträgliches An- bzw. Zuziehen über die Erzielbarkeit von Defekten in unterschiedlichen Entwicklungsstadien. Weiterhin war die Schnürebene von Wichtigkeit. Sie wurde in den ersten beiden Furchungsstadien in Lagerelation zur ersten Furchungsebene gesetzt, ab dem Gastrulastadium zum Urmund, ab dem Neurulastadium zur Medianebene der Neuralplatte. Da Morula und Blastula keine äußeren Markierungen aufweisen, konnte bei ihnen auch keine Ligaturebene angegeben werden.

Eine Modifikation der Durchschnürung erfolgte mittels einem durch einen Reiter beschwerten Glasfaden. Diese erstmals am 29. April 1915 angewandte Methode eignete sich zur Zertrennung nackter Keime, denen neben der äußeren Kapsel auch noch das Dotterhäutchen entfernt worden war. Ihr Vorteil lag in der exakten Schnittrichtungsfestlegung, in der raschen Wundschließung und den wenigen abgestoßenen Zellen. So konnten unterschiedliche Keimhälften bzw. -teile zusammengefügt werden. Der Nachteil des Verfahrens bestand in der Empfindlichkeit des ungeschützten Keimes gegenüber bakterieller Kontamination oder Pilzbefall.

Extirpation und Excision

Bei der Extirpation versuchte man die Auswirkungen von kleinen, scharf umschriebenen Defekten, die man in frühen Keimstadien durch operativen Eingriff hervorgerufen hatte, während der weiteren Embryonalentwicklung zu verfolgen. Spemann verwendete die Technik erstmals im Rahmen sogenannter Anstichversuche 1899, bei denen mit einer heißen Nadel oder einem Thermocauter bestimmte Keimbereiche durch Hitzeeinwirkung zerstört wurden. Solche Versuche spielten insbesondere in der Frühphase der Linsenbildungsexperimenten eine wichtige Rolle. Mittels der Extirpation vermochte Spemann die Identifikation und Eingrenzung der einzelnen Bezirke und Organanlagen in der offenen Neuralplatte vorzunehmen.

Da man aber seit der *Roux-Driesch-Kontroverse* um die Problematik dieses Verfahrens wußte, wurde die Anstichmethode durch die Excision, d.h. durch das Herausschneiden von Keimbereichen ergänzt. Das herauszuschneidende Stückchen konnte mittels des Sogs der Mikropipette leicht angehoben und die so sich hervorwölbende Papille mit einer Glasnadel abgetrennt werden.

---

[585] Vgl. Spemann, Mikrochirurgische Operationstechnik, S. 19.

Transplantation und Rotation

Embryonale Transplantationen bei Amphibien führte Gustav Born im Jahre 1896 in die Entwicklungsbiologie ein.[586]

Bei *autoplastischen Transplantationen* wurden zwei Gewebestückchen ein und desselben Individuums miteinander ausgetauscht, beispielweise bei der Verpflanzung von Bauch- und Linsenepidermis im Jahre 1904. Ein Spezialfall waren die Rotationsexperimente der Jahre 1905 und 1906, bei denen ein Gewebestückchen um die eigene Achse gedreht wurde. Mit Hilfe solcher Versuche untersuchte Spemann die Orientierung von Organanlagen und die wechselseitige Beeinflussung von Keimbereichen, beispielsweise bei der Untersuchung des Phänomens des *Situs inversus viscerum et cordis*, das nach Drehung der animalen Kappe im Neurulastadium um 180° zu beobachten war.

Bei *homöoplastischen Transplantationen* wurden Gewebestückchen zweier Embryonen der gleichen Art ausgetauscht. Insbesondere die 1915 bis 1918 vorgenommenen Vorläuferexperimente zu den Organisatorexperimenten waren wichtige homöoplastische Transplantationen. Spemann erkannte schon frühzeitig die Bedeutung unterschiedlich pigmentierter Wirts- und Implantatzellen, weshalb er bei homöoplastischen Transplantationen darauf achtete, unterschiedlich pigmentierte Embryonen zu verwenden.

In folgerichtiger Weiterentwicklung führte er *heteroplastische Transplantationen* durch, bei denen Wirts- und Implantatgewebe Keimen zweier unterschiedlicher Arten der gleichen Gattung entstammten, die sich aufgrund ihrer Pigmentierung deutlich voneinander unterschieden. Ross G. Harrison hatte erstmals 1897 über diese Operationstechnik an Amphiben berichtet.[587] Zu diesen Experimenten gehören auch die berühmten Organisatorexperimente der Jahre 1921 und 1922.

Eine weitere Stufe waren die *xenoplastischen Transplantationen*, bei denen zwei Tiere aus unterschiedlichen Gattungen für den Gewebeaustausch herangezogen wurden. Die bekanntesten Experimente dieser Art waren die Verpflanzungen von Mundepidermis zwischen *Bombinator pachypus* und *Triton taeniatus*, die Hans Spemann und Oskar Schotté im Jahre 1931 veröffentlichten. Aber bereits im Jahre 1904 hatte Spemann Gewebe zwischen *Bombinator pachypus* und *Rana esculenta* verpflanzt, um die jeweiligen Auswirkungen auf die Linsenbildung zu studieren. Im Gegensatz zu den heteroplastischen Transplantationen stand bei xenoplastischen die Frage nach der Rolle von induktivem Reiz und dem „Potenzschatz" der Zellen, d.h. – modern ausgedrückt – ihrer genetischen Information, im Vordergrund.

Insbesondere bei den Transplantationsexperimenten nach 1915 spielte das Entwicklungsstadium der jeweiligen Objekte eine ganz entscheidende Rolle, da die Keimbezirke bekanntlich gewissen topographischen Veränderungen während

---

[586] Born, Gustav: Verwachsungsversuche mit Amphibienlarven. In: Arch. f. Entw.mech. d. Organismen 4 (1897), S. 350–465, S. 517–623.
[587] Vgl. Harrison, Ross G.: The Growth and Regeneration of the Tail of the Frog Larva. Studied with the Aid of Born's Method of Grafting In: Arch. f. Entw.mech. d. Organis. 7 (1898), S. 430–485.

der Ontogenese unterworfen sind. Eine Normierung der einzelnen Stadien erfolgte erst Mitte der 1920er Jahre.[588] Daher waren die Altersangaben in Spemanns Versuchprotokollen zuweilen recht vage. Im weiteren Verlauf der Arbeit wird in den Fällen, in denen eine nachträgliche Feststellung des Entwicklungsstadiums wichtig ist, auf die Einteilung von Liozner und Dettlaff zurückgegriffen.[589]

Als verbesserte Modifikation der Transplantation ist die von Hans Spemann und Otto Mangold „wohl gesprächsweise"[590] entwickelte *Einsteckmethode* zu sehen, die ab 1923 angewandt wurde. Nach dieser Methode steckte man das zu implantierende Gewebestückchen in das Blastocoel, wo es durch den sich einstülpende Urdarm an die Innenfläche der zukünftigen Epidermis gedrängt wurde. Ein wesentlicher Vorteil dieser Methode lag in der vergleichsweise höhere Überlebensrate der Objekte.

d. Behandlung der Objekte nach der Operation[591]

Spemann lagerte die operierten Eier auf einem mit Gelatine bestrichenen Aquarienboden, was das Anhaften der Keime am Boden verhindern sollte. Allerdings war durch die Gelatine die Gefahr einer bakteriellen Kontamination deutlich erhöht. Spemann hatte nach seinem Wegzug aus Würzburg feststellen müssen, daß die Sterblichkeit seiner Objekte rapide zunahm.[592] In den Protokollen zeichnet sich diese Tendenz tatsächlich ab 1915 deutlich ab, weshalb Spemann notierte: „Versuchen, ob in 0,2 % NaCl-Lösung und tonfiltriertem Wasser die Sterblichkeit geringer [ist]."[593] Nach erfolglosen Versuchen mit unterschiedlichen Filtriermethoden schickte er die Bitte nach Würzburg, ihm eine Ladung *Würzburger Wasser* zu senden, also jenes kalkhaltige Wasser, das in Boveris Labor Verwendung fand. In den Protokollen des Jahres 1915 findet sich folgerichtig der Eintrag „Würz-

---

[588] Vgl. Glaesner, L.: Normentafel zur Entwicklungsgeschichte des gemeinen Wassermolches (Molge vulgaris), Fischer Verlag, Jena 1925.
[589] Vgl. Liozner, L. D.; Dettlaff, T. A.; Vassetzky, S. G.: The Newts *Triturus vulgaris* and *Triturus cristatus*. In: Dettlaff, T. A.; Vassetzky, S. G. (Hrsg.): Animal Species for Developmental Studies. Vol. 2, Vertebrates. Consultans Bureau, New York 1991, S. 145-165.
[590] Vgl. Spemann, Geinitz, Über Wecken organisatorischer Fähigkeiten, S. 131.
[591] Die technischen Angaben im folgenden Abschnitt gründen auf dem von Spemann benutzten Handbuch: vgl. ZIF, Nachlaß Hans Spemann, Privatbibliothek, Lee, Arthur B.; Mayer: Grundzüge der mikroskopischen Technik. Dtsch. Übersetz. d. 4. engl. Aufl., R. Friedländer & Sohn, Berlin 1898. Das Exemplar enthält zahlreiche Anstreichungen und Anmerkungen, die, soweit erkennbar, aus Spemanns Feder stammen. Weiterführende Informationen aus: Böck, P. (Hrsg.): Romeis Mikroskopische Technik. 17. neub. Aufl., Urban und Schwarzenberg, München, Wien, Baltimore 1989.
[592] Auch andere Forscher klagten über mißlungene Amphibienzuchten, so z. B. Walter Vogt und E. Becher. Vgl. ZIF, Nachlaß Hans Spemann, Schrank I, Ordner 29; Brief von Bresslau an Hans Spemann vom 7. Juli 1922.
[593] ZIF, Nachlaß Hans Spemann, Protokollordner 1915/16. Undatierte Notiz.

burger Wasser".⁵⁹⁴ Im Jahre 1920 notierte Hilde Pröscholdt in ihrem Protokoll *Würzburger Wasser.*⁵⁹⁵ Spemann verwendete es nachweislich noch im Jahre 1928.⁵⁹⁶ Doch das Problem der hohen Sterblichkeitsrate blieb auch in den Freiburger Zeit ein gravierendes Ärgernis:

„Meine Viecher sind [...] bis jetzt alle gestorben, aber ich weiß doch, daß sie das in früheren Jahren nicht taten, und ich habe gesehen, daß meine Hand noch so sicher wie früher ist und daß mir auch noch etwas Neues einfällt."⁵⁹⁷

Hamburger urteilte in diesem Zusammenhang über Spemanns Arbeitstechnik: „There was one weak spot in Spemann's resources: his technical acumen was not matched by a proficiency in chemistry."⁵⁹⁸ Im Jahre 1922 schlug Professor Bresslau Spemann brieflich vor:

„Solche unliebsamen Verluste kann man vielleicht dadurch vorbeugen, dass man die (H*) der Kulturflüssigkeit durch geeignete, an sich ganz unschädliche Regulatorzusätze auf der einmal festgestellten optimalen Höhe erhält. Sollte ihnen die Sache von Bedeutung sein, so bin ich gern zu weiterer Auskunft bereit."⁵⁹⁹

Von einer Übernahme Bresslaus Vorschlägen seitens Spemanns ist nichts bekannt. Erst Johannes Holtfreter gelang Ende der zwanziger Jahre mit der von ihm kreierten Holtfreter-Lösung die Sterblichkeit der Larven deutlich zu senken.

Fixierung und Konservierung

Die sehr empfindlichen Eier von *Strongylus paradoxus*, dem Objekt der Dissertation, wurden sofort nach der Entnahme aus den Lungenspitzen befallener Schweine in 0,5 % NaCl-Lösung von Körpertemperatur gebracht.⁶⁰⁰ Die Eischläuche wurden auf Anraten Boveris in Pikrinessigsäure⁶⁰¹ fixiert.

---

[594] ZIF, Nachlaß Hans Spemann, Protokollordner 1915, *Bombinator 1915*, 49 vom 13. Juni 1915.
[595] CEC, Otto-Mangold-Collection.
[596] Vgl. Spemann, Hans: Über den Anteil von Implantat und Wirtskeim an der Orientierung und Beschaffenheit der induzierten Embryonalanlage. In: W. Roux' Arch. f. Entw.mech. d. Organis. 123 (1931), S. 390–517, S. 393.
[597] SBF, Nachlaß Hans Spemann, A.2.a., Nr. 611 a, Bl. 1042, Brief von Hans Spemann an Fritz Baltzer vom 10. April 1925; vgl. Hamburger, Heritage, S. 21.
[598] Hamburger, Heritage, S. 21–22.
[599] ZIF, Nachlaß Hans Spemann, Seperata-Sammlung, Schrank I, Ordner 29; Brief von Prof. Bresslau an Hans Spemann vom 7. Juli 1922.
[600] Mangold gibt 0,6% an. Vgl. Mangold, Hans Spemann, S. 93.
[601] Boveri, Theodor: Zellenstudien I. Die Bildung der Richtungskörper bei Ascaris megalocephala und Ascaris lumbricoides. In: Jenaer Zeitschr. f. Naturw. 21 (1887), S. 423–515. Bouin, P.: Etudes sur l'évolution normale et l'involution du tube séminifère. In: Archive d'Anatomie Microscopique 1 (1897), S. 225–339. Gehört zu den seit 1897 am häufigsten verwendeten Fixierungs- und Konservierungsgemischen. Eignet sich für Übersichtspräparate, zytologische Studien und zum Fixieren von Embryonen. Lipide

2.2.2. Spemanns wissenschaftliche Methoden

Bei den Amphibien betäubte Spemann in bestimmten Fällen Embryonen von Wasseratmern vor der Konservierung mit Chlorethon.[602] So beugte er der mit der Fixierung einsetzenden Verkrampfung der Larven vor, die bei der Schnittuntersuchung sich durch Körperkrümmung nachteilig auswirkte. Chlorethon fand insbesondere bei den Doppelmißbildungen und bei Situs inversus-Fällen Anwendung. Die Fixierung der Amphibienkeime erfolgte zumeist mit Sublimat-Eisessig[603] oder in Zenkerscher Flüssigkeit.[604] Jüngere Stadien von *Triton taeniatus*-Keimen wurden mit Chromessigsäuremischung nach Oscar Hertwig[605] drei Stunden lang behandelt, um so die Eiform zu fixieren. Anschließend wurden sie in destilliertem Wasser gereinigt, aus den Hüllen genommen und zwanzig Stunden lang in Perenyischer Flüssigkeit oder – ab 1917 – in Michaelis-Lösung[606] konserviert. Bei älteren Stadien entfiel die aufwendige Fixierung. Bei Verwendung von Michaelis-Lösung lösten sich die Keimblätter etwas voneinander, was die Schnitte übersichtlicher machte, aber nicht dem natürlichen Zustand entsprach.[607] Weiterhin fand im Jahre 1904 Sublimat nach Pentrunkewitsch[608] und 1906 Rabls Gemisch[609] Verwendung.

Färbung

Nach der erfolgten Konservierung färbte Spemann die ganzen Embryonen mit Boraxkarmin. Anschließend bettete er sie nach der von Walther Fleming 1869 zuerst geschilderten Weise in Paraffin ein und fertigte dann mit dem Mikrotom

---

werden nicht erhalten; die Schrumpfung beträgt nur 2,5%, daher auch zum Konservieren von Oberflächenbildern geeignet. Zusammensetzung: 15 ml gesättigte wässrige Pikrinsäurelösung, 5 ml Formol (35%), 1 ml Eisessig.

[602] 1,1,1,-Trichlor-2-methyl-2-propanol.

[603] Vgl. Lang, A.: Über Conversation der Planarien. In: Zool. Anzeiger 1 (1878), S. 14–15. Sublimat (= Quecksilberchlorid) wirkt in Verbindung mit Eisessig eiweißfällend, dringt tief ins Gewebe ein; Lipide werden nicht fixiert; Färbung gut; Kalomel- oder Quecksilberniederschläge.

[604] Vgl. Zenker, K.: Chrom-Kali-Sublimat-Eisessig als Fixierungsmittel. In: Münchner medizinische Wochenschrift 41 (1894), S. 532–534. Zusammensetzung: 100 ml Müllersche Flüssigkeit (2,5 g Kaliumdichromat, 1 g Na_3SO_4, 100 ml Aqua dest.). Dringt gut ins Gewebe ein, geeignet für Übersichtspräparate.

[605] Gemisch aus 2 % Essigsäure und 0,5 % Chromsäure.

[606] Vgl. Michaelis, L: Die vitale Färbung, eine Darstellungsmethode der Granula. In: Arch. f. mikrosk. Anat. 55 (1900), S. 558–575; vgl. Michaelis, L.: Einführung in die Farbstoffchemie für Histologen. Karger, Berlin 1902.

[607] Vgl. Spemann, Hans: Über den Anteil von Implantat und Wirtskeim an der Orientierung und Beschaffenheit der induzierten Embryonalanlage. In: W. Roux' Arch. f. Entw.mech. d. Organis. 123 (1931), S. 389–517, S. 393.

[608] 300 ml aqua dest., 200 ml. 98% Alkohol, 90 ml Eisessig, 10 ml Salpetersäure, 10 g Sublimat.

[609] Vgl. Rabl, Conrad: Einiges über Methoden. In: Zeitschr. f. wiss. Mikrosk. 11 (1894), S. 164–172.

Schnittserien des ganzen Embryos an. Die Schnittdicke betrug zumeist 15 μm. Die Schnittfärbungen variierten: Neben Hämalaunfärbung nach Delafield[610] nutzte Spemann Pikrinsäure-Indigokarmin speziell bei den Linsenexperimenten, da sich damit die Linsenfasern anfärben ließen. Spemann verwendete es nach „persönl. [icher] Mitteilung von Zarnick"[611] Pikrinsäure-Blauschwarz, seit 1925 in Spemanns Anwendung, eignete sich besonders zu Anfärben der Zellmembranen. Eine ausführliche Notiz über eine Färbemethode von Max Bielschowski aus dem Jahre 1916[612] läßt vermuten, daß Spemann mehrfach Anregungen von Kollegen aus persönlichen Gesprächen aufnahm. Bielschowsky arbeitete während der Jahre 1904–1919 im neurobiologischen Laboratorium der Friedrich-Wilhelms-Universität in Berlin[613] und dürfte mit Spemann bekannt geworden sein. In der letzten Experimentserie des Jahres 1938 wandte Spemann ein abgeändertes Gemisch von Mallory an, um insbesondere die Bindegewebsfasern deutlicher hervortreten zu lassen.[614] In den Jahren 1927 und 1928 wandte Spemann die Vitalfärbung mit Nilsulfatblau und Neutralrot an, wie sie zuvor von Walter Vogt in seinen Keimbezirksmarkierungen so überaus erfolgreich praktiziert worden war.

Bei dieser Übersicht über die von Spemann benutzten Fixierungs-, Konservierungs und Färbetechniken wird deutlich, wie sehr die Fortschritte der Chemie, insbesondere der Farbstoffchemie, in der zweiten Hälfte des 19. Jahrhunderts diese Arbeit förderte.

e. Dokumentation der Experimente und Präsentation der Ergebnisse

Als früheste unveröffentlichte Zeugnisse für Spemanns experimentelle Forschungen liegen seine Versuchsprotokolle aus dem Jahre 1897 vor. Er hat sie in einer dem Gabelsberger System ähnlichen Kurzschrift niedergeschrieben. Die Protokolle weisen einen standardisierten Aufbau auf, den Spemann im Laufe seiner jahr-

---

[610] Delafield, J.: Zusammensetzung des Delafieldschen Hämatoxylins; nach Prudde, J.M. In: Zeitschr. f. wiss. Mikroskopie 2 (1885), S. 288. Delafieldsches Hämatoxylin enthält kein Oxidationsmittel, weshalb es einige Tage durch Licht und Sauerstoff oxidierten werden muß. Anschließend 2-24 Stunden färben. 4 g Hämatoxylin in 25 ml Äthanol (100%), 400 ml gesättigte wässrige Lösug von Ammoniumhämalaun, 3-4 Tage reifen lassen, filtrieren, 100 ml Glycerin,100 ml Methanol. Hämatoxylin wird seit 1862 verwendet.
[611] Lee, Mayer, Grundzüge mikroskopischen Technik, S. 188. Zarnick war Nachfolger Spemanns auf der Assistentenstelle am Zoologischen Institut in Würzburg. Die Rezeptur lautet: 1 g Indigcarmin in 400 ccm concentr. wässriger Picrinsäurelösung (1 g Picrinsäure in 100 ccm aqua dest; aufkochen, anschließend zwei Tage stehen lassen). Filtrieren. Karmin wurde 1851 erstmals in der Färbetechnik verwendet.
[612] Vgl. ZIF, Nachlaß Hans Spemann, Protokollordner 1916.
[613] Vgl. Satzinger, Helga: Zur Neurobiologie und Genetik im Zeitraum 1902-1911 in den Forschungen von Cécile und Oskar Vogt (1875-1962; 1870-1959). In: Biol. Zentralblatt 113 (1994), S. 185-195.
[614] Vgl. Spemann, Verhalten embryonalen Gewebes, S. 704.

2.2.2. Spemanns wissenschaftliche Methoden

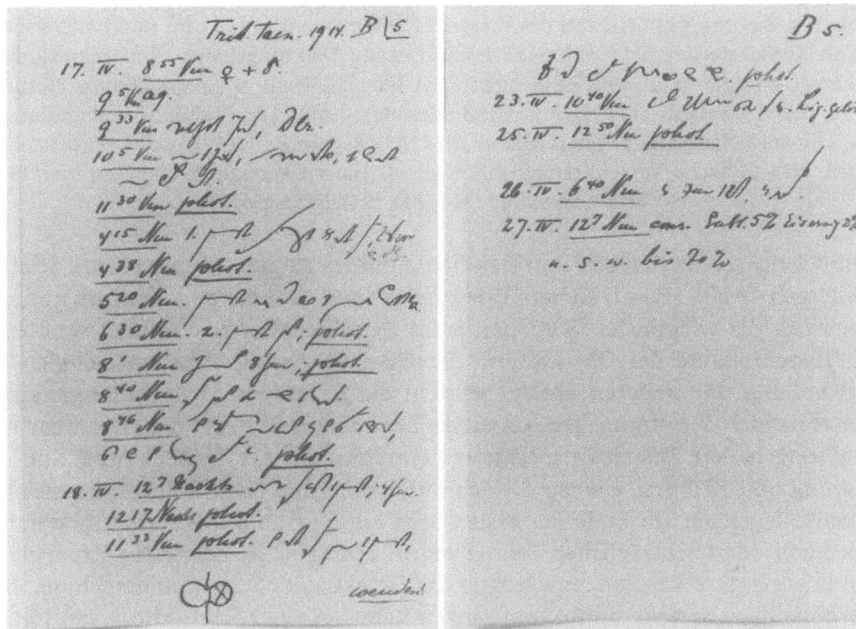

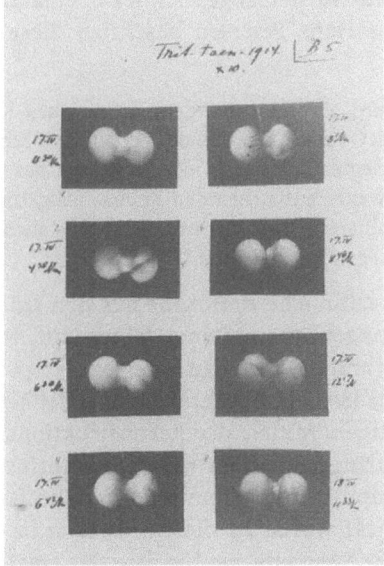

Abb. 11. Protokoll *Triton taeniatus 1914 (B5)* als typisches Beispiel Spemannscher Protokollführung. **Abb. 11a.** Erstes Protokollblatt: Abgefaßt in einer dem Gabelsberger System angelehnten Kurzschrift, dokumentiert das Protokoll minutiös den Verlauf des Experiments. Unten auf der ersten Seite findet sich ein Schema, mit dessen Hilfe Spemann sofort den Versuchstyp identifizieren konnt; hier ein Beispiel für verzögerte Kernversorgung von Keimbereichen, bei dem nach zwei Furchungsteilungen ein Zellkern über die Plasmabrücke in den bisher kernlosen (linken) Teil wanderte (ZIF, Nachlaß Hans Spemann, Protokollordner 1914, *Triton taeniatus 1914 (B5)*. – **Abb. 11b u. 11c** siehe Seite 140!

Abb. 11b. Zweites Protokollblatt des Versuches *Triton taeniatus (B5)*. Im Abschlußvermerk ist die Konservierungsart (Sublimat 5 % und Eisessig 2 %) festgehalten. Eine Schnittuntersuchung erfolgte in diesem Falle nicht (ZIF, Nachlaß Hans Spemann, Protokollordner 1914, *Triton taeniatus 1914 (B5)*; ⅔ Originalgröße). – **Abb. 11c.** Photodokumentation des Experimentverlaufs von *Triton taeniatus 1914 (B5)*; begonnen am 17. April, beendet am 18. April 1914 (10fache Vergrößerung; ZIF, Nachlaß Hans Spemann, Protokollordner 1914, *Triton taeniatus 1914 (B5)*; ⅔ Originalgröße)

zehntelangen Arbeiten nur unwesentlich modifizierte und auch an seine Schüler weitergab (Abb. 11a-c). Neben Versuchsnummer, Datum und Uhrzeit notierte Spemann die wichtigsten Stationen jedes Experimentes. Am Anfang steht eine Kurzbeschreibung der Objekte und der Operation sowie ihrer anschließenden Behandlung. Im weiteren Verlauf wurden die wichtigsten Entwicklungsstadien einschließlich der -anomalien, soweit sie bei äußerer Betrachtung erkennbar waren, festgehalten. Zuletzt vermerkte er Zeitpunkt und Art der Fixierung, Konservierung und Färbung, ebenso die Schnittführung und Schnittdicke. Die meisten Protokolle zeigen am Ende der ersten Seite ein Operationspiktogramm, welches Spemann den nachträglichen Schnellzugriff ermöglichte. Zeigte ein Experiment ein interessantes Resultat, unterzog er das Objekt einer Schnittuntersuchung. Dabei erstellte er Serienschnitte vom ganzen Keim bei einer Schnittdicke von 15 μm. Die wichtigsten Schnitte wurden abgezeichnet. Spemanns Kollege, der Heidelberger Anatomieprofessor Hans Petersen beschrieb diese Arbeitsweise folgendermaßen:

„Jeder Keim, jedes Ei wird einzeln behandelt, ein genaues Krankenblatt geführt, durch Zeichnung und Lichtbild, Operationsprotokoll, Verlauf und schließlich Epikrise an der für die Rekonstruktion angelegten Schittserie jede Einzelheit des natürlich in seinem eigenen kleinen Aquarium sich weiter entwickelnden Keimes festgehalten. So wird jeder Versuch zu einem genau protokollierten ‚Fall', der immer wieder, auch bei neuen Fragestellungen und Methoden herangezogen werden kann."[615]

Tatsächlich weisen zahlreiche Protokolle aus den frühen Jahren 1897 bis 1908 illustrierende Ergänzungen aus späteren Jahren auf, was belegt, daß Spemann seine alten Unterlagen immer wieder zu Rate zog.

Spemann pflegte insbesondere während seiner frühen Phase sehr aufwendige Zeichnungen anzufertigen. Mittels der Rekonstruktionsmethode von Kastschenko, ein gemäß dem kartographischen Höhenlinienprinzip funktionierendes Verfahren, bildete er komplizierte anatomische Verhältnisse ab (Abb. 12a). Das in Paraffin gebettete Objekt wurde zu diesem Zwecke in eine Schnittserie zerlegt. Anschließend zeichnete Spemann die Umrisse der einzelnen Schnitte übereinander und erhielt so eine plastische Wiedergabe der anatomischen Verhältnisse. Wichtig bei diesem Verfahren war die exakte Übereinstimmung der Lage der einzelnen Schnitte. Dies erreichte man, indem der Paraffinblock seitlich mit senkrecht zur Schnittebene verlaufenden Rußstrichen versehen wurde, wie sie am oberen Rand der Zeichnungen zu erkennen sind. Beim Abzeichnen der Schnitt

---

[615] Petersen, Hans Driesch und Hans Spemann, S. 75-76.

2.2.2. Spemanns wissenschaftliche Methoden

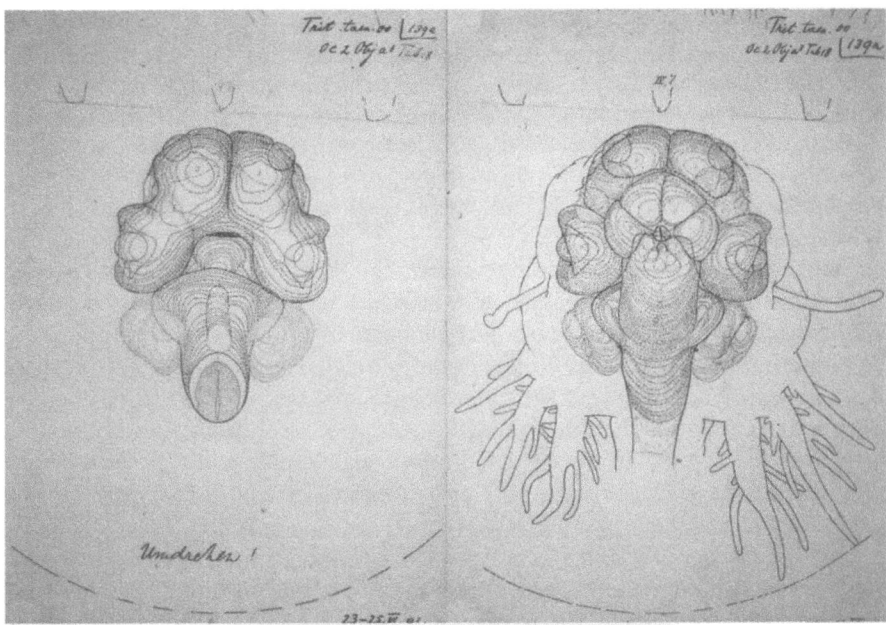

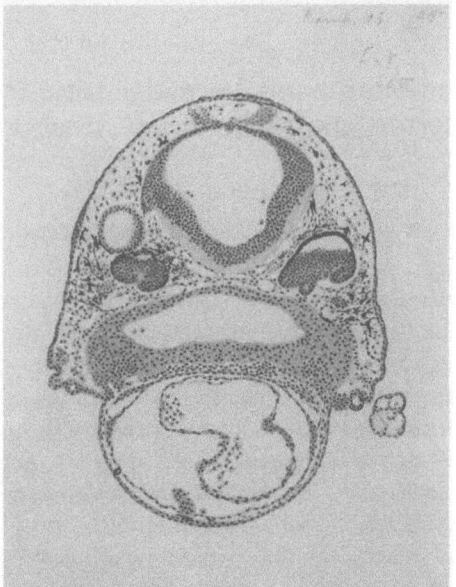

Abb. 12a. Rekonstruktionszeichnung der anatomischen Verhältnisse eines Gehirns von *Triton taeniatus* mit Duplicitas anterior-Mißbildung (Links: Ventralansicht; rechts: Dorsalansicht), die mittels der Kastschenkoschen Methode erstellt wurde. Oberhalb der Zeichnungen sind die Markierungen, die denjenigen des Parrafinblockes entsprechen, zu erkennen. Erstellt vom 23. bis 25. Juli 1903 (Schnittnr. IV, 7; Okular 2, Objektiv a^3, Tubus 18; 50fache Vergrößerung; ZIF, Nachlaß Hans Spemann, Protokollordner 1900, *Triton taeniatus* 1900 (139a); (²/₃ Originalgröße) – (Fortsetzung siehe Seite 142!)

Abb. 12b. Photogramm eines Querschnittes durch die mittlere Hirnregion einer Unke. Die beiderseits erkennbaren Augenbecher liegen aufgrund der 180°-Drehung des anterioren Neuralplattenbereiches um die anterior-posteriore Achse weiter posterior als normal. Mitte oben: Neuralrohr (Schnittnr. I,8; 50fache Vergrößerung; ZIF, Nachlaß Hans Spemann, Protokollordner 1906, *Bombinator 1906 (20)*

präparatumrisse müssen die Markierungen kongruent sein, um eine unverzerrte Wiedergabe zu erreichen.

Hans Spemann praktizierte diese aufwendige Methode nach 1905 nicht mehr. Grund hierfür mögen Zeitmangel aber auch die nicht mehr gegebene Erforderlichkeit gewesen sein. Statt dessen fertigte Spemann zunehmend sogenannte Camerazeichnungen, denen als Vorlage Schnittphotographien dienten, die anschließend abgezeichnet wurden. Die Schnittdokumentation bewerkstelligte er mit einem sehr raffinierten Verfahren. Die Schnitte wurden photographiert, von den Negativen blasse Abzüge angefertigt, die dann als Grundlage für die Zeichnungen dienten. Auf diese Weise erreichte Spemann eine getreue Wiedergabe der Zellgrenzen und der Lage der einzelnen Zellkerne und konnte zugleich einzelne Aspekte graphisch betonen (Abb. 12b).[616] Die Photographie als Mittel zur Darstellung und Dokumentation wandte Spemann erstmals im Frühjahr des Jahres 1901 im Schnürexperiment *Triton taeniatus 1901 (8)* an.

2.3. Zellgenealogie und vergleichende Embryologie: Spemanns wissenschaftliche Gesellen- und Meisterstücke

2.3.1. Dissertation (1894–1895): Zur Entwicklung des Strongylus paradoxus[617]

In der Einleitung zu seiner ersten wissenschaftlichen Veröffentlichung skizzierte Spemann die aktuelle Forschungskontroverse zur Frühentwicklung der Nematoden. Sein Doktorvater Boveri war beim Pferdespulwurm *Ascaris megalocephala* zu dem Ergebnis gekommen, daß beide ersten Furchungszellen zur Ektodermbildung beitragen. Damit vertrat Boveri eine wissenschaftliche Außenseiterposition, da etliche andere Forscher überzeugt waren, daß von einer der ersten beiden Furchungszellen das gesamte Ektoderm, von der anderen das gesamte Meso- und Entoderm abstamme. Auch in zwei weiteren Punkten vertrat Boveri eine wissenschaftliche Minderheitenposition. Zum einen postulierte er, daß bei seinem Un-

---

[616] Vgl. Spemann, Determination der ersten Organanlagen, S. 545.
[617] Spemann, Hans: Zur Entwicklung des Strongylus paradoxus. In: Spengel, J.W. (Hrsg.): Zoologische Jahrbücher. Abtheilung für Anatomie und Ontogenie der Thiere. Bd. VIII (1895), S. 301–317. Unveröffentlichte Notizen oder Manuskripte über seine Untersuchungen liegen nicht vor. Boveris Gutachten zur Dissertation bzw. Protokolle von den Promotionsexamina sind nach Auskunft des ARSUW aufgrund von Kriegseinwirkungen verloren gegangen.

2.3.1. Dissertation (1894-1895): Zur Entwicklung des Strongylus paradoxus

tersuchungsobjekt der Vorderdarm ektodermaler Herkunft sei und nicht ento- oder mesodermaler, wie gemeinhin angenommen. Zum anderen ließen sich nach seiner Auffassung die beiden Urgeschlechtszellen keinem der drei Keimblätter zuordnen. Vielmehr nähmen sie eine ontogenetische Sonderstellung ein, wohingegen die meisten Biologen die Urgeschlechtszellen dem Mesoderm zuordneten.

Boveri empfahl seinem Doktoranden, die bei *Ascaris megalocephala* gefundenen Ergebnisse an *Strongylus paradoxus* zu überprüfen. Das Objekt war geschickt ausgewählt, da einer von Boveris wissenschaftlichen Kontrahenten, der Dresdner Biologe Wandolleck, gerade diese Art untersucht hatte.[618] Für den Fall, daß Spemann Boveris Ergebnisse würde bestätigen können, wäre Wandolleck direkt widerlegt worden und zugleich wären die Ergebnisse der anderen Forscher zumindest fragwürdig geworden.

Spemann praktizierte die *cell lineage*-Methode, mit der er deskriptiv den Entwicklungsweg der einzelnen Blastomeren und ihrer Abkömmlinge in den einzelnen Keimstadien verfolgte. Seine Ergebnisse bestätigten Boveris Resultate in den zentralen Punkten. So konnte er nachweisen, daß auch bei *Strongylus paradoxus* die ersten Furchungszellen beide zur Bildung des Ektoderms beitragen, daß der Vorderdarm ein Derivat des sich einstülpenden Ektoderms darstellt und daß die Urgeschlechtszellen keinem der drei Keimblätter zuzuordnen sind.

In einigen Punkten zeigte Spemanns Objekt Abweichungen gegenüber demjenigen Boveris. So wird bei *Strongylus paradoxus* die Zelle P_4 zur Urgeschlechtszelle, bei *Ascaris megalocephala* hingegen erst die Zelle P_5,[619] da die Zelle P_4 noch eine Zelle an das Ektoderm abgibt. Ein weiterer Unterschied besteht in der Art und Weise, wie die Urgeschlechtszellen in die Tiefe wandern. Während sie bei *Strongylus* einfach vom Ektoderm überwachsen werden, rücken sie bei *Ascaris* erst mit der Einstülpung des ektodermalen Oesophagus in die Tiefe.

Spemanns Dissertation geht methodisch wie ideengeschichtlich auf Boveri zurück, was er selbst zum Ausdruck brachte:

„Man wird leicht merken, dass sich diese Untersuchung in allen Stücken, selbst in technischen Einzelheiten, aufs engste an die Arbeit Boveri's anschliesst [...] Ausserdem ist mir aber auch Herr Prof. Boveri so unausgesetzt mit Rath und That an die Hand gegangen, dass ich die Arbeit bloss zum Theil als mein geistiges Eigenthum bezeichnen kann."[620]

---

[618] Vgl. Wandolleck, Benno: Zur Embryonalentwicklung des Strongylus paradoxus. In: Arch. f. Naturgeschichte 58 (1891), S. 123-148.

[619] Vgl. Spemann, Strongylus paradoxus, S. 309. Boveri hat seine Position bezüglich der Urgeschlechtszelle später dahingehend revidiert, daß nur in Ausnahmefällen die Zelle P_5 zur Urgeschlechtszelle wird, im Normalfall hingegen die Zelle P_4. Vgl. Boveri, Theodor: Die Potenzen der Ascaris-Blastomeren bei abgeänderter Furchung. Zugleich ein Beitrag zur Frage qualitativ-ungleicher Chromosomenteilung. In: Festschrift für Richard Hertwig, Bd. III, S. 133-214, S. 135. Vgl.: Moritz, Karl B.: Theodor Boveri (1862-1915). Pionier der modernen Zell- und Entwicklungsbiologie (= Information Processing Animals, Bd. 8). Gustav Fischer Verlag, Stuttgart, Jena, New York 1993.

[620] Spemann, Strongylus paradoxus, S. 314.

2.3. Zellgenealogie und vergleichende Embryologie

Diese Aussage wird durch die Tatsache gestützt, daß Spemanns Arbeit inhaltlich direkten Bezug zu einer Forschungskontroverse aufweist, in welcher Boveri eine Außenseiterposition einnahm. Die Fragestellung und die bereits erwähnte günstige Wahl des Untersuchungsobjektes waren daher durch äußere Umstände von vorn herein wenn nicht fest-, so doch nahegelegt. Spemann hatte demnach nicht selbst ein neues Objekt ausgewählt, um eine Forschungskontroverse zu entscheiden, wie Mangold behauptet.[621]

Von wissenschaftstheoretischer und -historischer Bedeutung ist die Tatsache, daß Spemann mehrfach Analogieschlüsse heranzog, um die eigene Position zu untermauern. So führte er bei der Interpretation einer „kleinen einzelnen, eigenthümlich gefärbten Zelle", in der er die Urgeschlechtszelle vermutete, aus:

„Völlige Analogie besteht aber zwischen *Strongylus paradoxus* und *Ascaris megalocephala* nach Boveri, was Abstammung und Lage der Geschlechtszellen anlangt, und da diese bei *Asc.[aris] megalocephala* einen ganz scharf ausgeprägten Charakter hat, so ist diese Analogie die Hauptstütze meiner Ansicht."[622]

Der Begriff ‚Analogie' ist hier nicht im heute üblichen Sinne einer *strukturellen Ähnlichkeit aufgrund funktionaler Anpassung und nicht aufgrund phylogenetischer Verwandtschaft* gemeint. Vielmehr bezeichnete Spemann damit grundsätzlich die auf Ähnlichkeit gegründete Vergleichbarkeit von Strukturen. In der theoretischen Fortführung solcher Analogieschlüsse gelangte Spemann zu phylogenetischen Konsequenzen, die er allerdings vorsichtig als „wahrscheinlich" charakterisierte:

„[...] da Boveri dasselbe für *Ascaris megalocephala* angiebt, was ich für *Strongylus paradoxus* gefunden habe, so ist es wahrscheinlich, dass es trotz der gegentheiligen Angaben für alle Nematoden Geltung hat."[623]

Erstmals leitete Spemann hier aus der Deszendenztheorie eine Prämisse für seine eigenen Vorstellungen ab.

Auf Spemanns weiteren Forschungsweg hat diese Arbeit ideengeschichtlich keinen nachhaltigen Einfluß gehabt. Vermutlich war das Vertrautwerden mit der *cell lineage*-Methode der wichtigste Aspekt, der Spemann wohl befähigte, Studien dieser Art, wie sie von amerikanischen Forschern angestellt wurden,[624] nachzuvollziehen. Er beschäftigte sich nie wieder mit diesem Thema und vergab auch keine Doktorarbeit aus dem thematischen Umfeld an einen Studenten. Es wird deutlich, daß Spemann sich noch in einer Phase der wissenschaftlichen Orientierung befand, in der er wohl Auftragsuntersuchungen bestens zu bearbeiten vermochte, aber noch keineswegs von eigenen, originellen Fragestellungen ausging. Im Rückblick auf seine Dissertation schrieb Spemann:

---

[621] Vgl. Mangold, Hans Spemann, S. 93.
[622] Spemann, Strongylus paradoxus, S. 313. Kursivdruck im Original.
[623] Spemann, Strongylus paradoxus, S. 311. Kursivdruck im Original.
[624] Vgl. Maienschein, Jane: Cell lineage, ancestral reminiscence, and the biogenetic law. In: Jour. Hist. Biol. 11 (1978), S. 129–158.

„Diese meine kleine Erstlingsarbeit brachte eine Bestätigung dessen, was Boveri bei einer verwandten Form gefunden hatte, und eine Richtigstellung entgegenstehender Angaben für mein Objekt. Sonst nichts grundsätzlich Neues."[625]

2.3.2. Habilitation (1895–1898): Spiraculum und Tuba Eustachii – Zur Entwicklung des Mittelohres bei Amphibien

Das an der Universität zu Würzburg aus einem schriftlichen und einem mündlichen Akt bestehende Habilitationsverfahren ist im Falle Hans Spemanns von besonderem wissenschaftshistorischen Interesse, weil sich hier erstmals die Herausbildung eigenständiger Gedanken manifestiert.

Die Habilitationsschrift

Spemanns Habilitationsschrift mit dem Titel *Ueber die erste Entwicklung der Tuba Eustachii und des Kopfskeletts von Rana temporaria* erschien 1898 in den Zoologischen Jahrbüchern.[626] Die thematische Anregung lieferte, wie schon bei der Dissertation, Theodor Boveri, der eine vergleichend-anatomische Untersuchung als unerläßlichen Bestandteil einer vollständigen wissenschaftlichen Ausbildung zum Biologen ansah.[627]

Einleitend griff Spemann den Forschungsstand zu der Frage auf, in welchem phylogenetischen Verhältnis das Spritzloch der Selachier und die *Tuba Eustachii* einschließlich *Cavum tympani* der Amphibien zueinander stehen. Während die Lehrbuchmeinung, gestützt auf vergleichend-anatomische Methoden, die Homologie beider Strukturen postulierte, gab es einige Forscher, die aufgrund ontogenetischer Untersuchungen zu anderen Ergebnissen gekommen waren. So leitete Alexander Goette am Untersuchungsobjekt *Bombinator igneus* die Entstehung der *Tuba Eustachii* aus der zweiten Kiemenspalte ab. Dies würde eine phylogenetische Verwandtschaft mit dem Spritzloch, welches gemeinhin mit der ersten Kiemenspalte homologisiert wurde, ausschließen.[628] Auch der englische Forscher Villy behauptete, daß bei *Rana temporaria* die *Tuba Eustachii* sich ontogenetisch nicht auf die erste Kiemenspalte zurückführen ließe. Dennoch hielt er eine Homologie der *Tuba* mit dem Spritzloch nicht für ausgeschlossen.[629] Dies impliziert, daß seiner Ansicht nach die stammesgeschichtlichen Verhältnisse zwischen dem

---

[625] Spemann, Forschung und Leben, S. 172.
[626] Spemann, Hans: Ueber die erste Entwicklung der Tuba Eustachii und des Kopfskeletts von Rana temporaria. In: Zool. Jahrb. 11 (1898), S. 389–416. Es liegen keine Notizen oder andere Unterlagen zu den Untersuchungen vor.
[627] Vgl. Spemann, Tuba Eustachii, S. 392.
[628] Vgl. Goette, Alexander: Entwicklungsgeschichte der Unke *Bombinator igneus*. Leipzig 1875.
[629] Vgl. Villy, C.: The development of the ear and accessor organs in the common frog. In: Quart. Journ. microsc. Science 30 (1890), S. 13–78.

Spiraculum und der ersten Kiemenspalte noch nicht hinreichend geklärt waren. Erich Gaupp wies für *Rana fusca* nach, daß der distale Teil der *Tuba Eustachii* nicht durch späteres Auswachsen von der Mundhöhle bzw. der ersten Kiemenspalte entsteht, sondern sehr früh angelegt wird. Ferner zeigte er, daß die *Tuba Eustachii* während der Metamorphose eine bemerkenswerte Lageverschiebung erfährt. Während des Larvenstadiums hinter dem Zungenbein-Quadratum-Gelenk lokalisiert, kommt sie im Adulttier durch die Wanderung des Zungenbeinhorns zwischen beiden Gelenkknochen zu liegen.[630]

Frühere Arbeiten zum Thema hatte Spemann nicht berücksichtigt, da die verbesserten technischen Hilfsmittel, in erster Linie Mikrotome und Mikroskope, einen wesentlich günstigeren Zugang zu den sehr kleinen Untersuchungsobjekten gewährten und somit die älteren Studien hinfällig werden ließen.

Ausgehend von diesem Forschungsstand formulierte Spemann die seine Arbeit leitenden Fragestellungen:

„1) Was wird aus der ersten Visceralspalte, läßt sich ontogenetisch ein Zusammenhang zwischen ihr und der Anlage der Tuba nachweisen? Wenn dies der Fall: 2) Wie kommt der eigenthümliche Verlauf zu Stande, den die Tuba während des Larvenlebens nimmt?"[631]

Erst nach Klärung der ontogenetischen Beziehung zwischen der ersten Kiemenspalte und der *Tuba Eustachii* ließe sich seiner Ansicht nach eine phylogenetische begründete Homologie zum *Spiraculum* der Selachier fundiert be- bzw. widerlegen. Aufgrund dieser Leitfragen war die Untersuchung in der Tradition der vergleichend-deskriptiven, phylogenetisch orientierten Embryologie angesiedelt.

Nach einer eingehenden Darstellung mit 37 zum Teil farbigen Abbildungen (Abb. 13) der anatomischen Schädelentwicklung von *Rana temporaria* in fünf, sieben bzw. zehn Millimeter langen Larvenstadien, bei der die Kiemenspaltenentwicklung und die Knochenbildung besondere Berücksichtigung erfuhren, kam Spemann zu folgenden Resultaten:

1. Die erste Visceralspalte wird in ihrem zwischen Quadratum und Hyoid liegenden, mittleren Teil sehr schmal und verschwindet nachfolgend in diesem Abschnitt gänzlich. Das distale, kolbenförmige Ende stellt die Tubenanlage dar und wächst im weiteren Embryonalverlauf zur fertigen Röhre aus. Der Raum zwischen Tubenanlage und rückgebildeter ersten Kiemenfalte (Kiementasche) wird durch die einwachsenden Knochen *Quadratum* und *Hyoid* ausgefüllt, welche anschließend miteinander verschmelzen.[632] Hiermit hatte Spemann, auf embryologische Befunde gestützt, einen überzeugenden Beleg für die Entstehung der Tubenanlage aus dem distalen Ende der ersten Kiemenfalte geliefert und zugleich deren Homologie mit dem Spritzloch bestätigt.

---

[630] Vgl. Gaupp, Erich: Beiträge zur Morphologie des Schädels. I. Primordialcranium von Rana fusca. In: Morph. Arb. 2, (1893), S. 275–481.
[631] Spemann, Tuba Eustachii, S. 391.
[632] Vgl. Spemann, Tuba Eustachii, S. 406–407.

2.3.2. Habilitation (1895–1898): Spiraculum und Tuba Eustachii

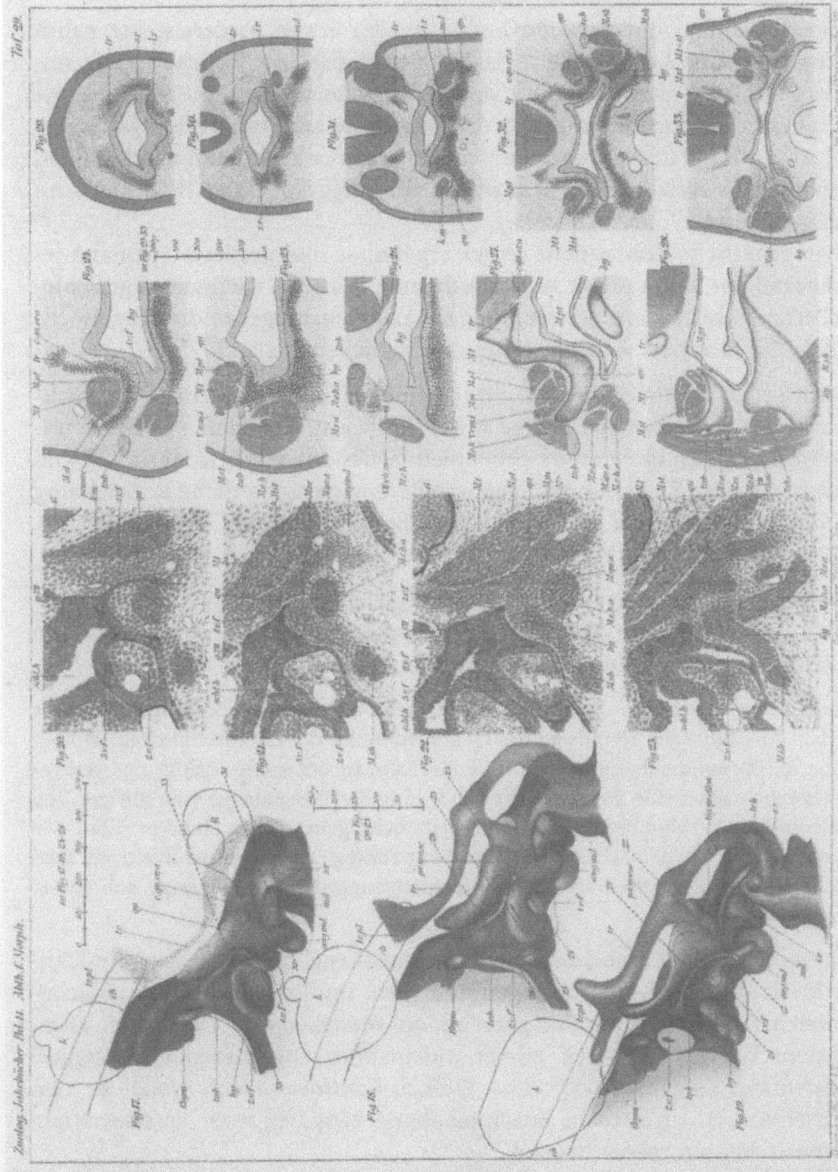

Abb. 13. Kolorierte Abbildungen aus Spemanns Habilitationsschrift. Zu erkennen sind bei den Figuren 17–19 Rekonstruktionen der Schlundhöhlen und Kopfskelettanlagen bei *Rana fusca*-Larven zwischen 7 und 10 mm Länge. Die Figuren 20–23 zeigen Sagittalschnittzeichnungen, die Figuren 24–33 kolorierte Zeichnungen von schrägen Schnitten durch die Kopfregion von *Rana fusca*-Larven zwischen 7,5 und 10 mm Länge. Au: Augenanlage; ang.md: Angulus mandibulae; br: Branchiale; ch: Chorda dorsalis; c.qu.cr.a.: Commissura quadrato-cranialis anterior; ep: Epidermis; G: Gehirn; g: Ganglion; G. VII: Facialisteil des G. Trigeminofacialis; gl.thyr: Glandula thyroidea; hyp: Hypophysis; hy: Hyoid; i.r: Infrarostrale; kl.dr: Klebdrüse; k.m: Muskulatur des Kieferbogens; L: Labyrinth; lig.qu.ethm: Ligamentum quadrato-ethmoidale; md: Mandibulare; M.c.h.a: Musculus cerato-hyo-angularis; M.m: Musculus masseter; M.o.h: Musculus orbito-hyoideus; M. pt: Musculus pterygoideus; M.qu.a: Musculus quadrato-angularis; M.s.a: Musculus suspensorio-angularis; M.s.h: Musculus subhyoideus; M.st. Musculus subtemporalis; M.t: Musculus temporalis; pr.musc: Processus musculus; qu: Quadratum; R: Riechsäckchen; s.r: Suprarostrale; thym: Thymus; tr: Trabekel; tr.pl: Trabekelplatte; tub: Anlage der Tuba Eustachii und des Cavum Tympani; v.f: Visceralfalte (aus: Spemann, Tuba eustachii, Tafel 29)

2.3. Zellgenealogie und vergleichende Embryologie

2. Für die Umbildung und partielle Auflösung der ersten Visceralspalte nahm Spemann mechanische Ursachen wie Zerquetschung oder Druckatrophie seitens des *Qudratums* und *Hyoids* als wenig wahrscheinlich an. Vielmehr bevorzugte er die Erklärung, daß dieser Prozeß durch Zellumordnungsvorgänge zustande kommt.[633] Solche Umordnungsprozesse sah er auch beim anschließend erfolgenden Auswachsen der Tubenanlage zur langgestreckten *Tuba Eustachii* als maßgeblich an.[634]

3. Als phylogenetische Konsequenz seiner Ergebnisse interpretierte Spemann jenen während der Larvalphase zu beobachtenden, langen, nach vorne gerichteten Zellstrang als stammesgeschichtlich abgeleiteten, hingegen die ausgewachsene *Tuba Eustachii* der Adulttiere als ursprünglichen Zustand.[635]

Spemann selbst schätzte die Bedeutung seiner Habilitationsschrift im Rückblick nicht sonderlich hoch ein: „Diese Arbeit füllte also eine kleine Lücke in unseren Kenntnissen aus, ohne etwas prinzipiell Neues zutage zu fördern."[636] Und dennoch, obwohl ihre Bedeutung für seine weitere wissenschaftliche Entwicklung eher im methodischen denn im thematischen Bereich lag, zeigt sie aus ideengeschichtlicher Sicht zwei interessante Aspekte:

1. Das Nebeneinander von traditioneller vergleichend-deskriptiver Anatomie und kausalanalytischem, entwicklungsphysiologischem Ansatz: Spemann schrieb über den möglichen Mechanismus der Tubenbildung:

„Wir sehen also unsere am Anfang ausgesprochene Vermuthung bestätigt, dass zwischen dem Anschluss des Hyoids an das Quadratum und der eigenthümlichen Bildung der Tuba ein Zusammenhang besteht. Wie die Falte zurückweicht, dringt das verbindende Gewebe nach. Beide Vorgänge, die Sonderung der Tubenanlage vom übrigen Teil der Falte und die Verbindung der beiden Skelettstücke, gehen genau Hand in Hand. Die Frage, ob hier ein mechanischer Zusammenhang vorliegt oder nicht vielmehr ein harmonisches Ineinandergreifen zweier auf einander angewiesener Vorgänge, soll später erörtert werden."[637]

Es liegt nahe, daß der „mechanische Zusammenhang" im Sinne der physikalischen Mechanik von Kraftwirkungen und nicht im Sinne Kantscher „Mechanik", welche die Kausalbeziehung meint, zu verstehen ist.[638] Mit dem „harmonischen Ineinandergreifen zweier aufeinander angewiesener Vorgänge" griff Spemann Gedanken der *Roux-Driesch-Kontroverse* auf, wobei er den möglichen kausal-regulativen Zusammenhang zwischen zwei verschiedenen ontogenetischen Prozessen betonte.

---

[633] Vgl. Spemann, Tuba Eustachii, S. 407.
[634] Vgl. Spemann, Tuba Eustachii, S. 408.
[635] Vgl. Spemann, Tuba Eustachii, S. 413.
[636] Spemann, Forschung und Leben, S. 174.
[637] Spemann, Tuba Eustachii, S. 400.
[638] Vgl. oben S. 111–113. Es ist dies ein Indiz dafür, daß die oben angesprochene Konnotation der „Entwicklungsmechanik" bei Spemann eine Rolle gespielt haben könnte, den Begriff abzulehnen.

2.3.2. Habilitation (1895–1898): Spiraculum und Tuba Eustachii 149

2. Bei der Frage nach dem Zustandekommen solcher harmonisch ineinandergreifenden Vorgänge hob Spemann die Bedeutung von Zellumordnungsprozessen als seiner Ansicht nach wichtigster Faktor in der embryonalen Morphogenese hervor. Solche Zellmigrationen spielten in seinen späteren Untersuchungen, die sich zu einem wesentlichen Teil mit der Gastrulation befaßten, eine zentrale Rolle. Mechanischen Faktoren, denen in der älteren entwicklungsbiologischen Forschung eine größere Beachtung geschenkt wurde, räumt er eine geringe Bedeutung ein, ohne sie ganz ausschließen zu wollen.[639]

Festzuhalten bleibt, daß Spemann in einer vergleichend-deskriptiv angelegten entwicklungsbiologischen Studie bereits kausalanalytische Fragestellungen entwickelte, die seine spätere Forschungsrichtung andeuteten.

Spemann selbst schrieb es Boveri zu, daß er nach seinem Kuraufenthalt die unterbrochenen Forschungen über die *Tuba Eustachii* nicht einfach liegen ließ, sondern sie zu einem Abschluß brachte.[640] Dieser sah die Notwendigkeit, die Ergebnisse einer zweijährigen, mühseligen Arbeit in eine Habilitation umzumünzen. Mangolds Annahme, Spemann hätte die Arbeit gerne weitergeführt und nur auf Veranlassung Boveris sich einem neuen Gebiet zugewandt,[641] dürfte kaum zutreffen. Sie widerspricht zum einen Spemanns autobiographischer Mitteilung und zum anderen der Tatsache, daß er noch vor Abschluß des Habilitationsverfahrens mit entwicklungsbiologischen Experimenten begonnen hatte.

In späteren Jahren beschäftigte Spemann sich mit der Schädelentwicklung bei Amphibien nur noch am Rande. So liegt eine undatierte Notiz, vermutlich um die Jahrhundertwende niedergeschrieben, vor:

„Zungenbeinbogen zusammengeflossen aus zwei Kiemenbögen? Oder ein Kiemenbogen ausgefallen und der andere auf seine Kosten vergrößert? Studieren: Alles über Kopfprobleme. Selber Schnitte durch junge Stadien machen."[642]

Von seinen Doktoranden arbeitete nur Erwin Litzelmann im Jahre 1923 vergleichend-deskriptiv über den Kieferapparat bei Amphibien.[643]

Der mündliche Habilitationsakt

Der mündliche Habilitationsakt bestand aus einem einstündigen Vortrag und einer sich anschließenden Disputation über vom Autor vertretene Thesen. Spemanns Vortrag *Kritische Darstellung der Versuche über Beeinflussung der Ontogenese durch Abtrennung oder Tötung der einzelnen Blastomeren* ist in seinem In-

---

[639] Vgl. Spemann, Tuba Eustachii, S. 407.
[640] Vgl. Spemann, Forschung und Leben, S. 181.
[641] Vgl. Mangold, Hans Spemann, S. 99–100.
[642] ZIF, Nachlaß Hans Spemann, Protokollordner 1899, undatierte Notiz.
[643] Vgl. Litzelmann, Erwin: Entwicklungsgeschichtliche und vergleichend-anatomische Untersuchungen über den Visceralapparat der Amphibien. In: Zeitschr. f. Anatomie 67 (1923), S. 457–493.

halt nicht überliefert. Aus Berichten der Vertreter der Philosophischen Fakultät können wir uns aber ein Bild über die Grundlinien seiner Argumente machen:

„Dr. Spemann entwickelte in etwa einstündiger Rede mit großer Klarheit und vollkommener Sachkenntnis den Gegensatz zwischen der sogenannten Evolutions- und Epigenesetheorie und kritisierte die von Vertretern beider Theorien angestellten Versuche. Er kam zu dem Ergebnis, dass keine der beiden Theorien streng erwiesen, keine entschieden widerlegt sei, und dass vielleicht beide einen Theil der Wahrheit enthielten."[644]

Nach dieser Aussage nahm Spemann eine vermittelnde Position in der *Präformation (= Evolution)-Epigenese-Kontroverse* ein. Anschließend stellte er acht Thesen[645] zur Disputation, deren Inhalte einen Überblick über sein Interessenspektrum geben und einen Bezug zu seinen bisherigen Forschungen aufweisen. Über die inhaltlichen Ausführungen zu den Thesen lassen sich aufgrund fehlender Quellen nur indirekte Informationen gewinnen:

„1. Die Frage nach der Vererbung erworbener Eigenschaften hat nicht die prinzipielle Bedeutung, die ihr gewöhnlich beigemessen wird." Vermutlich wollte Spemann mit seiner Eingangsthese deutlich machen, daß die Überbetonung der Vererbung erworbener Eigenschaften ebenso wenig fruchtbar ist wie ihre gänzliche Negierung. Damit rückte er von den Vorstellungen seiner Freunde Gustav Wolff und August Pauly ab. Diese Interpretation wird durch einen Brief vom 15. Februar 1897 gestützt, in dem Boveri Spemann beipflichtete: „Gegen den Lamarckismus habe ich in einem seiner [Weismanns, P.F.] Bücher auch einmal etwas gelesen, was ich ganz zutreffend fand".[646]

„2. Roux' Prinzip der funktionellen Selbstgestaltung ist unhaltbar." Die bereits in der Habilitationsschrift angedeutete Nähe zu Drieschs Entwicklungskonzept, welches der Regulation eine große Bedeutung in der Individualentwicklung beimaß, führte Spemann zur Formulierung dieser These. Die autonome Differenzierung als morphogenetischer Mechanismus wird zwar nicht grundsätzlich negiert, aber nicht als einziges der Ontogenese zugrundeliegendes Prinzip anerkannt. Spemann konnte sich hierbei bereits auf erste eigene experimentelle Befunde stützen.[647]

„3. Für die Tatsache der Mimicry ist die Selektionstheorie ebenso zu verwerfen, wie für alle anderen Anpassungserscheinungen." Es handelt sich hierbei um das früheste Zeugnis von Spemanns Skepsis gegenüber Darwins Selektionstheorie, nach der die Selektion als alleinig maßgeblicher richtungsbestimmender Faktor für die evolutionäre Weiterentwicklung der Organismen anzusehen sei. Das Phänomen der Mimikry insbesondere bei Schmetterlingen gilt als einer der ältesten und langlebigsten Einwände gegen die Selektionstheorie.[648]

---

[644] ARSUW, Nr. 784, PA Hans Spemann, Bericht des Referenten des Universitätssenats Fick.
[645] Vgl. ARSUW, Nr. 784, PA Hans Spemann.
[646] BStB, Ana 389, C. 1., Nr. 13, Brief von Theodor Boveri an Hans Spemann vom 15. Februar 1897.
[647] Vgl. unten S. 157ff.
[648] Vgl. Bowler, Eclipse of Darwinism, S. 214.

„4. Kainogenetische Vorgänge lassen sich in letzter Linie fast immer als Anpassungserscheinungen nachweisen." Der Cänogenese (= Kainogenese) als Problem phylogenetischer Theorien war Spemann in seiner Mittelohruntersuchung bei *Rana temporaria* begegnet. Er interpretierte den im Larvenstadium beobachteten Zellstrang, aus welchem die Tubenanlage hervorgeht, als die phylogenetisch abgeleitete Struktur, die Eustachsche Röhre der Adulttiere die phylogenetisch ursprüngliche Struktur.[649]

„5. Homologe und homodyname Gebilde sind prinzipiell nicht verschieden." Die Begriffe *homolog* und *homodynam* gehen auf Ernst Haeckel zurück.[650] Es handelt sich hierbei um Termini, mit denen phylo-und ontogenetische Strukturverwandtschaften benannt wurden.

„6. Das Gesetz der Erhaltung der Energie kann auf die organische Welt ausgedehnt werden, ohne daß sich deshalb die organische Zweckmäßigkeit müßte anorganisch erklären lassen." In seiner sechsten These brachte Spemann die auch später immer wieder vertretene Ansicht zum Ausdruck, daß die Gültigkeit anorganischer Gesetzmäßigkeiten im Bereich des Lebendigen eine Eigengesetzlichkeit des letzteren – in moderner Terminologie würde man von Systemeigenschaften sprechen – nicht ausschließt. Dies impliziert eine Absage an einen platten Reduktionismus.

„7. Jede reine Evolutionstheorie ist mit den Tatsachen unvereinbar." Spemann formulierte eine deutliche Absage an Präformationsvorstellungen, wie sie durch Weismann und Roux in modifizierter Form vertreten wurden. Daß der Begriff *Evolution* in dem heute nicht mehr gebräuchlichen Sinne der ontogenetischen *Auswicklung* aufzufassen ist, geht aus dem oben zitierten Bericht des Senatsvertreters hervor.[651]

„8. Humanismus und Naturwissenschaft sind einander nicht feindlich; vielmehr beeinflußt das Naturstudium, nach großen Gesichtspunkten betrieben, die moderne Bildung in der Richtung des antiken Lebensideals." Man mag in der letzten These eine Konzession Spemanns an die Philosophische Fakultät sehen, innerhalb der das Fach Zoologie zu jener Zeit angesiedelt war. Zweifelsohne belegt sie aber auch sein Bemühen um die Überwindung einer sich mehr und mehr abzeichnenden Sprachlosigkeit zwischen den Natur- und Geisteswissenschaften, die ihm sicher ein wichtiges Anliegen und nicht nur ein Lippenbekenntnis war.

Spemann erkannte die Erklärungsdefizite in Darwins und Lamarcks Gedankengebäuden, weshalb er beide als nur vorläufig ansah. Für ihn ergab sich daraus die Konsequenz, die Unsicherheiten und theoretischen Spielräume durch experimentelle Beweisführung einzuengen. Dabei ist zumindest im Habilitationsverfahren, soweit es uns überliefert ist, deutlich seine unvoreingenommene Position beiden Lehren gegenüber zu erkennen, so daß er nicht in Gefahr läuft, experi-

---
[649] Vgl. Spemann, Tuba Eustachii, S. 413; vgl. oben S. 148.
[650] Vgl. Haeckel, Ernst: Generelle Morphologie der Organismen. Bd. 1, Berlin 1866, S. 314.
[651] Vgl. S. 150.

mentelle Befunde von vorn herein in einem speziellen Licht sehen zu wollen. Die Thesen fanden bei dem Referenten des Senats aus folgendem Grund eine günstige Beurteilung:

„Die für den zweiten Akt, die Disputation, aufgestellten Streitsätze zeichneten sich vor vielen anderen in ähnlichen Fällen aufgestellten sehr vorteilhaft aus dadurch, dass es wirkliche ‚Streitsätze' waren, nämlich nicht thatsächliche Behauptungen, sondern allgemeine theoretische Sätze, für oder wider welche sich allgemeine logische Erörterungen anstellen lassen."[652]

Spemanns hier gezeigter Mut zur wissenschaftlichen Streitkultur war auch später ein Charakteristikum seines Arbeitens.[653]

2.4. Forschungsphase I (1897–1914): Erarbeitung der grundlegenden Methoden, Fragestellungen und entwicklungsbiologischen Konzepte

2.4.1. Die Schnürexperimente (1897–1905) und die Experimente über verzögerte Kernversorgung von Keimbereichen (1913–1914)

Protokolle von Schnürexperimenten liegen aus den Jahren 1897, 1899, 1900, 1901, 1904, 1905, 1913 und 1914 vor.[654] Aus Spemanns Angabe, „im Sommer 1897 und 1899"[655] einige Versuchsreihen durchgeführt zu haben, läßt sich indirekt schließen, daß er 1898 keine entwicklungsbiologischen Experimente durchgeführt hatte, was das Fehlen des entsprechenden Protokolljahrganges 1898 im Quellenbestand erklärt. Der Grund für das Aussetzen der Experimente dürfte das für Mai 1898 anberaumte Habilitationskolloquium gewesen sein, auf das er sich intensiv vorbereiten mußte und wegen dem er vermutlich auch die Assistentenstelle mit den Lehrverpflichtungen aufgegeben hatte. Wahrscheinlich führte Spemann während der Jahre 1902 und 1903 ebenfalls keine Schnürexperimente durch, da keinerlei veröffentlichte oder unveröffentlichte Quellen einen Hinweis auf solche geben. Mit dem Jahr 1905 – und nicht bereits im Jahre 1900[656] – stellte Spemann die Durchführung von Schnürexperimenten für Forschungszwecke ein. Nach Ansicht Hamburgers war der analytische Gehalt dieser Methode erschöpft.[657] Spemann

---

[652] ARSUW, Nr. 784, PA Hans Spemann, Bericht des Referenten des Universitätssenats Fick.
[653] Vgl. Sander, Klaus: Hans Spemann – Entwicklungsbiologe von Weltruf. In: Biol. in uns. Zeit 15 (1985), S. 112–119; vgl. Goldschmidt, Erlebnisse, S. 15–16.
[654] Vgl. ZIF, Nachlaß Hans Spemann, Protokollordner. Es ist auf einige wenige Schnürprotokolle aus den Jahre 1915 und 1916 hinzuweisen, die aber als Einzelversuche keine Forschungsstrategie erkennen lassen.
[655] Spemann, Hans: Experimentelle Erzeugung zweiköpfiger Embryonen. In: Sitzungsberichte der Physikal.-med. Gesellschaft zu Würzburg (1900), Nr. 1, S. 2–9, S. 2.
[656] Vgl. Horder, Weindling, Hans Spemann, S. 187.
[657] Vgl. Hamburger, Heritage, S. 17.

2.4.1. Die Schnürexperimente (1897–1905)

demonstrierte die Schnürmethode bis zum Jahre 1913 seinen Studenten nur noch in Lehrveranstaltungen. Erst mit der Erarbeitung einer anderen Fragestellung ergab sich für die Schnürmethode eine erneute Anwendung in der Forschung:

„Als ich im vergangenen Sommer [1913, P.F.] einem Schüler zeigte, wie man Tritoneier schnürt, kam ich auf den Gedanken, es müßte möglich sein, durch Schnürung gleich nach der Befruchtung den Furchungskern in der einen Eihälfte zurückzuhalten, und erst einen späteren Abkömmling desselben durch die Substanzbrücke in die anderen Hälfte hinüber zu lassen. So würde die bis dahin unentwickelte Hälfte statt mit ½, je nach Grad der Schnürung mit ¼, ⅛, ¹⁄₁₆ Furchungskern versehen."[658]

Tabelle 15. Numerische Übersicht über Spemanns Protokolle der Schnürexperimente während der Jahre 1897–1905 und der Experimente über verzögerte Kernversorgung von Keimbereichen während der Jahre 1913–1914.

Jahr	1897	1898	1899	1900	1901	1902	1903	1904	1905	1913	1914
Anzahl vorhandener Protokolle*	33	0	3	141	122	0	0	11	21	4	110
vermutete Protokollgesamtzahl**	36	0***	92	150	143	0***	0***	98	25	4	146
vermutete Anzahl fehlender Protokolle	3	0***	89	9	21	0***	0***	87	4	0	36

* Mit „Protokoll" wird im folgenden jede durch eine eigene Nummer gekennzeichnete experimentelle Fallbeschreibung bezeichnet. Diese umfaßt zumeist mehrere Blätter. In einzelnen Fällen erstellte Spemann Sammelprotokolle, in denen unter einer Versuchsnummer mehrere Objekte abgehandelt werden. Daher können Protokollnummerierung und Anzahl der operierten Objekte voneinander abweichen.

** Die vermutete Protokollgesamtzahl ergibt sich aus der jeweils höchsten vorliegenden Protokollnummerierung eines Jahrganges. Etwaige verlorene Protokolle mit höherer Numerierung werden nicht berücksichtigt. Lücken bei niedrigeren Protokollseriennummern werden als Protokollverlust gewertet. Diese Regelung gilt auch für die nachfolgenden Tabellen.

*** Vermutlich keine Experimente.

Einer nachträglichen Feststellung der exakten Gesamtzahl von Schnürexperimenten stehen nicht nur Quellenverluste entgegen, sondern auch der Umstand, daß Spemann namentlich im Jahre 1900 zahlreiche geschnürte Embryonen in Sammelprotokollen zusammenfaßte.[659] Nach eigener Aussage hatte Spemann

---

[658] Spemann, Hans: Über verzögerte Kernversorgung von Keimteilen. In: Verhandl. Deutsch Zool. Ges. 24 (1914), S. 216–221, S. 216. Bei dem Schüler handelte es sich um Otto Mangold; vgl. Spemann, Hans: Die Entwicklung seitlicher und dorso-ventraler Keimhälften bei verzögerter Kernversorgung. In: Zeitschr. f. wiss. Zoologie 132 (1928), S. 105–134, S. 106.

[659] Vgl. ZIF, Nachlaß Hans Spemann, Protokollordner; beispielsweise in den Protokollen der Versuche *Triton taeniatus* 1900 *(3), (4), (8), (140)* und *(148)*. Die Anzahl der Objekte läßt sich nicht rekonstruieren.

während der Jahre 1897 und 1899 rund 250 Schnürexperimente durchgeführt.[660] Es ist daher anzunehmen, daß die Protokollserie *Triton taeniatus 1899* mit nur drei Protokollen unvollständig erhalten ist, wofür auch die diskontinuierlichen Protokollnummerierungen und -datierungen sprechen. Weiterhin gab Spemann an, bis zum Jahre 1901 um die 1000 Zwei- und Vier-Zell-Stadien sowie ungefähr 100 Blastulen geschnürt zu haben.[661] Die eben skizzierte Quellenlage gibt keinen Anlaß, diese Aussage in Zweifel zu ziehen. Dies ist insbesondere deshalb von Interesse, weil Spemann gerade in der großen Zahl seiner Versuche eine wichtige Stütze für seine Ergebnisse und die daraus gezogenen Schlüsse sah, wie er in einem Seitenhieb auf Oskar Hertwig, H. Endres, V. v. Ebner und Amadeo Herlitzka betonte, die ebenfalls Molchembryonen, allerdings in geringer Anzahl, geschnürt hatten:

„Es erscheint mir von vornherein als wünschenswerth, die Experimente möglichst zahlreich anzustellen, da leider die aus kleinen Zahlen gezogenen Schlüsse nicht dadurch an Sicherheit gewinnen, dass die Erreichung selbst dieser kleinen Zahlen eine schwierige war."[662]

Zwischen den Jahren 1900 und 1904 veröffentlichte Spemann in sechs Arbeiten die Ergebnisse seiner Schnürexperimente. Die wichtigsten Schriften zu diesem Komplex sind zweifelsohne die *Entwickelungsphysiologischen Studien. I-III*, die als drei umfangreiche, formal und inhaltlich aufeinander aufbauende Arbeiten während der Jahre 1901, 1902 und 1903 erschienen. Zwei Veröffentlichungen über das Phänomen der Doppelmißbildung im anterioren Bereich, die sogenannte *Duplicitas anterior*, aus den Jahren 1900 und 1904 bilden gleichsam Auftakt und Abschluß dieser ersten Forschungs- und Veröffentlichungsphase.

Die Ergebnisse seiner Experimente über verzögerte Kernversorgung publizierte Spemann in einer vorläufigen Mitteilung 1914[663] und in einer ausführlicheren Arbeit 1928,[664] in der er auch die der Dissertation seines Schülers Heinrich Schütz[665] mit berücksichtigte.

---

[660] Vgl. Spemann, Experimentelle Erzeugung, S. 8.
[661] Vgl. Spemann, Hans: Entwickelungsphysiologische Studien am Tritonei. I. In: Arch. f. Entw.mech. d. Organis. 12 (1901), S. 224-264, S. 226.
[662] Spemann, Entwickelungsphysiologische Studien. I., S. 226.
[663] Vgl. Spemann, Hans: Über verzögerte Kernversorgung von Keimteilen. In: Verhandl. Deutsch. Zool. Ges. 1914, S. 216-221.
[664] Vgl. Spemann, Hans: Die Entwicklung seitlicher und dorso-ventraler Keimhälften bei verzögerter Kernversorgung. In: Zeitschr. f. wiss. Zoologie 132 (1928), S. 105-134.
[665] Vgl. Schütz, Heinrich: Schnürversuche an Triton-Eiern vor Beginn der Furchung. Diss. Freiburg 1924. Eine hand- und eine maschinenschriftliche Ausfertigung dieser Arbeit existiert im Zoologischen Institut Freiburg.

2.4.1.1. Spemanns Schnürexperimente 1897–1905

Spemann nahm die Schnürversuche noch während seines laufenden Habilitationsverfahrens im Jahre 1897 auf. Das belegt sein großes Interesse an der entwicklungsbiologischen Thematik und der mit ihr verknüpften Methode. Aufgrund einer Reihe von Faktoren läßt sich plausibel nachvollziehen, weshalb er sich gerade der experimentellen Entwicklungsbiologie zuwandte.

- Zum einen entsprach dieses Forschungsgebiet mit seinen Anforderungen an die praktischen und theoretischen Fähigkeiten Spemanns individuellen Neigungen und Interessen. In kaum einer anderen biologischen Disziplin war die Synthese von Spezialisten- und Generalistentum derart vonnöten, wie in der Entwicklungsbiologie jener Zeit. Hier konnte er seinem Hang zum handwerklich-technischen Arbeiten freien Lauf lassen, da die experimentelle Methode unerläßliche Voraussetzung für ein erfolgreiches kausalanalytisches Forschen war. Zugleich stellte die Verknüpfung von konkreten entwicklungsbiologischen Problemen mit theoretischen und philosophischen Fragen, welche die Entwicklungsbiologie um die Jahrhundertwende zu einer der zentralen Disziplinen innerhalb der Biologie werden ließ, für den philosophisch geschulten und interessierten Spemann einen weiteren wichtigen Anreiz dar. Es waren insbesondere Weismanns anregende, aber auch zum Widerspruch reizende Gedanken, welche Spemann in besonderem Maße geistig beeinflußten. Boveri, der Spemann intellektuell in jener Zeit wohl am nahesten stand, schrieb ihm:

„Von allem anderen abgesehen, hat Weismann jedenfalls darin große Verdienste, dass er in vielen Dingen, wo man bis dahin prinzipienlos fortgewurstelt hatte, exacte Fragestellungen brachte."[666]

- Zum zweiten wurde Spemanns Interesse an der ihm solchermaßen zusagenden experimentellen Entwicklungsbiologie durch eine Reihe von persönlichen Begegnungen geweckt. Zu den frühesten dieser Art zählte sicherlich die mit Gustav Wolff in Heidelberg, dem er in den Jahren 1891 und 1892 bei seinen Regenerationsexperimenten an Amphibien über die Schulter blickte.[667] August Pauly sollte wenig später die phylogenetische und theoretische Dimension der Entwicklungsbiologie mit Spemann intensiv diskutieren. Der für Spemann folgenreichste Aspekt dieser Bekanntschaften war sicherlich, daß beide ihm rieten, bei Theodor Boveri zu promovieren. Boveri, obwohl kein experimenteller Entwicklungsbiologe im engeren Sinne, hatte die sich abzeichnende Forschungsrichtung seines Schülers nach anfänglichen Bedenken befürwortet.[668]

---

[666] BStB, Ana 389, C. 1., Nr. 14; Brief von Theodor Boveri an Hans Spemann vom 15. Februar 1897.
[667] Vgl. Spemann, Forschung und Leben, S. 134–135.
[668] Vgl. Spemann, Forschung und Leben, S. 210. Hamburger sieht nur einen geringen Einfluß Boveris auf Spemanns Entscheidung, Mangold geht davon aus, daß Boveri Spemanns Wahl begrüßte. Vgl. Hamburger, Heritage, S. 8; vgl. Mangold, Hans Spemann, S. 24.

In Würzburg wurde Spemann in der Wahl seines Interessengebietes durch die anregenden entwicklungsbiologischen Experimente im benachbarten Labor der Anatomie von Oskar Schultze sicherlich bestärkt. Seit 1898 hatte er auch in dem aus Jena nach Würzburg gewechselten Hermann Braus einen interessanten wissenschaftlichen Gesprächspartner.[669]

- Drittens dürfte die junge Disziplin *Entwickelungsmechanik*, in der grundlegende und bahnbrechende Ergebnisse durchaus noch zu erwarten waren, dem angehenden Privatdozenten auch im Hinblick auf seine zukünftige akademische Karriere als aussichtsreiches Betätigungsfeld erschienen sein. Allerdings haftete ihr in den Jahren um die Jahrhundertwende aufgrund ihres vergleichsweise wenig etablierten Status an deutschen Universitäten ein gewisses Risiko an, ein Aspekt, den Boveri gegenüber Spemann äußerte. Der ließ sich nach eigenem Bekunden nicht verunsichern:

„Freilich, als ich ihm [Boveri, P.F.] dann am nächsten Tag [...] sagte, wer denn dann der neuen, noch viel angefeindeten Forschungsrichtung zum Durchbruch verhelfen solle, wenn nicht Leute in meiner äußeren Lage, gab er mir auch recht."[670]

Läßt sich Spemanns Entscheidung für die Entwicklungsbiologie als engeres Forschungsgebiet aus den genannten Gründen nachvollziehen, so bleibt die Frage zu klären, weshalb er gerade die Schnürmethode und *Triton taeniatus* als Versuchsobjekt auswählte. Im Jahre 1931 erläuterte er einem amerikanischen Auditorium den Ursprung seiner Schnürversuche folgendermaßen:

„My first experiment was to test Roux's results on the amphibian egg. Instead of killing one of the first two blastomeres, I tried to retain its development by means of low temperature. To do this, I first constricted eggs of Triton with a fine hair loop. I soon found that, in case of constriction along the median plane, either twins or double monsters may be produced."[671]

Aufgrund von unveröffentlichten Notizen ist es in der Tat wahrscheinlich, daß Spemann die Schnürtechnik von „Warm-Kalt-Versuchen"[672] anschließend auf eine andere Versuchskonzeption übertragen hat, wie er es auch schilderte:

„Die Veranlassung zu diesem Experiment mit entwickelungsphysiologischer Fragestellung gab eine glückliche Beobachtung, die ich im Juni 1897 machte. Zur Vorbereitung von einem Versuch, der mir bis jetzt nicht gelungen ist, hatte ich Triton-Eier im Zweizellen-

---

[669] Über die persönlichen und fachlichen Beziehungen zwischen Hans Spemann und Hermann Braus vgl. Spemann, Hans: Hermann Braus. In: Die Naturwissenschaften 13 (1925), S. 253–261; vgl. Spemann, Hans: Nachruf auf Hermann Braus. In: Verhandl. physik.-med. Gesell. Würzburg N.F. 50 (1925), S. 101–116; vgl. Spemann, Hans: Hermann Braus. In: W. Roux' Arch. f. Entw.mech. d. Organis. 106 (1925), S. I–XXV.

[670] Spemann, Forschung und Leben, S. 210.

[671] Spemann, Hans: Experiments on the Amphibian Egg. In: The Collecting Net 6 (1931), S. 169–177, S. 173–174.

[672] ZIF, Nachlaß Hans Spemann, Protokollordner 1897. Vermutlich sind die Warm-Kalt-Versuche in den wenig aussagekräftigen Protokollen *Triton 1897 (2)-(6)* und *(9)* festgehalten.

stadium mit einem Haar eingeschnürt, nach der von O.[scar] Hertwig erfundenen Methode."[673]

Spemann machte die „glückliche Beobachtung", gemeint war das Phänomen der *Duplicitas anterior*, demnach mehr oder weniger unbeabsichtigt und hat sich anschließend ihrer kausalen Erforschung gewidmet. Die Temperaturversuche, mit deren Hilfe er Roux' Ergebnisse aus den Anstichversuchen prüfen wollte, hat Spemann später nicht mehr aufgenommen. Allerdings plante er um 1901 nochmals ihre Durchführung, wie eine überlieferte Notiz belegt. Ein an gleicher Stelle beschriebener modifizierter Versuchsansatz sah die einseitige Bestrahlung einer Eizelle mit einer Glühlampe vor, was dem Effekt des Temperaturversuches im wesentlichen entsprochen hätte.[674] Walter Vogt führte in den zwanziger Jahren solche Experimente mit Erfolg aus.[675]

Die Versuchsprotokolle Triton 1897 und 1899

Am 27. Mai 1897 eröffnete Spemann mit dem Experiment *Triton taeniatus 1897 (1)*[676] die Serie von Schnürexperimenten. Bereits dieses erste Experiment, bei dem ein Keim im Zwei-Zellen-Stadium entlang der ersten Furchungsebene mittelstark eingeschnürt worden war, brachte als Ergebnis am 6. Juni 1897 eine Neurula mit „vermutlich" zwei angelegten Neuralplatten. Eine Schnittuntersuchung erfolgte nicht. Dennoch zeigte das Resultat, daß die gewählte Methode und das Objekt vielversprechende Ergebnisse erwarten ließen.

Mit dem Experiment *Triton taeniatus 1897 (7)*, begonnen am 2. Juni 1897, erhielt Spemann am 11. Juni 1897 erstmals eine doppelköpfige Mißbildung, eine sogenannte *Duplicitas anterior (Abb. 14a–c)*. Vorausgegangen war die Einschnürung im Vier-Zell-Stadium entlang einer der beiden ersten Furchungsebenen. Im Nachhinein war eine genauere Festlegung der Furchungsebene nicht möglich. Das Objekt wurde am 11. Juni 1897 in Perényscher Lösung konserviert und nachfolgend einer Schnittuntersuchung unterzogen, die als Grundlage für die nach der Kastschenkoschen Rekonstruktionsmethode erstellten Abbildungen dienten. Spemann stellte fest, daß der Embryo nur eine *Medulla oblongata*, aber zwei Gehirne besaß. Der rechte Kopf war klein und wie ein Anhang dem linken beigefügt. Die Mißbildung war dadurch entstanden, daß der quere, anteriore Neuralwulst aufgrund der Ligatur nach posterior eingebuchtet war. Im Gegensatz zu Man-

---

[673] Spemann, Entwickelungsphysiologische Studien. I, S. 124. Neben Oscar Hertwig hatten auch v. Ebner, Endres, und Amadeo Herlitzka an Molchen Schnürexperimente durchgeführt. Thomas Hunt Morgan hatte 1893 Schnürexperimente an Teleosteer-Eiern vorgenommen.

[674] ZIF, Nachlaß Hans Spemann, Protokollordner 1901, undatierte Notiz, vermutlich um 1901.

[675] Vgl. Spemann, Entwicklung seitlicher und dorso-ventraler Keimhälften, S. 128.

[676] Spemanns eigene Versuchsnummerierung lautet Triton taeniatus 1907, 1. Aus lesetechnischen Gründen wurde aber die angeführte Schreibweise gewählt.

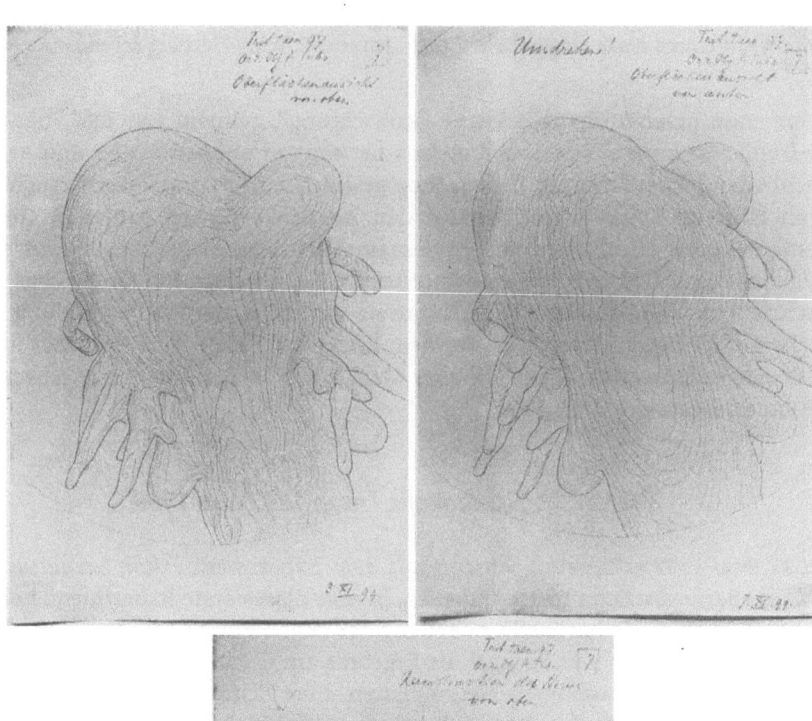
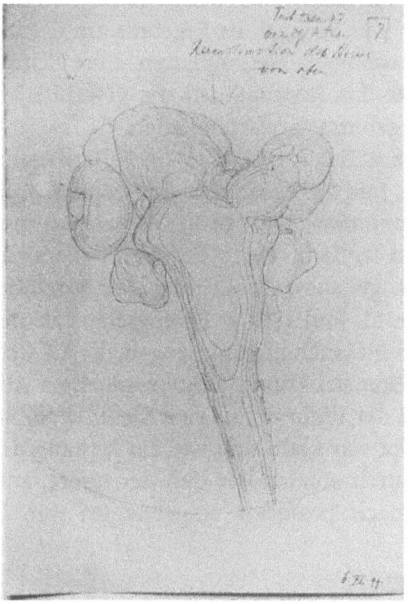

Abb. 14a–c. Grafische Wiedergabe (Kastschenkosche Rekonstruktionsmethode) der ersten von Spemann experimentell hervorgerufenen *Duplicitas anterior*, dokumentiert im Protokoll *Triton taeniatus 1897 (7)*. **Abb. 14a.** „Oberflächenansicht von oben". Die Ausbuchtung im rechten anterioren Bereich stellt ein zweites Vorderende dar. Unterhalb dieser Region sind beiderseits Haftfäden, Kiemenausstülpungen und die Anlagen der Vorderextremitäten eingezeichnet. Oberhalb der Objektzeichnung sind die Paraffinmarkierungen für die Schnittüberlagerung zu erkennen. Zeichnung erstellt am 3. November 1899 (Ocular 2, Objektiv A, Tubus 0; 60fache Vergrößerung; ZIF, Nachlaß Hans Spemann, Protokollordner 1897, *Triton taeniatus 1897 (7)* – Abb. 14b u. c siehe Seite 159!

2.4.1. Die Schnürexperimente (1897–1905)

Abb. 14b. *Triton taeniatus 1897 (7)*, „Oberflächenansicht von unten"; bei genauer Betrachtung – und im Vergleich mit der Abbildung 14a – fällt auf, daß der Schnittpräparatträger beim Zeichnen vermutlich seitenverkehrt lag. Daher notierte Spemann am oberen Rand „Umdrehen!" Zeichnung erstellt am 7. November 1899; (Zeichnung mittels Kastschenkoscher Rekonstruktionsmethode; Ocular 2, Objektiv A, Tubus 0; Vergrößerung 60fach; ZIF, Nachlaß Hans Spemann, Protokollordner 1897, *Triton taeniatus 1897 (7)* – Abb. 14c. *Triton taeniatus 1897 (7)*, „Rekonstruction des Hirns von oben". Deutlich zu erkennen sind auf der linken Seite auf gleicher Höhe ein Hörgrübchen, oberhalb davon das zweite Hirnvorderende, halb verdeckt rechts außen ein Augenbecher, gestrichelt median angedeutet möglicherweise ein weiterer Augenbecher. (Zeichnung mittels der Kastschenkoschen Rekonstruktionsmethode; Ocular 2, Objektiv A, Tubus 0; Vergrößerung 60fach; ZIF, Nachlaß Hans Spemann, Protokollordner 1897, *Triton taeniatus 1897 (7)*

gold[677] bezeichnete Spemann selbst rückblickend diese anteriore Doppelbildung angesichts des damaligen Forschungsstandes als „nicht gerade überraschend".[678]

Wenig später, am 27. Juni 1897 schnürte er, laut Protokoll *Triton taeniatus 1897 (36)* ein Gastrulastadium oberhalb des Urmundes ein und in der Folgezeit entwickelte sich aus der einen Hälfte ein Embryo, an dem ventral ein Gebilde hing, das zwar Zellen aller drei Keimblätter aufwies, aber eine organisierte Struktur vermissen ließ. Spemann bezeichnete dieses von Endres *Ovoid* genannte Gebilde als *Bauchstück*. Zuweilen offenbarten solche Bauchstücke ansatzweise die Bildung eines Urmundes, was als rudimentäres Gastrulationsverhalten der unteren Urmundlippe interpretiert werden konnte (Abb. 15).

Ein weiteres wichtiges Resultat erzielte Spemann im Versuch *Triton taeniatus 1897 (30)*. Er hatte am 7. Juni 1897 ein Zwei-Zell-Stadium entlang der ersten Furchungsebene eingeschnürt. Dieses entwickelte sich bis zum 2. Juli zu einer *Duplicitas anterior* mit zwei seitlichen sowie einem medianen (= „inneren"), bauchständigen Cyclopenauge, welches zwei Linsen aufwies. Des weiteren fand sich in der Medianen eine überzählige Kieme. Über das Zustandekommen des Cyclopenauges, stellte er mehrere Hypothesen auf: „Wie bildet sich der Teil, aus dem die inneren Augen entstehen? Durch Faltung? Durch Regeneration? Wichtig scheint zu sein, daß die Ligatur im rechten Augenblick gelöst wird."[679]

Im selben Protokoll warf Spemann die Frage auf: „Wird die Lage des Mundes durch die Lage des Gehirns bestimmt?"[680] Um diese Überlegung zu prüfen, faßte er den Plan: „Im Neurulastadium Zellen im Medullarrohr entfernen, wo später der Mund gebildet wird."[681] Bereits zu diesem frühen Zeitpunkt beschäftigte Spemann das Problem der Abhängigkeit bzw. Autonomie der Bildung einzelner Strukturen während der Ontogenese. Mit anderen Worten: Spemann entwickelte

---

[677] Mangold, Hans Spemann, S. 136.
[678] Spemann, Hans: Entwickelungsphysiologische Studien am Tritonei. III. In: Arch. f. Entw.mech. d. Organis. 16 (1903), S. 551–631, S. 522.
[679] ZIF, Nachlaß Hans Spemann, Protokollordner 1897, Notiz.
[680] ZIF, Nachlaß Hans Spemann, Protokollordner 1897, *Triton taeniatus 1897 (30)*.
[681] ZIF, Nachlaß Hans Spemann, Protokollordner 1897, *Triton taeniatus 1897 (30)*.

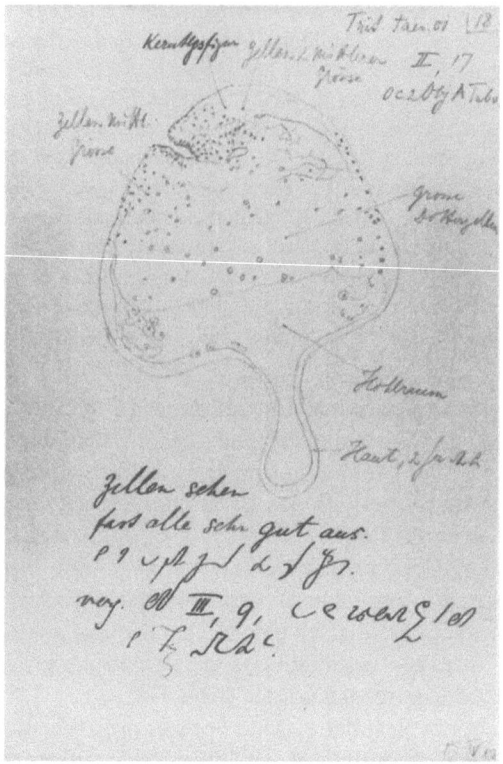

Abb. 15. Protokollskizze eines Querschnitts durch ein sogenanntes „Bauchstück". Links oben ist die Einstülpung der vermutlich unteren Urmundlippe eingezeichnet. Die Skizze zeigt weiterhin „Zellen mittlerer Größe" und „große Dotterzellen" sowie „Kernteilungsfiguren" oberhalb der Einstülpungsregion. In der unteren Bildhälfte sind ein „Hohlraum" und „Haut" gekennzeichnet. Es sind jedoch keine weiteren embryonalen Strukturen zu erkennen, obwohl sie aufgrund des fortgeschrittenen Stadiums hätten entwickelt sein müssen. Erstellt am 17. April 1902 (Schnittnr. II,7; Ocular 2, Objektiv A; Tubus 0; Vergrößerung 60fach; CEC, Hans-Spemann-Collection, *Triton taeniatus 1901 (18)*

bereits 1897 den Plan, die kausalen morphogenetischen Wechselwirkungen verschiedener Keimbezirke untereinander durch gezielten Eingriff an einem Subsystem – in diesem Fall am Komplex Hirn/Mundbucht – zu erforschen. Daß ihm der Regulationsmechanismus während der Ontogenese wahrscheinlicher erschien als eine reine mosaikhafte Determination, belegt folgende Notiz: „Die unter 5 und 6 aufgeführten Fälle widersprechen der Mosaiktheorie."[682] Spemann bezog sich auf Beispiele, bei denen sich ein ganzer Embryo aus nur einem Teil des Keimmaterials entwickelte.

Auch eine Unterstreichung in Franz Maurers Habilitationsschrift aus dem Jahre 1888 belegt sein generelles Interesse an Abhängigkeit bzw. Unabhängigkeit

---

[682] ZIF, Nachlaß Hans Spemann, Protokollordner 1897, Notiz.

2.4.1. Die Schnürexperimente (1897–1905)

morphogenetischer Prozesse: „*Derselbe* [primäre Gefäßbogen, P.F.] *entwickelt sich unabhängig vom Herzen, tritt aber sofort nach seiner Bildung mit diesem in Verbindung.!*"[683]

Eine weitere wegweisende Hypothese stellte Spemann aufgrund der Versuche aus dem Jahr 1897 zum Verlauf der Neuralplattenbildung auf. Er bemerkte, daß

„die primäre Tiefrinne [gemeint ist die Neuralrinne, P.F.] immer vom Urmund aus zu gehen [scheint]. Die Richtung, die sie einschlägt, scheint prädestiniert zu sein. Dafür spricht, dass sie [nach Einschnürung, P.F.] in den verschiedensten Richtungen verläuft, bei ganz genauer Einschnürung sogar unter der Ligatur".[684]

Diese Textstelle weist auf einen ersten – wenn auch vagen – experimentellen Befund für eine von posterior nach anterior voranschreitende Determination der Neuralplatte hin.

Im Protokoll des Versuches *Triton taeniatus 1897 (35)* ist die Notiz festgehalten, daß der Keim auf den *Situs cordis* zu untersuchen sei. Dieser Problemkreis sollte bei den Experimenten bezüglich umgedrehter Neuralplattenteile eine wichtige Rolle spielen. Spemann beauftragte später seine Rostocker Schüler Kurt

Tabelle 16. Übersicht über Spemanns Protokolle der Schnürexperimente *Triton taeniatus 1897*

Schnür-stadium	Schnür-ebene	Schnür-grad	Anzahl d. Protokolle	tot	Ergebnisse
Zwei-Zell-Stadium	1. Furchungs-ebene	Einschnürung	11	0	3 Duplicitas anterior, davon 1 Triophthalmus 1 Embryo u. Bauchstück 7 k. A.
Vier-Zell-Stadium	1. bzw. 2. Furchungsebene	Einschnürung	3	0	1 Duplicitas anterior 2 k. A.
Morula	unklar	Einschnürung	3	0	3 k. A.
frühe Gastrula	1 frontal 2 k. A.	Einschnürung	1 2	0	1 Embryo u. Bauchstück 2 k. A.
späte Gastrula	quer	Einschnürung	2	0	2 k. A.
Neurula	quer	Einschnürung	2	1	2 k. A.
Zwei-Zell-Stadium*	k. A.	k. A.	6	0	6 k. A.
k. A.	k. A.	k. A.	3	0	3 k. A.

* = In den Protokollen mit „Schnür/Klemm" bezeichnet; vermutlich Temperaturversuche
k. A = keine Angabe(n)

---

[683] ZIF, Nachlaß Hans Spemann, Seperata-Sammlung. Maurer, Franz: Die Kiemen und ihre Gefäße bei Anuren und Urodelen-Amphibien und die Umbildung der beiden ersten Arterienbogen bei Teleostiern. Habilitationsschrift, Verlag Wilhelm Engelmann, Leipzig 1888, S. 17. Unterstreichung und Ausrufezeichen von Spemann angefügt.

[684] ZIF, Nachlaß Hans Spemann, Protokollordner 1897, Notiz.

Preßler,[685] Rudolph Meyer[686] und Hermann Falkenberg[687] sowie die Mitarbeiterin am Berliner *Kaiser-Wilhelm-Institut für Biologie* Dr. Hedwig Wilhelmi[688] mit der Bearbeitung des Themas.

In seiner ersten Versuchsserie *Triton taeniatus 1897* konzentrierte Spemann sich auf einen methodisch eng begrenzten Ansatz. Er schnürte vornehmlich Zwei-Zell-Stadien entlang der ersten Furchungsebene ein. Insgesamt 11 Embryonen behandelte er auf diese Weise. Nur drei Keime schnürte er während des Morulastadiums ein, fünf während des Gastrulastadiums und zwei während des Neurulastadiums. Charakteristisch ist auch der Umstand, daß er sich auf das Einschnüren beschränkte und die Durchschnürung von Embryonen erst in späteren Jahren praktizierte.[689] Diese Umstände sprechen dafür, daß er beabsichtigte, ausgehend von einem methodisch eng umrissenen Ansatz sich ergebende Fragen durch eine sukzessive Erweiterung der Methode zu beantworten.

Die Vielfalt der Ergebnisse und die Ausführlichkeit der Protokolle stehen im scheinbaren Widerspruch zu der Tatsache, daß Spemann keines der Experimente detailliert veröffentlichte. Er hat auch im Jahre 1938, bei der Zusammenstellung der besten Präparate für die *Central Embryological Collection* in Utrecht keine aus dem Jahrgang 1897 berücksichtigt. Das bedeutet jedoch nicht, daß diese Experimente unwichtig oder ohne Aussagekraft waren. Vielmehr belegen ihre Protokolle, daß Spemann sich in der ersten Phase eines eigenständigen Forschungsprogrammes befand und die Sammlung möglichst vieler und interessanter Phänomene im Vordergrund stand. Vor allem in der Formulierung wegweisender Hypothesen und Fragestellungen, die er in den folgenden Jahren unter systematischer Ausweitung des methodischen Ansatzes zu stützen, falsifizieren oder modifizieren suchte, lag die besondere Bedeutung des ersten Protokolljahrganges *Triton taeniatus 1897*.

Der Fortgang von Spemanns Gedanken und Forschungen läßt sich für das Jahr 1899 nur lückenhaft nachvollziehen, da lediglich drei Protokolle aus jenem Jahr überliefert sind. Sie geben Auskunft über an *Triton taeniatus*-Keimen vorgenommenen Ein- und Durchschnürungen im Zwei-Zell-Stadium entlang der ersten Furchungsebene. Neben einem Zwillingspaar gelang Spemann die experimentelle Erzeugung von *Duplicitates anteriores*, von denen eine einen sogenann-

---

[685] Preßler, Kurt: Beobachtungen und Versuche über den normalen und inversen Situs viscerum et cordis bei Anurenlarven. In: Arch. f. Entw.mech. d. Organis. 32 (1911), S. 1–35.

[686] Meyer, Rudolph: Die ursächlichen Beziehungen zwischen dem Situs viscerum und Situs cordis. Arch. f. Entwick.mech. d. Organis. 37 (1913), S. 85–107.

[687] Spemann, Hans; Falkenberg, Hermann: Über asymmetrische Entwicklung und Situs inversus bei Zwillingen und Doppelbildungen. In: W. Roux' Arch. f. Entw.mech. d. Organis. 45 (1919), S. 371–422.

[688] Wilhelmi, Hedwig: Experimentelle Untersuchungen über Situs inversus viscerum. In: W. Roux' Arch. f. Entw.mech. d. Organis. 48 (1921), S. 517–532.

[689] Mangold macht hierzu die unzutreffende Angabe, daß Spemann bereits 1897 Embryonen durchgeschnürt habe. Vgl. Mangold, Hans Spemann, S. 137.

2.4.1. Die Schnürexperimente (1897–1905)

ten *Triophthalmus* darstellt (Abb. 16a–c). Laut Protokoll *Triton taeniatus 1899 (5)* wurde am 18. April 1899 ein Vier-Zellen-Stadium entlang einer der beiden ersten Furchen eingeschnürt. Nach fünf Tagen, am 23. April, waren bei äußerlicher Betrachtung zwei äußere und ein inneres Auge erkennbar. Der Keim wurde am 25. April in Perényscher Flüssigkeit konserviert, zwei Tage darauf mit Boraxkarmin gefärbt. Die Schnitte fertigte Spemann am 16. Juli an und färbte sie mit Delafields Hämatoxylin.

Eine Fülle von Notizen zeigt die Breite des Spektrums Spemannscher Überlegungen um die Jahrhundertwende. So machte er sich ausführlich Gedanken zur Temperaturphysiologie der Amphibien:

Tabelle 17. Übersicht über Spemanns Protokolle der Schnürexperimente *Triton taeniatus* 1899

Schnür-stadium	Schnür-ebene	Schnür-grad	Anzahl d. Protokolle	tot	Ergebnisse
Vier-Zell-Stadium	1. bzw. 2. Furchungs-ebene	Einschnürung Durch-schnürung	2 1	0 0	2 Duplicitas anterior 1 Zwillinge, davon 1 Duplicitas anterior

„Temperaturversuche:
1. Bestimmung der Entwicklungsgeschwindigkeit gut abgegrenzter Entwicklungsabschnitte bei verschiedenen Temperaturen.
2. Ist die Entwicklung in allen ihren Theilen in gleicher Abhängigkeit von der Temperatur?
3. Wie verhält sich das Abhängigkeitsverhältnis von Temperatur und Geschwindigkeit der Entwicklung zu dem betreffenden Verhältnis zwischen Temperatur und anderen Vorgängen?
4. Wie sind diese Verhältnisse bei verschiedenen Tieren; wie verhalten sich die Temperaturoptima bei verschiedenen Tieren? Hat die Größe der Eier einen Einfluß?
5. Wie ist das Abhängigkeitsverhältnis zu verschiedenen Zeiten der Laichperiode?
6. Solche Versuche bei Regeneration, etwa der Beine von Triton und zwischen auch verschiedenen Stadien des regenerierenden Tieres; besteht die gleiche Abhängigkeit? Organbildende Stoffe, die bei Organogenese erst entstehen müssen, und bei hoher Temperatur rascher entstehen, beim erwachsenen Tier aber schon da sind."[690]

---

[690] ZIF, Nachlaß Hans Spemann, Protokollordner 1900, Notiz 1900. Die genaue Datierung der Notiz ist nicht mehr nachzuvollziehen; sie dürfte aber aus dem Jahr 1898 oder 1899 stammen, da sie gemeinsam mit Notizen aus dieser Zeit aufbewahrt wurde. Zudem hat Spemann in der Serie *Triton 1900* eben diese Ideen experimentell umgesetzt.

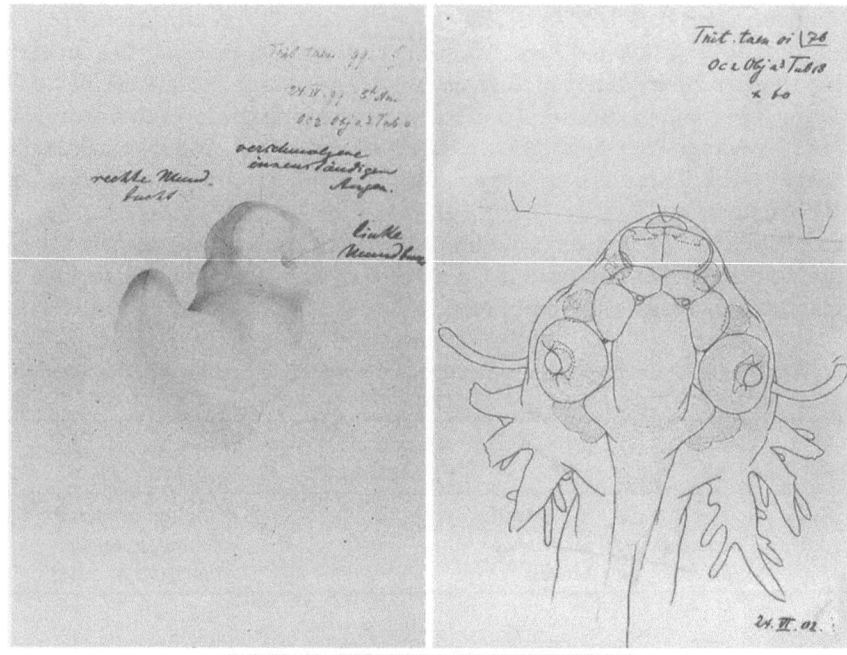

Abb. 16a. Fallbeispiel eines *Disprosopus triophthalmus* aus dem Protokoll *Triton taeniatus 1899 (5)*. Protokollskizze von der posterior-ventralen Außenansicht: „rechte Mundbucht", „verschmolzene innenständige Augen", „linke Mundbucht". Nicht eingezeichnet sind die beiden lateralen (außenständigen) Augen. Erstellt am 24. April 1899 (Schnittnr. II,6; Ocular 2, Objektiv a³; Tubus 0; ca. 50facheVergrößerung; CEC, Hans-Spemann-Collection, *Triton taeniatus 1899 (5)* – **Abb. 16b u. c siehe Seite 165!**

2.4.1. Die Schnürexperimente (1897–1905)

Abb. 16b. Übersichtszeichnung über das Gehirn des Objektes *Triton taeniatus 1901 (76)*: Obenansicht. Zu erkennen sind beiderseits die Augenbecher mit Linsen; median oben ist ein drittes Auge mit einer Linse eingezeichnet. Beide sind aus der Verschmelzung zweier Augen- bzw. Linsenanlagen hervorgegangen. Erstellt am 24. Juni 1902 (Ocular 2, Objektiv a³; Tubus 18; 60fache Vergrößerung; CEC, Hans-Spemann-Collection, *Triton taeniatus 1899 (5)* – Abb. 16c. Rekonstruktionszeichnung eines Molchhirns aus dem Versuchsprotokoll *Triton taeniatus 1901 (76)*: Diprosopus triophthalmus in der Untenansicht. Zu erkennen sind beiderseits die Augenbecher mit Linsen; median oben ist ein aus Verschmelzung zweier Anlagen hervorgegangenes drittes Auge mit Linse eingezeichnet. In der oberen Bildhälfte sind die Paraffinmarkierungen sichtbar. Die Zeichnung gibt die anatomischen Verhältnisse seitenverkehrt wieder; daher notierte Spemann am oberen Rand „Umdrehen!" (Kastschenkosche Rekonstruktionsmethode; Ocular 2, Objektiv a³; Tubus 18; 60fache Vergrößerung; CEC, Hans-Spemann-Collection, Triton taeniatus 1901 (76)

Froscheier plante er, sich parthenogenetisch teilen zu lassen und dann zu befruchten. Auch die Pigmentierung der Molche beschäftigte ihn:

„Was bestimmt die Anordnung der Pigmentzellen? Wo kommen sie her? Wie erhält das Auge sein Pigment? Von den Pigmentstreifen heraus? Entfernung von Stücken von Pigmentstreifen. Wird er regeneriert? Wie?"[691]

Weiterhin interessierte ihn beispielsweise bei Spinnen das Regenerationsverhalten nach Beinamputationen, bei holometabolen Insekten die Auswirkungen von Amputationen vor der Metamorphose oder bei Ameisen die Geschlechtsbestimmungsmodalitäten.[692] Spemanns ausgeprägtes Interesse für das Regenerationsphänomen veranlaßte Boveri zu dem süffisanten Kommentar: „Ihre Begeisterung für die Regeneration erinnert mich an eine Epoche, in der auch ich alles Heil von ihr erhoffte."[693]

Spemann trat mit seinen Ergebnissen erstmals 1900 an die Öffentlichkeit und erregte damit erhebliches Aufsehen. Vor der Würzburger *Physikalisch-medizinischen Gesellschaft* hielt er einen Vortrag mit dem Titel „Experimentelle Erzeugung zweiköpfiger Embryonen. (Vorläufige Mitteilung)".[694] Es war kaum Zufall, daß er gerade die Mißbildungen in den Mittelpunkt seiner Ausführungen stellte. Diese Thematik war nämlich, abgesehen von ihrer außer Zweifel stehenden wissenschaftlichen Relevanz, besonders geeignet, über den engen Kreis der Fachkollegen hinaus Wissenschaftler angrenzender Disziplinen, insbesondere Mediziner, zu interessieren, seinen wissenschaftlichen Ruf zu fördern und zur allgemeinen Anerkennung der experimentellen Entwicklungsbiologie als eigenständige Disziplin beizutragen. Hamburger sieht in der Erforschung dieses Phänomens zu-

---

[691] ZIF, Nachlaß Hans Spemann, Protokollordner 1900, Notiz.
[692] ZIF, Nachlaß Hans Spemann, Protokollordner 1900, Notiz.
[693] BStB, Ana 389, C. 1., Nr. 14; Brief von Theodor Boveri an Hans Spemann vom 15. Februar 1897.
[694] Spemann, Hans: Experimentelle Erzeugung zweiköpfiger Embryonen. In: Sitzungsberichte der Physikal.-med. Gesellschaft zu Würzburg (1900), Nr. 1, S. 2–9.

166   2.4. Forschungsphase I (1897–1914)

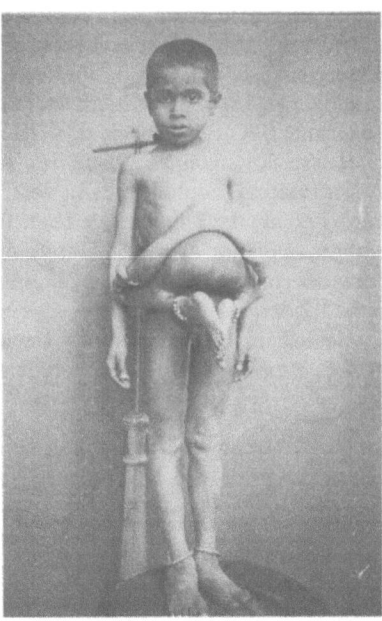

Abb. 17. Photografie eines mißgebildeten Jungen. Spemann erhielt die Abbildung von einem Dr. Dürk aus München, über den keine weiteren Informationen vorliegen (ZIF, Nachlaß Hans Spemann, Protokollordner 1899

recht einen Beitrag zur Teratologie, einer zu jener Zeit sehr angesehene Forschungsrichtung mit ausgeprägter französischer Tradition.[695] Daß Spemann an teratologischen Phänomenen Interesse hatte, belegt das Photo eines mißgebildeten Jungen, welches er von Dr. Dürk aus München erhalten hatte (Abb. 17).[696] Mehrere seiner Präparate von *Duplicitates anteriores* stellte er im Jahre 1908 dem in Marburg arbeitenden Humanpathologen Ludwig Aschoff zur Verfügung.[697] Die mögliche Relevanz der von ihm experimentell erzeugten Mißbildungen für die

---

[695] Vgl. Hamburger, Heritage, S. 16; vgl. allgemein zum Thema Teratologie und Embryologie im 19. Jahrhundert Oppenheimer, Jane M.: Some Historical Relationships Between Teratology and Experimental Embryology. In: Bull. Hist. Med. 47 (1968), S. 145–159.
[696] ZIF, Nachlaß Hans Spemann, Protokollordner 1900. Über Dr. Dürk liegen keine weiteren Informationen vor.
[697] ZIF, Nachlaß Hans Spemann, Protokollordner. Es handelte sich dabei um die Präparate der Experimente *Triton taeniatus 1900 (58), (141), (149)*, die er am 15. Juni 1908 verschickte. Spemann sollte in den zwanziger und dreißiger Jahren in Freiburg direkten Kontakt zu Aschoff haben, der als weltbekannter Professor das benachbarte Institut für Pathologie – heute offiziell als „Aschoff-Haus" bezeichnet – leitete; vgl. Spemann, Hans: Über das Verhalten embryonalen Gewebes im erwachsenen Organismus. In: W. Roux' Arch. f. Entw.mech. d. Org. 141 (1942), S. 693–769, S. 693.

2.4.1. Die Schnürexperimente (1897–1905)

Medizin bedingte einen sogenannten Autoritätstransfer[698] von der etablierten zur sich etablierenden Wissenschaft, was Spemann nur recht sein konnte.

Als Zielsetzung für seine Experimente gab Spemann an, „die erste Entwicklung des Centralnervensystems und der höheren Sinnesorgane mit Rücksicht auf einige entwickelungsphysiologische Probleme zu studieren."[699] Drei Aspekten widmete er in dieser frühen Phase seine Aufmerksamkeit:

1. *Das Verhältnis von erster Furchungsebene zur späteren embryonalen Medianebene.* Spemann vertrat die Ansicht, daß die Lagebeziehung beider Ebenen durchaus variieren kann. In der Mehrheit der von ihm beobachteten Fälle entsprach erst die zweite Furchungsebene der späteren embryonalen Medianebene, was Spemann unter Berufung auf einen entsprechenden, an *Rana fusca* gewonnenen Befund Roux', als *Anachronismus der Furchung* bezeichnete.[700] Nur in einer Minderzahl von Fällen habe die erste Furchungsebene der embryonalen Medianebene entsprochen. Interessanterweise diskutierte Spemann nur diese beiden Möglichkeiten. Der Gedanke, daß die Lage beider Ebenen in überhaupt keinem kausalen Zusammenhang stehen könnte, lag zu diesem Zeitpunkt noch außerhalb seiner Vorstellungen.
2. *Die Kausalbeziehung zwischen der Durchschnürung in der embryonalen Medianebene und der experimentellen Erzeugung von Zwillingen.* Spemann vertrat die Ansicht, daß nur bei Keimen, die in der embryonalen Medianebene durchgeschnürt worden waren, aus beiden Hälften ganze Embryonen von halber Größe hervorgehen können.[701] Mit dieser Aussage nahm er, ohne näher darauf einzugehen, bereits eine vermittelnde Position in der *Roux-Driesch-Kontroverse* ein. Auf der einen Seite hatte er die Regulationsfähigkeit der ersten beiden Blastomeren nach experimenteller Trennung aufgezeigt. Auf der anderen Seite schränkte er den Geltungsbereichs des harmonisch-äquipotentiellen Systems dahingehend ein, daß nicht jede der separierten Blastomeren zu dieser Regulationsleistung befähigt sein braucht, wie die unorganisierten *Bauchstücke* belegten.
3. *Die Frage nach der zeitlichen und räumlichen Dimension des embryonalen Determinations- und Differenzierungsvorganges.* Spemann behandelte das Problem am Fallbeispiel der Neuralanlagenbildung und vertrat die Ansicht, daß nach querer, etwa in der Mitte des Keimes angesetzten Durchschnürung einer frühen Neurula, die Vorderhälfte sich weiterentwickelte, als wäre die hintere Hälfte noch vorhanden. Im Gegensatz dazu vermerkte er bezüglich der Entwicklung des hinteren Teils:

„Die Hörblasen legen sich in der normalen Entfernung vom Vorderende [gemeint ist die Abschnürungsregion, P.F.] an, das Hirn zeigt eine typische Nackenbeuge und vorn

---

[698] Vgl. Pörksen, Uwe: Deutsche Naturwissenschaftssprachen. Historische und kritische Studien (= Forum für Fachsprachen-Forschung, Bd. 2). Tübingen 1986.
[699] Spemann, Experimentelle Erzeugung, S. 1.
[700] Vgl. Spemann, Experimentelle Erzeugung, S. 1.
[701] Vgl. Spemann, Experimentelle Erzeugung, S. 1.

beiderseits Ausbuchtungen; die Chorda, welche offenbar zur Zeit der Durchschnürung schon angelegt war, bildet ihr überschüssiges vorderstes Stück zurück."[702]

Das bedeutet, daß nach seiner Meinung bei *Triton taeniatus* zu Beginn des Neurula-Stadiums der hintere Teil der Neuralplatte das fehlende Vorderende regenerieren könne. Diese von mehreren Autoren aufgegriffene Aussage – noch im Jahre 1918 gab Bernhard Dürken diese wieder[703] – nahm er zwei Jahre später mit der Begründung zurück, daß dieses Ergebnis durch keine weiteren Experimente eine Bestätigung erfahren habe und aufgrund einer möglichen Verwechslung der Schnitte zweifelhaft sei.[704] In der Tat handelte es sich um eine falsche Vermutung. Heute weiß man, daß die vom Urmund ausgehende Determination der Neuralanlage in anteriore Richtung voranschreitet. Somit ist das oben beschriebene Regulationsverhalten nicht nachvollziehbar – Spemanns selbst zugegebener Irrtum umso mehr. Trotz der irrtümlichen Annahme einer von anterior nach posterior sich ausbreitenden Neuralplattendetermination kam Spemann zu der richtigen Aussage, daß die Festlegung der Neuralanlage auf ihr zukünftiges Schicksal ein räumlich und zeitlich fortschreitender Vorgang ist, für den er drei denkbare Mechanismen angab:

1. Die Differenzierung ist schon zum Zeitpunkt der frühen Neurula über deren gesamte Länge erfolgt. In diesem Falle müßte das Hinterende in seiner vorderen Region eine Umdifferenzierung erfahren, was er als unwahrscheinlich ansah.
2. Die Differenzierung ist eine von anterior nach posterior fortschreitende. Diese Hypothese ließe sich mit den angegebenen Beobachtungen in Einklang bringen. Zugleich implizierte diese Hypothese eine – nicht näher eingegrenzte – Polarisierung entlang der Längsachse.
3. Die Differenzierung hat zum Zeitpunkt der Durchschnürung noch nicht eingesetzt, läuft dann aber, wie unter Punkt zwei angenommen, von vorne nach hinten durch. Als Prämisse für eine solche Vorstellung wäre eine Polarisation unverzichtbar, die in allen Teilen der Neuralanlage zu finden sein muß, damit nach Durchschnürung die hintere Region des vorderen Teils eine Umdifferenzierung erfahren kann. In unveröffentlichten Notizen aus dem Jahr 1899 findet sich zu diesem Thema der Vermerk:

„Differenzierung der Medullarplatte von vorn nach hinten fortschreitend? Medullarplatte gänzlich undifferenziert zum Zeitpunkt der frühen Neurula? Anteriore/posteriore Polarität. Plan: Bestimmung des Stadiums, bis zu dem Hinterteil nach Querschnürung noch Kopf liefert."[705]

---

[702] Spemann, Experimentelle Erzeugung, S. 2.
[703] Vgl. Dürken, Bernhard: Einführung in die Experimentalzoologie. Verlag Julius Springer, Berlin 1919, S. 99. Spemann versah diese Passage mit zwei Fragezeichen in seinem Exemplar des Buches. Vgl. ZIF, Nachlaß Hans Spemann, Privatbibliothek.
[704] Spemann, Entwickelungsphysiologische Studien. II, S. 524.
[705] ZIF, Nachlaß Hans Spemann, Protokollordner 1900, Notiz.

2.4.1. Die Schnürexperimente (1897–1905)

Spemanns noch sehr unbestimmte Überlegungen zur Polarität – im weiteren Sinne zu Gradienten – in der Ontogenese korrelieren zeitlich mit Boveris Arbeiten auf diesem Gebiet, was als Indiz für den engen Gedankenaustausch beider Wissenschaftler zu werten ist.

Eine weitere, experimentell bisher aber noch unzureichend ausgearbeitete Möglichkeit der Erforschung des Determinationsvorganges war die Eingrenzung des ontogenetischen Zeitpunktes, bis zu dem Mißbildungen zu erzielen bzw. rückgängig zu machen waren. Daher beabsichtigte Spemann, durch „nachträgliches Lösen und stärkeres Anziehen der Ligatur"[706] die Reversibilität von Entwicklungsvorgängen zu erforschen.

4. *Die Rolle dynamisch-mechanischer Faktoren bei der Gestaltbildung.* Bei der Bildung des Neuralrohres sah Spemann Zellverlagerungen durch Zellteilungs- bzw. Zellumordnungsvorgänge als Ursache. „Es scheint nicht ausgeschlossen, dass diese Streckung der [Neural-]Anlage unter gleichzeitiger Verschmächtigung beim Zusammenrücken der Medullarwülste eine aktive Rolle spielt".[707]

Dynamische Vorgänge bei der Bildung der Neuralanlage waren seiner Ansicht nach Ursache für eine ganze Reihe von Mißbildungen. So behindert die mediane Schnürung die Längsstreckung der Neuralplatte und ruft als Mißbildung die *Duplicitas anterior* hervor, deren Ausprägungsgrad mit dem Schnürungsgrad korreliert. *Januskopf*-Doppelbildungen können ebenfalls entstehen, wenn das Material zur Seite oder nach hinten ausweicht. Daraus ergab sich ihre spezifische Mißbildungsform, bei der zwei Köpfe entstanden, die in entgegengesetzte Richtung blickten. Spemann interpretierte dies als Polaritätsänderung in der Neuralplatte, und wies in diesem Zusammenhang auf die Hydra-Knospung hin.

Der ideengeschichtliche Wert dieses Vortrages, in dem Spemann seine Hauptergebnisse in komprimierter Form wiedergab, liegt vor allem darin begründet, daß hier seine frühen, später teilweise revidierten Hypothesen manifest werden.

Protokolle Triton 1900

Spemanns Vorüberlegungen zu den Experimenten des Jahres 1900 belegen, daß er nun die bisherigen Ergebnisse in einem sorgfältig ausgearbeiteten experimentellen Programm eingehender zu analysieren gedachte. Durch die Variation der Parameter *Schnürstadium*, *Schnürebene* und *Schnürgrad* war er bestrebt, Erkenntnisse über die Orientierung des späteren Embryos und über die Lage seiner Symmetrieebene zu erfahren. Unter der Überschrift „Versuche 1900" notierte er:

„Möglichst viele [Keime] im 2-Zellstadium einschnüren, durchverfolgen und in verschiedenen Stadien conservieren. Medianschnitt durch geschnürte und ungeschnürte Neurula zum Vergleich des Umfangs. Reconstruction der Duplicitates direkt nach Schluß und

---

[706] ZIF, Nachlaß Hans Spemann, Protokollordner 1900, Notiz.
[707] Spemann, Experimentelle Erzeugung, S. 1.

etwas später. Zahlenmäßig feststellen, wie oft 1. Furchungsebene = Medianebene. Verschieden stark schnüren."[708]

Bezüglich des Parameters *Schnürgrad* hielt er fest:

„Sehen ob eine bestimmte Beziehung besteht zwischen dem Grad der Schnürung und dem Grad der Verdopplung. Tabelle aufstellen. Wenn eine solche Beziehung festzustellen ist, genaue Bestimmung der Wirkung von nachträglichem Lösen und Anziehen der Ligatur auf den verschiedenen Stadien. Gastrulation unter Schnürung a. im Leben beobachten, b. Stadien conservieren (Skizze); so stark einschnüren, daß nur noch ganz dünne Verbindungsbrücke übrig bleibt."[709]

Weiterhin interessierten Spemann die räumliche und zeitliche Dimension der Determination und das Phänomen der *Postgeneration*, wie Roux es genannt hatte. Zu diesem Zwecke plante er, den Parameter *Schnürstadium* zu variieren:

„Blastulae durchschnüren und möglichst weit sich entwickeln lassen. Genau beobachten, ob vielleicht die eine Seite schwächer entwickelt ist als die andere, und ob das vielleicht die zugewandten Seiten der beiden Teilstücke sind. Solche Unterschiede zu verschiedenen Zeiten notieren und sehen, ob sie sich später ausgleichen. Die Teilstücke möglichst weit sich entwickeln lassen unter bester Pflege. Sind die Zellen der Zwergtiere halb so groß wie normal oder sind es weniger Zellen? Ändert sich die Größe des Kerns? Wenn ja, wie? Gastrula zu verschiedenen Zeiten quer und median durchschnüren; möglichst weit sich entwickeln lassen. Entsteht bei querer Durchschnürung am vorderen Stück auch Medullarplatte? Neurulae zu verschiedenen Stadien quer und median durchschnüren; möglichst weit sich entwickeln lassen. Bei medianer Durchschnürung vergleiche die Angabe Roux', dass der Hemiembryo den fehlenden Wulst postgeneriert."[710]

Die Bemerkungen bezüglich Zell- und Kerngröße sind vor dem Hintergrund des wissenschaftlichen Austausches zwischen Spemann und Boveri zu sehen. Letzterer arbeitete gerade zum Zeitpunkt, als Spemann die Notizen niederschrieb, über das Problem von Kern- und Zellgrößen in der Ontogenese.

Am 16. April 1900 setzte Spemann seine Schnürexperimente an *Triton taeniatus*-Keimen fort. Er schnürte zumeist Zwei-Zell-Stadien entlang der ersten Furchungsebene und Vier-Zell-Stadien entlang einer der beiden ersten Furchungsebenen. Nach drei Monaten, am 15. Juli 1900 schloß er die Experimentserie ab. Die im Vergleich zu den vorhergehenden Protokollen wesentlich genaueren Angaben bezüglich *Schürstadium*, *-grad* und *-ebene* unterstreichen, daß die Phase des relativ ungezielten und weit gestreuten Experimentierens einem schärfer umrissenen Programm gewichen war.

Laut Protokoll *Triton taeniatus 1900 (5)* schnürte Spemann am 13. April ein Zwei-Zell-Stadium entlang der ersten Furchungsebene stark ein. In der Folgezeit entwickelte sich die besondere Form einer *Duplicitas anterior*, ein sogenannter *Janus partialis*:

---

[708] ZIF, Nachlaß Hans Spemann, Protokollordner 1900, Notiz: „Neue Versuche 1900".
[709] ZIF, Nachlaß Hans Spemann, Protokollordner 1900, Notiz: „Neue Versuche 1900".
[710] ZIF, Nachlaß Hans Spemann, Protokollordner 1900, Notiz; Unterstreichungen im Original.

2.4.1. Die Schnürexperimente (1897–1905)

Tabelle 18. Übersicht über Spemanns Protokolle der Schnürexperimente *Triton taeniatus* 1900

Schnürstadium	Schnürebene	Schnürgrad	Anzahl d. Protokolle	tot	Ergebnisse
Zwei-Zell-Stadium	1. Furchungsebene	Einschnürung (Nachschnürung)	44 (9)	2 (0)	32 Duplicitas anterior, davon: 15 Janus partialis 1 Cyclopie 12 k. A.
		Durchschnürung	17	0	5 Embryo u. Bauchstück 3 Zwillinge 9 k. A.
Vier-Zell-Stadium	1. bzw. 2. Furchungsebene	Einschnürung	39	0	23 Duplicitas anterior, davon: 7 Janus partialis 2 Cyclopie 16 k. A.
		Durchschnürung	8	0	3 Zwillinge 4 Embryo u. Bauchstück 1 k. A.
Morula	k. A.	Einschnürung	2	0	2 Duplicitas anterior, davon: 1 Janus partialis
				0	2 k. A.
Blastula	k. A.	Einschnürung	12	0	10 Duplicitas anterior, davon: 4 Janus partialis
				0	1 Cyclopie
		Durchschnürung	1	0	2 k. A. 1 Zwillinge
mittlere Gastrula	k. A.	Einschnürung	3	0	1 Duplicitas anterior 2 k. A.
Neurula	Medianebene	Einschnürung	1	0	1 k. A.
	quer zur Medianebene	Durchschnürung	4	0	4 k. A.
unklar	unklar	unklar	10	0	10 unklar

k.A. = keine Angabe(n)

„Medullarplatte stark gegabelt, rechte Kopfanlage kurz und breit, linke länger und schmaler. Zwei nach den Seiten gerichtete Köpfe, dazwischen Medullarstummelchen."[711]

Am 16. Februar 1901 reichte Spemann die erste umfangreichere Arbeit mit dem Titel „Entwickelungsphysiologische Studien am Triton-Ei. I"[712] beim *Archiv*

---

[711] ZIF, Nachlaß Hans Spemann, Protokollordner 1900.
[712] Vgl. Spemann, Entwickelungsphysiologische Studien I.

Tabelle 19. Übersicht über den Forschungsstand zur Frage der Lagebeziehung von
1. Furchungsebene und embryonaler Medianebene bei *Triton* um 1900

Autor	These	Jahr
Oskar Hertwig	Regel: Medianebene steht senkrecht zur 1. Furchungsebene	1893[713]
V. v. Ebner	Regel: Medianebene steht meist senkrecht zur 1. Furchungsebene Ausnahme: Medianebene entspricht der 1. Furchungsebene	1893[714]
H. Endres	Regel: Medianebene entspricht der 1. Furchungsebene	1895[715]
Hans Spemann	Mehrzahl d. Fälle: Medianebene steht senkrecht zu 1. Furchungsebene Minderzahl d. Fälle: Medianebene entspricht der 1. Furchungsebene Ausnahme: Medianebene steht schräg zur 1. Furchungsebene	1901

für Entwickelungsmechanik der Organismen ein. Die in der Überschrift implizierte Ablehnung des Terminus *Entwickelungsmechanik* stieß beim Herausgeber Wilhelm Roux verständlicherweise auf Kritik:

„Eher als der specielle Titel koennte m. E. der allgemeine Titel fehlen, der ja wahrscheinlich auch nicht immer recht passen wird; denn es werden wohl wie bei mir und anderen Herren auch bei Ihnen zum Theil ‚entwickelungspathologische' Studien werden."[716]

Spemann beharrte jedoch auf seiner Formulierung und noch in späteren Jahren betonte er gegenüber Roux seine Präferenz für den „ihm sympathischeren Ausdruck Entwicklungsphysiologie".[717] Roux, obwohl für seine autokratische Herausgebertätigkeit bekannt,[718] akzeptierte Spemanns Haltung.

Spemann knüpfte inhaltlich an seine „Vorläufige Mitteilung" aus dem Vorjahr an und diskutierte ausführlich die Lagebeziehung der ersten Furchungsebene zur späteren embryonalen Medianebene. Mehrere Forscher, unter ihnen Wilhelm Roux, Oscar Hertwig und Thomas H. Morgan, hatten zuvor für die Gattung *Rana*

---

[713] Vgl. Hertwig, Oscar: Über den Werth der ersten Furchungszellen für die Organbildung des Embryo. Experimentelle Studien am Frosch- und Tritonei. In: Arch. f. mikr. Anat. 42 (1893), S. 662–806.

[714] Vgl. Ebner, V. v.: Die äussere Furchung des Tritoneies und ihre Beziehung zu den Hauptrichtungen des Embryo. In: Festschrift f. Alexander Rollett, 1893, S. 2–26.

[715] Endres, H.: Über Anstich- und Schnürversuche an Eiern von Triton taeniatus. In: 73. Jahresbericht der Schles. Gesell. f. vaterl. Kultur, Sitz der zool-botan. Sektion vom 18. Juli 1895.

[716] SBF, Nachlaß Hans Spemann, A.1.a, Nr. 322, Bl. 489, Brief von Wilhelm Roux an Hans Spemann vom 19. Februar 1901.

[717] SBF, Nachlaß Hans Spemann, A.1.a., Nr. 322a, Bl. 507, Brief von Hans Spemann an Wilhelm Roux vom 4. April 1907.

[718] Maienschein, Heredity/Development, S. 57.

2.4.1. Die Schnürexperimente (1897-1905)

diese Frage bearbeitet und geklärt. Bei den Molchen stand eine solche aber noch aus.[719]

Die Ergebnisse seiner Schnürungen entlang der 1. Furchungsebene zeigten Spemann, daß es bei den Teichmolchen keine feste Korrelation zwischen der ersten Furchungs- und der Medianebene gibt:

„Zur Bestimmung der Medianebene eignet sich am besten die Lage des Urmundes in seiner Entstehung. Vor seinem Auftreten fehlt es nach unseren jetzigen Kenntnissen an einem sicheren Merkmal, und in späteren Stadien sind Verschiebungen des Keims unter der Ligatur mit viel geringerer Sicherheit auszuschließen."[720]

Spemann gab an, daß in 25-33 % seiner Schnürexperimente die erste Furchungsebene der Medianebene des Embryos entsprochen habe, in 67-75% der Fälle habe sie der queren Ebene entsprochen.[721] Eine Überprüfung der Zahlenangaben auf der Basis der vorliegenden Protokolle bestätigt diese Aussage, wenn man berücksichtigt, daß Spemann zu diesem Zeitpunkt bei „querer Einschnürung" noch nicht zwischen transversaler und frontaler Ebene differenzierte (Abb. 18). Die Möglichkeit einer kontinuierlichen Variation der Lagebeziehung zwischen medianer und frontaler Ebene, wie sie Walter Vogt mit Hilfe seiner Farbmarkierungsexperimente in den 20er Jahren nachweisen konnte,[722] erwog Spemann auch jetzt nicht, wie er in der Rückschau bemerkte:

„Außer jenen ausgezeichneten Richtungen der ersten Furche [gemeint sind die mediane bzw. frontale Ausrichtung bezogen auf den späteren Embryo, P. F.], welche unwillkürlich als ‚Normalrichtungen' imponieren, beobachtete ich wohl auch Abweichungen, die ich aber für kleine ‚Fehler' entweder der Furchung oder der Schnürung hielt."[723]

Noch im Jahr 1918 vertrat er die Auffassung, daß nur diese beiden Alternativen denkbar seien.[724]

Da die Lagebeziehung der ersten Furchungsebene zur späteren Medianebene variabel ist und damit das *prospektive Schicksal* der ersten beiden Blastomeren ebenfalls variieren kann, stellte sich für Spemann nun die Frage, ob beide ersten Blastomeren wenigstens die gleiche *prospektive Potenz* haben. Sollte dies zutreffen, so wäre weiterhin zu klären, ab welchem Zeitpunkt diese eingeschränkt wird und welche Faktoren für eine solche Einschränkung der *prospektiven Potenz* hin zum *prospektiven Schicksal* eine Rolle spielen. Er kam zu der Erkenntnis, daß die *prospektive Potenz* der beiden ersten Blastomeren bereits im Zwei-Zell-Stadium unterschiedlich sein kann, aber nicht sein muß:

---

[719] Vgl. Spemann, Entwickelungsphysiologische Studien. I, S. 231-232.
[720] Spemann, Entwickelungsphysiologische Studien. I, S. 232-233; Sperrungen im Original.
[721] Vgl. Spemann, Entwickelungsphysiologische Studien. I, S. 232.
[722] Vgl. Spemann, Hans: Die Entwicklung seitlicher und dorso-ventraler Keimhälften bei verzögerter Keimversorgung. In: Zeitschr. f. wiss. Zool. 132 (1928), S. 105-134, S. 124.
[723] Spemann, Entwicklung seitlicher und dorso-ventraler Keimhälften, S. 124.
[724] Spemann, Über Determination, S. 527.

a. Spemanns Vorstellungen vor 1901:

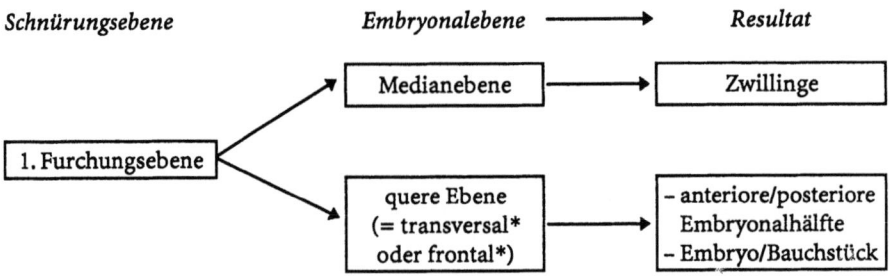

b. Spemanns Vorstellungen nach 1901:

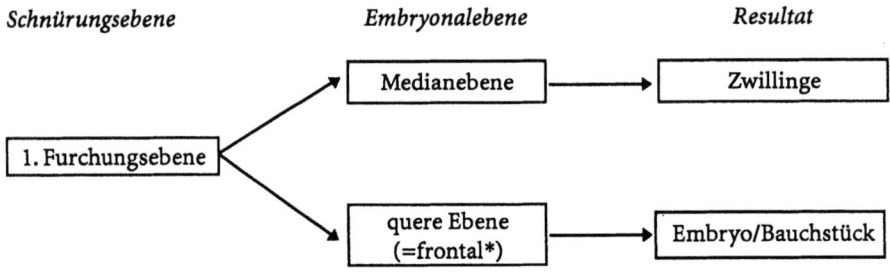

* = heute übliche Terminologie

Abb. 18. Schema zu Spemanns Vorstellungen bezüglich der Lagebeziehungen zwischen der ersten Furchungsebene und der embryonalen Medianebene bzw. der queren (= transversalen) Ebene

„Wenn wir nun wissen, dass die erste Furchungsebene des Tritoneies nicht immer dieselbe prospektive Bedeutung hat, indem sie manchmal eine rechte und linke, manchmal eine vordere und hintere Blastomere voneinander trennt, so liegt es nahe, mit dieser Verschiedenheit der prospektiven Bedeutung der ersten Furchungsebene und der beiden ersten Blastomeren es in Zusammenhang zu bringen, dass auch ihre prospektive Potenz nicht immer die gleiche ist."[725]

Dabei stützte er sich auf den Fall, bei dem die vollständige Trennung der ersten beiden Blastomeren nicht zu zwei vollständigen Embryonen geführt habe, wie es Drieschs Schüttelexperimenten und seinem *harmonisch-äquipotentiellen System* entsprochen hätte, sondern zu einem Embryo und einem *Bauchstück*.

---

[725] Spemann, Entwickelungsphysiologische Studien. I, S. 252. Spemann ging zu diesem Zeitpunkt noch nicht von der richtigen Überlegung aus, daß das Bauchstück Derivat der ventralen Blastomeren ist.

2.4.1. Die Schnürexperimente (1897–1905)

„Wenn die eine Hälfte des Eies nach Ablauf der Gastrulation trotz erhaltener Lebensfähigkeit die weitere Differenzierung einstellt, so folgt daraus, dass mit der Abtrennung der anderen Blastomere entweder das differenzirungsfähige Material oder der Anstoß zu weiterer Differenzirung entfernt wurde. Die prospektive Potenz war in diesem Fall nicht die gleiche."[726]

Damit widersprach er älteren Auffassungen von Herlitzka und Barfurth, die in dem Bauchstück das Derivat einer geschädigten Blastomere sahen.[727]

Offensichtlich hat die Lage der ersten Furchungsebene einen Einfluß auf die unterschiedliche *prospektive Potenz* der ersten beiden Blastomeren. Als mögliche Ursache vermutete Spemann eine „Differenzirungssubstanz",[728] die nur in einer der beiden Zellen vorhanden sei und der anderen Zelle fehle. Über die mögliche Natur der cytoplasmatischen Differenzierungssubstanz konnte Spemann nur spekulieren:

„Man könnte an eine unorganisirte Substanz denken, welche entweder zur Auslösung oder zum Aufbau der betreffenden Bildungen nöthig sind, oder aber an organisiertes Keimmaterial, welches die Fähigkeit hat, sich zu den betreffenden Gebilden zu differenziren und eventuell andere Zellen zur Differenzirung anzuregen."[729]

Diese Hypothese ist mit Spemanns hand- und klarschriftlicher Randbemerkung „Organis[ator]!"[730] versehen. Der Zeitpunkt, zu dem die Randbemerkung angefügt wurde, ist unklar; aber deutlich wird, daß Spemann beim nachträglichen Studieren seiner Arbeiten der Zusammenhang zwischen dem Organisatoreffekt und den frühen Hypothesen gegenwärtig geworden ist. Über das Zustandekommen ihrer ungleichen Verteilung stellte er die interessante Überlegung an:

„Es ist aber bis jetzt auch die andere möglich, dass die Differenzirungssubstanz sich ganz unabhängig von der Kerntheilung an einen bestimmten Punkt des bilateral-symmetrisch gebauten Eies koncentrirt."[731]

Hierzu findet sich die vermutlich zeitgleich zur anderen angefügte Randbemerkung „richtig!"[732] Interessant in diesem Zusammenhang ist die Tatsache, daß Spemann den Blick auf cytoplasmatische Vorgänge richtete, welche teilweise autonom vom Kern ablaufen. Damit widersprach er August Weismann und Wilhelm Roux, wenn er ihnen unterstellte: „... man muß schon zum Reserve-Idioplasma Zuflucht nehmen, wenn man dem Kern eine führende Rolle in der Entwicklung sichern will."[733] Damit lag Spemann auf der Argumentationslinie der führenden

---

[726] Spemann, Entwickelungsphysiologische Studien. I, S. 251–252.
[727] Spemann, Entwickelungsphysiologische Studien. I, S. 251–252.
[728] Spemann, Entwickelungsphysiologische Studien. I, S. 256.
[729] Spemann, Entwickelungsphysiologische Studien. I, S. 256.
[730] Vgl. ZIF, Nachlaß Hans Spemann, Seperatasammlung: Spemann, Entwickelungsphysiologische Studien. I, S. 256.
[731] Vgl. ZIF, Nachlaß Hans Spemann, Seperatasammlung: Spemann, Entwickelungsphysiologische Studien. I, S. 257.
[732] Spemann, Entwickelungsphysiologische Studien. I, S. 257.
[733] Spemann, Entwickelungsphysiologische Studien. I, S. 241.

amerikanischen Entwicklungsbiologen vor 1905, die ebenfalls die Bedeutung cytoplasmatischer Faktoren für die Individualentwicklung betonten.[734] Auch Boveri vertrat diese Ansicht und wies einen Primat des Kern in der Ontogenese zurück.

Eine anregende Vorstellung über die Einschränkung der *prospektiven Potenz* im Verlauf der Individualentwicklung fand Spemann im Lehrbuch seines Heidelberger Anatomielehrers Carl Gegenbaur. In Spemanns Exemplar findet sich an der Stelle, an der Gegenbaur die „Rückbildung der Organe aufgrund physiologischer Factoren" abhandelte, die Randbemerkung „Vergl.[eiche] damit in der Ontogenese die Beschränkung der prosp.[ektiven] Potenz."[735]

Zusammenfassend läßt sich bezüglich Spemanns Erkenntnisstand im Jahre 1901 folgendes sagen:

- Weismanns Vorstellung einer inäqualen Kernteilung hatte für ihn den Status einer noch zu klärenden Hypothese.
- Die sich aus Weismanns Postulat ergebende und schon zuvor von Roux begründete Folgerung, daß der Kern bei der embryonalen Musterbildung eine dominierende Rolle spielt, wies er unter dem Hinweis auf eine hypothetische protoplasmatische Differenzierungsubstanz zurück.
- Drieschs harmonisch-äquipotentielles System relativiert er bezüglich seines Geltungsbereiches. Dabei fand er Unterstützung durch Boveri: „[Ich] glaube jetzt mit voller Sicherheit die Inaequitpotenz , d.h. die Impotenz des animalsten Bereichs, behaupten zu können."[736]
- In zwei Punkten befand Spemann sich im Irrtum: zum einen in der Vorstellung einer von anterior nach posterior fortschreitenden Neuralplattendeterminierung und zum andern in der Auffassung, daß die ersten beiden Blastomeren entweder die lateralen oder die anteriore bzw. posteriore Keimhälfte in sich bergen.

Protokolle Triton 1901

Am 24. April 1901 nahm Spemann die Schnürversuche wieder auf, nachdem er bereits einen Monat lang zuvor Linsenexperimente am Grasfrosch *Rana fusca* ausgeführt hatte. Sie brachten keine neuen Ergebnisse. Aufschlußreicher über seine weiterführenden Überlegungen sind dagegen die zahlreichen Notizen.

Ein zentraler Aspekt war das Problem der funktionellen Anpassung:

---

[734] Vgl. Maienschein, Heredity/Development, S. 89–90.
[735] ZIF, Nachlaß Hans Spemann, Privatbibliothek. Gegenbaur, Carl: Vergleichende Anatomie der Wirbelthiere mit Berücksichtigung der Wirbellosen. Bd. 1., Verlag Wilhelm Engelmann, Leipzig 1898, S. 10.
[736] UBW, Nachlaß Theodor Boveri, Brief von Theodor Boveri an Hans Spemann vom 1. Dezember 1901. Boveri bezog sich auf seine Untersuchungen am Seeigel, Drieschs bevorzugtem Untersuchungsobjekt.

2.4.1. Die Schnürexperimente (1897–1905)

„Tatsachen sammeln über funktionelle Anpassung. Geht die funktionelle Hypertrophie von funktionierenden Elementen aus? Kompensatorische Hypertrophie der Ovarien, der Brustmuskeln beim Frosch."[737]

Auch die Regeneration bei Amphibien und bei Reptilien beschäftigte Spemann nach wie vor:

„Bei Regeneration von Amphibienfüßen die einzelnen Gewebearten so ausschalten, daß zu sehen ist, ob eines der Gewebe oder einige zusammen die Form bestimmen.
1. Haut: Ring von anderer Haut einsetzen.
2. Muskeln: einzelne Muskeln oder Muskelgruppen ausschalten.
3. Knochen: Knochen voneinander teilen oder anderen Tieren transplantieren.
4. Nerven abschneiden. Was regeneriert sich dann noch?"[738]

Die Synthese von Physiologie und Entwicklungsbiologie vollzog er in folgenden Gedanken:

„Lunge von Triton oder Axolotl extirpieren. Prüfen, ob Hautatmung verstärkt wird. Hautatmung beschränken, ob dann regeneriert wird. Sehen ob Kiemen bleiben oder Lunge regeneriert wird."[739]

Erstmals nahm Spemann auch Transplantationsexperimente in Aussicht, bei denen Farbmarkierung aufgrund unterschiedlicher Pigmentierung eine Rolle spielten:

„Transplantieren von roter Bauchhaut von Triton auf Seite. Bleibt sie rot oder wird sie pigmentiert? Haben die Nerven Einfluß darauf?"[740]

Im Experiment *Triton taeniatus 1901 (143 a,b)* schnürte Spemann ein Vier-Zellen-Stadium entlang der ersten oder zweiten Furchungsebene ein, und im frühen Gastrulastadium erfolgte eine Nachschnürung. In der Folge bildete sich eine *Duplicitas anterior* aus. Das Objekt wurde am 12. Juli 1901 in Perényscher Lösung konserviert. Die am 14./15. Februar 1918 angefertigten Schnittzeichnungen zeigen eine Situs inversus auf der rechten Seite (Abb. 19a–b).

Eingangs des zweiten Teils seiner umfangreichen entwicklungsphysiologischen Studien revidierte Spemann seine bisherige Position bezüglich der Frage nach der *prospektiven Bedeutung* der beiden ersten Blastomeren bei *Triton*:

„Es scheint mir daher richtiger, die beiden ersten Blastomeren nicht mehr als vordere und hintere, sondern als dorsale und ventrale zu unterscheiden, und die Furchungsebene, die sie trennt, nicht mehr als quere, sondern als frontale zu bezeichnen."[741]

---

[737] ZIF, Nachlaß Hans Spemann, Protokollordner 1901, Notiz (undatiert). Die Einordnung in das Jahr 1901 stützt sich auf den Fundort und auf inhaltliche Parallelen zu datierten bzw. veröffentlichte Quellen aus jener Zeit.
[738] ZIF, Nachlaß Hans Spemann, Protokollordner 1901, Notiz (undatiert).
[739] ZIF, Nachlaß Hans Spemann, Protokollordner 1901, Notiz (undatiert).
[740] ZIF, Nachlaß Hans Spemann, Protokollordner 1901, Notiz (undatiert).
[741] Spemann, Entwickelungsphysiologische Studien. II, S. 449.

Tabelle 20. Übersicht über Spemanns Protokolle der Schnürexperimente *Triton taeniatus* 1901

Schnür-stadium	Schnürebene	Schnürgrad	Anzahl d. Protokolle	tot	Ergebnisse
Zwei-Zell-Stadium	1. Furchungs-bene	Einschnürung	79	25	17 Duplicitas anterior, davon 6 Janus 1 Cyclopie
		Durchschnürung (Gastrula)	37	0	15 Zwillinge, davon 2 Situs inversus 22 Embryo und Bauchstück
Zwei-Zell-Stadium	quer zur 1. Furchungsebene	Einschnürung	2	0	2 Duplicitas anterior, davon 1 Janus partialis
		Durchschnürung	1	0	1 Embryo und Bauchstück
Zwei-Zell-Stadium	1. oder 2. Furchungsebene	Einschnürung	1	0	1 k. A.
Morula	k. A.	Einschnürung	2	0	2 unklar
		Durchschnürung	2	0	1 Zwillinge 1 Embryo und Bauchstück
Blastula	k. A.	k. A.	1	0	1 k. A.
Gastrula	Medianebene; Frontalebene; Transversalebene	Einschnürung	13	0	6 Duplicitas anterior 1 Hemiembryo* 6 k. A.
		Durchschnürung	7	0	2 Embryo u. Bauchstück
Neurula	k. A.	Einschnürung	2	0	2 k. A.
unklar	unklar	unklar	1	unklar	1 unklar

k.A. = keine Angabe(n)
* = Nach Roux die laterale Hälfte eines Embryos. Ihr Zustandekommen erklärt sich durch den Entwicklungsausfall der anderen Hälfte aufgrund nicht näher angeführter Ursachen.

Spemann hatte die Hypothese einer anterior/posterioren prospektiven Bedeutung der beiden ersten Blastomeren von Roux übernommen, der sich allerdings auf Ergebnisse von *Rana fusca* gestützt hatte.[742] Unter dem Einfluß von Edmund B. Wilson und Friedrich Kopsch korrigierte Spemann an dieser Stelle einen unzulässigen Analogieschluß bezüglich Entwicklungsmechanismen nahe verwandter

---

[742] Roux, Wilhelm: Bemerkungen über die Achsenbestimmungen des Froschembryo und die Gastrulation des Froscheies. In: Arch. f. Entw.mech. d. Organis. 14 (1904), S. 600–624.

2.4.1. Die Schnürexperimente (1897–1905)

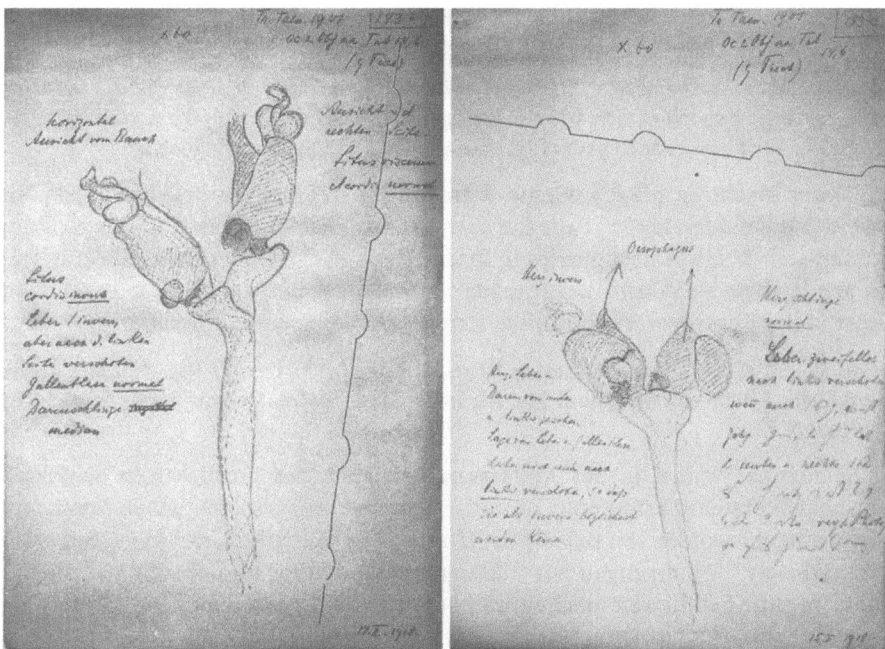

Abb. 19a. Übersichtszeichnung aus dem Protokoll *Triton taeniatus 1901 (143)* vom 14. Februar 1918: Weit caudalwärts reichende *Duplicitas anterior* (Ventralansicht); rechte Verdopplung (von der Bauchseite gezeichnet) mit „Situs cordis <u>inversus</u>, Leber / (= nicht) nach der linken Seite verschoben Gallenblase normal, Darmschlingen ~~sagittal~~ median"; linker Teil der Verdopplung mit „Situs viscerum et cordis <u>normal</u>" (Ocular 2, Objektiv aa, Tubus 14,6; 60fache Vergrößerung; ZIF, Nachlaß Hans Spemann, Protokollordner 1901)
Abb. 19b. Übersichtszeichnung über den Situs von *Triton taeniatus 1901 (143 c)* vom 15. Februar 1918; Ventralansicht: Rechte Hälfte (links auf der Abbildung) „Herz, Leber und Darm von unten u. links gesehen. Lage von Leber und Gallenblase daher nicht mehr nach <u>links</u> verschoben, so daß sie als invers bezeichnet werden können". Linke Hälfte (rechts auf der Abbildung): „Leber zweifellos nach links verschoben, wenn auch nicht invers" (Ocular 2, Objektiv aa, Tubus 14,6; 60fache Vergrößerung; ZIF, Nachlaß Hans Spemann, Protokollordner 1901)

Gattungen. Es war sein Verdienst, daß er sich nicht scheute, auch anfangs als gesicherte Erkenntnis aufgefaßte Sachverhalte in Frage zu stellen und falls nötig, sich mit führenden Vertretern seiner Disziplin kontrovers auseinanderzusetzen. In einem der Arbeit angefügten Nachtrag vom 22. September 1902 griff Spemann nochmals die Frage der unterschiedlichen *prospektiven Potenz* der beiden ersten Blastomeren auf. Er führte kurz aus, daß er zu Beginn seiner Darlegungen Roux' Vorstellung einer caudal/cephalen *prospektiven Potenz* favorisiert hatte, später jedoch namentlich unter dem Einfluß von Helen D. King[743] zur Erkenntnis kam,

---

[743] King, Helen D.: Experimental Studies on the Formation Bufo lentiginosus. In: Arch. f. Entw.mech. d. Organis. 13 (1902), S. 545–564.

daß die ersten beiden Blastomeren eine frontale und eine ventrale Trennebene manifestieren. Für die Zukunft kündigte Spemann Untersuchungen zur Frage an,

„ob die Potenz der ‚ventralen' Blastomere wirklich beschränkter ist als die der dorsalen. Aber vorläufig handelt es sich, ich möchte das nochmals betonen, bloß um eine Hypothese, die der Verifikation noch bedürftig, aber, wie ich hoffe, auch zugänglich ist."[744]

Dieser Nachtrag ging auf eine Anregung von Roux' zurück, der Spemann brieflich angeboten hatte: „Falls Sie nach Lecture meiner Kritik Kopschs Neigung spüren sollten, etwas Bezügliches in Ihrer Arbeit gelegentlich der Corr.[ectur, P.F.] zu aendern, so steht dem wohl nichts im Wege".[745] Bereits Wochen zuvor hatte Roux in der Kontroverse mit Kopsch sich gegenüber Spemann geäußert:

„Daß Sie mit Kopsch übereinstimmen, ist reiner Zufall, *günstiger für Kopsch!* Denn dessen bezügliche Arbeit beweist gar nichts. Ich habe das jüngst dargethan; ist noch nicht erschienen."[746]

Spemanns Wandel in der Auffassung bezüglich des prospektiven Schicksals der beiden ersten Blastomeren ist in der wissenschaftsgeschichtlichen Forschung nicht erkannt worden. So behaupten Horder und Weindling, daß nach Spemann „transversely" Schnürungen zur Bildung eines Embryos und eines Bauchstückes führten, ohne deutlich zu machen, daß damit ab 1902 nicht die quere, sondern die frontale Schnürung gemeint war.[747]

Im nächsten Argumentationsschritt diskutierte Spemann Versuche, bei denen der Parameter *Schnürebene* konstant in der Frontalen gehalten wurde und die Parameter *Schnürgrad* und *Schnürstadium* variiert wurden. Er untersuchte die Folgen frontaler Schnürung zwischen beginnender Gastrulation und Neurulation. Breiten Raum nahm die Analyse des Mechanismus der Gastrulationsbewegung ein. Dabei ging Spemann davon aus, „dass bei der Gastrulation eine wirkliche Einstülpung der Dotterzellen stattfindet, mögen daneben Concrescenz oder Überwachsung durch die dorsale Lippe eine Rolle spielen, welche sie wollen."[748]

Die Delaminationstheorie, vertreten u.a. von Houssay, Robinson und Asheton, lehnte er ab.[749] Nach dieser Vorstellung käme die Gastrulation durch eine Zelldifferenzierung in loco zustande, ohne weitere Mechanismen wie Überwachsung oder Einstülpung. Auch Roux' Vorstellung einer bilateralen Epibolie wies Spemann unter Hinweis auf Stauungserscheinungen während der Gastrulation bei medianer Einschnürung, zurück: „Das deutet entschieden auf Materialverschie-

---

[744] Spemann, Entwickelungsphysiologische Studien. II, S. 529.
[745] SBF, Nachlaß Hans Spemann, A.1.a., Nr. 325, Bl. 496, Brief von Wilhelm Roux an Hans Spemann vom 8. Juli 1902.
[746] SBF, Nachlaß Hans Spemann, A.1.a., Nr. 323, Bl. 492, Brief von Wilhelm Roux an Hans Spemann vom 17. Juni 1902. Unterstreichungen im Original.
[747] Horder, Weindling, Hans Spemann, S. 187.
[748] Spemann, Entwickelungsphysiologische Studien. II, S. 467.
[749] Vgl. Spemann, Entwickelungsphysiologische Studien. II, S. 470.

2.4.1. Die Schnürexperimente (1897–1905)

bungen hin, die in erster Linie durch Zellverlagerungen zu Stande kommen. Zelltheilungen mögen daran selbstverständlich auch ihren Antheil haben."[750]
Als Ergebnis einer mittelstarken frontalen Schnürung während des Gastrulastadiums erhielt er die Bildung normaler Embryonen, wohingegen bei starker Einschnürung die dorsale Hälfte einen normalen Embryo liefert, die ventrale hingegen das bereits geschilderte Bauchstück. In der Diskussion dieser Ergebnisse warf Spemann die Frage nach dem Zeitpunkt der Differenzierung der einzelnen Keimbezirke auf und stellte fest,

„... dass nämlich das Zellmaterial der Tritonblastula noch so indifferent oder so umdifferenzirbar ist, dass es, allerdings innerhalb gewisser Grenzen, in anderer Weise für den Aufbau des Embryos verwendet werden kann als bei der normalen Entwicklung"[751]

Die verstärkte Berücksichtigung der Zeitkomponente bei Differenzierungsvorgängen wird deutlich in der Strategie Spemanns, die Auswirkungen der frontalen Schnürung auf einzelne Keimbereiche in unterschiedlichen Entwicklungsstadien zu prüfen. Er hielt es für bewiesen, „... dass die dorsale und ventrale Keimhälfte schon im Zweizellenstadium eine bestimmte Entwickelungstendenz besitzen."[752] So kam er zum Ergebnis, daß zu Beginn der Gastrulation der ventralen Keimhälfte eine Anlage fehlt, die diese zur Bildung eines ganzen Embryos befähigen würde.[753] Allerdings gab es auch Fälle, in denen sich die ventrale Hälfte einer zu Beginn durchgeschnürten Gastrula zu einem Gebilde mit Neuralrohr und Chorda dorsalis ausbildete. Vermutlich sei die unterschiedliche Entwicklung der ventralen Hälften durch eine abweichende Lage der Ligatur verursacht gewesen.[754] Leider finden sich keine Angaben Spemanns über das Entwicklungsverhalten der entsprechenden Dorsalhälften.

Für das Neurulastadium formulierte er folgende Problematik:

„Es wäre nun in mancher Hinsicht von Interesse, zu wissen, wann das ektodermale Material der Rückenplatte seine Bestimmung zur Bildung der Medullarplatte erhält, wie weit dieses so determinierte Material in den verschiedenen Entwickelungstadien nach vorne reicht, und ob, respektive wie lange es befähigt ist, andere Theile zu bilden als die, deren Herstellung ihm im normalen Verlauf der Entwickelung zufallen würde."[755]

Daß die Bildung der Neuralanlage in irgendeiner Form mit ontegenetisch früheren Vorgängen kausal verknüpft sein könnte, deutete er vorsichtig an:

„Es ist bemerkenswert, dass die ungenügende Ausbildung des linken Medullarwulstes mit der anscheinend mangelhaften Gastrulation der linken Seite zusammenfällt; man könnte letztere als Ursache des ersteren halten."[756]

---

[750] Spemann, Entwickelungsphysiologische Studien. II, S. 471.
[751] Spemann, Entwickelungsphysiologische Studien. II, S. 465.
[752] Spemann, Entwickelungsphysiologische Studien. II, S. 495.
[753] Spemann, Entwickelungsphysiologische Studien. II, S. 502.
[754] Spemann, Entwickelungsphysiologische Studien, II. S. 517.
[755] Spemann, Entwickelungsphysiologische Studien, II. S. 519.
[756] Spemann, Entwickelungsphysiologische Studien, II. S. 506.

Hier klingt bei Spemann erstmals der Gedanke der Induktion der Neuralanlage durch unterlagerndes Chorda-Mesoderm an, den er ein Jahr später deutlicher formulierte.[757]

Aufgrund der falschen Prämisse, daß die Differenzierung von anterior nach posterior voranschreitet, erkannte Spemann überrascht, „... dass das ektodermale Material auch des hinteren Theils der Rückenplatte im Augenblick der Durchschnürung [frühe Neurula, P. F.] schon fest zur Bildung der Medullarplatte bestimmt war."[758]

In Widerlegung seiner früheren Interpretationen postulierte er nun eine Selbstdifferenzierung der aus querer Durchschnürung hervorgegangenen vorderen und hinteren Gehirnhälften und leitete so die tragfähige These ab, nach der sich selbstdifferenzierende Organe wiederum Teile enthalten können, die sich durch abhängige Differenzierung beeinflussen:

„Davon abgesehen geht aber aus den mitgeteilten Fällen hervor, dass jedenfalls von dem Augenblick an, wo die Medullarplatte deutlich geworden ist, bis zu dem eben beschriebenen Stadium die Entwickelung des vorderen und hinteren Stückes Selbstdifferenzierung im Sinne Roux' ist. Das schließt nach der Definition jenes Begriffes nicht aus, dass einzelne Entwickelungsvorgänge innerhalb der beiden Stücke abhängige Differenzierung sind."[759]

Ein wichtiges Argument dafür fand er in der vom Augenbecher abhängigen Entwicklung der Linse bei *Rana fusca*. Dieses Konzept, das mit Roux' Vorstellung der abhängigen Differenzierung im Einklang stand, bildete den Auftakt einer ideengeschichtlichen Linie, die über *harmonisch-äquipotentielle Partialsysteme* zum *Prinzip der fortschreitenden Determination durch Organisatoren steigender Ordnung* reichte, welches Spemann im Jahre 1924 erstmals öffentlich vertrat.[760]

Doppelmißbildungen – Konnex zur Linsenbildungsfrage

Im dritten und letzten Teil seiner *Entwickelungsphysiologischen Studien am Triton-Ei*[761] ging Spemann nochmals auf die verschiedenen Formen von *Duplicitates anteriores* ein. Er deutete knapp die physiologische und psychologische Dimension des Phänomens an, führte solchermaßen als extern – bezogen auf die entwicklungsbiologische Disziplin – zu bezeichnende Gedanken aber im folgenden nicht weiter aus, was als zusätzlicher Beleg für seine oben ausgeführte wohlweisliche Selbstbeschränkung zu werten ist.[762]

---

[757] Vgl. unten S. 183 und S. 237.
[758] Spemann, Entwickelungsphysiologische Studien, II. S. 522.
[759] Spemann, Entwickelungsphysiologische Studien, II. S. 528.
[760] Vgl. Spemann, Hans: Über Organisatoren in der tierischen Entwicklung. In: Naturwissenschaften 48 (1924), S. 1092-1094.
[761] Spemann, Hans: Entwickelungsphysiologische Studien am Tritonei. III. In: Arch. f. Entw.mech. d. Organis. 16 (1903), S. 551-631.
[762] Vgl. oben S. 120.

2.4.1. Die Schnürexperimente (1897–1905)

Die Doppelmißbildungen war seiner Ansicht nach auch von theoretischer Tragweite:

„Auch das Problem des harmonisch-äquipotentiellen Systems erfährt eine interessante Erweiterung, wenn man den Erfolg partieller Spaltung unter diesem Gesichtspunkt betrachtet. Welcher Bruchtheil des gesamten Keimmaterials wird für die verdoppelten Theile verwendet? [...] Ist der Übergang von den verdoppelten zu den einfachen Theilen ein plötzlicher?"[763]

In diesem Zusammenhang interessierte Spemann das Verhalten der sich berührenden innenständigen Organe, namentlich der Augen, besonders. Hier lag auch die Schnittstelle zu den Linsenbildungsexperimenten, da sowohl Curt Herbst als auch Emanuel Mencl den Linsenbildungsmechanismus anhand cyclopischer Defekte diskutierten.[764] Daneben beschäftigte ihn die Frage, bis zu welchem ontogenetischen Stadium Mißbildungen zu erzielen bzw. reversibel waren.

Als erste Form von Doppelmißbildungen führte Spemann einen sogenannten *Diprosopus triophtalmus* vor. Er zeichnet sich durch ein verschmolzenes innenständiges Auge aus. Grundsätzlich galt auch bei dieser Mißbildung das *Gesetz der doppelten Symmetrie der Organanlagen*, wie es bereits Johann Friedrich Meckel im Jahre 1815 formuliert hatte. Danach waren neben der Hauptsymmetrieebene eines Embryos zwei Nebensymmetrieebenen gegeben, von denen jeweils eine durch die Mediane der Verdopplungen zu legen ist. Die dem innenständigen Auge zugehörende Doppellinse war nach Spemanns Ansicht nur mit Hilfe der neuen Erkenntnisse bezüglich der abhängigen Linsenbildung zu erklären:

„Wenden wir nun diese neue Einsicht, die als gesichert gelten kann, auf die Entstehung der Doppellinse an, so ist das Wesentliche, was als Ursache ihrer Struktur angenommen werden muß, nicht die Einstülpung zweier ursprünglich getrennter [Linsen-]Anlagen, die erst nachträglich, früher oder später verschmelzen, sondern ein bestimmter Grad von Verdopplung des innenständigen Augenbechers."[765]

Weiterhin postulierte er: „Dasselbe gilt von allen Anlagen, die sich durch abhängige Differenzirung entwickeln, wenn die Differenzirungscentren gegen die Norm vermehrt sind."[766] Der Terminus *Differenzierungszentrum*, hier erstmals geprägt, sollte im Jahre 1918 wieder Verwendung finden.

Aufgrund seiner medianen Einschnürungen während des Gastrulastadiums kam Spemann zu dem Schluß, daß auch in diesem Stadium Doppelbildungen zu erzielen waren. Auch an einem weiteren Beispiel diskutierte er die abhängige Differenzierung:

„Es ist nicht ausgeschlossen, dass die Differenzierung der Medullarplatte vom Urdarm aus inducirt wird; es giebt manche Thatsachen, die mit einer solchen Annahme gut übereinstimmen würden."[767]

---

[763] Spemann, Entwickelungsphysiologische Studien. III, S. 553.
[764] Vgl. unten S. 201–204.
[765] Spemann, Entwickelungsphysiologische Studie. III, S. 567.
[766] Spemann, Entwickelungsphysiologische Studien. III, S. 567.
[767] Spemann, Entwickelungsphysiologische Studien. III, S. 616.

Damit hatte Spemann eine wichtige Komponente des Organisatoreffektes hypothetisch vorweggenommen.

Als weitere Mißbildung stellte Spemann den *Dicephalus tetrotus* vor, bei dem beide Köpfe jeweils zwei voll ausgebildete Augen und Hörbläschen aufwiesen. Eine noch weiter gehende Form war der mit vier Kiemen ausgestattete *Dicephalus tetrabrachius*.

Als letzten Aspekt untersuchte Spemann noch die Frage, ob durch Nachschnürung im Neurulastadium eine Verdopplung von Organen erzielbar wäre. Es ging um den Stand der Determination einzelner Keimbereiche, um die Frage, wie fest die *prospektive Potenz* hin zum *prospektiven Schicksal* bereits eingeschränkt war bzw. in wie weit der Vorgang noch reversibel war. Aufgrund einiger weniger Versuche und deren negativer Befunde kam Spemann zu dem wahrscheinlichen Ergebnis, „... dass bei Triton taeniatus eine Verdopplung des Vorderendes im Neurulastadium nicht mehr möglich ist."[768]

Am 3. Juni 1903 hielt Spemann einen Vortrag auf dem Zoologenkongreß mit dem Titel *Experimentelle Erzeugung von Tricephalie und Cyclopie*, den er mit der Demonstration zahlreicher Präparate verband, darunter der cyclopische Schädel eines menschlichen Fetus und eines Schweines, verschiedener Formen von *Duplicitates anteriores* und *Janus partialis*. Seiner Ansicht nach war die Cyclopie aufgrund des Ausfalls der median-basalen Hirnbereiche bedingt, wohingegen die median-dorsal gelegene Paraphyse aktiv blieb.

„Zurückführung der einzelnen Teile des cyclopischen Hirns auf die kleinere Medullarplatte. Die Abgrenzung von Anlagen späterer Organe in der Medullarplatte ist zunächst eine rein ideelle; es ist eine erst zu beantwortende Frage, ob wir in der Medullarplatte schon ein solches Mosaik von Anlagen anzunehmen haben, auf unseren speziellen Fall angewandt, ob sich das normale und das defekte Vorderende der Neurula schon in ähnlicher Weise voneinander unterscheiden, wie diese beiden Köpfe, die aus ihnen hervorgehen werden. [...] Die Frage spitzt sich dann zu, wie die Verteilung der Anlagen in der normalen Medullarplatte zustande kommt und wie der Ausfall gewisser Anlagen in der cyclopisch defekten."[769]

Diese im Zuge der Schnürversuche erarbeitete Fragestellung war aber mit dieser Methode nicht mehr adäquat zu erforschen. Sie stellt die Verbindung zu den zeitgleich durchgeführten Defektversuchen dar.

Auch Spemanns letzte ausführliche Erörterung von Ergebnissen der Schnürexperimente beschäftigte sich mit teratologischen Phänomenen.[770] Dabei stellte er graduell unterscheidbare cyclopische Defekte vor, die von *Cebocephalie* über *Cyclopie* bis zur *Triocephalie* reichen. Allen diesen Defekten gemein war als Ursache eine schräg zur Medianebene verlaufende Einschnürung, die bewirkt, daß die

---

[768] Spemann, Entwickelungsphysiologische Studien. III, S. 625.
[769] ZIF, Nachlaß Hans Spemann: Spemann, Hans: Experimentelle Erzeugung von Tricephalie und Cyclopie. Manuskript eines Vortrages, gehalten auf dem 13. DZG-Kongreß am 3 Juni 1903 in Würzburg.
[770] Vgl. Spemann, Hans: Ueber experimentell erzeugte Doppelbildungen mit cyclopischem Defekt. In: Zool. Jahrbücher, Suppl. VII (1904), S. 429-470.

Augenanlagen median vereinigt sind, „da die mediane Partie fehlt, durch die sie in der normalen Medullarplatte getrennt werden."[771] Das Zustandekommen des Cyclopenauges aus einer einheitlichen oder aus zwei verschmolzenen Anlagen war eine seit der ersten Hälfte des 19. Jahrhunderts kontrovers diskutierte Frage. Meckel[772] und Etienne Geoffroy Saint-Hilaire[773] gingen von einer nachträglichen Verwachsung zweier ursprünglich getrennter Augenanlagen aus, wohingegen Huschke[774] von einer ursprünglich einheitlichen Augenanlage ausging, die in der normalen Entwicklung sich in zwei Augen separierte, beim cyclopischen Defekt diese Separierung eben nicht vollzog.

Das Fehlen des Nervus opticus führte Spemann darauf zurück, „... dass bei hochgradiger Cyclopie die Augenblase sich während der Umwandlung in den Augenbecher ganz vom Hirn abschnüren kann."[775]

Bezüglich der anderen Frage, zu welchem ontogenetischen Zeitpunkt die Anlagendeterminierung innerhalb der Neuralplatte erfolgt, äußerte Spemann:

„Nach alledem kann ich mich der Folgerung nicht entziehen, dass schon in der Medullarplatte, in der normalen wie in der cyclopisch defecten das Augenmaterial für beide Augen von der Umgebung different geworden ist."[776]

Die genaue Lokalisation der Augenanlagen beabsichtigte er mittels Anstichexperimenten zu klären. Dieser Plan lag den ab 1915 durchgeführten Experimenten zugrunde.

Ausklang der Schnürexperimente:
Die Protokolle Triton taeniatus 1904 und Triton taeniatus 1905

In den Jahren 1904 und 1905 schnürte Spemann nur noch wenige Embryonen. Der analytische Gehalt der Methode war ausgereizt[777] und überdies erforschte Spemann bereits intensiv die Linsenbildung. Schnittuntersuchungen und zeitaufwendige Rekonstruktionszeichnungen fertigte er keine an. Von diesen Experimenten wurde keines veröffentlicht.

---

[771] Spemann, Experimentell erzeugte Doppelbildungen, S. 457.
[772] Meckel, Johann Friedrich: Ueber die Verschmelzungsbildungen. In: Arch. f. Anatomie und Physiologie 1 (1826), S. 238–310.
[773] Geoffroy Saint-Hilaire, Etienne: Traité de tératologie, Bd. 2 (1832–1837).
[774] Huschke, Emil: Ueber die erste Entwickelung des Auges und die damit zusammenhängende Cyclopie. In: Arch. f. Anatomie u. Physiologie 6 (1832), S. 1–47.
[775] Spemann, Experimentell erzeugte Doppelbildungen, S. 447.
[776] Spemann, Experimentell erzeugte Doppelbildungen, S. 455.
[777] Hamburger, Heritage, S. 17.

Tabelle 21. Übersicht über Spemanns Versuchsprotokolle der Schnürexperimente *Triton taeniatus* 1904

Schnür-stadium	Schnürebene	Schnürgrad	Anzahl d. Protokolle	tot	Ergebnisse
Zwei-Zell-Stadium	1. Furchungsebene	Durchschnürung	7	0	3 Zwillinge 1 Embryo u. Bauchstück 3 k. A.
Vier-Zell-Stadium	1. bzw. 2. Furchungsebene	Einschnürung	1	0	1 Embryo u. Bauchstück
unklar	unklar	unklar	3	unklar	unklar

k.A. = keine Angabe(n)

Tabelle 22. Übersicht über Spemanns Versuchsprotokolle der Schnürexperimente *Triton taeniatus* 1905

Schnür-stadium	Schnürebene	Schnürgrad	Anzahl d. Protokolle	tot	Ergebnisse
Zwei-Zell-Stadium	1. Furchungsebene	Einschnürung	17	0	7 Duplicitas anterior davon: 6 Janus partialis 1 Tricephalus
		Durchschnürung	6	0	6 Zwillinge
Blastula	unklar	Einschnürung	1	0	1 Duplicitas anterior
		Durchschnürung	2	0	2 Zwillinge (mit Cyclopie)
Gastrula	Medianebene	Einschnürung	1	0	1 Duplicitas anterior
k. A.	k. A.	k. A.	2	0	k. A.

k.A. = keine Angabe(n)

Zusammenfassung:
Inhaltlich erarbeitete Spemann im Zuge seiner Schnürexperimente bereits die wesentlichen Grundlagen seiner Forschungen. So betonte er die Bedeutung des Cytoplasmas in der Ontogenese, die zeitliche Komplementarität von Regulations- und Mosaikentwicklung, den Mechanismus der abhängigen Entwicklung. Damit hatte er die Thesen August Weismanns bezüglich der dominanten Funktion des Kerns in der Ontogenese und die inäquale Teilung widerlegt. In der Roux-Driesch-Kontroverse nahm Spemann eine vermittelnde Position ein. Wichtige Elemente der Organisator-Vorstellung hatte er bereits vorweggenommen, so die fortschreitende Differenzierung ausgehend vom Differenzierungszentrum, durch expansives oder appositionelles Wachstum, Selbstdifferenzierung und abhängige

Differenzierung in hierarchischer Folge, Induktion als Mechanismus abhängiger Differenzierung

Auch seine Arbeitsweise wies bereits alle für Spemann so charakteristischen Züge in Theorie und Praxis auf. Seine Skepsis bezüglich der Übernahme vermeintlich gesicherter Erkenntnisse von anderen war ausgeprägt. Allerdings gereichte der Analogieschluß, d.h. die Übertragung der Ergebnisse auf nahe verwandte Tiergruppen, ihm in der Frage der Embryonalebene zum Nachteil. Auch die Vorstellung einer von anterior nach posterior voranschreitenden Neuralplattendifferenzierung ließ sich nicht halten.

2.4.1.2. Versuche über verzögerte Kernversorgung von Keimbereichen 1913 und 1914 – Ein „eleganter" Beitrag zur Widerlegung der Vorstellung von der inäqualen Kernteilung

Die Experimente über verzögerte Kernversorgung standen in einer konzeptionellen Kontinuität zu den frühen, mißlungenen Temperaturversuchen aus dem Jahre 1897. Mit jener Methode hatte Spemann die gegenseitigen Einflüsse zweier ontogenetisch unterschiedlich weit entwickelter Keimhälften untersuchen wollen. Bei der verzögerten Kernversorgung von Keimhälften war eben dieser Effekt gegeben.

Erfolgte eine mittelstarke Einschnürung einer befruchteten, aber noch ungefurchten Eizelle von *Triton taeniatus*, so trat keine Trennung beider Hälften ein; vielmehr blieben sie über eine cytoplasmatische Brücke miteinander verbunden. In der Folgezeit zeigte die kernhaltige Hälfte das normale Furchungsgeschehen, wohingegen die kernlose Hälfte unverändert blieb. Nach einer gewissen Anzahl von Kern- und Zellteilungen wanderte ein Abkömmling des „Furchungskerns"[778] in die kernlose Hälfte hinüber, die nun ihrerseits mit dem Furchungsgeschehen begann. Folgerichtig lagen zwei Keimhälften in unterschiedlichen Furchungsschritten vor. Bereits 1894 hatte Jaques Loeb in seinen so bezeichneten *Bruchsackexperimenten* einen entsprechenden Effekt erzielt.[779] Obwohl Spemann die Arbeit nach eigenen Angaben intensiv studiert hatte, war sie ihm in Vergessenheit geraten.[780] Es ist noch anzumerken, daß die Kernmigration über die cytoplasmatische Brücke in die andere Hälfte erfolgte, ohne daß dabei der Grad der Schnürung gelockert worden wäre, wie de Beer irrtümlich annahm.[781]

---

[778] Von Spemann verwendeter Terminus. Gemeint ist der Zygotenkern.
[779] Loeb, Jaques: Über eine einfache Methode, zwei oder mehr zusammengewachsene Embryonen aus einem Ei hervorzubringen. In: Pflügers Arch. 55 (1894), S. 525–530.
[780] Spemann, Entwicklung seitlicher und dorso-ventraler Keimhälften, S. 107.
[781] De Beer, Gavin R.: The Mechanics of Vertebrate Development. In: Biological Review 2 (1927), S. 137–197, S. 145. In Spemanns Seperatum dieser Arbeit die Stelle mit der Randbemerkung „no!" versehen. Vgl. ZIF, Nachlaß Hans Spemann, Seperata-Sammlung, Schrank I, Ordner 18.

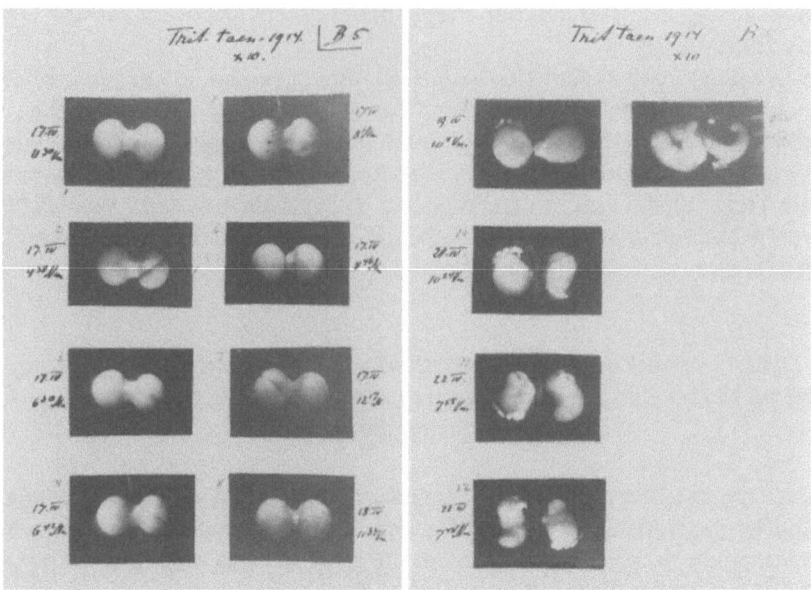

Abb. 20a. Erstes Blatt der Photoserie aus dem Versuchsprotokoll *Triton taeniatus 1914 (B5)* vom 17. bis 25. April 1914: Beispiel für eine Zwillingsbildung, wenn nach der zweiten zygotischen Kernteilung einer der vier Kerne über die Plasmabrücke in die bis dahin kernlose Hälfte wandert; Vm: Vormittag; Nm: Nachmittag (Vergrößerung 10fach, ZIF, Nachlaß Hans Spemann, Protokollordner 1914) – **Abb. 20b.** Zweites Blatt der Photoserie aus dem Versuchsprotokoll *Triton taeniatus 1914 (B5)* vom 17. bis 25. April 1914. Vm: Vormittag; Nm: Nachmittag (Vergrößerung 10fach, ZIF, Nachlaß Hans Spemann, Protokollordner 1914)

Von den während der Jahre 1913 und 1914 durchgeführten Experimenten zeigte *Triton taeniatus 1914 (B 5)*, welches am 17. April begonnen wurde und bis zum 27. April andauerte, folgendes Ergebnis: nach zwei Kernteilungen wanderte ein Furchungskern der zweiten Generation („1/4 Furchungskern") in die kernlose Hälfte hinüber. Es entwickelte sich in der Folgezeit auch aus dieser Hälfte ein Embryo (Abb. 20a-b). Damit war der Beweis erbracht, daß auch nach vier Kernteilungen die Erbanlagen im Kern vollständig erhalten sind. Weismanns Postulat von der erbungleichen Kernteilung war zumindest für diesen Entwicklungsabschnitt und für dieses Objekt widerlegt. Auch die Mosaikvorstellung bezüglich der Embryogenese war mit diesem Ergebnis nicht in Einklang zu bringen.

Im Experiment *Triton taeniatus 1914 (N 3)*, begonnen am 15. Mai 1914 und mit der Konservierung des Objekts am 26. Mai 1914 beendet, wurde ein anderes Ergebnis festgehalten. Nach nur zwei Kernteilungen wanderte „¼ Furchungskern" in die kernlose Hälfte hinüber. Es entwickelte sich aus dieser ein *Bauchstück*, wohingegen die ab Anfang kernhaltige Hälfte sich zum Embryo weiter entwickelte (Abb. 21a-b). Dieses Ergebnis belegte, daß es nicht die Verhältnisse im Kern sein konnten, die die weitere Entwicklung allein bestimmten, sondern daß cytoplasmatische Faktoren eine maßgebliche Rolle spielen mußten.

2.4.1. Die Schnürexperimente (1897–1905)

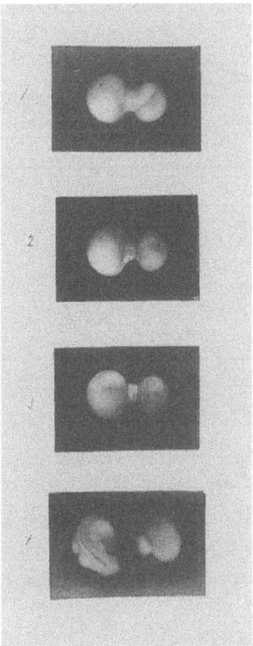

Abb. 21. Photoserie aus dem Versuchsprotokoll *Triton taeniatus 1914 (N3)*. Beispiel für die Bildung eines Embryos und eines Bauchstückes, auch wenn nach zwei zygotischen Kernteilungen einer der vier Kerne in die bisher kernlose Hälfte hinüberwandert. Auf dem untersten Photo ist links der Embryo und rechts das vergleichsweise unorganisierte Bauchstück zu erkennen (Vergrößerung 10fach, ZIF, Nachlaß Hans Spemann, Protokollordner 1914)

Spemann stellte seine experimentellen Ergebnisse auf der DZG-Jahresversammlung[782] in knapper Form vor. Als wichtigste Ergebnisse nannte er:

- Durch Schnürung kann der Befruchtungskern in eine Hälfte gedrängt werden. Dort verbleibt er eine gewisse Zeit mitsamt seinen Abkömmlingen. Im weiteren Verlauf der Entwicklung kann ein Kern („1/4, 1/8 oder 1/16 Furchungskern") über eine Plasmabrücke in die bis dahin kernlose Hälfte wandern und dort die Furchungen auslösen.
- Die beiden Hälften entwickeln sich entweder zu Zwillingen oder zu einem Embryo und einem *Bauchstück*, wobei der Anteil am Furchungskern keinen Einfluß auf das Entwicklungsschicksal hat.
- Bei völliger Trennung des Eies unmittelbar nach der Befruchtung kann man in günstigen Fällen diploide und haploide Embryonen erhalten.

---

[782] Vgl. Spemann, Verzögerte Kernversorgung.

Tabelle 23. Übersicht über die möglichen Ergebnisse bei verzögerter Kernversorgung von Keimteilen

	frontale Schnürung		mediane Schnürung	
Teil des Furchungskerns*	dorsale Hälfte	ventrale Hälfte	linke Hälfte	rechte Hälfte
15/16	Embryo	Bauchstück	Embryo	Embryo
1/16	Bauchstück	Bauchstück	Embryo	Embryo
7/8	Embryo	Bauchstück	Embryo	Embryo
1/8	Embryo	Bauchstück	Embryo	Embryo
3/4	Embryo	Bauchstück	Embryo	Embryo
1/4	Embryo	Bauchstück	Embryo	Embryo

* Entspricht Zellkern nach der zweiten, dritten oder vierten Kernteilung.

Aus diesen Ergebnissen zog Spemann als zentrale Erkenntnis den Schluß: „Es liegt also am Eiplasma, nicht an den Kernen, zu welchem Teil des Embryos sich die Teile des Keimes entwickeln".[783] Damit bestätigte er seine aus den Schnürexperimenten gezogenen Schlußfolgerungen bezüglich des Zustandekommens von Zwillingen bzw. Embryo und Bauchstück bei Durchschnürung entlang der ersten Furchungsebene.

Problematisch war aber das Ergebnis, daß „1/16 Furchungskern", der von der ventralen in die dorsale Hälfte gewandert ist, dort dennoch keinen Embryo generierte. Spemann formulierte als erklärende Hypothese, daß nicht jeder beliebige Tochterkern in der dorsalen Hälfte einen Embryo hervorzubringen vermochte, weil der in der ventralen Hälfte herangezüchtete Kern die Fähigkeit verloren haben könnte, in der dorsalen Eihälfte normal zu funktionieren.

„Nur nach großer Anzahl negativer Ergebnisse bei sonst gut gelungenen Versuchen wird sich sagen lassen können, ob das Zufall war oder ob es eine Bedeutung besitzt."[784]

Die Erarbeitung einer ausreichenden empirischen Basis vergab Spemann in Absprache mit Fritz Baltzer als Dissertationsthema an Heinrich Schütz, der in den Jahren 1922/23 die entsprechenden Experimente durchführte.[785]

„Wenn Sie niemand dafür in unmittelbarer Aussicht haben, ließe ich gerne in diesem Sommer die feineren Vorgänge untersuchen, die nach Durchschnürung des ungefurchten Tritoneies in der eikernlosen Hälfte ablaufen, selbstverständlich nur nach homospermer Befruchtung; die bastardisierten bleiben Ihnen unberührt. Es ist jetzt acht Jahre her, daß ich die Sache veröffentliche, und ich fürchte, sie geht mir verloren, wenn ich länger zögere."[786]

---

[783] Spemann, Verzögerte Kernversorgung, S. 219.
[784] Spemann, Verzögerte Kernversorgung, S. 219.
[785] Schütz, Heinrich: Schnürversuche an Triton-Eiern vor Beginn der Furchung. Diss., Freiburg i. Br. 1924.
[786] SBF, Nachlaß Hans Spemann, A.2.a., Nr. 589a, Bl. 973, Brief von Hans Spemann an Fritz Baltzer vom 13. April 1922.

2.4.1. Die Schnürexperimente (1897–1905)

Weiterhin wurde deutlich, daß die Einschränkung der *prospektiven Potenz* auf das *prospektive Schicksal*, mit anderen Worten, der Wandel von der Regulationsentwicklung zum funktionellen Mosaik, durch das Einwirken des Protoplasmas auf den Zellkern bedingt ist. Zugleich war nun klar, daß schon vor der ersten Furchungsteilung eine qualitative Bezirksbildung im Protoplasma stattgefunden haben muß.

In seiner 1928 veröffentlichten Schrift über „Die Entwicklung seitlicher und dorso-ventraler Keimhälften bei verzögerter Kernversorgung" faßte Spemann nochmals den Forschungsstand, seine eigenen und die Ergebnisse seines Schülers Heinrich Schütz zusammen. Die Diskussion um Weismanns Vorstellung von der erbungleichen Kernteilung war zu jenem Zeitpunkt bereits „weitgehend abgeschlossen", insbesondere durch die Arbeiten von Gustav Born, Oscar Hertwig,[787] Hans Driesch,[788] Theodor Boveri[789] und Jaques Loeb.

Die bereits veröffentlichten Angaben konnten alle bestätigt werden. Untermauert wurde das Ergebnis, daß nach ventraler Schnürung „1/16 Furchungskern" in der dorsalen Hälfte keinen Embryo hervorzubringen vermochte, obwohl die cytoplasmatischen Voraussetzungen gegeben sein müßten. Als mögliche Ursache diskutierte Spemann allmähliche Veränderungen der Kerne in der ventralen Hälfte oder eine mögliche Schädigung des dorsalen Stückes während seiner kernlosen Phase. Die Tatsache, daß „15/16 Furchungskern" in der ventralen Hälfte nur Bauchstück hervorzubringen vermochte, lag seiner Ansicht nach in einem Mangel im Protoplasma begründet, vermutlich im Fehlen des grauen Feldes, des späteren *Organisationszentrums*. Es fehlt also nicht die Anlage, sondern der Anstoß zu ihrer Umsetzung. Spemann sah den Zusammenhang zwischen frontaler Schnürung und fehlendem *Organisationsbezirk* in der ventralen Hälfte.

Die Experimente waren in gewisser Weise unzeitgemäß, weshalb Spemann im Nachhinein urteilte: „So hat mein Experiment [...] für die Wissenschaft nur die Bedeutung, die Widerlegung von Weismanns Lehre in besonders eleganter Weise zu leisten."[790]

2.4.1.3. Exkurs: Situs inversus viscerum bei Zwillingen – In memoriam Hermann Falkenberg

Die Symmetrieverhältnisse des Eingeweidesitus interessierten Spemann aus allgemein theoretischen Gründen. Ohne diesem Thema intensiver nachzuspüren notierte und sammelte er über die Jahre hinweg die Fälle von Zwillingsbildung,

---

[787] Hertwig, Oscar: Ueber den Werth der ersten Furchungszellen für die Organbildung des Organismus. In: Arch. f. mikroskop. Anatomie 47 (1893), S. 662–806.

[788] Driesch, Hans: Entwickelungsmechanische Studien. IV. Experimentelle Veränderungen des Typus der Furchung und ihre Folgen. In: Zeitschr. f. wiss. Zool. 55 (1892), S. 1–62.

[789] Boveri, Theodor: Zur Physiologie der Kern- und Zellteilung. In: Sitz.-Ber. d. phys.-med. Gesell. Würzburg, N.F. 30 (1896), S. 133–151.

[790] Spemann, Forschung und Leben, S. 190–191.

192 2.4. Forschungsphase I (1897–1914)

bei denen einer von beiden einen spiegelbildlich gekehrten *Situs inversus* aufwies. Die Beschreibung, Auswertung und Ergänzung des Materials übertrug er seit 1911 seinen Schülern, woraus eine ganze Reihe Doktorarbeiten erwuchsen.[791] In einem besonderen Falle war Spemann Erstautor einer Arbeit zum Thema des invertierten *Situs*, obwohl er sich niemals selbst eingehender damit beschäftigt hatte. Grund hierfür war der bereits erwähnte Tod seines Doktoranden Hermann Falkenberg als Soldat im Ersten Weltkrieg. Spemann übernahm die Aufgabe, seine experimentellen Befunde zu veröffentlichen.

Hier seien nur knapp die von Spemann als wichtigste Ergebnisse festgehaltenen Punkte erwähnt:

1. Zwillinge, die aus median durchgeschnürten *Triton taeniatus*-Embryonen des Blastula- und Gastrulastadiums hervorgehen, zeigen schwächer ausgebildete „innenständige", d.h. der ehemaligen Partnerhälfte zugewandten Seiten, was auf eine bereits eingeschränkte Regenerationsfähigkeit derselben zurückzuführen ist.

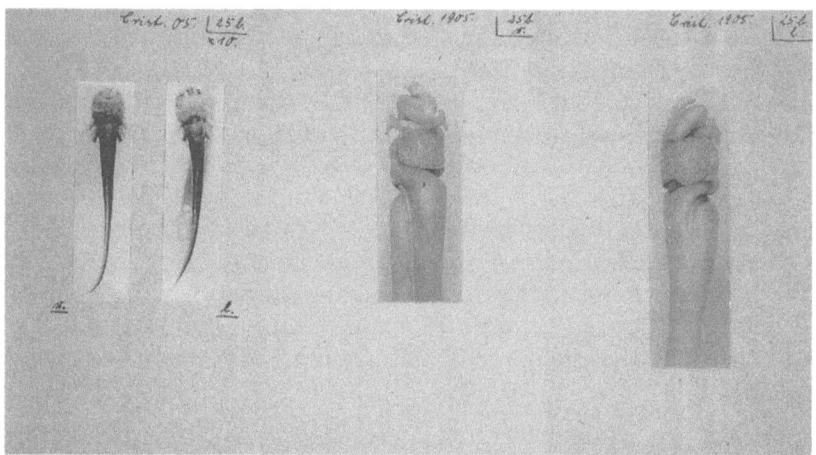

Abb. 22. Beispiel für *Situs inversus viscerum et cordis* bei *Triton cristatus*. Die beiden Photografien (linkes Blatt) zeigen ein durch Durchschnürung entlang der ersten Furchungsebene entstandenes Zwillingspaar (Bauchseite). Das mittlere Photogramm illustriert in der Ventralansicht des rechten Zwillingsembryos, daß die Leber (punktiert) auf der linken Embryonalseite, der Magen auf der rechten Seite liegt (*Situs inversus viscerum*); das Herz liegt ebenfalls seitenverkehrt, da der Bulbus arteriosus links der Herzkammer aufsteigt und der Herzschlauch eine Spirale im Uhrzeigersinn beschreibt (*Situs inversus cordis*). Das rechte Photogramm zeigt in der gleichen Ansicht vom linken Embryo, daß der *Situs viscerum et cordis* normal angeordnet ist (Photo 10fache Vergrößerung, Photogramm 40fache Vergrößerung; ZIF, Nachlaß Hans Spemann, Protokollordner 1905, *Triton cristatus 1905 (25b)*; vgl. Spemann, Falkenberg, Situs inversus, Tafel 19, Abb. 19a,b und 20a,b)

---

[791] Vgl. oben S. 46.

2. Bei nahezu 50 % der rechten Zwillinge waren die Lage von Herz und Darm spiegelbildlich verkehrt (Abb. 22). Eine Erklärung hierfür fand Spemann nicht, vermutete aber, daß diese Asymmetrie auf jüngste Entwicklungsstadien zurück gehe.
3. Die Asymmetrie des Situs kann auf verschiedene Weise erzielt werden, durch Rotation von Neuralplattenteilen, wie es Spemanns Schüler Kurt Preßler und Rudolph Meyer nachgewiesen hatten oder durch mediane Schnürung, wie durch Falkenbergs Arbeit belegt.

Die im Jahre 1919 erschienene Arbeit war zugleich der Abschluß einer von Spemann initiierten Forschungsphase, welche als erster Arbeitsschwerpunkt der Spemannschen Schule zu werten ist. Er selbst war an dieser Phase nicht direkt beteiligt, sondern fungierte als Spiritus rector und Mentor. Er regte einige Schüler dazu an, Fragen dieses Problemkomplexes experimentell zu bearbeiten.

2.4.2. Experimente zur Klärung des Linsenbildungsmechanismus bei Amphibien (1899-1908)

Die Entstehung des komplexen Wirbeltierauges als Fallbeispiel in der entwicklungsbiologischen Forschung begegnete Spemann möglicherweise erstmals während seiner Heidelberger Studentenjahre 1891-1893, als er seinem Freund Gustav Wolff bei dessen Regenerationsexperimenten an Amphibien über die Schulter blickte.[792] Das Phänomen der vom oberen Irisrand ausgehenden Linsenneubildung, wie es Wolff nach Entfernung der ursprünglichen Linse bei *Rana fusca* beobachtet hatte, beschäftigte Spemann aber nur am Rande. Er erkannte im optischen Apparat vielmehr ein geeignetes System, um anhand einer eng gefaßten Fallstudie die Rolle von abhängigen bzw. unabhängigen Gestaltungsprinzipien in der Ontogenese zu analysieren. Bereits die Notiz im Protokoll des Schnürexperiments *Triton taeniatus 1897 (30)* belegt, zu welch frühem Zeitpunkt Spemann an diesem zentralen Problem der damaligen Entwicklungsbiologie interessiert war.[793] In Würzburg hatte er, als er die Linsenbildung im Frühjahr 1899 experimentell zu untersuchen begann, zudem die Möglichkeit, mit Oskar Schultze Grundfragen hinsichtlich der Augenentstehung im persönlichen Gespräch zu erörtern. Schultze arbeitete zu jener Zeit über die Keimblattentwicklung von *Rana fusca* während des Gastrula- und Neurulastadiums und hatte Spemann vermutlich bezüglich der frühen Neuralplattentopographie wertvolle Hinweise gege-

---

[792] Vgl. Wolff, Gustav: Entwickelungsphysiologische Studien. I. In: Arch. f. Entw.mech. d. Organis. 1 (1895), S. 380-390; vgl. Wolff, Gustav: Zur Frage der Linsenregeneration. In: Anat. Anzeiger 18 (1900), S. 136-139. Obwohl Spemann diese Arbeiten bibliographisch nicht aufführte, wies er in seiner ersten Veröffentlichung auf Wolffs experimentelle Befunde hin. Vgl. Spemann, Hans: Ueber Correlationen in der Entwickelung des Auges. In: Verhandl. d. Anat. Gesell. 15 (1901), S. 61-79, S. 63.
[793] Vgl. oben S. 159-160.

ben.[794] Daß persönliche Kontakte bestanden haben, ist durch die in einem Protokoll vermerkte Überlassung eines Schultzeschen Präparates an Spemann belegt und geht auch aus zwei Briefen hervor.[795] Curt Herbsts zeitgleich angestellte Studie[796] über abhängige Linsenbildung beeinflußte Spemann in der Auswahl seines Untersuchungsobjektes sicher nicht, da er von dieser erst nachträglich Kenntnis erhalten hatte.[797]

Spemanns Experimente zur Linsenbildung erstreckten sich über die Jahre 1899 bis 1908[798] und standen in ihren methodischen Abwandlungen – Extirpation, Excision, Transplantation – in engem Zusammenhang mit dem zeitgenössischen Erkenntnisfortschritt und den dadurch sich ändernden Fragestellungen. Das Fehlen der Protokolljahrgänge 1902 und 1903 liegt wahrscheinlich darin begründet, daß Spemann keine Versuche durchführte. Aus den Rostocker Jahren 1909 bis 1912 liegen ebenfalls keine Protokolle vor, vermutlich weil er durch die neuen Aufgaben als Institutsleiter und Lehrstuhlinhaber zu sehr mit Administration und Lehre beschäftigt war, um Zeit für eigene Experimente zu finden. Spemann wies in keiner Veröffentlichung auf Versuche aus jenen Jahren hin, was diese Überlegung stützt. Eine ähnliche Situation erlebte er später in Freiburg, wo er während der Jahre 1919 bis 1924 nachweislich keine eigenen Versuche durchführte. Anders-

Tabelle 24. Numerische Übersicht über Spemanns Versuchsprotokolle zum Problem der Linsenbildung bei Amphibien während der Jahre 1899 bis 1908

Jahr	1899	1900*	1901	1902*	1903*	1904	1905	1906	1907	1908
Anzahl vorhandener Protokolle	12	0	22	0	0	23	59	55	160	41
vermutete Protokollgesamtzahl	36	0*	46	0*	0*	28	74	**	162	42
vermutete Protokollverluste	24	0*	24	0*	0*	5	15	**	2	1

* Vermutlich keine Experimente in diesem Jahr
** Aufgrund zu großer Lücken ist keine Angabe möglich

---

[794] Vgl. Schultze, Oskar: Die Entwickelung der Keimblätter und der Chorda dorsalis von Rana fusca. In: Zeitschr. f. wiss. Zoolog. 47 (1888), S. 325-352.
[795] ZIF, Nachlaß Hans Spemann, Protokollordner 1906, Protokoll *Rana fusca 1906, 29*. Die erwähnten Briefe befinden sich ebenfalls in dem Protokollordner, sind datiert vom 15. Februar 1918 und 6. April 1918 und beziehen sich inhaltlich auf die Schnür- und Linsenbildungsexperimente der Jahre 1897 bis 1908.
[796] Vgl. Herbst, Curt: Formative Reize in der thierischen Ontogenese. Ein Beitrag zum Verständnis der thierischen Embryonalentwicklung, Leipzig 1901.
[797] Vgl. Spemann, Correlationen in der Entwickelung des Auges, S. 79.
[798] Diese Angabe beruht auf den im Freiburger Zoologischen Institut vorliegenden Protokollen. Mangold gibt als Anfangsjahr 1898 an, ohne einen Beleg zu liefern. Vgl. Mangold, Hans Spemann, S. 103.

2.4.2. Experimente zur Klärung des Linsenbildungsmechanismus bei Amphibien 195

lautende Auffassungen von Mangold,[799] Steyer[800] und Stephan,[801] wonach Spemann in Rostock intensiv experimentell gearbeitet habe, finden keine Bestätigung durch die Quellen.

Die Versuchsprotokolle 1899–1901: Anstichmethode und Neuralplattentopographie

Es wurde immer wieder betont, daß Spemann im Gegensatz zu seinen Schnürexperimenten die Versuche zur Linsenbildung mit einer klaren Fragestellung begonnen und unter Anwendung verschiedener Methoden bearbeitet habe.[802] Die Protokolle des Jahres 1899 zeigen jedoch, daß er wie 1897, als er die Hertwigsche Schnürtechnik erprobte, auch jetzt zuerst die Operationstechnik eines bedeutenden wissenschaftlichen Vorgängers wiederholte. Am 22. März 1899 eröffnete Spemann die Experimentiersaison mit der Durchführung des berühmten Rouxschen Anstichversuchs am Grasfrosch *Rana fusca*. Bis zum 30. März 1899 praktizierte er diese, und die 14 Protokolle *Rana fusca 1899 (a), (a1)-(a9), (b)-(e)* geben Auskunft über eine nicht genau feststellbare Anzahl von operierten Zwei-Zell-Stadien. Es sind insgesamt 93 den Eingriff nicht überlebende Objekte notiert, weiterhin lassen sich in den Protokollen 53 Halbbildungen (= Hemiembryonen) und zehn Ganzbildungen (= Embryonen) nachweisen.[803]

Wahrscheinlich praktizierte Spemann in der Zeit zwischen dem 31. März 1899 und dem 7. April 1899 die Anstichmethode an Gastrulen, was aus den zehn erhaltenen, aber wenig aussagekräftigen Protokollfragmenten *Rana fusca 1899 (1)-(10)* hervorgeht.

Tabelle 25. Übersicht über die Protokolle von Spemanns Anstichexperimenten im Jahre 1899

Objekt	Operations-stadium	Art des Eingriffes	Anzahl d. Protokolle	Ergebnisse*
Rana fusca	Zwei-Zell-Stadium	Anstich: eine Blastomere	14**	93 Objekte tot 53 Halbbildungen 10 Ganzbildungen
Rana fusca	Gastrula	unklar***	10**	10 unklar
Rana fusca	Neurula	Anstich: anteriore, rechte Neuralplatte	12	12 allgemeine Defekte im anterioren, rechten Hirnbereich

* Mindestanzahl der in den Protokollen vermerkten Objekte.
** keine Linsenbildungsexperimente
*** vermutlich Anstichexperimente

---

[799] Vgl. Mangold, Hans Spemann, S. 33.
[800] Vgl. Steyer, Institutionalisierung, S. 183.
[801] Vgl. Stephan, Hans Spemann, S. 56.
[802] Vgl. Hamburger, Heritage, S. 21; vgl. Mangold, Hans Spemann, S. 136.
[803] Es liegen keine Zeichnungen über diese experimentellen Befunde vor.

196   2.4. Forschungsphase I (1897–1914)

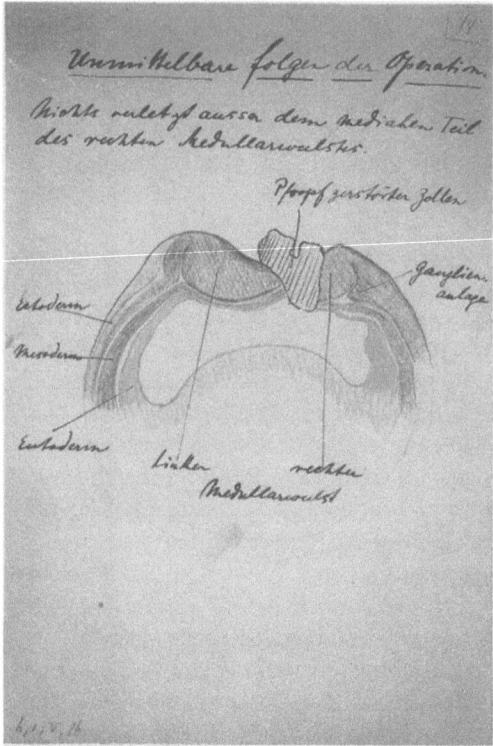

Abb. 23. Kolorierte Protokollskizze eines Querschnitts durch eine Neurula von *Rana fusca 1901 (44)*. Die Querschnittszeichnung zeigt: „Unmittelbare Folgen der Operation" (= Anstich mit einer heißen Nadel im anterior rechten Neuralplattenbereich). Zu erkennen sind „Ektoderm" (blau), „linker" und „rechter Medullarwulst", „Ganglienanlage", „Mesoderm" (rot), „Ektoderm" (grün) sowie ein „Pfropf zerstörter Zellen" (ca. 100fache Vergrößerung; ZIF, Nachlaß Hans Spemann, Protokollordner 1901, *Rana fusca 1901 (44)*)

Nachweislich führte er vom 8. April bis zum 12. April 1899 Anstichversuche an *Rana fusca*-Embryonen im frühen Neurula-Stadium durch, ohne gezielt die Ursachen der Linsenbildung im Visier zu haben. Vielmehr interessierten Spemann generell die Auswirkungen von Defektsetzungen im rechten anterioren Neuralplattenbereich, wie es die Zeichnung aus dem Jahre 1901 illustriert (Abb. 23). In den Protokollen *Rana fusca 1899 (11)* und (17) notierte er: „... ziemlich viele Mißbildungen; die rechte Vorderhälfte verkümmert".[804] Nach Spemanns eigener Aussage konzentrierte er sich im Zuge dieser Experimente auf die lateral-anterioren Neuralwulstausbuchtungen der Kopfganglien, die er ursprünglich für die Augenblasen hielt.[805]

---

[804] ZIF, Nachlaß Hans Spemann, Protokollordner 1900.
[805] Vgl. Spemann, Forschung und Leben, S. 192–193.

2.4.2. Experimente zur Klärung des Linsenbildungsmechanismus bei Amphibien

Tabelle 26. Übersicht über Spemanns Protokolle bezüglich der Linsenbildungsexperimente im Jahre 1901

Objekt	Operationsstadium	Art des Eingriffs	Anzahl d. Protokolle	Ergebnisse[806]
Rana fusca	Neurula	Anstich: anteriore rechte Neuralplatte	22	2 rechts regenerierter Augenbecher mit Linsenbildung 2 rechts regenerierter Augenbecher ohne Linse 12 allgemeinere Defekte rechts 6 k. A.

k.A. = keine Angabe(n)

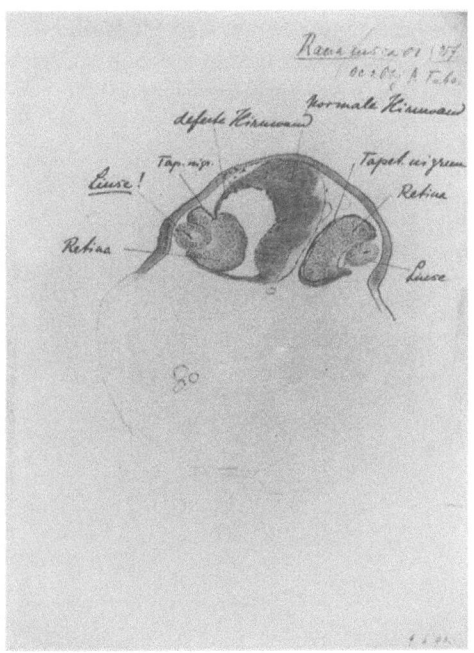

Abb. 24. Protokollskizze eines Querschnitts durch die Vorderhirnregion von *Rana fusca 1901 (27)*. Der Defekt zerstörte zwar Teile der rechten anterioren Neuralplatte, nicht aber die Augenanlage. Infolgedessen ist die rechte Hirnwand (= linke Seite in der Zeichnung) sehr viel dünner als die linke, das „Tap.[etum] nig.[rum]" wurde ebenfalls teilweise zerstört, aber der Augenbecher mit der Retina ist nur unwesentlich in seiner Ausbildung beeinträchtigt. Es liegt daher rechts ein Augenbecher mit normaler „Linse!" vor. Zeichnung erstellt am 4. Januar 1901 (Ocular 2, Objektiv A; Tubus 0; 60fache Vergrößerung; ZIF, Nachlaß Hans Spemann, Protokollordner 1901, *Rana fusca 1901 (27)*

---

[806] Die überraschend geringe Anzahl eindeutiger Befunde für eine von der Augenblase abhängigen Linsenbildung kann im Fehlen von 24 Protokollen begründet sein.

198   2.4. Forschungsphase I (1897–1914)

Nach einem Jahr Unterbrechung nahm Spemann am 23. März 1901 die Anstichexperimente mittels eines Thermocauters an *Rana fusca* wieder auf. Er operierte bis zum 2. April eine nachträglich nicht mehr ermittelbare Anzahl von Embryonen im frühen Neurula-Stadium. Die erhaltenen Protokolle belegen, daß er sich methodisch auf den Anstich im rechten anterioren Bezirk der Neuralplatte konzentrierte, wo die Anlage der Augenblase lokalisiert ist.

Am 28. März 1901 setzte Spemann im Versuch *Rana fusca 1901 (27)* einen Defekt in der anterioren rechten Neuralplatte. Wie die am 9. Januar 1903 angefertigte Schnittzeichnung offenbart, wurde durch den Eingriff die Weiterentwicklung der rechten Hirnwand geschädigt, allerdings ohne die Augenblasenausstülpung zu unterbinden. In der Folgezeit wurde eine epidermale Linse gebildet (Abb. 24).

Eine andere, undatierte Schnittzeichnung vom Experiment *Rana fusca 1901 (29)* dokumentiert, daß Spemann den direkten Zusammenhang zwischen Augenblasenausstülpung mit epidermalem Kontakt und Linseninduktion untersuchte und zu dem Ergebnis kam: „Die Linsenbildung auf der operierten Seite hält genau Schritt mit dem Zustand des Augenbechers" (Abb. 25).[807]

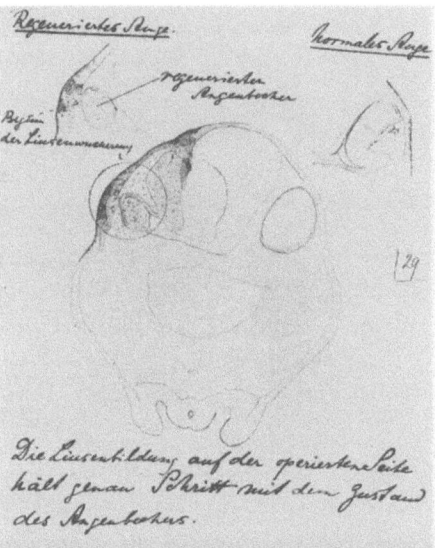

Abb. 25. Protokollskizze eines Querschnitts durch die Vorderhirnregion von *Rana fusca 1901 (29)*: Die Detailskizze oben links belegt, daß Spemann einen Zusammenhang zwischen Augenbecherregion und Linsenbildung vermutete. Beschriftung: „Regeneriertes Auge"; „Beginn der Linsenwucherung"; „regenerierter Augenbecher"; „Normales Auge"; „Die Linsenbildung auf der operierten Seite hält genau Schritt mit dem Zustand des Augenbechers". (60fache Vergrößerung; ZIF, Nachlaß Hans Spemann, Protokollordner 1901, *Rana fusca 1901 (29)*)

---

[807] ZIF, Nachlaß Hans Spemann, Protokollordner 1900.

2.4.2. Experimente zur Klärung des Linsenbildungsmechanismus bei Amphibien 199

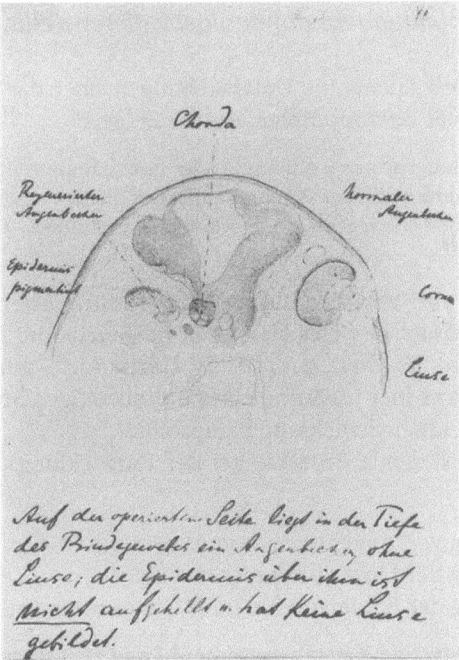

Abb. 26. Protokollskizze eines Querschnitts durch die Vorderhirnregion des Objektes *Rana fusca 1901 (40)*. Rechte Embryonalseite (= linke Bildseite): „Regenerierter Augenbecher", „Epidermis pigmentiert". Spemanns Kommentar: „Auf der operierten Seite liegt in der Tiefe des Bindegewebes ein Augenbecher ohne Linse; die Epidermis über ihm ist nicht aufgehellt u. hat keine Linse gebildet." (Schnittnr. III, 3; 60fache Vergrößerung; ZIF, Nachlaß Hans Spemann, Protokollordner 1901, *Rana fusca 1901 (40)*)

Als Paradebeispiel für ausbleibende Linsenbildung bei fehlender Augenblase kann das Experiment *Rana fusca 1901 (40)* gelten. Der Eingriff erfolgte am 29. März 1901 wie bisher mittels eines Thermocauters in der rechten anterioren Medullarplatte. Das rechte, operativ geschädigte Vorderende blieb in der Folgezeit hinter dem linken zurück; diese Seite zeigte einen regenerierten Augenbecher, welcher die Epidermis nicht berührte und daher keine Linse aufwies. Die Epidermis war pigmentiert, somit ohne die corneatypische Aufhellung. Die gesunde linke Seite besaß ein Auge mit Linse und aufgehellter Epidermis (Abb. 26). Das Objekt wurde am 2. April in Perényscher Lösung konserviert.

2.4. Forschungsphase I (1897–1914)

Spemanns erste Auswertung:
Linsenbildung als abhängiger Differenzierungsvorgang

Ausgangspunkt von Spemanns Untersuchungen über das Zustandekommen des optischen Apparates bei Amphibien war die Frage,

„ob diese Entwickelungsprocesse abhängig oder unabhängig voneinander verlaufen, ob also ihr räumliches und zeitliches Zusammenpassen durch causales Ineinandergreifen gewährleistet wird, oder durch eine schon von früheren Stadien, vielleicht vom Ei her datierende Harmonie."[808]

Er sah in den von ihm zur Diskussion gestellten Alternativen einen unüberbrückbaren Gegensatz, den Gegensatz von *Epigenese* und *Präformation*, wobei er letztere als „vom Ei her datierende Harmonie" umschrieb. Den Begriff „Harmonie" faßte er hier im Sinne eines mosaikartigen Musters, welches sich im Verlaufe der Individualentwicklung herausbildet.

Als ihn interessierende Prozesse bei der Entwicklung des Auges nannte Spemann:

- Die Umbildung von Augenblase zum Augenbecher.
- Die Entstehung der Linse aus der Epidermis.
- Die Aufhellung der Epidermis bei ihrer Umwandlung zur Cornea.

Sein Ziel war, etwaige Kausalzusammenhänge zwischen den einzelnen Prozessen nachzuweisen, ihre Abhängigkeit von räumlichen und zeitlichen Rahmenbedingungen zu klären und die Eigenschaften ihrer Mechanismen aufzudecken.

Als zentrales und wichtigstes Ergebnis seiner Anstichversuche an *Rana fusca* postulierte er: „Das Experiment beweist indirekt aber mit genügender Sicherheit, daß die Bildung der Linse vom Contact zwischen Epidermis und Augenbecher abhängig ist."[809] Das Wesen des diesem Kausalverhältnis zugrundeliegenden thigmomorphotischen Mechanismus[810] – Spemann zog sowohl eine mechanische als auch eine chemische Beschaffenheit in Betracht – blieb ebenso unklar wie die Frage, ob der auslösende Reiz ein einmaliger oder ein andauernder sei. Der zweite ihn interessierende Vorgang, die Aufhellung der Epidermis während ihrer Umbildung zur Cornea, verhielt sich nach Spemanns Auffassung analog zum Mechanismus der Linsenbildung, d.h. die Aufhellung der Cornea war kausal mit der Linsenbildung verknüpft. Des weiteren ließen die Experimente den Schluß zu, daß der Zeitpunkt der Linsenbildung direkt von dem Berühren der Epidermis durch die Augenblase abhing. Eine Umwandlung von Augenblase in Augenbecher durch mechanische oder stoffliche Vermittlung seitens der Augenlinse schloß Spemann unter Berufung auf ein nicht veröffentlichtes Experiment

---

[808] Spemann, Correlationen in der Entwickelung des Auges, S. 61–62.
[809] Spemann, Correlationen in der Entwickelung des Auges, S. 78. Sperrungen im Original.
[810] Diesen Terminus brachte als erster Emanuel Mencl in die Linsendebatte ein; vgl. unten S. 204, Fußnote 828.

2.4.2. Experimente zur Klärung des Linsenbildungsmechanismus bei Amphibien 201

seines Freundes Gustav Wolff aus und stimmte in diesem Punkt Conrad Rabl[811] zu.

Offen blieb die Frage, ob und wie der Linsenbildungsort räumlich begrenzt sei, mit anderen Worten, ob so etwas wie ein Linsenfeld existiere. Erst „Verlagerungsexperimente", gemeint waren Transplantationsexperimente, könnten diesbezüglich Auskunft geben. In dieser Überlegung liegt ideengeschichtlich eine der Wurzeln der späteren Vorstellung von morphogenetischen Feldern.[812]

Verschiedentlich wurde seitens Wissenschaftshistorikern darauf hingewiesen, daß Spemann den von Driesch und Herbst in die Fachterminologie eingeführten Begriff *Induktion* erst seit den 1920er Jahren verwendete.[813] Dies trifft in der Tat zu – allerdings mit einer bedeutsamen Ausnahme. Im Jahre 1903 diskutierte Spemann die Frage, ob „... die polare Differenzierung der Linse schon in den Zellen der Epidermis präformiert ist, oder mit dem ersten Anstoß zur Linsenbildung inducirt [...] wird."[814] Der Begriff wird hier bereits in seinem späteren Sinne als „... an embryonic activity which determined the cytological fate of the reacting cells"[815] verwendet. Damit ist auch klar, daß Spemanns Überlegungen sehr wohl eine inhaltliche Übereinstimmung von abhängiger Differenzierung und Induktion zugrunde lag, auch wenn er dies begrifflich erst wesentlich später zum Ausdruck brachte.

Die Kontroverse um die Linsenbildung – Emanuel Mencls[816] Fall der unabhängigen Linsenbildung und Spemanns Erwiderung

Mit den in sich schlüssigen Ergebnissen schien für Spemann die Linsenbildung der Wirbeltiere hinreichend geklärt. Im Jahre 1903 veröffentlichte jedoch der Prager Biologe Emanuel Mencl die an einem mißgebildeten, doppelköpfigen Embryo der Knochenfischart *Salmo salar* (Lachs) gemachte Beobachtung, nach der Lin-

---

[811] Vgl. Rabl, Conrad: Ueber den Bau und die Entwickelung der Linse. I. Theil. In: Zeitschr. f. wiss. Zool. 63 (1898), S. 496–572.

[812] Also runde 20 Jahre früher als von Kraft angibt. Vgl. Kraft, Arne von: Ganzheit und Teil in der Entwicklung des Lebendigen. In: Elemente der Naturwissenschaft 1 (1991), S. 45–81.

[813] Vgl. Oppenheimer, Jane M.: Curt Herbst's Contributions to the Concept of Embryonic Induction. In: Gilbert, Conceptual History, S. 83–90, S. 63–65; vgl. Hamburger, Heritage, S. 19–21.

[814] Spemann, Entwickelungsphysiologische Studien. III, S. 575.

[815] Holtfreter, Johannes; Hamburger, Viktor: Amphibians. In: Willier, B. H.; Weiss, P.; Hamburger, Viktor (Hrsg.): Analysis of Development. W. B. Saunders Company, Philadelphia, London 1955, S. 230–296, S. 275.

[816] Saha nennt hartnäckig einen Ernst Mencl, meint aber den Prager Biologen Emanuel Mencl. Dies läßt auf eine gewisse Unkenntnis seiner Schriften bei der Autorin schließen. Vgl. Saha, Spemann Seen Through a Lens, S. 96.

senbildungen bei völliger Abwesenheit von Augenblasen stattgefunden haben.[817] Er leitete daraus den Schluß ab, daß bei seinem Objekt unabhängige Linsenbildung aufgrund von Selbstdifferenzierung der epidermalen Linsenbildungszellen erfolgt sei, was für eine Mosaikentwicklung im Sinne Roux' sprechen würde. Spemann widersprechend führte er weiter aus:

„Das Gesetz, welches behauptet, dass die Linsenbildung durch die Bildung der Augenbläschen bedingt ist, verliert seine Geltung [...] Wenn auch die Augenblasenbildung völlig ausbleibt, was in einzelnen anomalen Fällen zu Stande kommt, so werden doch die Augenlinsen, obzwar zwecklos, gebildet. Der diese zwecklose, wie durch Erinnerung der Epidermiszellen auftauchende Linsenbildung auslösende Faktor ist die Vererbung."[818]

Mencl stellte seinem wissenschaftlichen Kontrahenten Spemann eines seiner Präparate zur persönlichen Verfügung.[819] Dieser äußerte in einer ersten Stellungnahme, daß Mencls Befunde die eigenen nicht umstoßen, „wohl aber unsere Kenntnisse in anderer Richtung"[820] erweitern. Spemanns noch im gleichen Jahr erschienene ausführliche Antwort auf Mencls Einwand war wesentlich ablehnender. Sie ist ein Beispiel seiner gedanklichen wie sprachlichen Schärfe und dialektischen Argumentationsweise. Zugleich manifestiert sich in ihr aber auch die Problematik von Spemanns wissenschaftstheoretischem Ansatz, wie zu zeigen sein wird.

In einem ersten Argumentationsschritt verteidigte Spemann die eigene These von der abhängigen Linsenbildung gegen Mencls Ansicht, daß bei seinem Eingriff eine Zerstörung der Linsenbildungszellen erfolgt sei, die letzten Endes für das Ausbleiben der Linsenbildung verantwortlich gewesen sei. Diesen methodischen Einwand Mencls teilte übrigens auch Rabl[821] und noch im Jahre 1910 wurde er von dem amerikanischen Forscher Charles R. Stockard ins Feld geführt.[822]. In der Erwiderung konnte Spemann jedoch überzeugend darauf hinweisen, daß in operativ vergleichbaren Fällen, bei denen allerdings der Augenbecher nicht gänzlich beseitigt wurde, die epidermalen Linsenbildungszellen keineswegs zerstört wurden. Sie bildeten Linsen aus, sofern der verbleibende Augenbecherrest die Epi-

---

[817] Vgl. Mencl, Emanuel: Ein Fall von beiderseitiger Augenlinsenausbildung während der Abwesenheit von Augenblasen. In: Arch. f. Entw.mech. d. Organis. 16 (1903), S. 327–339.

[818] Mencl, Fall beiderseitiger Augenlinsenbildung, S. 336–337.

[819] Vgl. Spemann, Hans: Ueber Linsenbildung bei defekter Augenblase. In: Anatomischer Anzeiger, 23 (1903), S. 457–464, S. 462.

[820] Spemann, Entwickelungsphysiologische Studien. III, S. 567.

[821] SFB, Nachlaß Spemann, A.1.a., Nr. 79, Bl. 133; Brief von Alfred Fischel an Hans Spemann vom 13. Februar 1901; darin berichtet Fischel von einem Gespräch mit Conrad Rabl, bei dem dieser die gleichen Zweifel wie Mencl an Spemanns Ausführungen erhoben habe.

[822] Vgl. Stockard, Charles R.: The Independent Origin and Development of the Crystalline Lens. In: Amer. Journ. Anatomy 10 (1910), S. 393–423, S. 413. Spemann kommentierte diese Stelle in dem ihm gehörenden Seperatum mit einem energisch geratenen „falsch!". Vgl. ZIF, Nachlaß Hans Spemann, Seperatasammlung, Schrank VII, Ordner 389.

2.4.2. Experimente zur Klärung des Linsenbildungsmechanismus bei Amphibien

dermis berührte. Aufgrund der so begründeten Zurückweisung von Mencls Einwand verbleibe als einzig denkbare Alternative die von ihm gelieferte.[823]

Im nächsten Argumentationsschritt zog Spemann Mencls Resultat in Frage, indem er behauptete, daß Mencls Präparat sehr wohl einen Kontakt von Retina und Epidermis zeige. Zwar sei der Augenbecher nur minimal ausgebildet, aber die der Epidermis unterlagernde Schicht müsse aufgrund ihrer histologischen Beschaffenheit als Retina angesehen werden; – überdies spräche eben auch die Existenz einer Linse für das Vorhandensein von Retinagewebe. Erst später erkannte Spemann in dieser Argumentationsweise das, was sie tatsächlich war, nämlich einen „circulus vitiosus".[824]

In der logischen Schlußfolgerung seiner bisherigen Überlegungen wäre auch Mencls Präparat als ein Beleg für Spemanns These von der abhängigen Linsenbildung aufzufassen.

Weshalb kamen Spemann und Mencl trotz identischer Datenbasis – der mißgebildeten *Salmo salar*-Embryos – zu unterschiedlichen Interpretation seiner histologischen Beschaffenheit und zu so fundamental konträren Schlußfolgerungen? Der Grund hierfür lag in der Abhängigkeit ihrer theoretischen Ableitungen von den zugrundegelegten Prämissen. Im vorliegenden Fall bezeichnete Spemann, angesichts der deszendenztheoretisch begründeten Verwandtschaft der Wirbeltiere, die Möglichkeit unterschiedlicher Wege der Linsenbildung innerhalb dieses Taxons als „unwahrscheinliche Annahme".[825] Daß er sie nicht gänzlich verwarf, hatte, wie er später zugab, „formal-logische Gründe".[826] Aufgrund der großen Anzahl von Species war es ihm unmöglich, einen positiven Beweis für die Übereinstimmung der Linsenbildungsmechanismen aller Vertebrata zu erbringen. Da er nun andererseits von der Richtigkeit seiner eigenen Erkenntnis überzeugt war, blieb ihm konsequenterweise nur eine Neuinterpretation der Menclschen Datenbasis bezüglich ihres histologischen Beschaffenheit. Überdies waren seine empirische Grundlage aufgrund ihrer geringen Anzahl und ihres Mißbildungscharakters durchaus anfechtbar.

Ein weiterer Grund für Spemanns und Mencls divergierenden Schlußfolgerungen lag in der Prämisse vom *Prinzip der Sparsamkeit*, wie es Spemann umschrieb:

„Aus den Experimenten von Lewis und mir folgt nur, daß specifisch vorbereitete Zellen zur Bildung der Linse nicht notwendig wären, da der Augenbecher über Mittel verfügt, sich dieses optische Instrument aus gewöhnlichen Epidermiszellen herzustellen. Daß aber der Organismus unnötige Fähigkeiten besitzen sollte, sind wir geneigt, von vornherein abzulehnen."[827]

---

[823] Vgl. Spemann, Ueber Linsenbildung, S. 458.
[824] Spemann, Hans: Zur Entwicklung des Wirbeltierauges. In: Zool Jahrb. 32 (1912), S. 1–98, S. 2.
[825] Spemann, Ueber Linsenbildung, S. 461.
[826] Spemann, Hans: Neue Tatsachen zum Linsenproblem. In: Zool. Anzeiger 31 (1907), S. 379–386, S. 381.
[827] Spemann, Hans: Zum Problem der Correlation in der tierischen Entwicklung. In: Verhandl. d. Dtsch. Zool. Gesell. 17 (1907), S. 22–48, S. 36. Gemeint ist der amerikanische Entwicklungsbiologe Warren H. Lewis.

Aufgrund des im letzten Satz geäußerten Gedankens, der vermutlich auch bei Vertretern der Selbstdifferenzierungsthese Zustimmung fand, mußten beide Konfliktparteien vorläufig ihre unterschiedlichen Standpunkte beibehalten.

Vorerst schien die Kontroverse jedoch trotz einer Erwiderung Mencls[828] zugunsten Spemanns entschieden, als der amerikanische Entwicklungsbiologe Warren H. Lewis mit experimentellen Ergebnissen, die er bei *Rana palustris* gewonnen hatte, Spemanns Position eindeutig stützte.[829] Lewis Schlußfolgerungen beruhten auf Transplantationsexperimenten, bei denen er während des Neurulastadiums Bauchepidermis über die Augenblase verpflanzt hatte. Die Bauchepidermis bildete im Verlauf der weiteren Entwicklung eine Augenlinse und somit war der stimulierende Einfluß des Augenbechers auf die Epidermis bewiesen. Auch die von Spemann unbeantwortet gelassene Frage bezüglich der Ausdehnung des Linsenfeldes schien dahingehend geklärt, daß vermutlich alle Epidermiszellen zur Linsenbildung befähigt seien. Die von Lewis auch durchgeführten reziproken Verpflanzungen von Augenbechern unter die Bauchhaut bestätigten die Vermutung. In zahlreichen Fällen entwickelte sich in der Implantierungsregion eine Linse.

Die Versuchsprotokolle aus dem Jahre 1904: Excision statt Anstich

Da die Linsenbildungskontroverse beendet schien, noch ehe sie recht begonnen hatte, verfolgte Spemann unangefochten sein Forschungsprogramm. Dieses sah in erster Linie die Klärung der Frage vor, welche Epidermiszellen eigentlich zur Linsenbildung befähigt sind. Zum Zeitpunkt, als Spemann die Experimente aufnahm, kannte er Lewis' Arbeit noch nicht, die ja eine erste diesbezügliche Antwort beinhalteten. Mittels einer neuen Methode hoffte Spemann, die Frage klären zu könne. Er schnitt die Augenblasenkuppe einschließlich der darüber liegenden Linsenbildungszellen mit Hilfe feiner Scheren heraus.

Im Laufe des Heilungsprozesses deckten benachbarte Epidermiszellen die Wunde ab. Der verbliebene Augenblasenstumpf regenerierte eine Augenblase, die dann ihrerseits wieder in Kontakt mit Epidermiszellen trat, die bei normalem Entwicklungsverlauf Kopf- bzw. Rumpfhaut geworden wären. So konnte er bei *Triton taeniatus* in 15 Fällen nachweisen, daß auch Epidermiszellen außerhalb des Linsenbildungsfeldes zur Linsenbildung befähigt sind.

Durch die Wahl des Untersuchungsobjektes erreichte Spemann zugleich die Ausdehnung der Gültigkeit seiner bisherigen Ergebnisse auf die zweite große systematische Gruppe innerhalb der Amphibien, die Urodelen. Hier spielte sicher eine Rolle, daß Mencls Einwand einen solchen Nachweis als angebracht erscheinen ließ. Zumindest für die Amphibien konnte Spemann nun darauf verweisen,

---

[828] Mencl, Emanuel: Ist die Augenlinse ein Thigmomorphose oder nicht? In: Anat. Anzeiger 24 (1903), S. 169–173.

[829] Lewis, Warren H.: Experimental Studies on the Development of the Eye in Amphibia. In: Amer. Journ. Anat. Vol. III, Proc. Ass. Amer. Ann. 17th Sess., Dez. 1903, S. 473–509.

2.4.2. Experimente zur Klärung des Linsenbildungsmechanismus bei Amphibien

Tabelle 27. Übersicht über Spemanns Protokolle der Linsenbildungsexperimente aus dem Jahre 1904

Objekt	Art des Eingriffs	Anzahl d. Protokolle	Ergebnisse*
Triton taeniatus	Excision: rechte Linse	5	5 Linsenregeneration
Triton taeniatus	Excision: rechte Augenblasenkuppe mit Linsenbildungszellen	7	13 keine Linsenbildung 15 Linsenbildung 4 unklare Angaben
Triton taeniatus	Excision: rechter Augenbecher mit Linse	6	24 keine Linsenbildung 12 Augenrudimente im Innern davon 2 mit Linsenregeneration
Triton taeniatus	Excision: rechte Augenblase	4	2 keine Linsenbildung 2 Linsenbildung 2 k. A.
Triton cristatus	Excision: rechte Linse	1	1 k. A.

* bezieht sich auf Anzahl der Objekte (Sammelprotokolle)
k.A. = keine Angabe(n)

Vertreter der beiden großen systematischen Gruppen hinsichtlich ihres Linsenbildungsverhaltens untersucht zu haben.

Am 29. Mai 1904 entfernte Spemann im Experiment *Triton taeniatus 1904 (10a)-(10f)* bei sechs *Triton taeniatus*-Embryonen die rechte Augenblasenkuppe einschließlich darüber liegender Linsenbildungszellen. Am 1. Juni wurden die Embryonen in Sublimat nach Petrunkewitsch konserviert. Die Augenblasenstümpfe hatten je eine Augenblase regeneriert, die nun auf Epidermiszellen traf, welche im Normalfalle den Linsenbildungszellen benachbart lagen. Während sich bei den Objekten (a) bis (e) aufgrund regenerierter, wohl proportionierter Augenblasen Linsen ausbildeten, unterblieb dies beim letzen Objekt (f), obwohl hier der Augenbecher vorhanden war. Den Grund vermutete Spemann in einer dünnen Schicht von Bindegewebszellen, die zwischen Augenbecher und Epidermis lag (Abb. 27).[830] Seiner Ansicht nach unterband diese einen – wahrscheinlich chemischen – Einfluß. Das Experiment sprach somit für den stimulativen Einfluß der Augenblase auf die Epidermis und die Reaktionsfähigkeit von Epidermiszellen im Sinne einer Linsenbildung, auch wenn sie im Normalfall andere Funktion erfüllt haben würden.

---

[830] Diese Überlegung veranlaßte Spemann in einem von Lewis geschilderten, vergleichbaren Fall, dessen Vermutung, daß die Augenblase bei weiterer Entwicklung eine Linse stimuliert hätte, zu der Randbemerkung: „Trotz der Mesenchym-Zellen zwischen Auge und Epidermis?" Vgl. ZIF, Nachlaß Hans Spemann, Seperata-Sammlung, Lewis, Warren H.: Experimental Studies on the Development of the Eye in Amphibia. I. On the origin of the lens. Rana palustris. In: Amer. Journ. Anat. 3 (1904), S. 473–509, S. 508.

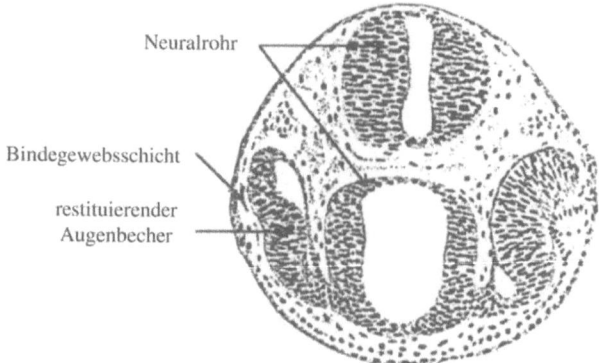

Abb. 27. Querschnittszeichnung durch den Kopf eines „etwas älteren" *Triton taeniatus*-Keimes. Deutlich zu erkennen ist auf der rechten Embryonalseite (= linke Bildseite) ein in Restitution begriffener Augenbecher. Eine zwischen Epidermis und Augenbecher zwischengelagerte Bindegewebsschicht verhinderte nach Spemanns Auffassung eine Induktion der Linse (100fache Vergrößerung; Originalgröße; aus: Spemann, Über Linsenbildung)

Zu erwähnen ist noch ein experimenteller Rückgriff Spemanns auf die Linsenregenerationsexperimente seines Freundes Gustav Wolff. In fünf Fällen entfernte er die Linsenplakode, um so die Regeneration der Linse zu beobachten. Über dieses Ansinnen, das eine Modifikation der Wolffschen Regenerationsexperimente darstellt, gibt Protokoll *Triton taeniatus 1904 (5)* Auskunft: „Rechte Linse regeneriert. Wie, läßt sich nicht sagen."[831]

Spemann veröffentlichte seine an *Triton taeniatus* gewonnenen Befunde, die seine Prämisse von der Gleichheit der Bildungsmechanismen aufgrund von phylogenetischen Verwandtschaftsverhältnissen zu bestätigen schienen. Allerdings war er hinsichtlich des taxonomischen Geltungsbereiches seines Ergebnisses vorsichtiger geworden und setzte nur noch für die Gattungen *Rana* und *Triton* eine abhängige Linsenbildung als gesicherte Erkenntnis voraus:

„Aus demselben Grunde möchte ich das an *Rana* und *Triton* Ermittelte zunächst auf diese Tiere beschränken, höchstens mit großer Wahrscheinlichkeit auf sämtliche Amphibien ausdehnen; es ist nicht unmöglich, wenn auch unwahrscheinlich, daß sich andere Wirbeltierklassen anders verhalten."[832]

Dies war ein erstes, wenn auch zurückhaltendes Zugeständnis an seinen wissenschaftlichen Kontrahenten. Die noch offen gebliebene Frage hinsichtlich der Art des Reizes beantwortete Spemann unter Berufung auf Experimente von Schapers[833] dahingehend, daß nach dem Anstoß zur „Linsenwucherung auch schon

---

[831] ZIF, Nachlaß Hans Spemann, Protokollordner 1904.
[832] Spemann, Hans: Über Linsenbildung nach experimenteller Entfernung der primären Linsenbildungszellen. In: Zool. Anzeiger 28 (1905), S. 419–432, S. 427.
[833] Schaper, Alfred: Über einige Fälle atypischer Linsenentwicklung unter abnormen Bedingungen. In: Anat. Anzeig. 24 (1904), S. 305–326.

2.4.2. Experimente zur Klärung des Linsenbildungsmechanismus bei Amphibien 207

die später einsetzende Differenzierung der Linsenbildung gegeben ist".[834] Spemann sah, wie bereits bei der Bildung der Neuralplatte,[835] auch im Falle der Augenentwicklung ein Aufeinanderfolgen von abhängiger und unabhängiger Entwicklung, d.h. Regulations- und Mosaikentwicklung nicht als Gegensatz, sondern als sich ergänzende Mechanismen.[836] Weiterhin machte er sich über einen den Linsenbildungsprozeß notwendigerweise kontrollierenden Regulationsmechanismus Gedanken:

„Daß er [der Augenbecher, P. F.] nicht nach Bildung der ersten die Entstehung einer zweiten, dritten Linse aus der Epidermis veranlaßt, könnte daher kommen, daß er die Haut nicht mehr unmittelbar berührt; wahrscheinlicher aber ist mir, daß außerdem von der vorhandenen Linse Wirkungen ausgehen – vielleicht chemischer Natur –, welche den Einfluß des Augenbechers paralysieren."[837]

In einem Exkurs schlug Spemann den Bogen von seinen Experimenten zu Wolffs Linsenregenerationsexperimenten:

„Also bei derselben Operation Neubildung der Linse aus der Epidermis, wenn der Kontakt mit dem Augenbecher zustande kommt, Neubildung aus dem oberen Irisrand, wenn der Kontakt unterbleibt."[838]

Dies Phänomen war auf der Grundlage der paradigmatischen Keimblattlehre folgendermaßen zu erklären:

„Schon Colucci (1890) hatte betont (S.620), daß Linse und Irisrand beide ektodermaler Herkunft seien, und hatte darin ein erklärendes Moment gesehen. Das ist es auch wohl insofern, als es verständlich macht, daß in der Iris überhaupt noch die Potenzen zur Linsenbildung vorhanden sind."[839]

Spemanns Diskussion dieses Vorganges ist zugleich eine wichtiges Dokument für seine theoretische Einstellung.

„Doch glaube ich [...] daß die Linsenregeneration aus dem oberen Linsenrand durch dieselben Kräfte des Augenbechers zustande kommt, die dieser nachweislich schon bei der normalen Entwicklung betätigt; daß er also, um es in Wolffs Sinn psychologisch auszudrücken, nicht plötzlich etwas ganz Neues kann (›primäre Zwecksetzung‹), sondern sich nur an alte Fähigkeiten erinnert, die er schon in ähnlicher Lage bei normaler Entwicklung regelmäßig zur Anwendung bringt."[840]

Spemanns Interpretation lehnte sich in der Diktion wohl psycholamarckistischen Überlegungen an. In der Sache steht sie aber auch zu heutigen molekulargenetischen Vorstellungen von differentieller Genexpression und -regulation in keinem Widerspruch. Die *Erinnerungsfähigkeit der Zelle* wäre

---

[834] Spemann, Linsenbildung, S. 427.
[835] Vgl. oben S. 182.
[836] Spemann, Linsenbildung, S. 427.
[837] Spemann, Linsenbildung, S. 431.
[838] Spemann, Linsenbildung, S. 429.
[839] Spemann, Linsenbildung, S. 430
[840] Spemann, Linsenbildung, S. 431.

gleichzusetzen mit dem Teil der genetischen Information in einer totipotenten Zelle, der erst unter den abnormen Bedingungen des Linsenverlustes nachträglich exprimiert wird.

Daß Spemann jedoch grundsätzlich Wolffs Auffassung von der Analogie organischer und psychischer Vorgänge als gerechtfertigt ansah, wird im folgenden Absatz deutlich:

„Bin ich also hierin anderer Auffassung, als Wolff wenigstens bisher war, so teile ich seine Auffassung der eigentlich organischen Vorgänge als etwas, was nur nach Analogie des Psychischen zu verstehen ist. [...] Nun, mit den Zellen des Hirns sind sie [die ektodermalen Irismuskelzellen, P. F.] doch noch näher verwandt, und von diesen oder ihren Produkten nimmt man ohne weiteres an, [...] daß die Vorgänge in ihnen mit den psychischen Vorgängen parallel laufen, also sicher teleologisch zu beurteilen sind. Warum soll dann nun bei ihren Verwandten, ja bei allen Zellen des Körpers vom Ei an, nicht auch so sein? Um so mehr, als vieles darauf hindrängt, es anzunehmen."[841]

Dieses Zitat ist von der Wissenschaftsgeschichte bislang nahezu unbeachtet geblieben. Lediglich Margaret Saha zitiert diese Stelle, gibt ihr jedoch durch Übersetzungsfehler einen falschen Inhalt und enthält dem Leser überdies eine entscheidende Textpassage vor. So kommt sie zu einem dem historischen Sachverhalt diametral entgegengesetzten Bild, wenn sie Spemann folgendermaßen zitiert: „I am therefore of a different view than Wolff's; I differ from his view that the actual organic events are something which only could be understood according to a psychic analogy.'"[842]

Aus Spemanns Überzeugung, daß eine hypothetische psychische Analogie gerechtfertigt ist, wird bei Saha eine Gegnerschaft, seine Gedanken zur Teleologie gibt sie überhaupt nicht wieder, greift hingegen sinnentstellend zu einem Satz, den Spemann zuvor in einem anderen Zusammenhang geschrieben hatte. Angesichts der vieldiskutierten Frage nach Spemanns evolutionstheoretischen Vorstellungen ist diese schwerwiegende wissenschaftshistorische Fehlinterpretation bedauerlich.

---

[841] Spemann, Linsenbildung, S. 432. Spemann beruft sich dabei auf folgende Arbeiten Wolffs, die in seiner Separata-Sammlung in Freiburg vorhanden sind: Wolff, Gustav: Erwiderung auf Herrn Prof. Emery's ‚Bemerkungen' über meine „Beiträge zur Kritik der Darwinschen Lehre". In: Biol. Centralblatt 11 (1894), S. 321–330. Wolff, Gustav: Bemerkungen zum Darwinismus mit einem experimentellen Beitrag zur Physiologie der Entwicklung. In: Biol. Centralblatt 13 (1894), S. 609–620. Wolff, Gustav: Der gegenwärtige Stand des Darwinismus. Verlag Wilhelm Engelmann, Leipzig 1896. Wolff, Gustav: Biologisch-psychologische Studien zum Erkenntnisproblem. Verlag Wilhelm Engelmann, Leipzig 1897.

[842] Saha, Spemann Seen Through a Lens, S. 99.

2.4.2. Experimente zur Klärung des Linsenbildungsmechanismus bei Amphibien

Die Protokolle der Linsenbildungsexperimente 1905 bis 1906 – der Kontroverse zweiter Teil

Spemanns Experimente der Jahre 1905 und 1906 standen ganz unter dem Eindruck der Arbeit von Helen D. King, die wie Warren H. Lewis mit *Rana palustris* gearbeitet hatte, aber zu einem ganz anderen Ergebnis als dieser gekommen war.[843] Sie hatte nach Anwendung der Spemannschen Extirpationstechnik mittels eines Thermocauters Fälle von epidermaler Linsenbildung bei gleichzeitiger Abwesenheit eines Augenbechers erhalten, was sie als *freie Linsenbildung* bezeichnete. Das deutete darauf hin, daß tatsächlich verschiedene Mechanismen in der Ontogenese auch nahe verwandter Tiergruppen, möglicherweise sogar innerhalb einer Art, gegeben sein können. Allerdings war Spemann von Kings publizierten Fällen nicht überzeugt, wie seine zahlreichen Randbemerkungen in dem ihm gehörenden Separatum von ihrer Arbeit belegen.[844] Beispielsweise bezweifelte er Angaben

Tabelle 28. Übersicht über Spemanns Protokolle der Linsenbildungsexperimente im Jahre 1905

Objekt	Art des Eingriffs	Anzahl d. Protokolle	Ergebnisse*
Triton taeniatus	Anstich: rechte anteriore Neuralplatte	4	4 rechte Augenblase kleiner als linke
Triton taeniatus	Excision: vordere Neuralplattenbereiche	11	11 allgemeine Defekte im vorderen Hirnbereich
Bombinator igneus/Rana esculenta	Transplantation: Austausch der rechten Augenanlagen	14	4 keine Linsenbildungen 8 Linsenbildungen 2 k. A.
Bombinator igneus/Rana esculenta	Transplantation: R. esculenta Augenblase unter Bombinator Bauchepidermis	7	3 keine Linse 4 Linse
Rana esculenta	Excision: rechte anteriore Neuralplatte	13	7 Linsenbildungen 2 keine Linsenbildungen 4 k. A.
Rana esculenta	Beobachtung	5	5 Normalentwicklung
Bombinator pachypus	Beobachtung	3	3 Normalentwicklung
Bombinator pachypus	unklar	2	2 unklar

*   Zahlen auf operierte Objekte bezogen
k.A. = keine Angabe(n)

---

[843] King, Helen D.: Experimental Studies on the Eye of the Frog Embryo. In: Arch. f. Entw.mech. d. Organis. 19 (1905), S. 85–107; vgl. Spemann, Neue Tatsachen, S. 380.
[844] ZIF, Nachlaß Hans Spemann, Seperata-Sammlung; vgl. Spemann, Neue Tatsachen, S. 380.

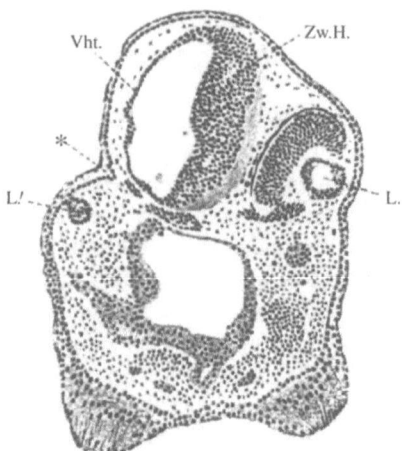

Abb. 28. Querschnittszeichnung durch den Kopf von Rana esculenta. Auf der rechten Hirnseite (= linke Bildseite) sind die Folgen der Augenblasenanlagenexcision deutlich zu sehen: Die Hirnwand ist sehr dünn und der rechte Augenbecher fehlt gänzlich. Dennoch hat sich bei diesem Objekt infolge von Selbstdifferenzierung eine epidermale Linse (L!) herausgebildet. Zw.H.: Zwischenhirn; L.: Linse; Vht.: Verschlußhäutchen; *: Verwachsungsnaht (80fache Vergrößerung; aus: Spemann, Entwicklung des Wirbeltierauges, Tafel 1, Abbildung 1)

Kings, nach denen ein in der Tiefe liegender Augenbecher zu keinem Zeitpunkt seiner Entwicklung die Epidermis berührt haben sollte und die dennoch existierende Linse aufgrund freier Linsenbildung zustande gekommen sein soll. „Wenn die Linse soweit von der Epidermis abgerückt ist, warum sollte der Augenbecher es nicht auch sein",[845] vermutete er und zielte auf einen möglicherweise früh erfolgten induzierenden Kontakt seitens des Augenbechers auf die Epidermis ab. An anderer Stelle vermerkte er: „...also löst doch wohl der Augenbecher die Linsenbildung aus."[846]

Aufgrund seiner erheblichen Zweifel an Kings Darstellung untersuchte er im Jahre 1905 das Linsenbildungsverhalten an einer anderen Froschart, nämlich an Rana esculenta. Statt der Extirpation der Augenbecheranlage in der offenen Neuralplatte nahm er die schonendere Excision derselben vor. Zu seiner Überraschung fand er tatsächlich Linsenbildung ohne Augenbecher (Abb. 28). Das veranlaßte Spemann, seine bisherige Auffassung dahingehend zu modifizieren, daß tatsächlich beide Linsenbildungsmechanismen auch innerhalb ein und desselben Genus vorkommen können.[847] Noch Anfang des Jahres 1905 hatte er dies für unwahrscheinlich gehalten:

---

[845] Vgl. ZIF, Nachlaß Hans Spemann, Seperata-Sammlung, King, Experimental Studies, S. 94.

[846] Vgl. ZIF, Nachlaß Hans Spemann, Seperata-Sammlung, King, Experimental Studies, S. 95.

[847] Spemann, Tatsachen, S. 380.

2.4.2. Experimente zur Klärung des Linsenbildungsmechanismus bei Amphibien 211

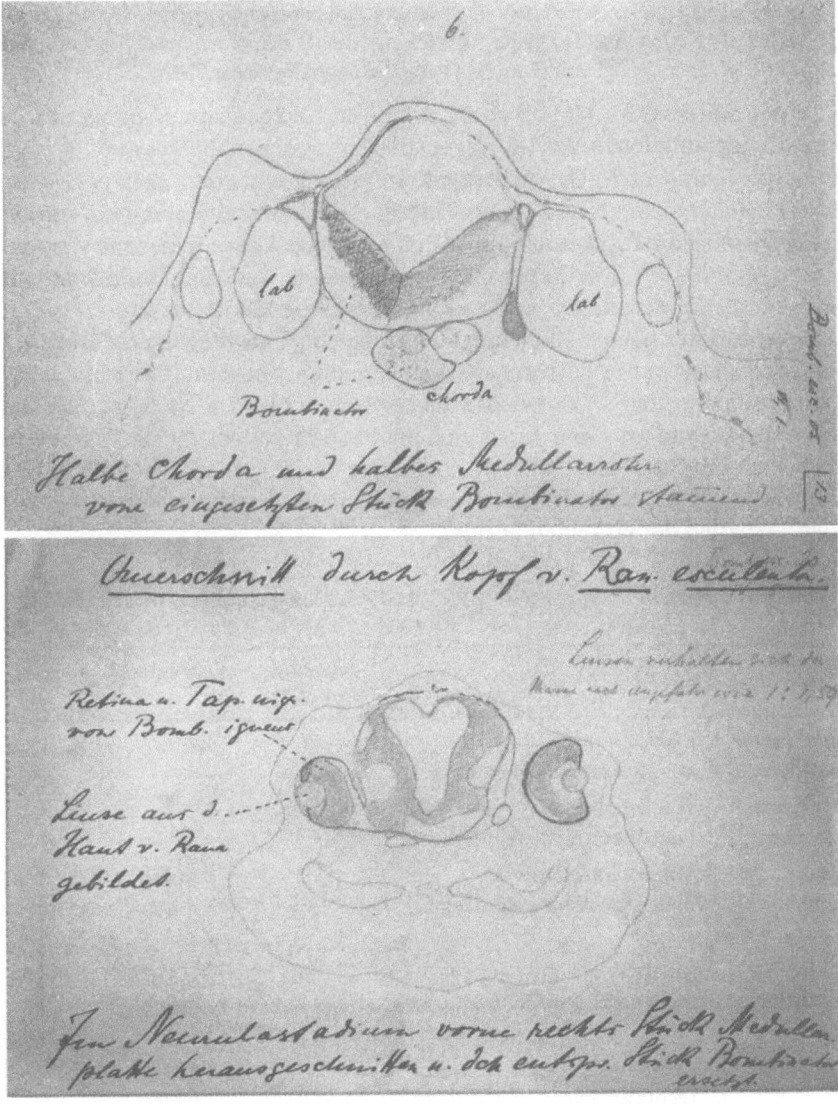

Abb. 29a. Undatierte Skizze eines Querschnitts durch die Mittelhirnregion von *Rana esculenta*. Zu erkennen sind die vom *Bombinator igneus*-Implantat stammenden Gewebepartien (Chorda dorsalis, rechte Neuralwand). „Halbe Chorda und halbes Medullarrohr vom eingesetzten Stück Bombinator stammend." Es handelt sich somit um eine xenoplastische Transplantation. lab.: Labyrinth (60fache Vergrößerung; Schnittnr. VI, 1; ZIF, Nachlaß Hans Spemann, Versuchsprotokoll *Bombinator (esculenta) 1905 (13)* - Abb. 29b. Undatierte Skizze eines Querschnitts durch die Vorderhirnregion desselben Objekts. „Querschnitt durch den Kopf v. Rana esculenta." Zu erkennen sind auf der rechten Embryonalseite (= linke Bildseite): „Retina u. Tap.[etum] nigr.[um] von Bomb.[inator] igneus" sowie „Linse aus der Haut v. Rana [esculenta] gebildet." „Linsen verhalten sich der Masse nach ungefähr wie 1 : 1,59". „Im Neurulastadium vorne rechts Stück Medullarplatte herausgeschnitten u. d[ur]ch entspr.[echendes] Stück Bombinator ersetzt." (60fache Vergrößerung; ZIF, Nachlaß Hans Spemann, Versuchsprotokoll *Bombinator (esculenta) 1905 (13)*

2.4. Forschungsphase I (1897–1914)

„Es ließ sich mit voller Sicherheit nachweisen, daß wenigstens beim Frosch ein Einfluß von seiten der Retina auf die Epidermis nötig ist, damit sich eine Linse bildet und hernach die dunkel pigmentierte Haut über dem Auge sich zur Cornea aufhellt."[848]

In der Zeit vom 31. Mai bis zum 13. Juni führte Spemann erstmals xenoplastische Transplantationen zweier Augenanlagen zwischen *Bombinator igneus* und *Rana esculenta* durch. Der interessanteste Fall *Bomb. (esc.) 1905 (13)*, durchgeführt zwischen dem 11. und 23. Juni, belegt die Bildung eines rechten, von *Bombinator*-Gewebe abstammenden Auges und einer von *Rana*-Epidermis stammender Linse (Abb. 29a–b). Das Experiment verdeutlichte, daß der Einfluß der Augenblase auf die Epidermis art- und gattungsübergreifender Natur ist.

Aufgrund der neuen, Spemanns ursprüngliche Überzeugung in Frage stellenden Ergebnisse war er gezwungen, „das Verhalten von *Rana fusca* mit schärfster Kritik nachzuprüfen".[849] So wiederholte er vom 8. bis zum 20. März 1906 die Anstichexperimente an *Rana fusca* und praktizierte zudem die Excisionsmethode am selben Objekt. Seine früheren Ergebnisse bestätigten sich in vollem Umfang. Folglich lag der Grund für die widersprüchlichen Ergebnisse im unterschiedlichen Verhalten der einzelnen Species.

Tabelle 29. Übersicht über Spemanns Protokolle der Linsenbildungsexperimente im Jahre 1906

Objekt	Art des Eingriffs	Anzahl d. Protokolle	Ergebnisse
Bombinator pachypus	Excsion: anteriore, rechte Neuralplatte	4	4 k. A.
Bombinator pachypus	Transplantation: Bauchhaut/Linsenepidermis	2	2 k. A.
Rana esculenta	Transplantation: Bauchhaut/Linsenepidermis	11	5 Augenbecher ohne Linse 4 Augenbecher mit Linse 2 k. A.
Rana esculenta	Anstich: rechte anteriore Neuralplatte	6	3 Linsen ohne Augenbecher 3 k. A.
Rana fusca	Anstich: rechte anteriore Neuralplatte	27	6 Augenbecher und Linse fehlen 3 Augenbecher und Linse vorhanden 18 k. A.
Rana fusca	Excision: rechte anteriore Neuralplatte	5	2 Auge und Linse fehlen 1 Auge mit Linse 2 k.A.

k.A. = keine Angabe(n)

---

[848] Spemann, Linsenbildung, S. 419–420.
[849] Spemann, Neue Tatsachen, S. 382.

2.4.2. Experimente zur Klärung des Linsenbildungsmechanismus bei Amphibien 213

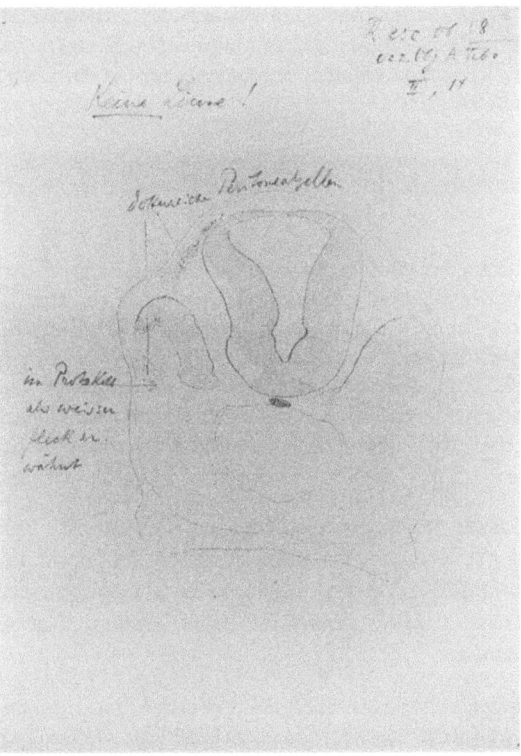

Abb. 30. Undatierte Skizze eines Querschnittes durch die Vorderhirnregion von *Rana esculenta*. Nach Transplantation von Bauchepidermis über den rechten Augenbecher blieb dennoch die Linsenbildung aus. „Keine Linse!" Dorsal und ventral des rechten Augenbechers sind „dotterreiche Peritonealzellen" zu erkennen. Die ventralen wurden „im Protokoll als weisser Fleck erwähnt" (Schnittnr. II, 14; Ocular 2, Objektiv A, Tubus 0; 60fache Vergrößerung; ZIF, Nachlaß Hans Spemann, Versuchsprotokoll *Rana esculenta 1906 (8)*)

Laut Protokoll *Rana esculenta 1906 (8)* konnte Spemann nachweisen, daß auch der Bereich der Epidermis, der zu Linsenbildung befähigt ist, innerhalb der Amphibien variiert. Die Schnittuntersuchung des Objektes verdeutlicht (Abb. 30), daß bei dieser Art die Bauchepidermis nicht auf den induzierenden Einfluß des Augenbechers zu reagieren vermag, wie es beispielsweise Lewis für *Rana palustris* nachgewiesen hatte.

Nach dem Stand der bisherigen Forschung ergab sich im Jahre 1907 das Problem, zwei experimentell nachgewiesene, unterschiedliche Mechanismen der Linsenbildung widerspruchsfrei in eine Modellvorstellung der Ontogenese zu integrieren, die wiederum in Einklang mit phylogenetischen Rahmenbedingungen zu bringen war. Spemann bot als Erklärungsvorschlag an, daß es sich bei den beiden beobachteten Formen von Linsenbildung nicht um qualitativ, sondern um graduell unterschiedliche Vorgänge handele:

„Es ist nun wohl nicht anzunehmen, daß sich so nah verwandte Tiere [...] in einem so wichtigen Punkt, wie die Bedingungen der Linsenentwicklung, prinzipiell verschieden verhalten sollten [...] Dagegen könnte der Augenbecher bei der Entstehung der Linse mitwirken, und diese Beteiligung könnte bei den verschiedenen Arten graduell verschieden sein."[850]

Spemann übernahm hierfür von Hermann Braus den Begriff der *doppelten Sicherung*:

„Der Vorgang [Bildung der Vorderextremität in Korrelation zum Loch im Operculum, P.F.] ist also gewissermaßen doppelt gesichert, wie Braus das im Anschluß an Rhumbler genannt hat. Als unser Freund dieses Ergebnis Boveri und mir erzählte, – ich weiß noch die Stelle, es war vor der Türe zu Boveris Zimmer, – war ich gerade bei meinen Versuchen über die Entwicklung der Linse demselben Verhalten auf die Spur gekommen. Das Prinzip der doppelten Sicherung hat seither eine gewisse Bedeutung erlangt, auch in der Physiologie. S. Becher hat in geistvoller Weise auf die Ähnlichkeit mit psychischen Verhältnissen hingewiesen."[851]

War so die deszendenztheoretisch angenommene Monophylie der Amphibien[852] in Einklang mit den experimentellen Befunden gebracht, fehlte immer noch eine zufriedenstellende Erklärung über die Entstehung zweier unterschiedlicher morphogenetischer Prozesse innerhalb eines Taxons. Hier argumentierte Spemann folgendermaßen:

„Wenn der Organismus sich eine Fähigkeit erworben hat, die zur Erfüllung eines bestimmten Zwecks ausreicht, so sieht man nicht recht ein, wie er dazu kommen sollte, eine zweite, ganz anders geartete Fähigkeit hinzuzuerwerben, um dasselbe Ziel auch auf anderem Weg erreichen zu können. Und hier regt sich nun ein altes, schon totgesagtes Problem der Entwicklungsgeschichte wieder, die Frage der Vererbbarkeit erworbener Eigenschaften. Es wäre möglich, daß die abhängige Differenzierung das Ursprüngliche war, und daß dann sekundär dieser Prozeß, der früher jedesmal auf einen spezifischen Reiz warten zu hatte, um in Gang zu kommen, gewissermaßen mechanisiert wurde."[853]

Mit der Hypothese von der *Vererbung erworbener Eigenschaften* konnte Spemann das bereits bei den Schnürexperimenten entwickelte Modell der aufeinanderfolgenden abhängigen und unabhängigen Differenzierung an einer weiteren Fallstudie phylogenetisch deuten und den scheinbaren Widerspruch zum *Prinzip der Sparsamkeit* entkräften.

Es muß aber betont werden, daß Spemann nach eigener Auffassung hier ausdrücklich sich im Bereich hypothetischer Erwägungen bewegte:

---

[850] Spemann, Correlation, S. 37. Sperrungen im Original. Vgl. Spemann, Neue Versuche zur Entwicklung des Wirbeltierauges, S. 102.
[851] Vgl. Spemann, Hermann Braus, S. 256.
[852] Es sei angemerkt, daß in der heutigen Systematik die Monophylie der Amphibien umstritten ist.
[853] Spemann, Ueber embryonale Transplantation, S. 200.

2.4.2. Experimente zur Klärung des Linsenbildungsmechanismus bei Amphibien

„Auch ich kenne wohl die Schwierigkeiten, die der Annahme einer Vererbung erworbener Eigenschaften im Wege stehen. Aber die Hypothesen, die man zur Erklärung mancher Tatsachen aufstellen muß, um ohne jene geheimnisvolle ‚Merkfähigkeit' der Keimzellen auszukommen, scheinen noch schwieriger werden zu wollen."[854]

Und noch im Jahre 1926 äußerte er über das *Prinzip der doppelten Sicherung*, vermutlich mit Blick auf onto-und phylogenetische Verwicklungen: „... so gebe ich gerne zu, daß das ‚Prinzip der doppelten Sicherung' vielleicht der verwickeltste Knoten ist, den die neuere experimentelle Forschung geschürzt hat."[855]

Auf der Jahresversammlung der Deutschen Zoologischen Gesellschaft 1907 in Rostock trug Spemann zum übergreifenden Problem der Correlation vor, in dem seine eigenen Linsenarbeiten, die Arbeiten seines Freundes Hermann Braus und des Amerikaners Ross G. Harrison einflossen. Die Bedeutung des Vortrages für Spemanns wissenschaftlich-akademischen Werdegang ist bereits dargelegt worden,[856] aber auch der inhaltliche Reichtum macht diesen Vortrag zu einer wichtigen Veröffentlichung. Interessant ist vor allem der Aspekt, daß Spemann in ihm eindeutige hypothetische Überlegungen in Richtung Lamarckismus geäußert hatte und daß er dennoch für seinen Vortrag großes Lob erntete.

„Wenn immer dieselben Zellen durch hunderte und tausende von Generationen eine Linse aufbauen [...] sollte das spurlos an ihnen vorüber gehen? Sollten sie nicht auch einmal im gewohnten Geleise sich weiter differenziren, wenn alles übrige ist wie sonst und nur der eine Reiz ausbleibt, der ursprünglich die Auslösung bewirkt? Dasselbe beobachten wir ja auch sonst vielfach."[857]

Im Jahre 1912 formulierte er seine Auffassung etwas zurückhaltender:

„Ich habe vor einigen Jahren versucht, das unter Annahme der Vererbung solcher Reizwirkung verständlicher zu machen. Trotz aller Rätsel, die auch da noch bleiben, scheint mir diese Auffassung die geringsten prinzipiellen Schwierigkeiten zu besitzen. Es wird aber gut sei, wenn wir uns immer dafür offen halten, daß hier auch ganz andere, noch unbekannte Zusammenhänge vorliegen können."[858]

Spemann hat nach dieser Zeit keine Äußerungen über eine *Vererbung erworbener Eigenschaften* auf einem wissenschaftlichen Forum vorgetragen, vermutlich weil der spekulative Charakter solcher Diskussionen seiner Auffassung von Wissenschaft nicht entsprach.

---

[854] Spemann, Ueber embryonale Transplantation, S. 200.
[855] Spemann, Geinitz, Über Weckung organisatorischer Fähigkeiten, S. 164.
[856] Vgl. oben S. 35.
[857] Spemann, Correlation, S. 45.
[858] Spemann 1912, S. 91.

2.4. Forschungsphase I (1897–1914)

Linsenbildungsexperimente der Jahre 1907 und 1908

Die Experimente der Jahre 1907 und 1908 sind gekennzeichnet von dem Bemühen, die entstandenen widersprüchlichen Ergebnisse zu überprüfen. So führte Spemann unterschiedlichste Operationen an verschiedenen Species durch, um so deren Verhaltensweisen im einzelnen nachzuprüfen.

Im Experiment *Bombinator 1907 (48)* entfernte Spemann am 9. Juli 1907 die rechte Augenblase unter Schonung der Linsenepidermis. Die Schnittzeichnung dokumentiert, daß sowohl die Bildung eines Augenbechers als auch – in Folge davon – eine Linsenbildung ausblieb (Abb. 31a–b). Die mit Fragezeichen versehene Randbemerkung „Linsenzellen?" sollte sich nicht bestätigen.[859]

Tabelle 30. Übersicht über Spemanns Protokolle der Linsenbildungsexperimente aus dem Jahre 1907

Objekt	Art des Eingriffs		Anzahl d. Protokolle	Ergebnisse
Rana esculenta	Excision	beide Augenanlagen	21	4 Linsenbildung 17 k. A.
		rechte Augenanlage	4	4 k. A.
		Linsenepidermis	4	4 k. A.
	Transplantation:	Bauch- und Linsenepidermis	40	20 keine Linse 7 Linse 6 k. A.
	Rotation	Neuralplattenbezirke um 180°	2	2 k. A.
	Vorversuche		6	6 unklar
Bombinator pachypus	Excision	rechte, anteriore Neuralplatte	4	4 k. A.
		rechte Augenblase	13	2 Linsenbildung 10 keine Linse 1 k. A.
		rechte Linsenepidermis	3	3 keine Linse
	Transplantation:	Bauch- versus Linsenepidermis	16	4 k. A.
	Rotation	Linsenepidermis um 180°	11	6 Linsenbildung
	unklar		6	6 unklar
Rana esculenta/Bombinator pachypus	Transplantation: Linsen- versus Bauchepidermis		9	3 Augenbecher ohne Linse 6 k. A.
Bombinator pachypus/Rana esculenta	Transplantation: Linsen- versus Bauchepidermis		21	21 k. A.

k.A. = keine Angabe(n)

---

[859] Vgl. Spemann, Zur Entwicklung des Wirbeltierauges, S. 46.

2.4.2. Experimente zur Klärung des Linsenbildungsmechanismus bei Amphibien 217

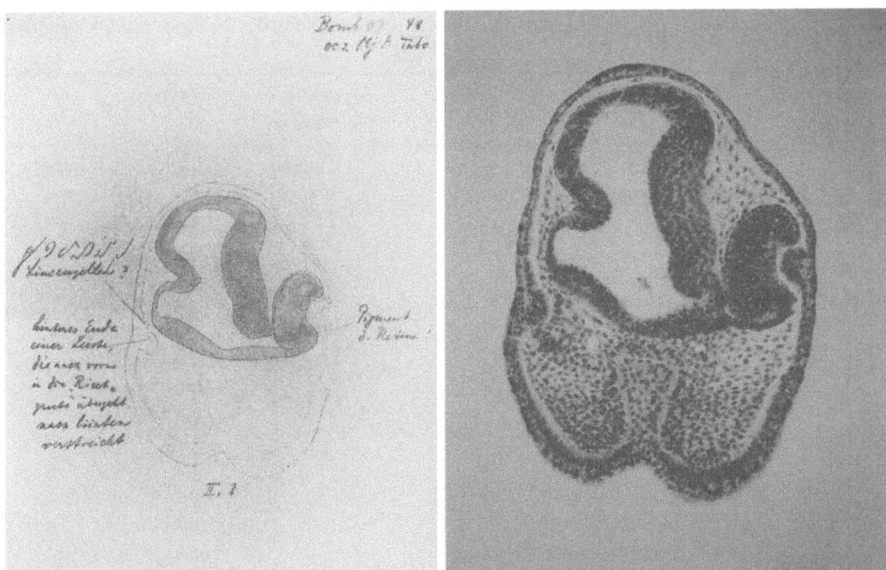

Abb. 31a. Undatierte Querschnittszeichnung aus dem Versuchsprotokoll *Bombinator 1907 (48)*: Beschriftung auf der rechten Embryonalseite (= Linke Bildseite): „Linsenbildungszellen? hinteres Ende einer Leiste, die nach vorn in die Riechgrube übergeht. nach hinten verstreicht"; Beschriftung auf der linken Embryonalseite (= Rechte Bildseite): „Pigment d. Retina!" (Schnittnr. II, 8; Ocular 2, Objektiv A, Tubus 0; 60fache Vergrößerung; ZIF, Nachlaß Hans Spemann, Versuchsprotokoll *Bombinator 1907 (48)*) - Abb. 31b. Photographie des Querschnittes II, 8 von *Bombinator 1907 (48)* bei 60facher Vergrößerung. Das Photo belegt die korrekte graphische Wiedergabe der anatomischen Verhältnisse durch Hans Spemann in Abb. 31a (CEC, Hans-Spemann-Collection)

Als vorläufig letzten Stand der Dinge faßte Spemann im Jahre 1908[860] folgende Punkte zusammen:

- Bei *Rana esculenta* ist tatsächlich die augenbecherunabhängige Linsenbildung gegeben.
- Bei *Rana esculenta* vermögen weder Bauch- noch Kopfepidermis – außer den Linsenbildungszellen – unter Einfluß des Augenbechers eine Linse zu bilden.
- Bei *Bombinator pachypus* erfolgt die Linsenbildung in Abhängigkeit vom Augenbecher.
- Bei *Bombinator pachypus* vermag nur die Kopfepidermis unter dem Einfluß des Augenbechers eine Linse zu bilden, nicht aber die Bauchepidermis.

Spemann zog im Jahre 1912 ein Resümee der Linsendebatte, welches sich in einer umfangreichen Schrift niederschlug, in der er auch ausführliche Einzelfalldarstellungen aus den Jahren 1904 bis 1908 brachte, ohne neue Ergebnisse zu

---

[860] Spemann, Hans: Neue Versuche zur Entwicklung des Wirbeltierauges. In: Verhandl. d. Deutsch. Zool. Gesell. 18 (1908), S. 101–110.

Tabelle 31. Übersicht über Spemanns Protokolle der Linsenbildungsexperimente aus dem Jahre 1908

Objekt	Art des Eingriffes	Anzahl d. Protokolle	Ergebnisse
Rana esculenta	Excision: rechte Augenblase	5	3 Bläschen (= Linsen), 1 keine Linse, 1 k. A.
Rana esculenta	Rotation: Linsenepidermis um 180°, ohne Augenblasenfragment	4	2 posteriore Linse 2 k. A.
	Linsenepidermis um 180°, mit Augenblasenfragment	9	4 posteriore Linse 2 ohne Linse 3 k. A.
	unklar	2	2 unklar
Bombinator pachypus	Rotation: Linsenepidermis um 180°, mit Augenblasenfragment	21	14 vorne keine Linse 1 anterior mit Linse 1 unklare Angabe 13 posterior mit Linse 1 posterior ohne Linse 6 k. A.

k.A. = keine Angabe(n)

präsentieren. In den folgenden Jahren wandte er sich experimentell anderen Gebieten zu und beschäftigte nur noch einige seiner Schüler mit dem Problem. So promovierte Horst Wachs[861] über das Phänomen der Wolffschen Linsenregeneration und der Niederländer Martinus W. Woerdemann arbeitete in den zwanziger Jahren im Freiburger Labor über die Bildung der Linsenstruktur bei Amphibien.[862] In Anschluß an Spemanns Forschung untersuchte Woerdemann, wie weit der Einfluß des Augenbechers auf die Linsenbildung im Einzelnen geht. Spemann stand mit ihm noch lange Jahre im fachlichen Austausch über das Problem.[863] Weiterhin arbeitete der Japaner Tadao Sato unter Spemanns Betreuung über das Problem der Lokalisation der Linsenregeneration.[864] Bei Spemanns eigenen Forschungen spielte die Linsenbildung im Jahre 1927 im Rahmen der homöogenetischen Induktion nochmals eine Rolle.[865] Noch Ende der dreißiger Jahre korres-

---

[861] Wachs, Horst: Neue Versuche zur Wolffschen Linsenregeneration. In: Arch. f. Entw.-mech. d. Organis. 39 (1914), S. 384–451.

[862] Vgl. Woerdemann, M. W.: On the Development of the Structure of the Eye-lens in Amphibians. In: Proceedings Akad. Wetensch. Amsterd. 27 (1924), S. 324–328.

[863] SBF, Nachlaß Hans Spemann, A.1.a., Nr. 573, 573a, Bl. 924–928. Brief von Martinus W. Woerdemann an Hans Spemann vom 21. März 1932.

[864] Vgl. Sato, Tadao: Beiträge zur Analyse der Wolffschen Linsenregeneration. I. In: W. Roux' Arch. f. Entw.mech. d. Organis. 122 (1931), S. 451–493.

[865] Vgl. unten S. 277–278.

pondierte er mit seinem früheren Schüler Eckhard Rotmann über dessen heteroplastischen Linsenbildungsexperimente.[866]

Auch Spemanns einzige theoretische Abhandlung, diejenige über den Terminus *Homologie*, gründet in wichtigen Passagen auf den Linsenexperimenten. Das konstituierende Merkmal des Homologiebegriffes im Sinne der historischen Morphologie war laut Carl Gegenbaur „... das Verhältnis zwischen zwei Organen gleicher Abstammung, die somit aus derselben Anlage hervorgegangen sind."[867] Nach Spemanns Auffassung schien, „... daß der Homologiebegriff in der Fassung der historischen Periode sich unter unseren Händen auflöst, wenn wir auf kausalem Gebiet mit ihm arbeiten wollen."[868] Denn weder die Linsen der Wolffschen Linsenregeneration, noch die innenständigen Linsen der *Duplicitates anteriores*, noch die aus Bauchepidermis hervorgegangenen Linsen der Transplantationsexperimente entsprächen dem Kriterium der gleichen Anlage. Die Unzulänglichkeit des zentralen Begriffes der Deszendenztheorie war, neben seinen schon länger gehegten Zweifeln an der Selektionstheorie, für Spemann Anlaß, seine Ausführungen mit einer programmatischen Aussage zu schließen:

„Daher werden es nicht die alles umfassenden Abstammungstheorien sein, auf denen weiter zu bauen ist; denn diese sind ebenso unsicher, wie sie durch Weite und Kühnheit entzücken; vielmehr werden uns die kleinen, aber sicher begründeten Entwicklungsreihen die besten Ausgangspunkte zu vertiefender Forschung werden.[869]

Eine historische Bewertung dieses Essays ist nicht ganz einfach. Otto Mangold betonte, welche Mühen dieser Essay Spemann bereitet habe und Viktor Hamburger erwähnte, daß Spemann aus inhaltlichen Gründen sehr unglücklich über ihn gewesen sei.[870] Vermutlich bereitete es ihm ein gewisses Unbehagen, sich in einer theoretischen Frage derart exponiert zu haben. Überdies hat er „...die rein gedankliche Arbeit der logischen Klärung und Formulierung, zum erstenmal unter Qualen geübt an dem Aufsatz über Homologie und nie geliebt ...".[871] Spemann äußerte sich auf überregionalen wissenschaftlichen Foren nicht mehr explizit bezüglich der Evolutionstheorie.

Abschließend läßt sich über die Linsenkontroverse folgendes zusammenfassen:

1. Die problematische Bedeutung von Prämissen, die sich aus paradigmatischen Theorien des 19. Jahrhunderts ergaben, wird in der Kontroverse um die Linsenbildung bei Amphibien deutlich. Dies gilt in besonderem Maße für die aus der Deszendenztheorie abgeleitete Vorstellung, daß phylogenetische Ver-

---

[866] SBF, Nachlaß Hans Spemann, A. 2.b., Nr. 700-703, Bl. 1221-1225, Abschriften der Briefe von Hans Spemann an Eckard Rotmann in der Zeit vom 30. Dezember 1939 bis 2. Mai 1940.
[867] Gegenbaur, Carl: Grundriß der vergleichenden Anatomie. 2. Aufl., Leipzig 1878, S. 67.
[868] Spemann, Homologie, S. 63-86.
[869] Spemann, Homologie, S. 84.
[870] Vgl. Mangold, Hans Spemann, S. 34; Viktor Hamburger im Gespräch vom 4. August 1994.
[871] SBF, Nachlaß Hans Spemann, A. 2. b., Nr. 682, Bl. 1204, Brief von Hans Spemann an Eckhard Rotmann vom 2. Juli 1937.

wandtschaftsverhältnisse sich in morphogenetischen Ähnlichkeiten zwangsläufig widerspiegeln, und für das *Prinzip der Sparsamkeit*. Über letzteres urteilte der Münchner Genetiker Karl Henke Mitte der 1930er Jahre:

„Mit gutem Grund wird in Spemanns Darstellung [gemeint ist sein Buch aus dem Jahre 1936, P.F.] das Prinzip der doppelten Sicherung (der Gegenpol des in der heutigen Biologie vielleicht manchmal zu sehr betonten Ökonomieprinzips) so stark hervorgehoben und eingehend diskutiert. Vertraut man zu sehr auf das Ökonomieprinzip, so kann man leicht als selbstverständlich annehmen, mit einem als wirksam erkannten Entwicklungsfaktor schon die tatsächliche Ursache für alle die Entwicklungsvorgänge gefunden zu haben, die sich theoretisch auf diesen Faktor zurückführen ließen."[872]

2. Die These, daß Spemann in der Linsenbildungsdebatte zu Unrecht angegriffen wurde und letzten Endes als unangefochtener Sieger aus ihr hervorging,[873] ist nicht haltbar. Im Verlauf der Kontroverse war er gezwungen, die Richtigkeit der Angaben von Mencl und King zu akzeptieren.
3. Spemanns eigentliches Verdienst bestand in der Untermauerung einer Vielzahl einander widersprechender Ergebnisse und ihrer Synthese in das tragfähige Konzept vom System der *doppelten Sicherung*.
4. Die Krise des Darwinismus schlug sich auch in der Linsenkontroverse nieder und diese trug ihrerseits zur paradigmatischen Unsicherheit in der Biologie zu Beginn des zwanzigsten Jahrhunderts bei.
5. Es besteht kein Zweifel, daß die intensive, langdauernde und kontroverse Analyse des Systems *Auge* wegbereitend war für die spätere Erforschung des Organisatoreffektes, bei dem gleichsam das System *Organismus* betrachtet wurde.
6. Die Vorstellung von morphogenetischen Feldern fand in der Auswertung der Linsenexperimente eine erste gedankliche Vorbereitung.
7. Die Linsenkontroverse zerstörte die Vorstellung von Eine-Ursache-Eine-Wirkung-Mechanismen in der Ontogenese.

2.4.3. Abhängige Differenzierung am Fallbeispiel Hörgrübchen: Experimente zum invertierten Hörgrübchen (1905–1906)

Die Untersuchung zur Entwicklung des invertierten Hörgrübchens zum Labyrinth, die Spemann in der Festschrift für Wilhelm Roux veröffentlichte,[874] war ein Nebenaspekt in seinen Forschungen, der allerdings interessante Bezüge zu anderen Arbeiten zeigt.

---

[872] Henke, Karl: Spemann, Hans, Beiträge zu einer Theorie der Entwicklung. Rezension. In: Biologisches Zentralblatt 58 (1938), S. 117–119
[873] Vgl. Saha, Spemann Seen Through a Lens, S, 99.
[874] Spemann, Hans: Die Entwicklung des invertierten Hörgrübchens zum Labyrinth. Ein kritischer Beitrag zur Strukturlehre der Organanlagen. In: Arch. f. Entw.mech. d. Organis. 30 (1910) 2, S. 437–458.

2.4.3. Abhängige Differenzierung am Fallbeispiel Hörgrübchen

Im Rahmen des Anstichexperimentes *Rana fusca 1901 (28)* hatte er bei der Larve, der während des Neurulastadiums ein Defekt im rechten Neuralplattenbereich gesetzt worden war, eine auffällige Bewegungsanomalie beobachtet. Spemann vermutete damals eine Beschädigung des *Ganglion acusticon* als Ursache. Eine ähnliche Bewegungsanomalie notierte er im Experiment *Triton taeniatus 1904 (7)* nach Extirpation der Hörblase. Dieser bewegungsphysiologische Aspekt war Ausgangspunkt seiner Eperimente, geriet aber rasch in den Hintergrund.[875] Statt dessen „... sollte untersucht werden, ob das knorpelige und knöcherne Labyrinth und die Skelettstücke des Mittelohrs in Abhängigkeit vom epithelialen Labyrinth entstehen oder nicht."[876] Auch hier suchte Spemann, wie bei den Schnür- und bei den Linsenexperimenten, ein Fallbeispiel für abhängige Differenzierung aufzufinden.

Tabelle 32. Numerische Übersicht über Spemanns Protokolle von Experimenten mit Invertierung der Hörgrübchen in den Jahren 1905 und 1906

Objekt	1905	1906
Rana esculenta	13	7
Bombinator pachypus	2	0
Pelobates fuscus	1	0

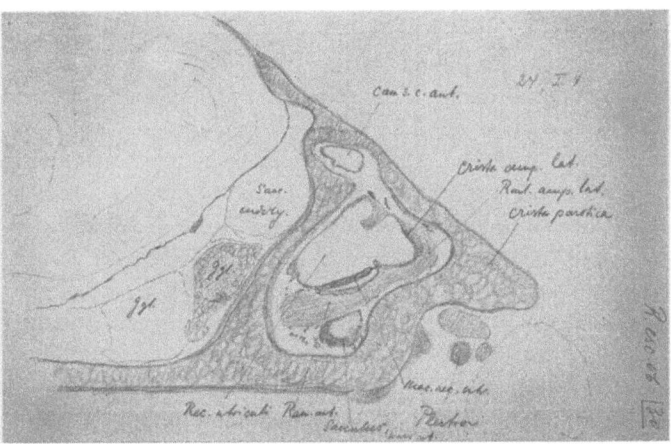

Abb. 32. Undatierte Querschnittszeichnung aus dem Versuchsprotokoll *Rana esculenta 1906 (30a)*: Zu erkennen ist das invers ausgebildete rechte Hörorgan. Cr. amp. ant.: Crista ampullae anterioris; Ramulus amp.[ullae] ant.[oris]; Mac.[ula] rec.[essus] utric.[uli]; Ggl.: Ganglion [Nervus acusticus]; Plectron; Parasphenoid; Quadr.[atum] (Schnittnr. I, 4; 100fache Vergrößerung; ZIF, Nachlaß Hans Spemann, Versuchsprotokoll *Rana esculenta 1906 (30a)*

---

[875] Vgl. Spemann, Entwicklung invertierter Hörgrübchen, S. 437.
[876] Spemann, Entwicklung invertierter Hörgrübchen, S. 437.

2.4. Forschungsphase I (1897–1914)

Die experimentelle Basis erabeitete Spemann in den Jahren 1905 und 1906 an den Objekten *Rana esculenta, Pelobates fuscus* und *Bombinator pachypus* im Rahmen der Einübung der Transplantationsmethode. Dabei entnahm er den Embryonen das rechte Hörgrübchen und pflanzte es unter Rotation der anteriorposterioren Achse um 180° wieder ein. Im Protokoll *Rana esculenta 1906 (28)* ist vermerkt, daß zahlreiche Larven anfangs normales, später aber völlig ataktisches Schwimmverhalten zeigten.

Am Protokoll *Rana esculenta 1906 (30 a)* läßt sich das Ergebnis gut illustrieren: Am 20. Mai wurde das rechte Hörgrübchen umgedreht und die Larve am 19. August in Rabls Gemisch konserviert. Im Dezember wurde das Präparat fünf Tage lang entkalkt, um die Schädelregion mit dem Mikrotom leichter schneiden zu können. Am 3. Januar erfolgte die Schnittuntersuchung. Die Abbildungen belegen eine Lageveränderung des Labyrinths (Abb. 32).

Das wichtigste Ergebnis war, daß bei *Rana esculenta* „... die Orientierung des entwickelten Labyrinths der Verlagerung des Hörgrübchens entsprach."[877] In diesem Sinne stellte das Hörgrübchen zum Zeitpunkt seiner Ausbildung im Neurulastadium ein bereits fest determiniertes System dar, innerhalb dessen sich die einzelnen Bestandteile selbstdifferenzierend ausbilden. Dieses naheliegende Ergebnis war allerdings durch den amerikanischen Forscher G. L. Streeter angezweifelt worden. Er hatte für die amerikanischen Froscharten *Rana sylvatica* und *Rana pipiens*, bei gleicher Methode und Entwicklungsstadien wie bei Spemanns Versuchen, das gegenteilige Ergebnis erzielt, nämlich daß die normale Lagebeziehung des Labyrinths auch bei rotierten Hörgrübchen erhalten bleibe.[878] Danach wären „... die Hörblasen im Augenblick der Abschnürung [von der Epidermis, P.F.] insofern noch indifferente Gebilde, als die Orientierung der an ihnen sich entwickelnden Teile des Labyrinths durch die Umgebung determiniert wird."[879]

Spemanns Antwort zeigt deutliche Parallelen zu seiner Kontroverse mit Mencl, auch wenn er sich sehr viel zurückhaltender bezüglich der Spezifität von morphogenetischen Mechanismen äußerte. Zuerst belegte er seine eigenen Befunde ausführlich an Beispielen und unterstrich auf diese Weise die Richtigkeit seiner Befunde eindrücklich. Im nächsten Schritt untersuchte er Streeters Argumentation und zeigte einen inneren Widerspruch derselben auf. Zuletzt führte Spemann als einzige Erklärungsmöglichkeit der glaubwürdigen experimentellen Datenbasis Streeters, die aber im Gegensatz zu seinen Ergebnissen stand, ein Zurückgleiten des invertierten Hörgrübchens in seine frühere Lage an. Er selbst glaubte, eine solche bei seinen Experimenten beobachtet zu haben. Als Fazit zu den Überlegungen bezüglich der früheren Behauptung konstatierte Spemann:

---

[877] Spemann, Entwicklung invertierter Hörgrübchen, S. 438.
[878] Vgl. Streeter, G. L.: Some experiments on the developing ear vesicle of the tadpole with relation to equilibration. In: Journal Exper. Zoolog. 3 (1906), S. 543–558; Streeter, G. L.: Some factors in the development of the amphibian ear vesicle and further experiments on equilibration. In: Journal Exper. Zoolog. 4 (1907), S. 431–445.
[879] Spemann, Entwicklung invertierten Hörgrübchen, S. 448–449.

"Im Hörgrübchen sind also die Anlagen für die Hauptteile des häutigen Labyrinths, die aus ihm hervorgehen, virtuell enthalten und der Selbstdifferenzierung fähig; weder differenzierende Wechselbeziehungen zwischen diesen Anlagen, noch ein Einfluß der Umgebung lassen sich aus den experimentellen Ergebnissen folgern; Defekt und Transplantationsversuche stimmen hierin völlig überein."[880]

Die andere Frage, ob das knorpelige und knöcherne Labyrinth unter differenzierendem Einfluß des häutigen Labyrinths entsteht, konnte Spemann noch nicht endgültig beantworten. Aber die Tendenz weist in eine abhängige Richtung.[881]

Abschließend ging Spemann noch auf eine etwas abseits liegende Diskussion ein, nämlich die Frage nach der Ursache der Manegebewegungen[882] bei Larven mit invertiertem Hörgrübchen. Er vermutete, daß bei seinen Operationen das *Ganglion acusticon* keine nervöse Anbindung an das Hirn erhalten habe; falls dies aber der Fall sein sollte, sah Spemann die von Streeter postulierte Lernfähigkeit von Larven mit Manegebewegung in Frage gestellt:

"Es wäre nun wohl eine Untersuchung wert, ob die Larve ihre normale Bewegungsfähigkeit auch dann wiedergewinnt, wenn ihrem Gehirn außer von einem normalen auch von einem falsch orientierten Labyrinth Reize zufließen."[883]

2.4.4. Versuche mit umgedrehten Neuralplattenbezirken (1905–1907)

Einen bemerkenswerten Versuchsansatz führte Spemann während der Jahre 1905 bis 1907 durch. Zur Klärung der Frage, zu welchem ontogenetischen Zeitpunkt und bis in welche einzelnen Strukturen die Neuralplatte determiniert ist, trennte er einen größeren Bezirk der Neuralplatte mitsamt der darunterliegenden chordamesodermalen und entodermalen Schicht heraus und pflanzte sie unter Drehung der anterior-posterioren Achse um 180° an derselben Stelle wieder ein. Die innere und äußere Schicht der Gewebestückchen blieben in ihrer jeweiligen Position. Zumeist operierte er Neurulastadien von *Rana fusca*, *Rana esculenta*, *Bombinator pachypus*, *Triton taeniatus* und *Triton cristatus* zu dem Zeitpunkt, zu dem die Augenblasen gerade sichtbar werden.

Tabelle 33. Numerischer Überblick über die Protokolle bezüglich der Experimente von Rotation von Neuralplattenbezirken während der Jahre 1905–1907

Jahr	1905	1906	1907
Anzahl vorhandener Protokolle	21	59	2
Anzahl vermuteter Protokolle	22	60	2
vermutliche Anzahl verlorener Protokolle	1	1	0

---

[880] Spemann, Entwicklung invertierter Hörgrübchen, S. 456.
[881] Spemann, Entwicklung invertierter Hörgrübchen, S. 456.
[882] Mit diesem Ausdruck bezeichnete Spemann die kreisförmige Schwimmrichtung der Larven, wie sie bei Zirkuspferden in der Manege gegeben ist. Zugleich rotieren die Larven um die eigene Längsachse.
[883] Spemann, Entwicklung invertierter Hörgrübchen, S. 458.

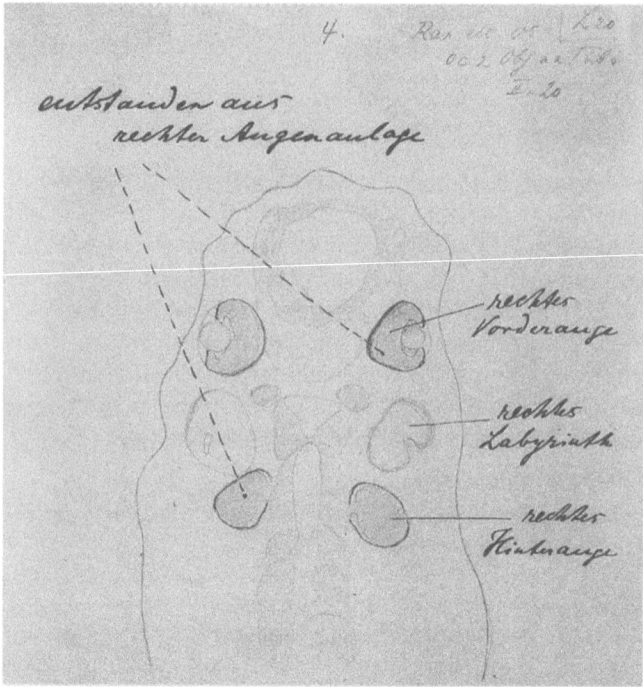

Abb. 33. Undatierte Übersichtszeichnung von einem Längsschnitt durch die Gehirnregion von *Rana esculenta*. Der vordere Neuralplattenbezirk wurde um 180° in anteriorposteriorer Richtung gedreht. Zu erkennen sind „rechtes Vorderauge", „rechtes Labyrinth" und „rechtes Hinterauge" sowie die entsprechenden Strukturen auf der linken Seite. Dabei gilt für das rechte Vorder- und das linke Hinterauge: „entstanden aus rechter Augenanlage" (Schnittnr. II, 20; Ocular 2, Objektiv aa, Tubus 0; 50fache Vergrößerung; ZIF, Nachlaß Hans Spemann, Protokollordner 1905, Versuchsprotokoll *Rana esculenta1905 (L20)*)

Beispielsweise drehte er laut Protokoll *Rana esculenta 1905 (L 20)* am 6. Mai 1905 das mittlere Drittel der weit offenen Neuralplatte mitsamt der unterlagernden chordamesodermalen und entodermalen Schicht in der oben geschilderten Weise. Am 11. Juni 1906 konservierte er das Objekt und unterzog es einer Schnittuntersuchung (Abb. 33). Diese offenbarte vier Augen, die jeweils überkreuz den gleichen Anlagen entstammten.

Bereits im Jahre 1905 brachten Rotationsexperimente an *Rana esculenta* verwirrende Resultate an den Tag. So erzielte Spemann in vier Fällen die Bildung von jeweils vier Augen, bei denen in drei Fällen die vorderen Augen keine Augenlinse aufwiesen, was eigentlich aufgrund der Selbstdifferenzierungspotenz bei dieser Art der Fall hätte sein müssen. Im Protokoll *Rana esculenta 1905 (L7)* notierte er hierzu : „... das eingeheilte Stück vorn und auf den Seiten von [Neural] Wülsten umgeben. Diese sind also bei der Operation nicht verletzt worden und damit auch sicher die Linsenbildungszellen geschont."[884] Ursache für diesen Vermerk dürfte

---

[884] ZIF, Nachlaß Hans Spemann, Protokollordner 1905.

2.4.4. Versuche mit umgedrehten Neuralplattenbezirken (1905–1907) 225

Mencls Einwand gegen Spemanns frühe Anstichexperimente an *Rana fusca* gewesen sein.

Als er 1906 die Ergebnisse öffentlich vorstellte, ging er auf diesen Befund nicht näher ein. Vielmehr beschränkte er sich auf die Feststellung, daß die weit offene Neuralplatte bereits der Selbstdifferenzierung fähiger Augenanlagen enthalten, die möglicherweise schon in Retina und Tapetum bildende Zellen enthalten. Vermutlich gedachte Spemann die ohnehin verworrene Situation in der Linsenkontroverse nicht noch durch voreilige und in ihrer Interpretation unklare experimentelle Befunde zu verschärfen. In diesem Sinne äußerte er sich bei anderer Gelegenheit im selben Jahr.[885]

Im Jahre 1906 wiederholte er das Experiment insgesamt 59 mal, wobei er zumeist *Bombinator pachypus* untersuchte. Bei diesem Objekt ergab sich der überraschende Befund, daß bei Abwesenheit vorderer Augen dort dennoch rudimentäre Linsen zu erkennen waren. Spemann ließ offen, wie dieses Resultat, was den

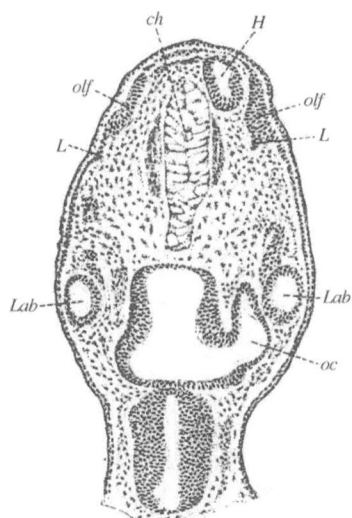

Abb. 34. Längsschnittzeichnung durch das Hirn des Objektes *Bombinator pachypus 1906 (13)*. Überraschenderweise zeigten sich die Linsenbildungszellen nach anteriorposteriorer Drehung des anterioren Neuralplattenbereiches um 180° auch ohne Augenbecher in der Lage, aufgrund von Selbstdifferenzierung Linsen zu bilden. Bei den früheren Defektversuchen war ein derartiges Entwicklungsvermögen nicht beobachtet worden. ch: Chorda dorsalis; H: Hörplakode; L: Linse; Lab: Labyrinth; oc: Oculus; olf: olfactorius (50fache Vergrößerung; Originalgröße; aus: Spemann, Entwicklung umgedrehter Hirnteile, S. 6, Fig. B)

---

[885] Vgl. Spemann, Über embryonale Transplantation, S. 198.

bisherigen Ergebnissen von Anstichexperimenten am selben Objekt diametral entgegenstand, zu interpretieren sei.[886]

Einen interessanten Nebenaspekt belegt das Protokoll *Triton taeniatus 1906 (14)* vom 12. bis zum 29. Mai. Hier erzielte Spemann einen *Situs vena hepatica inversus* mit rechts verlaufender Lebervene und links liegender Gallenblase. Spemann delegierte die Erforschung dieser Richtung, wie bereits erwähnt, an seinen Schüler Kurt Preßler, dem er auch eigenes Material überließ. So weisen 20 Protokolle den Eintrag „Preßler" und „Situs" auf.[887]

Die beiden Experimente des Jahres 1907 zeigten keine verwertbaren Ergebnisse.

Spemann zögerte mit der umfassenden Publikation der Ergebnisse dieser Rotationsversuche bis zum Jahre 1912, was zum einen auf den Wechsel an die Universität nach Rostock zurückzuführen ist, zum anderen auf die dringlichere Klärung der Linsenkontroverse. Zwei Befunde stellte er neu heraus, vermutlich um ihre besondere Bedeutung zu unterstreichen:

1. Die Arten verhielten sich gegenüber dem Eingriff identisch, was angesichts der Erfahrungen bei der Linseninduktion nicht selbstverständlich war.
2. Bezüglich der Linsenbildungsproblematik ergab sich eine weitere Verwirrung. Die unter die Bauchhaut gebrachten Augenbecheranlagen entwickelten sich zu Augenbecher ohne eine Linse zu induzieren (*Rana esculenta, Bombinator pachypus*), die ursprüngliche Linsenepidermis ohne Augenbecher bildet keine Linse (*Rana esculenta, Bombinator pachypus*). Dies stand im Widerspruch zu Extirpationsergebnissen und Transplantationsexperimenten. Spemann vermutete: „Eher könnte man an eine hemmende Wirkung der nach vorn verpflanzten hinteren Hirnteile denken."[888] Aber er schloß als Fazit, daß die Ergebnisse „vorläufig unverständlich"[889] bleiben.

Der Arbeit über die Rotation von Neuralplattenteilen kommt historisch betrachtet eine Brückenfunktion zu. Auf der einen Seite schlossen sie an die Linsenbildungsexperimente und die invertierten Hörgrübchenexperimente methodisch und inhaltlich an, auf der anderen Seite beschäftigten sie sich bereits mit der Frage nach dem Zeitpunkt und Grad der Determinierung der Neuralplatte und ihrer einzelnen Bestandteile. Auch ein Seitenzweig der Forschung, das *Situs inversus*-Phänomen, erhielt neue experimentelle Daten.

Zusätzlich stützt der Veröffentlichungszeitpunkt die Einschätzung der Experimente in ihrer Brückenfunktion. Im Jahre 1912 hatte Spemann immer noch keine neuen Experimente in Rostock durchgeführt, zehrte somit noch vom „Empirievorrat" der Würzburger Jahre. Spemann hatte mit diesen Befunden das *harmonisch-äquipotentielle System* am Beispiel der Neuralanlage eingehend stu-

---

[886] Vgl. Spemann, Entwicklung umgedrehter Hirnteile, S. 5–6.
[887] ZIF, Nachlaß Hans Spemann, Protokollordner 1906; vgl. Preßler, Beobachtungen und Versuche.
[888] Spemann, Entwicklung umgedrehter Hirnteile, S. 5.
[889] Spemann, Entwicklung umgedrehter Hirnteile, S. 6.

diert, zwei Subsysteme bezüglich des Induktionsmechanismus analysiert. Methodisch hat er alle Techniken und Objekte getestet. Somit war der Übergang zur Forschungsphase II geschaffen.

2.5. Forschungsphase II (1915–1924): Vom „Regulationsbezirk" zum „Organisationszentrum"

2.5.1. Die Determination der Neuralanlage

Aus den bisherigen Untersuchungen Spemanns hatten sich mehrere grundlegende Ergebnisse herauskristallisiert:

1. Die Existenz von abhängiger und unabhängiger Differenzierung als komplementäre embryonale Entwicklungsvorgänge konnte an den Fallbeispielen *Seh-* und *Hörorgan* bei Amphibien nachgewiesen werden.
2. Die Vorstellung vom werdenden Organismus als einem Komplex enkaptisch ineinandergeschachtelter „harmonisch-äquipotentieller Partialsysteme"[890] hatte sich als tragfähiges Erklärungsmodell erwiesen, weil es die unter Punkt 1 genannten Entwicklungsmodi zu integrieren vermochte.
3. Allerdings konnte das *harmonisch-äquipotentielle System* nur eingeschränkt für bestimmte Keimbezirke zu bestimmten Entwicklungsstadien als tragfähige Modellvorstellung akzeptiert werden, da die *prospektive Potenz* einer Zelle im Laufe der Ontogenese eingeschränkt wurde.
4. Diese Eingrenzung der *prospektiven Potenz* hin zum *prospektiven Schicksal* einer Zelle war bei Amphibien ein cytoplasmatisch bedingter und vermittelter Prozeß.

Ausgehend von diesem Kenntnisstand war Spemann nun interessiert, das Problem der Determination auf der den Sinnesorganen übergeordneten Organisationsebene der Neuralanlage zu untersuchen. Folgende Fragen standen dabei im Vordergrund:

1. Zu welchem ontogenetischen Zeitpunkt erfolgt die unwiderrufliche Festlegung des präsumptiven Neuroektoderms auf sein *prospektives Schicksal*, die Bildung des Gehirns und seiner Derivate?
2. Auf welche Weise erfolgt die räumliche Ausbreitung der Neuralanlagendetermination?
3. In welchem Grad sind die einzelnen Bereiche der Neuralplatte während verschiedener Entwicklungsstadien determiniert?

Um diese Fragen adäquat bearbeiten zu können, entwickelte Spemann die bisherigen Operationsmethoden und -instrumente weiter. Die Schnürung von Keimen wurde durch die wesentlich exaktere Zerschneidungsmethode abgelöst; diese

---

[890] Spemann, Hans: Zur Theorie der tierischen Entwicklung. Rektoratsrede. Freiburg 1923, S. 11.

Tabelle 34. Numerischer Überblick über Spemanns Versuchsprotokolle aus den Jahren 1915–1918[891]

Jahr	1915	1916	1917	1918
Anzahl der vorhandenen Protokolle	278	136	124	96
Anzahl der vermuteten Protokolle	unklar*	157	143	118
Anzahl der vermuteten Protokollverluste	unklar*	21	19	22

* Lücken in der Protokollnummerierung so umfangreich, daß keine nachträgliche Verlustangabe möglich ist.

wiederum ermöglichte die Rotationsexperimente und das Zusammenfügen unterschiedlicher Keimhälften. Transplantationen konnten durch die neu entwickelte Mikropipette leichter und somit zahlreicher durchgeführt werden. Mit dem Bergmolch *Triton alpestris* untersuchte Spemann eine neue Species, und bei der Konservierung verwendete er erstmals im Jahre 1916 die Michaelis-Lösung. Dank der günstigen Arbeitsbedingungen am Berliner *Kaiser-Wilhelm-Institut für Biologie* führte er in den Jahre 1915 bis 1918 zahlreiche Experimente durch.

Protokolle von Experimenten aus den Jahren 1915 und 1916[892]

Am 17. April 1915 nahm die Abteilung für Entwicklungsmechanik am *Kaiser-Wilhelm-Institut* ihren Arbeitsbetrieb auf, und nach zehn Tagen Vorbereitung begann Spemann am 27. April 1915 mit Experimenten an dem neuen Untersuchungsobjekt *Triton alpestris*. Bis zum 6. Mai 1915 operierte er 29 Keime. Schwerpunkt der Untersuchung waren die Auswirkungen von homöoplastischen Transplantationen im Neurulastadium. In zwölf Fällen tauschte Spemann Neuralplatten- und Bauchepidermisgewebe aus, in vier Fällen Gewebe aus unterschiedlichen Neuralplattenregionen, einmal unterlagerte er Neuroektoderm mit Neuroektoderm. Grundsätzlich interessierte ihn das Entwicklungsverhalten der Transplantate in ihrer neuen Umgebung.

Im Experiment *Triton alpestris 1915 (23)* implantierte Spemann am 6. Mai ein Stück Bauchepidermis in die anteriore Neuralplatte und notierte am 8. Mai: „An Stelle des queren Hirnwulstes sitzt ein Stück Haut [=Bauchepidermis; P.F.]; primäre Augenblasen weniger stark vorgewölbt als beim anderen Embryo. Implantat an pigmentierten Zellen zu erkennen."[893] Anhand der Notiz wird deutlich, daß die herkunftsgemäße Entwicklung der Transplantate aus dem Neuralstadium ein wichtiger Befund dieser Experimente war; mit anderen Worten, zu diesem Entwicklungszeitpunkt war das Implantat bereits auf sein *prospektives Schicksal* –

---

[891] ZIF, Nachlaß Hans Spemann, Protokollordner 1915–1918. Protokollzahl und Anzahl der Experimente stimmen nahezu überein.

[892] Aufgrund der inhaltlichen Reichhaltigkeit der Protokolle werden im folgenden in erster Linie die Gesichtspunkte berücksichtigt, die mit Spemanns Leitfragen in unmittelbarem Zusammenhang stehen.

[893] ZIF, Nachlaß Hans Spemann, Protokollordner 1915, *Triton alpestris 1915 (23)*.

2.5.1. Die Determination der Neuralanlage

Bildung von Bauchepidermis – determiniert. Weiterhin fällt die Beachtung der unterschiedlichen Pigmentierung von Implantat und Umgebung auf. Diese Notiz dokumentiert den frühesten Zeitpunkt, zu dem Spemann diesen für die Entdeckung des *Organisatoreffektes* so wichtigen Umstand bei einem eigenen Experiment zur Kenntnis nahm.

Die beiden anderen an *Triton alpestris* praktizierten Versuchstypen, die Excisionsexperimente und das Zusammenfügen unterschiedlicher Keimhälften, brachten keine verwertbaren Ergebnisse.

Die am 29. April begonnene Serie von Durchtrennungsexperimenten im Gastrulastadium an *Triton taeniatus*-Keimen, die er bis zum 27. Mai 1915 fortsetzte, bestätigten die Ergebnisse der Schnürversuche: Zwillinge mit schwächer ausgebildeter innenständiger Seite nach medianer, Embryonen und Bauchstücke nach frontaler Durchtrennung.

Weiterhin operierte Spemann vom 4. Juni bis zum 17. Juli 1915 knapp 200 *Bombinator pachypus*-Keime, wobei wiederum Transplantations- und Excisionsexperimente den Schwerpunkt bildeten. Dabei sollte, wie aus der folgenden Einzelfallschilderung hervorgeht, die Verpflanzung der in der offenen Neuralplatte liegenden Augenanlage in die Bauchepidermis eines anderen Keimes Aufschlüsse über den Determinationsgrad derselben während dieses Stadiums geben. Spemann teilte diese Absicht auch seinem in Rostock verbliebenen Schüler Horst Wachs mit. In einem Brief vom 4. August 1915 schrieb er, daß er im Sommer die genaue Lokalisation der Augenanlage in der offenen Neuralplatte gesucht habe.[894]

Im Experiment *Bombinator 1915 (189 a,b)*[895] verpflanzte Spemann am 7. Juli um 11.00 Uhr ein „... rundes Medullarplattenstückchen, fast ganz durch, bis auf dünnes Häutchen, das stellenweise durchbrochen ist ..." aus der vorderen rechten Neuralplatte in die rechte Seite eines etwas älteren *Bombinator*-Keimes. Der Keim entwickelte sich bis zum 14. Juli und wurde dann in Zenkerscher Flüssigkeit konserviert. Die Schnittuntersuchung ergab: „Riechgrube im Zusammenhang der Haut geblieben, das übrige völlig abgeschnürt und in die Tiefe versenkt. Auge völlig abgeschnürt von Hirn, keine Verbindung zwischen beiden."[896] Das Experiment belegte die herkunftsgemäße Entwicklung einer in die Bauchepidermis verpflanzte Augenblasenanlage; sie war demnach zum Zeitpunkt der Operation irreversibel auf ihr prospektives Schicksal determiniert.[897] Im Protokoll *Bombinator 1915 (170 a,b)* ist nach entsprechender Operation ein Blutstau in der Flanke des einen Embryos festgehalten. „Hirnfragment verlegt offenbar Blutkreislauf den Weg",[898] interpretierte Spemann diesen Befund.

Ein aufschlußreiche Notiz enthält Protokoll *Bombinator 1915 (183 a,b)*, welches ebenfalls die bereits geschilderte Tranplantationsvariante enthält: „Blutstauung

---

[894] Vgl. ZIF, Nachlaß Hans Spemann, Protokollordner 1915, Brief von Hans Spemann an Horst Wachs vom 4. August 1915.
[895] ZIF, Nachlaß Hans Spemann, Protokollordner 1915.
[896] ZIF, Nachlaß Hans Spemann, Protokollordner 1915, *Bombinator 1915 (189 b)*.
[897] Vgl. Spemann, Transplantationen an Amphibienembryonen im Gastrulastadium, S. 310.
[898] ZIF, Nachlaß Hans Spemann, Protokollordner 1915, *Bombinator 1915 (170 a,b)*.

hinter rechter Vorniere am Kiemenkorb und in der Umgebung. Am transplantierten Stück nichts von Auge zu sehen." Die Schnittuntersuchung offenbarte folgende Verhältnisse:

„Rechter Vornierengang erweitert sich zu einer mächtigen Blase, die dann blind endet. Im Anschluß an sie nach hinten das transplantierte Stück Hirn. Hinter diesem kein rechter Vornierengang mehr."[899]

Spemann diskutierte zwei Möglichkeiten, die diesem Sachverhalt zugrunde liegen könnten:

„Demnach scheint die Entwicklung des hinteren Teils des Vornierenganges abhängig vom Vorhandensein des Vorderen, in dem entweder die Anlage von vorne nach hinten auswächst oder aber die Differenzierung von vorn nach hinten fortschreitet und fortwirkt."[900]

Die Bedeutung der Experimente des Jahres 1915 lag vor allem darin, daß in Abwandlung früherer Fragestellungen und Methoden neue inhaltliche Aspekte in Angriff genommen wurden. So war die Experimentiersaison 1915, vergleichbar der des Jahres 1897, eine Saison der Neuorientierung ohne spektakuläre, später veröffentlichte Ergebnisse.

Am 10. April 1916 begann die nächste Experimentiersaison. Die Versuche dieses Jahres lassen sich in zwei große Gruppen gliedern:

1. Homöoplastische Transplantationen während des Gastrula- und Neurulastadiums, vorgenommen an *Triton taeniatus* und *Bombinator pachypus*.
2. Trennung und anschließende Zusammensetzung unterschiedlicher Keimhälften bzw. -teile in unterschiedlicher Orientierung.

Die am häufigsten praktizierte Transplantation erfolgte als Austausch von präsumptivem Neuroektoderm und präsumptiver Bauchepidermis in verschiedenen Gastrulastadien. Wie nach den Ergebnissen der Schnürexperimente zu erwarten, zeigte sich die Determination der Neuralanlage als altersabhängiger Vorgang: Die Transplantate der frühen Gastrula entwickelten sich ortsgemäß, Transplantate der späten Gastrula hingegen mehr und mehr herkunftsgemäß bis sie, wenn sie dem Neurulastadium entstammten, ausschließlich eine herkunftsgemäße Entwicklung zeigten.

Am 19. Mai 1916 vertauschte Spemann im Experiment *Triton taeniatus 1916 (65)* ein Stück präsumptive Bauchepidermis mit einem Stück präsumptivem Neuroektoderm (Abb. 35).[901] Die Transplantate waren unterschiedlich pigmentiert und stammten von zwei Keimen des frühen Gastrulastadiums. So vermochte er, bis zum 20. Mai das eine Implantat in der Neuralplatte, das andere bis zum 21. Mai in der Bauchepidermis zu erkennen. Beide entwickelten sich ortsgemäß.

---

[899] ZIF, Nachlaß Hans Spemann, Protokollordner 1915, *Bombinator 1915 (170 a,b)*.
[900] ZIF, Nachlaß Hans Spemann, Protokollordner 1915, *Bombinator 1915 (170 a,b)*. Heute weiß man, daß der Vornierengang von anterior nach posterior auswächst.
[901] ZIF, Nachlaß Hans Spemann, Protokollordner 1916.

2.5.1. Die Determination der Neuralanlage

Tabelle 35. Übersicht über Spemanns Versuchsprotokolle aus dem Jahr 1915

Versuchs-objekt	Versuchstyp	Anzahl der Protokolle	Ergebnisse
	Transplantation zwischen Neurulae:		
Triton alpestris	Bauchhaut versus Neuroektoderm	12	12 herkunftsgemäße Transplantatentwicklung
	Neuroektoderm versus Neuroektoderm	4	4 keine verwertbaren Angaben
	Unterlagerung: Neuroektoderm unter Neuroektoderm	1	1 keine verwertbaren Angaben
Triton alpestris	frontale Durchquetschung im Gastrulastadium	5	5 keine verwertbaren Angaben
	unklar	2	2 keine verwertbaren Angaben
Triton alpestris	Excision: verschiedene Neuralplattenbezirke	5	5 keine verwertbaren Angaben
Triton taeniatus	Durchquetschung zu Beginn der Gastrulation:		
	1. In der Medianebene	19	9 Zwillinge mit innenständig schwächer ausgebildeten Seiten
			2 Duplicitas anterior
			1 Hemiembryo
			4 zerfallen bzw. keine Entwicklung
			3 Embryo
	2. In der Frontalebene	5	3 Embryo und Bauchstück
			2 zerfallen bzw. keine Entwicklung
Triton taeniatus	Durchschnürung	6	6 keine verwertbaren Angaben
	Künstl. Befruchtung	19	2 Bastarde (Befruchtung von *Triton taeniatus*-Eiern mit *cristatus*-Samen)
	Transplantation	1	1 Implantat erkennbar
	unklar	1	1 unklar
Bombinator pachypus	Transplantation (Neurula):		
	Bauchhaut versus Neuroektoderm	42	54 herkunftsgemäße Transplantatentwicklung
	Neuroektoderm versus Neuroektoderm	12	12 keine verwertbaren Angaben
Bombinator pachypus	Excision: Neuralplattenbezirk	123	123 Defekte unterschiedlicher Art
	Rotation: Neuralplattenbezirk	4	4 keine verwertbaren Angaben
	Photoserie	3	3 Beobachtung der Normalentwicklung
	unklar	14	14 keine verwertbaren Angaben

2.5. Forschungsphase II (1915–1924)

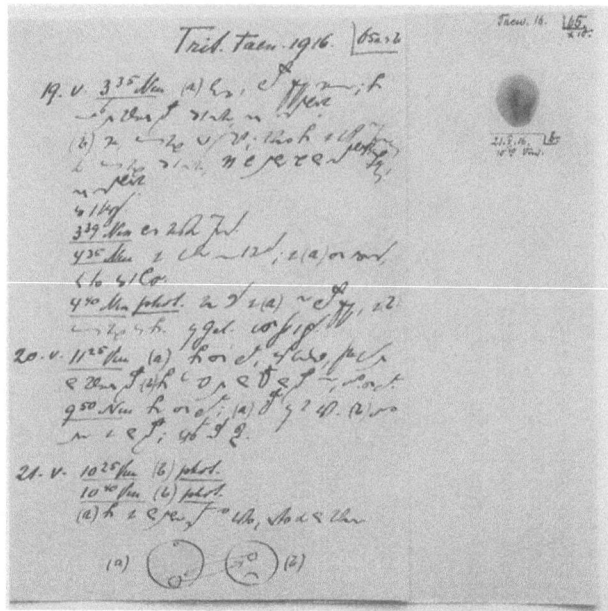

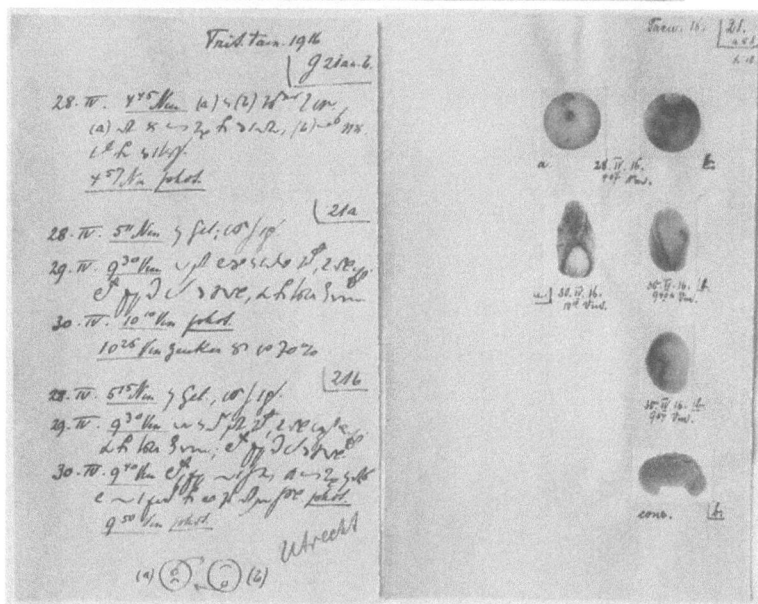

Abb. 35. Versuchsprotokoll *Triton taeniatus* 1916 (65a,b). Das Photo belegt die ortsgemäße Entwicklung des dunklen Transplantats in der linken Neuralplattenhälfte (10fache Vergrößerung; ZIF, Nachlaß Hans Spemann, Versuchsprotokoll *Triton taeniatus* 1916 (65a,b) –
Abb. 36. Versuchsprotokoll *Triton taeniatus* 1916 (21). Auf dem rechten Photo der zweiten Reihe ist deutlich die Bildung einer sekundären Neuralanlage, nach homöoplastischer Organisatorverpflanzung erfolgt, zu erkennen. Die Schnittpräparate wurden nach „Utrecht" gesandt (10fache Vergrößerung; Ocular 2, Objektiv A, Tubus 0; 60fache Vergrößerung; ZIF, Nachlaß Hans Spemann, Versuchsprotokoll *Triton taeniatus* 1915 (21))

2.5.1. Die Determination der Neuralanlage

Im Zuge der Transplantationsexperimente verpflanzte Spemann auch Material, das er während der Gastrulation unmittelbar oberhalb der dorsalen Urmundlippe entnahm und einem anderen, gleichaltrigen Keim ektopisch in die präsumptive Bauchepidermis implantierte. Diese Versuchsanordnung entsprach dem späteren *Organisatorexperiment*, allerdings in homöoplastischer Ausführung. Insgesamt lassen sich 17 derartige Versuche nachweisen.[902] Bei vier weiteren Protokollen ist nicht ganz eindeutig, ob das Transplantat dem Bezirk des präsumptiven Chorda-Mesoderms entnommen worden war oder ob es bereits dem präsumptiven Neuroektoderm des heutigen Anlagenplans entstammte.[903] Den Protokollen zufolge beobachtete Spemann in den Experimenten *Triton taeniatus 1916 (12), (13), (21), (24), (33), (134)* sekundäre Embryonalstrukturen; exemplarisch sei das Protokoll *Triton taeniatus 1916 (21)* wiedergegeben (Abb. 36).

Spemann glaubte, in den sekundären Achsenorganen selbstdifferenzierendes Implantatgewebe zu erkennen. So notierte er im Protokoll *Triton taeniatus 1916 (12)*: „[Implantat, P.F.] Gleicht auf etwas früheren Stadien der secundären Medullarplatte eines Janus."[904] Beim Objekt *Triton taeniatus 1916 (21)* konstatierte Spemann: „Das transplantierte Stück sieht genauso aus wie eine schmächtige Medulla."[905] Und im Protokoll *Triton taeniatus 1916 (24)* heißt es: „Aus Stück [Implantat, P. F.] eine kleine, lang gestreckte Medulla entstanden, zum größten Teil geschlossen, zum Teil Wülste eng zusammengerückt."[906] Angesichts der fehlenden Möglichkeit, Implantat und Wirtsgewebe histologisch unterscheiden zu können, ist Spemanns Interpretation der sekundären Strukturen verständlich. Unter Berufung auf Keimbezirkspläne von Roux, Kopsch und King interpretierte er die äußere Schicht der gesamten Urmundlippe zu Beginn der Gastrulation als präsumptives Neuroektoderm.[907] Allerdings erkannte Spemann die fehlende Unterscheidbarkeit von Wirts- und Implantatgewebe als methodischen Mangel. Das belegt die Tatsache, daß er ab dem Austauschexperiment *Triton taeniatus 1916*

---

[902] ZIF, Nachlaß Hans Spemann, Protokollordner 1916. Es handelt sich hierbei um die Protokolle *Triton taeniatus 1916 (12), (13), (18), (19), (20), (21), (22), (23), (24), (28), (33), (126), (127), (128), (129), (133) und (134)*.

[903] ZIF, Nachlaß Hans Spemann, Protokollordner 1916. Es handelt sich hierbei um die Protokolle *Triton taeniatus 1916 (51), (52), (53) und (55)*.

[904] ZIF, Nachlaß Hans Spemann, Protokollordner 1916, Protokoll *Triton taeniatus 1916 (12)*.

[905] ZIF, Nachlaß Hans Spemann, Protokollordner 1916, Protokoll *Triton taeniatus 1916 (21)*.

[906] ZIF, Nachlaß Hans Spemann, Protokollordner 1916, Protokoll *Triton taeniatus 1916 (24)*.

[907] Vgl. Spemann, Determination der ersten Organanlagen, S. 479; vgl. Roux, Wilhelm: Über die Lagerung des Materials des Medullarrohres im gefurchten Froschei. 1888, Ges. Abh. II, Nr. 23, S. 522–538; vgl. Kopsch, Franz: Beiträge zur Gastrulation beim Axolotl- und Froschei. In: Verh. Anat. Gesell. Basel 1895, S. 181–189; vgl. King, Helen D.: Experimental studies on the formation of the embryo of *Bufo lentiginosus*. In: Arch. f. Entw.mech. d. Organis. 13 (1902), S. 545–564.

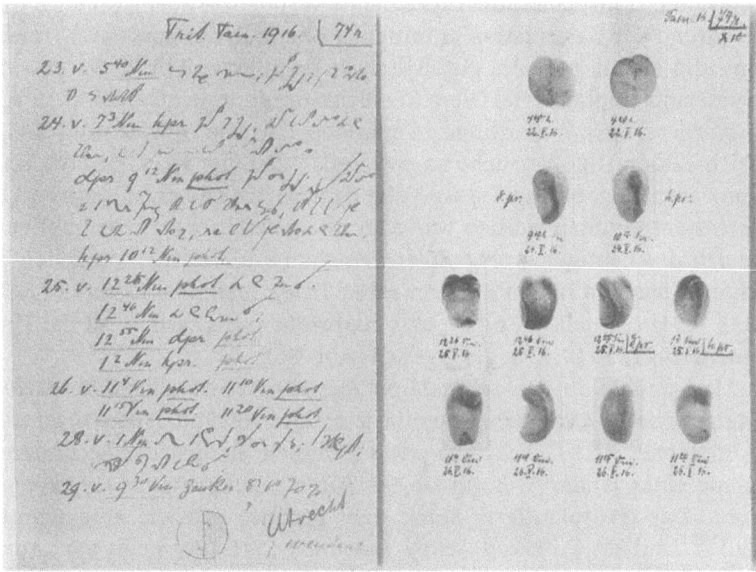

Abb. 37. Versuchsprotokoll *Triton taeniatus 1916 (74 r/l)*. Die Photoserie belegt die Entwicklung von zwei Neuralanlagen bei der Verschmelzung gleichseitiger Gastrulahälften. Die Schnittpräparate wurden nach „Utrecht" gesandt (10fache Vergrößerung; ZIF, Nachlaß Hans Spemann, Protokollordner 1916, *Triton taeniatus 1916 (74 r/l)*)

(54) zunehmend darauf achtete, unterschiedlich pigmentierte Keime zu verwenden.

Eine bedeutsame Ergänzung der Transplantationsexperimente waren die Versuche, bei denen nach medianer Trennung früher Gastrulastadien die Zusammenfügung der beiden rechten bzw. linken Hälften vorgenommen wurde. Daraus ergab sich der interessante Umstand, daß Urmundlippengewebe der einen Hälfte jeweils auf präsumptives Bauchepidermisgewebe der anderen stieß. So entwickelte sich in dem am 22. Mai 1916 begonnenen Experiment *Triton taeniatus 1916 (74 r,l)* bis zum 27. Mai aus den beiden zusammengefügten rechten Hälften ein Keim mit zwei Neuralrohren (Abb. 37). Die Schnittuntersuchung vermochte aber keinen Aufschluß über die histologische Herkunft und Zusammensetzung dieser Strukturen zu geben, so daß offen blieb, ob möglicherweise prospektives Bauchmaterial an der Neuralbildung beteiligt gewesen ist.

Ebenfalls aufschlußreich war die Drehung der animalen Kappe oberhalb der Urmundlippe um 90° oder 180°. Dabei wurde deutlich, daß die Neuralplatte sich in dem Sektor ausbildet, der an den auf der vegetalen Keimhälfte verbliebenen Urmund grenzte. Aufgrund dieser topographischen Entsprechung war ein Kausalzusammenhang zwischen Ento-Mesodermeinstülpung und Neuralplattenbildung wahrscheinlich. Bei Rotation der animalen Kappe um 180° ließen sich Embryonen mit einem inversen *Situs cordis et viscerum* erzielen.

2.5.1. Die Determination der Neuralanlage

Tabelle 36. Übersicht über Spemanns Versuchsprotokolle aus dem Jahre 1916

Versuchs-objekt	Versuchstyp	Keimstadium	Anzahl der Protokolle	Ergebnisse*	Anzahl
Triton taeniatus	homöoplastische Transplantation:				
	präs. Bauchepidermis versus präs. Neuroektoderm	frühe Gastrula	46	ortsgemäße Entwicklung der Transplantate	21
	ventrales Ektoderm versus dorsale Urmundlippe	frühe Gastrula	18	sekundäre Embryonalstrukturen	6
	Bauchepidermis versus Neuralgewebe	Neurula	12	herkunftsgemäße Entwicklung der Transplantate	9
Triton taeniatus	Rotation:				
	1. animale Kappe oberhalb dUML um 180°	frühe Gastrula	5	Lage der Neuralplattenbildung korreliert mit der Lage des Urmundes	4
	2. animale Kappe oberhalb dUML um 90°	frühe Gastrula	3	Lage der Neuralplattenbildung korreliert mit der Lage des Urmundes	3
	3. animale Kappe unterhalb dUML um 180°	frühe Gastrula	1	keine Anomalien	1
	4. Neuralplattenstückchen um 180°	Neurula	14	linke Augenblase fehlt	6
				linke Augenblase vorhanden	3
				k.A.	5
Triton taeniatus	Zusammensetzung von Keimhälften:				
	1. rechts/rechts; links/links	frühe Gastrula	15	Bildung von zwei Neuralplatten	6
	2. dorsal/dorsal; ventral/ventral	frühe Gastrula	8	Bildung von zwei anterior zusammentreffende Neuralplatten	2
				keine Strukturen	6
	3. rechts/dorsal; links/ventral	frühe Gastrula	3	keine verwertbaren Angaben	3
Triton taeniatus	Durchschnürung enlang der 1. Furchungsebene	Zwei-Zell-Stadium	4	Zwillinge	2
Bombinator pachypus	Rotation: mittleres Neuralplattenstückchen um 180°	Neurula	5	posteriores Augenfragment	4
Bombinator pachypus	Excision: diverse Epidermisstückchen	unklar	2	Defekte allgemeiner Art	2

* es werden nur positive Ergebnisse berücksichtigt.
Tote bzw. nicht weiter untersuchte Keime sind nicht aufgelistet.

dUML   dorsale Urmundlippe
k.A.   keine Angaben
präs. präsumptiv

Im Jahre 1916 trug Spemann seine experimentellen Ergebnisse und die daraus gezogenen Ableitungen der *Gesellschaft naturforschender Freunde in Berlin* vor.[908] Es gehörte zu seiner Publikationsstrategie, wie auch zu derjenigen von Boveri, wichtige experimentelle Befunde lokalen Gesellschaften als vorläufige Mitteilung vorzutragen, um die ausführliche Darstellung später in einem zentralen Fachorgan vorzunehmen.[909]

Spemann schilderte zuerst die Ergebnisse, die der Austausch von präsumptiven Neuroektodermstücken, welche in „mäßiger Entfernung" zum Urmund entnommen wurden, mit präsumptiven Bauchepidermisstücken nach sich zog. Dabei stellte er fest, daß sich die Transplantate ortsgemäß entwickelten, sofern sie zu Beginn der Gastrulation verpflanzt wurden. Hingegen entwickelten sie sich herkunftsgemäß, wenn der Austausch gegen Ende der Gastrulation vorgenommen wurde. Damit bestätigte sich einer der zentralen Befunde der Schnürexperimente,

„... daß bei Amphibienembryonen durch die Gastrulation nicht nur Ektoderm und Entoderm sichtbar geschieden werden, sondern daß [...] die Anlagen der Hauptorgane des Körpers mehr oder weniger fest bestimmt, determiniert werden."[910]

In einem weiteren Untersuchungsschritt beschäftigte Spemann sich mit dem Mechanismus dieser Determination:

„Wie mag nun die Determination zustande kommen? Ergreift sie das ganze Material gleichzeitig, oder geht sie von einer begrenzten Stelle aus und pflanzt sich dann in bestimmter Richtung fort?"[911]

Zur Klärung dieser Frage schilderte er das bereits erwähnte Sonderergebnis:

„In mehreren Fällen nämlich, wo das Stück zu Beginn der Gastrulation sehr nahe über der Urmundeinstülpung entnommen wurde, entwickelte es sich in der Epidermis eines anderen Keims nicht zu Epidermis, sondern zu Medullarplatte."[912]

Spemann diskutierte zwei mögliche Mechanismen, die dem Phänomen zugrunde liegen könnten:

1. Die ektodermale Schicht der dorsalen Urmundlippe ist bereits weiter differenziert als das weiter anterior gelegene Neuroektoderm. In diesem Falle würde die sich ausbreitende Differenzierung innerhalb des Ektoderms planar voranschreiten.

---

[908] Spemann, Hans: Über Transplantationen an Amphibienembryonen im Gastrulastadium. In: Sitzungsberichte der Gesellschaft naturforschender Freunde zu Berlin 9 (1916), S. 306-320.

[909] So z.B. bei der ersten Präsentation seiner Schnürexperimente und deren Ergebnisse im Jahre 1900. Es ist anzumerken, daß während der Jahre 1915-1917 kriegsbedingt keine Jahresversammlung der DZG stattfand und somit dieses überregionale Wissenschaftsforum ausfiel.

[910] Spemann, Transplantationen an Amphibienembryonen im Gastrulastadium, S. 306.

[911] Spemann, Transplantationen an Amphibienembryonen im Gastrulastadium, S. 310.

[912] Spemann, Transplantationen an Amphibienembryonen im Gastrulastadium, S. 310.

2.5.1. Die Determination der Neuralanlage

2. Die äußere Schicht der dorsalen Urmundlippe könnte ebenso indifferent sein wie das weiter anterior gelegene präsumptive Neuroektoderm. Für einen solchen Fall müßte man etwas postulieren, was später die Differenzierung des Ektoderms zur Neuralplatte bewirkt.

„Das müßte die tiefe Schicht sein, welche das Dach des Urdarms bildet und im Bereich der Urmundlippe eng mit der oberflächlichen Ektodermschicht zusammenhängt. [...] [Die fortschreitende Differenzierung der präsumptiven Medullarplatte würde, P.F.] durch die von hinten nach vorn fortschreitende Unterlagerung des Ektoderms mit Ento-Mesoderm während der Gastrulation bedingt."[913]

Spemann hatte somit, in Anknüpfung an frühere Überlegungen,[914] die Erklärung der Induktion von Neuralplatte durch unterlagerndes Material, als Hypothese formuliert. Dabei erleichterte ihm nach eigener Aussage die Kenntnis des räumlich ähnlich gelagerten Falles der Linseninduktion durch den unterlagernden Augenbecher eine solche Hypothese.[915]

Es finden sich jedoch auch Gedanken, die Spemanns Distanzierung von früheren Überlegungen beinhalten. Beispielsweise schloß er, entgegen einer aus den Schnürexperimenten gewonnenen Annahme,[916] aus dem oben geschilderten Befund, daß die Determination des Ektoderms zu Neuralgewebe ein von posterior nach anterior fortschreitender Vorgang sein müsse.

An dieser Stelle ist anzumerken, daß Spemann die Begriffe „Determination" und „Differenzierung" in Bezug auf die Neuralanlagenentwicklung synonym verwendete, was zuweilen verwirrend sein kann. Man muß sich jedoch vergegenwärtigen, daß seit 1900 sich in der entwicklungsbiologischen Terminologie durch Karl Heider der Begriff „Determination" im Sinne von „Bestimmung" durchgesetzt hatte. Danach ist ein sich selbstdifferenzierender Keimbereich zugleich determiniert und die von Spemann praktizierte synonyme Verwendung beider Begriffe wird verständlich.[917]

Die Hypothese einer vom Mesoderm vermittelten Induktion der Neuralanlage fand auch in weiteren Experimenten Bestärkung. Aufgrund von Ergebnissen aus Rotationsexperimenten, bei denen er die animale Kappe um 90° bzw. 180° gegenüber dem Urmund drehte, postulierte Spemann:

„Die Medianebene des Tieres richtet sich nach dem unteren Stück, welches den Urmund enthielt; von dem unteren Stück geht die Bestimmung des oberen aus. [...] Führt man eine solche Umdrehung später aus [nach sichtbar werden der Neuralplatte, P.F.] so entsteht bekanntlich Situs inversus viscerum et cordis."[918]

---

[913] Spemann, Transplantationen an Amphibienembryonen im Gastrulastadium, S. 310.
[914] Vgl. Spemann, Entwickelungsphysiologische Studien. II, S. 506; vgl. Spemann, Entwickelungsphysiologische Studien. III, S. 616; vgl. Spemann, Experimentelle Erzeugung von Doppelbildungen, S. 458; vgl. Spemann, Über eine neue Methode, S. 199.
[915] Vgl. Spemann, Geinitz, Über Weckung organisatorischer Fähigkeiten, S. 167.
[916] Vgl. oben S. 168.
[917] Vgl. Spemann, Experimentelle Beiträge, S. 131.
[918] Spemann, Transplantationen an Amphibienembryonen im Gastrulastadium, S. 312.

Bereits im Jahre 1906 hatte er diesen experimentellen Befund und seine Deutung desselben vorgetragen.[919] Diese Experimente ließen nach seiner Ansicht als Erklärung nur eine durch unterlagertes Material vermittelte Neuralplatteninduktion zu: „Dann bliebe aber nur die Annahme eines differenzierenden Einflusses von seiten des Ento-Mesoderms, welches sich bei der Gastrulation unter das Ektoderm schiebt."[920]

Spemann relativierte allerdings das Gewicht der Befunde, die für die Induktion der Neuralplatte durch unterlagerndes chorda-mesodermales Gewebe sprachen:

„Aber wenn auch die experimentell nachgewiesenen oder wahrscheinlich gemachten ‚Fähigkeiten' des Keims völlig hinreichen, um die normale Entwicklung zu erklären, so mahnen uns Erfahrungen, die sich beständig mehren, zur Vorsicht in dem Schluß, daß die normale Entwicklung nun auch wirklich im Geleise dieser unter abnormen Verhältnissen enthüllten Fähigkeiten verläuft. [...] Denn es ist wohl denkbar, daß beim Experiment ein Einfluß von seiten des Ento-Mesoderms aushilfsweise einspringen kann, wenn der etwaige normale Einfluß von seiten des weiter hinten gelegenen Ektoderms unterbrochen oder gestört ist."[921]

Hinter dieser Überlegung stand der im Laufe der Linsenkontroverse gewonnene Gedanke des *Prinzips der doppelten Sicherung*. Zugleich äußerte Spemann bis zu diesem Zeitpunkt nirgends deutlicher seine gewachsene Einsicht in die problematische Seite eines empirisch-experimentellen Positivismus.[922]

Die Frage, ob es sich bei der fortschreitenden Differenzierung der Neuralanlage um *expansives* oder *appositionelles* Wachstum[923] handele, diskutierte er am Beispiel der Vereinigung gleichseitiger Gastrulahälften:

„Jede Hälfte des Urmundes ergänzt sich zunächst aus dem anstoßenden Material zu einem ganzen Urmund [...] wir können es die primäre Hälfte nennen, zum Teil dagegen aus Material, welches ohne den seitlichen Einfluß des angeheilten Partners Bauchhaut geliefert hätte; das ist die sekundäre Hälfte der Platte. [...] Damit ist gezeigt, daß der fragliche Einfluß, welcher indifferentes Ektoderm zu Medullarplatte umbildet oder wenigstens die Vorbedingungen dazu schafft, sich auch nach der Seite hin fortpflanzen kann...."[924]

Aufgrund dieses Ergebnisses war eigentlich klar, daß dem Wachstum der sekundären Neuralplatte ein appositioneller Modus zugrunde liegen müsse und daß sie histologisch höchstwahrscheinlich einen chimärischen Charakter aufweisen dürfte. Dieser war aber aufgrund fehlender Unterscheidungsmerkmale – bei-

---

[919] Vgl. Spemann, Über eine neue Methode, S. 199.
[920] Spemann, Transplantationen an Amphibienembryonen im Gastrulastadium, S. 317; vgl. Spemann, Über eine neue Methode, S. 199.
[921] Spemann, Transplantationen an Amphibienembryonen im Gastrulastadium, S. 317-318.
[922] Vgl. oben S. 118-119.
[923] Nach Spemann dehnt sich bei *expansivem Wachstum* ein(e) bestimmte(r) Keimbezirk/Organanlage aufgrund Zellteilung und -wachstum aus, bei *appositionellem Wachstum* aufgrund der Eingliederung von benachbartem Gewebe.
[924] Spemann, Transplantationen an Amphibienembryonen im Gastrulastadium, S. 314-315.

2.5.1. Die Determination der Neuralanlage

spielsweise einer charakteristischen Pigmentierung des implantierten Gewebes – nicht zu erkennen.

Ein interessanter Hinweis findet sich in Spemanns Ausblicken auf zukünftige Forschungen. Vermutlich angeregt durch die Pfropfexperimente bei Pflanzen,[925] spekulierte er über die Möglichkeiten heteroplastischer Transplantationen, die Auskunft über den Anteil von Wirts- und Implantatgewebe an zusammengesetzten Organen geben könnten.[926] Es deutete sich bereits die Frage an, welche Rolle den in den Implantatzellen lokalisierten Erbfaktoren und welche Rolle den ihre – modern gesprochen – Exprimierung auslösenden cytoplasmatischen Faktoren der Wirtsumgebung zukomme.

Im Jahre 1918 legte Spemann in der umfassenden Schrift „Über die Determination der ersten Organanlagen des Amphibienembryo. I.–VI." eine ausführliche Darstellung seiner experimentellen Daten des Jahres 1916 und der daraus gezogenen Schlüsse nieder. Die Schrift ist bezogen auf den Inhalt ähnlich bedeutsam wie die „Entwickelungsphysiologischen Studien. I.–III." zu Beginn des Jahrhunderts.

Spemann bestätigte die zwei Jahre zuvor geäußerten Gedanken im wesentlichen, brachte jedoch einige interessante Ergänzungen und Einschränkungen. Die erste Ergänzung war die Bemerkung, daß über die topographischen Verhältnisse der embryonalen Keimbezirke bei *Triton* nur ungenaue Kenntnisse vorliegen:

„Wenn man auch über den genauen Verlauf der Grenzen jener Bereiche im Zweifel sein kann, so wird man doch z.B. von einer Gruppe Ektodermzellen, welche in mäßiger Entfernung median über dem Urmund liegen, ohne Gefahr des Irrtums sagen können, daß aus ihr im normalen Verlauf der Entwicklung ein Teil der Medullarplatte hervorgehen würde, von einer anderen, auf der entgegengesetzten Seite des Keimes gelegenen Gruppe mit derselben Sicherheit, daß ihr normales Schicksal die Bildung von Epidermiszellen wäre."[927]

Genau dieser Punkt erwies sich als entscheidend bei der ursprünglich falschen Interpretation der beobachteten sekundären Embryonalstrukturen. Denn trotz der erkannten Defizite bezüglich der Keimbezirkstopographie bezeichnete Spemann – wie erwähnt unter Berufung auf Roux, Kopsch und King – nicht nur den angesprochenen Bezirk, sondern auch die äußere Schicht der oberen Urmundlippe zu Beginn der Gastrulation als präsumptives Neuroektoderm.[928] Aufbauend auf dieser Prämisse führte er das Auftreten einer sekundären Neuralanlage, Chorda dorsalis und Somiten darauf zurück, daß

---

[925] Vgl. Winkler, H.: Chimärenforschung als Methode der experimentellen Biologie. In: Sitz.ber. d. phys.-med. Gesell. Würzb. (1913), Nr. 7, S. 97–119.

[926] Spemann, Transplantationen an Amphibienembryonen im Gastrulastadium, S. 320.

[927] Spemann, Hans: Über die Determination der ersten Organanlagen des Amphibienembryo, I–VI. In: Arch. f. Entw.mech d. Organis. 43 (1918), S. 448–555, S. 458. Bereits im Jahre 1902 hatte Spemann auf das Problem einer unzureichend geklärten Keimbezirkstopographie hingewiesen; vgl. Spemann, Entwickelungsphysiologische Studien. II, S. 475.

[928] Vgl. Spemann, Determination der ersten Organanlagen, S. 479.

2.5. Forschungsphase II (1915–1924)

„...das Stück außer dem Ektoderm auch tiefere Schichten jedenfalls die Anlage der Chorda, enthalten, und daß sich aus dem Ektoderm des Stückes, welches zu Beginn der Gastrulation nahe über der oberen Urmundlippe entnommen wurde, Medullarsubstanz entwickelt hat."[929]

Die Übereinstimmung mit Warren H. Lewis' Ergebnissen und dessen Interpretation aus dem Jahre 1907 bestärkten ihn in seiner Überlegung.[930]

Daraus ergab sich zwingend die Schlußfolgerung, daß die äußere Schicht der oberen Urmundlippe als Bestandteil der Neuralplatte bis zu deren Schluß zum Neuralrohr äußerlich sichtbar bleiben müßte. Entgegen dieser einsichtigen Überlegung schilderte Spemann an einer späteren Stelle den Fall, bei dem oberhalb der Urmundlippe eingepflanztes Gewebe um dieselbe sich ins Keimesinnere einrollte,[931] ein Phänomen, das ihm bereits zwei Jahre zuvor aufgefallen war.[932]

Wie erklärt sich der Widerspruch, daß Spemann zum einen die sekundäre Neuralanlage als Derivat der äußeren Implantatschicht interpretierte, zum anderen jedoch die Einstülpung eben jener äußeren Implantatschicht postulierte, damit implizit deren möglichen mesodermalen Charakter betonte? Die Gegensätzlichkeit beider Befunde, die er an weit auseinanderliegenden Textstellen erläuterte, war ihm vermutlich beim Abfassen der Schrift nicht aufgefallen. Denn als der Heidelberger Anatom Hans Petersen ihn darauf hinwies, erkannte er den Widerspruch in seiner Argumentation und zog die notwendigen Konsequenzen für sein experimentelles Programm.[933]

Die außergewöhnliche Rolle der dorsalen Urmundlippe während der Embryonalentwicklung offenbarte sich auch in den Experimenten, bei denen gleichseitige, mediane Hälften zusammengefügt waren:

„All dies spricht mehr zugunsten der Annahme, daß sich der seitliche Einfluß auf die Ergänzung der halben Urmundlippe beschränkt, und daß dann von dem ergänzten Urmund aus die Differenzierung wie normal in ganzer Breite nach vorn fortschreitet [...] daß mit anderen Worten in der oberen Urmundlippe der Ausgangspunkt der Determination zu suchen ist."[934]

Offen blieb nach wie vor die Frage, ob das *Differenzierungszentrum* in der vermeintlich ektodermalen, d.h. äußeren Schicht oder in der ento-mesodermalen, inneren Schicht zu suchen sei. Obwohl das Fortschreiten der Determination den Ergebnissen der Verschmelzungs- und Rotationsexperimente zufolge eher durch unterlagerndes Chorda-Mesoderm bewerkstelligt schien, erblickte Spemann auch 1918 in der Hypothese, daß die äußere Schicht das *Differenzierungszentrum* ent-

---

[929] Spemann, Determination der ersten Organanlagen, S. 479.
[930] Spemann, Determination der ersten Organanlagen, S. 530. Vgl. Lewis, Warren H.: Transplantation of the lips of the blastopore in *Rana palustris*. In: Amer. Journ. of Anat. 7 (1907), S. 137–143.
[931] Spemann, Determination der ersten Organanlagen, S. 516–517.
[932] Spemann, Transplantationen an Amphibienembryonen im Gastrulastadium, S. 318–319.
[933] Vgl. unten S. 245ff.
[934] Spemann, Determination der ersten Organanlagen, S. 530.

2.5.1. Die Determination der Neuralanlage

halte, die mit weniger Problemen behaftete Erklärungsalternative. Experimentelle Befunde, die in die andere Richtung wiesen, relativierte er mit den Worten:

„Wir dürfen nicht vergessen, daß die Versuche uns zunächst nur bestimmte ‚Fähigkeiten' des werdenden Organismus enthüllen. Wenn diese Fähigkeiten ausreichend erscheinen, um die normale Entwicklung zu erklären, so liegt freilich nahe, sie für die konstituierenden Elementarprozesse dieser Entwicklung zu halten. Doch dürfen wir uns nie dabei beruhigen."[935]

Hamburger hat auf das Festhalten Spemanns an der Idee der planaren Ausbreitung der Determination innerhalb des Ektoderms hingewiesen und vermutet, daß er sich nur schwer von der ihr zugrundeliegenden sehr frühen (Lieblings-) Idee des appositionellen Wachstums verabschieden konnte, die er bereits in seiner Habilitationsschrift vertreten habe.[936] Diese monokausale Erklärung erscheint angesichts mehrerer Gründe nicht hinreichend:

- Auch eine durch Chorda-Mesoderm induzierte Neuralplatte kommt nach Spemann durch appositionelles Wachstum zustande[937] und entspräche damit der von Hamburger vermuteten Spemannschen „Lieblingsidee".
- Die von Spemann mit Nachdruck vertretene Induktion der Linse durch den unterlagernden Augenbecher war ebenfalls eine seiner bevorzugten Modellvorstellungen, welche – nicht nur aufgrund der räumlichen Lagebeziehungen – eine gewisse Ähnlichkeit mit der chordamesodermalen Induktion der Neuralanlage besaß.
- Gerade bezüglich der sekundären Neuralplatten geht aus Spemanns Ausführungen nicht eindeutig hervor, ob er sie ganz aus Implantatgewebe bestehend interpretierte oder nicht. Im letzteren Falle wäre appositionelles Wachstum und demzufolge ein chimärischer Aufbau der sekundären Neuralplatte zu erwarten gewesen. Es scheint aber, daß Spemann unter den Bedingungen des Experiments davon ausging, daß sie ganz aus Implantatgewebe besteht, denn er schrieb im Jahre 1919: „... so glaube ich, daß die Verlängerung der Embryonalanlage wenigstens zum großen Teil dadurch zustande kommt, daß vorher vorhandenes, in die Breite sich erstreckendes Material zusammengeschoben wird..."[938]

Entscheidend für Spemanns Festhalten an der planaren Ausbreitung der sekundären Neuralplatte dürften folgende Punkte gewesen sein:

- Die Prämisse vom neuroektodermalen Charakter der äußeren dorsalen Urmundlippenschicht.
- Die Übereinstimmung mit Lewis' Ergebnissen und Interpretation.

---

[935] Spemann, Determination der ersten Organanlagen, S. 495.
[936] Vgl. Hamburger, Heritage, S. 33.
[937] Vgl. Spemann, Experimentelle Forschungen zum Determinations- und Individualitätsproblem, S. 584–585.
[938] UBW, Nachlaß Hans Petersen, A. I. 20. Brief von Hans Spemann an Hans Petersen vom 7. März 1919.

- Die gewachsene Einsicht in die problematische Aussagekraft von Experimenten, welche Beobachtungen, die in die andere Richtung wiesen, nicht auf die experimentelle Situation übertragbar erscheinen ließen.
- Die Kenntnis vom *Prinzip der doppelten Sicherung*, aufgrund der Spemann beide Erklärungsalternativen als gegenseitig nicht notwendigerweise einander ausschließend auffaßte.

Die Rolle der oberen Urmundlippe in der Ontogenese sah Spemann keineswegs als eine qualitativ einzigartige, vielmehr stellte er sie in eine ontogenetische Linie mit anderen Keimbezirken:

„Das Differenzierungszentrum in der oberen Urmundlippe läßt sich nun mit einiger Sicherheit in beträchtlich jüngere Stadien zurückverfolgen. [...] Wohl scheint aber das graue Feld und der aus ihm entstehende Zellkomplex das Zentrum für die Differenzierungssubstanz zu enthalten, von welchem nach vorn fortschreitend die Bildung des Kopfes ausgeht".[939]

Die Existenz einer Differenzierungssubstanz hat Spemann bereits 1901 in seiner ersten umfangreichen Arbeit hypothetisch postuliert.[940] Es läßt sich in diesem Punkt eine Kontinuität seiner Gedanken vom Jahr 1901 über 1903 bis ins Jahr 1918 nachweisen.

In einer undatierten, vermutlich um 1915 erstellten Notiz äußerte Spemann: „Augenanlage in Medullarplatte ein Regulationsbezirk. Vgl. mit Boveri 1910b, S. 211 oben. Jede der beiden ersten Blastomeren wäre ein Regulationsbezirk."[941] Auch diese kurze Bemerkung ist ein Indiz dafür, daß Spemann die Ontogenese als einen hierarchisch gegliederten Prozeß auffaßte, bei dem Regulationsbezirke auf unterschiedlich hohem Organisationsniveau eine maßgebliche Rolle spielten. Sie waren gewissermaßen die Ausgangspunkte für die *harmonisch-äquipotentiellen Partialsysteme*, innerhalb derer dann die Entwicklung der einzelnen Bezirke unter Selbstdifferenzierung mosaikartig weiterverläuft.

Es muß jedoch betont werden, daß Spemann bis 1918 in der oberen Urmundlippe kein Regulationszentrum erkannt hatte, sondern ein Differenzierungszentrum mit möglicherweise regulativer Potenz.

Experimente 1917 und 1918

Im Jahre 1917 standen zwei Versuchsanordnungen im Vordergrund. Zum einen sollten heteroplastische Transplantationen zwischen dunkel pigmentierten *Triton taeniatus*-Keimen und hellen *Triton cristatus*-Keimen des Gastrulastadiums neue

---

[939] Spemann, Determination der ersten Organanlagen, S. 530–531.
[940] Spemann, Entwickelungsphysiologische Studien. I., S. 256.
[941] ZIF, Nachlaß Hans Spemann, Protokollordner 1915. Für die Datierung der Notiz spricht vor allem der Fundort. Bei dem Verweis auf Boveri handelt es sich um Boveri, Theodor: Die Potenzen der Ascaris-Blastomeren bei abgeänderter Furchung. In: Festschrift zum 60. Geburtstag von Richard Hertwig, Bd. 3. Jena 1910, S. 133–214.

2.5.1. Die Determination der Neuralanlage

Erkenntnisse über die histologische Beschaffenheit von zusammengesetzten Organen geben. Insgesamt 30 solcher Operationen führte Spemann durch. Protokoll *Triton taeniatus + cristatus 1917 (16)* dokumentiert einen derartigen Fall. Der Austausch fand am 7. Mai zwischen zwei Keimen des frühen Gastrulastadiums statt, wobei präsumptive Bauchepidermis mit präsumptivem Neuroektoderm vertauscht wurde. Beide Keime entwickelten sich bis zum 10. Mai weiter, die Implantate blieben gut erkennbar.[942]

Die zweite wichtige Operation war die Verpflanzung von Linsenepidermis in Bauchepidermis während des Neurulastadiums. Diese Versuche bestätigten die bereits früher festgestellte herkunftsgemäße Entwicklung von Transplantaten des Neurulastadiums.

Es mag überraschen, daß Spemann bei den heteroplastischen Transplantationen keine Verpflanzung der dorsalen Urmundlippe vorgenommen hat. Dies lag darin begründet, daß er keine Notwendigkeit dafür erkannte, weil er in der dorsalen Urmundlippe ebenso präsumptives Neuroektoderm erblickte, wie im weiter anterior gelegenen Keimbezirk.

Die Ergebnisse jener Versuche veröffentlichte Spemann im Jahre 1921. Abgesehen von ihrer besonderen technischen Bedeutung erweiterten sie die bisherigen Erkenntnisse dahingehend, daß der herkunftsgemäße, histologische Charakter des Implantats beibehalten wurde, daß aber die Entwicklungsrichtung durch den äußeren Reiz des umgebenden Gewebes bedingt ist. Somit wäre der Reiz nicht artspezifisch, wohl aber die Reaktion. In dieser Arbeit sind die Gedanken der späteren xenoplastischen Transplantationen weitergeführt, die er gemeinsam mit Oskar Schotté durchführen sollte.

Im Jahre 1918 experimentierte Spemann vom 7. Mai bis zum 29. Mai an *Triton taeniatus*-Keimen, über die 99 Protokolle Auskunft geben; abschließend transplantierte er am 1. Juli 1918 noch Linsen- und Bauchepidermis bei *Bombinator pachypus*. Besonders interessant sind die Versuche, bei denen Teile von Gastrulen in unterschiedlicher Kombination miteinander verschmolzen wurden. Protokoll *Triton taeniatus 1918 (95)*, begonnen am 7. Juni 1918, zeigt das Ergebnis zweier parasagittal geschnittener Keime, deren Verschmelzungsprodukt eine deutlich verbreiterte Neuralplatte aufwies. Im Protokoll *Triton taeniatus 1918 (96)* ist nach gleichartiger Operation gar eine *Duplicitas anterior* mit vier primären Augenblasen nachgewiesen. Protokoll *Triton taeniatus 1918 (53)* verdeutlicht die Entstehung einer *Duplicitas cruciata* (Abb. 38).

---

[942] Vgl. ZIF, Nachlaß Hans Spemann, Protokollordner 1917, Protokoll *Triton taeniatus + cristatus 1917 (16)*.

2.5. Forschungsphase II (1915–1924)

Tabelle 37. Übersicht über Spemanns Versuchsprotokolle aus dem Jahr 1917

Versuchs-objekt	Versuchstyp	Keimstadium	Anzahl der Protokolle	Ergebnisse	Anzahl
Triton crista-tus/Triton taeniatus	heteroplastische Transplantation: präs. Neuroektoderm versus präs. Bauchepidermis	frühe Gastrula	47	herkunftsgemäße Entwicklung der Transplantate	24
Triton taeniatus	Durchtrennung	unklar	12	keine verwertbaren Angaben	12
	Schnürung	unklar	9	keine verwertbaren Angaben	9
Rana esculenta	Homöoplastische Transplantation: Linsenepidermis versus Bauchhaut	Neurula	36	unterschiedliche Defekte	28
Bombinator pachypus	Excision : Augenanlage	Neurula	14	keine Linsenbildung	14
	Rotation um 180°: medianer Neuralplattenbezirk	Neurula	6	unterschiedliche Defekte	6

präs.: präsumptiv

Tabelle 38. Übersicht über Spemanns Versuchsprotokolle aus dem Jahre 1918

Versuchs-objekt	Versuchstyp	Keimstadium	Anzahl der Protokolle	Ergebnisse	Anzahl
Triton taeniatus	Zusammenfügen von Keimhälften:				
	1. dorsal/dorsal	Gastrula	34	Duplicitas cruciata	6
	2. rechts /links	Gastrula	35	keine verwertbaren Angaben	–
	3. schräg/schräg	Gastrula	2	Duplicitas posterior	1
	4. median/frontal	Gastrula	3	keine verwertbaren Angaben	–
	5. sagittal	Gastrula	9	keine verwertbaren Angaben	–
Bombinator pachypus	Transplantation (Neurula)				
	1. Linsenepidermis versus Bauchepidermis	Neurula	8	herkunftsgemäße Entwicklung der Transplantate	8
	2. Medianer Neuralplattenbezirk versus Bauchepidermis	Neurula	5	herkunftsgemäße Entwicklung der Transplantate	5

2.5.1. Die Determination der Neuralanlage

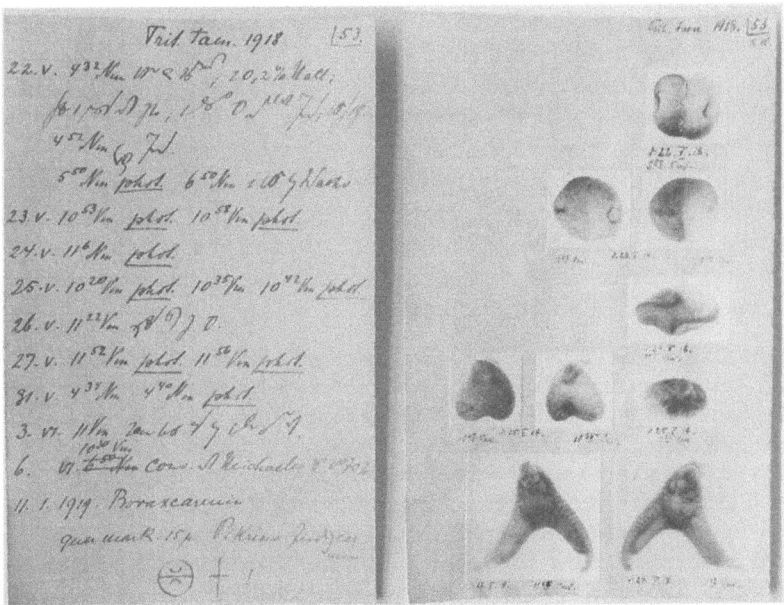

Abb. 38. Versuchsprotokoll *Triton taeniatus 1918 (53)*. Deutlich auf den Photos zu erkennen ist die Bildung einer *Duplicitas cruciata* (10fache Vergrößerung; ZIF, Nachlaß Hans Spemann, Protokollordner 1918, *Triton taeniatus 1918 (53)*

Veröffentlichungen 1919–1921: Vom „Differenzierungs-"
zum „Organisationszentrum"

Spemanns Freiburger Antrittsvorlesung vom 17. Juli 1919 ist aus Sicht des Wissenschaftshistorikers von außerordentlichem Interesse. In ihr führte Spemann erstmals den Begriff des „Organisationszentrums"[943] ein – er verwendete ihn synonym zum Begriff *Differenzierungszentrum* –, von dem sich der spätere Terminus *Organisator* ableitete. Nun ist die Einführung neuer Begriffe in den Wissenschaften ein normaler und zumeist auch notwendiger Vorgang. Neu beobachtete Sachverhalte können so sprachlich erfaßt bzw. bereits bekannte können mit ihnen (vermeintlich) besser gefaßt werden. Im vorliegenden Falle ist die Einführung eines Begriffes mit einem neuen Inhalt aus zwei Gründen sehr bedeutsam:

1. Die wissenschaftliche und wissenschaftshistorische Wirkungsgeschichte des Begriffes und des mit ihm umschriebenen Phänomens ist eine ganz herausragende.
2. Spemann prägte diesen Begriff, ohne daß neue Daten Veranlassung dazu gegeben hätten. Er hat demnach aufgrund einer während der Jahre 1918 und 1919 herangereiften Neuinterpretation bereits vorhandener Daten einen neuen Begriff eingeführt.

---

[943] Spemann, Hans: Experimentelle Forschungen zum Determinations- und Individualitätsproblem. In: Naturwissenschaften 7 (1919), S. 581–591, S. 584.

2.5. Forschungsphase II (1915–1924)

Somit stellt sich die Frage, welche Überlegungen Spemann zu jenem Zeitpunkt bewogen, in dem 1916 beobachteten Phänomen der sekundären Neuralanlagenbildung einen qualitativ anderen Vorgang als bisher zu erblicken. Weiterhin bleibt zu fragen, worin diese andere Qualität bestand und in welchem Verhältnis sie beispielsweise zum Phänomen der abhängigen Differenzierung steht.

Rückblickend äußerte Spemann, daß die oben geschilderte Interpretation der sekundären Strukturen aus dem Jahre 1918 aufgrund einer brieflichen Mitteilung des Heidelberger Anatomen Hans Petersen[944] fragwürdig geworden sei. Der genannte Brief Petersens hat sich leider nicht auffinden lassen, wohl aber folgende Replik Spemanns an ihn vom 7. März 1919:

„Sehr geehrter Herr Dr. Petersen! Sie haben ganz Recht, daß irgend etwas nicht stimmt in meiner Darstellung; zum mindesten hätte ich auf die Schwierigkeit hinweisen sollen, die Sie in so anschaulicher u.[nd] klarer Weise dargelegt haben. Vielleicht läßt sie sich durch folgende Annahme lösen. Das transplantierte Stück [...] könnte nur in seinem hinteren Teil aus präsumptivem Entoderm, in seinem vorderen Teil aber aus präsumptivem Ektoderm bestehen, also gerade von der Grenze der beiden Keimblätter stammen. Dann könnte das Ektoderm entweder schon fest determiniert sein, im Gegensatz zu den weiter vorn gelegenen, oder aber könnte es erst durch das mit ihm zusammenhängende Entoderm (von dem die Chorda Ch. der Fig. 52–54 abstammt) determiniert werden."[945]

Aus dieser Quelle geht indirekt hervor, daß Petersen Spemann darauf hingewiesen hatte, daß das Transplantat aus der oberen Urmundlippe im weiteren Verlauf der Gastrulation ins Keimesinnere gewandert sein könnte und somit dem präsumptiven Chorda-Mesoderm zugerechnet werden müsse. Spemann akzeptierte diesen Einwand und bot als alternative Erklärungsmöglichkeit die im Zitat angegebene, um seine bisherige Deutung zu retten. Aber die grundsätzlichen Zweifel am präsumptiven neuroektodermalen Charakter der oberen Urmundlippe waren geweckt und dürften ausschlaggebend dafür gewesen sein, daß Spemann beschloß, den Sachverhalt mit einem klassischen *experimentum crucis* aufzuklären: die heteroplastische Verpflanzung von dorsalen Urmundlippenstückchen in die präsumptive Bauchepidermis würde den histologischen Anteil von Implantat- und Wirtsgewebe an den sekundären Embryonalstrukturen offenlegen. Doch noch bevor diese Versuche in die Wege geleitet wurden, verdichtete sich bei Spemann im Jahre 1921 die Erkenntnis, daß sich Gewebe der dorsalen Urmundlippe um dieselbe ins Keimesinnere einrollt und somit dem chordamesodermalen Gewebe zuzurechnen ist. Beginnend mit seiner früheren Auffassung schrieb er:

„Dabei leitete ich die Chorda und Mesoderm von den tieferliegenden Zellen ab; das Medullarrohr aber führte ich auf die oberflächlichen Zellen zurück, welche ich für Ektoderm (präsumptive Medullarplatte) hielt. Nun wären aber auch diese Zellen, wie wir gesehen

---

[944] Hans Petersen war ein Schüler von Spemanns Freund Hermann Braus, was eine mögliche Erklärung für seine Auseinandersetzung mit einem einer Nachbardisziplin zugeordneten Topos sein kann.

[945] UBW, Nachlaß Hans Petersen, A. I. 20, Brief von Hans Spemann an Hans Petersen vom 7. März 1919.

2.5.1. Die Determination der Neuralanlage

haben, wahrscheinlich im weiteren Fortgang der Gastrulation um den Umschlagrand der oberen Urmundlippe herum eingestülpt worden und hätten aller Voraussicht nach Dach des Urdarms, also Chorda, Urwirbel, Darmepithel, nicht aber Medullarsubstanz gebildet. [...] Es könnte das ganze transplantierte Stück dem einzustülpenden Bezirke angehören, also präsumptives Ento-Mesoderm, sein [...] Wenn man daher das Stück einem *taeniatus*-Keime entnähme und es in einen *cristatus*-Keim verpflanzte, so müßten Chorda und Urwirbel dem ersteren, die Medullarplatte aber dem letzteren angehören."[946]

Dieses Zitat spiegelt die Anregungen Petersens wider und nimmt zugleich die zentralen Resultate der *Organisatorexperimente* vorweg.

Öffentlich hielt Spemann aber noch im Jahre 1919 in seiner Antrittsrede vorläufig an der falschen Auffassung vom neuroektodermalen Charakter der äußeren Urmundlippenschicht seit Beginn der Gastrulation fest;[947] zu jener Zeit korrespondierte er bereits mit Petersen. Er ging weiterhin davon aus, daß die Determination der Neuralplatte von dort aus in anteriore Richtung voranschreitet. Auch die möglichen Wege dieses Voranschreitens, entweder planar in der ektodermalen Schicht, oder vertikal durch Vermittlung des unterlagernden Chorda-Mesoderms, stellte er als Alternativen dar, zwischen denen eine Entscheidung noch nicht zu treffen war.

Der wichtigste Unterschied zu früheren Überlegungen bestand in der Feststellung, daß vermutlich nicht *expansives*, sondern *appositionelles Wachstum* die Grundlage des Voranschreitens der Neuralanlage in anteriore Richtung sei.[948] Damit war – mit Blick auf die Verschmelzung gleicher Keimhälften – ein histologisch chimärischer Charakter der sekundären Embryonalanlage wahrscheinlich geworden. Die integrierende Funktion der dorsalen Urmundlippe bestünde dann in einer Umdeterminierung der präsumptiven Bauchepidermis zu Neuralmaterial und in dessen räumlicher Orientierung.

Die andere Qualität dieses Vorganges verband Spemann überdies mit den experimentell hervorgerufenen Terata. Je nach Orientierung des *Organisationszentrums* ließen sich *Duplicitates anteriores* oder *Duplicitates posteriores* erzielen. Damit schien ihm der Gedanke einleuchtend, daß mit der Wirkung des Gewebestückchens in der dorsalen Urmundlippe ein Prozeß der Individualbildung verbunden sei. Hier sei an Spemanns frühere Beobachtungen der um Futter konkurrierenden *Duplicitas anterior*-Köpfe erinnert.[949] So kam er zu der Aussage:

„Zu Beginn der Gastrulation wird die Individualität des Keims, könnte man sagen, repräsentiert durch die Zellen der oberen Urmundlippe, welche ein Organisationszentrum dar-

---

[946] Spemann, Hans: Die Erzeugung tierischer Chimären durch heteroplastische Transplantation zwischen Triton cristatus und taeniatus. In: W. Roux' Arch. f. Entw.mech. 48 (1921), S. 533–570, S. 551.

[947] Spemann, Experimentelle Forschungen zum Determinations- und Individualitätsproblem, S. 584.

[948] Spemann, Experimentelle Forschungen zum Determinations- und Individualitätsproblem, S. 584–585.

[949] Vgl ZIF, Nachlaß Hans Spemann, Protokollordner 1901, Protokoll *Triton taeniatus 1901* (83 a-c).

stellen, von welchem aus die übrigen wichtigsten Teile des Körpers gebildet werden [...] Das Organisationszentrum selbst ist unersetzlich."[950]

Aufgrund dieser neuen Sichtweise wählte Spemann den markanten Begriff *Organisationszentrum*, der sich in den nachfolgenden Jahren als problematisch erweisen sollte. Mehrere Gründe dürften für die Wahl eines solchen Terminus ausschlaggebend gewesen sein:

- Hauptargument für diesen Begriff war, daß mit ihm der neu erkannte, integrative Charakter der dorsalen Urmundlippe gut umschrieben werden konnte. Seine Tauglichkeit als Arbeitsbegriff stand stets außer Frage. Spemann selbst betonte immer wieder den vorläufigen (Arbeitsbegriffs-) Charakter des *Organisationszentrums* und seines Abkömmlings, des *Organisators*.[951]
- Der Begriff „Organisation" wurde nach Roux vom Amerikaner Thomas Hunt Morgan erstmals in die entwicklungsbiologische Fachsprache eingeführt. Bereits 1901 hatte Morgan eine ontogenetisch wichtige „organisation power"[952] vermutet, der er insbesondere bei Regenerationsphänomenen eine gewisse Bedeutung beimaß. Auch wenn Morgans Terminus in einem anderen inhaltlichen Zusammenhang stand, ist ihm doch mit Spemanns Organisationszentrum gemein, daß ein die räumliche Differenzierung regulierender Faktor mit dem Begriff „Organisation" belegt werden kann. „Diesen Faktor habe ich, in der Absicht, einen möglichst markanten Namen zu finden, Organisationsgesetz genannt (*Organisation power*)."[953] Möglicherweise hat Spemann sich auf der Suche nach einer treffenden Bezeichnung von ähnlichen Überlegungen leiten lassen, vielleicht sogar direkt auf Morgan Bezug genommen. Auch Edmund B. Wilson hatte bereits 1900 formuliert: „The real problem of development is the orderly sequence and correlation of phenomena toward a typical result. [...] but the nature of that which, for lack of a better term, we call ‚organization', is and doubtless long will remain almost wholly in the dark."[954]
- Es ist weiterhin zu beachten, daß dieser Terminus erstmals in der Antrittsvorlesung geprägt wurde, in einer Veranstaltung also, die dazu dient, einen neuen Ordinarius und das von ihm vertretene Forschungsgebiet vorzustellen. Die pointierte Begriffswahl mag somit neben den existierenden fachlichen Aspekten auch einen situationsbedingten Grund gehabt haben, weil Spemann seine Forschung als attraktives Gebiet den Hörern schmackhaft machen wollte.

---

[950] Spemann, Experimentelle Forschungen zum Determinations- und Individualitätsproblem, S. 591.
[951] Vgl. Spemann, Experimentelle Beiträge, S. 275.
[952] Vgl. Morgan, Thomas H.: Regeneration in the Egg, Embryo and Adult. In: The American Naturalist 35 (1901), S. 949–973.
[953] Morgan, Thomas H.: Regeneration. Deutsche Ausgabe, zugl. 2. Aufl. d. Originals, Verlag Wilhelm Engelmann, Leipzig 1907, S. 380. Sperrungen und kursiv Gedrucktes im Original.
[954] Wilson, Edmund B.: The Cell in Development and Inheritance. Macmillan Press, 2. Aufl. New York 1900, S. 396–397.

- In diesem Zusammenhang mögen auch die von Spemann selbst angedeuteten gesellschaftlichen und politischen Umstände in Deutschland inspirierend gewirkt und der „Organisation" als notwendigem Ordnungsprinzip in der belebten Natur ein hohes Maß an Plausibilität verschafft haben.[955] Organisation war und ist in den Natur-, aber auch in den Gesellschafts- und Wirtschaftswissenschaften ein akzeptiertes und diskutiertes wissenschaftliches Problem.[956] Interdisziplinäre Projekte jüngeren Datums über die Phänomene von Organisation und Selbstorganisation zeigen, daß Spemann mit seiner Begriffswahl keineswegs abseits lag und liegt.[957]

Die von Horder und Weindling diskutierte These einer autoritär-diktatorischen Konnotation des Begriffes als Folge Spemanns gesellschaftlicher Idealvorstellungen ist eine nicht haltbare Überinterpretation. Sie übersieht nicht nur, daß der Begriff wissenschaftlich gerechtfertigt war und ist, sondern daß wissenschaftliche Vorläufertermini existieren und daß er von Anfang an als Arbeitsbegriff konzipiert war. Die These ignoriert auch Spemanns demokratisches Engagement Anfang der zwanziger Jahren und seine Freude über die an amerikanischen Universitäten üblichen egalitären und zwanglosen Umgangsformen; beides ist mit der postulierten Hierarchiebegeisterung schwer in Einklang zu bringen.

Das Phänomen der Organisation wird im zwanzigsten Jahrhundert nicht nur in den Naturwissenschaften, sondern auch in den Sozial- und Wirtschaftswissenschaften thematisiert. Angesichts dieser Situation bleibt es somit unverständlich, weshalb Spemann eine nicht adäquate und sogar eine ideologisch eingefärbte Begriffswahl vorgeworfen wurde.

2.5.2. Die Organisatorexperimente *Triton 1921* und *1922*

„In 1924, in what must be the best-known experiment in embryology [...] Hilde Mangold and Hans Spemann transplanted the region of the amphibian embryo in which the involution of mesoderm begins [...] to the opposite side [...] of a host embryo."[958]

Die solchermaßen in der heute weltweit führenden naturwissenschaftlichen Zeitschrift *Nature* gewürdigten *Organisatorexperimente*, welche die Datenbasis für die 1924 veröffentlichte ausführliche Darstellung und Interpretation des *Organisatoreffektes* bildeten, wurden von Spemanns Doktorandin Hilde Pröscholdt,

---

[955] Vgl. Telefoninterview mit Hans Spemann, abgedruckt in: Der Führer vom 25. Oktober 1935; Bericht über Spemann-Vortrag, abgedruckt in: Hamburger Zeitung vom 26. Oktober 1935.

[956] Abir-Am, P. G.: The Philosophical Background of Joseph Needham's Work in Chemical Embryolgy. In: Gilbert, Conceptual History, S. 159–180, S. 175.

[957] Stellvertretend sei hier auf die seit 1990 erscheinenden Jahrbücher für Komplexität verwiesen. Vgl. Niedersen, Uwe (Hrsg.): Selbstorganisation. Jahrbuch für Komplexität in den Natur-, Sozial- und Geisteswissenschaften. Duncker & Humblot, Berlin 1991.

[958] Robertis, Eddy M. de: Dismantling the organizer. In: Nature 374 (1995), S. 407–408, S. 407.

seit Oktober 1921 Hilde Mangold,[959] als experimenteller Teil ihrer Promotion während der Jahre 1921 und 1922 durchgeführt. Die Versuchsprotokolle gleichen im Aufbau denen Hans Spemanns. Sie weisen aber keine erkennbaren korrigierenden Einflußnahmen von seiner Hand auf, was als Indiz für die selbständige Arbeitsweise Hilde Mangolds gewertet werden kann.

Am 24. April 1921, gegen 11 Uhr vormittags führte Hilde Mangold die erste Transplantation zwischen einem *Triton taeniatus*- und einem *Triton cristatus*-Keim durch. Der Termin lag relativ spät, gemessen an der bereits Ende März einsetzenden Laichsaison der Molche im klimatisch begünstigten Südwesten Deutschlands. Auf Vorschlag Spemanns hatte seine Doktorandin ursprünglich sehr diffizile Regenerationsversuche am Süßwasserpolypen *Hydra* als Dissertationsthema bearbeiten wollen.[960] Trotz intensivster Bemühungen war den Experimenten kein Erfolg beschieden und so wurden sie nach einigen Wochen abgebrochen. Nach diesem Fehlschlag bestand Hilde Mangold auf einer experimentellen Arbeit an Amphibien. Spemann beauftragte sie daher mit der heteroplastischen Verpflanzung von Gewebestückchen aus der dorsalen Urmundlippe in die präsumptive Bauchepidermis zwischen Keimen, die sich im Gastrulastadium befanden. Hilde Mangold operierte bis zum 15. Juni 1921 insgesamt 105 Embryonen, über deren weitere Entwicklung die Protokolle *Triton 1921 Um 1 - Um 64* Auskunft geben.[961] Die Schnittpräparate fertigte sie zwischen dem 9. Oktober und dem 15. Dezember 1921 an, zu einer Zeit also, wo das experimentelle Programm nicht so dicht gedrängt war, wie in den Frühjahrs- und Sommermonaten. Im folgenden sollen einige bislang unveröffentlichte Einzelfälle Hilde Mangolds Arbeit dokumentieren.[962]

Triton 1921, Um 22

Typisch für die Protokollführung waren relativ ungenaue Angaben bezüglich des jeweiligen Keimstadiums und Transplantationsortes. So wurden die Keimstadien in *frühe*, *mittlere* oder *späte Gastrula* eingeteilt, der Einpflanzungsort des *Organisators* im vorliegenden Protokoll mit *3/4 spätere linke Seite, etwas ventral* umschrieben. Auch die Größen der verpflanzten *Organisatoren* fanden in Umschreibungen wie *mittelgroß* oder *ziemlich groß* nur eine vage Eingrenzung (Abb. 39a-c).[963] Diese

---

[959] Vgl. Fäßler, Hilde Mangold.
[960] Vgl. CEC, Otto-Mangold-Collection. Vgl. Hamburger, Heritage, S. 179.
[961] Die Differenz zwischen Anzahl der Transplantationen und Versuchsprotokollnummern ergibt sich daraus, daß in einigen Versuchen mehrere Transplantationen vorgenommen wurden, wie beispielsweise in dem unten geschilderten Versuch *Triton 1921, Um 27 a-c*. Das Kürzel *Um* steht für Urmund.
[962] Die Heidelberger Akademie der Wissenschaften hat diese Untersuchung während der Jahre 1989-1990 finanziell gefördert. Ein kurzer Überblick über die Ergebnisse bei Sander, Klaus: Hans Spemann, Hilde Mangold und der „Organisatoreffekt" in der Embryonalentwicklung. In: Akademie-Journal 2 (1992), S. 1-3.
[963] Vgl. CEC, Otto-Mangold-Collection, Protokoll *Triton 1921, Um 22*.

2.5.2. Die Organisatorexperimente *Triton 1921* und *1922*

Eigenart in der Protokollführung spricht dafür, daß es Hilde Mangold und Hans Spemann in erster Linie auf die Gewinnung einer großen Zahl qualitativ verwertbarer Ergebnisse ankam und daß sie die quantifizierende Auswertung einer späteren, weiterführenden Analyse überlassen wollten.

Neben dem im Protokoll dokumentierten Organisatoreffekt ist der am 12. Mai 1921 beobachtete und beschriebene längliche, median gelegene Implantatstreif in der Neuralplatte des *cristatus*-Keimes von besonderem Interesse. Dieses Phänomen hatte Spemann bereits 1916 erwähnt[964] und 1918 ausführlicher beschrieben.[965] Sein Zustandekommen konnte hingegen erst Ende der 1980er Jahre geklärt werden (Abb. 40):[966] Im mittleren Gastrulastadium findet sich bei *Triton*-Keimen ein als *notoplate* bezeichneter Bereich des präsumptiven Neuroektoderms, welcher in der Medianebene in einiger Entfernung zur dorsalen Urmundlippe liegt. Dieser ursprünglich kompakte Bereich erfährt im Verlauf der Neurulation eine Umgestaltung zu einem langgestreckten Streifen, der sich entlang der Mittellinie der sich entwickelnden Neuralplatte vorschiebt. Diese Längsstreckung in cephaler Richtung beruht nicht auf Zellvermehrung, sondern auf Zellwachstums- und Zellverschiebungsprozessen. Deren Folge wird erst sichtbar, wenn Teile des *notoplates* sich vom umliegenden Gewebe unterscheiden lassen, wie es im vorliegenden Versuch der Fall war. Die sich heute stellende Frage ist nun, wie Organisatoren, welche der oberen Urmundlippe entnommen wurden, dennoch präsumptive Neuroektodermzellen enthalten konnten. Hierfür gibt es zwei mögliche Erklärungen:

1. Der *Organisator* entstammte einem Keim des mittleren Gastrulastadiums und wurde diesem in einiger Entfernung vom Urmund entnommen. Somit kann er Zellen aus dem Grenzbereich zwischen präsumptivem Chorda-Mesoderm und präsumptivem Neuroektoderm enthalten, wobei letztere der fraglichen *notoplate* angehören. Dieser Fall dürfte bei *Triton 1921, Um 22* eingetreten sein.
2. Der *Organisator* entstammte einem Keim des späten Gastrulastadiums. In diesem Falle ist das Chorda-Mesoderm bereits zu großen Teilen in die Tiefe und die *notoplate* in die Nähe des Urmundes gerückt, so daß ein *Organisator*, auch wenn er nahe der oberen Urmundlippe entnommen wird, *notoplate*-Zellen enthalten kann.

Aufgrund dieser beiden Möglichkeiten wurde in den 1980er Jahren Kritik an den *Organisatorexperimenten* laut. Marcus Jacobson erhob Einwände gegen die Versuchskonzeption. So bezweifelte er, daß Hilde Mangold und Hans Spemann Wirts- und Implantatzellen korrekt hätten unterscheiden können. Weiterhin habe die ungenaue Lokalisation sowohl der Keimbezirke als auch der Entnahmestelle der *Organisatoren* dazu geführt, daß nicht nur ento-mesodermales Gewebe, son-

---

[964] Vgl. Spemann, Transplantationen an Amphibienembryonen, S. 319.
[965] Vgl. Spemann, Über Determination, S. 546 und Tafel XVIII, Fig. 7.
[966] Vgl. Jessell, T.M.; Bovolenta, P.; Placzek, M.; Tessier-Lavigne, M; Dodd, J.: Polarity and patterning in the neural tube: The origin and function of the floor plate. In: Ciba Foundation Symposium 144 (1989), S. 255–280.

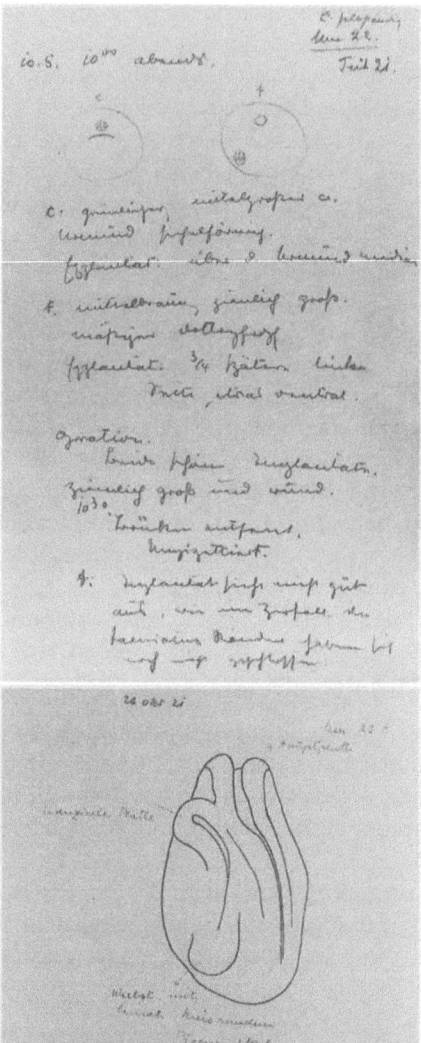

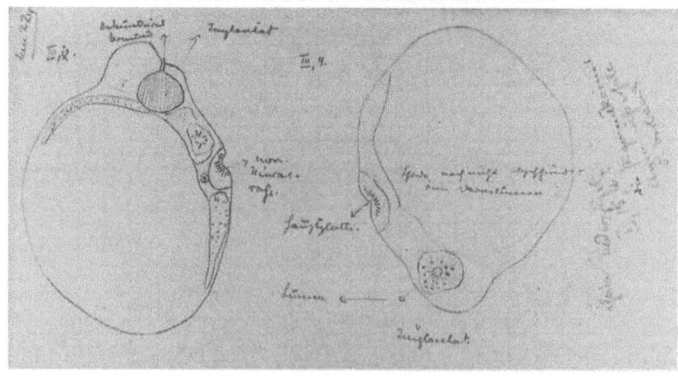

Abb. 39a–c. (Erläuterung siehe Seite 253)

2.5.2. Die Organisatorexperimente Triton 1921 und 1922

Abb. 39a. Erstes Blatt des Versuchsprotokolls *Triton 1921 Um 22*. Die beiden Skizzen illustrieren den Entnahme- und den Einpflanzungsort des Organisators. „10.5. 10.^{00} abends. c.[ristatus]: grünlicher, mittelgroßer Urmund sichelförmig. Explantat: über d. Urmund median. t.[aeniatus]: mittelbraun, ziemlich groß. mäßiger Dotterpfropf. Explantat: ¾ spätere linke Seite. etwas ventral. Operation: Beide schöne Implantate. Ziemlich groß und rund. 10.^{30} Brücken entfernt. Umpipettiert. t.[aeniatus]: Implantat sieht nicht gut aus, wie im Zerfall. Die taeniatus-Ränder haben sich nicht geschlossen." (CEC, Otto-Mangold-Collection). – **Abb. 39b.** Übersichtszeichnung vom *Triton taeniatus*-Embryo mit induzierter sekundärer Neuralanlage vom 26. Oktober 1921. Linke anteriore Embryonalseite: „induzierte Platte"; linke posteriore Embryonalseite: „Wulst mit beinahe kreisrundem Pigmentfleck." Rechte anteriore Embryonalseite: „Hauptplatte" (ca. 60fache Vergrößerung; CEC, Otto-Mangold-Collection; *Triton 1921 Um 22*) – **Abb. 39c.** Schnittzeichnungen durch den *Triton taeniatus*-Embryo des Versuches *Triton 1921 Um 22*. Auf der linken Zeichnung (Schnittnr. III, 12) ist ein „sekundärer Urmund" und das „Implantat" (schraffiert) zu erkennen, daneben das „norm.[ale] Neuralrohr" mit unterlagerter Chorda dorsalis und seitlich angelagerten Somiten. Auf der rechten Zeichnung mit der Schnittnr. III, 9 ist das „Implantat" mit „Lumen" zu erkennen, ebenso die „Haupt[neural]platte". Weitere Kommentare: „Chorda ist noch nicht abgeschnürt = kein Darmlumen". „Chora induziert II, 15, 16? Die Pigmentkörner liegen außerhalb d. Verbands." (60fache Vergrößerung; Schnittnr. III, 12 und III, 9; CEC, Otto-Mangold-Collection)

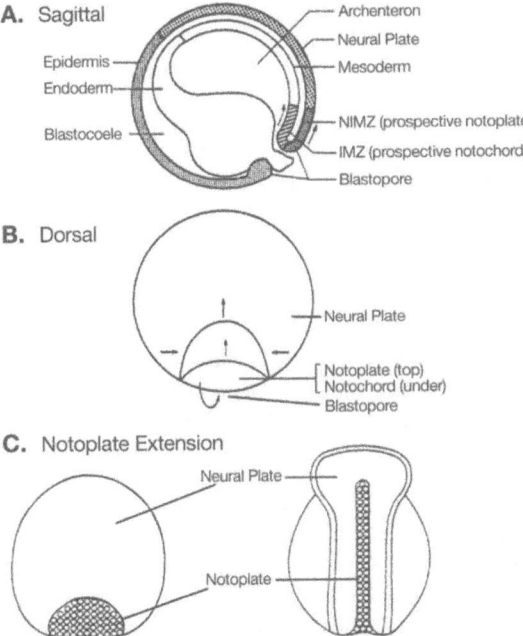

Abb. 40. Die Längsstreckung des *notoplate*-Bezirks während der Gastrulation und Neurulation bei Amphibien, die sich als medianer Längsstreif bei heteroplastischen Organisatortransplantationen abzeichnet. A: Sagittalansicht eines Amphibienembryos im mittleren Gastrulastadium. B: Dorsalansicht eines Amphibienembryos im mittleren Gastrulastadium. C: Längsstreckung der *notoplate* während der Neurulation (nach Jessel et al., Polarity)

dern auch neuroektodermales Gewebe verpflanzt worden sei. In einem solchen Falle könnte sich eine sekundäre Neuralanlage aus Implantatgewebe bilden. Als dritten Einwand führte Jacobson die Möglichkeit an, daß die sekundären Neuralanlagen nicht durch Umdifferenzierung präsumptiver Wirtsepidermis entstanden sein könnten, sondern durch Anlockung neural determinierter, migrationsfähiger Wirtszellen durch das Transplantat.[967]

Gegen diese Kritik ist einzuwenden, daß etliche Fälle überliefert sind, in denen der entnommene Organisator nach Protokollangaben nur präsumptives Chordamesoderm enthalten konnte.[968] Darüber hinaus lassen sich noch heute anhand der Originalpräparate die histologische Zuordnung der sekundären Strukturen zu Wirts- bzw. Spendergewebe nachvollziehen.[969] Mangolds und Spemanns histologische Zuordnung wurde durch Gimlich und Cooke im Jahre 1983[970] und durch Kernmarkierungsversuche von Recanzone und Harris Mitte der 1980er Jahre bestätigt[971] und wurden seitdem vielfältig gestützt. Als letzter Punkt muß betont werden, daß der Spemannsche *Organisatoreffekt* bei aller begrifflichen Unschärfe mehr als nur die Induktion einer sekundären Neuralplatte durch transplantiertes Chordamesoderm umfaßt. Zu nennen wäre hier in erster Linie der integrierende Charakter der *Organisator*wirkung und die „Repräsentation des Individuellen" in der oberen Urmundlippe. Jacobson selbst hat in einer späteren Arbeit seine Kritik zurückgenommen und die Richtigkeit von Mangolds und Spemanns Interpretation der Organisatorexperimente bestätigt.[972]

Triton 1921, Um 27 a,b,c

Die Operation fand am 13. Mai 1921 um 18 Uhr statt. Der Austausch wurde zwischen einem *Triton cristatus*-Keim, dem drei Gewebestückchen median und lateral aus der dorsalen Urmundlippe entnommen wurden, und drei *Triton taeniatus*-Keimen im frühen Gastrulastadium durchgeführt, denen diese Stückchen in die ventrale Bauchepidermisregion implantiert wurden (Abb. 41a). Es handelte sich um eine Mehrfachtransplantation, die Aufschluß über die organisierenden Potenzen der lateralen Urmundlippenbereiche geben konnte. Mit dieser Versuchsvariante überprüften Hilde Mangold und Hans Spemann zugleich die Er-

---

[967] Vgl. Jacobson, Marcus: Origins of the Nervous Systems in Amphibians. In: Spitzer, N. (Hrsg.): Neuronal Development. New York 1982, S. 45–99.
[968] Vgl. CEC, Otto-Mangold-Collection, *Triton 1921, Um 25b, Um 214*.
[969] Vgl. Gilbert, Scott F.: Developmental Biology. 4. Aufl. Sinauer Associates, Inc., Sunderland/MA 1994, S. 594, Abb. 3, vgl. ausführlich Fäßler, Die Organisatorexperimente.
[970] Vgl. Gimlich, R. L.; Cooke, J.: Cell lineage and the induction of second nervous systems in amphibian development. In: Nature 306 (1983), S. 471–473.
[971] Recanzone, G.; Harris, W. A.: Demonstration of neural induction using nuclear markers in Xenopus. In: Roux's Arch. Dev. Biol. 194 (1985), S. 344–354.
[972] Jacobson, Marcus: Cell Lineage Analysis of Neural Induction: Origins of Cells Forming the Induced Nervous System. In: Developmental Biology 102 (1984), S. 122–129.

2.5.2. Die Organisatorexperimente Triton 1921 und 1922

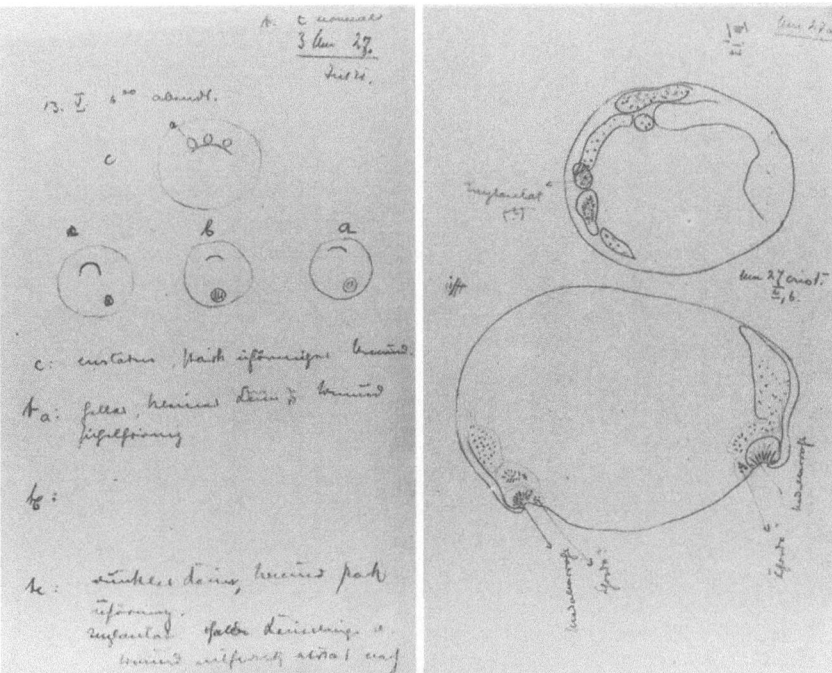

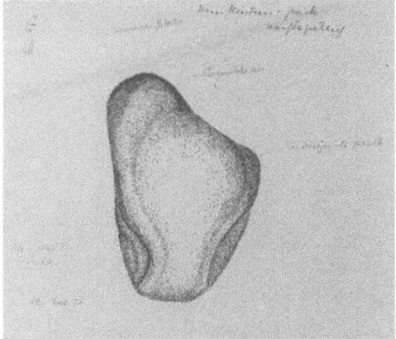

Abb. 41a. Erstes Protokollblatt von *Triton 1921 Um 27 a,b,c*. Schema der dreifachen Organisatorverpflanzung. „13.V. 6.^{00} abends: c: cristatus stark eiförmiger Urmund. t[aeniatus]$_a$: heller kleiner Keim, Urmund sichelförmig. t$_b$: t$_c$: dunkler Keim, Urmund stark eiförmig. Implantat: halbe Keimlänge v. Urmund entfernt [...] (CEC, Otto-Mangold-Collection). – **Abb. 41b.** Querschnittszeichnung durch den Organisatorspender *Triton cristatus* der eine *Spina bifida* aufweist. Zu erkennen sind jeweils zwei halbe Medullarrohre und Chordae, die ursprünglich jeweils einer einheitlichen Anlage entstammten (60fache Vergrößerung; Schnittnr. III, 6; CEC, Otto-Mangold-Collection; *Triton 1921 Um 27 crist.*). – **Abb. 41c.** Zeichnung des Keimes *Triton taeniatus 1921 Um 27a* von der dorsalen Außenansicht vom 22. November 1921. Zu erkennen ist die größere, primäre (unten; „normale Platte") und die kleinere, sekundäre (oben) Neuralplatte („induzierte Platte") mit den sie umgebenden Neuralwülsten. Die primäre Neuralplatte weist „Augenblasen" auf (Okular 1, Objektiv 2, Tubus 0; 60fache Vergrößerung; CEC, Otto-Mangold-Collection; *Triton 1921 Um 27a*)

256 2.5. Forschungsphase II (1915–1924)

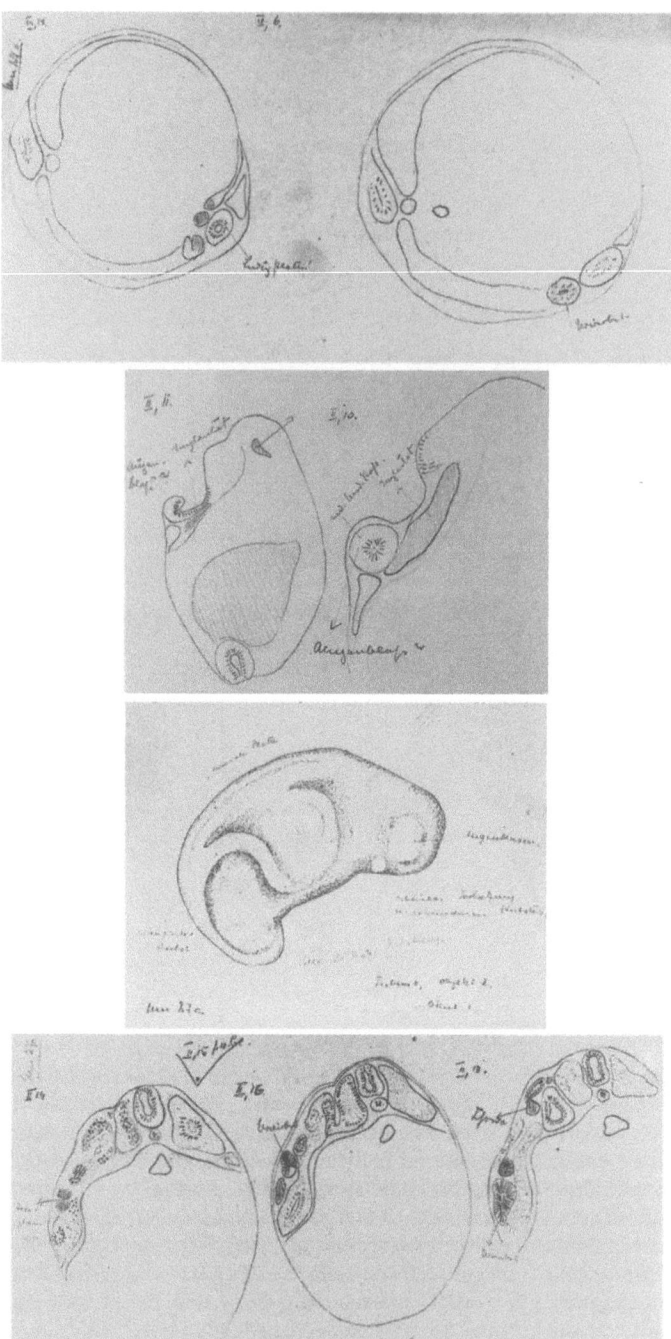

Abb. 41 d–g. (Erläuterung siehe Seite 257)

2.5.2. Die Organisatorexperimente *Triton 1921* und *1922*

Abb. 41d. Undatierte Querschnittszeichnung durch den Keim *Triton taeniatus 1921 Um 27a*: Zu erkennen ist auf der Schnittnr. III, 14 neben den normalen dorsalen Achsenanlagen (linker Bildrand) die sekundäre Chorda, chimärische Somiten und die „induz.[ierte] [Neural-] Platte!" – korrekterweise Neuralrohr (60fache Vergrößerung; CEC, Otto-Mangold-Collection; *Triton 1921 Um 27a*) – **Abb. 41e.** Querschnittszeichnung von *Triton taeniatus 1921 Um 27b*: Schnittnr. II, 11 zeigt mesodermales Implantat, welches eine darüberliegende Medullarplatte induzierte. Hilde Mangolds Vermutung „Augenblase?" sollte sich nicht bestätigen. Schnittnr. II, 10 zeigt „induz[iertes] Med.[ullar]Rohr", von „Implantat" unterlagert. Auch hier die Beschriftung „Augenblase?" (Schnittnr. II, 11 und II, 10; 60fache und 100fache Vergrößerung; CEC, Otto-Mangold-Collection; *Triton 1921 Um 27b*) – **Abb. 41f.** Übersichtszeichnung der Seitenansicht von *Triton taeniatus 1921 Um 27c*. Zu erkennen ist die „normale Platte" mit normalen „Augenblasen". Auf seiner rechten Seite sind ein „induzierter Wulst" und eine „Stelle stärkster Erhebung" eingezeichnet. Anterior davon „scheinbare Fortsetzung des sekundären Wulstes" (Okular 1, Objektiv 2, Tubus 0; 60fache Vergrößerung; CEC, Otto-Mangold-Collection; *Triton 1921 Um 27c*) – **Abb 41g.** Undatierte Querschnittszeichnung von *Triton taeniatus 1921 Um 27c*. Zu erkennen sind jeweils die Achsenorgane des primären Embryos sowie seitlich davon „Implantat", „Urwirbel" (= Somiten) und „Chorda". Impantatgewebe ist dunkel schraffiert (Schnittnr. II, 14, II, 16 und II, 18; 60fache Vergrößerung; CEC, Otto-Mangold-Collection; *Triton 1921 Um 27c*)

gebnisse des Amerikaners Warren H. Lewis, der bereits 1907 nach der Verpflanzung lateraler Urmundlippenbereiche sekundäre Neuralstrukturen erhalten hatte.[973]

Der Spender entwickelte sich trotz der außerordentlichen Belastung durch den operativen Eingriff noch vier Tage lang und wurde dann konserviert. Er wies eine von Hilde Mangold irrtümlich als *Spina bifida* (Abb. 41b)[974] bezeichnete *Asyntaxia medullaris* auf. Eine solche Fehlbildung ist bekannt als Folge schwerer Keimschädigungen im Verlauf der Gastrulation, wie sie hier vorlagen. Durch die Entnahme großer Teile der dorsalen Urmundlippe wurde zwar nicht die Einstülpung des Entomesoderms verhindert, wohl aber der Verschluß des Urmundrandes. In der Folge bildete dieser einen Ring, welcher den sogenannten *Rusconischen Dotterpfropf* umschloß. Das Zellmaterial der Urmundränder entwickelte sich beiderseits zu einem halben Neuralrohr, einer halben Chorda dorsalis und einer Somitenreihe.

Der erste Empfänger t(a), dem das Implantat ventral leicht rechts der Medianebene eingepflanzt worden war, zeigte nach 24 Stunden ein in eine sekundäre Urmundlippe vorgerücktes Implantat. Weitere 24 Stunden später war an dieser Stelle eine sekundäre Neuralplatte zu erkennen (Abb. 41c). Das Implantat ließ sich bei äußerer Betrachtung nicht mehr ausmachen. Der Konservierungszeitpunkt ist im Protokoll nicht festgehalten, aber aufgrund der Schnittuntersuchungen muß der Keim im Alter von ungefähr 50 Stunden konserviert worden sein. Die sekundäre Neuralplatte hatte sich bereits zu einem Neuralrohr geschlossen (Abb. 41d),

---

[973] Vgl. Lewis, Transplantation of the lips; vgl. Spemann, Determination.
[974] Diesen Ausdruck verwendete Hilde Mangold in dem Protokoll. Es dürfte sich jedoch eher um eine *Asyntaxia medullaris* gehandelt haben.

welches anterior eine Verdickung aufwies. Es enthielt ausschließlich pigmentreiche Zellen und leitete sich demnach vom Wirt ab. Einen am sekundären Urmund erkennbaren hellen Fleck interpretierte Hilde Mangold als nicht ganz eingewandertes Implantatgewebe. Weitere Implantatzellen fanden sich in einem das Neuralrohr unterlagernden Mesodermstreifen. Der Streifen verdichtete sich im Verlauf der Schnittserie zur sekundären Chorda dorsalis. Überdies wurden Somiten erkennbar.

Der zweite Empfänger t(b) erhielt das Implantat ventral in der Medianebene eingepflanzt. Nach 48 Stunden zeichnete sich dort eine sekundäre Neuralplatte ab. Der Keim wurde zu diesem Zeitpunkt fixiert. Auch bei diesem Keim war das Implantat von außen nicht mehr zu sehen und demzufolge in die Tiefe gewandert. Die Schnittuntersuchung ergab, daß ein sekundäres Neuralrohr, den Zeichnungen nach aus pigmentierten Wirtszellen bestehend, senkrecht zum primären stand(Abb. 41e). Eine anteriore Ausbuchtung des Rohres ist mit „Augenblase (?)" beschriftet. Diese mit Fragezeichen versehene Interpretation hat sich jedoch im Verlauf der weiteren Untersuchung nicht halten lassen, da Spemann und Mangold in ihrer Veröffentlichung die sekundären Augenblasen zu den in keinem Fall beobachteten Organanlagen zählten.[975]

Die Lage des Implantats im dritten Keim t(c) entsprach der im ersten Keim. Auch bei diesem bildete sich ventral rechts der Medianebene eine sekundäre Neuralplatte(Abb. 41f). Der Empfänger t(c) wurde ebenfalls 48 Stunden nach der Operation fixiert. Der primäre Embryo wies bereits Augenblasen und Schwanzanlage auf. Im Querschnitt des sekundären Neuralrohres ließen sich „zwei Implantatzellen einwandfrei feststellen", von denen eine jedoch bei größtmöglicher Vergrößerung „Spuren einer Pigmentierung" aufwies. Ihre Herkunft war somit nicht eindeutig bestimmbar. Im weiteren Verlauf der Schnittserie erschien die aus Implantatzellen gebildete Chorda dorsalis. Sie stand dorsal in enger Verbindung mit der Neuralplatte, deren *floorplate* ebenfalls Implantatzellen enthielt. Die rechten Somiten wiesen sowohl pigmentierte Wirts- als auch unpigmentierte Implantatzellen auf (Abb. 41g).

Die Protokolle Triton 1922, Um 65–219

Am 14. April 1922, zwei Wochen früher als im Vorjahr, setzte Hilde Mangold ihre Experimente fort. Nach den ermutigenden Ergebnissen des Vorjahres stand nun die Gewinnung weiterer, falls möglich, auch vollständigerer *Organisatoreffekte* auf der Wunschliste. Sie operierte in einer gegenüber 1921 um zwei Wochen kürzeren Zeit bis zum 21. Mai 1922 insgesamt 169 Keime, die sie in den Protokollen *Triton 1922, Um 65–219* dokumentierte. Die höhere Transplantationszahl bei kürzerer Zeit ist vermutlich auf ihre größere Geschicklichkeit zurückzuführen. Wie aus der Veröffentlichung des Jahres 1924 bekannt ist, zeigten die Experimente *Triton 1922, Um 131* und *Um 132* tatsächlich sekundäre Embryonalstrukturen in bisher nicht

---

[975] Vgl. Spemann, Mangold, Über Induktion, S. 617–622.

2.5.2. Die Organisatorexperimente *Triton 1921* und *1922*

erreichter Vollständigkeit,[976] was Spemann seinem Freund Fritz Baltzer mit folgenden Worten schrieb: „Sie [Hilde Mangold, P.F.] hat jetzt einen wohlgebildeten taeniatus-Embryo mit Urwirbeln und Hörblasen durch einen kleinen Organisator von Cristatus induciert ..."[977]

In den folgenden Fallbeispielen werden einige Modifikationen des *Organisatorexperimentes* geschildert.

Triton 1922, Um 79

Die Operation fand am 25. April 1922 um 9.40 Uhr statt. Im Gegensatz zu den meist kreisrunden *Organisator*transplantaten implantierte Hilde Mangold in diesem Versuch mittels einer Mikropipette mit dreieckiger Mündung ein ebenso geformtes *cristatus*-Gewebestück, median in einiger Entfernung vom Urmund entnommen, medio-ventral in einen *taeniatus*-Keim, der sich am Ende des

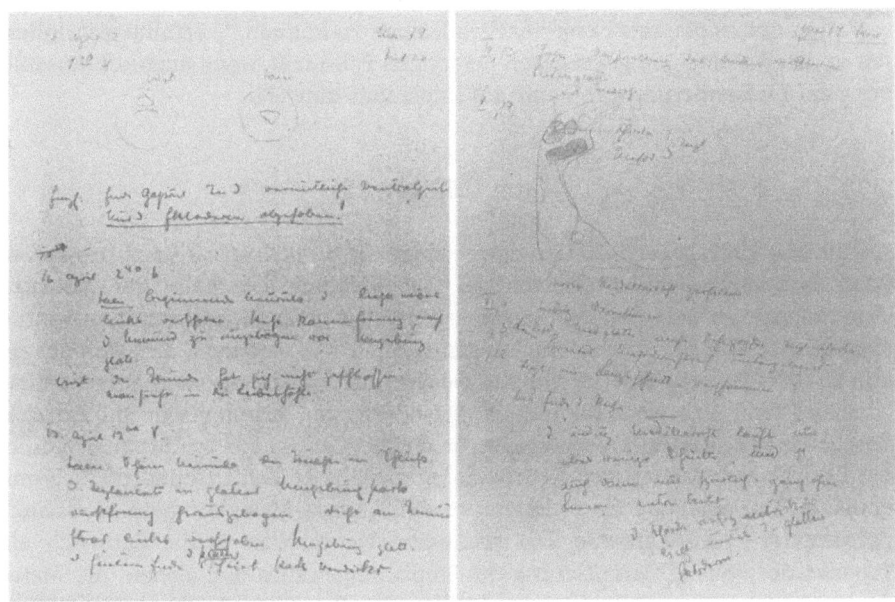

Abb. 42a. Erstes Protokollblatt des Versuches *Triton 1922 Um 79*. Anhand des Schemas ist die Verpflanzung eines dreieckig geformten Organisators zu erkennen (CEC, Otto-Mangold-Collection; *Triton 1922 Um 79*) – Abb. 42b. Schnittuntersuchung und Schnittzeichnung von *Triton 1922 Um 79*. Schnittnr. V, 19 zeigt eine vom Implantat abgeleitete Chorda dorsalis und Mesoderm (dunkel), sowie darüberliegend ein induziertes Neuralrohr (ca. 40fache Vergrößerung; CEC, Otto-Mangold-Collection; *Triton 1922 Um 79*)

---

[976] Vgl. Spemann, Mangold, Über Induktion, S. 624.
[977] SBF, Nachlaß Hans Spemann, A.2.a., Nr. 593a, Bl. 983, Brief von Hans Spemann an Fritz Baltzer vom 25. Mai 1922.

Gastrulastadiums befand. Das Implantat wurde mit umgekehrter Vorn-Hinten-Orientierung eingepflanzt. Der Spender bildete eine *Spina bifida* aus und ging nach fünf Tagen zugrunde.

Im Empfänger war das Implantat nach 21 Stunden aus der glatten Umgebung wulstförmig herausgebogen. Es hatte anscheinend Einstülpungs- und Integrationsprobleme. Weitere 24 Stunden später schien das Implantat ins Innere des Keims zu wandern, ein Vorgang, der sich über 23 Stunden hinzog. Dabei wurde der sekundäre Urmund deutlich sichtbar. Im weiteren Verlauf der Entwicklung zog das Implantat sich nach vorne aus, lag dicht neben dem primären Neuralrohr und schimmerte durch die Epidermis. Am 20. April 1922 wurde der Keim fixiert. Die Schnittuntersuchungen belegen ein sekundäres Neuralrohr aus Wirtsgewebe, sowie eine Chorda dorsalis und unstrukturiertes Mesoderm, welche dem Implantatgewebe entstammten. Im weiteren Verlauf der Schnittserie wurde auch das sekundäre Darmlumen angeschnitten (Abb. 42a-b).

Bei diesem Versuch fällt die Verwendung eines dreieckig geformten *Organisators* auf. Die Hoffnung Hilde Mangolds, damit das Einstülpungs- und Orientierungsverhalten des Implantats besser nachvollziehen zu können,[978] erfüllte sich indessen in diesem einzigen gelungenen derartigen Fall nicht, wenn auch die Ausstülpung auf Einwanderungsprobleme des Implantats hinwies.

Triton 1922, Um 195

Am 10. Mai 1922, gegen 9.20 Uhr wurde einem *Triton helveticus*-Keim des späten Gastrulastadiums ein zweischichtiges Gewebestück oberhalb der dorsalen Urmundlippe entnommen und einem *cristatus*-Keim im Neurulastadium ventral eingepflanzt. Die Schnittuntersuchungen (Abb. 43a-b) ergaben, daß sich ein sekundäres Neuralrohr entwickelt hatte, welches aus Implantatgewebe aufgebaut ist. Überdies fand sich auch sekundäres Mesoderm von histologisch chimärischer Beschaffenheit. Dieses Experiment verdeutlichte, daß im späten Gastrulastadium der Bezirk des präsumptiven Neuroektoderms nahe an den Urmund rückt. Somit enthalten Transplantate dieser Region sowohl Chorda-Mesodermgewebe als auch präsumptives Neuralgewebe. Die sekundäre Neuralachse stellte demnach ein Produkt der Selbstdifferenzierung des Implantatgewebes dar, ebenso die Mesodermstrukturen, soweit sie nicht aus Wirtszellen bestehen. In diesem speziellen Falle traf Spemanns ursprüngliche Interpretation der sekundären Embryonalstrukturen als Produkte von Selbstdifferenzierung des Implantats zu. Gleiches dürfte für Lewis Ergebnisse gegolten haben.

---

[978] Vgl. Spemann, Mangold, Über Induktion, S. 624.

2.5.2. Die Organisatorexperimente *Triton 1921* und *1922*

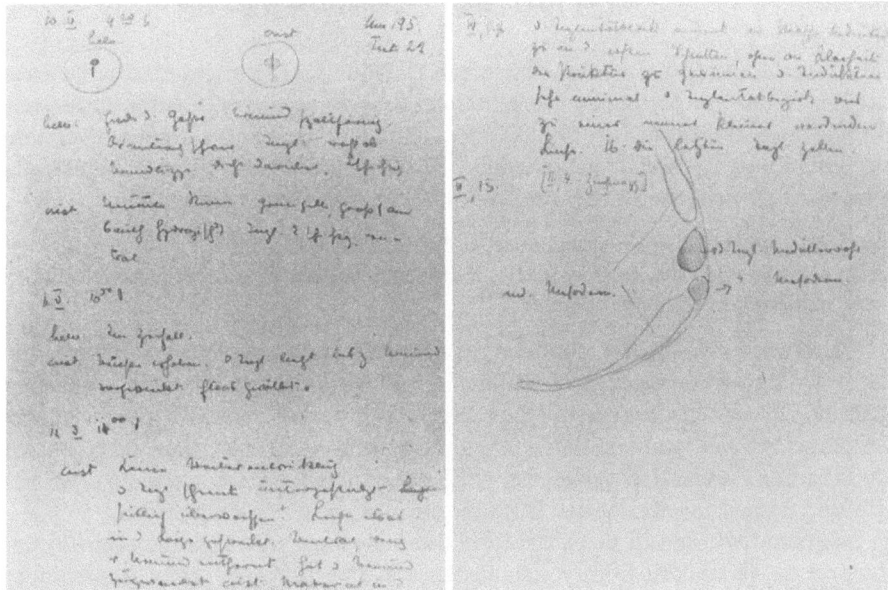

Abb. 43a. Erstes Protokollblatt von *Triton 1922, Um 195*. Als Organisatorspender wurde *Triton helveticus* verwendet, der sich im fortgeschrittenen Gastrulastadium befand (CEC, Otto-Mangold-Collection; *Triton 1922, Um 195*) – Abb. 43b. Schnittzeichnung von dem Objekt *Triton 1922 Um 195*. Das Implantat differenziert sich in ein sekundäres „Medullarrohr" und in sekundäres „Mesoderm", beides dunkel schraffiert (Schnittnr. II, 15; ca. 60-fache Vergrößerung; CEC, Otto-Mangold-Collection; *Triton 1922 Um 195*)

Triton 1922, Um 209

Am 18. Mai 1922, morgens um 8.55 Uhr, wurde einem *cristatus*-Keim, frühes Gastrulastadium, unmittelbar oberhalb der dorsalen Urmundlippe ein zweischichtiges Transplantat entnommen und einem *alpestris*-Keim des späten Gastrulastadiums medio-ventral eingepflanzt. Das Implantat heilte gut ein, wanderte in die Tiefe und wurde von Wirtsmaterial binnen 25 Stunden überwachsen. Zwei Tage später zeigte sich ein scheinbar undifferenzierter *alpestris*-Wulst auf der linken Seite. Weitere Entwicklungen konnten bei äußerer Betrachtung nicht festgestellt werden. Der Keim wurde einen Tag später fixiert.

Die in den Schnittuntersuchungen nachgewiesenen Sekundärstrukturen Neuralrohr, Chorda dorsalis und Mesoderm belegen, daß Organisatoreffekte auch noch im vorgerückten Gastrulastadium, zu einer Zeit also, zu dem die Reaktionsfähigkeit des Wirtsgewebes bereits eingeengt war, erzielen lassen. Überdies war es einer der wenigen Fälle, in denen ein *Triton alpestris*-Keim als Empfänger erfolgreich eingesetzt wurde.

Triton 1921 und 1922 im Überblick

Die Zurückhaltung bei der tabellarischen Darstellung seiner Ergebnisse begründete Spemann mit der hohen Mortalität der Embryonen, welche keine statistische Auswertung der Versuchsserien, sondern lediglich qualitative Analysen anhand einiger gelungener Beispiele zuließen.[979] Die hohe Sterblichkeit der Keime ging aber nicht so weit, wie Horder und Weindling meinen, wenn sie schreiben:

„Survival of operated embryos was poor; in the experiments which led up to the discovery of the organiser by Pröscholdt in 1921-2, for six specimens that could used as material, several hundred had had to be operated."[980]

Wenn auch nur sechs besonders gelungene Experimente 1924 publiziert worden waren, so finden sich doch weitere, die ebenfalls hätten beschrieben werden können. Da jedoch die wesentlichen Ergebnisse bereits in den sechs Beispielen dargelegt werden konnten, hätten weitere Versuchsbeschreibungen lediglich den Umfang der Publikation gesteigert, ohne wirklich neue Erkenntnisse zu vermitteln und dadurch vielleicht den Blick für die wichtigen Punkte getrübt.

Insgesamt wurden in 41 Fällen Schnittuntersuchungen vorgenommen. 29 Keime wiesen sekundäre Embryonalanlagen auf. Die 231 Fälle nicht konservierte bzw. geschnittener Keime müssen als nicht erfolgreich eingestuft werden, da sie heute nicht mehr auf etwaige *Organisatoreffekte* überprüfbar sind. Dies gilt auch für die beiden Versuche *Triton 1921, Um 17* und *Um 43 a*, die bei äußerlicher Betrachtung sekundäre Neuralanlagen aufweisen, jedoch keiner Schnittuntersuchung unterzogen wurden. Das bedeutet, daß die 29 erfolgreichen Fälle die gesicherte Mindestanzahl von Organisatoreffekten darstellen. Die tatsächliche dürfte etwas darüber gelegen haben, denn es ist sehr wahrscheinlich, daß ein erfahrener Beobachter wie Hans Spemann sekundäre Keimanlagen auch bei nur äußerlicher Betrachtung erkannte.

Die weitaus häufigste Kombination war *Triton cristatus* in *Triton taeniatus* mit 124 Operationen, von denen 18 erfolgreich waren. Eine ebenfalls häufige Kombination war *Triton cristatus* in *Triton alpestris* mit 72 Experimente, von denen jedoch nur vier den gewünschten Effekt zeigten; die meisten hingegen starben.

Organisatoreffekte waren in 27 Fällen sekundäre Neuralanlagen, die nahezu ausschließlich aus Wirtszellen bestanden. Zwei weitere sekundäre Neuralrohre waren hingegen durch Selbstdifferenzierung des Implantats entstanden. In zwei Experimenten wurde die Bildung von Hörgrübchen beobachtet. Eine das sekundäre Neuralrohr unterlagernde Chorda dorsalis, die durch Selbstdifferenzierung von Implantatzellen entstand, wurde in 19 Schnittuntersuchungen nachgewiesen. Die ‚vermißten' acht *Chordae* konnten vermutlich aufgrund schlechter Schnitte bzw. degenerierter Keime nicht identifiziert werden; möglicherweise waren auch einige dieser Keime noch zu jung, um eine histologisch erkennbare Chorda dorsalis aufzuweisen. Weitere Bestandteile der sekundären Embryonen waren Somiten und Seitenplatten, zumeist chimärischen Charakters, welche vom Implantat

---

[979] Spemann, Erzeugung tierischer Chimären, S. 65.
[980] Horder, Weindling, Hans Spemann, S. 193.

2.5.2. Die Organisatorexperimente Triton 1921 und 1922

zu einer sekundären Gesamtstruktur organisiert wurden. In sieben Fällen wurden Vornierenkanälchen angeschnitten. In ebenfalls sieben Fällen waren sekundärer Urdarm[981] und Urmund angeschnitten.

In 18 Experimenten verwendete Hilde Mangold Mikropipetten mit dreieckigen Mündungen, um anhand der so geformten Implantate deren Orientierungs- und Einstülpungsverhalten besser studieren zu können. Eines der Experimente, *Triton 1921, Um 79*, war auch erfolgreich, ohne daß die Ergebnisse jedoch weitergehende Erkenntnisse über das Einstülpungsvermögen vermittelt hätten. Interessanterweise wird der Einsatz dreieckiger Implantate in der Publikation 1924 nicht erwähnt. Folgt man den Autoren, so vermochten sie das Einstülpungsverhalten der Implantate noch nicht genauer zu analysieren. Grund war die Form

Tabelle 39. Numerische Übersicht über Hilde Mangolds Versuchsprotokolle der Organisatorexperimente *Triton 1921* und *1922* *

Spender	Wirt	Anzahl TP	Tot (%)	Anzahl SU (%)	Organisatoreffekt							
					NR	Ch	So	Mes	VNK	SK	HP	UD
T. taeniatus	T. taeniatus	13	0	0	0	0	0	0	0	0	0	0
T. cristatus	T. taeniatus	124	82 (66)	24 (19)	18	13	8	12	7	2	2	3
T. cristatus	T. alpestris	72	60 (83)	7 (~10)	5	4	3	3	0	0		2
T. cristatus	T. helveticus	7	5 (~70)	1 (~10)	1	0	0	0	0	0	0	1
T. alpestris	T. cristatus	21	17 (81)	0 (0)	0	0	0	0	0	0	0	0
T. alpestris	T. taeniatus	6	0 (0)	5 (~80)	1	1	1	1	0	0	0	1
T. taeniatus	T. cristatus	17	10 (~60)	3 (~20)	3	1	1	1	0	0	0	0
T. taeniatus	T. alpestris	6	5 (~80)	0 (0)	0	0	0	0	0	0	0	0
T. helveticus	T. cristatus	8	7 (~90)	1 (~10)	1	0	0	1	0	0	0	0
Summe		274	186 (68)	41 (15)	29	19	13	18	7	2	2	7

* Abkürzungen: Ch = Chorda dorsalis; HP = Hörplakode; Mes = Mesoderm; NR = Neuralrohr; SK = Schwanzknospe; So = Somit; SU = Schnittuntersuchung; T = Triton; TP = Transplantation; VNK = Vornierenkanälchen; UD = Urdarm/Urmund
** Prozentangaben auf ganze Zahlen gerundet

---

[981] Hilde Mangold verwendete den Begriff Urdarm auch dann, wenn bereits mesodermales Gewebe sich vom Entoderm abgesondert hat, also eigentlich das zukünftige Darmlumen vorliegt.

„... der implantierten Stücke, da diese genau kreisförmig sind, wie die Mündung der Mikropipette, mit welcher sie ausgehoben wurden. Das ist ein Übelstand, der bei fortgesetzten Versuchen überwunden werden muß, etwa durch [...] eine irgendwie zu erreichende charakteristische Form des Umrisses."[982]

Offenkundig beabsichtigte Spemann diesen Aspekt in weiteren Untersuchungen genauer zu verfolgen und wollte daher eine voreilige Veröffentlichung vermeiden. Eine weitere interessante Versuchsvariante war die heteroplastische Verpflanzung von zwei bzw. drei Transplantaten desselben Spenders in verschiedene Wirtskeime der gleichen Art, wie es der geschilderte Versuch *Triton 1921, Um 27 a,b,c* zeigt. Insgesamt wurden 21 Mehrfachtransplantationen dieser Art durchgeführt, wobei die *Organisatoren* sowohl in lateraler als auch in Richtung des animalen Pols entnommen wurden. Damit zeichnete sich ein erster Versuch der topographischen Eingrenzung des Organisationszentrums ab.

In 14 Experimenten konnte ein median gelegener Implantatstreif in der Medullarplatte festgestellt werden, sieben mal wurde eine *Spina bifida* beobachtet, ebenfalls in vier Fällen bildeten sich Höcker und Zapfen aus, welche auf Einwanderungsschwierigkeiten des Implantatgewebes hinwiesen. Die Angaben über die genaue Lokalisation der Herkunft des Implantats sind teilweise unvollständig oder auch vage, daher nicht tabellier- bzw. kategorisierbar. Die Schichtenanzahl der Implantate wurde in den Protokollen des Jahres 1921 nur gelegentlich vermerkt. Im Jahre 1922 hingegen notierte Hilde Mangold konsequent die Schichtenanzahl des jeweiligen *Organisators*. Der Grund dürfte Spemanns Überlegung gewesen sein, seine aus dem Jahre 1918 stammende Fehlinterpretation der sekundären Embryonalstrukturen direkt zu widerlegen, die ja maßgeblich von zwei, hinsichtlich ihres präsumptiven Schicksals unterschiedlichen Schichten der dorsalen Urmundlippe ausging.

Hans Spemann war mit den Ergebnissen seiner Doktorandin sehr zufrieden:

„Ihre Arbeit ist schon eine noble Dissertation. Gedruckt soll sie übrigens unter unser beider Namen werden. Sie ist so sehr der Schlußstein meiner langjährigen Experimente, daß ich mich noch nicht überweltlich genug fühle, um ganz auf die tatsächlich vorhandene Autorschaft zu verzichten. Schließlich ist es ja auch für Hildchen keine Schande, in ihrer Erstlingsarbeit mit dem alten Forscher zusammen aufzutreten. Die Entdeckung freut mich, so oft ich an sie denke."[983]

Diese subjektive Einschätzung von Spemanns eigenem Beitrag kann auch aus ideengeschichtlicher Perspektive – wie oben ausgeführt – als gerechtfertigt angesehen werden. Überdies geht aus seinen Tagebuchnotizen hervor, daß er während der Zeit vom 14. April bis zum 25. Mai 1923 mindestens 50 Arbeitsstunden für die Abfassung der Arbeit aufgebracht hat.[984] Die von Hamburger erwähnte Verärge-

---

[982] Spemann, Mangold, Über Induktion, S. 624.
[983] SBF, Nachlaß Hans Spemann, A.2.a., Nr. 598a, Bl. 1001, Brief von Hans Spemann an Fritz Baltzer vom 9. Februar 1923.
[984] SBF, Nachlaß Hans Spemann, C. 4. Tagebuch 1923/24.

2.5.2. Die Organisatorexperimente Triton 1921 und 1922

rung Hilde Mangolds über ihre Nennung als Co-Autor an zweiter Position[985] ist daher wohl aus menschlichen Gründen nachvollziehbar; aus wissenschaftshistorischer Sicht ist sie jedoch nicht gerechtfertigt.

In seinem Gutachten zur Dissertation vermerkte Spemann abschließend:

„Die großen namentlich technischen Schwierigkeiten dieser Aufgabe sind von Frau Hilde Mangold mit seltenem Geschick und Ausdauer überwunden worden. Das positive Ergebnis des Versuches ist theoretisch von großer Bedeutung. Die Arbeit verdient die Note 1-2."[986]

In Kollegenkreisen weckten die Experimente schon vor ihrer Veröffentlichung große Aufmerksamkeit. So schrieb Carl Correns am 11. Februar 1923 an Hans Spemann:

„Was Sie über die ‚Organisatoren' schreiben hat mich sehr interessiert. Wenn ich Sie recht verstanden habe, empfängt das grosse taeniatus-Stück den (fortdauernden?) Anstoß zur Entwicklung von dem kleinen cristatus-Stück, bleibt aber artspezifisch wie dieses. Es ist der Gegensatz zwischen dem, was man als Gene in den Chromosomen lokalisiert annimmt, und dem, was für die Entfaltung der Gene in der richtigen Reihenfolge sorgt..."[987]

Es verdient festgehalten zu werden, daß Spemann frühzeitig auf die genetische Dimension seines Experimentes in einer – aus moderner Sicht – sehr zutreffenden Hypothese hingewiesen wurde.

Deutung des Organisatoreffekts in allgemeinerem Kontext

Erstmals informierte Spemann die wissenschaftliche Öffentlichkeit über die spektakulären Ergebnisse in einem kurzen Nachtrag, den er der 1921 erschienenen Abhandlung angefügt hatte. Darin definierte er den *Organisator* als Stück eines *Organisationszentrums*. Seine Fähigkeiten beschrieb er folgendermaßen:

„Er schafft sich in dem indifferenten Material, in dem er liegt oder in welches er künstlich verpflanzt wird, ein ‚Organisationsfeld' von bestimmter Richtung und Ausdehnung. [...] Das Vorderende der Medullarplatte wird vom Organisationszentrum aus determiniert, aus Ektoderm, welches zu Beginn der Gastrulation relativ indifferent ist. Aus ihm entstehen die primären Augenblasen und diese ihrerseits induzieren in der von ihnen berührten Epidermis die Bildung einer Linse von bestimmter Größe und Struktur. Es wird also indifferentes Gewebe vom Organisator zu selbst organisierendem gemacht."[988]

---

[985] Vgl. Hamburger, Viktor: Hilde Mangold, Co-Discoverer of the organizer. In: Journ. Hist. Biol. 17 (1984), S. 1–11.

[986] UAF, B 1/512: Gutachten von Hans Spemann zur Dissertation von Hilde Mangold vom 19. Februar 1923.

[987] SBF, Nachlaß Hans Spemann, A.1.a., Nr. 46, Bl. 86, Brief von Carl Correns an Hans Spemann vom 11. Februar 1923. Unterstreichungen im Original.

[988] Spemann, Erzeugung tierischer Chimären, S. 568–569.

Spemann sah demnach im Organisator und dem Augenbecher zwei von ihrer Qualität her gleiche, nämlich organisierende Strukturen. Über den Charakter der Organisation schrieb er:

„Die oben mitgeteilten Ergebnisse machen wahrscheinlich, daß der determinierende Einfluß ein vorwiegend auslösender ist, oder, um im Bild zu bleiben, daß die organisatorische Tätigkeit, jedenfalls während der ersten Entwicklung, keine instruierende, sondern eine disponierende ist. Die nötige Instruktion bringen die Zellen schon als Anlage mit."[989]

Es verdient festgehalten zu werden, daß Spemann anfangs die Rolle des Organisators nicht überschätzte – schon gar nicht im Sinne einer befehlsgebenden Autorität. Auch der Bedeutung des reagierenden Gewebes schenkt er gebührende Aufmerksamkeit.

In seiner Rektoratsrede vom Mai 1923 ging Spemann kurz und – dem Laien-Auditorium angemessen – in allgemeinverständlicher Weise auf die Ergebnisse der Organisatorexperimente ein. Im Gegensatz zur Äußerung von 1921 betonte Spemann den ganzheitlichen Charakter der sekundären Strukturen und beschrieb den Organisator als ein Gewebestückchen, das

„geradeso wie am Ort seiner Herkunft organisierend auf seine Umgebung einwirkt, daß es sich aus diesem noch bildsamen Material zu einem Embryo ergänzt."[990]

Die so bedeutsamen experimentellen Befunde wurden erst im Jahre 1924 ausführlich veröffentlicht. Grund für diesen relativ späten Termin war vermutlich Spemanns Belastung durch die Rektoratspflichten während des akademischen Jahres 1923/24. In Abänderung von Hilde Mangolds Dissertationstitel *Über Induktion von Achsenorgananlagen durch Transplantation eines Organisators* überschrieb Spemann die gemeinsame Veröffentlichung von 1924 *Über die Induktion von Embryonalanlagen durch Implantation artfremder Organisatoren*. Damit wurden vor allem zwei Aspekte des *Organisatoreffektes* betont:

1. Der Kern der Entdeckung lag nicht in der Induktion von Organanlagen sondern in der integrativen Leistung, die ein ganzheitliches System, einen Embryo hervorbringt.
2. Die Betonung des artfremden wies auf den methodisch entscheidenden Kniff hin, zeigt aber auch, daß es sich hierbei um ein artübergreifendes, möglicherweise sogar für alle Organismen grundlegendes Entwicklungsphänomen handelt.

Im Kontext der theoretischen Bezüge stellt der Organisatoreffekt nach Spemann die Möglichkeit dar, in das bisher „unangreifbare Gefüge des harmonisch-äquipotentiellen Systems eine Bresche zu legen, durch welche die experimentelle Analyse eindringen kann."[991] Damit wies er Drieschs *Vitalismus* zwar nicht als falsch, aber für einen Naturwissenschaftler auf jeden Fall als verfrüht zurück.[992]

---

[989] Spemann, Erzeugung tierischer Chimären, S. 569.
[990] Spemann, Zur Theorie der tierischen Entwicklung, S. 14.
[991] Spemann, Zur Theorie der tierischen Entwicklung, S. 15.
[992] Spemann, Zur Theorie der tierischen Entwicklung, S. 13.

2.5.2. Die Organisatorexperimente *Triton 1921* und *1922*

In diesem Zusammenhang ist auf einen bemerkenswerten Druckfehler in der 1924 erschienenen Arbeit hinzuweisen, wo die Autoren von der „Unzulänglichkeit des harmonisch-äquipotentiellen Systems" schreiben,[993] gewiß aber die „Unzugänglichkeit" desselben meinen. Dieser der beabsichtigten Aussage widersprechende Druckfehler kann durch eine Parallelstelle in Spemanns Rektoratsrede als ein solcher entlarvt werden. In jenem Vortrag führte er nämlich aus, daß Hans Driesch das *harmonisch-äquipotentielle System* einer eingehenderen naturwissenschaftlichen Analyse für nicht „zugänglich" hielt, weshalb dieser sich auch auf eine vitalistische Sichtweise zurückgezogen habe – eine Haltung, die Hans Spemann erklärtermaßen nicht teilte.[994]

Spemann hob abschließend nochmals den Arbeitscharakter des Terminus *Organisator* hervor:

„Dagegen ist es für den Augenblick von untergeordneter Bedeutung, ob sich die Begriffe des Organisators und des Organisationszentrums bei weiter fortgeschrittener Analyse noch als zweckmäßig erweisen werden oder ob sie durch andere mehr ins einzelne gehende Bezeichnungen zu ersetzen sind."[995]

Und nochmals stellte er heraus, weshalb er den Terminus *Organisator* als Ausdruck für eine seiner Ansicht nach qualitativ bisher unbekannte Wirkung prägte:

„Die Bezeichnung ‚Organisator' (statt etwa ‚Determinator') soll zum Ausdruck bringen, daß die von diesem bevorzugten Teilen ausgehende Wirkung nicht nur eine in bestimmter, beschränkter Richtung determinierende ist, sondern daß sie alle jene rätselhaften Eigentümlichkeiten besitzt, welche uns eben nur aus der belebten Natur bekannt sind."[996]

Ebenfalls im Jahre 1924 veröffentlichte Spemann einen Artikel, in dem er über die generelle Bedeutung von Organisatoren in der tierischen Entwicklung berichtete. Das an dieser Stelle erstmals postulierte „Prinzip der fortschreitenden Determination durch Organisatoren steigender Ordnung"[997] gewährleistete die Integration der früheren und neuen experimentellen Befunde in ein grundlegendes ontogenetisches Prinzip. Nach Spemann stellte sich der entwickelnde Organismus als Komplex eines *harmonisch-äquipotentiellen Systems* mit *Partialsystemen* dar. Die Etablierung eines Systems erfolge dabei in abhängiger bzw. regulatorischer Entwicklung, ausgehend von einem Organisationszentrum – zuvor als Regulationszentrum bezeichnet –, seine Ausbildung dagegen in mosaikartiger, unabhängiger Entwicklung der Einzelbestandteile. Den *Organisatoren* kommt in diesem Gefüge die Schlüsselposition bei der Etablierung der *harmonisch-äquipotentiellen Partialsysteme* auf den unterschiedlichen Organisationsstufen zu.

---

[993] Spemann, Mangold, Über Induktion, S. 634. Hervorhebungen vom Autor. Für den Hinweis auf diesen kuriosen Druckfehler danke ich Herrn Professor Dr. Klaus Sander.
[994] Vgl. Spemann, Zur Theorie der tierischen Entwicklung, S. 13.
[995] Spemann, Mangold, Über Induktion, S. 636.
[996] Spemann, Mangold, Über Induktion, S. 636.
[997] Spemann, Hans: Über Organisatoren in der tierischen Entwicklung. In: Naturwissenschaften 48 (1924), S. 1092–1094, S. 1094.

Wenn Spemann die dorsale Urmundlippe als einen „Organisatoren 1. Ordnung" bezeichnete, so war diese Zuweisung in gewissem Sinne willkürlich, da er von der Existenz übergeordneter Organisatoren in früheren Stadien überzeugt war, beispielsweise im grauen Halbmond, den Boveri einen Vorzugsbereich nannte.[998]

Das Urteil von Ross G. Harrison über diese vergleichsweise wenig bekannte Arbeit mag stellvertretend für ihre überragende inhaltliche Bedeutung gelten: „This seems to me the most fundamental work in embryology in the present century."[999] Spemann genoß dieses Statement sehr wohl: „Die Schätzung, die Sie meinen Forschungen entgegenbringen, hätte mich, seit Boveri tot ist, aus keinem Mund so freuen können, wie aus dem Ihrigen. Mit dem Fortschreiten der Forschung wird ja das, was jetzt so neu- und fremdartig erscheint, sich mehr in die schon bekannten Zusammenhänge einreihen."[1000]

Auch der amerikanische Genetiker Herbert S. Jennings äußerte sich positiv über Spemanns jüngste Forschungen:

„There is nothing else that helps so much to an understanding of development and its relation to inheritance – a field in which was a particular need of illustration. That subject now seems to be ripe for a long step forward (after a considerable halt), and you are marking it. I have not made so much use of any other investigations that have appeared of late as I have of these. They cast light where it was most needed."[1001]

Selbstverständlich erregte ein solch erstaunlicher Befund, wie es der Organisatoreffekt war, mitsamt seiner Begrifflichkeit nicht nur positive Resonanz. Beispielsweise wurde der Innsbrucker Mediziner Alfred Greil nicht müde, heftige und polemische Kritik daran zu üben. So war seiner Ansicht nach das „.... Wesen der ‚Induktions-' und ‚Determinationsfaktoren' ... beziehungsanalytisch aufgedeckt, keineswegs ‚in ein undurchdringliches Dunkel gehüllt', ‚unerklärbar' und gehört nicht ‚zu den rätselhaften Erscheinungen, die eben aus der belebten Welt bekannt sind' (Spemann)."[1002]

Über die Frage, wem die Ehre gebührt, diesen sogenannten *Organisatoreffekt* zuerst entdeckt zu haben, gab es seit Ende der zwanziger Jahre unterschiedliche Auffassungen. Gavin de Beers Aussage, Warren H. Lewis habe bereits 1907 erste

---

[998] Vgl. Spemann, Mangold, Über Induktion, S. 636.

[999] Yale University, Sterling Library, Ross G. Harrison papers, Brief von Ross G. Harrison an Hans Spemann vom 16. Oktober 1925.

[1000] Yale University, Sterling Library, Ross G. Harrison papers, Brief von Hans Spemann an Ross G. Harrison vom 9. November 1925.

[1001] APS, Herbert S. Jennings papers, Brief von H.S.Jennings an Hans Spemann vom 26. März 1924.

[1002] Greil, Alfred: Das Wesen der „Organisatorwirkung", ein Beitrag zur Determiantionsanalyse. In: Anat. Anzeig. 82 (1936), S. 292–300, S. 300. Weitere Kritik in Greil, Alfred: Dynamik der menschlichen Keimbildung. In: Anat. Anzeig., Erg. Bd. 66 (1928), S. 42–64, S. 61–64; vgl. Greil, Alfred: Die Krise der Entwicklungspathologie. In: Wiener Medizinische Wochenschrift 5 (1941), S. 1–12, S. 6–7; vgl. Greil, Alfred: Die Verursachung der Keimesentwicklung. In: Anat. Anzeig. 91 (1941), S. 1–32, S. 17

Organisatorverpflanzungen vorgenommen und die entsprechende Ergebnisse beobachtet, quittierte Spemann in dem ihm gehörenden Exemplar von de Beers Schrift mit einem „?!".[1003] Öffentlich äußerte er zu dieser These, die auch von Sven Hörstadius vertreten wurde: „...man kann eine Entdeckung machen, ohne es zu wollen, aber doch wohl nicht, ohne es zu merken."[1004] Ernsthafter war aber seine 1931 geäußerte Vermutung, daß Lewis Keime verwendete, die bereits für einen Organisatoreffekt zu alt gewesen seien.[1005] Daher sollten in seinen Fällen die sekundären Strukturen tatsächlich Selbstdifferenzierungen des Implantats dargestellt haben.

Die von Howard Lenhoff 1990 in die Diskussion gebrachte Amerikanerin Ethel Browne,[1006] die am Süßwasserpolypen *Hydra* bereits 1909 als erste Wissenschaftlerin einen *Organisatoreffekt* nachgewiesen haben soll, spielte wissenschaftsgeschichtlich bezüglich dieser Thematik keine Rolle. Lenhoffs Vermutung, Hilde Mangold könnte aufgrund der Lektüre von Brownes Schrift zu den Organisatorexperimenten angeregt worden sein,[1007] entbehrt jeglicher Quellengrundlage und bleibt somit reine Spekulation.

2.6. Forschungsphase III (1925–1930): Die Erforschung des *Organisatoreffektes* – Spemanns experimentelle und theoretische Beiträge in den zwanziger und dreißiger Jahren

Bei der eingehenderen Erforschung des *Organisatoreffektes* sah sich Spemann gegenüber früheren Zeiten mit geänderten Verhältnissen konfrontiert:

1. Aufgrund seiner vielfältigen beruflichen und privaten Verpflichtungen während der Jahre 1919 bis 1924 war es ihm unmöglich, eigene Experimente durchzuführen. Wohl hatte er bereits in Rostock während der Jahre 1908 bis 1912 eine derartige Situation erlebt, aber zuvor in Würzburg und auch danach am *Kaiser-Wilhelm-Institut für Biologie* in Berlin-Dahlem hatte er Zeit zu ausgiebiger experimenteller Arbeit gefunden.
2. Seine akademische Position verschaffte ihm jedoch die Möglichkeit, eine drohende Forschungsstagnation durch die Ausbildung von qualifizierten Mitarbeitern zu umgehen. „So muß ich versuchen, mit fremden Augen u.[nd] Händen zu arbeiten. Da ich eine Anzahl feiner junger Leute um mich habe, macht

---

[1003] ZIF, Nachlaß Hans Spemann. Beer, Gavin de: The Mechanics of Vertebrate Development, Cambridge University Press, Cambridge 1927, S. 150.
[1004] Spemann, Hans: Über den Anteil von Implantat und Wirtskeim an der Orientierung und Beschaffenheit der induzierten Embryonalanlage. In: W. Roux' Arch. f. Entw.mech. d. Organis. 123 (1931), S. 389–517, S. 512.
[1005] Spemann, Anteil von Implantat, S. 511–512.
[1006] Vgl. Lenhoff, Ethel Browne.
[1007] Vgl. Lenhoff, Ethel Browne, S. 83.

das viel Freude",[1008] berichtete Spemann Ende 1922 seinem Berliner Kollegen Carl Correns. Zwar hatte er schon in Rostock das personelle Fundament für Etablierung einer eigenen wissenschaftlichen Schule gelegt, aber erst in Freiburg gelang es ihm, eine solche in größerem Umfang aufzubauen und zu leiten.

3. Aus diesem Umstand ergaben sich zuweilen Meinungsverschiedenheiten mit Schülern über das geistige Urheberschaftsrecht bestimmter wissenschaftlicher Ergebnisse. Konflikte dieser Art, wie sie Spemann in milder Form mit Hilde und Otto Mangold oder – deutlich heftiger – auch mit Johannes Holtfreter austrug, waren in gewissem Maße strukturbedingt. Es ist kein Zufall, daß solche Erscheinungen erst zu einem Zeitpunkt, da er als Kopf einer größeren Gruppe von Nachwuchswissenschaftlern fungierte, auftraten und nicht bereits in den Würzburger Jahren, als er noch als ‚Einzelkämpfer' seine Experimente durchführte und die Erkenntnisse daraus zog.[1009]

4. Mehr noch als zu früheren Zeiten befand sich Spemann mit seinen spektakulären Resultaten nun im Mittelpunkt des wissenschaftlichen Interesses. In nahezu jedem entwicklungsbiologischen Forschungszentrum Europas suchten seit Mitte der zwanziger Jahre Wissenschaftler nach den Ursachen des *Organisatoreffektes*[1010] und der Konkurrenzdruck war demzufolge enorm hoch.

5. Mit dem Aufkommen neuer Forschungsmethoden in den dreißiger Jahren schwächte sich die Dominanz der Mikrochirurgie in der Entwicklungsbiologie ab und wurde von biochemischen Analysetechniken sukzessive verdrängt – wenn auch zunächst für viele Jahre wenig erfolgreich.[1011] Überdies zeigten sich in Folge der Erkenntnisfortschritte der Morganschen Chromosomenforschung erste Bestrebungen, entwicklungsbiologische Zusammenhänge unter genetischen Aspekten zu erforschen.[1012] Es ist daher zu untersuchen, wie Spemann auf diese sich anbahnenden Veränderungen der wissenschaftlichen Rahmenbedingungen reagierte.

Die Reichhaltigkeit und Vielsträngigkeit der entwicklungsbiologischen Forschungen in den zwanziger und dreißiger Jahren bezüglich des *Organisatoreffektes* läßt sich im Einzelnen kaum noch Spemann zuordnen. Daher werden im folgenden, ehe auf Spemanns Experimente und Veröffentlichungen eingegangen wird, die Grundlinien der weiteren Erforschung des Organisatoreffektes skizziert.

[1008] SBF, Nachlaß Hans Spemann, A. 2. a., Nr. 664, Bl. 1176. Brief von Hans Spemann an Carl Correns vom 29. Dezember 1922.

[1009] Für den Wissenschaftshistoriker stellt sich das Problem der ideengeschichtlichen Zuordnung wissenschaftlicher Erkenntnis erneut und es muß hier angemerkt werden, daß der biographische Ansatz bei einer derartigen Konstellation methodisch bedingt nicht den geeignetsten Zugang zur Ideengeschichte bietet. Ein problemorientierter Ansatz wäre dem Untersuchungsobjekt angemessener.

[1010] Vgl. Saxén, Lauri; Toivonen, Sulo: Primary embryonic induction in retrospect. In: Horder, Witkowski, Wylie, History of Embryology, S. 261–274, S. 261.

[1011] Vgl. Spemann, Experimentelle Beiträge, S. 142.

[1012] Beispielsweise bei Conrad H. Waddington, Salome Glueckson-Schönheimer, Boris Ephrussi und Alfred Kühn. Vgl. Gilbert, Scott F.: Induction and the Origins of Developmental Genetics. In: Gilbert, Conceptual History, S. 181–206.

2.6.1. Grundlinien der Organisatorerforschung Ende der zwanziger und Anfang der dreißiger Jahre

Im Anschluß an die Entdeckung des Organisatoreffektes ergaben sich zahlreiche weiterführende Fragestellungen, die zum Teil von Spemann selbst, zum Teil unabhängig von anderen Forschern aufgezeigt und bearbeitet wurden:

1. Welchen topographischen Umfang besitzt das Organisationszentrum? Bereits in ihrer Veröffentlichung im Jahre 1924 wiesen Hilde Mangold und Hans Spemann auf diesen zu klärenden Aspekt hin. Gemeinsam hatte das Ehepaar Mangold im Jahre 1923 durch die Verpflanzung mehrerer Gewebestückchen der oberen Urmundlippenregion eines Spenders in den jeweiligen Bezirk der präsumptiven Bauchepidermis verschiedener Empfänger die Grenze des Organisatorbezirkes ausfindig zu machen versucht (Abb. 44).[1013] Wegen Hilde Mangolds Unfalltod am 11. September 1924 verzögerte sich die Publikation der

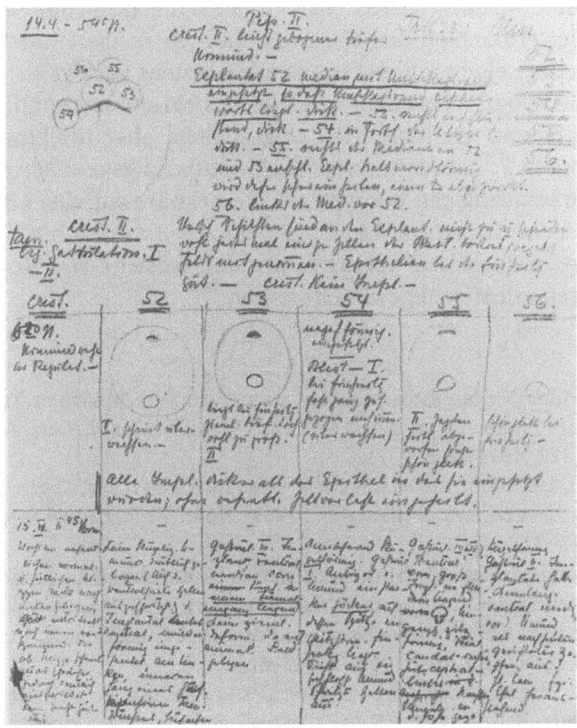

Abb. 44. Erstes Protokollblatt der Versuche *Triton 1923 Um 52–56*. Dem Schema ist die Mehrfachverpflanzung von Gewebestückchen der oberen Urmundlippe zu entnehmen. Damit suchten Hilde und Otto Mangold eine gesicherte Kenntnis von der räumlichen Ausdehnung des Organisatorbezirkes zu erlangen (CEC, Otto-Mangold-Collection; *Triton 1923 Um 52-56*)

[1013] Vgl. CEC, Otto-Mangold-Collection; Protokolle des Jahres 1923..

2.6. Forschungsphase III (1925–1924)

Ergebnisse bis zum Jahre 1929, als Otto Mangold sie in einer „fragmentarischen Mitteilung" im Namen seiner Frau posthum veröffentlichte – in der Festschrift anläßlich Spemanns 60. Geburtstages.[1014] Zwischenzeitlich hatte Hermann Bautzmann sich im Jahre 1925 mit dem gleichen Problem auseinandergesetzt.[1015] Er war zu dem Ergebnis gekommen, daß – gemessen vom Mittelpunkt der oberen Urmundlippe im frühen Gastrulastadium – im Umkreis von 60° Winkelgrad oberhalb und seitlich von diesem Punkt der Organisatorbezirk lokalisiert sei. Die nahezu zeitgleich erfolgten Farbmarkierungsversuche von Walter Vogt zeigten eine topographische Übereinstimmung zwischen der von Bautzmann nachgewiesenen Ausdehnung des Organisationszentrums und dem präsumptiven mesodermalen Bezirk.[1016]

2. Welchen ontogenetischen Ursprung hat das Organisationszentrum? Spemann erkannte schon rasch in dem von Boveri im Jahre 1901 am Seeigelei gefundenen „Vorzugsbereich",[1017] dessen Analogon beim Amphibienei Moszkowski im grauen Halbmond erkannte,[1018] ein mögliches Organisationszentrum.[1019]

3. Welche innere Struktur besitzt das Organisationszentrum? Walter Vogt und Kurt Görttler erbrachten den Nachweis, daß der mediane dorsale Urmundlippenbereich über eine größere Organisationspotenz verfügt als die lateralen Bereiche.[1020] Bei Vogts Versuchen handelte es sich um eine modifizierte Variante der von Spemann im Jahre 1897 angestellten, aber mißlungenen Temperaturexperimente.[1021] Weiterhin wies die Orientierungsunabhängigkeit der sekundären Embryonalanlagen bezogen auf die primäre auf eine Längsstruktur des Organisationszentrums (und nicht der ganzen Blastula) hin. Dessen Regionalität konnte erstmals von Spemann mit der Existenz von Kopf- und Rumpforganisatoren selbst nachgewiesen werden.[1022]

[1014] Mangold, Hilde: Organisatortransplantationen in verschiedenen Kombinationen bei Urodelen. Ein Fragment, mitgeteilt von Otto Mangold. In: W. Roux' Arch. f. Entw.mech. d. Organis. 117 (1929), S. 697–711.

[1015] Bautzmann, Hermann: Experimentelle Untersuchungen zur Abgrenzung des Organisationszentrums bei *Triton taeniatus*. In: W. Roux' Arch. f. Entw.mech. d. Organis. 108 (1926), S 283–321.

[1016] Vgl. Vogt, Walter: Eine Methode lokalisierter Vitalfärbung an jungen Amphibienkeimen. In: Sitzungsber. d. phys.-med. Ges. Würzburg (1923), S. 10; vgl. Vogt, Walter: Gestaltungsanalyse am Amphibienkeim mit örtlicher Vitalfärbung. In: W. Roux' Arch. f. Entw.mech. d. Organis. 106 (1925), S. 542–610.

[1017] Vgl. Boveri, Theodor: Über die Polarität des Seeigeleies. In: Verhandl. phys.-med. Gesell. Würzburg, N.F. 34 (1901), S. 145–176.

[1018] Vgl. Moszkowski, M.: Zur Analyse der Schwerkraftwirkung auf die Entwicklung des Froscheies. In: Arch. f. mikr. Anat. 61 (1902), S. 19–44.

[1019] Vgl. Spemann, Mangold, Über Induktion, S. 636.

[1020] Vogt, Walter: Über Hemmung der Formbildung an einer Hälfte des Keimes. (Nach Versuchen an Urodelen.) In: Anat. Anz. 36, Erg.Bd., (1927), S. 126–139.

[1021] Vgl. oben S. 157.

[1022] Vgl. Spemann, Hans: Neue Arbeiten über Organisatoren in der tierischen Entwicklung. In: Naturwissenschaften 15 (1927), S. 946–951. Vgl. unten 283.

2.6.1. Grundlinien der Organisatorerforschung

4. Welchen Weg nimmt die fortschreitende Determination bzw. Induktion der Neuralplatte? Die von Spemann seit 1903 öffentlich diskutierte Induktion durch unterlagerndes Chorda-Mesoderm vermochte sein Doktorand Alfred Marx experimentell nachzuweisen, indem er mesodermales Urdarmdachgewebe ins Blastocoel einer beginnenden Gastrula verpflanzte, sodaß es unter präsumptive Bauchepidermis zu liegen kam.[1023] Eine als Alternative diskutierte Zell-Zell-vermittelte, planar innerhalb des Neuroektoderms voranschreitende, assimilative Determination, von der Spemann auch nach Marx' Ergebnis nie abgelassen hatte, sollte sich in der von Hans Spemann und Otto Mangold unabhängig nachgewiesenen, aber gemeinsam publizierten homöogenetischen Induktion der Neuralplatte durch Neuralgewebe bestätigen.[1024]

5. Auf welcher materiellen oder immateriellen Grundlage basiert die Induktionswirkung? Grundsätzlich mußte dabei die Existenz physikalischer und chemischer Ursachen in Betracht gezogen werden. Physikalische Ursachen – beispielsweise mechanische Reize oder dynamische Gestaltungsvorgänge – konnten bis Ende der zwanziger Jahre durch mechanische Zerstörung, Hitze- und Kältebehandlung der Organisatoren weitgehend ausgeschlossen werden.[1025] Spemann hatte schon bei der Linseninduktion solche als wenig wahrscheinlich bezeichnet.[1026] Die Suche konzentrierte sich daher seit Anfang der dreißiger Jahre auf die stofflich-chemische Grundlage des Vorganges. Holtfreter, einer der herausragenden Schüler Spemanns, sah den Endpunkt der Suche nach physikalischen Ursachen und den Auftakt einer Suche nach chemischen Ursachen zurecht in der gemeinsamen Publikation von Hermann Bautzmann, Johannes Holtfreter, Otto Mangold und Hans Spemann.[1027] Federführend war dabei anfangs die deutsche „Freiburg group" um Gottwald F. Fischer, Fritz E. Lehmann und Else Wehmeier. Schon rasch sorgte die britische „Cambridge group" um Conrad H. Waddington und Joseph Needham sowie in Brüssel der Belgier Jean Brachet für lebhafte Forschungskonkurrenz. Holtfreter konnte das Vorkommen induzierender Agentien in zahlreichen Gewebearten nachweisen. Eine Fülle von Substanzen zeigten in der Folgezeit induzierende Wirkung, so beispielsweise Glycerin, Fettsäuren, polycyclische Kohlenwasserstoffe und viele andere mehr.[1028] Mit den zur Verfügung stehenden biochemischen Analyse-

---

[1023] Marx, Alfred: Experimentelle Untersuchungen zur Frage der Determination der Medullarplatte. In: W. Roux' Arch. f. Entw.mech. d. Organis. 105 (1925), S 20–44.

[1024] Vgl.Mangold, Otto; Spemann, Hans: Über Induktion von Medullarplatte durch Medullarplatte im jüngeren Keim, ein Beispiel homoeogenetischer oder assimilatorischer Induktion. In: W. Roux' Arch. f. Entw.mech. d. Organis. 111 (1927), S. 341–422.

[1025] Vgl. unten S. 286–288.

[1026] Vgl. oben S. 200.

[1027] Vgl. Holtfreter, Johannes: Reminiscences on the Life and Work of Johannes Holtfreter. In: Gilbert, Conceptual History, S. 109–127, S. 119.

[1028] Vgl. hierzu Bautzmann, Hermann: Die Problemlage des Spemannschen Organisators. In: Naturwissenschaften 42 (1955), S. 286–294, S. 287; vgl. Rotmann, Eckhard: Das Induktionsproblem in der tierischen Entwicklung. In: Ärztliche Forschung 9 (1949), S. 209–225, S. 211–213.

methoden und genetischen Einsichten war dem Problem offenkundig bis in die achtziger Jahre kaum beizukommen. Spemanns Beitrag zu einer biochemischen Analyse des *Organisatoreffektes* beschränkte sich auf die Unterstützung bei der Etablierung einer derartigen Arbeitsgruppe in Freiburg.[1029]
6. Welchen Anteil an dem Phänomen hat der Organisator, welchen das reagierende Gewebe? Insbesondere xenoplastische Transplantationen, wie sie Holtfreter und Schotté[1030] Ende der 1920er Jahre durchführten, vermochten in diesem Punkt Klarheit zu schaffen. Es war dies zugleich die Schnittstelle zur genetischen Dimension des Phänomens Musterbildung in der Ontogenese. Spemann selbst ließ sich allerdings nicht weiter auf diese Forschungsrichtung ein. Eine seiner Schülerinnen, Salome Glueckson-Waelsch, sollte ab den dreißiger Jahren nach ihrer Emigration in die U.S.A. den Weg in Richtung Entwicklungsgenetik einschlagen.[1031]
7. Welche taxonomische Verbreitung des Organisatoreffektes läßt sich nachweisen? Die Gültigkeit des Organisatoreffektes für anderen Taxa[1032] erhöhte selbstverständlich die Bedeutung der Entdeckung. Folgerichtig wurden u. a. Insekten, Seeigel, Cyclostomen, Fische, Vögel und Säugetiere auf die Existenz von Organisationszentren hin untersucht, zumeist mit positivem Ergebnis.
8. Wie läßt sich der Organisatoreffekt in einem Gesamtkonzept der Embryonalentwicklung interpretieren? Neben der phylogenetischen war die ontogenetische Verbreitung des Phänomens von besonderem Gewicht. Wie bereits ausgeführt, vermutete Spemann ein grundlegendes Prinzip der Individualentwicklung erkannt zu haben, sowohl in onto- als auch in phylogenetischer Hinsicht.

2.6.2. Spemanns experimenteller Beitrag zur Erforschung des *Organisatoreffektes*

„Fest steht nur, so weit überhaupt etwas feststeht in dieser wackeligen Welt, daß ich im März und April experimentiere; dem muß sich alles unterordnen, was nicht dringende Pflicht ist",[1033] schrieb Spemann am 16. Dezember 1924 der Frau seines kurz zuvor verstorbenen Freundes Hermann Braus. Seine Ungeduld, nach sechs Jahren endlich wieder selbst experimentierend in die so ereignisreiche Forschung in seinem Labor eingreifen zu können, kommt hier deutlich zum Ausdruck.

[1029] Vgl. Waelsch, Causal Analysis, S. 3.
[1030] Vgl. Spemann, Hans; Schotté, Oskar: Über xenoplastische Transplantation als Mittel zur Analyse der embryonalen Induktion. In: Naturwissenschaften 20 (1932), S. 463-467.
[1031] Vgl. Gilbert, Induction, S. 181-183; Salome G. Waelsch bestätigte Gilberts Aussagen im Wesentlichen im Gespräch vom 12. August 1994.
[1032] Vgl. Waddington, Cornad H.: Induction by the primitive streak and ist derivatives in the chick. In: Journ. Exp. Biol. 10 (1933), S. 38-46; vgl. Törö, Emeric: The homeogenetic induction of neural fold in rat embryos. In: Journ. Exp. Zoology 79 (1938), S. 312-236
[1033] SBF, Nachlaß Hermann Braus, A. 4. b., Nr. 334, Bl. 511.

2.6.2. Spemanns experimenteller Beitrag zur Erforschung des *Organisatoreffektes*

Tabelle 40. Numerische Übersicht über Spemanns Protokolle der Jahre 1925–1930 und 1938

Jahr	1925	1926	1927	1928	1929	1930	1938
Anzahl vorhandener Protokolle	67	215	235	204	156	150	142
Anzahl vermuteter Protokolle	123	255	251	297	164	173	155
Anzahl der vermutlich fehlenden Protokolle	56	40	16	93	8	23	13

Spemanns letzte umfangreiche Experimentierperiode dauerte von 1925 bis 1930. Dabei bediente er sich im wesentlichen der bisherigen mikrochirurgischen Methoden und Operationsinstrumente. Als Innovation übernahm er von Walter Vogt die Vitalfärbung von Transplantaten mit Nilsulfatblau und Neutralrot. Die Ergebnisse seiner letzten Experimente 1938, die er unter der Assistenz von Antje Oehmig durchführte, hatte er nahezu publikationsreif niedergeschrieben, als er im September 1941 verstarb. Otto Mangold veröffentlichte die Arbeit posthum im darauffolgenden Jahr.[1034]

Spemanns Experimente 1925 und 1926 – „Organisatoren 2. Grades" und „homöogenetische Induktion"

Nachdem Alfred Marx die Induktion von Neuralplatte durch unterlagerndes Chorda-Mesoderm mittels der Einsteckmethode bei *Triton taeniatus* nachgewiesen und Otto Mangold die Spezifität der Keimblätter bei Amphibien dahingehend relativiert hatte, daß präsumptives Ektoderm sich nach entsprechender Verpflanzung sehr wohl zu Chorda-Mesoderm entwickeln kann, stellte sich für Spemann durch Kombination beider Ergebnisse die Frage, ob präsumptive Bauchepidermis – nomalerweise nicht zur Induktion von Neuralgewebe befähigt – auch organisatorische Potenz erwerben kann. Um dies zu klären, entwarf er folgende Versuchsanordnung: Einem *Triton taeniatus*-Keim im frühen Gastrulastadium wurde ein Stückchen präsumptive Bauchepidermis entnommen und einem anderen gleicher Art und gleichen Alters in die obere Urmundlippe eingepflanzt. Nach Einstülpung derselben schnitt Spemann das Implantat, welches zuvor durch Nilsulfatblau kenntlich gemacht worden war, aus dem Urdarmdach heraus und steckte es einem dritten Keim im Gastrulastadium ins Blastocoel ein, so daß es dort unter die präsumptive Bauchepidermis zu liegen kam.

Ursprünglich hatte Spemann seinen Assistenten Bruno Geinitz mit der Untersuchung dieses Problems beauftragt. Aufgrund von „allerlei Mißgeschick" brachte Geinitz jedoch keine brauchbaren Ergebnisse zustande. Daher entschloß sich Spemann, derartige Versuche selbst durchzuführen. Laut Versuchsprotokollen operierte er in der Zeit vom 14. April bis zum 9. Mai 1925 insgesamt acht Tiere.

Das Beispiel des Versuchprotokolles *Triton taeniatus 1925 (120 a,b)* soll derartige Versuche und ihre Ergebnisse exemplarisch verdeutlichen: Am 9. Mai pflanzte Spemann ein Stückchen ektodermales, blau gefärbtes Blastuladach von

---

[1034] Vgl. Spemann, Hans: Über das Verhalten embryonalen Gewebes im erwachsenen Organismus. In: W. Roux' Arch. f. Entw.mech. d. Organis. 141 (1942), S. 693–769.

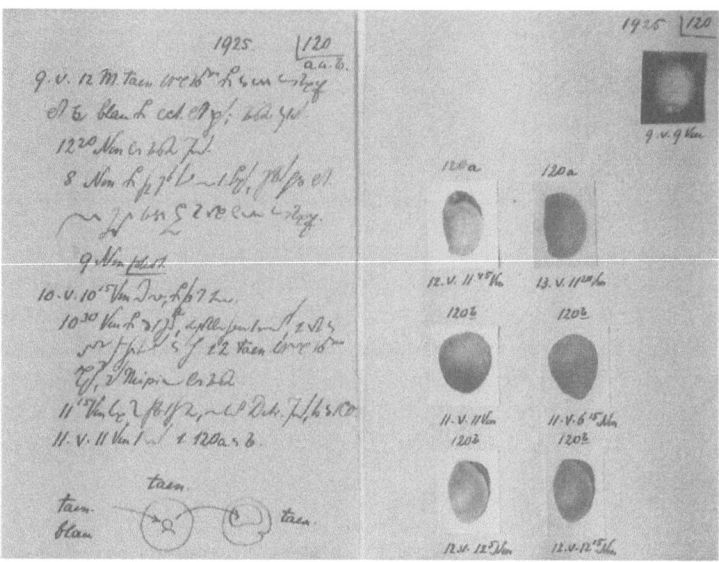

Abb. 45. Protokollblatt *Triton 1925 (120 a,b)* mit Photodokumentation. Ein Stückchen blau gefärbte Bauchepidermis wurde in die dorsale Urmundlippe verpflanzt, nach 24 Stunden aus dem mittlerweile ins Keimesinnere eingestülpten Urdarmdach herausgeschnitten und einem dritten Keim ins Blastocoel gesteckt. Das Photo „120a" zeigt am 12. Mai 1925 um 11.^{45} Uhr laut Protokoll eine „schöne Induktion links am Vorderende" (10fache Vergrößerung; ZIF, Nachlaß Hans Spemann; Protokollordner 1925, *Triton 1925 (120 a,b)*)

Triton taeniatus in die dorsale Urmundlippe eines anderen, gleichartigen Keimes. 25 Stunden später, das Stück war mittlerweile um die obere Urmundlippe herum ins Keimesinnere gewandert, schnitt er es wieder heraus, reinigte es von Wirtszellen, zerteilte es in eine linke und eine rechte Hälfte und steckte diese ins Blastocoel zweier *Triton taeniatus*-Keime im beginnenden Gastrulastadium. Einen Tag später läßt sich bei dem einen Keim eine „schöne Induktion links am Vorderende der Medullarplatte" (Abb. 45)[1035] erkennen.

Gemeinsam mit Bruno Geinitz veröffentlichte Spemann die Resultate. Als zentrales Ergebnis erkannten sie, daß eine solchermaßen behandelte Bauchepidermis sehr wohl induzierend auf überlagerndes Ektoderm wirken kann und bezeichneten ein solches Gewebe als „,sekundären Organisator', einen 'Organisator zweiter Ordnung' oder ‚zweiten Grades'".[1036] Sie bestätigten zugleich die Ergebnisse sowohl von Alfred Marx als auch von Otto Mangold mit Hilfe nur eines experimentellen Ansatzes. Nachgewiesen wurde die Fähigkeit von präsumptiver Epidermis zur Entwicklung mesodermaler Funktionen und die Induktion einer sekundären Neuralplatte durch unterlagerndes Chorda-Mesoderm.

Spemann generalisierte diesen Befund zu der These, daß der

[1035] ZIF, Nachlaß Hans Spemann, Protokollordner 1925, Protokoll *Triton taeniatus 1925 (120 a,b)*.

[1036] Spemann, Geinitz, Über Weckung organisatorischer Fähigkeiten, S. 155.

2.6.2. Spemanns experimenteller Beitrag zur Erforschung des *Organisatoreffektes*

„[...] Gesamtverlauf der Entwicklung wenigstens bei Amphibien als eine Kette aufeinander folgender, ursächlich verknüpfter Teilvorgänge nach Art der beschriebenen zu denken [sei], wobei immer ein Keimteil, während er seine eigene Entwicklung verfolgt, zugleich anderen Teilen den Anstoß zu gleichartiger oder andersartiger Entwicklung geben würde."[1037]

Dabei griff er einen bereits von Oskar Hertwig geäußerten Gedanken auf:

„Wenn die Entwicklung immer in derselben Weise abläuft, so muß sich ja schließlich jeder Teil des älteren Stadiums auf einen bestimmten Teil des jüngeren zurückführen lassen; diese Überlegung, welche O. HERTWIG schon vor vielen Jahren angestellt hat ...".[1038]

Diese Überlegung, die übrigens bereits in Drieschs Vorstellung von einer kaskadenförmig in Gang gesetzten Individualentwicklung zu finden ist,[1039] wurde durch nicht veröffentlichte Experimente gestützt, bei denen Spemann von frisch abgelegten, noch ungefurchten Molcheiern Plasmabezirke aus der Region des grauen Halbmondes entnahm und sie ins Blastocoel eines anderen Keimes implantierte. Das Protokoll eines derartigen Experiments mit der Nummer *1925 (14)* dokumentiert am 7. April: „... rechte Seite sec.[undäre] Anlage, an dem Vorderende Implantat durchschimmert. 16.30 [Uhr]: deutliche Medullarplatte von brauner Platte, möglicherweise Zellen, unterlagert."[1040]

Die Operationssaison im Jahre 1926 dauerte vom 1. April bis zum 18. Juni. Zahlreiche Transplantationen hielt Spemann in Sammelprotokollen fest, sodaß keine Rückschlüsse auf die Zahl der operierten Keime möglich sind. Hervorzuheben sind in dieser Serie die 15 Fälle, bei denen er die Verpflanzung der rechten Retinaanlage aus der offenen Neuralplatte ins Blastocoel einer beginnenden Gastrula vornahm, wo er sie unter die präsumptive Epidermis schob. Damit beabsichtigte Spemann, die Induktion von Linsen zu bewirken, was allerdings in keinem einzigen Fall gelang. Vielmehr erzielte er die Induktion einer sekundären Neuralplatte, wie das Protokoll des Experiments *Triton taeniatus 1926 (51)* belegt. Danach verpflanzte Spemann am 12. April um 17.35 Uhr die rechte präsumptive Augenblase der weit offenen Neuralplatte in das Blastocoel eines gleichartigen Keimes des Gastrulastadiums. Nach zwei Tagen, am 14. April um 9.15 Uhr notierte Spemann die Beobachtung einer sekundären „Medullarplatte". Der Keim wurde anschließend in Michaelis-Lösung konserviert.[1041]

Auch Otto Mangold war zwischenzeitlich dem Phänomen der Induktion von Neuralplatte durch Neuralplattengewebe auf die Spur gekommen. Am 5. August 1926 teilte er Spemann brieflich mit:

[1037] Spemann, Geinitz, Über Weckung organisatorischer Fähigkeiten, S. 155.
[1038] Spemann, Geinitz, Über Weckung organisatorischer Fähigkeiten, S. 156–157. Hervorhebung im Original.
[1039] Vgl. oben S. 113–114.
[1040] ZIF, Nachlaß Hans Spemann, Protokollordner 1925.
[1041] ZIF, Nachlaß Hans Spemann, Protokollordner 1926. Schnittpräparate bzw. -zeichnungen liegen nicht vor.

„Ich habe schon während der Laichperiode die Induktion von Medullarplatte beobachtet und mich versichert, daß kein Urdarmdach mit verpflanzt worden ist. Auch erkannte ich die Notwendigkeit, das Experiment heteroplastisch durchzuführen und schob daher praesumptive Augen von [Triton] alpestris und cristatus Neurulen ins Blastocoel früher Gastrulen von taeniatus."[1042]

Da sich seine Befunde mit denen Spemanns deckten, kamen beide überein, in einem gemeinsamen Aufsatz die Resultate darzulegen. Bemerkenswert an diesem Phänomen war die Verknüpfung von Linsenbildung und Organisatoreffekt bei Amphibien. Damit war der abermalige Nachweis des *Prinzips der doppelten Sicherung* gelungen, diesmal an der übergeordneten Struktur der Neuralanlage. Allerdings vermied Spemann in diesem Falle eine phylogenetische Interpretation des „...verwickeltsten Knotens [gemeint ist das *Prinzip der doppelten Sicherung*; P.F.], den die neuere experimentelle Forschung geschürzt hat...",[1043] wie er es noch während der Jahre 1905 bis 1912 getan hatte.

Das neu entdeckte Phänomen nannten Spemann und Mangold „induktorgleiche Induktion" bzw. „homöogenetische oder assimilatorische Induktion" und stellten ihr die Begriffe „induktorungleiche oder heterogenetische Induktion" gegenüber.[1044] Erstere wäre bei der Induktion von Neuralplatte durch Neuralplatte gegeben, letztere bei der Induktion von Augenlinsen durch Augenblasen. Einen Sonderfall stellte der *Organisatoreffekt* dar, der gemäß dieser Terminologie als „komplexe Induktion" bezeichnet wurde.[1045] Mit dieser Begrifflichkeit vermochten die Autoren sowohl die Übereinstimmung als auch die Unterschiede der betreffenden morphogenetischen Phänomene zum Ausdruck zu bringen. Zugleich vermieden sie – zu einem Zeitpunkt der Ungeklärtheit der Vorgänge – eine verfrühte reduktionistische Erklärung, aber auch eine unangemessene vitalistische Überinterpretation der noch ergänzungsbedürftigen experimentellen Befunde. Gleichwohl beklagte Conrad Waddington mit gewissem Recht: „... but it is necessary to point out that the conventional embryological terminology in connection with organization unfortunately became confused by Spemann's combination of the notion of organization and induction."[1046]

[1042] ZIF, Nachlaß Hans Spemann, Protokollordner 1926. Brief von Otto Mangold an Hans Spemann vom 5. August 1926; abgeheftet im Protokollordner 1926.
[1043] Spemann, Geinitz, Über Weckung, S. 164.
[1044] Vgl. Mangold, Spemann, Induktion von Medullarplatte, S. 419–420.
[1045] Vgl. Mangold, Spemann, Induktion von Medullarplatte, S. 420.
[1046] Waddington, Conrad H.: Fields and Gradients. In: Locke M. (Hrsg.): Major Problems in Developmental Biology. Academic Press, London, 1966, S. 105–124, S. 106.

2.6.2. Spemanns experimenteller Beitrag zur Erforschung des *Organisatoreffektes* 279

Tabelle 41. Übersicht über Spemanns Protokolle bezüglich heteroplastischer Transplantationen und Extirpation aus dem Jahr 1925

Versuchs- objekte	Versuchstyp heteroplastische Transplantation Herkunftsort des Transplantats	Verpflanzungsort 1	Verpflanzungsort 2	Anzahl d. Protokolle	Ergebnisse	Anzahl
Triton alpestris/ Triton taeniatus	präsumptive Bauchepidermis	dorsale Urmundlippe	Blastocoel	11	sekundäre Neuralanlage	4
	präsumptives Neuroektoderm	dorsale Urmundlippe	Blastocoel	5	sekundäre Neuralanlage	3
	dorsale Urmundlippe	Blastuladach	–	5	keine verwertbaren Ergebnisse	1
	Urdarmdach	Blastocoel	–	2	keine verwertbaren Ergebnisse	–
	präsumptives Neuroektoderm	dorsale Urmundlippe	–	1	keine verwertbaren Ergebnisse	–
	Cytoplasma des grauen Halbmondes	Blastocoel	–	43	sekundäre Neuralanlage	26

Tabelle 42. Übersicht über Spemanns Protokolle bezüglich heteroplastischer Transplantationen aus dem Jahr 1926

Versuchs- objekte	Versuchstyp heteroplastische Transplantation Herkunftsort des Transplantats	Verpflanzungsort 1	Verpflanzungsort 2	Anzahl d. Protokolle	Ergebnisse	Anzahl
Triton alpestris/ Triton taeniatus	präsumptive Bauchepidermis	präsumptives Neuroektoderm	–	11	ortsgemäße Entwicklung	8
	präsumptive Bauchepidermis	Blastocoel	–	17	–	–
	präsumptive Bauchepidermis	Augenanlage	–	16	–	–
	dorsale Urmundlippe	präsumptive Bauchepidermis	–	6	keine verwertbaren Ergebnisse	–
	präsumptive Bauchepidermis	dorsale Urmundlippe	Blastocoel	55	sekundäre Neuralanlage	18
	dorsale Urmundlippe	präsumptive Bauchepidermis	–	36	sekundäre Neuralanlage	13
	präsumptive Bauchepidermis	unklar	–	1	–	–
	präsumptives Neuroektoderm	dorsale Urmundlippe	Blastocoel	6	keine verwertbaren Ergebnisse	–
	Neuralplatte (anterior, rechts)	Blastocoel	–	16	sekundäre Neuralanlage	4
	dorsale Urmundlippe	Blastocoel	–	24	sekundäre Neuralanlage	12
	dorsale Urmundlippe	präsumptive Bauchepidermis	–	27	sekundäre Neuralanlage	13

Kooperation mit Else Bautzmann, geb. Wessels – Regulation bei überschüssigem bzw. fehlendem Material[1047]

Die Analyse der Bedeutung des medianen Streifens der Gastrula beschäftigte Else Wessels im Rahmen ihrer Dissertation während der Jahre 1925 und 1926. Bei ihren Experimenten wandte sie folgende Technik an: Sie trennte zwei Gastrulen mit je einem Parasagittalschnitt in einen größeren und einen kleineren Teil und fügte jeweils die entstandenen größeren und kleineren Teile aneinander. Als wichtigste Ergebnisse erkannten Spemann und Wessels, daß sowohl die „Großkeime" als auch die „Kleinkeime" zu normaler Entwicklung befähigt waren, d.h. daß sie über ein beträchtliches Regulationsvermögen verfügen. Dieses Regulationsvermögen nahm bei zunehmendem Alter der Keime ab, was mit Spemanns Vorstellung der abnehmender Regulations- und nachfolgenden Mosaikentwicklung übereinstimmte.

Experimente 1927 und 1928

Eine undatierte Notiz, die aufgrund ihres Fundortes und ihres Inhaltes Anfang 1927 erstellt worden sein dürfte, enthält eine Fülle von Fragen und Versuchsansätzen Spemanns, die tatsächlich im Laufe der folgenden Jahre nicht nur von ihm, sondern generell von Entwicklungsbiologen in Angriff genommen wurden.

- „Induzierendes Material in verschiedenen Stadien zerquetschen und einstecken; einfrieren lassen und einstecken."[1048] Solche Versuche führte Spemann im Jahren 1929/30 durch und veröffentlichte ihre Ergebnisse als Beitrag zur Erforschung der chemisch-stofflichen Basis des Organisatoreffektes im Jahre 1931.[1049]
- „Praesumptive Medullarplatte in verschiedenen Gastrulastadien einstecken, sehen, ob sie induzieren."[1050] Spemann variierte damit den Versuchsansatz, mit dem er die Induktion von Neuralgewebe durch Neuralgewebe entdeckte dahingehend, daß er dem ontogenetisch frühesten Zeitpunkt für das Phänomen nachspürte.
- Weiterhin interessierte ihn das Gastrulationsverhalten von Implantaten der oberen Urmundlippe und das Invaginationsverhalten von praesumptivem Mesoderm.

[1047] Protokolle bezüglich dieser Publikation ließen sich nicht auffinden; vermutlich sind die bei Else Bautzmann, geb. Wessels, verblieben. Spemann, Hans; Bautzmann, Else: Über Regulation von Triton-Keimen mit überschüssigem und fehlendem Material. In: W. Roux' Arch. f. Entw.mech. 110 (1927), S. 557–577

[1048] ZIF, Nachlaß Hans Spemann, Protokollordner 1927.

[1049] Vgl. Spemann, Hans: Das Verhalten von Organisatoren nach Zerstörung ihrer Struktur. In: Verhandl. Deutsch. Zool. Gesell. 34 (1931), S. 129–132

[1050] ZIF, Nachlaß Hans Spemann, Protokollordner 1927. Undatierte Notiz.

2.6.2. Spemanns experimenteller Beitrag zur Erforschung des *Organisatoreffektes*   281

- „Praesumptive Epidermis und andere Stücke von taen.[iatus] über Kieme, Bein, Auge, Hörblase, Mund auch von crist.[atus]; Alter verschieden."[1051] Bei diesem Versuchsansatz erhoffte Spemann sich Aufklärung über die Art des induktiven Reizes und die Reaktionfähigkeit von art- und altersverschiedenem Gewebe.
- „Irisrand in Auge (nach Wachs); dasselbe xenoplastisch; sehen, ob Triton in Bombinator regeneriert und umgekehrt."[1052] Er beauftragte seinen Studenten Adelmann mit der Durchführung derartiger Experimente, die an seine frühen Linsenuntersuchungen und an die Forschung seines Rostocker Schülers Horst Wachs anknüpften. Über derartige Untersuchung ist jedoch nichts bekannt.

Es zeigt sich, daß Spemann nach den Jahren 1925 und 1926 eine Zwischenbilanz gezogen hat und nun die Weichen für künftige Experimente stellte.

Im Jahre 1927 führte er hauptsächlich homöoplastische Transplantationen an *Triton taeniatus* durch. Die Markierung der verpflanzten Gewebe erfolgte mittels Nilsulfatblau. Dabei entnahm er ein Gewebestückchen der medianen dorsalen Urmundlippe und verpflanzte es entweder in die Region der unteren Urmundlippe oder setzte sie wie im Experiment *Triton taeniatus 1927 (219)*, „hirnopponiert" ein, d.h. in die Region der präsumptiven Bauchepidermis. Am 17. Juni notierte Spemann um 10.05 Uhr: „... sec.[undäre] Medullarplatte trifft hinter dem Kopf auf primäres Medullarrohr, das dadurch stark nach rechts abgedrängt wird; sec.[undäres] Hinterende in 2 Fortsätze gespalten, von denen der hintere blau, der vordere ungefärbt ist."[1053]

Das Protokoll *Triton taeniatus 1927 (7)* belegt, daß die Gegend der unteren Urmundlippe ein für die Einwanderung des Transplantats ins Keimesinnere günstiger Einpflanzungsort ist. Am 2. Mai entnahm Spemann median der oberen Urmundlippe ein Gewebestück und pflanzte es in der unteren Urmundlippe eines anderen Keimes ein. Nach drei Tagen, am 5. Mai zeigte sich um „15.55 [Uhr]: vom Urmund läuft auf rechter Seite schmächtige secundäre Medullaranlage nach vorn bis etwa zur Mitte der Länge des Keims; blauer Fleck diffus, namentlich vor und zu beiden Seiten des sec.[undären] Medullarplattenvorderendes".[1054] Dagegen war die Region vor dem anterior queren Neuralwulst für die Einstülpung wenig geeignet, was die Protokolle *Triton taeniatus 1927 (131)* und *(164)* dokumentieren (Abb. 46). Diese Befunde verallgemeinerte Spemann dahingehend, daß er die Bildung von Hörnchen bzw. Zapfen in einen Zusammenhang mit der Verpflanzung von dorsalem Urmundlippengewebe in die Nähe des animalen Poles brachte. Weiterhin erkannte er, daß quer zum Wirtsembryo orientierte Einpflanzung länglicher Organisatoren zur Ablenkung derselben in Richtung der primären Embryonalanlage führte. Dagegen war nach cranio-caudaler Einpflanzung die Umkehr der Einstülpungsrichtung zu beobachten.

[1051] ZIF, Nachlaß Hans Spemann, Protokollordner 1927. Undatierte Notiz.
[1052] ZIF, Nachlaß Hans Spemann, Protokollordner 1927. Undatierte Notiz.
[1053] ZIF, Nachlaß Hans Spemann, Protokollordner 1927, *Triton taeniatus 1927 (219)*.
[1054] ZIF, Nachlaß Hans Spemann, Protokollordner 1927, *Triton taeniatus 1927 (7)*.

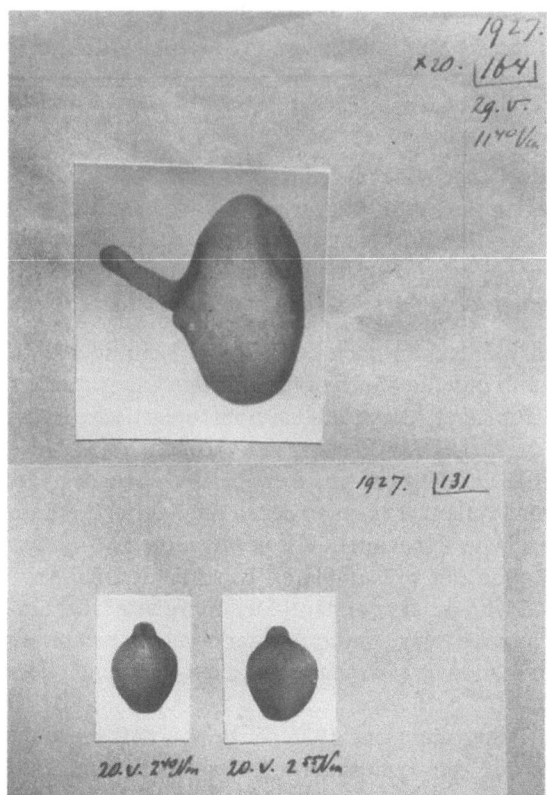

Abb. 46. Fallbeispiele für Invaginationsprobleme von Organisatoren, die nahe dem animalen Pol implantiert wurden. Zu erkennen sind Hörnchen und Zapfen, welche teilweise vom Implantat gebildet werden (10fache bzw. 20fache Vergrößerung; ZIF, Nachlaß Hans Spemann, Protokollordner 1927, *Triton taeniatus 1925 (131), (164)*)

Die Operationssaison im Jahre 1928 dauerte vom 13. April bis zum 27. Juni. Spemann wiederholte im wesentlichen die Experimente des Vorjahres. Weiterhin prüfte er mittels der Einsteckmethode unterschiedliche Urdarmdachbereiche entlang der anterior-posterioren Achse auf ihr Induktionsvermögen. Die Protokolle *Triton taeniatus 1928 (242a–c)* und *(287)* belegten die Regionalität der Induktionsvermögen (Abb. 47a–b).[1055]

Aus diesen Experimenten entsprang Spemanns letzte, umfangreiche, eigenständige und auf neuen Experimenten beruhende Publikation. Ausgehend von dem Befund, daß das experimentell induzierte „Zentralnervensystem" in den beiden Bestandteilen Gehirn und Rückenmark determiniert ist, ergab sich die Frage, wie dies zustande kommen könnte. Dabei diskutierte Spemann drei Arbeitshypothesen:

[1055] Vgl. ZIF, Nachlaß Hans Spemann, Protokollordner 1928, *Triton taeniatus 1928 (242), (287)*.

2.6.2. Spemanns experimenteller Beitrag zur Erforschung des *Organisatoreffektes* 283

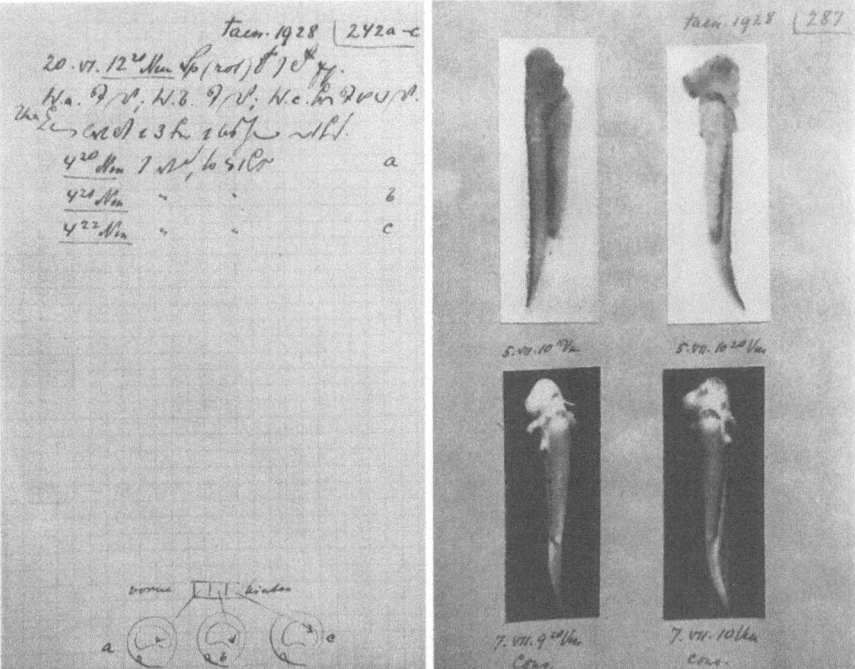

Abb. 47a. Protokollblatt des Versuches *Triton taeniatus 1928 (242 a–c)*. Das Schema am unteren Ende dokumentiert die Verpflanzung von Teilen des Organisatorbezirkes entlang der anterior-posterioren Achse. – **Abb. 47b.** Photodokumentation des Versuchsprotokolls *Triton taeniatus 1928 (287)* über die Entwicklung eines Keimes, dem ein „Kopforganisator" eingepflanzt worden war (10fache Vergrößerung; ZIF, Nachlaß Hans Spemann, Protokollordner 1928, *Triton taeniatus 1928 (242), (287)*)

1. Die Neuralplatte als *harmonisch-äquipotentielles System*. Demnach wäre mit der Induktion des Systems „Neuralplatte" seine Ausdifferenzierung in die einzelnen Unterstrukturen bereits festgelegt.
2. Die Regionalität der induzierten Neuralplatte in Abhängigkeit von der Regionalität des induzierenden Chorda-Mesoderms.
3. Die Regionalität der induzierten Neuralplatte in Abhängigkeit von der Regionalität des Wirtsgewebes.

Aufgrund des Befundes, daß Urdarmdach aus der Kopfregion auch in der Rumpfregion des Wirtes ein sekundäres Gehirn zu induzieren vermag, favorisierte Spemann die zweite Hypothese.

Bleibt anzumerken, daß es der modernen Entwicklungsgenetik gelungen ist, Gene zu identifizieren, die für die Ausbildung von Kopfstrukturen verantwortlich

2.6. Forschungsphase III (1925–1924)

Tabelle 43 Übersicht über Spemanns Versuchsprotokolle aus dem Jahr 1927

Versuchsobjekte	Versuchstyp	Anzahl der Protokolle	Ergebnisse	Anzahl
Triton taeniatus	homöoplastische Transplantation:			
	mediane dorsale Urmundlippe (unklar, ob zwei Schichten) versus untere Urmundlippe	35	Induktion sekundärer Neuralanlagen	8
	mediane dorsale Urmundlippe (eine Schicht) versus untere Urmundlippe	1	Induktion sekundärer Neuralanlagen	0
	mediane dorsale Urmundlippe (zwei Schichten) versus untere Urmundlippe	75	Induktion sekundärer Neuralanlagen	17
	mediane dorsale Urmundlippe in hirnopponierte Region verpflanzt	55	Induktion sekundärer Neuralanlagen	3
	mediane dorsale Urmundlippe in Fortsetzung an Neuralplatte verpflanzt	29	Induktion sekundärer Neuralanlagen	0
	dorsale Urmundlippe: äußere Schicht in Blastocoel verpflanzt	5	Induktion sekundärer Neuralanlagen	2
	innere Schicht in präsumptives Neuroektoderm verpflanzt	5	keine verwertbaren Angaben	0
Triton alpestris/	heteroplastische Transplantation:			
Triton taeniatus	mediane dorsale Urmundlippe (unklar, ob zwei Schichten) untere Urmundlippe	18	Induktion sekundärer Neuralanlagen	4
	mediane dorsale Urmundlippe in hirnopponierte Region verpflanzt	12	Induktion sekundärer Neuralanlagen	1

Tabelle 44. Übersicht über Spemanns Versuchsprotokolle aus dem Jahr 1928

Versuchsobjekte	Versuchstyp	Anzahl der Protokolle	Ergebnisse	Anzahl
Triton taeniatus	homöoplastische Transplantation:			
	mediane dorsale Urmundlippe in hirnopponiert Region verpflanzt	51	Induktion sekundärer Neuralanlagen	12
	mediane dorsale Urmundlippe in untere Urmundlippe verpflanzt	62	Induktion sekundärer Neuralanlagen	10
	mediane dorsale Urmundlippe ventral quer verpflanzt	8	Induktion sekundärer Neuralanlagen	1
Triton taeniatus	Einsteckmethode			
	anterior mediane medianes Urdarmdach in Blastocoel verpflanzt	36	Induktion sekundärer Neuralanlagen	13
	medianes Urdarmdach in Blastocoel verpflanzt	1	Induktion sekundärer Neuralanlagen	1
	medianes Urdarmdach in drei Teile in Blastocoel verpflanzt	25	Induktion sekundärer Neuralanlagen	0
	medianes Stück Rückenplatte getrocknet, in Blastocoel verpflanzt	16	Induktion sekundärer Neuralanlagen	0
Triton alpestris/	Einsteckmethode			
Triton taeniatus	anterior – medianes Stück Rückenplatte getrocknet, in Blastocoel verpflanzt	5	Induktion sekundärer Neuralanlagen	0

2.6.2. Spemanns experimenteller Beitrag zur Erforschung des *Organisatoreffektes*

gemacht werden können – somit als materielle Grundlage des „Kopforganisators" anzusprechen sind.[1056]

Ohne Zweifel gewährt die Schrift ganz wichtige Einblicke in Spemanns Auffassungen bezüglich grundlegender morphogenetischer Mechanismen, von denen vor allem Gradientenvorstellungen verschiedenster Art die Entwicklungsbiologie beherrschten. Spemanns häufig kolportierte Abneigung gegen Gradienten als morphogenetische Mechanismen stützte sich zumeist auf die von ihm geprägte Metapher vom „steilsten Berg, der noch keine Mühle treibe, wenn kein Wasser fließt".[1057]

Seine differenzierte Position bezüglich von Gradientenvorstellungen sind sowohl in seinem Buch als auch in dieser Schrift aus dem Jahre 1931 nachzulesen. Spemann schlug den Bogen von der durch ihn nachgewiesenen anterior-posterioren Regionalität des Urdarmdaches hin zu Boveris Postulat vom Schichtenaufbau der Blastulawand.[1058] Dieser Schichtenaufbau war Boveris ablehnende Antwort auf Drieschs Vorstellung vom *harmonisch-äquipotentiellen System*, dessen unterschiedliche Teile zu so erstaunlichen Regulationsleistungen in der Lage sind, daß Driesch dies nur mit einer nicht-räumlichen gedachten Größe, der Entelechie, verstehen konnte.[1059] Spemann teilte übrigens Boveris Auffassung in diesem Punkt.

Spemann folgte Boveris 1901 geäußerter Auffassung, daß man nicht mit gutem Grund von einem organbildenden Stoff, dessen Konzentration von einem zum anderen Pol ein Gefälle aufweise, sprechen könne, wie dies Leopold von Ubisch vorschwebte. Vielmehr müsse man auch dreißig Jahre nach Boveris Postulat noch relativ unbestimmt von einer graduell sich ändernden Plasmabeschaffenheit ausgehen.[1060] Mit dieser Äußerung lehnte er v. Ubischs Vorstellung eines „Gefälles"[1061] oder Childs „Gradient"[1062] nicht prinzipiell ab. Aber er betonte deutlich, daß ein metabolischer, am Glykogenstoffwechsel festgemachter Gradient als Ursache für den Organisatoreffekt, wie Child es postulierte, nicht experimentell hinreichend fundiert ist. Ihm scheinen Ursache und Wirkung in diesem Falle vertauscht. Diese Äußerungen stehen in Einklang mit einer brieflichen Mitteilung an seinen amerikanischen Freund Ross G. Harrison:

[1056] Beispielsweise das Homöobox-Gen *Lim1* bei der Maus; vgl. Shawlot, William; Behringer, Richard R.: Requirement for *Lim1* in head-organizer function. In: Nature 374 (1995), S. 425–530.

[1057] Spemann, Experimentelle Beiträge, S. 214.

[1058] Vgl. Spemann, Anteil von Implantat, S. 502–503.

[1059] Vgl. Spemann, Anteil von Implantat, S. 503–504.

[1060] Vgl. Spemann, Anteil von Implantat, S. 505.

[1061] Vgl. Ubisch, Leopold v.: Das Differenzierungsgefälle des Amphiebienkörpers und seine Auswirkungen. In: W. Roux' Arch. f. Entw.mech. d. Organis. 52 (1923), S. 641–670.

[1062] Vgl. Child, Charles M.: Physiological dominance and physiological isolation in development and reconstituion. In W. Roux' Arch. f. Entw.mech. d. Organis. 117 (1929), S. 21–66.

„Ich quäle mich herum mit Child. Huxley hat auf die Ähnlichkeit unserer Ansichten hingewiesen, Child selbst hat es ausführlich getan. So bleibt mir wohl nichts anderes übrig, als mich mit ihm auseinanderzusetzen; ich tue es bitter ungern und werde es ganz kurz machen. Wir sind in unserer Forschungsweise so verschieden; was er Theorie nennt, wäre mir Fragestellung, höchstens Hypothesen."[1063]

Die Suche nach den materiellen Grundlagen des Organisatoreffektes – Experimente der Jahre 1929 und 1930

„Ich will nun weiter versuchen, ob nur lebende Stückchen aus dem Organisationscentrum so wirken können, oder ob man sie vielleicht vorher zerquetschen darf."[1064] Mit diesen Worten deutete Spemann die Suche nach der Ursache des Organisatoreffektes bereits am 29. Dezember 1922 seinem Freund Carl Correns an. Die Induktion von Organen durch Einwirkung bestimmter Keimteile, die auf den unterschiedlichen Organisationsebenen zu beobachten war und vermutlich einen fundamentalen ontogenetischen Mechanismus darstellte, warf die Frage auf, in welchem Maße sie von der morphologischen oder chemischen Struktur des Implantats abhängig war, bzw. welcher Anteil am Induktionsprozeß dem reagierenden Gewebe zukam. Hinter diesem Problem verbarg sich einer der ältesten Gedanken in der Entwicklungsbiologie überhaupt, nämlich das von Aristoteles aufgeworfene Form-Stoff-Prinzip. Spemann suchte letztlich die Frage zu ergründen, ob das reagierende Material den Stoff liefere, aus dem ein formbildendes Prinzip die Struktur, das Muster erschaffe, oder ob letzteres latenter Bestandteil des reagierenden Materials sei. Sollte sich eine Differenz in der Induktionsleistung eines irgendwie behandelten Implantats gegenüber der eines intakten nachweisen lasse, so wäre diese auf die zerstörte Implantatstruktur zurückzuführen.[1065]

Aus dieser Überlegung heraus trocknete Spemann unterschiedliche Keimbereiche des Gastrula- und Neurulastadiums. Die zwanzig im Zeitraum vom 13. bis 18. April 1928 erstellten Protokolle, bei denen ein mittlerer Neuralplattenbereich entnommen, eine unbekannte Zeit getrocknet und anschließend wieder angefeuchtet ins Blastocoel gesteckt wurde, zeigten keinerlei Induktionen.

Im Jahre 1929 trocknete er in 50 Fällen Teile der neuroektodermalen „Rückenplatte" und steckte sie nach anschließender Aufweichung ins Blastocoel einer frühen *Triton taeniatus*-Gastrula. Über die Trocknungsdauer ist wiederum nichts bekannt. In keinem Experiment erhielt er eine eindeutige Induktion. Auch die Trocknung von dorsaler Urmundlippe ergab nur in fünf Fällen eine schwache, nicht weiter verwertbare Induktion einer sekundären Neuralplatte. Dabei hatte Spemann noch im Frühjahr vor den Experimenten gehofft:

[1063] Yale University, Sterling Library, Ross G. Harrison papers, Brief von Hans Spemann an Ross G. Harrison vom 23. September 1930.
[1064] SBF, Nachlaß Hans Spemann, A.2.a., Nr. 664, Bl. 1176.
[1065] Vgl. Spemann, Hans: Das Verhalten von Organisatoren nach Zerstörung ihrer Struktur. In: Verhandl. Deutsch. Zool. Gesell. 34 (1931), S. 129–132, S. 130.

2.6.2. Spemanns experimenteller Beitrag zur Erforschung des *Organisatoreffektes*

„Eine große u. freudige Überraschung war die Wirkung des getrockneten ‚Organisators', die nach Lehmanns Auffassung zweifellos eine Induktion ist. Ich hoffe, Hitze wirkt ebenso schonend. Zerfallener Org.[anisator] wird dann vielleicht den Übergang zum Normalen vermitteln. Wenn dies alles gelingt, so ist der Karren wieder eine ‚Rast' weitergeschoben."[1066]

Erfolgreicher war die Zerstörung der morphologischen Struktur von induzierendem Gewebe. So zerhackte Spemann Teile der oberen Urmundlippe in verschiedenem Maße und steckte kleine Breiportionen ins Blastocoel früher Gastrulastadien. Dabei ergaben sich in 25 von 75 Fällen sekundäre Neuralplatten.

Im Protokoll *Triton taeniatus 1929 (89)*, das vom 11. bis zum 17. Juni datiert ist, schnitt Spemann die dorsale Urmundlippe in kleine Stücke und steckte sie ins Blastocoel eines Wirts. Am 14. Juni gegen 11.00 Uhr ist eine sekundäre Neuralplatte in der Medioventrallinie dokumentiert. Eine zweite sekundäre Neuralplatte zweigt zwischen der rechten Augenblase und rechten Hörplakode der primären Neuralplatte ab.[1067] Im Protokoll *Triton taeniatus 1929 (76)* notierte Spemann am 31. Mai: eine dorsale Urmundlippe zu feinem Brei zerquetscht. Am 7. Juni, gegen 9 Uhr, sind primäre und sekundäre Neuralplatte zu Neuralrohr geschlossen, das sekundäre Neuralrohr zieht sich „lange schräg über Bauch". Mit diesen Experimenten konnte Spemann belegen, daß die mechanische Zerstörung der Organisatorstruktur dessen induktive Wirkung nicht auslöscht. Somit dürfte eine chemische Substanz dafür verantwortlich sein.

Weiterhin zerquetschte er derartige Stücke und steckte sie ein. Zum Vergleich zerquetschte er nur ¼ bzw. die anteriore Hälfte und zerteilte die andere, um so beurteilen zu können, ob die unterschiedlich mißhandelte Materie unterschiedliche induzierende Potenzen aufweise.

In 84 Fällen entnahm er ein Stückchen der Rückenplatte, gefror sie zwei bis vier Minuten, in einigen Fällen eine unbekannt lange Zeit, und steckte sie anschließend einer frühen Gastrula ins Blastocoel. Dabei erzielte er vier induzierte sekundäre Neuralplatten. Bezüglich der histologischen Zusammensetzung der sekundären Embryonalstrukturen machte Spemann keine Aussagen,[1068] da er keine Schnittuntersuchungen durchführte.

Vor diesem experimentellen Hintergrund überrascht die briefliche Mitteilung an seinen Freund Ross G. Harrison vom 23. September 1930:

„Diesen Sommer habe ich ihn [Organisator, P.F.] getrocknet, gefroren, zerquetscht; Bautzmann hat ihn gekocht. Bis jetzt scheint es, daß er nur induciert, solange er lebt; doch steht die Schnittuntersuchung noch aus. Am meisten gespannt bin ich auf die Ergebnisse von Holtfreter."[1069]

[1066] SBF, Nachlaß Hans Spemann, A. 2. c., Nr. 908, Bl. 780. Brief von Hans Spemann an Hermann Bautzmann vom 7. März 1929.
[1067] Vgl. ZIF, Nachlaß Hans Spemann, Protokollordner 1929, *Triton taeniatus 1929 (89)*.
[1068] Vgl. Spemann, Verhalten von Organisatoren, S. 131-132.
[1069] Yale University, Sterling Library, Ross G. Harrison papers, Brief von Hans Spemann an Ross G. Harrison vom 23. September 1930.

Möglicherweise war Spemann zu diesem Zeitpunkt überzeugt, daß nur lebende Gewebssubstanz Neuralgewebe zu induzieren vermag, was durch experimentelle Befunde nicht gestützt wurde.

Oscar Schotté und Hans Spemann versus Johannes Holtfreter – Prioritätenstreit um xenoplastische Transplantationen

Am Beispiel der xenoplastischen Transplantationen zeichnete sich der „Wachwechsel" in der deutschen Entwicklungsbiologie besonders deutlich ab. Der ursprüngliche Gedanke dieses Experimentes geht nachweislich auf Hans Spemann im Jahre 1921 zurück.[1070] Die praktische Umsetzung vermochte er selbst jedoch aus bereits geschilderten Gründen nicht vorzunehmen.

Grundsätzlich spielten bei den gattungsübergreifenden Gewebeverpflanzungen zwei Interpretationsebenen eine Rolle:

- Die phylogenetische, bei der die Frage nach der taxonomischen Verbreitung und Austauschbarkeit der am Organisatoreffekt bzw. an der Induktion beteiligten Komponenten überprüft wird.
- Die ontogenetische, bei der die Reaktionsfähigkeit des Transplantats vor dem Hintergrund der Erbanlagen bzw. des auslösenden Reizes interpretiert wird.

Zuerst standen xenoplastische Organisatoreffekte im Vordergrund des Interesses. Bruno Geinitz nahm die Einpflanzung von Anurenorganisatoren in Urodelen vor und erzielte xenoplastische Organisatoreffekte.[1071] Die reziproke Version dieses Experiments zeigte allerdings keinen Organisatoreffekt. Jean Brachet postulierte aufgrund dieses und anderer Befunde zurecht, daß bei Anuren die Determination wesentlich früher als bei Urodelen stattfinde und somit keine Organisatoreffekte bei ihnen im Gastrulastadium erzielbar seien.[1072]

Der aus Genf nach Freiburg gekommene Russe Oskar Schotté überprüfte diese Ergebnisse und erzielte im Gegensatz zu seinen Vorgängern Geinitz und Brachet auch bei Anuren homöoplastische Organisatoreffekte.[1073] Weiterhin beabsichtigte er am Fallbeispiel der Mundorgane, die bei Fröschen und Molchen unterschiedlich

---

[1070] Vgl. Spemann, Erzeugung tierischer Chimären, S. 567–568.
[1071] Vgl. Geinitz, Bruno: Embryonale Transplantation zwischen Urodelen und Anuren. In: W. Roux' Arch. f. Entw.mech. d. Organis. 106 (1925), S. 357–408.
[1072] Vgl. Brachet, Jean: Etude comparative des localisations germinales dans l'oefs des amphibiens urodèles et anoures. In: W. Roux' Arch. f. Entw.mech. d. Organis. 111 (1927), S. 250–291.
[1073] Vgl. Schotté, Oscar: Der Determinationszustand der Anuren-Gastrula im Transplantationsexperiment. In: W. Roux' Arch. f. Entw.mech. d. Organis. 122 (1930), S. 663–664; vgl. Schotté, Oscar: Transplantationsversuche über die Determination der Organanlagen von Anurenkeimen. I. Allgemeines und Technik der Transplantation. In: W. Roux' Arch. f. Entw.mech. d. Organis. 123 (1930), S. 179–205.

2.6.2. Spemanns experimenteller Beitrag zur Erforschung des *Organisatoreffektes*

aufgebaut sind, die Rolle von Induktor und Reaktor eingehender zu untersuchen.[1074] Bereits im Sommer 1931 konnte Spemann seinem Freund Fritz Baltzer mitteilen:

„Es scheint ganz sicher, daß Ektoderm von Bombinator über Unterkiefer von Triton sich ortsgemäß entwickelt u.[nd] dabei Saugnäpfe bildet. Heute sah ich gar einen Fall, wo Mundbucht von Triton mit Ektoderm von Bombinator ausgekleidet in der Form Bomb.[inator] gleicht; Hornkiefer? Das wäre ein Fortschritt erster Ordnung, kaum von mir erhofft; [...] Ich werde die Arbeit wohl im wesentlichen schreiben u.[nd] mit Schotté gemeinsam veröffentlichen. Wir hatten es vorher so ausgemacht; da er noch in den Anfängen steht, wird es ihn auch nicht schädigen. Ich würde die Sache ganz ihm überlassen, denn er hat daran gearbeitet wie ein Pferd. Aber natürlich verzichte ich nicht gern auf diesen alten Gedanken von mir, der auf den Hauptlinien meiner Bestrebungen liegt ..."[1075]

Bevor er allerdings seine Ergebnisse gemeinsam mit Hans Spemann veröffentlichen konnte, erschien in der zweiten Auflage von Max Hartmanns Lehrbuch „Allgemeine Biologie" einige Photos von Johannes Holtfreter mit xenoplastischen Induktionen, der offenkundig eigene Experimente dieser Art erfolgreich bewerkstelligt hatte.[1076] Spemann war darob sehr erzürnt und schrieb am 14. November 1933 an seinen ehemaligen Schüler deutliche Worte:

„Lieber Dr. Holtfreter! [...] Niemand kann Ihnen das formale Recht absprechen, in jede Arbeit eines anderen, die Sie im Gange befindlich und vor Resultaten stehend wissen, mit eigenen Untersuchungen einzugreifen. Aber man tut das nicht; am wenigten dann, wenn persönliche Beziehungen bestehen. Sie haben ja selbst den Grundgedanken anerkannt, als Sie mir mit den toten Induktoren ins Gehege gekommen waren und mit Mangold zuammen bei mir anfragten, wie ich mich zu der Sache stelle. In diesem Falle, wo es sich um ein ganz eigenartiges, von mir angegebenes Experiment handelt, hatten wir ja mehrmals darüber gesprochen, dass Sie mit Ihren Ergebnissen herauskommen sollten, wenn Schotté zu lange mit der Veröffentlichung zögerte. Aber es war doch selbstverständlich, dass Sie sich über den Augenblick der Veröffentlichung zuerst mit mir verständigen mussten. Nach der Vorrede des Buches zu schließen, müssen Sie die Originale spätestens im August, wahrscheinlich schon früher an Hartmann abgegeben haben, noch vor meiner Abreise nach Amerika. Ich war also mit einer Postkarte zu erreichen. [...] Mit besten Grüßen Hans Spemann"[1077]

Holtfreter wandte sich am 16. November 1933 um Rat suchend an Max Hartmann und legte die ganze Problematik dar:

„Lieber Professor Hartmann. [...] Spemann macht mir zum Vorwurf, dass ich meine Photos über Xenoplastik in Ihrem Buche habe veröffentlichen lassen, bevor Schotté ähnliche, angekündigte Dinge publiziert hat. Die Sachlage hierzu ist folgende. Meine ersten xenoplastischen Kombinationen wurden 1924 gemacht, 1929 veröffentlichte ich in meinen

---

[1074] Protokolle bezüglich dieser Experimente befinden sich nicht im Nachlaß Spemann. Sie sind vermutlich im Nachlaß Oscar Schottés, über dessen Verbleiben keine Informationen vorliegen.
[1075] SBF, Nachlaß Hans Spemann, A. 2 .c., Nr. 928, Bl. 1851–1852, Brief von Hans Spemann an Hermann Bautzmann vom 2. Juli 1931.
[1076] Vgl. Hartmann, Max: Allgemeine Biologie. 2. Aufl. Berlin 1930.
[1077] AGMPG, Abt. III, Rep. 47, Nr. 667.

Tabelle 45. Übersicht über Spemanns Versuchsprotokolle bezüglich der Einsteckexperimente bei *Triton taeniatus* aus dem Jahre 1929

Herkunftsort des Implantats	Behandlung des Implantats	Einpflanzungsort des Implantats	Anzahl der Protokolle	Ergebnisse	Anzahl	Bemerkungen
Urdarmdach (median)	getrocknet	Blastocoel	8	keine eindeutigen Induktionen sekundärer Neuralplatte	8	zweischichtiges Stück
	getrocknet	Blastocoel	3	keine eindeutigen Induktionen sekundärer Neuralplatte	3	*alpestris* in *taeniatus*
Urdarmdach (anterior)	getrocknet	Blastocoel	9	keine verwertbaren Ergebnisse	9	–
Rückenplatte (median)	getrocknet	Blastocoel	32	keine eindeutigen Induktionen sekundärer Neuralplatte	32	zweischichtiges Stück
obere Urmundlippe	getrocknet	Blastocoel	24	schwache Induktionen einer sekundären Neuralplatte	5	–
obere Urmundlippe	zerhackt:					
	1. feiner Brei	Blastocoel	38	sekundäre Neuralplatten	4	–
	2. mittelfeiner Brei	Blastocoel	8	keine verwertbaren Ergebnisse	8	–
	3. grober Brei	Blastocoel	19	sekundäre Neuralplatte	6	–
	4. kleine Stücke	Blastocoel	10	sekundäre Neuralplatte	7	–
Rückenplatte	fein zerhackt	Blastocoel	5	–		– –

2.6.2. Spemanns experimenteller Beitrag zur Erforschung des *Organisatoreffektes*

Tabelle 46. Übersicht über Spemanns Versuchsprotokolle bezüglich der Einsteckversuche an *Triton taeniatus* aus dem Jahre 1930

Herkunftsort des Implantats	Behandlung des Implantats	Einpflanzungsort des Implantats	Anzahl der Protokolle	Ergebnisse	Anzahl	Bemerkungen
Rückenplatte	gefroren: möglichst kurz	Blastocoel	14	sekundäre Neuralplatten	4	zweischichtiges Stück
	2 min	Blastocoel	5	sekundäre Neuralplatten	2	zweischichtiges Stück
	3 min	Blastocoel	5	sekundäre Neuralplatten	0	zweischichtiges Stück
	4 min	Blastocoel	37	sekundäre Neuralplatten	13	zweischichtiges Stück
	? min	Blastocoel	4	sekundäre Neuralplatten	0	zweischichtiges Stück
Rückenplatte (posterior)	gefroren (kurz)	Blastocoel	19	sekundäre Neuralplatten	4	–
Rückenplatte	zerquetscht	Blastocoel	20	sekundäre Neuralplatten	4	zweischichtiges Stück
Rückenplatte (anterior)	zerquetscht (sehr stark)	Blastocoel	14	sekundäre Neuralplatten	3	–
Rückenplatte (anterior)	zerquetscht	Blastocoel	5	–	–	zweischichtiges Stück
Rückenplatte (posterior)	zerquetscht	Blastocoel	6	–	–	zweischichtiges Stück
Rückenplatte (posterior)	zerquetscht (stark)	Blastocoel	6	sekundäre Neuralplatten	4	–
dorsale Urmundlippe	zerquetscht (stark)	Blastocoel	15	sekundäre Neuralplatten	7	–

Methoden I wiederum eine Reihe xenoplastischer Versuche, 1930 machte ich die ersten Versuche: Austausch des Kopfektoderms zwischen Triton und Axolotl, die ich dann 1931 fortführte und auch zwischen Anuren und Urodelen ausführte. Aus diesem Jahr stammen die Ihnen gegebenen Photos. Als ich die Experimente ausführte, dachte ich gar nicht an die Frage der Hornzähne, sondern hatte vor, xenoplastische Gehirne induzieren zu lassen, was ja auch gelungen ist. Die Sache mit den Saugnäpfchen und den Hornzähnchen kam dann natürlich sofort zu Tage, ich habe aber nicht daran gedacht, sie zu veröffentlichen, teils weil ich genug andere Sachen hatte und ich jene vorläufigen Mitteilungen nicht liebe, teils weil ich inzwischen erfuhr, dass Schotté über Xenoplastik arbeitet und ich stets Rücksicht auf solche Situationen genommen habe. Die Hornzahn-Induktion hatte ich gefunden, bevor sie ein oder zwei Jahre später Schotté in Amerika fand. Nun weiter: im Herbst 1932 war ich bei Spemann in Freiburg, wo ich ihm erzählte, dass ich diese Ergebnisse vorliegen habe und nur darauf warte, dass Schotté veröffentlicht, damit ich dann meine sicher besseren Resultate nachträglich auch veröffentlichen könne. (Die Sache mit den Saugnäpfen war inzwischen schon erschienen).
Spemann sagte, daß er sehr ungehalten gegen Schotté sei, weil dieser so lange nicht veröffentliche und gab mir ausdrücklich die Erlaubnis, meine Sache zu publizieren. Ich solle noch bis zum nächsten Jahr abwarten. Von einer neuen Erlaubnis, die ich mir bei ihm abholen solle, wurde nichts – soviel ich mich erinnere! – abgemacht. Nun war ja Spemann in Dahlem und hatte keine Bedenken, meine Resultate und Photos in seinem Vortrag zu bringen. Hat er sie nicht damit schon selber publiziert?! Nur wenn ich Ihnen dann ein paar Woche später diese Photos zur Verfügung stelle, wie kann er mir da einen Vorwurf machen und zwar in einer Fom, die mich als üblen Missetäter hinstellt? Es ist ja inzwischen nichts von Schotté erschienen. Wahrscheinlich aber haben sich Spemann und Schotté inzwischen in Amerika verständigt, dass die Sache bald publiziert werden soll. Dann kann ich ebenso gut Spemannn vorwerfen, dass ich von diesem Abkommen nichts erfahren habe.
Ihr Joh. Holtfreter"[1078]

Ungeachtet der Frage, wer in diesem Streit im Recht war, wird die deutlich verschärfte Konkurrenzsituation innerhalb der Entwicklungsbiologie deutlich, in die Spemann seit Ende der zwanziger Jahre geraten war. Auch Hamburgers Überlegungen über das Zustandekommen der gemeinsamen Veröffentlichung von Bautzmann, Holtfreter, Spemann und Mangold bezüglich der chemischen Natur des induzierenden Faktors, nach der Holtfreter mit seinen überragenden Ergebnissen die anderen Forscher in Zugzwang gebracht und sie zugleich aber in den Schatten gestellte habe,[1079] bestärken diesen Eindruck.

Daß auch die Suche nach der chemischen Natur von Induktionsstoffen von hohem Konkurrenzdruck geprägt war, belegen die weiteren Ausführungen Spemanns an Holtfreter:

„Vielleicht ist eine gewisse Mißstimmung in Ihnen aufgekommen, vielleicht sogar speziell gegen mich, weil unsere Arbeiten über den Chemismus der Induktion in Konkurrenz gerieten. Sollte das der Fall sein, so bitte ich Sie daran zu denken, dass wir nur eine schon seit vielen Jahren von mir eingeschlagene Richtung weiter verfolgten, mit dem neuen Ausgangspunkt des in meinem Institut angestellten rein chemischen Experiments von Fräu-

---

[1078] AGMPG, Abt. III, Rep. 47, Nr. 667. Unterstreichung im Original.
[1079] Vgl. Hamburger, Heritage, S. 98–99.

lein Wehmeier. Sie teilten mir damals frei und fröhlich Ihre neuen Ergebnisse mit; es war mir unangenehm, dass ich nicht mit der gleichen Rückhaltlosigkeit antworten konnte, weil die Experimente ganz in die Hände von Prof. Fischer und Frl. Wehmeier übergegangen waren."[1080]

Holtfreter sah den Streit um die Publikation xenoplastischer Experimente ebenfalls im Zusammenhang der allgemeineren Organisatorforschung. Er schrieb an Hartmann:

„Jetzt etwas persönliches. Ihnen, Herr Professor, wird wahrscheinlich ebenso klar sein wie mir, dass dieser Angriff aus Freiburg erfolgt, um mich in dieser Sache ins Unrecht zu setzen, so man in einer anderen Affäre mir gegenüber ein schlechtes Gewissen hat. Daher diese halb entschuldigenden Sätze über die Sache mit dem toten Organisator. Wie ist es denn möglich, mir derartige Vorwürfe zu machen, wo Sp.[emann] eine solche Heimlichtuerei mir gegenüber getrieben hat? Ich habe ihm im Frühling 1933 vor der Laichperiode mein Programm mitgeteilt, ihm inzwischen in mehreren Briefen geschrieben, was ich gefunden habe, wie die Sache läuft, z.B. dass Kalbsleber und andere Organe stark induzieren, dass ich mit Extrakten arbeite usw. Er schickte mir ebensoviele Briefe wieder, in denen er aber keinen Ton davon sagt, dass überhaupt bei ihm ähnlich gearbeitet wird. Und dann erscheint die vorläufige (sehr eilige!) Mitteilung, in der steht, daß wahrscheinlich Glykogen induziere (Kalbsleber!), dass auch die Organe von Hühnerembryonen verpflanzt würden usw. Hätte man mir zumindest nicht mitteilen können, dass ich mit meinen brieflichen begeisterten Ergüssen zurückhaltender sein sollte, damit nicht der Verdacht aufkommen könnte, einer benutze die vertrauliche Mitteilung des anderen, um sie dann gegen ihn auszunutzen? Ich will ja nicht behaupten, dass dies geschehen sei, aber es könnte so sein und es scheint fast so, als ob es so sei. Aber dies ist vielleicht meine eigene, aus dem gereizten Zustand erklärbare Auffassung, die ich Sie auch geheim zu halten bitte."[1081]

Es ist denkbar, daß Spemann angesichts dieser Situation und angesichts der Tatsache, daß die biochemische Erforschung des Induktionsvorganges mehr und mehr an Bedeutung gewann – eine Forschungsrichtung, die er gewiß nicht bevorzugte –, seinen lange zurückgestellten Neigungen zur Diskussion und theoretischen Reflexion nachging und die experimentelle Arbeit bis auf weiteres einstellte.

2.6.3. Resümee eines langen Forscherlebens

„Wenn ich Zukunftsträume habe (klingt ja beinahe komisch!) so gehen sie weniger auf Experimente als auf Lernen und Mitteilen."[1082] Mit diesen Worten umriß Spemann im Jahre 1934 seine Vorstellung von der letzten Phase seines langen Forscherlebens. In der Tat begann er seit 1930, sein Lebenswerk geistig und materiell zu ordnen. Auf zahlreichen Vortragsreisen referierte Spemann über die Er-

---

[1080] AGMPG, Abt. III, Rep. 47, Nr. 667. Brief von Hans Spemann an Johannes Holtfreter vom 14. November 1933. Unterstreichung im Original.
[1081] AGMPG, Abt. III, Rep. 47, Nr. 667.
[1082] SBF, Nachlaß Hans Spemann, A.2.c., Nr. 940, Bl. 1886, Brief von Hans Spemann an Hermann Bautzmann vom 22. Dezember 1934.

2.6. Forschungsphase III (1925-1924)

gebnisse der modernen Entwicklungsbiologie, insbesondere soweit er sie selbst mit erarbeitet hatte. Aus dieser Tätigkeit entstand das einzige von ihm verfaßte Buch mit dem Titel „Experimentelle Beiträge zu einer Theorie der Entwicklung", das er seinem akademischen Lehrer und Freund Theodor Boveri widmete. Hervorgegangen aus den sieben im Rahmen der Silliman-Lectures im Jahre 1933 an der Yale University gehaltenen Vorträgen, sollte ursprünglich aus publikationsrechtlichen Gründen zuerst eine englischsprachige Ausgabe erscheinen.[1083] Diese englische Version, ihr Titel lautet „Embryonic Development and Induction", erstellte Spemann mit Hilfe des Freiburger Mathematikers Oskar Bolza, der 22 Jahre an amerikanischen Universitäten gelehrt hatte, und des amerikanischen Biologen Richard M. Eakin, der als Forschungsgast 1935/36 in Freiburg am Zoologischen Institut arbeitete.[1084] Da sich das Erscheinen der englischsprachigen Ausgabe über Gebühr verzögerte, wurde 1936 die Markteinführung der deutschsprachigen vorgezogen.[1085]

Bereits Anfang der zwanziger Jahre hatte Spemann geplant, ein 300 bis 500 Seiten umfassendes Lehrbuch für „Entwicklungsmechanik" zu schreiben.[1086] Er verschob dieses Unterfangen aus Zeitgründen jedoch immer wieder. Ende der zwanziger Jahre schrieb er Ross G. Harrison, der ihn offenkundig zum Abfassen eines Buches ermuntert hatte:

„Aber Ihr freundliches Zureden ermutigt mich zu einem Gegenvorschlag. Ich lebe mich einmal in das ‚Buch' ein und wenn ich innerlich damit fertig bin, schreibe ich es. Dann schreibe ich Ihnen wieder und wenn ich dann noch gewünscht werde, komme ich gerne [...] Über was soll übrigens das ‚Buch' sein? Ich habe bisher immer nur konkrete Einzelforschungen getrieben und bin darüber so sehr Forscher geworden, daß ich vom Allgemeinen sofort wieder aufs Einzelne komme. Wenn Sie mir gelegentlich schreiben, so geben Sie mir doch eine ‚suggestion'."[1087]

Bereits der Titel „Experimentelle Beiträge zu einer Theorie der Entwicklung", auf den Spemann besonderen Wert legte und den er gegen die Einwände seitens des Verlegers durchsetzte, gibt sein wissenschaftstheoretisches Credo wieder: „Ich weiss, dass dieser Titel nicht sehr zugkräftig ist; aber er drückt den Inhalt und meine Absicht bestens aus."[1088] Er hob dabei insbesondere auf die Betonung des Experiments und die Charakterisierung als „Beitrag" zur Theoriebildung ab.

[1083] Vgl. SVA, B: S 121, Brief von Ferdinand Springer an Charles Warren vom 13. Januar 1933.
[1084] Vgl. Eakin, Great Scientists, S. 39.
[1085] Vgl. SVA, B: S 121, Brief vom Verleger Ferdinand Springer an Hans Spemann vom 3. August 1936. Die Gestaltung des Bucheinbandes geht übrigens auf Spemanns Sohn Rudo zurück, der als gelernter Graphiker darum gebeten hatte, vgl. SVA, B: 121, Brief von Hans Spemann an Ferdinand Springer vom 4. Mai 1935.
[1086] Vgl. SVA, B: S.121, Brief von Hans Spemann an Ferdinand Springer vom 29. April 1922.
[1087] Yale University, Sterling Library, Ross G. Harrison papers, Brief von Hans Speman an Ross G. Harrison vom 3. November 1930.
[1088] SVA, B: S 121, Brief von Hans Spemann an Ferdinand Springer vom 30. Januar 1935.

2.6.3. Resümee eines langen Forscherlebens

Inhaltlich beschränkte Spemann sich nicht nur auf eine Darstellung seiner experimentellen Einzeluntersuchungen. Kritiker vermerkten als positiven Aspekt:

„The volume is especially noteworthy in its attempt to weave a great mass of isolated facts into a general picture of development the central key of which is the conception of embryonic induction."[1089]

Auch ging Spemann über sein engeres Forschungsgebiet, die Amphibienentwicklung hinaus und besprach beispielsweise auch Forschungsergebnisse über die Insektenentwicklung, was Friedrich Seidel, Mitarbeiter von Otto Mangold, sehr begrüßte:

„Beim Durchsehen der Korrekturbogen Ihres Buches habe ich eine große Freude darüber empfunden, daß Sie die Experimente an den Insekten so ausführlich dargestellt haben. Es war mir sehr wertvoll zu sehen, wie die Ergebnisse von den Erfahrungen aus, die Sie über den Amphibienkeim haben, beurteilt werden müssen, und zu wissen an welchen Stellen Sie Schlußfolgerungen nur zögernd folgen können, wo also weitere Experimente nötig sind, um alles klar werden zu lassen."[1090]

Spemanns Buch wurde in den führenden Fachzeitschriften besprochen und fand allgemein ein positives Echo. Hervorgehoben wurden neben der sprachlichen Qualität die historische Darstellungsweise der Forschung, die zum Teil neuen Abbildungen, die ausführliche Bibliographie sowie die sorgfältige Einführung in Technik und Methode. Neben marginalen inhaltlichen Einwänden monierten Kritiker vor allem das Fehlen eines Personen- und Schlagwortregisters.[1091]

Auch Julian Huxley äußerte sich grundsätzlich positiv über Spemanns Buch, wehrte sich aber gegen den darin geäußerten Vorwurf: „You state that we [Huxley und de Beer, P.F.] accept Child's view of a metabolic gradient, whereas we actually are very careful not to assert that the gradient is an oxidative metabolism ..."[1092]

Der Heidelberger Anatom Hans Petersen, der Spemann bereits 1919 einen wichtigen Hinweis bezüglich des mesodermalen Charakters der dorsalen Urmundlippe gegeben hatte, hob besonders den antireduktionistischen Gedanken in Spemanns Werk hervor:

„Unser erster und am meisten kritischer Embryologe [sic!] stellt also gegen Ende einer langen und überaus erfolgreichen Arbeit fest, daß man beim Studium eines so spezifisch lebendigen Geschehens, wie es die Entwicklung des Keims zum organisierten Körper ist, sich nicht irgendwelchen außer- oder unterhalb des Lebendigen genommenen Erklärungsprinzipien nähert. Wenn er sich vielmehr veranlaßt sieht, schon zur Beschreibung und Verdeutlichung der Tatsachen seine Vorstellung einem höheren Bereiche lebendigen Geschehens, dem des menschlichen Seelenlebens zu entnehmen, so dürfen wir das als

---

[1089] Unbekannt, in: The Quarterly Review of Biology 2 (1937).
[1090] SBF, Nachlaß Hans Spemann, A.1.a., Nr. 347, Bl. 527, Brief von Friedrich Seidel an Hans Spemann vom 14. Juli 1936.
[1091] SVA, Rezensionen; vgl. SBF, Nachlaß Hans Spemann, A.1.a., Nr. 141, Bl. 227, Brief von Viktor Hamburger an Hans Spemann vom 14. Januar 1937.
[1092] SBF, Nachlaß Hans Spemann, A.1.a., Nr. 516, Bl. 801; Brief von Julian S. Huxley an Hans Spemann vom 5. August 1936.

einen Beweis dafür nehmen, daß die Biologie sich aus den Fesseln einer apriorisch mechanistisch-materialistischen Gedankenwelt zu befreien im Begriffe ist, und unabhängig und selbständig ihre Begriffe und Vorstellungsweisen ihrem eigenen Gebiet lebendigen Geschehens entnehmen will, also eine autonome Wissenschaft vom autonomen Leben."[1093]

Der Münchner Genetiker Karl Henke urteilte mit Blick auf einen der zentralen Aspekte in Spemanns wissenschaftlichem Gesamtwerk:

„Mit gutem Grund wird in Spemanns Darstellung das Prinzip der doppelten Sicherung (der Gegenpol des in der heutigen Biologie vielleicht manchmal zu sehr betonten Ökonomieprinzips) so stark hervorgehoben und eingehend diskutiert. Vertraut man zu sehr auf das Ökonomieprinip, so kann man leicht als selbstverständlich annehmen, mit einem als wirksam erkannten Entwicklungsfaktor schon die tatsächliche Ursache für alle die Entwicklungsvorgänge gefunden zu haben, die sich theoretisch auf diesen Faktor zurückführen ließen. So glaubte in der Frühzeit der Entwicklungsphysiologie Driesch, daß diejenigen Faktoren, welche in der regulativen Entwicklung in ihrem Bestand veränderter Keime eine harmonische Gliederung bewerkstelligen, auch die erste Differenzierung im ursprünglich völlig ungegliederten Keim herstellen. Aber die Faktoren der regulativen Entwicklung können doch auch lediglich eine zweite Sicherung bilden, welche den Bestand einer normalerweise anderweitig hergestellten Gliederung mit garantiert. Mit Recht hielt Roux gegenüber Driesch an einer Unterscheidung von normaler und regulativer Entwicklung fest."[1094]

Gavin de Beer, dessen Befürwortung der Childschen Gradiententheorie ihn in einen gewissen Gegensatz zu Spemanns Position brachte, kommentierte:

„Without doubt, however, the greatest debt in which Prof. Spemann has placed his readers, is for the admirably clear, and, it may be added, delightfully sypmathetic, account he has given of the discovery and properties of the amphibian organizer".[1095]

Ohne Zweifel war und ist Spemanns Buch ein Standardwerk der experimentellen Entwicklungsbiologie, wie der Blick auf den Science Citation Index der letzten zwanzig Jahre belegt.[1096] In ihm sind die seit der Jahrhundertwende erarbeiteten bedeutsamen Ergebnisse dieser Forschungsdisziplin zusammengefaßt, was seinen Wert nicht nur für die Entwicklungsbiologie, sondern auch für die Wissenschaftsgeschichtsschreibung begründet.

[1093] Petersen, Hans: Spemann, Hans, Beiträge zu einer Theorie der Entwicklung. Rezension. In: Zeit. f. Anat. u. Entwicklungsgeschichte 107 (1937), S. 422–425.
[1094] Henke, Karl: Spemann, Hans, Beiträge zu einer Theorie der Entwicklung. Rezension. In: Biologisches Zentralblatt 58 (1938), S. 117–119.
[1095] De Beer, Gavin R.: Review. In: Nature 139 (1937), S. 982–983
[1096] Vgl. ISI Science Citation Index 1973 bis 1993. Danach stieg die Zahl der Zitierung von Spemanns Buch von 9 auf 53.

2.6.3. Resümee eines langen Forscherlebens

Epilog: Experimente zum Krebsproblem im Jahre 1938

Am 16. März 1938 begann Spemann – mittlerweile Emeritus – seine letzte Operationssaison, unterstützt von seiner Doktorandin Antje Oehmig, deren Assistentenstelle die Notgemeinschaft der Deutschen Wissenschaften finanzierte. Spemann ging von der Frage aus, ob „... eines der Determinationsfelder, welche den sich *entwickelnden* Organismus beherrschen, auch im *erwachsenen* Organismus noch vorhanden und befähigt sind, die unter seine Wirkung gebrachten Potenzen des jungen Keimteils zu wecken."[1097] Diese Frage gedachte er zu prüfen, indem er kleine Stückchen junger Amphibienkeime mit bekannter prospektiver Bedeutung mit der Leber eines erwachsenen Tieres in Verwachsung brachte. Die Transplantationen waren dabei homöo-, hetero- und auch xenoplastischer Natur.

Nachdem sich herausgestellt hatte, daß die Leber des adulten Tieres keinerlei determinierenden Einfluß auf das embryonale Implantat hatte – d.h. es konnte kein „Leberfeld" im adulten Tier nachgewiesen werden[1098] –, war Spemann gezwungen, die ursprüngliche Fragestellung zu modifizieren. Er widmete sich daher der Klärung des Problems, „... wie sich ein potenzenreiches embryonales Gewebe im erwachsenen Organismus verhält, wenn es weder durch seine frühere Umgebung determiniert worden ist, noch auch mangels determinierender Einflüsse seiner neuen Umgebung eingeordnet werden kann."[1099]

Bis zum 23. Juli 1938 transplantierte Spemann insgesamt 155 Gewebestückchen. Anfänglich verpflanzte er homöoplastisch *Triton taeniatus*-Schwanzregenerate unter die Haut adulter Tiere, zumeist oberhalb des Schulterblattes. Über die Resultate dieser insgesamt 19 Experimente liegen keine verwertbaren Aussagen vor.

In weiteren 34 Fällen verpflanzte er präsumptive Neuroektodermstückchen von *Triton alpestris* unter das Peritoneum eines adulten *Triton taeniatus*, bei zwei weiteren Experimenten entstammte das Transplantat der dorsalen, in 13 anderen Fällen der ventralen Keimeshälfte, in 10 Fällen der präsumptiven Leber, in weiteren 10 Fällen dem präsumptiven Entoderm. Einmal verpflanzte Spemann das Hinterende einer *Triton alpestris*-Neurula zwischen Leber und Peritoneum eines adulten *Triton taeniatus*. Präsumptives Neuroektoderm von *Triton cristatus* verpflanzte Spemann in 17 Fällen in *Triton taeniatus*. Anschließend wiederholte er die Experimente, wobei er aber in 23 Fällen *Rana esculenta*-Entoderm unter das Peritoneum von *Triton taeniatus* einschob. Zuletzt führte Spemann 15 Transplantationen durch, bei denen er präsumptives *Bombinator pachypus*-Neuroektoderm unter das Peritoneum von *Triton taeniatus* verpflanzte.

Wichtigstes Ergebnis war die Entstehung eines von Spemann als „Gewächs" bezeichneten Zellgebildes zwischen Leber und Peritoneum (Abb. 48). Dieses konnte eine Verbindung zur Leber und auch zum Peritoneum aufweisen, zuweilen

---

[1097] Spemann, Verhalten embryonalen Gewebes, S. 694. Kursivdruck im Original.
[1098] Vgl. Spemann, Verhalten embryonalen Gewebes, S.760.
[1099] Spemann, Verhalten embryonalen Gewebes, S. 694.

298   2.6. Forschungsphase III (1925–1924)

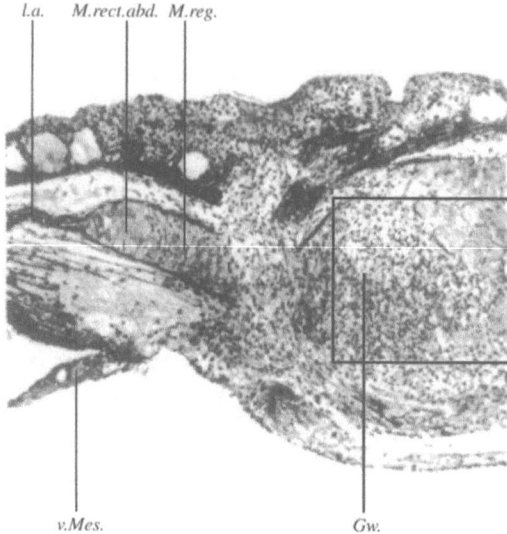

Abb. 48. Beispiel für ein sogenanntes „Gewächs", welches Spemann nach Verpflanzung embryonalen Gewebes in die Leibeshöhle adulter Tiere erzielte. Gw: Gewächs; l.a.: mediane Fascie der Bauchmuskulatur; M.rect.abd.: Querschnitt durch den geraden Bauchmuskel der rechten Seite; M.reg.: derselbe Muskel, regeneriert; v.Mes.: ventrales Mesoderm der Leber (60fache Vergrößerung; ZIF, Nachlaß Hans Spemann, Protokollordner 1938, Triton taeniatus 1938 (129), Originalgröße; vgl. Spemann, Verhalten embryonalen Gewebes, S. 755, Abb. 44)

auch nur zu einem von beiden. Das Gewächs war gegen die Leibeshöhle immer mit Peritoneum überwachsen. Für seinen Erhalt und das Wachstum war eine zelluläre Verbindung zu Leber oder Peritoneum notwendig. Das Gewächs, zumeist dem Ektoderm entstammend, wies häufig epidermisähnliche, kubische Zellen auf, was seine Herkunft vom Implantat wahrscheinlich machte. Beispielsweise glaubte Spemann laut Protokoll Triton taeniatus 1938 (36) erkannt zu haben, „daß in diesem Falle das Implantat sich ganz in das Gewächs umgewandelt hat."[1100] Häufig beobachtete er in der Kontaktzone zwischen „Gewächs" und Leber eine tiefe Verwachsung, einhergehend mit Zerstörung des Lebergewebes. Analoge Veränderungen waren auch Muskel- und Epidermisgewebe gegeben.[1101]

Mit dieser Problematik griff Spemann das in der Humanpathologie schon lange diskutierte Problem der Entstehung bösartiger Tumore auf, was durch Forschungen des Russen G. Belogolowy im Jahre 1918 neu belebt worden war.[1102] Belogolowy und auch Bernhard Dürken hatten derartige Gebilde bereits beobach-

---

[1100] ZIF, Nachlaß Hans Spemann, Protokollordner 1938, Triton taeniatus 1938 (36).
[1101] Vgl. Spemann, Verhalten embryonalen Gewebes, S. 766–767.
[1102] Vgl. Belogolowy, G.: Die Einwirkung parasitären Lebens auf das sich entwickelnde Amphibienei (den „Laichball"). In: W. Roux' Arch. f. Entw.mech. d. Organis. 43 (1918), 556–681.

2.6.3. Resümee eines langen Forscherlebens

tet und als Sarkome gekennzeichnet. Trotz der überwiegenden Kritik durch die Fachkollegen gestand Spemann ihren Resultaten und Interpretationen eine gewisse Glaubwürdigkeit zu.[1103] Diesen Befunden standen allerdings Holtfreters abweichende Ergebnisse ähnlicher Experimente entgegen.[1104] Er hatte niemals Tumore mit die Umgebung zerstörendem Wachstum erhalten. Spemann vermutete, daß bei seinen Objekten die Implantate „... nicht genug mit den Organen der Nachbarschaft verwachsen waren, oder daß sie vom Blut des Wirts nicht ausreichend ernährt wurden."[1105]

Weiterführende Überlegungen Spemanns zielten dahin, Regenerationsgewebe unterschiedlicher Organe, älteres Embryonalgewebe oder auch „Stücke aus den Gewächsen" unter der bisherigen Fragestellung zu untersuchen.[1106]

Aus wissenschaftshistorischer Sicht ist Spemanns letzte experimentelle Arbeit vergleichsweise unbedeutend. Die von ihm vorgeschlagenen Versuche wurden nicht rezipiert, die Entwicklungsbiologie wandte sich anderen Feldern zu. Allerdings blieben Spemanns Bemühungen auf dem Gebiet der Krebsforschung zu seiner Zeit nicht unbeachtet. Der Reichsauschuß zur Krebsbekämpfung trat am 19. März 1939 an Spemann mit der Bitte heran, einen Beitrag zur Festschrift des Pathologen Prof. Borst anläßlich dessen 70. Geburtstages zu liefern.[1107] Spemann entsprach dieser Bitte jedoch nicht.

[1103] Vgl. Dürken, Bernhard: Das Verhalten embryonaler Zellen im Implantat. In: W. Roux' Arch. f. Entw.mech. d. Organis. 107 (1926), S. 727–828.

[1104] Vgl. Holtfreter, Johannes: Über histologische Differenzierungen von isoliertem Material jüngster Amphibienkeime. In: Verhandl. Deutsch. Zool. Gesell. 33 (1929), S. 174–180.

[1105] Spemann, Verhalten embryonalen Gewebes, S. 767.

[1106] Vgl. Spemann, Verhalten embryonalen Gewebes, S. 767–768.

[1107] Vgl. ZIF, Nachlaß Hans Spemann, Protokollordner 1938.

Teil 3

Bezugnehmend auf die der *Untersuchung* zugrundegelegten Fragestellungen sollen im folgenden drei übergeordnete wissenschaftsgeschichtliche Aspekte in Spemanns Forschung im Zusammenhang erörtert werden:

1. Hans Spemanns grundlegende evolutionstheoretische und biologiephilosophische Auffassungen, insbesondere seine Einstellung bezüglich neolamarckistischer und neovitalistischer Überlegungen im Kontext und Wandel der Zeit.
2. Seine Rolle als führender Vertreter seines Faches beim Zustandekommen und Aufrechterhalten des Schisma zwischen Genetik und Entwicklungsbiologie, wie es sich seit 1910 mehr und mehr herausgebildet hat.
3. Die historiographische Beurteilung von Spemanns wissenschaftlicher Forschung im Lichte der Internalismus-Externalismus-Debatte.

3.1. Hans Spemann – Neolamarckist und Neovitalist?

Das Aufblühen neolamarckistischer Gedanken[1108] gegen Ende des 19. Jahrhunderts war unter anderem durch die bereits ausgeführten Erklärungsdefizite der Darwinschen Selektionstheorie bedingt.[1109] Dabei spielte die entwicklungsbiologische Problematik koadaptativer Phänomene, wie sie beispielsweise Hans Spemann in seinem Referat über Korrelationen in der tierischen Entwicklung abhandelte,[1110] eine herausragende Rolle. Dabei boten die zur Erklärung des phylogenetischen Formenwandels und evolutiven Fortschrittes herangezogenen neolamarckistischen Hypothesen einer zielgerichteten Zweckmäßigkeit der Organismen und einer Vererbung erworbener Eigenschaften zugleich intellektuelle Schnittstellen für neovitalistische Auffassungen.

Diesen unter dem Sammelbegriff *Vitalismus* subsummierten, sehr heterogenen Vorstellungen lag als gemeinsamer Gedanke die Zurückführung der organismischen Zweckmäßigkeit auf einen inneren Bildungstrieb zugrunde. Eine solche wahlweise als *Bildungskraft, vis vitalis, eldn vital* oder *Entelechie* benannte Größe entzog sich nach Auffassung ihrer Vertreter der Kausalanalyse mittels naturwissenschaftlicher Methoden. Deutlich kommt die Nähe von Neolamarckismus (Psycholamarckismus) und Neovitalismus beispielsweise zum Ausdruck, wenn nach Hans Driesch die von ihm postulierte Entelechie „... durch psychologische Ausdrücke (analogiehaft) beschrieben werden könne."[1111] Es verdient betont zu werden, daß eine derartige, häufig anzutreffende Verquickung von Neolamarckismus und -vitalismus aufgrund der geistigen Verwandtschaft beider Lehren zwar nahelag, aber keine Zwangsläufigkeit darstellte.

Die wissenschaftshistorische Diskussion der Frage, welche Position Hans Spemann gegenüber beiden Auffassungen einnahm, trug bisher allzu oft den Charakter der Stigmatisierung. Zumeist beschränkten sich die Kontrahenten auf die

---

[1108] Zum Arbeitsbegriff „Neolamarckismus" vgl. oben S. 106, Fußnote 472. In diesem Kapitel wird der sogenannte Psycholamarckismus synonym dem Neolamarckismus verwendet, da er als eine von mehreren Varianten des letzteren anzusehen ist. Nach dem Psycholamarckismus, wie ihn August Pauly vertrat, liegt die Triebfeder der zielgerichteten und zweckmäßigen organismischen Anpassungen in der Befriedigung von „Zellbedürfnissen", welche analog psychischer Bedürfnisse zu verstehen sind.

[1109] Vgl. oben S. 105–107.

[1110] Vgl. Spemann, Correlationen.

[1111] SBF, Nachlaß Hans Spemann, A.1.a., Nr. 467, Bl. 732, Brief von Hans Driesch an Hans Spemann vom 23. Februar 1932.

Auseinandersetzung, ob er den intellektuellen „Sündenfall" begangen habe, eine oder gar beide der von der modernen Naturwissenschaft verworfenen Lehren sich eigen zu machen, oder ob er dies vermieden habe. Beispielsweise sieht Holtfreter im „Organisator" einen Ausdruck Spemanns vitalistischer Überzeugung,[1112] wohingegen Bandlow und Waddington gerade diesen Punkt nicht bestätigen können.[1113] Mehrere Autoren stellen unter Berufung auf den Schlußabsatz in Spemanns Buch „Experimentelle Beiträge zu einer Theorie der Entwicklung"[1114] und auf entsprechende Partien in der Autobiographie[1115] seine neolamarckistische Überzeugung in den Vordergrund, deren Wurzeln zumeist in den geistigen Einflüssen von Gustav Wolff und August Pauly gesehen werden.[1116] Implizit schwingt in solchen Feststellungen eine Diskreditierung Spemanns als moderner Naturwissenschaftler mit.

Für einen geschichtswissenschaftlichen Erkenntnisgewinn ist jedoch die Frage eines derartigen wissenschaftlichen „Sündenfalls" irrelevant, da der vermeintliche Sündenfall vom Historiker nicht als solcher aufgefaßt wird. Vorausgesetzt, Spemann habe tatsächlich die eine oder beide Theorien vertreten, so stellen sich für den Wissenschaftshistoriker vielmehr die Fragen:

1. Wie konstant vertrat er solche Positionen? Welche Wandlungen lassen sich im Laufe seiner Entwicklung erkennen und welche Gründe können hierfür angeführt werden?
2. Welche Auswirkungen hatte eine solche Position auf seine experimentellempirische Arbeitsweise?
3. Wie ist seine Haltung zur Frage der Vererbung erworbener Eigenschaften und der zielgerichteten Zweckmäßigkeit organismischer Anpassungen während der Evolution vor dem Hintergrund einer allgemeineren „Krise des Darwinismus" um die Jahrhundertwende zu bewerten?

Zur Klärung dieser Punkte werden die bisherigen Ergebnisse nochmals zusammengefaßt und abschließend erörtert.

[1112] Vgl. Holtfreter, Life and Work, S. 117.

[1113] Vgl. Bandlow, Eberhard: Philosophische Aspekte in der Entwicklungsphysiologie der Tiere. Verlag Gustav Fischer, Jena 1970, S. 46; vgl. Waddington, Conrad H.: Hans Spemann. In: Gillispie, Charles C. (Hrsg.): Dictionary of Scientific Biography. Vol. XII, Charles Scribner's Sons, New York 1975, S. 567–569, S. 569.

[1114] Vgl. Spemann, Experimentelle Beiträge, S. 278. Spemann schreibt hier: „Immer wieder sind Ausdrücke gebraucht worden, welche keine physikalischen, sondern psychologische Analogien bezeichnen. Daß dies geschah, soll mehr bedeuten als ein poetisches Bild [...] Es soll heißen, daß diese Entwicklungsprozesse, wie alle vitalen Vorgänge, mögen sie sich einst in chemische und physikalische Vorgänge auflösen, sich aus ihnen aufbauen oder nicht, in der Art der Verknüpfung von allem uns Bekannten mit nichts so viel Ähnlichkeit haben wie mit denjenigen vitalen Vorgängen, von welchen wir die intimsten Kenntnisse besitzen, den psychischen."

[1115] Vgl. Spemann, Forschung und Leben, S. 167.

[1116] Vgl. Horder, Weindling, Hans Spemann; vgl. Rinard, Neo-Lamarckism.

3.1. Hans Spemann – Neolamarckist und Neovitalist?

Mit Gustav Wolff und August Pauly begleiteten zwei erklärte Gegner der Selektionstheorie und Befürworter psycholamarkistischer Gedanken Spemann in seinen frühesten Jahren als Student und angehender Wissenschaftler. In der Würzburger Zeit nach 1898 entwickelte sich zwischen Spemann und dem Anatom Hermann Braus, der ebenfalls neolamarckistischen Gedanken nahestand, eine enge Freundschaft. Die intellektuelle Nähe Spemanns zu Braus ist durch die Tatsache belegt, daß um diese Zeit beide beabsichtigten, gemeinsam ein Buch zu schreiben. Daraus wurde „wegen dringlicherer Forschungen"[1117] nichts, aber die vorbereitenden Gedanken schlugen sich in Spemanns begriffsgeschichtlicher Arbeit „Zur Geschichte und Kritik des Begriffes der Homologie" nieder.

Vermutlich war es Braus, der Spemann mit den Gedanken und der Person des Jenaer Zoologen Richard Semon vertraut machte. Nach dessen Auffassung war den somatischen Zellen eine „Merkfähigkeit" – analog der cerebralen Gedächtnisleistung – eigen, welche die physiologische Grundlage für den dauerhaften Erwerb von zellulären Eigenschaften und Fähigkeiten und letztlich für deren Transmission in die nachfolgenden Generationen bildete. Semon ließ Spemann die entsprechenden Seperata seiner Schriften laut Widmung persönlich zukommen.[1118]

Da allein die Bekanntschaft mit Personen derartiger Überzeugung noch keine Rückschlüsse auf Spemanns Geisteshaltung zuläßt, gilt es diese differenzierter auf der Basis seiner eigenen Äußerungen zu untersuchen. Die vorliegende Arbeit konnte nachweisen, daß die Ablehnung einer dogmatischen Sichtweise der Selektionstheorie sich wie ein roter Faden durch Spemanns Forschungen zog. Er leugnete keineswegs die Möglichkeit einer passiven Auswahlzüchtung als hinreichende Erklärung für zahlreiche Anpassungserscheinungen bei Organismen.

Jedoch wandte Spemann sich stets gegen die Vernachlässigung oder Negierung von Phänomenen, die mit der Selektion nur schwer in Einklang zu bringen waren. Das früheste Zeugnis hierfür ist die dritte These in der Disputation seines Habilitationsverfahrens, in der er das Phänomen der Mimikry als Einwand gegen die Selektion anführte. Noch Anfang der 30er Jahre äußerte er in seiner Vorlesung, daß die Schutzfärbung bei Schmetterlingen eine zielgerichtete, zweckmäßige Anpassung darstelle; die Selektion könne nicht für das Zustandekommen solcher Flügelmuster verantwortlich sein, sondern nur die Überlebenschancen ihrer Träger begünstigen – und damit deren stammesgeschichtlichen Erfolg.[1119] Weiterhin manifestiert sich seine Skepsis gegenüber der Selektionstheorie – wie oben ausgeführt – vor allem in der Diskussion des Phänomens der Korrelation bei morphogenetischen Prozessen während der Jahre 1905 bis 1907.[1120]

Spemann hat nach dieser Zeit in wissenschaftlichen Publikationen nur noch wenige Äußerungen zur Selektionstheorie von sich gegeben. Vermutlich schien

---

[1117] Vgl. Spemann, Hermann Braus, S. 258.
[1118] Vgl. ZIF, Nachlaß Hans Spemann, Seperata-Sammlung.
[1119] Vgl. ZIF, Nachlaß Hans Spemann; Praktikumsbuch Ekkehard Liehl, Wintersemester 1930/31.
[1120] Vgl. oben S. 214–215.

ihm das Thema aufgrund der neuen Erkenntnisse der Genetik und der zahlreichen, widersprüchlich interpretierbaren Daten zu sehr im Wandel, als daß er es mit ungesicherten Spekulationen seinerseits „bereichern" wollte. Solche Beiträge hätten überdies seinem methodischen Selbstverständnis widersprochen.

Dennoch gibt es einige Anhaltspunkte, daß Hans Spemann die Selektion bis in die dreißiger Jahre – somit bis gegen Ende seiner wissenschaftlichen Betätigung – als nicht hinreichend ansah, um evolutionäre Anpassungserscheinungen vollständig zu erklären. So erinnern sich seine Schüler Viktor Hamburger und Eckhard Rotmann übereinstimmend an Diskussionen im institutsinternen Kreis, in denen Spemann stets gegen die Mehrheitsmeinung der Anwesenden die Selektionstheorie anzweifelte.[1121] Folgt man dem Zoologen Alfred Kühn, der Spemann insbesondere in den zwanziger und dreißiger Jahren kennenlernte, so war dies eine für Spemanns Forschergeneration typische Grundhaltung, die beispielsweise auch bei Boveri oder Herbst anzutreffen war.[1122]

Aus Spemanns eigenen Dokumenten lassen sich Hamburgers und Rotmanns Stellungnahmen bestätigen. In einem Brief an den Neukantianer Jonas Cohn bezeichnete er im Jahre 1928 Gustav Wolff als denjenigen, der „die erste wirklich durchschlagende Kritik an der Selektionstheorie".[1123] geäußert habe. Spemann selbst hielt vor lokalen wissenschaftlichen Gesellschaften in Freiburg Vorträge über „Die Situation der Biologie bei Ablehnung der Selektionstheorie".[1124] Auch wenn der Inhalt des Vortrages nicht überliefert ist, läßt – mit Blick auf die oben erwähnten Quellenauskünfte – der Vortragstitel auf eine distanzierte Haltung des Referenten (Spemann) gegenüber der Selektionstheorie schließen. Daß Spemann sich an der Diskussion der Frage nach den Ursachen evolutiven Fortschrittes lediglich in privaten bzw. lokalen Zirkeln beteiligte, entspricht der bereits dargestellten Einschätzung, daß er – trotz offenkundigem Interesse – sich nicht auf diesem vergleichsweise wenig abgesicherten Gebiet wissenschaftlich exponieren wollte.

Weitaus schwieriger als die partielle Ablehnung der Selektionstheorie sind Spemanns alternative Vorstellungen über die Ursachen des evolutionären Fortschritts, unter denen der Lamarckismus sicher eine wichtige darstellte, zu beurteilen. Wie oben ausgeführt, distanzierte Spemann sich nach seinem Wechsel von München nach Würzburg geistig von August Pauly, was vornehmlich mit dem

---

[1121] Vgl. Hamburger, Viktor: Embryology and the Modern Synthesis in Evolutionary Theory. In: Mayr, Ernst; Provine, William B. (Hrsg.): The Evolutionary Synthesis. Perspectives on the Unification of Biology. Harvard Univ. Press, Cambridge/MA, London, 1980, S. 97–112, S. 99; vgl. Hamburger, Viktor: Evolutionary Theory in Germany: A Comment. In: Mayr, Provine, Evolutionary Synthesis, S. 303–308; vgl. Rotmann, Eckhard: Die Werkstatt. In: Spemann, Forschung und Leben, S. 259–274, S. 272.

[1122] Vgl. Kühn, Alfred: Biologie der Romantik. In: Grasse, G.: Alfred Kühn zum Gedächtnis (= 5. Biologisches Jahresheft), Gebrüder Burri, Hemer 1972, S. 121–134, S. 133.

[1123] Jonas Cohn Archiv Duisburg, Brief von Hans Spemann an Jonas Cohn vom 22. Juni 1928.

[1124] SBF, Nachlaß Hans Spemann, A.2.c., Nr. 917, Bl. 1801, Brief von Hans Spemann an Fritz Baltzer vom 23. Mai 1929.

3.1. Hans Spemann – Neolamarckist und Neovitalist?

Studium Weismanns „Keimplasma" zusammengehangen haben dürfte.[1125] Diese fachliche Distanz zu Pauly gab Spemann nicht wieder auf. Gibt es für die Jahre 1897 bis 1899 Hinweise darauf, daß er kritisch zum Neolamarckismus Paulyscher Prägung stand, so akzeptierte er in den Jahren 1905 bis 1907 die Vererbung zielgerichtet erworbener Eigenschaften als diskussionswürdige Hypothese. Grund hierfür war das damals phylogenetisch nur schwer zu erklärende *Prinzip der doppelten Sicherung*, welches ihm erstmals Hermann Braus darlegte. War das *Prinzip der doppelten Sicherung* ein geeignetes Modell, um die experimentellen Befunde der Linsenbildung bei Amphibien ontogenetisch zu interpretieren, so lieferte der mit Braus befreundete Richard Semon die Anregung zur phylogenetischen Erklärung.

Auf das Problem der Linsenbildung bei Amphibien angewandt, ließ sich mit Semons oben ausgeführter These von der Analogie des cerebralen und zellulären Gedächtnisvermögens argumentieren, daß solchermaßen zur Erinnerung befähigte Linsenbildungszellen sich nach mehreren Generationen des stets eintretenden Augenbecherstimulus entsinnen könnten, sich vom induzierenden Reiz emanzipieren und „automatisch", selbstdifferenzierend Linsen hervorbringen; – eine Art vorauseilender Gehorsam, denn experimentell konnte nachgewiesen werden, daß der induzierende Stimulus auch bei Amphibienarten mit freier Linsenbildung noch existiert. Somit wäre ein Modell für den Erwerb von somatischen Eigenschaften aufgrund von Zellerinnerung erstellt, welches zugleich die Vielfalt morphogenetischer Mechanismen in phylogenetisch nahe verwandten Arten erklären könnte; offen blieb nach Spemann der Weitergabemechanismus der Zellerinnerungen über die Keimbahn an spätere Generationen; hierin erkannte er den problematischsten Aspekt des Modells.

Der uns heute so fremd anmutende Gedanke eines „Zellgedächtnisses" schöpfte seine Akzeptanz aus einer weiteren Quelle. Auf der Basis der paradigmatischen Baerschen Keimblattlehre war nämlich eine Wesensverwandtschaft aller ektodermalen Zellen – wozu bekanntermaßen auch die Neuralzellen gehören – und ihrer Fähigkeiten durchaus denkbar. Diese Deduktion veranlaßte Spemann, nicht nur die abhängige bzw. unabhängige Linsenbildung, sondern auch die Wolffsche Linsenregeneration, welche von ebenfalls ektodermalen Iriszellen ausgeht, vor dem Hintergrund der Keimblattlehre zu interpretieren – als Argument für eine irgendwie geartete „Zellgedächtnis"-Leistung.

Bemerkenswerterweise äußert er solche Hypothesen zu einem Zeitpunkt, als Semon mit mehreren grundlegenden Schriften an die Öffentlichkeit herangetreten war.[1126] Da Spemann ihn mehrfach zustimmend zitiert, kann für den Zeitraum 1905 bis 1907 von einer geistigen Nähe beider ausgegangen werden. Allerdings betonte er stes den hypothetischen Charakter dieses neolamarckistischen Modells.

[1125] Vgl. oben S. 29–30.

[1126] Semon, Richard: Die Mneme als erhaltendes Prinzip im Wechsel des organischen Geschehens. Leipzig 1904; vgl. Semon, Richard: Beweise für die Vererbung erworbener Eigenschaften. Arch. f. Rassen- und Gesellschaftsbiologie 4 (1907), S. 1–45.

„Ich habe vor einigen Jahren versucht, das [*Prinzip der doppelten Sicherung*, P.F.] unter Annahme der Vererbung solcher Reizwirkung verständlicher zu machen. Trotz aller Rätsel, die auch da noch bleiben, scheint mir diese Auffassung die geringsten prinzipiellen Schwierigkeiten zu besitzen. Es wird aber gut sein, wenn wir uns immer dafür offen halten, daß hier auch ganz andere, noch unbekannte Zusammenhänge vorliegen können."[1127]

Nach dem Jahre 1912 äußerte sich Spemann zeitlebens nicht mehr in wissenschaftlichen Publikationen bezüglich des Lamarckismus. Dies fällt um so mehr auf, als er 15 Jahre später in der Induktion der Neuralplatte durch sie unterlagerndes Chordamesoderm (heterogenetische Induktion) bzw. durch unterlagerndes präsumptives Neuroektoderm (homöogenetische Induktion) ein zweites Fallbeispiel für ein *System der doppelten Sicherung* nachweisen konnte. Im Gegensatz zur ersten derartigen Fallstudie, der „Linsenbildung", vermied Spemann in den zwanziger Jahren eine Interpretation des *Prinzips der doppelten Sicherung* auf der Basis der Vererbung erworbener Eigenschaften. Vermutlich erkannte er die unüberwindlichen Hindernisse dieser Hypothese, die keiner experimentellen Analyse zugänglich war und heute als widerlegt gilt.

Es verdient hervorgehoben zu werden, daß Spemann die Schwächen der Selektionstheorie registrierte, ohne gleich eine Alternativtheorie dogmatisch zu postulieren. Spemanns Position kann als Beleg für Bowlers These angeführt werden, nach der das Paradigma der Selektion als richtungsweisender Faktor im – modern ausgedrückt – ungerichteten Mutationsprozeß um die Jahrhundertwende heftigen Zweifeln ausgesetzt war, ohne daß es zur Ablösung durch ein ähnlich tragfähiges Paradigma auf der Basis des Lamarckismus gekommen wäre.[1128] Spemanns Skepsis gegenüber der Selektionstheorie war im Grunde eine Reaktion auf ihre dogmatische Handhabung seitens vieler Biologen. Nach Spemanns wissenschaftstheoretischem Selbstverständnis lag nämlich genau hierin, in der Dogmatisierung einer Vorstellung (Ideal), der „Sündenfall" des modernen Naturwissenschaftlers begründet. Um bei seiner Terminologie zu bleiben: Der Naturforscher muß vermeiden, daß er das ihm im Geiste vorschwebende „Götterbild" – in diesem Falle die Selektion – zum Dogma erhebt.[1129]

Gegenüber dem Neovitalismus, wie ihn Hans Driesch vertrat, blieb Spemann in erster Linie aus methodischen Gründen äußerst reserviert. Nach seiner Auffassung vermochte die Postulierung einer *Entelechie* den Naturwissenschaftler in seinem kausalanalytischen Forschen nur zu hemmen. Ob grundsätzlich eine derartige Größe anzunehmen sei, ließ er zeitlebens offen.[1130] Jedoch belegen seine Ausführungen bezüglich Boveris Schichtenmodell und verwandter Gradientenmodelle, daß er die Lösung der Problematik des embryonalen Regulationsvermö-

---

[1127] Spemann, Entwicklung des Wirbeltierauges, S. 91.
[1128] Vgl. Bowler, Eclipse, S. 218.
[1129] Vgl. oben S. 115–116.
[1130] Vgl. Spemann, Mangold, Induktion von Embryonalanlagen, S. 634; vgl. Spemann, Experimentelle Beiträge, S. 278.

gens keineswegs zwangsläufig im Postulat einer nicht räumlich zu verstehenden *Entelechie* münden sah.[1131]

Die These, der Terminus *Organisator* zeuge von einer vitalistischen Konnotation, mag für die begriffsgeschichtliche Rezeption in der Wissenschaft zutreffen. Dies ist jedoch noch kein Argument dafür, daß Spemann mit einer solchen Rezeption einverstanden war. Aufgrund der oben ausgeführten Begriffsgeschichte, der Entdeckungsgeschichte des *Organisatoreffektes* und des von Spemann betonten Arbeitscharakters des Terminus entbehrt das Postulat, diese vitalistische Konnotation sei bei Spemann ausschlaggebend für die Begriffswahl gewesen, jeglicher historischen Argumentationsbasis. Gleiches gilt für die These vom *Organisator* als soziomorphes Modell,[1132] nach der gesellschaftliche Idealvorstellungen – hier ein hierarchisch-autoritär strukturiertes, organisiertes Gemeinwesen – in die naturwissenschaftliche Sphäre projiziert werden.

Die viel zitierte – und strapazierte – psychische Analogie führte Spemann selbst an keiner Stelle näher aus. Da es sich um eine seinerzeit auch von dezidierten Mechanizisten häufig bemühte Vergleichsdimension handelte,[1133] läßt sich daraus nur schließen, daß er sie als Ausdruck der Eigengesetzlichkeit des Lebens verstanden wissen wollte – was prinzipiell den Weg zu modernen Systemtheorien ebenso offen ließ wie den Weg zu vitalistischen Konzepten. Sicher ist, daß Spemann kein Reduktionist war. Dagegen sprechen seine philosophischen und künstlerischen Vorlieben ebenso wie seine undogmatische religiöse Grundeinstellung. Für ihn war die naturwissenschaftliche Kausalanalyse einer von mehreren Wegen, dem Phänomen „Leben" nachzuspüren. Da er sich für diesen Weg entschieden hatte, verpflichtete er sich auch, den kausalanalytischen Methodenkanon einzuhalten und – soweit dies möglich ist – außerhalb der kausalanalytischen Naturwissenschaften angesiedelte Erkenntnismethoden zu vermeiden.

Zusammenfassend läßt sich Spemanns evolutionstheoretische Position folgendermaßen umreißen:

- Die phylogenetische Deszendenz der Organismen faßte er als nicht ernsthaft anzweifelbare Theorie auf.
- Die Ursachen des evolutiven Fortganges ließ sich seiner Ansicht nach nicht befriedigend mit einer dogmatisch aufgefaßten Selektionstheorie begründen, ebensowenig wie mit einem dogmatischen Neolamarckismus. Daher ging er zu Dogmatikern beider Lager auf Distanz, was an seinem Verhältnis zu August Pauly deutlich abzulesen ist. Über Spemanns Meinung zu Gustav Wolff ist nur nachzuweisen, daß er dessen Einwände gegen die Selektionstheorie schätzte. Weitere wissenschaftliche Berührungspunkte lassen sich nicht erkennen.
- Eine Präferenz für den zielgerichteten Erwerb somatischer Eigenschaften und deren Fixierung in der Zelle aufgrund einer der cerebralen Gedächtnisleistung

---

[1131] Vgl. oben S. 285.
[1132] Zum Stichwort „soziomorphes Modell" vgl. Peters, Hans M.: Soziomorphe Modelle in der Biologie. In: Ratio 3 (1960), S. 22–37; vgl. Topitsch, Ernst: Das Verhältnis zwischen Natur- und Sozialwissenschaften. In: Dialectica 16 (1962), S. 211–231.
[1133] Vgl. Plate, Abstammungslehren, S.13.

vergleichbaren Zellfähigkeit ist nur während der Jahre 1905 bis 1912 belegbar. Sie gründet auf der hypothetischen Ableitung der onto- und phylogenetischen Interpretation des *Systems der doppelten Sicherung* und belegt zugleich Spemanns zeitweilige geistige Nähe zu Hermann Braus und Richard Semon.
- Die Weitergabe dieser zielgerichtet erworbenen Eigenschaften an nachfolgende Generationen blieb für ihn zu jedem Zeitpunkt seines Schaffens ein ungeklärtes Problem.
- Spemanns wissenschaftliche Haltung gegenüber dem Neovitalismus insbesondere wie ihn Hans Driesch vertrat, blieb distanziert. Seine antireduktionistische Einstellung fand ihren Ausdruck in psychischen Analogien, die aber keineswegs als Ausdruck eines Neovitalismus zu sehen sind. Dahinter steckt in erster Linie die Einsicht in die Komplexität organismischer Zusammenhänge, welche größer ist als die Komplexität der einzelnen Bestandteile der Organismen.

3.2. „Split Between Genetics and Embryology" – Hans Spemanns Rolle beim Zustandekommen und Aufrechterhalten des Schisma

Einer der zentralen Aspekte der moderne Biologiegeschichte ist zweifelsohne – nicht zuletzt aufgrund des Gegenwartsbezuges – das Schisma zwischen Entwicklungsbiologie und Genetik. Noch um die Jahrhundertwende waren Vererbungslehre, Entwicklungs- und Zellbiologie nicht scharf gegeneinander abgesetzt. Diese Einheit hat sich beispielsweise in den alle drei Fachgebiete gemeinsam behandelnden Büchern August Weismann[1134] oder auch Edmund Beecher Wilson[1135] manifestiert. Auch Spemanns Doktorvater Theodor Boveri beschäftigte sich sowohl mit Zellbiologie, als auch mit der Expression von Erbanlagen. Daher ist es um so bemerkenswerter, daß innerhalb weniger Jahre die synthetische Behandlung aller drei Gebiet ihrer scharfen Trennung weichen mußte.

Das Schisma der drei inhaltlich verwandten Disziplinen wurde maßgeblich durch die Erfolge von Thomas Hunt Morgans Chromosomenforschung[1136] seit 1910 gefördert. Garland Allen führt Morgans Hinwendung zur genetischen Forschung – er war ursprünglich auf entwicklungsbiologischem Gebiet aktiv – auf fünf Gründe zurück:[1137]

1. Morgan habe in seinen entwicklungsbiologischen Arbeiten einen zufriedenstellenden Fortschritt und eine attraktive Perspektive vermißt.

[1134] Vgl. Weismann, Keimplasma.
[1135] Vgl. Wilson, Cell.
[1136] Gilbert, Induction, S. 181.
[1137] Vgl. Allen, Garland E.: T. H. Morgan and the split between embryology and genetics, 1910–1935. In: Horder, Witkowski, Wylie, History of Embryology, S. 113–146, S. 115.

3.2. „Split Between Genetics and Embryology"

2. Etwa zeitgleich habe Wilhelm Johannsens Genotyp-Phänotyp-Konzept im Jahre 1911 eine erstrebenswerte Forschungsalternative aufgezeigt.
3. Mit der Fruchtfliege *Drosophila melanogaster* stand Morgan ein für diese Forschungsalternative geeignetes Objekt zur Verfügung.
4. Aufgrund von Morgans methodologischer Grundposition eines mechanistischen Materialismus, der ein pragmatisches Forschen ohne biotheoretischen Überbau ermöglichte, gelang ihm ein rascher Einstieg in die heute so bezeichnete klassische Genetik.
5. Die Forschungsaktivitäten in diese neue Richtung erhielten umfangreiche finanzielle Förderungen durch die interessierte Agrarwirtschaft.

Es ist allgemeiner Konsens, daß Morgan, obwohl wissenschaftlich in beiden Gebieten bewandert, keine substantiellen Beiträge zu einer Synthese der beiden thematisch verwandten Wissenschaften lieferte.

Der in den 20er Jahren erfolgte Durchbruch der Chromosomenforschung war jedoch kein unbestrittener Siegeszug einer neuen wissenschaftlichen Sichtweise alter Probleme. Beispielsweise überwog Skepsis bei vielen Biologen, auch wenn sie biochemisch eingestellt waren, wie der Belgier Jean Brachet.[1138] In Belgien und Frankreich „very few people believed in genes ... in those days [Ende der 1920er Jahre]".[1139] Der bedeutende Genetiker Richard Goldschmidt konnte Anfang der dreißiger Jahre sogar in einem Privatbrief äußern, „... daß ich neuerdings skeptisch geworden bin, ob es überhaupt Genmutationen gibt und überhaupt Gene gibt; aber das ist nur eine kleine Ketzerei."[1140]

Dieser wissenschaftsgeschichtliche Hintergrund ist zu berücksichtigen, wenn man Spemanns Haltung bezüglich der Genetik aus historischer Perspektive erörtert. Hans Spemann wurde verschiedentlich eine Blindheit gegenüber der genetischen Dimension embryologischer Vorgänge unterstellt, vornehmlich von seiner Doktorandin Salome Waelsch[1141] und auch von Viktor Hamburger.[1142] Die Vernachlässigung der Genetik in der Lehre, die Unterbindung von Dissertationen mit genetischer Problematik und das Nicht-Erkennen entwicklungsgenetischer Dimensionen des Induktionsproblems werden in diesem Zusammenhang angeführt. Ebenfalls monierten Biologen und Historiker, daß Spemann den Terminus Gen kein einziges mal in seinem Buch verwendete, obwohl er an einigen Passagen angebracht gewesen wäre. In der Tat läßt sich in Spemanns Schriften nur einmal die Verwendung des Begriffes „Gen" als Synonym für „Erbschatz" nachweisen, als er im Jahre 1923 vor der *Deutschen Gesellschaft für Vererbungswissenschaft* über „Vererbung und Entwicklungsmechanik" referierte.[1143]

[1138] Vgl. Brachet, Jean: Early interactions between embryology and biochemistry. In: Horder, Witkowsky, Wylie, History of Embryology, S. 245–259, S. 247.

[1139] Brachet, Early interactions, S. 247.

[1140] APS, L. C. Dunn papers, Brief von Richard Goldschmidt an L. C. Dunn vom 18. Februar 1930.

[1141] So im Gespräch vom 12. August 1994; vgl. ebenso Waelsch, Causal Analysis, S. 3.

[1142] Viktor Hamburger im Gespräch vom 4. August 1994.

[1143] Vgl. Spemann, Vererbung und Entwicklungsmechanik, S. 276.

Die Diskussion von Spemanns Rolle im genetisch-entwicklungsbiologischen Schisma darf folgende Punkte nicht außer acht lassen:

- Seine wissenschaftliche Ausbildung fiel in eine Zeit, in der genetische Antworten auf die von ihm aufgeworfenen Fragen nicht zu erwarten waren, insbesondere wenn man seine methodischen Präferenzen berücksichtigt. Sein Entschluß, sich der Entwicklungsbiologie zuzuwenden, war wie bereits ausgeführt in hohem Maße von äußeren Umständen und intellektuellen Vorlieben geprägt.
- Ein wesentlicher Faktor seines wissenschaftlichen Erfolges war das Focussieren auf eng umrissene Probleme und deren tiefgründige Bearbeitung. Dies impliziert zeitintensive Experimentserien und eine enge Auslegung derselben. In der von Spemann gewählten Methode war wenig Freiraum für kühne Gedankenflüge und interdisziplinäre Brückenschläge.
- Für einen Disziplinwechsel, wie ihn Morgan vollzogen hatte, fehlten bei Spemann die Voraussetzungen. Dies fällt um so deutlicher auf, wenn man die fünf von Allen in Bezug auf Morgan angeführten Gründe bei Hans Spemann überprüft: 1. Spemanns Forschungen zeigten bedeutende Fortschritte, 2. die genetischen Grundkonzepte widersprachen in ihrer Ungesichertheit seinem wissenschaftlichen Verständnis, 3. war er mit geeigneten Untersuchungsobjekten nicht vertraut und 4. waren seine Forschung nicht auf finanzielle Unterstützung aus der Landwirtschaft oder Industrie angelegt.

Damit wird deutlich, daß Spemanns Nichtbeachtung der Genetik zu einem guten Teil in der von ihm vorangetriebenen Spezialisierung der eigenen Disziplin begründet lag. War die gedankliche Vorbereitung der theoretischen Rahmenkonzepte seitens Roux und Driesch eine beachtliche Leistung, so trägt die experimentelle Kärrnerarbeit eines Hans Spemann eindeutig Züge der modernen Wissenschaften, nämlich die Konzentration auf empirische Klärung von Detailfragen, die dann als Steinchen dazu beitragen, das bereits entworfene paradigmatische Erkenntnismosaik auszufüllen, zu modifizieren oder auch zu widerlegen. Daß er nicht aus prinzipiellen Erwägungen kaum über den disziplinären „Tellerrand" blickte, zeigen die Ansätze, sich mit dem neuen Starobjekt der Genetik, mit *Drosophila melanogaster*, vertraut zu machen.[1144]

Die Frage, welche Rolle Spemann beim Zustandekommen bzw. beim Aufrechterhalten des Schisma gespielt habe, darf jedoch nicht seine experimentelle Arbeit als alleinigen Maßstab haben. Vielmehr muß untersucht werden, wie Spemann in der Lehre, in seinen Kontakten zu Genetikern und bei Berufungen sich verhalten hatte. Dabei wird deutlich, daß eine bewußte Mißachtung bzw. eine aktive Benachteiligung der Genetik nicht zu belegen ist. So hat er 1911 in Rostock einen Lehrauftrag für Genetik für den Assistenten Prof. Will beantragt, 1919 einen entsprechenden Lehrauftrag für Fritz Baltzer nachhaltig befürwortet, ebenso für Viktor Hamburger im Jahre 1928.

[1144] Vgl. oben S. 126–127.

3.2. „Split Between Genetics and Embryology"

Auch seine Abschottung gegen die Genetiker war nicht so gravierend wie zuweilen vermutet,[1145] insbesondere nicht während der Jahre 1914 bis 1919 am *Kaiser-Wilhelm-Institut für Biologie* in Berlin-Dahlem. Spemann pflegte beste und langdauernde Kontakte zum Pflanzengenetiker Carl Correns, der ihm eine Erklärung des Organisatoreffektes aus Sicht des Genetikers vorschlug.[1146] Die von Rinard monierte mangelhafte Zusammenarbeit mit dem Genetiker Richard Goldschmidt während des Ersten Weltkrieges[1147] ist weniger auf disziplinäre Scheuklappen als auf Goldschmidts Zwangsinternierung in den USA während der Jahre 1915 bis 1919 zurückzuführen. Auch in Freiburg bemühte sich Spemann um interdisziplinären Austausch mit dem Botaniker Friedrich Oehlkers, dessen genetische Forschungen an der Nachtkerze *Oenothera* ihm großes Renomee eingebracht hatten. Trotz der nicht immer reibungsfreien Zusammenarbeit und des gespannten persönlichen Verhältnisses beider hielten sie doch gemeinsame Colloquia ab.

Es überrascht kaum, daß Spemann bei anstehenden Berufungen Vertreter seines eigenen Forschungsgebietes, insbesondere eigene Schüler, protegierte. Dies gilt besonders für Otto Mangold, den er sowohl 1923 für die Abteilungsleitung am *Kaiser-Wilhelm-Institut für Biologie* in Berlin-Dahlem als auch für seine eigene Nachfolge in Freiburg im Jahre 1936 empfahl. Aber bereits auf Platz zwei seiner Vorschlagsliste für die eigene Nachfolge befand sich mit Karl Henke ein Genetiker.[1148] Das belegt, daß Spemann seinen enormen Einfluß innerhalb der deutschen Biologiewissenschaften nicht dazu verwandte, der Genetik nachhaltig Steine in den Weg zu legen.

So ergibt sich abschließend folgendes Bild:

1. Spemann beschränkte sich aufgrund methodischer Erwägungen auf die Entwicklungsbiologie. Eine für die damalige Zeit ungewöhnliche ‚Blindheit' gegenüber der Genetik läßt sich nicht nachweisen.
2. Er pflegte fachliche und zum Teil persönliche Kontakte zu Genetikern, beispielsweise zu Carl Correns, Friedrich Oehlkers und Richard Goldschmidt. Überdies kann bei seinen Berufungsempfehlungen keine Benachteiligung genetisch ausgerichteter Forscher konstatiert werden, wie die Fälle von Karl Henke und Fritz Baltzer belegen.
3. Spemann hat verständlicherweise die eigene wissenschaftliche Schule gefördert, somit möglicherweise unbeabsichtigt das Aufkommen genetischer Forschungen behindert. Aber eine bewußte Aufrechterhaltung des Schisma läßt sich nicht belegen.
4. Eine solchermaßen skizzierte Haltung war keineswegs ungewöhnlich zu jener Zeit. Es ist überdies zu bedenken, daß für Spemanns engeres Forschungsgebiet seitens der Genetik keine erfolgversprechenden Lösungsansätze vorgeschlagen

---

[1145] Vgl. Rinard, Neo-Lamarckism, S. 99.
[1146] Vgl. oben S. 265.
[1147] Vgl. Rinard, S. 99.
[1148] Vgl. oben S. 85.

wurden, solange er bis Ende der zwanziger Jahre aktiv die Forschung mitbestimmte.

3.3. Faktoren der wissenschaftlichen Forschungsentwicklung

Mit diesem abschließende Kapitel der Diskussion wird die Internalismus-Externalismus-Debatte, die in der Wissenschaftshistoriographie eine zentrale Position einnimmt, aufgegriffen. Da in dieser Debatte nicht nur geschichtswissenschaftliches Erkenntnisinteresse sondern auch politische, gesellschaftliche und philosophische Überzeugungen eine gewichtige Rolle spielen, sollen vorab die Grundpositionen dargelegt werden.[1149]

- *Internalismus:* Bereits seit dem vorigen Jahrhundert haben Naturwissenschaftler aus Interesse an der eigenen Disziplin sich mit der Genese derselben und ihrer Vertreter befaßt. Ausgehend von der eigenen Überzeugung der zweckfreien, nur nach Erkenntnis strebenden Grundlagenforschung, die eine Autonomie der Wissenschaften gegenüber Gesellschaft, Wirtschaft und Politik zur Folge haben sollte, stand zumeist die reine Ideengeschichte bzw. die Geschichte der herausragenden Forscher im Vordergrund. Damit trug diese Form der Wissenschaftsgeschichtsschreibung die Züge des bis Mitte des 20. Jahrhunderts vorherrschenden Historismus.
- *Externalismus:* Auf der anderen Seite reifte spätestens seit den unruhigen 1960er Jahren die Einsicht, daß die Geschichte der Naturwissenschaften nur im umfassenderen historischen Kontext zu verstehen ist. Der Forscher als Kind, aber auch als Gestalter seiner Zeit dürfte weder eine physische noch intellektuelle Autonomie gegenüber seiner Umwelt erlangt haben, auch wenn sein wissenschaftstheoretisches und methodologisches Ideal in diese Richtung zielt. Diese an sich naheliegende Überlegung wurde durch ihre Dogmatisierung seitens Wissenschaftshistorikern und -soziologen insbesondere unter Naturwissenschaftlern diskreditiert. Auch haben – wie bei der Beurteilung von Hans Spemann – nicht zutreffende Argumente dem externalistischen Ansatz einen Bärendienst erwiesen.

Dabei ist Hans Spemann als Forscherpersönlichkeit in besonderem Maße geeignet, diese übergreifende Problematik exemplarisch zu erörtern. Er gilt Internalisten – zurecht – als herausragender Vertreter der experimentellen Kausalanalyse, ein Meister der Mikrochirurgie und unübertroffen in der Auswertung komplexer Befunde. Zugleich lebte und wirkte er in einer Zeit des wissenschaftlichen, geistigen, sozialen und politischen Umbruchs, so daß signifikante Wechselbeziehungen zwischen all diesen Sphären vermutet werden können. Vertreter einer externalistischen wissenschaftshistorischen Sichtweise erkennen in seinen Unter-

---

[1149] Die Skizzierung ist selbstverständlich eine Verallgemeinerung mit all den dadurch bedingten Schwächen und Ungenauigkeiten. Sie gibt im wesentlichen ein Bild vom *main stream* der Wissenschaftsgeschichtsschreibung wieder.

3.3. Faktoren der wissenschaftlichen Forschungsentwicklung

suchungen und den daraus gezogenen Schlüssen folgerichtig ein hohes Maß an außerwissenschaftlichen, zumeist gesellschaftsideologischen Einflüssen. Um diese gegensätzlichen Positionen hinsichtlich ihrer inhaltlichen Substanz bewerten zu können, muß die Analyse möglicher wissenschaftsbeeinflussender Faktoren differenzierter erfolgen, als dies bisher geschehen ist. Im folgenden wird daher eine Klassifizierung solcher Faktoren bezüglich ihrer Auswirkungen erstellt. Anschließend erfolgt die Untersuchung Spemanns Arbeit hinsichtlich der Faktoren.

Grundsätzlich lassen sich Einflüsse auf Forschungsrichtung und -geschwindigkeit unterscheiden. Erstere wären qualitativer, letztere quantitativer Natur. Die Forschungsrichtung ist ohne Zweifel abhängig von:

- der eigenen intellektuellen Einstellung des Wissenschaftlers,
- den Einflüssen seines personellen Umfeldes,
- dem Forschungsstand und den Forschungsfortschritten und
- den eigenen experimentellen Befunden.

Weiterhin wird von externalistisch orientierten Wissenschaftshistorikern auch politischen, ideologischen und sozialen Faktoren ein richtungsbestimmender Einfluß auf die naturwissenschaftliche Forschung zugestanden, eine Hypothese, die bei Spemann exemplarisch überprüft werden soll.

Hingegen steht die Forschungsgeschwindigkeit in kausalem Zusammenhang mit

- dem akademischem Status,
- den finanziellen und materiellen Gegebenheiten,
- wissenschaftspolitischen Rahmenbedingungen,
- einer günstigen Konstellation von Fragestellung, Untersuchungsobjekt und -methode,
- den experimentellen Ergebnissen
- und der Kreativität des Forschers.

Legt man diese Kriterien an Spemanns wissenschaftliches Gesamtwerk an, so lassen sich einige klare Aussagen machen:

1. Ohne Zweifel waren die experimentellen Befunde Hauptmotor und Hauptrichtungsgeber seines Erkenntnisfortschrittes. Dies wird gleich zu Beginn seiner Tätigkeit bei den Schnürversuchen deutlich, wo die unterschiedliche Reaktion der geschnürten Objekte zu Rückschlüssen enormer Tragweite führten. Auch die während der Jahre 1915 bis 1918 erzielten Ergebnisse unterschiedlichster Transplantationsexperimente fügten sich letzten Endes in ein stimmiges Interpretationsmuster embryonaler Vorgänge.

2. Insbesondere in der Forschungsphase I spielten wissenschaftliche Prämissen eine überragende Rolle der Erkenntnisgewinnung. So übertrug Spemann gleich zwei mal in unzulässigem Analogieschluß Roux' Ergebnisse von *Rana fusca* auf *Triton taeniatus*: 1. bei der Frage, welche Keimhälften sich aus den beiden ersten Blastomeren ableiten und 2. übernahm er die unzutreffende Keimbezirkskarte des frühen Gastrulastadiums, nach der der Bezirk dorsal und lateral des Urmundes präsumptives Neuroektoderm angesiedelt sei; da-

durch verzögerte sich die korrekte Interpretation der nach homöoplastischen Organisatorverpflanzungen erhaltenen sekundären Embryonalstrukturen um Jahre. Auch allgemeine Prämissen stellten Stolpersteine im Erkenntnisprozess dar: das Prinzip der Sparsamkeit oder die vorausgesetzte Übereinstimmung von phylogenetischer Verwandtschaft und morphogenetischen Mechanismen waren ausschlaggebend für den Ausbruch der Linsenkontroverse, Karl Ernst von Baers Keimblattlehre begünstigte die Hypothese von Gedächtnisleitungen ektodermaler (neuraler und epidermaler) Zellen.

3. Neben den Prämissen, die sich aus der Forschung ergaben, waren Anregungen befreundeter Wissenschaftler von besonderer Bedeutung. Hier ist an erster Stelle das von Hermann Braus ins Spiel gebrachte *System der doppelten Sicherung* zu nennen. Auch Hans Petersens aus dem Jahre 1919 stammender Hinweis auf die Unstimmigkeit in Spemanns Interpretation der sekundären homöoplastischen Embryonalanlagen – der Brief kann als ein wissenschaftsgeschichtliches Schlüsseldokument gelten – ist kaum überzubewerten. Etwas schwieriger nachzuweisen ist der Einfluß philosophischer Überzeugungen. Am deutlichsten gelingt dies beim Nachweis antireduktionistischer bzw. holistischer Ansätze im Falle des Organisatoreffektes. Eine richtungsbestimmende Rolle gesellschaftlicher bzw. politisch-ideologischer Einflüsse ist nicht nachzuweisen, bestenfalls als richtungsbestätigend.

Gesellschaftliche, wirtschaftliche und politische Faktoren spielten nur insoweit eine Rolle, als sie die Geschwindigkeit der Forschung, sprich die Zahl der Experimente u.ä., beeinflußten. Die erstklassig illustrierten frühen Arbeiten, welche sicher zu seinem wissenschaftlichen Ansehenszuwachs beigetragen haben, finanzierte Spemann aus eigener Kasse. Sein Status als Ordinarius in Rostock und Freiburg behinderte die experimentelle Arbeit für insgesamt zehn Jahre; zugleich ermöglichte ihm dieser Status die Etablierung einer eigenen Forscher-Schule. Ohne Zweifel hat die wissenschaftspolitische Grundsatzentscheidung im Kaiserreich für eine nachhaltige staatliche Förderung der naturwissenschaftlichen Grundlagenforschung Hans Spemann direkt genutzt. Als zweiter Direktor des *KWI für Biologie* in Berlin-Dahlem vermochte er bahnbrechende und umfangreiche Experimentserien durchzuführen – die negativen Auswirkungen des Ersten Weltkrieges wurden in seinem speziellen Fall durch diese Einrichtung überkompensiert.

Im Lichte der Externalismus-Internalismus-Debatte ist Spemann sicherlich als ein Forscher zu interpretieren, dessen Richtung maßgeblich von internen Faktoren bestimmt wurde. Dies entsprach auch seinem methodischen Selbstverständnis, das er demnach in hohem Maße hat umsetzen können. Es läßt sich nicht leugnen, daß sich im Falle des *Organisatoreffektes* eine Kompatibilität zur gesellschaftlichen Entwicklung abzeichnete, die Spemann nicht in der wünschenswerten Schärfe zurückwies. Zum Zeitpunkt der Entdeckung des *Organisatoreffektes* ist jedoch sicher kein politisch-ideologischer Influx nachzuweisen; vielmehr belegen zahlreiche interne Faktoren die autonomen wissenschaftlichen Wurzeln der Konzeptionsentstehung. Es läßt sich kein Fall aufzeigen, wo solche Faktoren die experimentellen Befunde überstimmt hätten. Auch beim vielzitierten *Organisator* läßt sich nachweisen, daß der experimentelle Befund und der Rat eines Kollegen maßgeblich waren. Die allgemeine Verbreitung von Organisationsphänomenen in unbelebter und belebter Natur, ihr Auftreten von der Biologie bis in Wirtschaft, Staat und Gesellschaft mögen dem Terminus eine gewisse Glaubwürdigkeit gegeben haben. Aber seine methodologischen Grundsätze hat Spemann nie aufgegeben.

4. Zusammenfassung

Die vorliegende Arbeit hat zum Ziel, auf der Basis einer möglichst umfassenden Quellenlage ein vollständigeres Bild von Spemanns Leben, insbesondere von seiner wissenschaftlichen Forschung zu erstellen, als dies bisher geschehen ist. Die solchermaßen ergänzte und erweiterte Faktenkenntnis dient als Grundlage für eine differenzierende Einschätzung dieses Forschers im wissenschafts- und auch allgemein historischen Kontext. Insbesondere Spemanns Position bei der In-Frage-Stellung der Selektionstheorie um die Jahrhundertwende und beim Schisma zwischen Genetik und Entwicklungsbiologie in der ersten Hälfte des zwanzigsten Jahrhunderts stehen dabei im Vordergrund des Interesses. Zugleich kann die Arbeit als Fallstudie im Rahmen der Internalismus-Externalismus-Debatte gelten.

Um die wissenschaftsinternen wie -externen Faktoren, die dabei eine maßgebliche Rolle gespielt haben, so vollständig als möglich zu erfassen und in ihrer Bedeutung bewerten zu können, wurde folgende Vorgehensweise gewählt:

- Biographische Darstellung unter besonderer Berücksichtigung von sozial-, hochschul- und wissenschaftspolitik- sowie allgemein politikgeschichtlichen Gesichtspunkten.
- Skizzierung des entwicklungsbiologischen Forschungsstandes am Ausgang des 19. Jahrhunderts als Hintergrund und ideengeschichtliche Ausgangsbasis für Spemanns Forschungsweg.
- Darlegung seines wissenschaftstheoretischen Selbstverständnisses und der daraus von ihm abgeleiteten experimentellen Methoden. Sie dient zur wissenschaftstheoretischen Typisierung seiner Arbeitsweise und zur Klärung der Frage, ob er seinen eigenen wissenschaftlichen Maßstäben gerecht geworden ist.
- Ausführliche Darstellung von Spemanns Forschung, basierend auf den erhaltenen Versuchsprotokollen, Präparaten, Briefwechseln, Tagebüchern und Publikationen, ergänzt durch seine Anmerkungen in den zu seiner Privatbibliothek gehörenden Seperata und Büchern.
- Zusammenfassende Erörterung von Spemanns Haltung und Rolle in den oben genannten übergeordneten Aspekten.

Aufgrund dieser Vorgehensweise lassen sich folgende Ergebnisse zusammenfassend festhalten:

Hans Spemann war bezüglich seiner Sozialisation ein typischer Vertreter des Professorenstandes im Kaiserreich. Die Verzahnung von Bildungs- und Wirtschaftsbürgertum spiegelt sich in seinem Elternhaus und seiner Erziehung wieder. Sein gesellschaftliches Engagement konzentrierte sich auf die Jugenderziehung und im Rahmen der Volkshochschule seit 1920 auf die Erwachsenenbildung. Dabei zeigte er sich gegenüber reformpädagogischen, egalitären und demokratischen Ansätzen aufgeschlossen. Im Gegensatz zu dem von Ringer skizzierten Typus des „Mandarins"[1186] war Spemann nicht auf einen autoritären, hierarchischen Obrigkeitsstaat fixiert.

Seine politische Haltung war geprägt von einem Patriotismus, der insbesondere die Revision des Versailler Vertrages und die Wiederherstellung einer gleichberechtigten Position Deutschlands auf dem internationalen Parkett forderte. Parteipolitisch ungebunden läßt sich eine Nähe zur Deutschen Volkspartei bzw. Deutschen Staatspartei vermuten; u.a. legt die Freundschaft zum zeitweiligen Ministerpräsidenten Mecklenburgs, Reincke Bloch, dies nahe. Spemanns Patriotismus war auch verantwortlich dafür, daß er nach 1933 auf außenpolitischem Gebiet der nationalsozialistischen Politik bis in ihre expansive Phase zustimmen konnte. Dennoch glitt seine Haltung nicht in einen nationalen Chauvinismus ab, wie seine Wertschätzung anderer Nationen belegt.

Wissenschaftspolitisch setzte sich Spemann engagiert für die Freiheit und Autonomie in Forschung und Lehre ein. Die Überwindung der deutschen Isolation nach 1918 sowie die Aufrechterhaltung des internationalen Wissenschaftsaustausches nach 1933 waren sein besonderes Anliegen. Seine Tätigkeit als Herausgeber von *Roux' Archiv* verstand er auch im Sinne einer Pflege des internationalen Dialogs. Gute Beziehungen bestanden – bedingt durch das Forschungsgebiet – in die USA, namentlich zu Ross G. Harrison, Frank R. Lillie und Thomas H. Morgan. Weitere umfangreiche Korrespondenzen pflegte er mit dem Briten Julian S. Huxley. Durch Besuche bzw. Ausbildung ausländischer Forschungsgäste förderte Spemann die Entwicklungsbiologie maßgeblich in den Niederlanden, in Finnland und in Japan. Die fehlenden bzw. minimalen Kontakte nach Frankreich, Belgien und in die Sowjetunion dürften sowohl wissenschaftliche als auch politische Gründe gehabt haben. Spemanns Haltung gegenüber den Nationalisierungsbestrebungen und ideologischen Vereinnahmung der Naturwissenschaften durch die Nationalsozialisten nach 1933 war von entschiedener und offen geäußerter Ablehnung geprägt.

Grundsätzlich interessierten politische Ideologien ihn wenig; der Nationalsozialismus war ihm zuwider. Rassistische Äußerungen seinerseits sind in den Quellen nicht nachzuweisen. Im Gegenteil, gegenüber jüdischen Landsleuten hat er sich nach 1933 in zahlreichen Fällen entgegenkommend, loyal und hilfsbereit gezeigt. Sein Verhalten hätte durchaus Repressalien seitens der Nationalsozialisten gegen ihn zur Folge haben könen. Anderslautende Urteile in der Geschichtsschreibung entbehren jeglicher Quellengrundlage.

Gegenüber Frauen in der Wissenschaft hat Spemann sich nicht erkennbar ablehnend verhalten oder geäußert. Vielmehr zeigt der mit 21 % überdurchschnittliche Anteil von Doktorandinnen an der Zahl aller bei Spemann in Freiburg er-

---

[1186] Vgl. Ringer, Fritz: Decline of the German Mandarins. The German Academic Community 1890–1933. Harvard University Press, Cambridge/MA 1969, S. 11–20.

4. Zusammenfassung

stellten Dissertationen seine Unvoreingenommenheit. Auch bei der Themenvergabe für Doktorarbeiten sind keine geschlechtsspezifische Ungleichbehandlungen auszumachen.

Obwohl Spemanns experimentelle Forschung durch die Aufgabenbelastungen eines Ordinariats sowohl in Rostock als auch in Freiburg deutlich litt, zog er die Kombination von Forschung und Lehre, wie sie an deutschen Universitäten üblich war und ist, der reinen Grundlagenforschung am *Kaiser-Wilhelm-Institut* vor. Durch seine Lehre führte er eine ganze Reihe später erfolgreicher Entwicklungsbiologen an das Forschungsgebiet heran, unter ihnen Hermann Bautzmann, Viktor Hamburger, Salome Glueksohn-Schoenheimer, Johannes Holtfreter, Hilde und Otto Mangold, Alfred Marx, Eckhard Rotmann, Tadao Sato, Oskar Schotté und Horst Wachs. Die Etablierung einer wissenschaftlichen Schule wurzelte in Rostock – allerdings erst nach 1911 –, ihre personelle Entfaltung vollzog sich aber erst nach Ende des ersten Weltkrieges seit 1919 in Freiburg.

Spemanns wissenschaftstheoretisches Selbstverständnis war geprägt von der Einsicht, daß die kausalanalytische Naturwissenschaft nur einen von mehreren möglichen Zugängen zur Natur und damit zum Phänomen *Leben* bietet. Namentlich die Philosophie und die Kunst hatten für ihn einen ebenfalls hohen Stellenwert bezüglich dieser Thematik. Innerhalb des von ihm gewählten naturwissenschaftlichen Zuganges entschied er sich für die experimentelle Arbeitsweise. Aufgrund seiner Zurückhaltung in theoretischen Fragen und der ständigen Rückversicherung im Experiment ist seine Arbeitsweise als die eines empirischen, induktiv vorgehenden Positivisten zu bezeichnen. Allerdings entwickelte Spemann im Laufe der Zeit unter dem Eindruck von wissenschaftlichen Kontroversen – insbesondere der Linsenkontroverse – eine gewisse Skepsis gegenüber der Aussagekraft von Experimenten. Er betonte seit 1916 zunehmend den artifiziellen Charakter der experimentellen Situation für den Embryo und die Schwierigkeit, derartige Befunde auf die Normalentwicklung zu übertragen.

Nach der wissenschaftlichen Ausbildung unter Boveri, in der er das Grundhandwerk des naturwissenschaftlichen Arbeitens in einer deskriptiven und einer vergleichend-deskriptiven Studie erlernte, löste er sich wissenschaftlich von seinem Doktorvater. Spemanns eigene experimentelle Forschung läßt sich in drei Phasen einteilen:

- Phase I (1897–1908): In dieser Phase wandte sich Spemann der experimentellen Entwicklungsbiologie zu und stellte die grundlegenden Weichen für seine gesamte Forschung. Er experimentierte bereits mit allen Arten der späteren Versuchsobjekte, entwickelte nahezu sämtliche Operationsmethoden und -instrumente. Auch die wichtigsten Fragestellungen wurden bereits in dieser frühen Phase erarbeitet, ebenso wie die wichtigsten Thesen zur Morphogenese. So war Spemann seit 1901 vom komplementären Charakter der abhängigen und unabhängigen Differenzierung überzeugt, wies die Induktion als morphogenetischen Vorgang experimentell nach und entwickelte das *Prinzip der doppelten Sicherung*.
- Phase II (1915–1924): In der Zeit von 1915 bis 1918 konzentrierte er sich auf die Klärung der Neuralanlagendetermination und erforschte diese mittels der

Transplantationsmethode. In diese Zeit fallen die homöoplastischen Organisatorexperimente, die als Vorläufer der heteroplastischen Organisatorexperimente zu sehen sind. Zugleich begann eine koordinierte Arbeit der sogenannten Spemann-Schule, deren Höhepunkt ohne Zweifel die *Organisatorexperimente* Hilde Mangolds aus den Jahren 1921 und 1922 darstellen.

- Phase III (1925–1930): Nach der Entdeckung des Organisatoreffektes im Jahre 1921 beteiligte sich Spemann in seiner letzten längeren Forschungsphase von 1925 bis 1930 an seiner eingehenden Analyse. Allerdings vermochte er nur noch wenige bedeutsame Akzente zu setzen. Dazu gehören die Entdeckung von Kopf- und Rumpforganisatoren sowie die homöogenetische Induktion der Neuralplatte bei Amphibien. Auch die Resultate der von Oskar Schotté durchgeführten xenoplastischen Transplantationen müssen ihm partiell zugewiesen werden, da er die konzeptionellen Gedanken bereits zehn Jahre zuvor formuliert hatte. Dagegen war die Arbeit mit Else Wessels über das Regulationsvermögen von Molchgastrulen von untergeordneter Bedeutung. Die Versuche bezüglich der materiellen Grundlage des Organisatoreffektes war von Mißerfolgen geprägt. Bei der Erforschung dieses Problems wird der sich anbahnende ‚Wachwechsel' in der Entwicklungsbiologie am deutlichsten. Eine letzte Versuchssaison im Jahre 1938 blieb ebenfalls ohne größere Erfolge und bedeutende Wirkungsgeschichte.

Seit 1930 pflegte Spemann zunehmend die wissenschaftliche Kommunikation in Vorträgen, zusammenfassenden Überblick und in der Veröffentlichung seines einzigen Buches. Es ist zugleich die Zeit seiner intensiven Kontakte und dreier Reisen in die USA

Spemann hat nur einmal während der Jahre 1905 bis 1907 aktiver in biotheoretische Grundsatzdiskussionen eingegriffen, als er auf die Möglichkeit der Vererbung erworbener Eigenschaften bei der onto- und phylogenetischen Etablierung eines doppelt gesicherten morphogenetischen Systems hinwies. Dies kann aus historischer Sicht durchaus als – bescheidener – Beitrag zur ‚Krise des Darwinismus' bezeichnet werden. Aufgrund der mit seinen Methoden nicht entscheidbaren und mit seiner Forschungsauffassung kaum kompatiblen Problematik zog er sich jedoch rasch aus der Kontroverse zurück.

Dagegen hat sich Spemann zu keinem Zeitpunkt in die Mechanismus-Vitalismus-Debatte verstrickt. Seine Einsicht in die Komplexität organismischer Prozesse, für die er psychische Analogien bemühte, kann sicher nicht als Parteinahme für Hans Driesch gewertet werden, dessen Neovitalismus er mehr als einmal zurückgewiesen hatte. Sie deuten vielmehr auf eine antireduktionistische Sichtweise der belebten Natur hin, die mit modernen Systemtheorien durchaus in Einklang zu bringen sind.

Hans Spemann hat als führender und einflußreicher Vertreter der Entwicklungsbiologie das Aufkommen genetischer – auch entwicklungsgenetischer – Forschungen weder über Gebühr ignoriert oder gar behindert. Seine wissenschaftliche Zurückhaltung gegenüber diesem Gebiet wurzelte in der bewußten Selbstbeschränkung auf die eigene Disziplin; die Vermutung, Ignoranz oder gar Arroganz könnten seine Position bedingt haben entbehrt jeglicher Quellengrund-

4. Zusammenfassung

lage. Spemann verstand sich im Bereich seiner experimentellen, kausalanalytischen Arbeit als Spezialisten – sein Generalistentum bezog sich weniger auf die biologischen Wissenschaften, vielmehr umfaßte es philosophische und religiöse Interessen.

Eine Fülle von Faktoren unterschiedlichster Bereiche beeinflußten Spemanns wissenschaftlichen Erkenntnisfortschritt: Äußere, materielle Umstände wirkten sich auf die Intensität der Forschungen aus. Promotion und Habilitation konnten aufgrund der finanziellen Situation zügig durchgeführt werden, seine frühen Publikationen beinhalteten reproduktionstechnisch aufwendige Abbildungstafeln, für deren Kosten er selbst aufkommen mußte und konnte. Die Belastungen durch Verwaltungs- und Lehrverpflichtungen wirkten sich nachteilig auf die experimentelle Arbeit aus. Der Erste Weltkrieg verzögerte die Etablierung einer eigenen wissenschaftlichen Schule. Die Möglichkeit der reinen Grundlagenforschung bei vergleichsweise guter Ausstattung am Kaiser-Wilhelm-Institut beschleunigte die Forschungen. Auch Freunde beeinflußten Spemann, ohne daß dabei von vorn herein von einer Ansichtenkongruenz ausgegangen werden kann. Gustav Wolff, August Pauly, Theodor Boveri, Hermann Braus, Ross G. Harrison, Fritz Baltzer, Hermann Bautzmann, Otto Mangold und Viktor Hamburger waren Spemann zeitweilig enger verbunden. Die – teilweise nachteilige – Bedeutung wissenschaftlicher Prämissen, auf die sich die Interpretation experimenteller Befunde stützen, konnte bei Hans Spemann in mehreren Fällen nachgewiesen werden (Keimblattlehre, Prinzip der Sparsamkeit, präsumptiver Charakter der dorsalen und lateralen Urmundlippe, Abkömmlinge der beiden erste Blastomeren). Bezüglich der experimentellen Befunde stellte Spemann nach einschlägigen Erfahrungen seit 1916 vor allem deren Aussagekraft für die Embryonalentwicklung unter künstlich veränderten Bedingungen heraus.

Die Frage, welche Faktoren Spemanns wissenschaftliche Forschung beeinflußt haben, läßt sich eindeutig dahingehend beantworten, daß wissenschaftsinterne Faktoren die maßgebenden waren. So lassen sich als eine Fehlerquelle die Postulate früherer Entwicklungsbiologen ausmachen. Außerwissenschaftliche Einflüsse lassen sich eigentlich nur im philosophischen nachweisen, so in der Betonung des Ganzen und in der Ehrfurcht vor dem Leben. Die Einführung der umstrittenen Organisatorterminologie im Jahre 1919 läßt sich eindeutig auf wissenschaftliche Argumente zurückführen. Möglicherweise haben außerwissenschaftliche Impressionen den Schritt zu einem pronouncierten Terminus erleichtert, wie Evelyn Fox Keller es als Tendenz in den Wissenschaften zu erkennen glaubt. Aber es muß herausgestellt werden, daß Spemann zu keinem Zeitpunkt bereit war, aufgrund externer Überlegungen empirische Befunde umzuinterpretieren. Es lassen sich auch zu keinem Zeitpunkt wissenschaftsexterne Faktoren als forschungsinitiierende oder die Forschungsrichtung entscheidende Größen ausmachen.

5. Quellen und Literatur

5.1. Ungedruckte Quellen

Archiv der deutschen Akademie der Naturforscher Leopoldina:
MM 3204 (Hans Spemann), SD 4788, SD 6061

Archiv des Rektorats und Senats der Universität Würzburg (ARSUW):
383 (PA Theodor Boveri), 784 (PA Hans Spemann), 3185

Archiv zur Geschichte der Max-Planck-Gesellschaft (AGMPG):
I. Abt., Rep. 1 A, Nr. 5, 50, 95, 96, 98, 756, 1532, 1533, 1542, 1543, 1544, 1545, 1546, 1547, 1551, 1552, 1553, 1557, 5. Senatsprotokoll (SP) 9. SP, Personalakte Hans Spemann
III. Abt., Rep. 47, Nachlaß Max Hartmann
IV. Abt., Photographien Hans Spemann

Archives Stazione Zoologica „Anton Dohrn" di Napoli (ASZN):
A.I, A.III., Ba, Bc, Be 1924-1928 (A-S) Da 5, Db 6, Db 7, Db 8, Dc 1898–1941

American Philosophical Society Library, Philadelphia/PE (APS):
William Bateson papers, L. C. Dunn papers, Abraham Flexner papers, Herbert S. Jennings papers, Benjamin Willier papers

Archives of the University of Chicago:
Frank R. Lillie papers, Charles M. Child papers

Bancroft Library, University of California, Berkeley:
Richard Goldschmidt papers

Bayerische Staatsbibliothek München (BStB):
Ana 389, C.1., C.2., C.3., Ana 525

Bundesarchiv Potsdam (BAP):
Rep. 4/1, Nr. 8970/3, Bl. 85

Fondren Library, Rice University, Houston/Texas:
Julian S. Huxley papers

Central Embryological Collection, Hubrecht Laboratory, Netherlands Institute for Developmental Biology, Utrecht/NL (CEC):
Hans-Spemann-Collection, Otto-Mangold-Collection

Geheimes Staatsarchiv Preussischer Kulturbesitz (GStA PK):
I. HA, Rep. 76Vc, Sekt. 1, Tit. 11, T. IX, Nr. 12, Bd. II.
I. HA, Rep. 76Vc, Sekt. 2, Tit. 23, Litt. A, Nr. 112, Bd. I: Das Kaiser-Wilhelm-Institut für Biologie in Dahlem (Nov. 1912 – Juni 1918)
I. HA, Rep. 76Vc, Sekt. 2, Tit. 23, Litt. A, Nr. 112, Bd. II. Das Kaiser-Wilhelm-Institut für Biologie in Dahlem (Juli 1918 – Okt. 1933)
I. HA, Rep. 92, Nachlaß Schmidt-Ott, BL XXVI, Nr. 6, Biologie, Bd. II, 11/25

Generallandesarchiv Karlsruhe (GLAK):
Bestand 235: 7740, 7741, 7742, 7743, 7744, 7745, 7746, 7747, 9045, 31283, 31284, 31285, 31286, 31287, 31288, 31289, 31290, 31291, 31292

Staatsarchiv Freiburg i. Br. (St.AF):
A 5, Nr. 71

Universitätsarchiv der Humboldt-Universität zu Berlin (UAHB):
UK Personalakte S 168,
Amtliches Verzeichnis des Personals und der Studierenden vom 16. Okt. 1914 bis 15. März 1915
Phil. Fak. 1468, 1467, 1466, 1472

Jonas Cohn-Archiv an der Universität Duisburg (JCAUD):
Nachlaß Jonas Cohn

Klingspor-Museum Offenbach a. M.:
Nachlaß Rudo Spemann

Marine Biological Laboratory Archives, Woods Hole/MA (MBLA):
Historical Collection: Charles O. Whitman papers, Frank R. Lillie papers

Niedersächsische Staats- und Universitätsbibliothek Göttingen (NSUBG):
Cod. Ms. E. Ehlers 1850, Cod. Ms. M. O. Meyer 467

Rockefeller Archive Center (RAC):
Rockefeller Foundation papers, Folder 120, Box 12

Senckenbergische Bibliothek Frankfurt a. M. (SBF):
Nachlaß Hermann Braus, Nachlaß Hans Spemann

Springer Verlags-Archiv Heidelberg (SVA):
B: S 120, S 121
Rezensionen
Herstellungsunterlagen

Staatsarchiv Kanton Basel-Stadt/CH:
PA 767 D I 10.2

Staatsarchiv Schwerin (St.AS):
Akte des Ministeriums für Unterrichtsangelegenheiten, Kunst- und Medizinalangelegenheiten: 1319

Stadtarchiv Freiburg i. Br. (SAF):
C4, XI: 26/10, 26/11, 26/12

5.1. Ungedruckte Quellen

Sterling Library, Yale University, New Haven/CT:
  Ross Granville Harrison papers, Department for Zoology papers

Stiftung preußischer Kulturbesitz (SPK):
  SLG Darms. LC 1897 (20) N1. H. Ludwig

Universitätsarchiv Freiburg (UAF):
  B 1/31, B 1/46 II, B 1/106, B1/319, B 1/1289, B 1/1873, B 1/1874, B 11/1290, B 15/16, B 15/17, B 15/24, B 15/25 15/44, B 15/52, B 15/155, B 15/518, B 24/3642, X5, X6

Universitätsarchiv der Ludwig-Maximilians-Universität München (UALM):
  Belegbogen Spemann, Hans WS 1893/94

Universitätsarchiv Rostock (UAR):
  Akte der Philosophischen Fakultät 1419-1945
  Akte des Zoologischen Instituts 1419-1945
  Personalakten 1449-1945: Seeliger, Oswald, Spemann, H, Wachs, Horst,
  Studentenakten 1789-1945: Falkenberg, Herrmann, Geinitz, Bruno, Mangold, Otto, Meyer, Rudolf

Universitätsbibliothek Heidelberg (UBH):
  Heid. Hs. 3915, C 2 127

Universitätsbibliothek Leipzig (UBL):
  Nachl. 250 (HansDriesch)

Universitätsbibliothek Würzburg, Handschriftenabteilung (UBW):
  Nachlaß HansPetersen, Nachlaß Theodor Boveri

Zoologisches Institut Freiburg (ZIF):
  Nachlaß Hans Spemann

5.2. Gedruckte Quellen

5.2.1. Publikationen von bzw. mit Hans Spemann

Bautzmann H, Holtfreter J, Spemann H, Mangold O (1932) Versuche zur Analyse der Induktionsmittel in der Embryonalentwicklung. In: Naturwissenschaften 51:971-974

Mangold O, Spemann H (1927) Über Induktion von Medullarplatte durch Medullarplatte im jüngeren Keim. Ein Beispiel homoeogenetischer oder assimilatorischer Induktion. In: W. Roux' Arch. f. Entwick.mech. d. Organis. 111:341-422

Ruud G, Spemann H (1922) Die Entwicklung isolierter dorsaler und lateraler Gastrulahälften von Triton taeniatus und alpestris, ihre Regulation und Postgeneration. In: W. Roux' Arch. f. Entw.mech. d. Organis. 52:95-166

Spemann H (1895) Zur Entwicklung des Strongylus paradoxus. In: Zool. Jahrb., Abth. f. Anat. u. Ontog. d. Thiere 8:301-317

Spemann H (1898) Ueber die erste Entwicklung der Tuba Eustachii und des Kopfskeletts von Rana temporaria. In: Zool. Jahrb., Abth. f. Anat. u. Ontog. d. Thiere 1:398-416

Spemann H (1900) Experimentelle Erzeugung zweiköpfiger Embryonen. In: Sitzungsber. der Physikal.-med. Gesell. zu Würzburg Nr. 1:2-9

Spemann H (1901) Ueber Correlationen in der Entwickelung des Auges. In: Verhandl. d. Anat. Gesell. 15:61-79

Spemann H (1901) Demonstration einiger Präparate von Experimenten ueber Correlationen bei der Enwicklung des Auges. In: Sitzungsber. der Physik-med. Gesell. zu Würzburg Nr. 21:23

Spemann H (1901) Entwickelungsphysiologische Studien am Tritonei. I. In: Arch. f. Entw.-mech. d. Organis. 12:224-264

Spemann H (1901) Experimentell erzeugte Doppelbildungen. In: Verhandl. V. Internat. Kongreß, Berlin, S. 1-3

Spemann H (1902) Entwickelungsphysiologische Studien am Tritonei. II. In: Arch. f. Entw.-mech. d. Organis. 15:448-543

Spemann H (1903) Entwickelungsphysiologische Studien am Tritonei. III. In: Arch. f. Entw.mech. d. Organis. 16:551-631

Spemann H (1903) Ueber Linsenbildung bei defekter Augenblase. In: Anat. Anzeig. 23: 457-464

Spemann H (1904) Ueber experimentell erzeugte Doppelbildungen mit cyclopischem Effekt. In: Zool. Jahrb. 7, Suppl., S. 429-470

Spemann H (1904) Ueber neue Linsenversuche. In: Sitzungsberichte der Physikal.-med. Gesellschaft zu Würzburg Nr. 9:130-131

Spemann H (1905) Über Linsenbildung nach experimenteller Entfernung der primären Linsenbildungszellen. In: Zool. Anzeiger 28:419-432

Spemann H (1906) Über eine neue Methode der embryonalen Transplantation. In: Verhandl. Deutsch. Zool. Gesell. 16:195-202

Spemann H (1906) Über embryonale Transplantation. In: Verhandl. Deutsch. Naturf. u. Ärzte 78:189-201

Spemann H (1906) Über Transplantationsversuchen an Amphibienembryonen. In: Sitzungsberichte der Physikal.-med. Gesellschaft zu Würzburg Nr. 1:16

Spemann H (1907) Das Land-Erziehungsheim Bieberstein. O.O., S. 1-2.

Spemann H (o.J.) Hermann Lietz und die deutschen Landerziehungsheime. In: Zeugnisse, S. 36-47

Spemann H (1907) Zum Problem der Correlation in der tierischen Entwicklung. In: Verhandl. Deutsch. Zool. Gesell. 17:22–48
Spemann H (1907) Neue Tatsachen zum Linsenproblem. In: Zool. Anz. 31:379–386
Spemann H (1907) Die zoologische Station zu Neapel. In: Süddeutsche Monatshefte, 4:1–12
Spemann H (1908) Neue Versuche zur Entwicklung des Wirbeltierauges. In: Verhandl. Deutsch. Zool. Gesell. 18:101–110
Spemann H (1910) Die Entwicklung des invertierten Hörgrübchens zum Labyrinth. Ein kritischer Beitrag zur Strukturlehre der Organanlagen. In: Arch. f. Entw.mech. d. Organis. 30:437–458
Spemann H (1912) Zur Entwicklung des Wirbeltierauges. Zool. Jahrb., Abt. allg. Zool. u. Phys. d. Tiere 32:1–98
Spemann H (1912b) Über die Entwicklung umgedrehter Hirnteile bei Amphibienembryonen. In: Zool. Jahrb., Abt. allg. Zool. Phys. d. Tiere 15, Suppl., S. 1–48
Spemann H (1914) Über verzögerte Kernversorgung von Keimteilen. Verhandl. Deutsch. Zool. Gesell. 24:216–221
Spemann H (1915) Zur Geschichte und Kritik des Begriffes der Homologie. In: Chun, Carl, Johannsen, Wilhelm: Allgemeine Biologie. Teil III. Aus: Kultur der Gegenwart, S. 63–86
Spemann H (1916) Theodor Boveri (Nekrolog). In: Arch. f. Entw.mech. d. Organis. 42: 243–260
Spemann H (1916) Gedächtnisrede auf Theodor Boveri. In: Verhandl. physik-med. Gesell. Würzburg N.F. 44:1–25
Spemann H (1916) Über Transplantation an Amphibienembryonen im Gastrulastadium. In: Sitzungsber. d. Gesell. naturf. Freunde Berlin 9:306–320
Spemann H (1918) Über die Determination der ersten Organanlagen des Amphibienembryo. I–VI. In: Arch. f. Entw.mech d. Organis. 43:448–555
Spemann H (1918) Erinnerungen an Theodor Boveri. Verlag J. C. B. Mohr, Tübingen
Spemann H (1919) Experimentelle Forschungen zum Determinations- und Individualitätsproblem. In: Naturwissenschaften 7:581–591
Spemann H (1920) Ein wissenschaftliches Bildarchiv. In: W. Roux' Archiv f. Entw.mech. d. Organis. 47:302–305
Spemann H (1921) Mikrochirurgische Arbeitstechniken. In: Abderhalden, Emil (Hrsg.): Handbuch der biologischen Arbeitsmethoden, Abt. V, Teil 3A, H.1, Urban & Schwarzenberg, Berlin, S. 1–30
Spemann H (1921) Die Erzeugung tierischer Chimären durch heteroplastische Transplantation zwischen Triton cristatus und taeniatus. In: W. Roux' Arch. f. Entw.mech. d. Organis. 48:533–570
Spemann H (1923) Zur Theorie der tierischen Entwicklung. Rektoratsrede, Speyer und Kaerner, Freiburg i. Br.
Spemann H (1924) Bericht des abtretenden Rektors Geh. Regierungsrat Professor Dr. Hans Spemann. In: Jahrbücher der Universität Freiburg 1923/24, Freiburg, S. 15–23
Spemann H (1924) Vererbung und Entwicklungsmechanik. In: Zeitschr. f. indukt. Abstammungs- und Vererbungslehre 33:272–293
Spemann H (1924) Über Organisatoren in der tierischen Entwicklung. In: Naturwissenschaften 12:1092–1094
Spemann H (1925) Nachruf auf Hermann Braus. In: Verhandl. physik.-med. Gesell. Würzburg N.F. 50:101–116
Spemann H (1925) Nachruf auf Hermann Braus. In: Naturwissenschaften 13:253–261
Spemann H (1925) Hermann Braus. In: W. Roux' Arch. f. Entw.mech. d. Organis. 106:I–XXV

Spemann H (1925) Some Factors of Animal Development. In: Brit. Journ. exper. Biol. 2: 493–504

Spemann H (1927) Neue Arbeiten über Organisatoren in der tierischen Entwicklung. In: Naturwissenschaften 15:946–951

Spemann H (1927) Hans Driesch zum 60. Geburtstag. In: W. Roux' Arch. f. Entw.mech. 111: 1–2

Spemann H (1927) Croonian Lecture. Organizers in animal development. In: Proc. Royal Soc., B, 102:176–187

Spemann H (1927) Über Organisatoren in der tierischen Entwicklung. In: Forschungen und Fortschritte 3:169–185

Spemann H (1928) Die Entwicklung seitlicher und dorso-ventraler Keimhälften bei verzögerter Kernversorgung. In: Zeitschr. f. wiss. Zool. 132:105–134

Spemann H (1929) Über den Anteil von Organisator und Wirtskeim am Zustandekommen der Induktion. In: Naturwissenschaften 17:287–289

Spemann H (1929) Organisatoren in der tierischen Entwicklung. In: Forschungen und Fortschritte 5:88

Spemann H (1931) Das Verhalten von Organisatoren nach Zerstörung ihrer Struktur. In: Verhandl. Deutsch. Zool. Gesell. 34:129–132

Spemann H (1931) Über den Anteil von Implantat und Wirtskeim an der Orientierung und Beschaffenheit der induzierten Embryonalanlage. In: W. Roux' Arch. f. Entw.mech. d. Organis. 123:389–517

Spemann H (1931) Experiments on the Amphibian Egg. In: The Collecting Net 6:169–177

Spemann H (1932) Theorien der Entwicklung im Lichte neuer Experimentalergebnisse. In: Verhandl. Schweiz. naturf. Gesell., S. 208–219

Spemann H (1932) Xenoplastische Transplantation als Mittel zur Analyse der embryonalen Induktion. In: Revue Suisse de Zoologie Tome 39:307

Spemann H (1934) Das Lebenswerk August Weismanns. In: Ber. Naturf. Gesell. Freiburg i. Br. 34:81–94

Spemann H (1934) Neueste Ergebnisse entwicklungsphysiologischer Forschung (= Freiburger Wissenschaftliche Gesellschaft, H. 23) Speyer & Kaerner, Freiburg

Spemann H (1936) Experimentelle Beiträge zu einer Theorie der Entwicklung. Verlag Julius Springer, Berlin

Spemann H (1936) Nobelvortrag (gehalten am 12. Dezember 1935 in Stockholm). Kungl. Bocktyckeriet. P.A.Norstedt & Soner, Stockholm

Spemann H (1936) Ansprache bei der Eröffnung der Versammlung der deutschen Zoologischen Gesellschaft in Freiburg i. Br. In: Verhandl. Deutsch. Zool. Gesell. 38:14

Spemann H (1937) Neue Erkenntnisse über das Wesen der tierischen Entwicklung. In: Festgabe der Kaiserl. Leopold. Carol. Deutschen Akademie der Naturforscher zu Halle, Halle, S. 50–62

Spemann H (1937) Neue Einsichten in das Wesen der tierischen Entwicklung. In: Schweiz. medizin. Wochenschau 67:849

Spemann H (1937) Die übernationale Bedeutung der Wissenschaft. In: Jahrbuch der Stadt Freiburg i. Br., Bd. 1, „Alemannenland", Freiburg i. Br., S. 124–127

Spemann H (1938) Die Wissenschaft im Dienst der Nation (Ansprache beim Studententag Freiburg, Juni 1938). In: Jahrbuch der Stadt Freiburg i. Br., Bd. 2, „Volkstum und Reich", Freiburg i. Br., S. 79–84

Spemann H (1938) Embryonic Development and Induction. Silliman Lectures. Yale University Press, New Haven

Spemann H (1941) Walter Vogt zum Gedächtnis. In: W. Roux' Arch. f. Entw.mech. d. Organis. 141:1-14

Spemann H (1942) Über das Verhalten embryonalen Gewebes im erwachsenen Organismus. In: W. Roux' Arch. f. Entw.mech. d. Organis. 141:693-769

Spemann H (1943) Forschung und Leben. Hrsg. v. Friedrich Wilhelm Spemann. J. Engelhorn Nachf. Adolf Spemann, Stuttgart

Spemann H, Bautzmann E (1927) Über Regulation von Triton-Keimen mit überschüssigem und fehlendem Material. In: W. Roux' Arch. f. Entw.mech. 110:557-577

Spemann H, Falkenber, H (1919) Über asymmetrische Entwicklung und Situs inversus viscerum bei Zwillingen und Doppelbildungen. In: W. Roux' Arch. f. Entw.mech. 45: 371-422

Spemann H, Fischer GF, Wehmeier E (1933) Fortgesetzte Versuche zur Analyse der Induktionsmittel in der Embryonalentwicklung. In: Naturwissenschaften 21:505-506

Spemann H, Fischer FG, Wehmeier E (1933) Zur Kenntnis der Induktionsmittel in der Embryonalentwicklung. In: Naturwissenschaften 21:518

Spemann,H, Geinitz B (1927) Über die Weckung organisatorischer Fähigkeiten durch Verpflanzung in organisatorische Umgebung. In: W. Roux' Arch. f. Entw.mech. 109: 129-175

Spemann H, Mangold H (1924) Über die Induktion von Embryonalanlagen durch Implantation artfremder Organisatoren. In: W. Roux' Arch. f. mikrosk Anat. u. Entw.mech. d. Organis. 100:599-638

Spemann H, Schotté O (1932) Über xenoplastische Transplantation als Mittel zur Analyse der embryonalen Induktion. In: Naturwissenschaften 20:463- 467

5.2.2. Allgemeine gedruckte Quellen

Balfour FM (1880/81)Handbuch der vergleichenden Embryologie. 2 Bde. Verlag Gustav Fischer, Jena

Bateson,W (1894) Materials for the Study of Variation. Macmillan & Co., London

Bautzmann H (1926) Experimentelle Untersuchungen zur Abgrenzung des Organisationszentrums bei *Triton taeniatus*. In: W. Roux' Arch. f. Entw.mech. d. Organis. 108:283-321

Belogolowy G (1918) Die Einwirkung parasitären Lebens auf das sich entwickelnde Amphibienei (den „Laichball"). In: Arch. f. Entw.mech. d. Organis. 43 556-681

Born G (1897) Verwachsungsversuche mit Amphibienlarven. In: Arch. f. Entw.mech. d. Organis. 4:350-465 u. S. 517-623

Bouin P (1897) Etudes sur l'évolution normale et l'involution du tube séminifère. In: Archive d'Anatomie Microscopique 1:225-339

Boveri T (1887) Zellenstudien I. Die Bildung der Richtungskörper bei Ascaris megalocephala und Ascaris lumbricoides. In: Jenaer Zeitschr. f. Naturw. 21:423-515

Boveri T (1896) Zur Physiologie der Kern- und Zellteilung. In: Sitz.-Ber. d. Phys.-med. Gesell. Würzburg N.F. 30:133-151

Boveri T (1901) Über die Polarität des Seeigeleies. In: Verhandl. phys.-med. Gesell. Würzburg N.F. 34:145-176

Boveri T (1904) Ergebnisse über die Konstitution der chromatischen Substanz des Zellkerns. Verlag Gustav Fischer, Jena

Boveri T (1904) Protoplasmadifferenzierung als auslösender Faktor für Kernverschiedenheit. In: Sitzungsber. phys.-med. Gesell. Würzburg, Nr. 1:1-5

Boveri T (1910) Die Potenzen der Ascaris-Blastomeren bei abgeänderter Furchung. Zugleich ein Beitrag zur Frage qualitativ ungleicher Chromosomenteilung. In: Festschrift zum 60. Geburtstag von Richard Hertwig. Bd. III. Verlag Gustav Fischer, Jena, S. 133-214

Brachet J (1927) Etude comparative des localisations germinales dans l'oef des amphibiens urodèles et anoures. In: W. Roux' Arch. f. Entw.mech. d. Organis. 111:250-291

Braus H, Drüner L (1895) Über ein neues Präparirmikroskop und über eine neue Methode, grössere Thiere in toto histologisch zu conserviren. In: Jenaer Zeitschr. f. Naturwiss. 29:435-442

Braus H (1906) Die Morphologie als historische Wissenschaft. In: Braus, Hermann (Hrsg.): Experimentelle Beiträge zur Morphologie. Verlag Wilhelm Engelmann, Leipzig, S. 1-37

Child CM (1915) Individuality and Organisms. University of Chicago Press, Chicago

Child CM (1921) The Origin and Development of the Nervous System from a Physiological Viewpoint. University of Chicago Press, Chicago

Child CM (1929) Physiological dominance and physiological isolation in development and reconstitution. In W. Roux' Arch. f. Entw.mech. d. Organis. 117:21-66

De Beer GR (1927) The Mechanics of Vertebrate Development. In: Biol. Review 2:137-197

De Beer GR (1937) Review. In: Nature 139:982-983

Delafield J (1885) Zusammensetzung des Delafieldschen Hämatoxylins, nach Prudde, J. M. In: Zeitschr. f. wiss. Mikroskopie 2:288

Der Alemanne (1935) Folge 299A, 25. Oktober, S. 1-2

Der Führer (1935) 9. Jahrg., Folge 496, 25. Oktober, S. 7

Die Volkswacht (1933) Nr. 53, 3. März, S. 7

Driesch H (1892) Entwickelungsmechanische Studien. IV. Experimentelle Veränderungen des Typus der Furchung und ihre Folgen. In: Zeitschr. f. wiss. Zool. 55:1-62

Driesch H (1894) Analytische Theorie der Entwicklung. Verlag Engelmann, Leipzig

Drüner L, Braus H (1897) Das binoculare Präparier- und Horizontalmikroskop. In: Zeitschr. f. wiss. Mikroskopie 14:5-10

Dürken B (1919) Einführung in die Experimentalzoologie. Verlag Julius Springer, Berlin

Dürken B (1926) Das Verhalten embryonaler Zellen im Implantat. In: W. Roux' Arch. f. Entw.mech. d. Organis. 107:727-828

Eakin RM (1975) Great Scientists Speak Again. University of California Press, Berkeley, Los Angeles, London

Ebner V. v. (1893) Die äussere Furchung des Tritoneies und ihre Beziehung zu den Hauptrichtungen des Embryo. In: Festschrift f. Alexander Rollett, S. 2-26

Fick R (1923) Weitere Bemerkungen über die Vererbung erworbener Eigenschaften. Zeitschr. f. induktive Vererbungs- u. Abstammungslehre 31:134-152

Freiburger Zeitung, 152. Jahrg., Nr. 291, 25. Oktober 1935, S. 1, S. 5

Friedrich-Wilhelms-Universität Berlin, Vorlesungsverzeichnisse 1914-1919

Frisch K v. (1957) Erinnerungen eines Biologen. Springer Verlag, Berlin, Göttingen, Heidelberg.

Gaupp E (1893) Beiträge zur Morphologie des Schädels. I. Primordialcranium von Rana fusca. In: Morphologische Arbeiten 2:275-481

Gegenbaur C (1878) Grundriß der vergleichenden Anatomie. 2. Aufl. Verlag Wilhelm Engelmann, Leipzig

Gegenbaur C (1898-1901) Vergleichende Anatomie der Wirbelthiere mit Berücksichtigung der Wirbellosen. 2 Bde. Verlag Wilhelm Engelmann, Leipzig

Gegenbaur C (1890) Lehrbuch der Anatomie des Menschen. Bde. 1,2. Verlag Wilhelm Engelmann, Leipzig

5.2. Gedruckte Quellen

Geinitz B (1925) Embryonale Transplantation zwischen Urodelen und Anuren. In: W. Roux' Arch. f. Entw.mech. d. Organis. 106:357–408

Geinitz B (o.J.) Tagebuch. Unveröff. Manuskript. o.O.,

Geoffroy Saint-Hilaire E (1832–1837) Traité de tératologie, V. 2

Glaesner L (1925) Normentafel zur Entwicklungsgeschichte des gemeinen Wassermolches (Molge vulgaris) Fischer Verlag, Jena

Glücksohn S (1931) Äußere Entwicklung der Extremitäten und Stadieneinteilung der Larvenperiode von Triton taeniatus Leyd. und Triton cristatus Laur. In: W. Roux' Arch. f. Entw.mech. d. Org. 125:341–405

Goethe JW v. (1976) Faust. Der Tragödie erster und zweiter Teil. Hrsg. u. kommentiert von Erich Trunz. Sonderausg., Goethes Werke Bd. III (Hamburger Ausgabe) 10. Aufl., Verlag C. H. Beck, München

Goette A Entwicklungsgeschichte der Unke *Bombinator igneus*. Leipzig 1875

Goldschmidt R (1924) Einige Probleme der heutigen Vererbungswissenschaft. In: Naturwissenschaften 12:769–771

Goldschmidt R Erlebnisse und Begegnungen. Berlin, Hamburg 1959

Greil A (1941) Die Krise der Entwicklungspathologie. In: Wiener Medizin. Wochenschrift 5:1–12

Greil A (1941) Die Verursachung der Keimesentwicklung. In: Anat. Anzeig. 91:1–32

Greil A (1936) Das Wesen der „Organisatorwirkung", ein Beitrag zur Determinationsanalyse. In: Anat. Anzeig. 82:292–300

Greil A (1928) Dynamik der menschlichen Keimbildung. In: Anat. Anzeig., Erg.bd. 66:42–64

Haeckel E (1866) Generelle Morphologie der Organismen. Bd.1. Reimer, Berlin

Haeckel E (1873) Natürliche Schöpfungsgeschichte, gemeinverständliche wissenschaftliche Vorträge über Entwickelungslehre im Allgemeinen und diejenige von Darwin, Goethe und Lamarck im Besonderen. Reimer, Berlin

Harrison RG (1898) The Growth and Regeneration of the Tail of the Frog Larva. Studied with the Aid of Born's Method of Grafting. In: Arch. f. Entw.mech. d. Organis. 7:430–485

Hartmann M (1930) Allgemeine Biologie. 2. Aufl., Berlin

Heidenhain M (1907) Plasma und Zelle. Verlag Gustav Fischer, Jena

Henke K (1938) Hans Spemanns Beiträge zu einer Theorie der Entwicklung. Rezension. In: Biolog. Zentralblatt 58:117–119

Herbst C (1901) Formative Reize in der thierischen Ontogenese. Ein Beitrag zum Verständnis der thierischen Embryonalentwicklung, Leipzig

Hertwig O (1883) Die Entwicklung des mittleren Keimblattes der Wirbeltiere. Jena

Hertwig O (1893) Über den Werth der ersten Furchungszellen für die Organbildung des Embryo. Experimentelle Studien am Frosch- und Tritonei. In: Arch. f. mikrosk. Anat. 42:662–806

Hertwig O (1898) Die Zelle und Gewebe. Grundzüge der allgemeinen Anatomie und Physiologie. Bd. 2, Verlag Gustav Fischer, Jena

Hertwig O (1900) Die Entwicklung der Biologie im 19. Jahrhundert (= Vortrag a.d. Versamml. Deutsch. Naturf. u. Ärzte zu Aachen am 17. September 1900). Jena

Holtfreter J (1929) Über histologische Differenzierungen von isoliertem Material jüngster Amphibienkeime. In: Verhandl. Deutsch. Zool. Gesell. 33:174–180

Huschke E (1832) Ueber die erste Entwickelung des Auges und die damit zusammenhängende Cyclopie. In: Arch. f. Anatomie u. Physiologie 6:1–47

Huxley JS (1930) Spemanns „Organisator" und Childs Theorie der axialen Gradienten. Translated by Hans Spemann. In: Naturwissenschaften 18:265

Huxley JS, de Beer GR (1934) Elements of Experimental Embryology. Cambridge Univ. Press, Cambridge
Jenkinson JW (1909) Experimental Embryology. Clarendon Press, Oxford
Jenkinson JW (1913) Vertebrate Embryology. Clarendon Press, Oxford
Julius-Maximilians-Universität Würzburg, Vorlesungsverzeichnisse 1898-1908
King HD (1902) Experimental Studies on the Formation Bufo lentiginosus. In: Arch. f. Entw.mech. 13:545-564
King HD (1905) Experimental Studies on the Eye of the Frog Embryo. In: Arch. f. Entw.-mech. d. Organis. 19:85-107
Kopsch F (1895) Beiträge zur Gastrulation beim Axolotl- und Froschei. In: Verh. Anat. Gesell. Basel, S. 181-189
Korschelt E (1940) Aus einem halben Jahrhundert biologischer Forschung. Verlag Gustav Fischer, Jena
Lang A (1878) Über Conservation der Planarien. In: Zool. Anzeiger 1:14-15
Lee AB, Mayer P (1898) Grundzüge der mikroskopischen Technik. Dtsch. Übersetz. d. 4. engl. Aufl., R. Friedländer & Sohn, Berlin
Lewis WH (1904) Experimental Studies on the Development of the Eye in Amphibia. I. On the origin of the lens. Rana palustris. In: Amer. Journ. Anat. 3:473-509
Lewis WH (1907) Transplantation of the lips of the blastopore in Rana palustris. In: Amer. Journ. Anat. 7:137-143
Litzelmann E (1923) Entwicklungsgeschichtliche und vergleichend-anatomische Untersuchungen über den Visceralapparat der Amphibien. In: Zeitschr. f. Anatomie 67:457-493
Loeb J (1894) Über eine einfache Methode, zwei oder mehr zusammengewachsene Embryonen aus einem Ei hervorzubringen. In: Pflügers Arch. 55:525-530
Mangold H (1929) Organisatortransplantationen in verschiedenen Kombinationen bei Urodelen. Ein Fragment, mitgeteilt von Otto Mangold. In: W. Roux' Arch. f. Entw.mech. d. Organis. 117:697-711
Marx A (1925) Experimentelle Untersuchungen zur Frage der Determination der Medullarplatte. In: W. Roux' Arch. f. Entw.mech. d. Organis. 105:20-44
Maurer F (1888) Die Kiemen und ihre Gefässe bei Anuren und Urodelen Amphibien und die Umbildung der beiden ersten Arterienbogen bei Teleostiern. Habilitationsschrift, Verlag Wilhelm Engelmann, Leipzig
Meckel JF (1826) Ueber die Verschmelzungsbildungen. In: Arch. f. Anatomie und Physiologie 1:238-310
Mencl E (1903) Ein Fall von beiderseitiger Augenlinsenausbildung während der Abwesenheit von Augenblasen. In: Arch. f. Entw.mech. d. Organis. 16:327-339
Mencl E (1903) Ist die Augenlinse ein Thigmomorphose oder nicht? In: Anat. Anzeiger 24:169-173
Meyer R (1913) Die ursächlichen Beziehungen zwischen dem Situs viscerum und Situs cordis. In: Arch. f. Entwick.mech. d. Organis. 37:85-107
Michaelis L (1900) Die vitale Färbung, eine Darstellungsmethode der Granula. In: Arch. f. mikrosk. Anat. 55:558-575
Michaelis L (1902) Einführung in die Farbstoffchemie für Histologen. Karger, Berlin
Morgan TH (1901) Regeneration in the Egg, Embryo and Adult. In: The American Naturalist 35:949-973
Morgan TH (1907) Regeneration. Deutsche Ausgabe, zugl. 2. Aufl. d. Originals, Verlag Wilhelm Engelmann, Leipzig
Morgan TH (1934) Embryology and Genetics. Columbia University Press, New York

Moszkowski M (1902) Zur Analyse der Schwerkraftwirkung auf die Entwicklung des Froscheies. In: Arch. f. mikrosk. Anat. 61:19–44

Oltmanns F (o.J.) Lebenserinnerungen. Unveröff. Maschinenskript, Freiburg i.Br.

Packard A (1885) The Standard Natural History. New York

Packard A (1901) Lamarck, the Founder of Evolution. His Life and Work. With Translations of his Writings of Organic Evolution. Longmans, Green, New York

Pauly A (1905) Darwinismus und Lamarckismus. Entwurf einer psycho-physischen Teleologie. Ernst Reinhardt Verlag, München

Petersen H (1938) Spemann, Hans, Beiträge zu einer Theorie der Entwicklung. Rezension. In: Zeitschr. f. Anat. u. Entwicklungsgeschichte 107:422–425

Plate L (1925) Die Abstammungslehre. Tatsachen, Theorien, Einwände und Folgerungen in kurzer Darstellung. 2. Aufl., Verlag Gustav Fischer, Jena

Poll H (1909) Mischlinge von Triton cristatus Laur. und Triton vulgaris L. In: Biol. Centralbl. 29:30–31

Pressler K (1911) Beobachtungen und Versuche über den normalen und inversen Situs viscerum et cordis bei Anurenlarven. In: Arch. f. Entw.mech. d. Organis. 32:1–35

Rabl C (1894) Einiges über Methoden. In: Zeitschr. f. wiss. Mikrosk. 11:164–172

Rabl C (1898) Ueber den Bau und die Entwickelung der Linse. I. Selachier und Amphibien. In: Zeitschr. f. wiss. Zool. 63:496–572

Rabl C (1906) Über „Organbildende Substanzen" und ihre Bedeutung für die Vererbung. Verlag Wilhelm Engelmann, Leipzig

Romanes GJ (1892–1896) Darwin, and after Darwin: An Exposition of the Darwinian Theory and a Discussion of Post-Darwinian Questions. Bde. 1–3, Open Court Publishing Co., Chicago

Roux W (1902) Bemerkungen über die Achsenbestimmungen des Froschembryo und die Gastrulation des Froscheies. In: Arch. f. Entw.mech. d. Organis. 14:600–624

Roux W (1888) Über die Lagerung des Materials des Medullarrohres im gefurchten Froschei. In: Anat. Anz. 3:697–705

Roux W (1892) Ziele und Wege der Entwickelungsmechanik. In: Ergebnisse der Anatomie und Entwickelungsgeschichte 2:415–445

Roux W (1905) Die Entwicklungsmechanik, ein neuer Zweig der biologischen Wissenschaft. Verlag Wilhelm Engelmann, Leipzig

Roux W (1912) Terminologie der Entwicklungsmechanik der Tiere und Pflanzen. J. Engelmann, Leipzig

Roux W (1920) Dank anlässlich des 70. Geburtstages. In: W. Roux' Arch. f. Entw.mech. d. Organis. 47:I–XI

Sato T (1931) Beiträge zur Analyse der Wolffschen Linsenregeneration. I. In: W. Roux' Arch. f. Entw.mech. d. Organis. 122:451–493

Schaper A (1904) Über einige Fälle atypischer Linsenentwicklung unter abnormen Bedingungen. In: Anat. Anzeig. 24:305–326

Schmidt GA (1933) Schnürungs- und Durchschneidungsversuch am Anurenkeim. In: W. Roux' Arch. f. Entw.mech. d. Organis. 129:1–44

Schotté O (1930) Der Determinationszustand der Anuren-Gastrula im Transplantationsexperiment. In: W. Roux' Arch. f. Entw.mech. d. Organis. 122:663–664

Schotté O (1930) Transplantationsversuche über die Determination der Organanlagen von Anurenkeimen. I. Allgemeines und Technik der Transplantation. In: W. Roux' Arch. f. Entw.mech. d. Organis. 123:179–205

Schütz H (1924) Schnürversuche an Triton-Eiern vor Beginn der Furchung. Diss. Freiburg

Schultze O (1888) Die Entwickelung der Keimblätter und der Chorda dorsalis von Rana fusca. In: Zeitschr. f. wiss. Zool. Bd. 47:325-352

Semon R (1904) Die Mneme als erhaltendes Prinzip im Wechsel des organischen Geschehens. Leipzig

Semon R (1907) Beweise für die Vererbung erworbener Eigenschaften. In: Arch. f. Rassen- und Gesellschaftsbiologie 4:1-45

Semon R (1907) Kritik und Antikritik der Mneme. In: Arch. f. Rassen- und Gesellschaftsbiologie 4:201-211

Semon R (1910) Der Stand der Frage nach der Vererbung erworbener Eigenschaften. In: Fortschritte der Naturwissenschaftlichen Forschung 2:1-82

Sharp LW, Jaretzky R (1931) Einführung in die Zytologie. Borntraeger, Berlin

Spemann A (Hrsg.) (1940) Tafel sämtlicher Nachfahren des kgl. preußischen Amtsrates Johann Friedrich Wilhelm Spemann. Rentmeister der Stadt Hörde bei Dortmund. Verlag J. Engelhorns Nachf. Adolf Spemann, Stuttgart

Spemann A (1943) Wilhelm Spemann. Ein Baumeister unter den Verlegern. Verlag J. Engelhorns Nachf. Adolf Spemann, Stuttgart

Spemann A (1959) Menschen und Werke. Erinnerungen eines Verlegers. Winkler Verlag München

Spemann F (o.J.) Gedanken und Erinnerungen. Unveröff. Maschinenskript, o.O.,

Stockard CR (1909) The Artificial Production of One-Eyed Monsters. In: Proc. Ass. Americ. Anat. 3:167-173

Stockard CR (1910) The Independent Origin and Development of the Crystalline Lens. In: Amer. Journ. Anatomy 10:393-423

Streeter GL (1906) Some experiments on the developing ear vesicle of the tadpole with relation to equilibration. In: Journ. Exper. Zool. 3:543-558

Streeter GL (1907) Some factors in the development of the amphibian ear vesicle and further experiments on equilibration. In: Journ. Exper. Zoolog. 4:431-445

The New York Times 25. Oktober 1935

Titze H (Hrsg.) (1995) Datenhandbuch zur deutschen Bildungsgeschichte. Bd. I: Hochschulen, Teil 2: Wachstum und Differenzierung der deutschen Universitäten 1830-1945. Vandenhoeck & Ruprecht, Göttingen

Törö E (1938) The homeogenetic induction of neural fold in rat embryos. In: Journ. Exp. Zoology 79:312-236

Ubisch L v. (1923) Das Differenzierungsgefälle des Amphiebienkörpers und seine Auswirkungen. In: W. Roux' Arch. f. Entw.mech. d. Organis. 52:641-670.

Villy C (1890) The development of the ear and accessor organs in the common frog. In: Quart. Journ. microsc. Science 30:13-78

Virchow, R (1855) Cellular-Pathologie. In: Arch. f. patholog. Anat. und Physiologie 8:3-39

Vogt W (1923) Eine Methode lokalisierter Vitalfärbung an jungen Amphibienkeimen. In: Sitzungsber. d. phys.-med. Ges. Würzburg, S. 10

Vogt W (1925) Gestaltungsanalyse am Amphibienkeim mit örtlicher Vitalfärbung. In: W. Roux' Arch. f. Entw.mech. d. Organis. 106:542-610

Vogt W (1927) Über Hemmung der Formbildung an einer Hälfte des Keimes. (Nach Versuchen an Urodelen.) In: Anat. Anz. 36, Erg.Bd., S. 126-139

Wachs H (1914) Neue Versuche zur Wolffschen Linsenregeneration. In: Arch. f. Entw.mech. d. Organis. 39:384-451

Waddington CH (1933) Induction by the primitive streak and its derivatives in the chick. In: Journ. Exp. Biol. 10:38-46

Waldeyer W (1884) Atlas der menschlichen und tierischen Haare. Verlag Moritz Schauenburg, Lahr

Wandolleck B (1891) Zur Embryonalentwicklung des Strongylus paradoxus. In: Arch. f. Naturgeschichte 58:123-148

Weismann A (1892) Das Keimplasma. Eine Theorie der Vererbung. Gustav Fischer Verlag, Jena

Wilhelmi H (1921) Experimentelle Untersuchungen über Situs inversus viscerum. In: W. Roux' Arch. f. Entw.mech. d. Organis. 48:517-532

Wilson EB (1900) The Cell in Development and Inheritance. Macmillan Press, 2. Aufl. New York

Winkler H (1913) Chimärenforschung als Methode der experimentellen Biologie. In: Sitzungsber. d. phys.-med. Gesell. Würzb. 7:97-119

Woerdemann MW (1924) On the Development of the Structure of the Eye-lens in Amphibians. In: Proceedings Akad. Wetensch. Amsterd. 27:324-328

Wolff G (1895) Entwickelungsphysiologische Studien. I. In: Arch. f. Entw.mech. d. Organis. 1:380-390

Wolf, G (1900) Zur Frage der Linsenregeneration. In: Anat. Anzeiger 28:136-139

Wolff G (1894) Erwiderung auf Herrn Prof. Emery's ‚Bemerkungen' über meine „Beiträge zur Kritik der Darwinschen Lehre". In: Biol. Centralblatt 11:321-330

Wolff G (1894) Bemerkungen zum Darwinismus mit einem experimentellen Beitrag zur Physiologie der Entwicklung. In: Biol. Centralblatt 13:609-620

Wolff G (1896) Der gegenwärtige Stand des Darwinismus. Verlag Wilhelm Engelmann, Leipzig

Wolff G (1897) Biologisch-psychologische Studien zum Erkenntnisproblem. Verlag Wilhelm Engelmann, Leipzig

Zenker K (1894) Chrom-Kali-Sublimat-Eisessig als Fixierungsmittel. In: Münchner medizin. Wochenschrift 41:532-534

5.2.3. Interviews

Prof. Dr. Jane M. Oppenheimer, 28. Juli 1994
Prof. Dr. Viktor Hamburger, 4. August 1994
Prof. Dr. Salome G. Waelsch, 12. August 1994
Dr. Brita Resch, 20. März 1995

5.3. Literatur

Abir-Am PG (1991) The Philosophical Background of Joseph Needham's Work in Chemical Embryology. In: Gilbert SF (Hrsg.) A Conceptual History of Modern Embryology. Plenum Press, New York, London, S. 159-180

Albisetti JC, McClelland CE, Turner RS (1989) Science in Germany. In: Osiris, 2nd series, 5:285-304

Albisetti JC Lundgreen P (1991) Höhere Knabenschulen. In: Berg C (Hrsg.) Von der Reichsgründung bis zum Ersten Weltkrieg. 1870-1914. (= Handbuch der deutschen Bildungsgeschichte. Bd. IV) Verlag C. H. Beck, München, S. 228-278

Allen GE (1978) Life Science in the Twentieth Century (= The Cambridge History of Science, Bd. 4). 2. Aufl., Cambridge University Press, Cambridge, London, New York

Allen GE (1978) Thomas Hunt Morgan. The Man and his Science. Princeton University Press, Princeton

Allen GE (1986) T. H. Morgan and the split between embryology and genetics, 1910- 1935. In: Horder TJ, Witkowski JA, Wylie, CC.(Hrsg.) A History of Embryology. Cambridge University Press, Cambridge, S. 113-146

Allen GE (1993) Essay Review: Inducers and 'Organizers': Hans Spemann and the Experimental Embryology. In: Hist. Phil. Life Sci. 15:229-236

Arechaga J (1989) In Search of Embryonic Inductors. An Interview with Sulo Toivonen on his 80th Birthday. In: Intern. Journ. Dev. Biol. 33:1-6

Autorenkollektiv (1969) Geschichte der Universität Rostock 1419-1969. Berlin

Bäumer Ä (1990) NS-Biologie. Wissenschaftliche Verlagsgesellschaft, Stuttgart

Bäumer Ä (1993) Die Geschichte der beobachtenden Embryologie. Verlag Peter Lang, Frankfurt a. M., Berlin, Bern

Baltzer F (1942) Zum Gedächtnis Hans Spemanns. In: Naturwissenschaften 30:229-239

Bandlow E (1970) Philosophische Aspekte in der Entwicklungsphysiologie der Tiere. Verlag Gustav Fischer, Jena

Bautzmann H (1942) Hans Spemann zum Gedächtnis. In: Morphol. Jahrb. 87:1-26

Bautzmann H (1955) Die Problemlage des Spemannschen Organisators. In: Naturwissenschaften 42:286-294

Ben-David J (1971) The Scientist's Role in Society. A Comparative Study. Prentice-Hall, Englewood Cliffs/NJ

Böck P (Hrsg.) (1989) Romeis Mikroskopische Technik. 17. neubearb. Aufl., Urban und Schwarzenberg, München, Wien, Baltimore

Bowler PJ (1983) The Eclipse of Darwinism. John Hopkins University Press, London, Baltimore

Bowler PJ (1989) Evolution. The History of an Idea. 2. überarb. Aufl., University of California Press, Berkeley, Los Angeles, London

Bracegirdle B A (1978) History of Microtechnique. Cornell University Press, Ithaka/N.Y.

Brachet J (1986) Early interactions between embryology and biochemistry. In: Horder TJ, Witkowski JA, Wylie CC (Hrsg.) A History of Embryology. Cambridge University Press, Cambridge, S. 245-259

Brocke B vom (1990) Die Kaiser-Wilhelm-Gesellschaft im Kaiserreich. Vorgeschichte, Gründung und Entwicklung bis zum Ausbruch des Ersten Weltkrieges. In: Vierhaus R, Brocke B vom (Hrsg.) Forschung im Spannungsfeld von Politik und Gesellschaft. Geschichte und Struktur der Kaiser-Wilhelm-Gesellschaft/Max-Planck-Gesellschaft. Deutsche Verlagsanstalt, Stuttgart, S. 17-162

5.3. Literatur

Brocke B vom (1990) Die Kaiser-Wilhelm-Gesellschaft in der Weimarer Republik. Ausbau zu einer gesamtdeutschen Forschungsorganisation (1918-1933). In: Vierhaus R, Brocke B vom (Hrsg.) Forschung im Spannungsfeld von Politik und Gesellschaft. Geschichte und Struktur der Kaiser-Wilhelm-Gesellschaft/Max-Planck-Gesellschaft. Deutsche Verlagsanstalt, Stuttgart, S. 197-355

Burchardt L (1988) Naturwissenschaftliche Universitätslehrer im Kaiserreich. In: Schwabe K (Hrsg.) Deutsche Hochschullehrer als Elite: 1815-1945 (= Büdinger Forschungen zur Sozialgeschichte 1983). Harald Boldt Verlag, Boppard a. Rh., S. 151-224

Burchfield JD (1975) Lord Kelvin and the Age of Earth. Science History Publications, New York

Churchill FB (1970) The History of Embryology as Intellectual History. In: Journ. Hist. Biol. 3:155-181

Churchill FB (1992) The Elements of Experimental Embryology: a Synthesis for Animal Development. In: Waters CK, Helden A v. (Hrsg.) Julian Huxley. Biologist and Statesman of Science. Rice University Press, Houston/Texas, S. 107-126

Coleman W (1971) Biology in the Nineteenth Century: Problems of Form, Function, and Transformation. Wiley Press, New York

Counce SJ (1994) Archives for Developmental Mechanics. W. Roux, Editor (1894-1924). In: Roux's Archives Dev. Biol. 204:79-92

Crawford E, Heilbron JL (1990) Die Kaiser-Wilhelm-Institute für Grundlagenforschung und die Nobelinstitution. In: Vierhaus R, Brocke B vom (Hrsg.) Forschung im Spannungsfeld von Politik und Gesellschaft. Geschichte und Struktur der Kaiser-Wilhelm-Gesellschaft/ Max-Planck-Gesellschaft. Deutsche Verlagsanstalt, Stuttgart, S. 835-857

Cremer T (1985) Von der Zellenlehre zur Chromosomentheorie. Naturwissenschaftliche Erkennntnis und Theorienwechsel in der frühen Zell- und Vererbungsforschung. Springer-Verlag, Berlin, Heidelberg, New York, Tokyo

Cross SJ, Albury WR (1987) Walter B. Cannon, L. J. Henderson, and the Organic Analogy. In: Osiris, 2nd series, 3:165-192

Deichmann U (1992) Biologen unter Hitler: Vertreibung, Karrieren, Forschungsförderung. Campus Verlag, Frankfurt a. M., New York

Deichmann U, Müller-Hill B (1994) Research at Universities and Kaiser-Wilhelm- Institutes in Nazi Germany. In: Renneberg M, Walker M (Hrsg.) Science, Technology, and National Socialism. Cambridge University Press, Cambridge, S. 160-183

Diemer A (1977) Die Struktur wissenschaftlicher Revolutionen und die Geschichte der Wissenschaften. Anton Hain, Meisenhain am Glan

Düwell K (1990) Die deutsch-amerikanischen Wissenschaftsbeziehungen im Spiegel der Kaiser-Wilhelm- und der Max-Planck-Gesellschaft. In: Vierhaus R, Brocke, B vom (Hrsg.) Forschung im Spannungsfeld von Politik und Gesellschaft. Geschichte und Struktur der Kaiser-Wilhelm-Gesellschaft/Max-Planck-Gesellschaft. Deutsche Verlagsanstalt, Stuttgart, S. 747-777

Fäßler PE (1990) Die Organisatorexperimente Triton 1921-1923. Eine historische Aufarbeitung unter besonderer Berücksichtigung Hilde Mangolds. Unveröff. Staatsexamensarbeit, Freiburg

Fäßler PE, Sander K (1991) Meilensteine der Entwicklungsbiologie. In: Schmidt M (Hrsg.) Lexikon der Biologie, Bd. 10. Verlag Herder, Freiburg, S. 389-394

Fäßler PE (1994) Hilde Mangold (1898-1924). Ihr Beitrag zur Entdeckung des Organisatoreffekts im Molchembryo. In: Biologie in uns. Zeit 24 H.6:323-329

Fäßler PE (1994) Von der Volkshochschule zur Volksbildungsstätte - Erwachsenenbildung in Freiburg 1919-1944. In: Eigler G, Haupt H (Hrsg.) Volkshochschule Freiburg. Edition Isele, Freiburg, S. 37-67

Fäßler PE (1995) Ein Beitrag zur Geschichte einer Theorie der Entwicklung - Hans Spemanns Organisatorkonzeption. In: Biol. Zentralblatt 114:216-222

Ferber C v. (1956) Die Entwicklung der Lehrkörper der deutschen Universitäten und Hochschulen 1864-1954 (= Plessner, H (Hrsg.) Untersuchungen zur Lage der deutschen Hochschullehrer. Bd. 3). Göttingen

Frost DR (Hrsg.) (1985) Amphibian Species of the world. A Taxonomic and Geographical Reference. Allen Press Inc., Lawrence/KA

Gehring W (1992) Entwicklung und Gene. Spektrum Verlag, Heidelberg

Geus A, Querner H (1990) Deutsche Zoologische Gesellschaft 1890-1900. Dokumente und Geschichte. Verlag Gustav Fischer, Stuttgart, New York

Gilbert SF (Hrsg.) (1991) A Conceptual History of Modern Embryology. Plenum Press, New York, London

Gilbert SF (1991) Induction and the Origins of Developmental Genetics. In: Gilbert SF (Hrsg.) A Conceptual History of Modern Embryology. Plenum Press, New York, London, S. 181-206

Gilbert SF (1994) Developmental Biology. 4. Aufl. Sinauer Associates, Sunderland/MA

Gimlich RL, Cooke J (1983) Cell lineage and the induction of second nervous systems in amphibian development. In: Nature 306:471-473

Greiner K, Sander K (1987) Das Stereomikroskop - Ursprünge und geschichtliche Entwicklung. In: Biologie in uns. Zeit 17:161-168

Hamburger V (1968) Hans Spemann and the organizer concept. In: Experentia 25:1121-1125

Hamburger V (1980) Embryology and the Modern Synthesis in Evolutionary Theory. In: Mayr E, Provine WB: The Evolutionary Synthesis: Perspectives on the Unification of Biology. Harvard University Press, Cambridge, S. 96-112

Hamburger V (1980) Evolutionary Theory in Germany: A Comment. In: Mayr E, Provine WB: The Evolutionary Synthesis: Perspectives on the Unification of Biology. Harvard University Press, Cambridge/MA, S. 303-308

Hamburger V (1984) Hilde Mangold, Co-Discoverer of the Organizer. In: Journ. Hist. Biol. 17:1-11

Hamburger V (1988) The Heritage of Experimental Embryology. Hans Spemann and the Organizer. Oxford University Press, New York, Oxford

Hamburger V (1993) Notes on Spemann's Political Position. Unveröff. Printscript, St.Louis/MI

Hankins TL (1979) In Defence of Biography: The Use of Biography in the History of Science. In: Hist. of Science 17:1-16

Harwood J (1987) National Styles in Science. Genetics in Germany and the United States between the World Wars. In: Isis 78:390-414

Harwood J (1993) Styles of Scientific Thought. The German Genetic Community 1900-1933. University of Chicago Press, Chicago, London

Harwood J (1994) Metaphysical Foundations of the Evolutionary Synthesis: A Historiographical Note. In: Journ. Hist. Biol. 27:1-20

Heiber H (1992) Universität unterm Hakenkreuz. Teil II. Die Kapitulation der Hohen Schulen. Das Jahr 1933 und seine Themen. Bd. 1. Verlag K. G. Sauer, München, London, New York, Paris

Holtfreter J, Hamburger V (1955) Amphibians. In: Willier BH, Weiss P, Hamburger V (Hrsg.) Analysis of Development. W. B. Saunders Company, Philadelphia, London, S. 230–296

Holtfreter J (1991) Reminiscences on the Life and Work of Johannes Holtfreter. In: Gilbert SF (Hrsg.) A Conceptual History of Modern Embryology. Plenum Press, New York, London, S. 109–128

Horder TJ, Witkowski JA, Wylie CC (Hrsg.) (1986) A History of Embryology. Cambridge University Press, Cambridge

Horder TJ, Weindling PJ H (1986) Spemann and the organiser. In: Horder TJ, Witkowski JA, Wylie CC: A History of Embryology. Cambridge University Press, Cambridge, S. 183–242

Jacobson M (1982) Origins of the Nervous System in Amphibians. In: Spitzer NC (Hrsg.) Neuronal Development. Plenum Press, New York, London, S. 45–99

Jacobson M (1984) Cell Lineage Analysis of Neural Induction: Origins of Cells Forming the Induced Nervous System. In: Developmental Biology 102:122–129

Jacobson M (1987) Cell Lineage Restrictions in the Nervous System of the Frog Embryos. In: Verhandl. Deutsch. Zool. Ges. 80:23–31

Jahn I (1990) Grundzüge der Biologiegeschichte. Gustav Fischer Verlag, Jena

Jessell TM, Bovolenta P, Placzek M, Tessier-Lavigne M, Dodd J (1989) Polarity and patterning in the neural tube: The origin and function of the floor plate. In: Ciba Foundation Symposium 144:255–280

John E, Martin B, Ott H (Hrsg.) (1991) Die Freiburger Universität in der Zeit des Nationalsozialismus. Verlag Herder-Ploetz, Freiburg

Keller EF (1988) Language and ideology in evolutionary theory: Reading cultural norms into natural laws. In: Sheehan JJ, Sosna M (Hrsg.) The Boundaries of Humanity. Univ. of Calif. Press, Berkeley, S. 85–102

Köhler O (1968) Zur Geschichte des Zoologischen Instituts Freiburg von 1946–1960. In: Berichte der Naturforschenden Gesellschaft Freiburg i. Br. 58:111–126

Körner H (1984) Zur Geschichte der Zoologie an der Albert-Ludwigs-Universität Freiburg. In: Freiburger Universitätsblätter 86:59–67

Korrenz R (1989) Hermann Lietz. Grenzgänger zwischen Theologie und Pädagogik. Eine Biographie (= Europäische Hochschulschriften, Reihe XXXIII, Religionspädagogik, Bd. 13). Verlag Peter Lang, Frankfurt a. M.

Korrenz R (1992) Landerziehungsheime in der Weimarer Republik (= Europäische Hochschulschriften, Reihe XI, Pädagogik, Bd. 494). Verlag Peter Lang, Frankfurt a.M.

Kragh H (1991) An Introduction to the Historiography of Science. Cambridge University Press, Cambridge

Kraft A v. (1991) Ganzheit und Teil in der Entwicklung des Lebendigen. Begriff und Erscheinung des morphogenetischen Feldes. In: Elemente der Naturwissenschaft 1:54–81

Kühn A (1941) Hans Spemann. In: Forschungen und Fortschritte 17S. 371

Kühn A (1946) Fritz Süffert zum Gedächtnis. In: Naturwissenschaften 33:161–163

Kühn A (1972) Biologie der Romantik. In: Grasse G (Hrsg.) Alfred Kühn zum Gedächtnis (= 5. Biologisches Jahresheft) Gebrüder Burri, Hemer, S. 121–134

Kuhn TS (1970) The Structures of Scientific Revolutions. 2. Aufl., University of Chicago Press, Chicago

Leclerq J, Dagnélie P (1966) Perspectives de la Zoologie Européenne. J. Ducult, Gembloux/Belgium

Lenhoff HS (1991) Ethel Browne, Hans Spemann, and the Discovery of the Organizer Phenomenon. In: Biol. Bull. 181:72–80

Leikola A (1989) The Finnish Tradition of Developmental Biology. In: Intern. Journ. Dev. Biol. 33:15-20

Liozner LD, Dettlaff TA, Vassetzky SG (1991) The Newts *Triturus vulgaris* and *Triturus cristatus*. In: Dettlaff TA, Vassetzky SG (Hrsg.) Animal Species for Developmental Studies. Vol. 2, Vertebrates. Consultans Bureau, New York, S. 145-165

Lumer C (1990) Induktion. In: Sandkühler HJ (Hrsg.) Europäische Enzyklopädie zu Philosophie und Wissenschaften. Bd. 2, Felix Meiner Verlag, Hamburg, S. 549-567

Lundgreen P (1985) Hochschulpolitik und Wissenschaft im Dritten Reich. In: Lundgreen P (Hrsg.) Wissenschaft im Dritten Reich. Suhrkamp Verlag, Frankfurt a.M., S. 9-30

Maienschein J (1978) Cell lineage, ancestral reminiscence, and the biogenetic law. In: Journ. Hist. Biol. 11:129-158

Maienschein J (1987) Heredity/Development in the United States, circa 1900. In: Hist. Phil. Life Sci. 9:79-93

Maienschein J (1991) The Origins of *Entwicklungsmechanik*. In: Gilbert SF (Hrsg.) A Conceptual History of Modern Embryology. Plenum Press, New York, London, S. 43-61

Mangold O (1942) Hans Spemann als Mensch und Wissenschaftler. In: W. Roux' Arch. f. Entw.mech. d. Org. 141:385-423

Mangold O (1942) Hans Spemann zum Gedächtnis. In: Fernbetreuungsbrief der Mathematisch-naturwissenschaftlichen Fakultät der Universität Freiburg, Freiburg, S. 117-140

Mangold O (1953) Hans Spemann. Ein Meister der Entwicklungsphysiologie. Sein Leben und sein Werk (= Große Naturforscher, Bd. 11). Wissenschaftliche Verlagsgesellschaft, Stuttgart

Mangold O (1957) Hans Spemann 1869-1941. In: Vincke J (Hrsg.) Freiburger Professoren des 19. und 20. Jahrhunderts (= Beiträge zur Freiburger Wissenschafts- und Universitätsgeschichte, H. 13). Freiburg i. Br., S. 159-182

Marsch U (1994) Notgemeinschaft der Deutschen Wissenschaft. Gründung und frühe Geschichte 1920-1925 (= Münchner Studien zur neueren und neuesten Geschichte, Bd. 10). Verlag Peter Lang, Frankfurt a. M., Berlin, Bern, New York, Paris, Wien

Mayr E (1982) The Growth of Biological Thought. Diversity, Evolution, and Inheritance. The Belknap Press of Harvard University Press, Cambridge/MA, London

McClelland CE (1991) The German Experience of Professionalisation. Modern Learned Professions and their Organizations from the Early Nineteenth Century to the Hitler Era. Cambridge University Press, Cambridge, New York, Sidney

McClelland CE (1992) Zur Professionalisierung der akademischen Berufe in Deutschland. In: Conze W, Kocka J (Hrsg.) Bildungsbürgertum im 19. Jahrhundert. Teil I. Bildungssystem und Professionalisierung im internationalen Vergleich (= Industrielle Welt. Schriftenreihe des Arbeitskreises für moderne Sozialgeschichte. Hrsg. v. W. Conze. Bd. 38). Verlag Klett-Cotta, Stuttgart, S. 233-247

Mehrtens H (1980) Das „Dritte Reich" in der Naturwissenschaftsgeschichte: Literaturbericht und Problemskizze. In: Mehrtens H, Richter S (Hrsg.) Naturwissenschaft, Technik und NS-Ideologie. Beiträge zur Wissenschaftsgeschichte des Dritten Reiches. Suhrkamp Verlag, Frankfurt a. M., S. 15-87

Mommsen WJ (1993) Das Ringen um den nationalen Staat. 1850-1890 (= Propyläen Geschichte Deutschlands, Bd. 7,1). Propyläen Verlag, Berlin

Moore JA Science as a Way of Knowing – Genetics. In: American Zool. 26 (1986) S. 583-747

Moore JA (1987) Science as a Way of Knowing – Developmental Biology. In: American Zool. 27:415-573

Moritz KB (1993) Theodor Boveri (1862-1915). Pionier der modernen Zell- und Entwicklungsbiologie (= Information Processing Animals, Bd. 8). Gustav Fischer Verlag, Stuttgart, Jena, New York

Müller GB (1994) Evolutionäre Entwicklungsbiologie: Grundlagen einer neuen Synthese. In: Wieser W (Hrsg.) Die Evolution der Evolutionstheorie. Von Darwin zur DNA. Spektrum Akademischer Verlag, Heidelberg, Berlin, Oxford, S. 155-193

Müller I (1976) Die Geschichte der Zoologischen Station in Neapel von der Gründung durch Anton Dohrn (1872) bis zum Ersten Weltkrieg und ihre Bedeutung für die Entwicklung der modernen biologischen Wissenschaften. Habilitationsschrift, Düsseldorf

Nakamura O, Hayashi Y, Asashima M A (1978) Half Century from Spemann – Historical Review of Studies on the Organizer. In: Nakamura O, Toivonen S (Hrsg.) Organizer – A Milestone of a Half-Century from Spemann. Elsevier/North-Holland Biomedical Press, Amsterdam, Oxford, New York, S. 1-47

Nauck ET (1954) Zur Vorgeschichte der naturwissenschaftlich-mathematischen Fakultät der Albert-Ludwigs-Universität Freiburg i.Br. In: Beiträge zur Freiburger Wissenschafts- und Universitätsgeschichte 4:1-71

Needham JA (1959) History of Embryology. 2. Aufl., Abelard Schumann, New York

Niedersen U (Hrsg.) (1990) Selbstorganisation. Jahrbuch für Komplexität in den Natur-, Sozial- und Geisteswissenschaften. Duncker & Humblot, Berlin

Nieuwkoop PD (1973) The 'Organization Center' of the Amphibian Embryo. Its Origin, Spatial Organization and Morphogenetic Action. In: Advances in Morphogenesis 10: 1-39

Nipperdey T, Schmugge L (1970) 50 Jahre Forschungsförderung in Deutschland. Harald Boldt Verlag, Boppard a. Rh.

Nipperdey T (1993) Deutsche Geschichte 1866-1918. Bd. 1: Arbeitswelt und Bürgergeist. 3. durchges. Aufl., Verlag C. H. Beck, München

Oppenheimer JM (1956) Review: Vorlesungen über Entwicklungsphysiologie, von Alfred Kühn. In: Quart. Rev. Biol. 32:32

Oppenheimer JM (1968) Some Historical Relationships Between Teratology and Experimental Embryology. In: Bull. Hist. Med. 42:145-159

Oppenheimer JM (1985) Logische Präzision und biologische Einsicht im Denken von Hans Spemann. In: Freiburger Universitätsblätter 90:27-41

Oppenheimer JM (1991) Curt Herbst's Contributions to the Concept of Embryonic Induction. In: Gilbert SF (Hrsg.) A Conceptual History of Modern Embryology. Plenum Press, New York, London, S. 83-90

Ott H (1984) Martin Heidegger als Rektor der Universität Freiburg 1933/34. In: Zeitschr. f. d. Gesch. d. Oberrheins 132:343-358

Pápay G (1983) Zu Stellenwert und Funktion von Biographien in der Wissenschaftsgeschichte im Vergleich mit biographischen Darstellungen in der politischen Geschichte. In: Rostocker Wissenschaftshistorische Manuskripte 9:77-83

Partsch J (1980) Die Zoologische Station in Neapel. Modell internationaler Wissenschaftszusammenarbeit (= Studien zu Naturwissenschaft, Technik und Wirtschaft im Neunzehnten Jahrhundert, Bd. 11). Vandenhoeck & Ruprecht, Göttingen, Zürich

Penzlin H (Hrsg.) (1994) Geschichte der Zoologie in Jena. Gustav Fischer Verlag, Jena, Stuttgart

Peters HM (1960) Soziomorphe Modelle in der Biologie. In: Ratio 3:22-37

Petersen H (1952) Hans Driesch und Hans Spemann als Biologen. In: Erg. d. Anat. 34:63-82

Pörksen U (1986) Deutsche Naturwissenschaftssprachen. Historische und kritische Studien (= Forum für Fachsprachen-Forschung, Bd. 2). Tübingen

Querner H, Schipperges H (1972) Wege der Naturforschung 1822-1972 im Spiegel der Versammlungen der Deutschen Naturforscher und Ärzte. Springer Verlag, Berlin, Heidelberg, New York

Querner H (1972) Probleme der Biologie um 1900 auf den Versammlungen der Deutschen Naturforscher und Ärzte. In: Querner H, Schipperges H: Wege der Naturforschung 1822-1972 im Spiegel der Versammlungen der Deutschen Naturforscher und Ärzte. Springer Verlag, Berlin, Heidelberg, New York, S. 196-202

Rapp F (1987) Die Komplementarität von interner und externer Wissenschaftsgeschichte. In: Berichte zur Wissenschaftsgeschichte 10:141-145

Recanzone G, Harris WA (1985) Demonstration of neural induction using nuclear markers in Xenopus. In: Roux's Arch. Dev. Biol. 194:344-354

Reif W-E (1987) Victor Bauer (1881-1927) Sinnesphysiologie und Neo-Lamarckismus. In: Hist. Phil. Life Sci. 9 95-107

Rein LH (1933) Max von Frey. Ein Nachruf. In: Ergebn. der Physiologie 35S. 1-9

Reingold N, Reingold, I (Hrsg.) (1981) Science in America. A Documentary History 1900-1939. University Chicago Press, Chicago, London

Rheinberger H-J (1992) Biologiegeschichte und Epistemologie - Einige Überlegungen. Unveröff. MS, o.O.

Riedl R, Krall P (1994) Die Evolutionstheorie im wissenschaftlichen Wandel. In: Wieser W (Hrsg.) Die Evolution der Evolutionstheorie. Von Darwin zur DNA. Spektrum Akademischer Verlag, Heidelberg, Berlin, Oxford, S. 234-266

Rinard RG (1988) Neo-Lamarckism and Technique: Hans Spemann and the Development of Experimental Embryology. In: Journ. Hist. Biol. 21:95-118

Ringer F (1969) Decline of the German Mandarins. The German Academic Community 1890-1933. Harvard University Press, Cambridge/MA

Robertis EM de (1995) Dismantling the organizer. In: Nature 374:407-408

Rotmann E (1936) The Nobel Prize Winner, Hans Spemann. In: Research and Progress 2: 55-58.

Rotmann E (1949) Das Induktionsproblem in der tierischen Entwicklung. In: Ärztliche Forschung 9:209-225

Saha M (1991) Spemann Seen through a Lens. In: Gilbert SF (Hrsg.) A Conceptual History of Modern Embryology. Plenum Press, New York, London, S. 91-108

Sander K (1985) Hans Spemann (1869-1941) - Entwicklungsbiologe von Weltruf. In: Biologie in uns. Zeit 15:112-119

Sande, K (1989) Theodor Schwann und die „Theorie der Organismen". Zur Begründung der Zellenlehre vor 150 Jahren. In: Biologie in uns. Zeit 19:181-188

Sander K (1990) Von der Keimplasmatheorie zur synergetischen Musterbildung - Einhundert Jahre entwicklungsbiologischer Ideengeschichte. In Verhand. Deutsch. Zool. Gesell 83:133-177

Sander K (1991) „Mosaic work" and „assimilating effects" in embryogenesis: Wilhelm Roux's conclusions after disabling frog blastomeres. In: Roux's Archives of Developmental Biology 199:237-239

Sander K (1991) When seeing is believing: Wilhelm Roux's misconceived fate map. In: Roux's Archives of Developmental Biology 198:177-179

Sander K (1992) Hans Spemann, Hilde Mangold und der „Organisatoreffekt" in der Embryonalentwicklung. In: Akademie-Journal 2:1-3

Sander K (1993) Reflections on method: Theodor Boveri's evaluation of 'natural experiments' and their table-top simulation. In: Roux's Archives of Developmental Biology 202:316-320

Sander K (1994) An American in Paris and the origins of the stereomicroscope. In: Roux's Archives of Developmental Biology 203:235-242

Sander K (1994) Spuren der Evolution in den Mechanismen der Ontogenese – neue Facetten eines zeitlosen Themas. In: Jahrbuch 1993 der Deutschen Akademie der Naturforscher Leopoldina 39:297-319

Satzinger H (1994) Zur Neurobiologie und Genetik im Zeitraum 1902-1911 in den Forschungen von Cécile und Oskar Vogt (1875-1962, 1870-1959). In: Biol. Zentralblatt 113: 185-195

Saxén L, Toivonen S (1986) Primary embryonic induction in retrospect. In: Horder TJ, Witkowski JA, Wylie CC (Hrsg.) A History of Embryology. Cambridge University Press, Cambridge, S. 261-274

Schnetter M (1949) Bruno Geinitz (1889-1948). Ein Nachruf. In: Mitteilungen des badischen Landesvereins für Naturkunde und Naturschutz 5:101-102

Schnetter M (1968) Die Ära Spemann-Mangold am Zoologischen Institut der Universität Freiburg i. Br. in den Jahren 1919-1945. In: Berichte der Naturforschenden Gesellschaft Freiburg i. Br. 58:95-110

Schroeder-Gudehus B (1990) Internationale Wissenschaftsbeziehungen und auswärtige Kulturpolitik 1919-1933. Vom Boykott und Gegen-Boykott zu ihrer Wiederaufnahme. In: Vierhaus R, Brocke B vom (Hrsg.) Forschung im Spannungsfeld von Politik und Gesellschaft. Geschichte und Struktur der Kaiser-Wilhelm-Gesellschaft/Max-Planck-Gesellschaft. Deutsche Verlagsanstalt, Stuttgart, S. 859-885

Schwabe K (Hrsg.) (1988) Deutsche Hochschullehrer als Elite: 1815-1945 (= Büdinger Forschungen zur Sozialgeschichte 1983). Harald Boldt Verlag, Boppard a. Rh.

Seidel F (1935) Hans Spemann. In: Deutsch. medizin. Wochenschau 47:1899

Seier H (1988) Die Hochschullehrerschaft im Dritten Reich. In: Schwabe K (Hrsg.) Deutsche Hochschullehrer als Elite: 1815-1945 (= Büdinger Forschungen zur Sozialgeschichte 1983). Harald Boldt Verlag, Boppard a. Rh., S. 247-295

Servos JW (1993) Research Schools and Their Histories. In: Osiris 8:3-15

Shapin S (1992) Disciplin and Boundary. The History and Sociology of Science as Seen Through the Externalism-Internalism Debate. In: Hist. Science 30:333-369.

Shawlot W, Behringer RR (1995) Requirement for *Lim1* in head-organizer function. In: Nature 374:425-530

Sitte P (1982) Die Entwicklung der Zellforschung. In: Ber. Deutsch. Bot. Gesell. 95:561-580

Sitte P (1987) Der wissenschaftliche Nachlaß von Hans Spemann (Freiburg /Br.). In: Jahrbuch der Heidelberger Akademie der Wissenschaften für 1986, Mitterweger Werksatz, Heidelberg, S. 161

Spitzer NC. (Hrsg) (1982) Neuronal Development. Plenum Press, New York, London

Stephan J (1988) Leben und Werk Hans Spemanns unter besonderer Berücksichtigung der Rostocker Zeit. Unveröff. Diplomarbeit, Rostock

Steyer B (1991) Der Beitrag Hans Spemanns zur Biologie während seines ersten Ordinariats von 1908-1914 an der Universität Rostock. In: Alma Mater Jenensis. Studien zur Hochschul- und Wissenschaftsgeschichte 7:195-202.

Steyer B (1993) Die Institutionalisierung der Biologie an der Universität Rostock und deren bedeutendsten Repräsentanten. In: Biol. Zentralblatt 112:180-185

Sucke, U (1987) Das Kaiser-Wilhelm-Institut für Biologie – Seine Gründungsgeschichte, seine problemgeschichtlichen und wissenschaftstheoretischen Voraussetzungen (1911-1916). Unveröff. Diss. B., Humboldt-Universität, Berlin

Tiles JE (1993) Experiment as Intervention. In: Brit. Journ. Phil. Sci. 44:463-475

Titze H (1989) Hochschulen. In: Langewiesche D, Temorth H-E (Hrsg.) Die Weimarer Republik und die nationalsozialistische Diktatur. 1918- 1945. (= Handbuch der deutschen Bildungsgeschichte, Bd. V). Verlag C. H. Beck, München, S. 209-239

Toellner R (1968) Evolution und Epigenesis. Ein Beitrag zur Geistesgeschichte der Entwicklungsphysiologie. In: Verh. d. XX. Inernationalen Kongresses f. Gesch. d. Medizin, 22.-27. August 1966. Verlag Georg Olms, Hildesheim, S. 611-617

Topitsch E (1962) Das Verhältnis zwischen Natur- und Sozialwissenschaften. In: Dialectica 16:211-231

Vierhaus R, Brocke B vom (Hrsg.) (1990) Forschung im Spannungsfeld von Politik und Gesellschaft. Geschichte und Struktur der Kaiser-Wilhelm-Gesellschaft/Max-Planck-Gesellschaft. Deutsche Verlagsanstalt, Stuttgart

Waddington CH (1942) Organisers and Genes. Cambridge University Press, Cambridge

Waddington CH (1966) Fields and Gradients. In: Locke M: Major Problems in Developmental Biology. Academic Press, London, S. 105-124

Waddington CH (1975) Hans Spemann. In: Gillispie CC (Hrsg.) Dictionary of Scientific Biography. Vol. XII, Charles Scribner's Sons, New York, S. 567-569

Waelsch SG (1992) The causal analysis of development in the past half century: a personal history. In: Stern CD, Ingham PW (Hrsg.) Gastrulation (= Development 1992, Suppl.). The Company of Biologists Limited, Cambridge, S. 1-5

Wallace H (1987) Abortive Development in crested newt Triturus cristatus. In: Development 100:65-72

Weindling PJ (1991) Darwinism and Social Darwinism in Imperial Germany: The Contribution of the Cell Biologist Oscar Hertwig (1849-1922) (= Forschungen zur neueren Medizin- und Biologiegeschichte, hrsgg. v. Gunter Mann und Werner F. Kümmel, Bd. 3). Gustav Fischer Verlag, Stuttgart, New York

Weingarten M (1993) Organismen - Objekte oder Subjekte in der Evolution? Philosophische Studien zum Paradigmenwechsel in der Evolutionsbiologie (= Wissenschaft im 20. Jahrhundert. Transdisziplinäre Reflexionen). Wissenschaftliche Buchgesellschaft Darmstadt

Wieser W (1994) Gentheorien und Systemtheorien: Wege und Wandlungen der Evolutionstheorie im 20. Jahrhundert. In: Wieser W (Hrsg.) Die Evolution der Evolutionstheorie. Von Darwin zur DNA. Spektrum Akademischer Verlag, Heidelberg, Berlin, Oxford, S. 15-48

Willier BJ, Oppenheimer JM (Hrsg.) (1964) Foundations of experimental embryology. Prentice Hall, Englewood Cliffs/N.J.

Woellwarth C v. (1961) Otto Mangold. In: Embryologia 6:1-22

Springer und Umwelt

Als internationaler wissenschaftlicher Verlag sind wir uns unserer besonderen Verpflichtung der Umwelt gegenüber bewußt und beziehen umweltorientierte Grundsätze in Unternehmensentscheidungen mit ein. Von unseren Geschäftspartnern (Druckereien, Papierfabriken, Verpackungsherstellern usw.) verlangen wir, daß sie sowohl beim Herstellungsprozess selbst als auch beim Einsatz der zur Verwendung kommenden Materialien ökologische Gesichtspunkte berücksichtigen.
Das für dieses Buch verwendete Papier ist aus chlorfrei bzw. chlorarm hergestelltem Zellstoff gefertigt und im pH-Wert neutral.

MIX
Papier aus verantwortungsvollen Quellen
Paper from responsible sources
FSC® C105338

If you have any concerns about our products,
you can contact us on
ProductSafety@springernature.com

In case Publisher is established outside the EU,
the EU authorized representative is:
**Springer Nature Customer Service Center GmbH
Europaplatz 3, 69115 Heidelberg, Germany**

Printed by Libri Plureos GmbH
in Hamburg, Germany